Des personnages et des hommes dans la ville

SYLVIE FREYERMUTH & JEAN-FRANÇOIS P. BONNOT

Des personnages et des hommes dans la ville

GÉOGRAPHIES LITTÉRAIRES ET SOCIALES

PETER LANG
Bern · Berlin · Bruxelles · Frankfurt am Main · New York · Oxford · Wien

Information bibliographique publiée par «Die Deutsche Nationalbibliothek»
«Die Deutsche Nationalbibliothek» répertorie cette publication dans la «Deutsche Nationalbibliografie»; les données bibliographiques détaillées sont disponibles sur Internet sous ‹http://dnb.d-nb.de›.

Photographie de couverture : Au bord de la mer, Picardie. © Bonnot et Freyermuth, 2012.

Cet ouvrage s'inscrit dans le cadre d'un programme de recherche financé par l'Université du Luxembourg : *Reconstructions littéraires françaises et francophones des espaces sociopolitiques, historiques et scientifiques de la ville*.

ISBN 978-3-0343-1517-3 br. ISBN 978-3-0352-0281-6 eBook

Cette publication a fait l'objet d'une évaluation par les pairs.

Hochfeldstrasse 32, CH-3012 Berne, Suisse
info@peterlang.com, www.peterlang.com

Imprimé en Hongrie

À Jean-Ferréol Chabod (1780-1852), homme de la frontière s'il en fut, « en-delà de Mayence », comme aux Granges de Lièvremont (Les Joumets), au Noirmont (le Peu des vaches), dans les geôles bisontines et à Grand'Combe-Châteleu.

À Theophilius Jean Gothlieb Deckherr (1748-1823) et ses trois fils surnommés « les Frères Deckherr », dont la ferveur pour les livres à légué à leurs descendants un goût immodéré des récits et des contes.

À Bellissante Brenet, fille de la bise et des alizés, dont l'« auberge était à la Grande-Ourse » et pour qui les « étoiles au ciel avaient un doux frou-frou ».

Sauf indication contraire, les mises en relief dans les citations apparaissent sous forme *d'italiques*, et ont été ajoutées par les auteurs. Les renvois à des chapitres particuliers sont signalés dans le corps du texte entre crochets, de même que les précisions insérées directement dans les citations.

Table des Matières

PRÉFACE

À quoi tenait le malaise que j'avais ressenti autrefois ? Était-ce à cause de ces quelques rues à l'ombre d'une gare et d'un cimetière ? Elles me paraissaient brusquement anodines. Leurs façades avaient changé de couleur. Beaucoup plus claires. Rien de particulier. Une zone neutre. Était-il vraiment possible qu'un double que j'avais laissé là continue à répéter chacun de mes anciens gestes, à suivre mes anciens itinéraires pour l'éternité ? Non, il ne restait plus rien de nous par ici. Le temps avait fait table rase. Le quartier était neuf, assaini, comme s'il avait été reconstruit sur l'emplacement d'un îlot insalubre. Et si la plupart des immeubles étaient les mêmes, ils vous donnaient l'impression de vous trouver en présence d'un chien empaillé, un chien qui avait été le vôtre et que vous aviez aimé de son vivant.

Patrick Modiano, *L'herbe des nuits,* 2012, pp. 10-11.

Taedium vitae *et déterminants économiques et socio-historiques*

L'écriture de ce livre doit beaucoup à la transdisciplinarité ou, peut-être vaudrait-il mieux dire, à la pluridisciplinarité. Nous y parlons de la ville, de ses centres et de ses périphéries, nous abordons la question des réseaux qui structurent le tissu urbain et régulent les déplacements des populations. Nous aimerions dire, si le titre n'était déjà pris, que nous avons tenté de rendre compte d'une certaine *misère du monde*, particulièrement de cette misère et de cette tristesse existentielles – car il ne s'agit pas uniquement de déterminants économiques – qui semblent gagner progressivement des fractions de plus en plus importantes de la population, et frapper un peu au hasard comme une sorte d'épidémie dont on peine à discerner les causes et les voies de cheminement. L'idée d'un progrès constant n'a plus guère d'adeptes. Taguieff (2004, p. 302) écrivait il y a une dizaine d'années, avant la grande crise économique et financière, que « l'imagination de l'avenir désirable est en panne, alors même que se produit une éclipse du progrès. Désenchantement du futur. D'où ces effluves de *taedium vitae*, qu'on met couramment (abusivement ?) au compte des fins d'époque, des époques tardives. Peut-être faut-il reconnaître à la mélancolie une fonction heuristique. Et réentendre en ce sens, d'une oreille écologiquement sensible, une hypothèse formulée par Montesquieu : "Que savons-nous si la Terre entière n'a pas des causes générales, lentes et imperceptibles, de lassitude". » Même si l'on n'évoque pas Sénèque, l'intérêt « scientifique » pour la lassitude de vivre et l'ennui est fort ancien. En 1850, le psychiatre Alexandre Brierre de Boismont (1850, p. 22) y avait consacré un petit volume :

> Il n'est nullement besoin d'être fou [écrivait Brierre de Boismont] pour être mordu au cœur à l'époque actuelle par l'ennui et le dégoût de la vie. Lorsque personne n'est sûr de son lendemain, que la réputation, la propriété, la fortune, n'ont rien de stable ; lorsque conservateurs et socialistes commencent tous leurs écrits par cette phrase : Nous marchons vers l'inconnu ; qu'en regardant autour de soi on ne découvre que des ruines, pas une institution debout, et que l'intelligence est obligée de s'abriter sous le fer, croyez-vous que la tranquillité d'âme dont parle Sénèque soit à l'usage du grand nombre ? Cette préscience du mal à venir, ne dirait-on pas qu'elle est générale ? En voyant les populations s'élancer comme des torrents à la recherche du plaisir, ne comprend-on pas qu'elles veulent se fuir et détourner leur vue du mal qui est à leurs portes ? N'est-ce pas l'image fidèle des Juifs au siège de Samarie, s'écriant : « Buvons et mangeons, car nous mourrons demain ».

La crise de 2007-2008, en donnant un coup d'arrêt à une croissance économique déjà bien mise à mal, a replacé en pleine lumière des inégalités qui avaient toujours existé, mais qui étaient un peu dissimulées par l'illusion d'un État-providence dont on attendait tout, et dont le désengagement progressif, en France comme dans bien d'autres pays « développés », laisse peu à peu apparaître les arêtes tranchantes d'une financiarisation de l'économie qui, étant structurée de façon supranationale, n'offre presque aucune perspective d'avenir aux cohortes de chômeurs et de précaires, dont les experts – sortes d'oracles dont la parole ne peut jamais être mise en doute, car elle se fonde sur des évaluations que le vulgum pecus n'a aucun moyen de vérifier et encore moins d'infléchir – estiment que leur situation s'améliorera lorsque les budgets des nations seront apurés et rééquilibrés. La peur du lendemain, un temps masquée par une consommation en constante augmentation, se manifeste également par un renforcement des particularismes de tous ordres, et notamment des spécificités religieuses et ethniques, par un retour progressif du politiquement correct, entraînant par exemple l'interdiction de toute critique appuyée – dont le blasphème constitue une forme – de principes censés être intangibles. Il faut souligner que ce phénomène n'est pas restreint au fait religieux, mais qu'il s'étend également aux faits politico-économiques. Une telle situation produit de bien curieux effets ; dans le même temps où les États, notamment en Europe, perdent une partie de leurs compétences régaliennes, on observe une montée du rejet de certaines minorités, qu'il s'agisse d'immigrés, de transfrontaliers, ou de groupes caractérisés par une errance constitutive de leur culture (les Roms, par exemple). Jacquemain (2012, n.p.) fait valoir à juste titre que « cette confusion du culturel et du politique produit le "communautarisme majoritaire": dans chaque société, on ne demande plus à ceux qui se conçoivent comme minoritaires de respecter nos lois et nos principes, mais on attend d'eux qu'ils fassent en sorte de "nous ressembler"… ou de s'en aller. […] Alors que les musulmans réclament qu'on leur donne simplement les mêmes droits qu'à tous, les laïcistes (entre autres) exigent des lois d'exception. […] La citoyenneté se confond [alors] totalement avec l'identité – ce qui est la définition même du communautarisme – et il devient quasiment impossible pour un musulman d'être un bon citoyen. »

Dans un autre temps, mais à l'aube de l'écroulement d'un monde, Henri Grégoire avait bien situé la question, dans son *Essai* de 1788, lorsqu'il écrivait, à propos des juifs : « Il ne pouvait sortir de sa chaumière sans rencontrer des ennemis, sans essuyer des insultes. Le soleil n'éclairait que ses douleurs ; martyr de l'opinion, il n'avait rien à perdre ni à gagner pour l'estime publique, même lorsqu'il se convertissait, parce qu'on ne voulait croire ni à sa sincérité ni à sa vertu. Il était méprisé, il est devenu méprisable ; à sa place, peut-être eussions-nous été pires. » (Grégoire, 1789, p. 43) Des années plus tard, dans *Observations nouvelles sur les Juifs, et spécialement sur ceux d'Amsterdam et de Francfort*, l'ancien curé d'Emberménil (Grégoire, 1807, p. 14) réitèrera son propos :

> Il est certains obstacles que ne peut franchir la puissance jointe à la bienveillance. Quelqu'un a dit : On ne tire pas le canon contre l'opinion ; contre l'opinion la loi est quelquefois impuissante. Celle-ci peut et doit réprimer les délits attentatoires aux droits des citoyens ; mais détruire les animosités, les préjugés, c'est l'effet un peu lent des insinuations douces et de l'instruction [...]. La rue des Juifs, à Francfort, est pour eux une sorte de Ghetto, hors duquel ils ne peuvent résider sans une permission renouvelée tous les six mois, et qui spécifie le nombre d'individus dont se compose la famille. [...] Priver une portion du peuple des avantages sociaux, c'est légitimer son mécontentement, c'est justifier ses plaintes ; tous les membres de la famille politique doivent être jugés par les mêmes lois, exercer les mêmes droits, remplir les mêmes devoirs. Le degré d'estime pour chaque individu doit se mesurer sur son utilité, ses vertus et l'emploi de ses talents.

Superstructure artéfactuelle et infrastructure opaque

L'atmosphère « fin de siècle », puis « fin d'époque » d'une société déstructurée, où l'assignation des places et des rôles sociaux est *apparemment* libérée de certaines contraintes, a conduit un grand nombre d'auteurs, romanciers et essayistes, à s'intéresser à cet « homme de la rue », sans caractéristiques spécifiques, si ce n'est justement un désengagement massif, une incapacité quelquefois morbide à se projeter dans un avenir dont les contours tremblés ne permettent même pas d'envisager un projet pérenne. Il reste à déterminer si cette situation est absolument nouvelle et si, entre autres notions, celle de post-modernité, dont on ne nie pas l'importance, est un concept qui se sépare fondamentalement de ce qui précède, ou au contraire, s'il s'agit seulement, comme cela nous paraît vraisemblable, d'une dénomination ayant émergé du fait de la cristallisation, à partir des années 50, d'un certain nombre de contraintes économiques et sociales. Luc Boltanski fait valoir que la Société est fondée sur une opposition dichotomique entre une superstructure artéfactuelle à laquelle un accès conscient est possible, regroupant les champs du droit, de l'État, des prénotions et des idéologies. L'infrastructure (réalité profonde) est en revanche parfaitement « opaque, extérieure aux consciences, [et son] mode d'existence est comparable à celui des réalités biologiques obéissant à des lois qui leur sont propres. » (Boltanski, 1990, p. 126, note 1) Il est possible d'accéder à ce plan, en faisant usage d'outils spécifiques, notamment statistiques, comme le font Le Bras et Todd (2013) dans leur ouvrage consacré aux déterminants anthropologiques, religieux et évidemment économiques français (voir *infra*). On peut soutenir que la notion de postmodernité fait partie *de facto* du plan superstructurel, puisqu'il s'agit d'un concept qui se fonde sur un certain nombre de faits directement observables, tels que la fragilisation de l'identité, la fragmentation de la société, et dans le domaine économique, les phénomènes de globalisation, notamment financière. Il est d'ailleurs intéressant de signaler que Lyotard lui-même, dans un texte assez ancien, écrit en 1971 et réédité en 1994, définissait la société comme un système de régulation des flux d'énergie (entrée, distribution, élimination), où les objets, parmi lesquels se trouvent les individus, sont des spécifications de cette énergie. Quant aux institutions, Lyotard les qualifiait « d'opérateurs », permettant de mettre en œuvre l'énergie. Il considérait en outre, comme Boltanski, que tout dans ce système n'est pas explicite : « L'institution, bien loin d'être seulement celle que l'observateur peut repérer, serait en général toute formation stable, explicite ou non, transformant l'énergie afférente en énergie liée dans un champ donné de circulation des objets (champ linguistique, champ matrimonial, champ économique). » (1994, p. 111) Un des intérêts de la position de Lyotard est d'être compatible avec les théories des flux des géographes urbains (voir *infra*), mais surtout de désigner par anticipation – *La condition postmoderne* n'étant publiée qu'en 1979 – la postmodernité comme une notion fondée sur un ensemble de phénomènes de surface, appréhendables et descriptibles de manière directe.

La partie inaccessible ne l'est cependant pas de façon absolue, et c'est là qu'intervient la littérature. Peut-être est-ce Bachelard qui donne le mieux à voir cette possible interaction entre champ littéraire et poétique et description scientifique. Dans *Fragments d'une poétique du feu* (édition posthume, 1988, pp. 46-47) Bachelard redonne sa place au *vécu imaginé*, c'est-à-dire à une poétique de la vie imaginaire, et en même temps bien réelle :

> [...] comment ne pas incorporer avec le vécu la plus grande des indisciplines qu'est le vécu imaginé ? Le vécu humain, la réalité de l'être humain, est un facteur d'être imaginaire. Nous aurons à prouver qu'une poétique de la vie vit la vie en la revivant, en la détachant de la nature, de la pauvre et monotone nature, en passant du fait à la valeur [...]. En nous la vie n'est pas un objet que nous puissions à tout moment saisir. Elle n'est pas une unité d'être qui puisse se déterminer en un être-là. L'être humain est une ruche d'êtres. Ce sont les pensées lointaines, les images folles qui font le miel de l'être, la substance de la vie poétique. La vie d'un homme n'a pas de centre. En quelle périphérie s'anime la vie ?

Comme l'a bien vu Michel Butor – théoricien de la littérature, et romancier presque à contrecœur – dans un célèbre article de 1955, « le roman comme recherche » :

> Jusqu'à notre mort, et depuis que nous comprenons des paroles, nous sommes perpétuellement entourés de récits, dans notre famille tout d'abord, puis à l'école, puis à travers les rencontres et les lectures. Les autres, pour nous, ce n'est pas seulement ce que nous en avons vu de nos yeux, mais ce qu'ils nous ont raconté d'eux-mêmes, ou ce que d'autres nous en ont raconté ; ce n'est pas seulement ceux que nous avons vus, mais aussi tous ceux dont on nous a parlé. Ceci n'est pas seulement vrai des hommes, mais des choses mêmes, des lieux, par exemple, où je ne suis pas allé mais que l'on m'a décrits. Ce récit dans lequel nous baignons prend les formes les plus variées, depuis la tradition familiale, les renseignements que l'on se donne à table sur ce que l'on a fait le matin, jusqu'à l'information journalistique ou l'ouvrage historique. Chacune de ces formes nous relie à un secteur particulier de la réalité. (1992, pp. 7-8)

De ce fait, l'une des tâches essentielles de l'historien/historiographe, du sociologue, comme aussi du géographe « social », consiste à faire siennes ces ressources éparses, en retenant de ces récits, non la totalité, mais des parcelles représentatives. Céline Barrère explique avec raison que « l'entrée par l'espace littéraire [...] constitue le terrain d'une "géographie expérimentale". Nous ne nous saisissons pas du matériau littéraire en tant que simple corpus de données servant d'appui aux désignations savantes et aux statistiques ou que témoignage, mais bien comme un processus cognitif autonome, un mode d'élucidation de l'urbain à forte valeur heuristique. » (2007, p. 35)

Dans tous les cas, puisqu'il s'agit de faits rapportés, les données textuelles, bien que « véridiques » (nous reprenons la formulation de Butor), présentent des distorsions par rapport à une « réalité » qui demeure par nature insaisissable, largement dépendante des failles mémorielles et des reconstructions, puisqu'elle correspond à un point de vue, que ce soit celui de l'épistolier, du chroniqueur, du journaliste, ou encore de témoins oculaires. Ajoutons que, quelle qu'en soit l'exactitude formelle, ces fragments sont tributaires des croyances véhiculées par le groupe social auquel appartient le destinateur, qu'il s'agisse du point de vue dominant *(« mainstream »)*, typique du discours d'expertise à prétention scientifique, très répandu dans le champ économique et financier, et se présentant à la fois comme discours autorisé et d'autorité – « Homais parlait », écrivait Flaubert –, ou du discours journalistique et politique, plus proche d'une appréhension « naïve » du monde et toujours prompt à accréditer les rumeurs les plus diverses.

Les mêmes fragments présentent un problème interprétatif, tant en ce qui concerne la réception contemporaine de la publication de l'information, que s'agissant de l'interprétabilité actuelle. Il suffira pour l'instant de donner une illustration relative à la représentation des *bohémiens* au XIXe siècle, puisqu'il en sera largement question dans notre dernier chapitre. En 1875, le docteur de Rochas, chirurgien de marine, fait paraître un long mémoire consacré aux « bohémiens » dans le *Bulletin de la Société des Sciences* de Pau.

> Les Soukalers qui font profession de maraudeurs et d'espions et dont les femmes sont renommées pour leur lubricité, se rapprocheraient davantage de nos bohémiens pour les caractères physiques et la langue car ils paraissent issus des Mahrattes qui sont des aryans bruns parlant le Prâcrit, dialecte très-voisin du Sindhi. La seule étude comparative de crânes qui ait été faite, tend à confirmer les données de la philologie. En effet Koperniçki, en comparant une série d'une soixantaine de crânes tziganes et hindous, leur a trouvé des différences légères et beaucoup de ressemblance. Les bohémiens ont les traits des Européens, mais ils sont beaucoup plus bruns. Parmi les sujets dont j'ai noté le teint, en le rapprochant du tableau chromatique de la société d'anthropologie, je trouve, dans mes notes, les numéros 28, 37, 22, trois gradations dont la première représente la teinte du chocolat, la deuxième celle du café légèrement torréfié, la troisième celle du vieux parchemin. Qui ne serait après cela de l'avis du poète persan Ferdouzi cité par Borrow : « Avec ce qui est sale par nature, point de ressource ; vous auriez beau le laver que vous ne rendriez pas le bohémien blanc. » (1875-1876, pp. 297-298)

Le reste de la publication est de la même eau. Le fait que ce mémoire ait été publié dans l'organe d'une société savante constitue *à l'époque* une garantie de sérieux scientifique ; or il faut savoir que l'auteur avait l'habitude de jouer sur plusieurs tableaux : il contribuait aussi bien aux travaux de la *Société d'anthropologie de Paris*, fondée par Paul Broca, qu'à une publication destinée au grand public, *Le Tour du Monde. Nouveau journal des voyages*, du célèbre Édouard Charton. Rochas jouait sur du velours, car il s'adressait à une opinion publique ayant soif d'exotisme et très remontée contre les vagabonds et nomades, de quelque origine qu'ils soient, et de plus convaincue, dans son immense majorité, de l'existence d'une hiérarchie raciale et des bienfaits de la colonisation (*cf.* Jules Ferry). Le texte que nous avons reproduit joue habilement sur ces différents tableaux : Rochas avance une argumentation « scientifique », à la fois linguistique et anthropologique (« craniologie », « échelles chromatiques ») – sans doute est-il sincèrement convaincu de la rectitude de son raisonnement. De plus, il n'hésite pas à faire de l'esprit à bon compte, en attribuant, d'après une citation invérifiable, un aphorisme au poète persan Firdûsî : « Avec ce qui est sale par nature, point de ressource ; vous auriez beau le laver que vous ne rendriez pas le bohémien blanc. » Quelques années auparavant, Rochas avait déjà tenté de ridiculiser les habitants de l'île Rossell, qui auraient eu « cette sagacité du mal naturelle à tous les sauvages (etc.) » (Bonnot, 2005). À l'heure actuelle, les propos de Rochas sont évidemment totalement disqualifiés ; il n'en reste pas moins que l'immense corpus que forment les données de ce type, étendant ses linéaments jusqu'à notre époque, contribue à expliquer les attitudes de méfiance et de rejet vis-à-vis des Roms, ainsi que d'autres minorités. C'est qu'au fondement de la structuration des mentalités, ce n'est pas le discours scientifique qui prime, car il est fréquemment contre-intuitif. En effet, le modèle positiviste était beaucoup plus en phase avec les représentations « populaires », dans la mesure où il privilégiait fréquemment des mesures présentées comme étant irréfutables (ce qui était plus que discutable), et des observations frappant l'imagination de l'homme de la rue. On n'en conclura pas trop hâtivement que l'ensemble de ces travaux doive être rejeté en bloc. Outre qu'à l'époque ils étaient reconnus comme parfaitement scientifiques, ce qui a son importance du point de vue de l'histoire des sciences, bien des connaissances actuellement reçues comme bien fondées par la communauté des chercheurs n'auraient pu voir le jour sans prendre appui sur ces soubassements, même si les paradigmes qui les sous-tendaient ont depuis été abandonnés ou largement modifiés (Bonnot, 2004).

Des vertus de l'ouverture du texte sur le monde

Le même effet d'écho se retrouve dans la littérature, et spécialement dans le roman. Butor poursuivait son article en s'attachant à montrer que le roman diffère du récit « véridique », puisque « ce que nous raconte le romancier est invérifiable et, par conséquent, ce qu'il nous en dit doit suffire à lui donner cette apparence de réalité. » (*ibidem*, p. 8) Butor a raison s'agissant de l'exemple qu'il commente : il imagine que l'on découvre des lettres d'un épistolier ayant bien connu le père Goriot, et expliquant à son correspondant qu'il n'était pas du tout comme Balzac le dépeint ; il conclut que cela est sans importance : « je peux estimer que Balzac se trompe dans ses jugements par rapport à son propre personnage, que celui-ci lui échappe, mais pour justifier mon attitude, il faudra que je m'appuie sur les phrases mêmes de son texte ; je ne puis invoquer d'autre témoin. » Et il conclut que le roman est « le domaine phénoménologique par excellence, le lieu par excellence où étudier de quelle façon la réalité nous apparaît ou peut nous apparaître ; c'est pourquoi le roman est le laboratoire du récit. » (*ibidem*, p. 9) L'argumentation de l'auteur de *L'emploi du temps* est recevable lorsqu'il s'attache aux faits concernant l'intrigue à proprement parler. Rien ne devant restreindre la liberté de création de l'auteur, il importe peu, du point de vue proprement romanesque, que dans *Les trois Mousquetaires*, Alexandre Dumas prenne d'immenses libertés avec la réalité historique : il s'agit de divertir le lecteur.

Il n'en reste pas moins que, même dans ces romans de cape et d'épée la trame historique joue un rôle important, en renvoyant à la vision qu'on pouvait avoir en 1844 d'un certain XVIIe siècle, de sa société et des luttes de pouvoir au sommet de l'État – ce qui permet, par effet de miroir, de mieux comprendre les années quarante et cinquante du XIXe siècle. Chez Balzac, le problème est bien plus complexe, dans la mesure où sa *Comédie humaine* repose sur des ressorts économiques et sociaux très élaborés. Thomas Piketty en a bien saisi l'importance pour la compréhension de l'évolution des modèles économiques dans l'assez longue durée, en examinant la notion de patrimoine dans l'œuvre balzacienne. Lorsque, justement dans *Le père Goriot*, Vautrin explique à Rastignac de quelle manière il est possible de s'enrichir, c'est toute la structure et les stratégies de la société bourgeoise de l'époque qui s'en trouvent dévoilées :

> Qu'importe le détail des chiffres (ils sont en l'occurrence très réalistes) : le fait central est que dans la France du début du XIXe siècle, comme d'ailleurs dans celle de la Belle Époque, le travail et les études ne permettent pas d'atteindre la même aisance que l'héritage et les revenus du patrimoine. Cette réalité est tellement évidente, tellement prégnante pour chacun, que Balzac n'a nullement besoin pour s'en convaincre de statistiques représentatives, de déciles et de centiles soigneusement définis. On retrouve aussi cette même réalité dans le Royaume-Uni des XVIIIe et XIXe siècles. Pour les héros de Jane Austen, la question de travailler ne se pose même pas : seul compte le niveau du patrimoine dont on dispose, par héritage ou par mariage. (2013, p. 381)

La position de Butor est typique du structuralisme triomphant, issu notamment des travaux de Roman Jakobson. Les excès de zèle de beaucoup d'universitaires des années soixante, soixante-dix, et même quatre-vingt, qui martèleront *qu'il n'y a que le texte*, et que celui-ci doit être considéré comme un *univers clos*, sera repris par beaucoup de travaux de sémiotique, *et il n'est pas inutile de préciser que nous nous en démarquons absolument*. Ainsi, selon Julia Kristeva (1968, p. 105) : « l'analyse suprasegmentale des énoncés dans les cadres du roman nous révélera le roman comme un texte clos : sa programmation initiale, l'arbitraire de sa fin, sa figuration dyadique, les écarts et leurs enchaînements. » De même, pour Fontanille, « il n'y a de sens que dans la différence entre les termes, et non dans les termes en eux-mêmes, et, comme, dans le discours, les termes d'une différence occupent chacun une position, ce sens ne peut être saisi que dans le passage d'une position à l'autre, c'est-à-dire dans la transformation, qui peut alors être définie comme la version syntagmatique de la différence. » (1999, n.p.) C'est une position qui ne résiste pas à un examen attentif : le sens surgit en effet amoindri de la clôture ; il n'est pas d'abord différentiel – sinon de manière strictement saussurienne. Cette position, que le maître genevois avait raison de défendre en son temps, a été totalement infirmée dans beaucoup de domaines de la linguistique générale, à commencer par la sémantique, mais également par les nombreux travaux portant sur la synchronie dynamique (en phonologie, en morphologie et en syntaxe) dont Jakobson fut d'ailleurs l'un des promoteurs (Bonnot et Bothorel, 1989 ; Bonnot, 2007).

S'agissant du rapport sens/référence, on doit évidemment revenir à Georges Kleiber, qui écrit, dans un article fondateur de 1997, dont nous partageons – nous l'avons dit ailleurs, ensemble et séparément – les principales conclusions : « le sens, malgré les essais de déstabilisation dont il peut être l'objet, est branché sur la référence […]. Tout sens n'est pas construit ; il y a une partie du sens qui est donnée ou préconstruite, c'est-à-dire conventionnelle ; ce sens conventionnel ne peut être uniquement différentiel ou négatif ; […] pour toute une série d'expressions, ce sens est référentiel, c'est-à-dire conçu comme un ensemble de conditions d'applicabilité référentielle ; les traits qui composent ce sens sont objectifs en ce qu'ils sont intersubjectivement stables [...]. » (Kleiber, 1997, pp. 33-34) Quant à Roman Jakobson, il insistait dans les dernières pages de son ouvrage-testament, *La charpente phonique du langage*, sur le fait qu'il existe « une tension dynamisée entre *signans* et *signatum*, concrétisée en particulier par l'interaction entre les sons et le sens, c'est cela que Cummings ajoute à ses poèmes, et les poètes en général à leurs œuvres [...]. Cet "intérieur" de la poésie, le linguiste et poète Edward Sapir en avait une intuition merveilleuse, lui qui se passionnait pour l'œuvre du poète et linguiste Gerard Manley Hopkins, pour la "presque terrible immédiateté de son énonciation" et sa "jouissance sauvage des purs sons des mots". Cet enchantement du "pur son des mots", qui éclate dans les emplois expressifs, magiques et mythopoïétiques du langage, et par-dessus tout en poésie, non content de compléter et de contrebalancer le procédé spécifiquement linguistique de "double articulation", dépasse la dualité en conférant aux traits distinctifs eux-mêmes la puissance de signifier *immédiatement.* » (Jakobson et Waugh, 1980, p. 280)

Nous soutenons donc tout à fait les vues de Frank Wagner, qui fonde son analyse sur la lecture de Gérard Genette : « si poststructuralisme il y a, le structuralisme ouvert que Gérard Genette appelle parfois de ses vœux en constituerait un bon exemple. [...] Il s'agirait d'une démarche respectueuse des structures formelles des textes, mais non astreinte à un respect de principe de l'enfermement immanentiste – positionnement antérieurement spécifié dans *Palimpsestes* : cette lecture relationnelle (lire deux ou plusieurs textes en fonction l'un de l'autre) est sans doute l'occasion d'exercer ce que j'appellerai, usant d'un vocabulaire démodé[1], un structuralisme ouvert. Car

1 Il y a parfois dans le « vocabulaire démodé » beaucoup de bonnes formulations, simples, directes et exactes, notamment dans le champ linguistique. On ne saurait en effet justifier (a) la tendance consistant à reformuler, souvent de façon alambiquée, des concepts linguistiques bien établis, et (b) à exprimer, dans un métalangage qui touche souvent au charabia le plus pédant, des considérations qui, une fois « traduites », s'avèrent être, au mieux, du simple bon sens. Contrairement à ce que prétendent les tenants de ce type d'exercice stylistique – on fera bien sûr une exception pour certains concepts philosophiques –, ce métalangage n'apporte aucune précision déterminante au plan de la connaissance scientifique. En ce sens, certaines pratiques scripturales « sémioticiennes » ont tendance à fonder un discours qui ne renvoie qu'à lui-même et non aux choses du monde dont il est censé rendre compte et qui ne sont pas sans rappeler, *dans le domaine du langage normal*, certaines productions des aphasiques sensoriels, dits fluents. On suivra Marc Bloch qui recommandait la simplicité : « Ayant les hommes pour objet d'étude, comment si les hommes manquent à nous comprendre, n'aurions-nous pas le sentiment de n'accomplir qu'à demi notre mission ? [...] Je n'imagine pas, pour un écrivain, de plus belle louange que de savoir parler du même ton aux doctes et aux écoliers. [Mais] une simplicité si haute est le privilège de quelques rares élus. » (Marc Bloch, cité par Gérard Noiriel, 1997, p. 127) Ou comme l'écrivait Boileau, en 1674, dans *L'Art poétique* : « Ce qui se conçoit bien s'énonce clairement / Et les mots pour le dire arrivent aisément. »

il y a, dans ce domaine, deux structuralismes, l'un de la clôture du texte et du déchiffrement des structures internes : c'est par exemple celui de la fameuse analyse des *Chats* par Jakobson et Lévi-Strauss. L'autre structuralisme, c'est par exemple celui des *Mythologiques*, où l'on voit comment un texte (un mythe) peut – si l'on veut bien l'y aider – "en lire un autre". » (2004, pp. 105-106)

On pourrait encore dire de la littérature et de la poésie qu'elles se situent aux marges de la vie, comparables en cela à la vision périphérique qui laisse apparaître des images déformées, floues, mais qui forment le tissu contextuel de l'existence (*cf.* Ozouf, 2004, sur la différence entre les verbes *voir* et *regarder*) : ainsi en va-t-il de l'intuition, faite de « pensées lointaines », qu'on a du mal à formuler, qui résistent, apparaissent fugacement et s'échappent avec constance, mais dont on sent bien qu'elles constituent paradoxalement le cœur de la pensée ressentie. Il y a quelques années, le sujet avait été abordé par J.-F. Bonnot dans un volume d'hommages à Georges Kleiber. Nous reprenons ici un passage de ce texte : « dans le domaine scientifique, mais aussi dans celui de la vie courante, la saturation de la signification ne peut (ou plutôt ne devrait) jamais être totale. Il y a, à l'intérieur même du signe, des significations en attente et qui ne dépendent du contexte que pour autant que l'on entend par là une ouverture au monde, une pénétration de l'être par le monde. Judith Schlanger insiste beaucoup sur l'analogie entre création poétique et création scientifique. L'émergence d'un concept passe par la formulation d'une intuition et "c'est ici [écrit Schlanger] qu'intervient la fonction métaphorique. Tout comme la pensée mythique telle que l'analyse Lévi-Strauss, la pensée rationnelle est à cet égard 'bricoleuse'. Elle emprunte ses éléments de construction là où elle les trouve, autour d'elle, dans l'univers hétéroclite de la vie courante, et plus encore dans les secteurs de la vie intellectuelle qui lui apparaissent comme privilégiés, et qui souvent possèdent le caractère évident de la mode en même temps que le caractère exemplaire de la rationalité" (1995, p. 20) [...] Les apartés scientifiques, producteurs d'écritures secondaires [...] dont on ne retrouvera pas nécessairement la trace dans le produit définitif [les cahiers de laboratoire par exemple] sont somme toute comparables aux brouillons de textes littéraires et poétiques avec lesquels ils partagent cette fragilité de l'instant, ces ébauches d'idées qui, bien souvent n'aboutissent à rien, mais parfois, permettent d'accéder intuitivement à des linéaments de sens. » (Bonnot, 2005, pp. 21-22) Dans un article consacré à Jacques Dupin, Hermosilla (1991, pp. 91-92) signale également cette fonction de la vision (poétique) périphérique « de plus faible acuité » et rappelle que, selon Husserl, les objets sont appréhendés sur le fond d'un horizon externe, jusqu'à embrasser « l'infini du monde dans ce qu'il a de connu, de supposé et d'à venir. » Cet « excédent », et l'on pourrait aussi parler de *redondance*, aide non seulement à percevoir, comme l'écrit Hermosilla, mais à *comprendre* les choses du monde environnant.

Nous considérons qu'il est absolument contre-productif d'établir des cloisonnements étanches entre le fait littéraire sous ses différentes formes, ce qui permet d'y inclure les productions journalistiques, la « réclame », la publicité, les comptes rendus scientifiques et médicaux, etc.[2] et les événements de « la vie réelle », dont certains sont infinitésimaux au regard de la « grande Histoire », quoique très riches d'enseignements – comme l'assassinat d'un chiffonnier en 1875 à Blussans ou d'un bohémien inconnu le 12 février 1905 dans la campagne française près de Moulins, ou même une séance chez le photographe au tout début du XXe siècle –, tandis que d'autres, à des degrés divers, ont acquis une place pérenne dans la mémoire collective – comme le passage du pont de Kehl par les ressortissants allemands en novembre 1918, les grèves de 1920 aux usines Peugeot de Sochaux, la construction d'une « cité-modèle de l'américanisation esquimaude » dans la baie de Frobisher à la fin des années 50, l'incendie de l'usine Daewoo de Mont-Saint-Martin en 2003, ou tout récemment, la fermeture des sites de Gandrange et Florange. Christine Dupuit rappelle opportunément que « la littérature n'est pas autoréférentielle [et que le langage], même lorsqu'il dit de l'impossible à dire, parle toujours d'entités. [...] Mettre l'accent sur l'écriture et sur le texte comme mise en œuvre du social, ne conduit pas nécessairement à signifier le primat de la forme sur le sens ou encore à autoriser le refermement du texte sur le texte et à signer l'abandon de tout travail sur la signification. Inversement, il ne s'agit pas non plus de supposer un quelconque rapport de dépendance du texte, d'allégeance à un contexte qui serait le monde social. » (1989, p. 50) Il découle de cette seconde propriété qu'il n'existe pas, observe Dupuit, de rapports de transparence[3], c'est-à-dire de correspondance directe « entre un texte et son contexte ». Et de fait, « un texte littéraire [et même journalistique ajouterons-nous] n'engage pas *un* contexte mais *des* contextes. » Rejoignant par d'autres voies la méthode de Carlo Ginzburg – qu'elle ne cite pas, car ce n'est évidemment pas son propos –, Dupuit souligne qu'un texte « n'est ni un *monument*, obscur et muet, ni un *document*, clair et bavard. Il n'est que la trace, la marque, d'un processus de signification à construire. » (*ibidem*, p. 51) Et c'est déjà beaucoup.

Il faut ici donner la parole à un romancier majeur de la fin du XXe siècle et du début du XXIe, Jean Rouaud. Lors d'un colloque qui lui était consacré en 2008, Rouaud ne cachait pas qu'il lui semblait indispensable de dépasser les afféteries de certains critiques et auteurs (voir également, pour des développements supplémentaires, notamment sur le Nouveau Roman : Rouaud,

2 Nous n'établissons pas, de ce point de vue, et contrairement par exemple, à Butor, de dichotomie entre les données textuelles « véridiques » et « romanesques ».

3 Ce que constate également Matthey pour les rapports entre géographie et texte littéraire : « le texte littéraire n'est pas un véhicule transparent de connaissance géographique. Il procède par "feintise", par "simulation de récit factuel" ». (Genette, 2000, p. 68 ; 2008, p. 414)

2007). L'ensemble du texte mériterait d'être cité ; choisissons néanmoins un passage :

> [...] coupé des fondamentaux du roman, on radicalise, on n'accorde plus d'importance qu'aux supports, à l'écriture – sa mécanique (l'oulipo et les jeux littéraires) – et au texte : ses niveaux de lecture, sa structure, sa construction, sa déconstruction, ses renvois à d'autres textes. L'auteur ? Annoncé mort. Le référentiel, autrement dit le réel ? Une vue de l'esprit. On s'en tient à l'expérimentation textuelle, à l'aventure de la phrase. L'ennui, c'est qu'à ce stade d'évolution ça ne ressemble plus à grand chose, ça ne dit plus rien. Et après ? Comme malgré tout on est toujours en vie, on reprend avec des bouts d'histoires, des intrigues qui font comme, avec des personnages qui tentent de retrouver leur humanité, on se sert beaucoup de la dérision et de la distance pour montrer qu'on n'est pas dupe de ce retour aux fondamentaux.

Et Rouaud poursuit :

> [...] la littérature est une très vieille chose, prisonnière de la longue durée, ce qui explique aussi pourquoi, par sa forme lentement renouvelable, elle semble constamment marquer le pas, dès lors qu'on la confronte aux mouvements artistiques qui ont marqué ce siècle [...]. Nous l'avons vu s'épuiser à essayer de se conformer aux canons de la modernité, imposés par les tenants de l'art, paraître à la remorque de ceux-là qui, à coup de carré blanc sur fond blanc, redéfinissaient nos repères esthétiques, laminaient les anciens, préparaient l'éclairage des futurs boulevards technologiques. Et là, aucun doute, ce sont eux qui ont fait le gros du travail. Au lieu que l'écriture, en dépit de quelques tentatives pour faire moderne, lettrisme et autres jongleries phonétiques, est rentrée dans le rang, n'en est vraiment jamais sortie, pas si différente – et même le surréalisme, et même le Nouveau Roman – de ce qui se faisait un siècle plus tôt. [...] Soit, écrivons donc avec des mots, ces mêmes vieux mots traînant leur vieux sens. (Rouaud, 2008, pp. 20-21)

S'il le fallait, conclut Rouaud, il resterait toujours « un coin de trottoir » où s'asseoir en regardant passer les gens. Et là, écrit-il, « je réinvente en écriture serrée pour des lecteurs de passage le roman feuilleton. La littérature, qui continuera ainsi à vivre de ses lecteurs, est une affaire à suivre. » (*ibidem*, p. 22)

Dans un tel schéma l'événement occupe une place de choix, qu'il convient de resituer dans un contexte « multifactoriel » : ainsi la construction du pont de Brooklyn en 1883 renvoie non seulement aux profonds changements du paysage citadin qui ont lieu à l'époque aux États-Unis, mais à la standardisation de l'urbanisme, bien perçue par Élisée Reclus, et à certains romans de Jules Verne, *L'île à hélice* par exemple, etc. (voir chapitre suivant). Quoique ces faits ne soient nullement liés par un lien de cause à effet, et qu'ils ne constituent donc pas une séquence d'événements où la survenue de l'un entraîne obligatoirement celle du suivant, comme dans une chaîne de dominos qui chutent les uns après les autres, ils s'organisent pourtant dans un champ aussi bien spatial que temporel, obéissant la plupart du temps à une successivité non aléatoire et *formant une constellation organisée* : si des ingénieurs comme Eiffel n'avaient pas mis au point des structures métalliques à grande portance, il aurait été impossible de construire les « skyscrapers » de Chicago et Verne n'aurait pu les évoquer dans son roman. Pour

Quéré, « la continuité dans laquelle on peut inscrire [l'événement], et qui permet quasiment de le déduire de son passé ou de son contexte, n'existait pas avant qu'il se produise. Bref, il faut que l'événement ait surgi, qu'il se soit manifesté dans sa discontinuité, et qu'il ait été identifié sous une certaine description en fonction d'un contexte de sens possible, pour que l'on puisse lui associer un passé et un contexte explicatif. » (2006, p. 191)

Coda

Il arrive très souvent que dans les romans, l'événement soit au cœur de l'intrigue et qu'il soit absolument impossible de séparer le contexte social, politique, économique et culturel de l'intrigue romanesque. C'est le cas par exemple chez Sartre, dans *Les chemins de la liberté* (1945-1949), chez Roger Martin du Gard, dans *les Thibault* (1922-1929), chez Hemingway, dans *L'adieu aux armes* (1929) et *Pour qui sonne le glas* (1940), chez Jean Rouaud, notamment dans *Les champs d'honneur* (1990) et *Des hommes illustres* (1993), chez Pascale Roze dans *Le chasseur Zéro* (1996), *Ferraille* (1999) et *L'eau rouge* (2006), mais aussi chez Irène Némirovsky, dans *Suite française* (1942/2004), et même chez Claude Simon dans *La route des Flandres* (1960). Dans *Eros de Paris* (1932/1988), 4e volume des *Hommes de bonne volonté*, Jules Romains construit, de ce point de vue, une mise en abyme spectaculaire. Deux des personnages principaux de l'œuvre, Jerphanion et Jallez, tiennent beaucoup de traits de leur créateur : comme le relève Memmi (1996, p. 59), « l'identité des trajectoires et des structures psychologiques entre personnages rappelle fortement la trajectoire, la lucidité et le réalisme volontiers affichés par Jules Romains. Petit-fils de paysan, fils d'instituteur, normalien (en 1905), professeur agrégé (1909), devenu auteur à succès, adapté à maintes reprises au théâtre et au cinéma, académicien (1946), Jules Romains (1885-1972) a emprunté une voie possible de promotion des petits bourgeois de l'époque : l'École de la république, celle qui fait accéder ses deux personnages principaux, Jallez et Jerphanion, à l'École Normale Supérieure [...]. Comme ses personnages principaux, il bénéficiera d'une indéniable réussite temporelle, cumulant les titres et les indices de la reconnaissance sociale, et finissant par fréquenter les plus grands. Comme eux, ses engagements politiques furent tièdes et peu risqués. Comme la plupart de ses personnages aussi, sa trajectoire exclut les enfants, et sa mise en ménage fut tardive. Mais surtout la gestion de sa trajectoire littéraire [...] est homologue à celle que font ses personnages de leur vie et de leur carrière. »

Dans le passage que nous citons, Jallez, qui a des velléités littéraires, décide de se rendre à *la Closerie des Lilas*, « où s'organiserait, autour de Moréas et de Paul Fort, une réunion probablement plus brillante que d'habitude » (1988, p. 621)

Le narrateur prend bien soin de préciser qu'il s'agit d'un jeudi, et que c'est le 24 décembre 1908, réveillon de Noël. Il est exact que la Closerie servait de salle de réunion aux poètes et écrivains, notamment symbolistes, réunis autour de Jean Moréas et de Paul Fort, qui avait fondé la revue *Vers et Prose*, d'après le titre d'un recueil de Mallarmé. Ces réunions connaissent un grand succès et attirent les intellectuels de tous horizons jusqu'à la guerre (*cf.* Bedu, 2009). Jerphanion et Jallez s'installent :

> – Alors » fit doucement Jerphanion, quand ils eurent pris place sur une banquette au fond de la salle, « tout ça, ce sont de grands hommes ?
> – Ne te fiche pas de moi.
> De son regard de paysan avisé, Jerphanion inspectait l'alentour. Une quarantaine de personnes, plus ou moins groupées par tables, mais voisinant d'une table à l'autre. La fumée et la rumeur d'une salle ordinaire. Mais – pour être juste – une atmosphère beaucoup plus excitante. [...]
> [On parle des derniers numéros de *Vers et Prose*] Remy de Gourmont a eu le tort d'y laisser paraître deux poèmes médiocres du symbolisme le plus désuet [...] Romains donne la suite d'*Un Être en marche*. C'est assez impressionnant, bien qu'il soit encore difficile de se prononcer. D'une nouveauté plus agressive que cette *Vie unanime* sur laquelle tant de gens se sont excités depuis six mois. (Paul Fort aime beaucoup ça. Et Moréas ? Il ne l'a pas lu. Il ne lit rien. Mais il a dit à Romains l'autre jour, d'un air paternellement scandalisé : « il paraît que vous écrivez en vers blancs ? ») Justement Romains est là. C'est ce jeune homme à la grande barbe noire et aux yeux bleus.
> Jallez, à qui l'on vient de le montrer, aurait envie de causer avec lui. Il a retrouvé dans *La Vie unanime* bien des choses qu'il avait senties de son côté. Mais il faudrait que la présentation se fît toute seule, sans risque pour l'amour-propre de Jallez, et qu'il fût certain d'être bien accueilli. Or l'auteur de *La Vie unanime* passe pour distant ; et il en a l'air. Tant pis pour lui. Il ne saura pas qu'il avait dans cette salle un lecteur fraternel. (1988, pp. 635 et 640-641)

Romains utilise la voix de son propre narrateur pour s'introduire et se mettre en scène dans la fiction – qui est fondée sur des événements attestés, une réunion à *La Closerie* ayant probablement eu lieu ce jour-là[4] – ce qui produit un intéressant effet de dédoublement. Comme le fait remarquer Rony dans la longue préface qu'il a donnée à l'édition « Bouquins », quoique l'Histoire soit présente à toutes les pages, ou peu s'en faut, dans *Les hommes de bonne volonté*, Jules Romains lui-même se défendait d'avoir fait œuvre d'historien. Rony rapporte quelques lignes d'une préface abandonnée par l'auteur : « Il s'agit ici de quelque chose de plus profond, de plus chaud et de plus secret que l'Histoire. [...] Ce que nous voulons, c'est que l'époque vienne, comme une femme rencontrée, s'asseoir près de nous sur une banquette de café, dans la salle la plus intérieure. » (Introduction, p. xviii) Si Romains n'est pas en effet un « historien ou un chroniqueur de la Troisième République » *(ibidem)*, il rend parfaitement compte

4 Nous n'avons pas trouvé de traces dans les journaux que nous avons consultés, ce qui n'infirme rien. Le 24 décembre 1908 était bien un jeudi.

de l'époque et du climat qui régnait, notamment, pour les premiers volumes, dans les années précédant 1914. Les destinées romanesques de ses personnages entrent en résonance avec l'air du temps, tout en conservant à l'intrigue une consistance narrative quelquefois presque « feuilletonnesque » – la construction de l'œuvre n'est pas sans analogies avec ce que seront beaucoup plus tard certaines séries télévisées.

On comprend que le contexte occupe dans notre ouvrage une place considérable. Nous n'avons pas l'intention de débattre ici longuement de cette question qui, tant dans la sphère linguistique que dans celle de la critique littéraire a fait couler énormément d'encre. Qu'il nous suffise de souligner, avec Fabre et Jamin (2012, pp. 587-588) que « la définition de tout roman comme un espace de polyphonie ou d'affrontement, selon Mikhaïl Bakhtine (1978) et Antonio Gramsci (1983) conjugués, risque [...] d'apparaître comme une hypothèse simplement commode en ce qu'elle rejette à l'eau ce que les filets ethnographiques remaillés avaient d'abord repêché. » Fabre et Jamin soulignent avec raison que, passer du « tout est fiction » gracquien – qu'en ce qui nous concerne nous considérons comme parfaitement irréaliste, y compris pour le « nouveau roman » – au « tout est archive » n'est pas simple, car encore faut-il donner un contenu aux sources en question. On est du côté de Fabre et Jamin lorsqu'ils soutiennent qu'une recherche de ces sources et influences conduit fréquemment à négliger « la poétique du roman, sa structure narrative, son esthétique, où l'on passe de quelque chose de déjà dit à autre chose qui ne l'est pas, et ce non seulement en raison de la rhétorique – la syntaxe, le style, la prosodie –, mais de la sélection et de l'agencement des situations racontées, de l'invention et de l'agitation des personnages [...]. »

La ville, ses faubourgs, ses banlieues, ses grands ensembles, ses cités, ses friches industrielles, ses marges incertaines, comme ses beaux quartiers et ses « lieux de mémoire », se donnent en effet à voir non seulement à travers les travaux des sociologues, des historiens, des géographes, dont les méthodes certes éprouvées ne vont pas – même lorsqu'il s'agit d'entretiens – sans une certaine austérité descriptive (il n'y a là rien de péjoratif), mais également d'une façon plus sensible : nous voudrions donc ajouter modestement une brique à l'édifice, en construisant des fragments d'une histoire littéraire et sociale de la cité. C'est qu'en effet, même lorsqu'il n'est pas directement fait allusion à des faits/événements « historiques » (sociaux, culturels, économiques) précis, le contexte y renvoie inexorablement et réintroduit l'extériorité du monde dans le romanesque ou dans le récit. Ainsi, Annie Ernaux écrivait-elle dans l'avant-propos de *Journal du dehors* (1996) :

> Depuis vingt ans, j'habite dans une ville nouvelle, à quarante kilomètres de Paris, Cergy-Pontoise. Auparavant, j'avais toujours vécu en province, dans des villes où étaient inscrites les marques du passé et de l'histoire. Arriver dans un lieu sorti du néant en quelques années,

> privé de toute mémoire, aux constructions éparpillées sur un territoire immense, aux limites incertaines, a constitué une expérience bouleversante. [...] Je suis sortie peu à peu de cette schizophrénie. J'ai aimé vivre là, dans un endroit cosmopolite, au milieu d'existences commencées ailleurs, dans une province française, au Vietnam, au Maghreb ou en Côte d'Ivoire – comme la mienne, en Normandie. [...] Il n'y a pas de hiérarchie dans les expériences que nous avons du monde. La sensation et la réflexion que suscitent les lieux ou les objets sont indépendantes de leur valeur culturelle, et l'hypermarché offre autant de sens et de vérité humaine que la salle de concert. (pp. 499-500)

Pour Ernaux, « il n'y a pas de hiérarchie dans les expériences que nous avons du monde ». Et en effet, le ressenti vient en vagues complexes et pressées, submergeant l'intellect ; tenter d'en rendre compte, notamment en accordant une place importante à l'écume de la trace et aux indices, et en nous inspirant autant que faire se peut de la méthode ginzburgienne, c'est au moins tenter d'atteindre une partie de l'essentiel. Le grand géographe qu'est Marcel Roncayolo commentant, dans un entretien, « le Paris de Jules Romains », remarquait que le romancier livrait une vision de la ville pensée par « surimpositions », « expression poétique du phénomène social ».

> Le Paris qu'il présente est donc un Paris reconstitué, et parfois troublé, par la mémoire, un Paris aussi sciemment pensé par surimpositions. Il le recompose dans l'optique de l'unanimisme, expression poétique du phénomène social. L'unanimisme lui fournit un instrument de description étincelant, en lui permettant de dessiner à la fois l'unité de la ville et le fait qu'elle est constituée de trajectoires individuelles aléatoires. La réussite du livre réside dans cette saisie globale de la ville comme agglomération, agglomération dont les formes sont moins importantes que les mouvements, le souffle, les battements de cœur. C'est la première fois, je crois, que la ville est présentée sous cet aspect. Ce ne sont pas les mouvements, les points saillants de la ville, ni ses détails ni ses limites qui comptent, comme dans un guide, mais l'être vivant que constituent ensemble la trame bâtie, les fonctions et les habitants.

Dans cet univers du sensible, par de minuscules actions, chacun contribue à l'ensemble. Pour nous en tenir à la forme de la cité, c'est encore Roncayolo, dans *La ville et ses territoires*, qui fait valoir que l'on serait dans l'erreur, si l'on voulait appréhender l'urbain comme une simple addition de structures et de plans. Bien sûr, la ville ancienne peut être démolie, des quartiers entiers remplacés par d'autres qui ne laissent rien subsister de l'ancien tissu ; dans d'autres cas, émergent des îlots du bâti préexistant, coexistant avec les constructions les plus récentes. Tous les cas de figure sont attestés. En fait, écrit Roncayolo, « ce sont bien des ruptures économiques, sociales, idéologiques (et l'explication ne passe pas linéairement des infrastructures aux superstructures) qui donnent l'explication raisonnée de cette complexité des formes. Qu'il y ait des continuités plus longues ou des transferts de modèles, d'une société à l'autre, ne peut être nié ; encore faut-il que la société d'accueil donne un sens à la réutilisation des formes anciennes ou à l'importation de formes étrangères. » (1997, p. 99)

***

L'ouvrage est articulé en quatre parties complémentaires. La première, intitulée *« Danger social », exclusion, errance*, s'attache à préciser la situation de l'individu dans la ville industrielle et postindustrielle et traite des lieux de désespérance, ordinairement qualifiés d'inhabitables, dont on montrera qu'ils ne le sont que très exceptionnellement [1 à 4]. La deuxième partie, *Systèmes urbains et superposition des traces*, est consacrée à l'examen des réseaux urbains, aux ruptures spatiales et sociales et à la mise en perspective littéraire de certains quartiers – notamment l'emblématique quartier de l'Alboni à Paris. Cette partie comporte en outre une étude de cas, l'utopie d'Arc-et-Senans de Ledoux [5 à 7]. La troisième partie, *Métabolisme urbain, contamination, innovation et changement*, s'intéresse aux processus d'« infection » à l'œuvre dans les centres urbains et aux mécanismes d'innovation et de blocage des changements sociaux et linguistiques [8 à 10]. La quatrième partie, *Frontières symboliques, micro-histoire et destinées singulières*, donne enfin à voir, en 3 chapitres [11 à 13], les modalités de déconstruction du tissu social et urbain traditionnel dans une ville de province industrielle ainsi que les changements dans les représentations de la spatialité intime, particulièrement dans les années soixante. On examine également les destinées d'un groupe de paysans devenus ouvriers dans la vallée du Doubs en voie d'industrialisation, depuis les années trente du XIXe siècle jusqu'aux années soixante-dix du XXe et l'on resitue ces événements dans un cadre socio-historique, ethnologique et économique plus large organisé en fonction d'un antagonisme urbain *vs.* rural – ce second pôle perdant progressivement de son magnétisme au profit du premier. Le dernier chapitre, largement fondé comme le précédent sur une *histoire des traces*, met l'accent sur les puissantes rivalités à l'œuvre dans un village « sous influence citadine » et dégage les modalités de la difficile cohabitation entre sédentaires et gens du voyage dans la seconde moitié du XIXe siècle. Dans tous les cas, nous avons procédé au dépouillement minutieux d'archives, au déroulement d'un écheveau d'indices (méthode qui, en mars 2014, nous a conduits en Nouvelle-Calédonie), selon la méthode éprouvée de Carlo Ginzburg et, plus récemment, de l'excellent Philippe Artières. *Cette constellation de points de vue complémentaires* qui se répondent, constitue une approche largement inédite.

Nous nous attachons aussi à remettre en perspective quelques notions que l'on tient généralement pour acquises, inséparables des études urbaines – par exemple celles de « postmodernité » et de « non-lieu », qui furent au centre de tant de colloques et de publications qu'elles en sont presque devenues des *topoï*, et que l'on cherche désormais moins à déterminer si ces concepts sont bien fonctionnels, qu'à les illustrer. De ce point de vue, il serait intéressant de disposer d'une étude mettant en évidence les très nombreux cas dans lesquels les termes « non-lieux », « postmoderne », « postmodernité », sont employés comme de simples balises lexicales ; il en va de même pour les citations de Marc Augé, régulièrement utilisées comme jalons non discutables, à telle enseigne que l'on serait tenté de parler de « name-dropping ». Comme le relève avec grande raison le géographe Alexandre Gillet (2006, §2), « pour Jean Duvignaud, le non-lieu était encore le lieu nomade par excellence, s'opposant parfois à la ville, et d'autres fois entraînant celle-ci dans "une permanente topomorphose" (Duvignaud, 1977). Désormais, le "charme incertain" des terrains vagues paraît, malgré une certaine nostalgie, tenu à distance (ostracisé) par une surmodernité dont la dromomanie se révèle, à mesure que nous avançons dans la lecture, un peu plus marquante, pour ne pas dire totalitaire. ».

Outre la classique documentation bibliographique académique (sociologie, géographie, histoire, ethnologie, critique littéraire, linguistique, etc.) nous faisons la plus large place aux témoignages littéraires (romans, poésie, récits), ainsi qu'aux données issues de la presse. Cela permet, comme l'écrivait Roncayolo à propos de Jules Romains, de saisir globalement la ville « comme agglomération, agglomération dont les formes sont moins importantes que les mouvements, le souffle, les battements de cœur. » Et surtout, on peut ainsi tenter de saisir une partie « de la grande âme inquiète » que Jules Romains lui-même décelait dans la grande cité (Romains, 1923, p. 75). Il convient d'apporter une dernière précision : elle concerne les notes, qu'à la suite de Pierre Nora nous considérons comme faisant intrinsèquement partie de l'économie de l'ouvrage. L'auteur des *Lieux de mémoire*, qu'un jour dans un escalier Aragon surnomma « monsieur notes de bas de page », est récemment revenu, dans une émission sur France Culture, sur l'intérêt de cet appareil, qui favorise une lecture intertextuelle et dialogique, permettant une modulation du point de vue et des ajouts indispensables qui n'ont cependant pas leur place dans le corps du texte, car ils y seraient digressifs.

Qu'on nous permette, dans cette préface, un détour conclusif par les rapports de la mémoire et de l'histoire selon Paul Ricoeur : l'empreinte mémorielle constitue bien l'une des origines de l'Histoire, qu'elle soit attestée et donc observable sous forme de texte, de représentation visuelle ou même sonore pour la période la plus récente – on pense ici particulièrement aux *Archives de la parole*, de Ferdinand Brunot (Freyermuth et Bonnot, 2005), qui avait tenu à conserver les voix de personnalités de la politique, des arts et des lettres – par exemple celle d'Apollinaire[5] disant les poèmes « Marie », « le pont Mirabeau » et « le voyageur ». Il faut entendre la voix de Brunot, lors de la séance d'inauguration des *Archives* en 1911 – la BNF en conserve l'enregistrement – déclamer, comme il était alors d'usage : « Que serait-ce, écrivait Eschine à des disciples qu'enthousiasmait la lecture d'une harangue de Démosthène, que serait-ce si vous entendiez hurler la bête elle-même ? », et poursuivre : « Et que nous enseigne dès lors

5 L'enregistrement eut lieu le 24 décembre 1913 à 11 heures du matin ; à cette séance participaient également Paul Fort, André Billy et André Salmon. <http://gallicadossiers.bnf.fr/AudioVideo/SDCH_000155_piste02.mp3>.

une indication crayonnée par une Rachel sur son rôle ? Que vaut une note du critique qui a essayé de marquer comment la fameuse tragédienne disait un vers du répertoire ? » (*ibidem*, p. 213) De telles traces sont semblables à certains objets, elles sont précieuses – plutôt qu'inestimables – en ce qu'elles donnent de la chair au passé. Pour Ricoeur, « la mémoire détient un privilège que l'histoire ne partagera pas, à savoir le petit bonheur de la reconnaissance : "C'est bien elle ! C'est bien lui !" Quelle récompense, en dépit des déboires d'une mémoire difficile, ardue ! » (2000, p. 736) Et d'ajouter : « On connaît [la] fameuse image du cône renversé [de Bergson] pointant vers le bas : à la base, en haut, la masse des souvenirs ; à la pointe, en bas, la venue du souvenir pur à l'image affleurant la surface du présent vif. C'est le moment de la reconnaissance du passé dans ces images [...] : en haut, à la base, l'aporie inaugurale de la mémoire, aporie de la présence de l'absent et de l'antérieur ; le long de la descente du cône, les difficultés de la mémoire empêchée, manipulée, obligée ; à la pointe, là où le cône affleure au plan de la connaissance historique, le petit bonheur de la reconnaissance, seul et précaire gage de la fidélité de la mémoire. » *(ibidem)* Autant que faire se peut, *il faut écouter hurler la bête.*

Première Partie
« Danger social », exclusion, errance

CHAPITRE 1
MALAISE DANS LA VIE ET DANS LA VILLE

Sentiment de la nature et prémices de standardisation urbaine

« C'est la faiblesse de l'homme qui le rend sociable ; ce sont nos misères communes qui portent nos cœurs à l'humanité » écrivait Rousseau, ([1762] / 1914, p. 144) dans *Émile ou De l'éducation*. Tant qu'Émile n'a pas conscience de ce que ressentent les autres, aussi longtemps qu'il n'a pas ressenti lui-même de l'angoisse devant le spectacle de la douleur et de la mort, il sera « indifférent à tout, hors à lui-même ». Il faut, pense Rousseau, être en mesure de s'identifier à l'être souffrant et pour cela, quitter « notre être pour prendre le sien ». On a davantage affaire ici à l'empathie qu'à la sympathie, car il s'agit avant tout *d'éprouver* l'état d'un autre individu ; ce n'est pas non plus une démarche fondée en raison – il faut « que l'imagination s'anime et commence à le transporter hors de lui » ; on tient là une ébauche de théorie de l'esprit. Dans bien des cas, comme le jeune enfant de Rousseau, l'individu « postmoderne » échouerait, non seulement à se représenter ce que l'autre ressent, mais plus largement à éprouver de l'appétence pour les autres et pour le monde dans lequel il essaie de vivre. Ainsi Michel, dans *Les particules élémentaires* de Houellebecq, sur le point de partir en Irlande, se rend un soir chez Annabelle et lui explique son « projet » (pp. 274-276) :

> Pour lui maintenant, le programme à remplir était tracé [...]. L'essentiel était de ne pas se polariser sur l'ADN, d'envisager dans toute sa généralité l'être vivant comme système autoreproductible. [Annabelle demande à Michel de lui faire un enfant] Michel alluma une cigarette pour réfléchir « C'est une drôle d'idée, dit-il entre ses dents. Une drôle d'idée de se reproduire, quand on n'aime pas la vie. » [...] Elle posa les mains sur son ventre, remonta jusqu'à ses seins, ouvrit légèrement les cuisses. Elle était belle, désirable et aimante ; pourquoi ne ressentait-il rien ? C'était inexplicable. [Michel accepte] Il ne ressentait pas grand-chose, sauf la douceur et la chaleur de son vagin. [...] Peu avant d'éjaculer il eut la vision – extrêmement nette – de la fusion des gamètes, et tout de suite après des premières divisions cellulaires. C'était comme une fuite en avant, un petit suicide. Une onde de conscience remonta le long de son sexe, il sentit son sperme projeté hors de lui-même.

Un peu plus tard, Annabelle apprend qu'elle a un « cancer de l'utérus au stade pré-envahissant ». Le cancer s'étant généralisé, Annabelle se suicide en avalant du Rohypnol, entre dans un coma profond et meurt à l'hôpital. Michel Djerzinski est présent :

> Djerzinski prit conscience, pour la deuxième fois, de la puissance du vide. [...] Certains êtres vivent jusqu'à soixante-dix, voire quatre-vingts ans, en pensant qu'il y a toujours du nouveau, que l'aventure est, comme on dit, au coin de la rue ; il faut en définitive pratiquement les tuer, ou du moins les réduire à un état d'invalidité très avancé, pour leur faire entendre raison. Tel n'était pas le cas de Michel Djerzinski. Sa vie d'homme il l'avait vécue seul, dans un vide sidéral. Il avait contribué au progrès des connaissances ; c'était sa vocation, c'était la manière dont il avait trouvé à exprimer ses dons naturels ; mais l'amour, il ne l'avait pas connu. (*ibidem*, p. 287)

Michel disparaît en Irlande, on ne le retrouvera jamais. Ses travaux sont poursuivis par une équipe de chercheurs et, en 2029, naît une « nouvelle espèce intelligente créée par l'homme "à son image et à sa ressemblance". » à cette occasion, le responsable de l'équipe déclare que « l'humanité devait s'honorer d'être "la première espèce animale de l'univers connu à organiser elle-même les conditions de son propre remplacement" ». (*ibidem*, p. 315) Michel Djerzinski ne sera jamais en mesure de dépasser le stade de l'enfant indifférent ; la conscience de l'autre se réduit à l'éjaculation d'un peu de sperme, il ne peut envisager la suite de l'histoire – la sienne et finalement celle de l'humanité –, que de manière biologique. La disparition d'Annabelle lui permet sans doute, de manière fugace, d'entrevoir ce qu'aurait pu être une existence où la compréhension des choses de la vie aurait pris le dessus sur le tout cognitif. Djerzinski se souvient, mais ne comprend pas :

> Michel se souvint des après-midi de ses quinze ans, quand Annabelle venait l'attendre à la gare, et se serrait dans ses bras. Il regarda la terre, le soleil, les roses ; la surface élastique de l'herbe. C'était incompréhensible. [...] Non, il allait partir ; il allait travailler. Il ne savait rien faire d'autre. Le ciel lui parut traversé de rayons ; il se rendit compte qu'il pleurait. (*ibidem*, pp. 288-289)

En ce sens, peut-être est-il en effet « postmoderne » ; le sentiment de la nature avec laquelle jamais il n'entre en résonance lui reste impénétrable. Il est bien différent de l'homme « moderne », décrit par le géographe social et anarchiste Élisée Reclus dans un texte très court intitulé *Du sentiment de la nature dans les sociétés modernes*, mettant en scène savants, artistes, industriels, et même pauvres déclassés, consolés et affermis par le spectacle de l'univers géologique et végétal. Michel Djerzinski, étranger au monde et à lui-même, est en quelque façon comparable aux proscrits de Reclus, qui vivent « comme les bannis sur le sol de la patrie [et] ne cessent point de sentir, même dans le site le plus charmant, qu'ils sont isolés, inconnus, sans amis, et la plaie du désespoir les ronge toujours ». Mais ces bannis eux-mêmes finissent « par ressentir la douce influence du milieu qui les entoure, leurs plus vives amertumes se changent peu à peu en une sorte de mélancolie qui leur permet de comprendre, avec un sens affiné par la douleur, tout ce que la terre offre de gracieux et de beau. Plus que bien des heureux, ils savent apprécier le bruissement des feuilles, le chant des oiseaux, le murmure des fontaines. » (Reclus, 1866, p. 381) Le géographe ne fait cependant preuve d'aucune naïveté ; il constate que le « milieu » – on ne parle pas encore d'environnement à la fin du Second Empire – est mis en coupe réglée par des « entrepreneurs » sans scrupules :

> Autour de Londres, c'est par centaines de mille que l'on doit compter ceux qui plongent tous les matins dans le tourbillon d'affaires de la grande ville et qui retournent tous les soirs dans leur paisible home de la banlieue verdoyante. La Cité, le vrai centre du monde commercial, se dépeuple de résidents ; le jour, c'est la ruche humaine la plus active ; la nuit, c'est un désert. Malheureusement, ce reflux des villes vers l'extérieur ne s'opère pas sans enlaidir les campagnes : non seulement les détritus de toute espèce encombrent l'espace intermédiaire compris entre les cités et les champs ; mais chose plus grave encore, la spéculation s'empare de tous les sites charmants du voisinage, elle les divise en lots rectangulaires, les enclot de murailles uniformes, puis y construit par centaines et par milliers des maisonnettes prétentieuses. [...] Dans les régions de montagnes fréquemment visitées, la même rage d'appropriation s'empare des habitants : les paysages sont découpés en carrés et vendus au plus fort enchérisseur [...]. Des entrepreneurs afferment les cataractes, les entourent de barrières en planches pour empêcher les voyageurs non-payants de contempler le tumulte des eaux, puis, à force de réclames, transforment en beaux écus sonnants la lumière qui se joue dans les gouttelettes brisées et le souffle du vent qui déploie dans l'espace des écharpes de vapeurs. (1866, p. 377)

Il est frappant de constater à quel point la perception romantique qu'a Reclus de la nature sauvage sert de repoussoir à l'asservissement de celle-ci et à sa mutilation organisées rationnellement par des spéculateurs aux seuls desseins économiques. Ce qui, par nature, est libre, tant par ses formes originales que par sa puissance, se retrouve contraint et géométriquement contenu par les entrepreneurs. La cataracte, exemple même de la force naturelle irréductible, est cachée aux yeux des hommes à qui elle s'offre pourtant dans les paysages, sans contrepartie. La description qu'en dresse Reclus rappelle avec insistance les envolées lyriques d'un Senancour ([1804] 2003) dans *Oberman*, dont le héros entre en communion avec une nature à la fois formidable et délicate – tout comme chez Reclus s'harmonisent « le tumulte des eaux », l'irisation de la lumière sur les gouttelettes et l'évanescence des « écharpes de vapeur ». Quelque trois quarts de siècle plus tard, Giraudoux, dans sa pièce *La folle de Chaillot*[1], dénoncera les mêmes responsables d'exactions, les « mecs » prêts à sacrifier la ville (en l'occurrence Paris) sur l'autel du profit (Freyermuth, 2013).

Outre les sites touristiques décrits par Reclus, ces opérations de spéculation incontrôlée s'exercent aux dépens des zones périurbaines. Le géographe avait parfaitement isolé, parmi les nombreuses possibilités qui s'offraient à lui, l'indice

1 Pièce écrite par Giraudoux durant l'Occupation, représentée à titre posthume par Louis Jouvet en 1945 et publiée en 1946.

le plus remarquable permettant de qualifier la ville moderne en devenir, dont il met en évidence l'expansion continue ; mais ce qu'il faut d'abord retenir, c'est qu'il analyse le phénomène en termes de flux, de mouvement et de dépersonnalisation généralisée, montrant de quelle façon la périphérie de la cité est peu à peu contaminée par ce que la ville a de plus laid. La *ruche* citadine est de plus viciée par des « vapeurs pestilentielles » :

> Il importe peu à l'industriel, exploitant sa mine ou sa manufacture en pleine campagne, de noircir l'atmosphère des fumées de la houille et de la vicier par des vapeurs pestilentielles. Sans parler de l'Angleterre, il existe dans l'Europe occidentale un grand nombre de vallées manufacturières dont l'air épais est presque irrespirable pour les étrangers[2] ; les maisons y sont enfumées, les feuilles mêmes des arbres y sont revêtues de suie, et quand on regarde le soleil, c'est à travers une brume épaisse que se montre presque toujours sa face jaunie. Quant à l'ingénieur, ses ponts et ses viaducs sont toujours les mêmes, dans la plaine la plus unie ou dans les gorges des montagnes les plus abruptes il se préoccupe, non de mettre ses constructions en harmonie avec le paysage, mais uniquement d'équilibrer la poussée et la résistance des matériaux. (*ibidem*, p. 378)

Le texte juxtapose donc deux mondes ; en évoquant le tourisme, les Alpes, ceux pour qui « l'escalade des rochers est une véritable volupté », Reclus décrit moins une société des loisirs qui ne concerne encore qu'une infime minorité de privilégiés, qu'il n'évoque un monde postromantique, ainsi que nous le faisions déjà remarquer : « De nos jours, on n'adore plus les montagnes, mais ceux qui les ont souvent parcourues les aiment d'un amour profond. Telle cime que l'on a gravie semble vous regarder ; elle vous sourit de loin ; c'est pour vous qu'elle fait briller ses neiges et que le soir elle s'éclaire d'un dernier rayon. » (*ibidem*, p. 354) Dans la première moitié du XXe siècle, Giraudoux dressait le même constat quant à l'absence de la nature dans les villes et à l'urgence de l'y réintroduire[3].

Un autre aspect très remarquable de cet article de la *Revue des deux Mondes* est qu'Élisée Reclus fut sans doute l'un des premiers à insister sur le mécanisme de standardisation de l'urbanisme, dont on ne peut que déceler les balbutiements à l'époque de l'écriture du texte. Il est d'autant plus intéressant de noter que l'exemple choisi est celui des ponts métalliques, c'est-à-dire des structures à grande portance (*cf.* les ponts d'Eiffel) qui permettront dans un avenir relativement proche d'édifier des villes entières, Chicago par exemple, à compter du grand incendie de 1871. Le pont métallique n'est pas qu'une prouesse technique, il est

2 On observera en passant que si l'air est irrespirable pour les étrangers qui traversent ces contrées polluées, il semble ne pas l'être pour les autochtones (voir [2]), ceux-ci étant considérés par beaucoup comme des prolongements de l'outil de production.

3 Giraudoux, Jean, *De Pleins Pouvoirs à Sans Pouvoirs*, Paris, Julliard (1994, p. 76) : « Chaque citoyen, quelle que soit sa classe, a droit à la même santé, aux mêmes facilités de ses allées et venues ; chaque quartier doit lui fournir les mêmes éléments d'agrément, d'éducation et de beauté que les quartiers dits autrefois de luxe. »

avant tout le symbole du passage d'un monde à un autre, ainsi qu'en témoigne par exemple le poème *The Bridge* – à la gloire du pont de Brooklyn, achevé en 1883 – publié en 1930 par Hart Crane[4], dont Lehan (1998, p. 230) estime qu'il relie le passé au présent : « The bridge is a symbol of interconnectedness between the finite and the infinite, the past and the present, East and West, the agrarian and industrial society, and Crane's task is to heal "the iron-dealt cleavage" ». En France, à la toute fin du XIXe siècle, Jules Verne a décrit *Standard-Island*, ville futuriste et mobile – l'île à hélice, du roman éponyme (1895/1906, pp. 67-68). La cité flottante utilise les matériaux les plus contemporains : l'aluminium (il évoque à ce propos le chimiste Sainte-Claire Deville, auquel il fera encore allusion dans *De la Terre à la Lune*), les briques de ciment et le verre, « creusé, soufflé, moulé ». Une allusion est faite à Chicago, qui cependant ne sert pas de modèle à l'urbanisme vernien :

> Lorsque ce sol métallique est établi, lorsque la partie réservée à la ville est disposée pour être bâtie, lorsque le plan des rues et des avenues est adopté, les constructions commencent à s'élever, hôtels superbes, habitations plus simples, maisons destinées au commerce de détail, édifices publics, églises et temples, mais point de ces demeures à vingt-sept étages, ces skyscrapers, c'est-à-dire « grattoirs de nuages », que l'on voit à Chicago. Les matériaux en sont à la fois légers et résistants. Le métal inoxydable qui domine dans ces constructions, c'est l'aluminium, sept fois moins lourd que le fer à volume égal – le métal de l'avenir, comme l'avait nommé Sainte-Claire Deville, et qui se prête à toutes les nécessités d'une édification solide. Puis, on y joint la pierre artificielle, ces cubes de ciment qui s'agencent avec tant de facilités. On fait même usage de ces briques en verre, creusées, soufflées, moulées comme des bouteilles, et réunies par un fin coulis de mortier, briques transparentes, qui, si on le désire, peuvent réaliser l'idéal de la maison de verre. Mais, en réalité, c'est l'armature métallique qui est surtout employée, comme elle l'est actuellement dans les divers échantillons de l'architecture navale.

Tous ces matériaux et ces techniques innovantes permettent de réaliser « si on le désire, l'idéal de la maison de verre », préfigurant ainsi les constructions modernistes du siècle suivant[5].

4 Ce texte a été traduit et adapté en français. Voir Melançon (1987).

5 Bien que ce roman vienne tardivement dans l'œuvre de Verne, le romancier dissocie fermement réalisations techniques révolutionnaires et créations artistiques d'avant-garde. Le narrateur de *L'île à hélice* qualifie en effet les impressionnistes et les futuristes de façon fort désobligeante : « Aux amateurs de peinture, le musée, riche de tableaux anciens et modernes, offre de nombreux chefs-d'œuvre, [...] parmi les modernes, des Fragonard, des Ingres, des Delacroix, des Scheffer, des Cabat, des Delaroche, des Régnant, des Couture, des Meissonier, des Millet, des Rousseaux, des Jules Dupré, des Brascassat, des Mackart, des Turner, des Troyon, des Corot, des Daubigny, des Baudry, des Bonnat, des Carolus Duran, des Jules Lefebvre, des Vollon, des Breton, des Binet, des Yon, des Cabanel, etc. [...] Ce qu'il convient d'observer, c'est que les impressionnistes, les angoissés, les futuristes, n'ont pas encore encombré ce musée ; mais, sans doute, cela ne tarderait guère, et Standard-Island n'échappera pas à cette invasion de la peste décadente. » (Verne, 1895/1906, pp. 96-97)

L'homme et la Mégamachine

> La comparaison des animaux aux machines n'est pas seulement légitime, elle est aussi d'une utilité extrême à différents points de vue. Elle fournit un précieux moyen de bien faire comprendre les phénomènes mécaniques qui se passent chez les êtres vivants, en les rapprochant de phénomènes semblables, mais généralement mieux connus, qu'on peut constater dans la fonction des machines usuelles.
>
> Étienne Jules Marey, *La machine animale*, 1886, p. viii.

La mécanisation ne tarde pas à gagner l'homme, notamment à travers la taylorisation. Outre la mise en œuvre dans les usines de Henry Ford de la standardisation et de la rationalisation de la production, issues des théories chronométriques de Frederick Taylor (décédé en 1916), l'impossible tentative de « symbiose » de l'homme et d'un univers machinique et bientôt machinal, aura comme conséquence l'émergence d'une *Mégamachine industrielle*, qui, loin de créer les conditions d'une libération et d'un épanouissement de l'individu, asservira ce dernier à son établi. La notion de Mégamachine a été employée par Lewis Mumford (1973) pour rendre compte de la société pharaonique dans laquelle une organisation hiérarchique sans faille a permis la construction des pyramides et d'autres ensembles architecturaux gigantesques. D'une façon analogue, les organisations staliniennes et nazies, fondées sur une bureaucratie à très grande échelle, réduisant à presque rien la responsabilité individuelle, ont utilisé les individus comme des rouages interchangeables – ceci étant particulièrement évident dans le système de production soviétique : une excellente illustration est fournie par l'œuvre théorique et poétique d'Alexei Gastev (victime d'une purge stalinienne en 1939), dans l'URSS des années 20 et 30. Gastev peut être considéré comme l'introducteur en Union soviétique de la biomécanique appliquée au travail industriel ; il fonde en 1920 « l'Institut pour l'organisation scientifique du travail et la mécanisation de l'homme. » (Wollen, 1988, p. 7 ; Vaingurt, 2008) Également auteur de science-fiction, il avait publié en 1916 un ouvrage intitulé *L'Express*, dans lequel il imaginait la Sibérie de l'avenir et que Heller résume ainsi : « Partout, dans cette Sibérie, ont surgi villes et chantiers industriels ; les paysans d'autrefois, vivent aujourd'hui dans des villages s'étendant sur des milliers de verstes, au milieu des champs dans lesquels travaillent des "monstres d'acier : les machines". [...] Pour maîtriser la machine, l'homme doit devenir son égal. Et voilà qu'apparaît sur l'estrade du théâtre un ouvrier, un chaudronnier ; il doit frapper de son marteau sur une enclume, sans regarder l'heure, exactement soixante fois par minute. Sa cadence est passée de cent vingt à quatre-vingt-dix, pour enfin se stabiliser à soixante. C'est l'homme de l'avenir. Ils seront des millions de la sorte et "le million tout entier prend le marteau au même instant". Pour transformer les hommes ordinaires en hommes de l'avenir, il faut les "ingéniériser". »[6] (Heller, 1979, pp. 32-33)

L'uniformisation du monde est donc annoncée. *La ville mécanique* est peuplée d'hommes de l'avenir attachés à leur enclume, comme ils le seront plus tard à la chaîne, à l'ordinateur ou à la caisse d'un hypermarché. Dans la seconde moitié du XXe siècle, Günther Anders, théoricien de la modernité technique, a fait appel au concept de *machine totale*. David (2006, p. 183) souligne que « l'idée d'une autonomie de la technique [...] a conduit Anders à celle d'un "système d'instruments", d'un "macro-instrument", d'un "macro-appareil", d'une "mégamachine", [...] etc. Derrière ce lexique flottant, se tient bien toujours un même concept : celui d'un devenir-monde des machines qui est également un devenir-machine du monde. [...] La mégamachine est une machine célibataire qui n'admet pas qu'il continue à exister quelque chose hors d'elle et rêve – car, chez Anders, les machines rêvent ... – de se débarrasser des hommes mais aussi des autres machines pour égaler le Tout, en les intégrant les uns comme les autres à son propre fonctionnement ». On conviendra bien sûr, avec Félix Guattari (1986, p. 8), que ces « univers machiniques » sont hétérogènes et qu'ils évoluent, accompagnant les civilisations humaines : « C'est au carrefour d'univers machiniques hétérogènes, de dimensions différentes, de texture ontologique étrangère avec des innovations radicales, des repères de machinismes ancestraux hier oubliés puis réactivés, que se singularise le mouvement de l'Histoire. La machine néolithique associe, entre autres composantes, la machine de la langue parlée, les machines de pierre taillée, les machines agraires fondées sur la sélection des graines et une proto-économie villageoise. La machine scripturale ne verra, elle, son émergence qu'avec la naissance des méga-machines urbaines (Lewis Mumford), corrélatives à l'implantation des empires archaïques. »

Il faut évoquer ici l'écrivain et dessinateur satirique Albert Robida (1848-1926), qui fut un visionnaire exceptionnel – à certains égards supérieur à Jules Verne dans la précision du détail – s'agissant de la prévision en matière technologique. Robida est presque inconnu dans l'histoire de la littérature française, les quelques publications qui lui sont consacrées faisant de lui un précurseur de la médiologie, ce qui est singulièrement réducteur. Sans doute est-ce le caractère hybride de sa production et son côté « humoriste » qui ont nui à la pérennité de son œuvre. Dans *La vie électrique*, tableau ironique d'une société du XXe siècle vue depuis l'année 1892, Robida trace un panorama saisissant d'un machinisme esclavagiste ; sa *« grande machine »* est tout à fait semblable à celles de Mumford ou de Gastev, mais diffère de celle d'Anders, car elle n'a pas pris son indépendance et se trouve toujours soumise à la volonté d'un seul individu.

6 Ces machines totalitaires sont toutefois susceptibles de connaître des *pannes*, celles-ci étant d'ailleurs en quelque sorte inhérentes au système lui-même, comme le montre par exemple Moravia dans *L'ennui (cf. infra : l'homme postmoderne, un artefact littéraire ?).*

Cette machine sociale et industrielle s'inscrit dans un contexte économique totalement libéral, quoique dans son fonctionnement et surtout dans ses effets, elle soit exactement comparable à celle de l'auteur de *L'Express*. Ces fulgurances dans la vision prospective n'étaient cependant pas fondées, chez Robida, sur une foi aveugle dans les nouvelles techniques (voir l'excellent article de Soppelsa, 2011) ; dans la vie réelle, le romancier-dessinateur – qui ne paraît pas avoir été engagé politiquement (la situation décrite dans l'extrait suivant est d'ailleurs le résultat de l'échec cuisant « du collectivisme [qui] mourait de son triomphe ») – était en effet plutôt adepte du calme et de la pondération.

> Édouard Malbousquet, jeune alors, ex-petit ingénieur des usines, riche de quelques petits bénéfices recueillis dans l'eau trouble de la révolution sociale, eut alors l'habileté de grouper quelques amis parmi les nouveaux capitalistes et de racheter, pour un morceau de pain jeté aux actionnaires survivants, ces tristes ruines inutiles, et de tout recommencer. Le résultat, le voici : tout en haut, le puissant seigneur suzerain ; tout en bas, la tourbe des humbles vassaux ; d'un côté, une haute personnalité politique, financière et industrielle, comblée de richesses, de titres et d'honneurs ; et de l'autre, la noire fourmilière des travailleurs du fer, revenus au travail avec de la misère et de cruelles désillusions en plus. Notre haute civilisation scientifique, l'excès du machinisme, l'industrialisme écrasant l'homme sous l'engin ou changeant cet homme, non pas en machine même, mais en simple fragment de rouage de machine, ont donc, en définitive, abouti à ramener le monde en arrière [...]. Serfs des enfers industriels rivés aux plus dures besognes, petits employés cloués à leur pupitre, petits ingénieurs, rouages un peu plus fins de la grande machine, petits commerçants, laminés et broyés par les gigantesques syndicats, paysans cultivant, suivant les nouvelles méthodes, la terre des nouveaux seigneurs, dites-nous si le sort des manants du Moyen âge, des siècles où l'on avait au moins le temps de respirer, était plus rude que le vôtre ? (Robida, 1892, p. 123)

Dans les mêmes années, le poète et inventeur Charles Cros avait composé un texte qui faisait écho à cette idée de l'homme devenu un « rouage de la grande machine ». Cros imagine les bureaux d'un journal d'un avenir plutôt lointain (en 1986). Les rédacteurs « ne sont pas beaux [...] ; ils ont des figures de déménageurs ; ils sont tous vêtus de toile grise, avec un numéro d'ordre au collet. » Cela n'est rien au regard du fait que « depuis l'invention du célèbre Américain Tadblagson, nos cervelles ont été exécutées en platine par la galvanoplastie ; que quand elles seront usées, on nous en reposera un autre exemplaire pareil, puisque les moules en sont conservés et catalogués à l'Hôtel de Ville. » Mais évidemment, cette *mécanique cérébrale* (pour reprendre le titre d'un article scientifique de Cros) est liée à la finance :

> Cette invention, due au célèbre Tadblagson, a transformé l'ordre social en rendant le talent proportionnel à la fortune. C'est ainsi que le plus grand génie de notre époque est le banquier Philipfill qui a pu se donner le luxe de collectionner les cervelles les plus chères. Entre autres, on raconte qu'il a payé un million et demi la cervelle de Sarah Bernhardt, garantie conforme. Il résulte de là qu'on en a fini avec les revendications socialistes du siècle dernier. Maintenant l'axiome est : Pas d'argent, pas de talent. Il y a de très rares exceptions de gens sans le sou qui

> naissent avec de l'esprit ; mais nos tribunaux en font prompte justice en les expropriant de leur cerveau, dont tout modèle revient à l'État.[7] (Cros, 1970, pp. 235-236)

On retrouve un écho de cette technique qui ne connaît plus qu'elle-même dans les travaux de certains psychologues, psychiatres et psychanalystes contemporains, et notamment de ceux qui traitent de l'autisme chez l'enfant. En effet, le processus de métamorphose de l'homme en machine, c'est-à-dire l'occultation puis la disparition de ses émotions et sentiments, aussi bien dans la représentation houellebecquienne de l'homme dit « postmoderne » que dans l'asservissement de type médiéval décrit par Robida, ou encore dans le texte de Cros à travers l'interchangeabilité du cerveau considéré comme une pièce mécanique, pour ne citer que quelques auteurs évoqués *supra*, suscite un rapprochement avec les travaux qui traitent de l'autisme : dans un certain nombre de belles publications, Baron-Cohen et ses collègues ont obtenu des résultats expérimentaux permettant de penser que les enfants autistes ont d'extrêmes difficultés à faire usage d'une *théorie de l'esprit*. En d'autres termes, ces enfants sont rarement en mesure de se représenter des états mentaux et de ce fait, sont incapables d'attribuer des croyances à autrui, ce qui entraîne de graves problèmes de relations sociales (Baron-Cohen, Leslie et Frith, 1985, p. 43). Partant de ces données clairement établies expérimentalement, la psychanalyste lacanienne Sophie Mendelsohn (2005, p. 132) pense pouvoir suggérer que « la pensée et son fonctionnement ne font pas l'objet d'un traitement global permettant la constitution de règles communes, communément reconnaissables par l'enfant et son groupe d'appartenance ; on peut peut-être avancer par contre que l'autiste est pourvu d'une théorie du corps, en se fondant sur un présupposé certes paradoxal, mais congruent avec l'expérience que l'autiste fait de son corps : le corps est une machine. » Dans une telle perspective, pour reprendre l'exemple du héros des *Particules élémentaires*, Michel Djerzinski, le personnage postmoderne de Houellebecq, a un comportement autistique : il est comme sourd, aveugle et insensible aux émotions amoureuses et esthétiques. Les êtres et les choses sont pour lui muets. Seul lui parle son travail scientifique dont la rationalité lui permet de ne pas se confronter à son absence d'empathie. Son esprit fonctionne comme un calculateur.

7 Charles Cros a d'abord publié ce texte en 1880 puis en 1886 dans des revues (*Tout-Paris* puis *Le Chat Noir*). Le volume intitulé *le Collier de griffes*, qui contient « Le journal de l'avenir », est une publication posthume de 1908. Cros avait remanié les versions précédentes. L'auteur notait dans les *Principes de mécanique cérébrale* : « Toutes différences réservées, les appareils de conscience restent, pour les savants, ce qu'une montre est généralement pour celui qui la porte. Cette montre lui donne l'heure, car les deux aiguilles tournent selon une loi qui lui est connue ; mais il ne sait rien du mécanisme intérieur. » Comme il s'agit d'une sorte de boîte noire (Cros n'utilise pas ce terme), il convient de « renoncer à l'observation directe de la structure des appareils de perception, de pensée et de réaction, et construire *a priori* les dispositifs qui réalisent ces fonctions, prises pour uniques données. » (Cros, 1970, pp. 528-529)

Même si l'on est réticent à accepter toutes les implications d'un tel point de vue, on constate qu'un certain nombre de récits autobiographiques d'autistes établissent une relation corps/machine. Nous retiendrons particulièrement le témoignage de Temple Grandin, qui a relaté son expérience personnelle dans un livre célèbre, *Ma vie d'autiste* (1994). La « machine à serrer », qu'elle a mise au point à partir d'une trappe à bétail, est certes un dispositif extérieur au corps, mais il permet d'apprendre « à ressentir les choses » : « À l'université, je faisais des progrès rapides et je les mettais sur le compte de ma nouvelle machine à serrer. Elle m'a appris à compatir, à être douce, et à comprendre que douceur n'est pas synonyme de faiblesse. J'apprenais à ressentir les choses. [...] J'écrivais dans mon journal : "[...] La trappe à serrer me donne le sentiment d'être portée, câlinée, bercée doucement dans les bras de maman [...]" ». (Grandin, 1994, pp. 140-141) Alors qu'avec les romans de Houellebecq on ne peut qu'opérer par inférence, chez Douglas Coupland en revanche, la relation entre autisme et individu postmoderne est beaucoup plus clairement définie. Le roman *jPod* (2006, édition numérique, n.p.) de cet auteur canadien de langue anglaise, met en scène un groupe de *geeks* enfermés dans une pièce et travaillant sur un jeu vidéo. Kaitlin, l'un des personnages, est persuadée que tout développeur est peu ou prou autiste. Elle se propose donc de fabriquer « une machine à câlins » :

> Kaitlin me demanda de venir près de son écran. « Regarde ce qui vient de sortir... » Elle regardait les plans d'une machine qui ressemblait à un engin de salle de gym. « Ils disent que les autistes sont calmés par la sensation de pression exercée sur leur peau par une source mécanique, comme des couvertures épaisses et, semble-t-il, comme ces machines à câlins. »
> « Et alors ? »
> « Alors j'ai l'intention d'en construire une dans le jPod et de la mettre à la disposition de la communauté. Nous serions la première boîte au monde à posséder sa propre machine à câlins. »
> [...]
> Qu'est-ce qu'une machine à câlins ? C'est un curieux dispositif fabriqué avec des plaques de contreplaqué de 2 pouces par 4 et deux matelas de berceau ; on l'utilise pour exercer une pression sur tout le corps, ce qui évite d'avoir à supporter la surcharge sensorielle des caresses d'une autre personne. C'est un moyen simple, agréable et asexué de calmer quelqu'un, et c'est tout indiqué pour faire en sorte que ton geek « typique » soit plus productif durant sa journée de travail.
> [...]
> Après presque six mois de blocage, Kaitlin finit par achever sa machine à câlins. Nous nous affairions dans le jPod, pour que tout soit fin prêt pour l'inauguration. La pression de dernière minute rendait Kaitlin nerveuse.
> « Et si personne ne venait ? »
> « Kaitlin, du calme. La fête sera prise d'assaut. »
> « Et si les gens n'aiment pas la machine ? [...] Ou alors s'ils ont envie de venir, mais qu'ils pensent qu'ils n'arriveront pas à supporter d'être vus en train d'utiliser une machine à câlins ? » Kaitlin avait acquis la conviction que tout un chacun, dans la « tech industry », était plus ou moins autiste. C'était sa nouvelle cause[8].

8 L'extrait est traduit de l'anglais par nos soins.

Il semble bien que le personnage de Coupland fasse allusion à une machine analogue à celle construite par Temple Grandin, permettant de révéler l'individu à lui-même[9]. En effet, selon Grandin : « la trappe à bétail n'était qu'un amplificateur et n'était pas plus à l'origine de mes pensées qu'un lecteur de disques le serait de la musique sur un disque. Je croyais que la reconnaissance de l'efficacité de la trappe à bétail contribuerait à me donner confiance en moi. Mais accepter la machine, c'était en fait accepter de regarder au fond de moi-même. » (Grandin, 1994, pp. 141-142)

Société postindustrielle et éthique

L'emballement du machinisme dans une période initiale, puis l'autonomisation de plus en plus notable de la technique qui asservit l'homme-consommateur, ont de redoutables conséquences. Dès les années cinquante, dans *L'obsolescence de l'homme*, Günther Anders (1956/2002, p. 203, cité par David, 2006, p. 185) avait parfaitement mis en évidence le processus d'aliénation lié à l'acquisition sans cesse renouvelée de nouveaux produits, qu'il s'agisse de simples objets ou de nouvelles machines – c'était alors, aux États-Unis et bientôt en Europe, une période faste pour les marchands d'électro-ménager : « Toute marchandise, une fois acquise, exige l'achat de nouvelles marchandises [...]. Aussi dur qu'il puisse trouver d'avoir tant de bouches à nourrir, celles de tous les objets qui sont devenus sa propriété, il ne [...] reste plus [à leur propriétaire] qu'à subvenir à leurs besoins, et c'est ce qu'il fait, avant même de s'en être rendu compte. Qui a besoin de A doit aussi avoir besoin de B, et qui a besoin de B doit aussi avoir besoin de C. Ainsi ce n'est pas seulement de A qu'il a toujours à nouveau besoin [...] mais plutôt de toute une génération de marchandises. À chaque achat, [le propriétaire] se vend : chaque achat le fait entrer par alliance dans une famille de marchandises qui s'accumulent, se reproduisent aussi vite que des lapins et exigent qu'il les entretienne financièrement. » La dépendance – et

9 Jean-Luc Nancy (2012), dans un entretien avec Benoît Goetz, souligne que l'homme est en quelque sorte par nature un animal « non-naturel » : « Leroi-Gourhan, en particulier [...] suggère que l'on pense très mal la technique quand on la voit comme quelque chose d'extérieur à l'homme, qui lui tomberait dessus de l'extérieur, alors qu'elle est son prolongement, l'extériorisation de son squelette, de ses muscles, de son système nerveux et de son imaginaire. [...] Il faudrait dire que c'est l'homme lui-même qui est l'animal technique. [..] On peut dire non seulement que l'homme est technicien, ou le produit des techniques, mais qu'il est bel et bien l'animal technique, parce qu'il n'a pas, justement, sa fin en soi. » <http://www.labetedanslajungle.fr/?p=985>.

presque la responsabilité de « chef de famille »[10] – engendrée par cette nécessité de posséder n'est pas uniquement interprétable comme un phénomène de mode, ce qui serait singulièrement réducteur, mais n'aurait finalement que de modestes conséquences sociétales ; ce n'est évidemment pas le cas, puisqu'il s'agit ici d'une des particularités les plus saillantes, non pas tellement d'une société postmoderne, mais plus certainement d'une société postindustrielle dans laquelle l'accent est mis sur les services et sur la mise à disposition de biens (moyennant finance) plutôt que sur leur production, dans beaucoup de cas délocalisée ou déterritorialisée. Josset (2011, p. 42) constate que dans le capitalisme postindustriel, dont on a vu qu'il s'est largement financiarisé, les services de *vente* sont devenus les cœurs d'entreprises, et ont remplacé les usines qui sont « externalisées » en périphérie du tiers-monde. L'obligation d'acheter, d'être constamment dans le peloton de tête des consommateurs est favorisée, comme le prédisait Anders, par le mélange des genres. Non seulement *A* implique *B*, mais *B* se combine à *A*, rendant de ce fait *A* obsolète. Ce phénomène peut être aisément illustré par l'apparition des téléphones portables, dont la fonction initiale (téléphoner) est devenue accessoire, puisque ces appareils permettent, grâce à des « applications » de plus en plus sophistiquées, de remplacer les anciens ordinateurs eux aussi portables[11]. La situation est d'autant plus préoccupante que les premiers touchés sont les foyers et les individus les plus modestes, comme le montrent les chiffres de l'INSEE pour 2010[12] : « La part de ménages endettés, via un crédit à la consommation, diminue quand le patrimoine financier augmente : début 2010, plus d'un tiers des ménages disposant d'un patrimoine financier inférieur à 7 500 euros (soit 44 % des ménages) a contracté au moins un crédit à la consommation. À partir de 45 000 euros de patrimoine financier, cette proportion diminue jusqu'à atteindre 12 % des ménages dont le patrimoine financier est supérieur à 450 000 euros (moins de 2 % des ménages). » La mise en réseau de la prospection téléphonique et par envoi de courriels a parallèlement littéralement explosé, les plates-formes d'appel étant également délocalisées.

Il nous paraît aller de soi qu'il ne faut établir aucun rapport direct entre post industriel et postmoderne. Certains ne manquent cependant pas de le

10 L'excellente série suédoise *Real Humans* (Äkta Människor), créée par Lars Lundström, illustre parfaitement cette idée de « famille » formée par des humains et par des robots humanoïdes.

11 On observera qu'« application » a donné lieu à l'hypocoristique « appli », qui désormais est devenu le terme habituellement utilisé pour désigner ces petits logiciels, consacrant de ce fait l'autonomisation de la catégorie. Il existe ainsi, parmi 15 600 000 résultats recensés sur Google, un « JT des applis », une « appli hôtel voyage-SNCF », une « appli visit-Holland » (pour visiter les Pays-Bas), une « appli easy bourse », une « appli mon jardin et moi », et même une « appli sextrack », permettant, écrit *Le Soir*, de mesurer les performances sexuelles…

12 <http://www.insee.fr/fr/themes/document.asp?ref_id=endettmnt2010>.

faire, tel un contributeur de l'encyclopédie Larousse en ligne, écrivant que « la société post industrielle postule dans son évolution même, l'émergence d'une entreprise post moderne où le management est appelé à jouer un rôle majeur. Ainsi est né le concept de MPM, le "Management Post Moderne" [sic] qui doit permettre de s'adapter aux modes d'organisation plus flexibles et plus réactifs, où la gestion des ressources humaines devient le moteur essentiel de l'expansion. »[13]. Nous ne partageons ni de près ni de loin une telle opinion, dont les conséquences *pratiques* – outre l'incohérence théorique – sont évidentes et clairement énoncées : l'organisation « flexible » et « réactive » du « Management Post moderne » autorise les procédés les plus condamnables du point de vue de la « gestion des ressources humaines ». Le sociologue Jean-Yves Trépos (1998, p. 8) a abordé la question de la possibilité d'une telle gouvernance des entreprises et de sa capacité « à produire du consentement ». « Globalement, [écrit Trépos] c'est un modèle japonais qui est utilisé, malgré les limites que, selon [Coates], les Japonais eux-mêmes y voient aujourd'hui. Il apparaît, en particulier, que le haut degré d'identification à l'organisation n'y empêche pas un fort taux de suicide et d'alcoolisme, ce qui invite à comprendre que la structuration des identités ne se résume pas à la sphère de l'organisation. »[14] La dilution des relations humaines « en face à face », la disparition progressive de l'entraide (etc.) font assez logiquement émerger des succédanés à peu près vides de sens, dont l'expression *« créer du lien »* (3 820 000 attestations Google) constitue un exemple caractéristique. La séquence peut être employée dans des contextes très divers, n'ayant très souvent aucun rapport avec la solidarité, ainsi que l'illustre ce passage d'un billet d'un « conseil en communication stratégique » [sic][15] :

> Le réseau est devenu la nouvelle ligne stratégique des grandes entreprises. [...] Accompagner les changements organisationnels nécessite donc de créer du lien entre les équipes de terrain et les dirigeants. Les enjeux liés à la mobilisation des salariés n'ont jamais été aussi forts. [...] Réussir un changement, c'est avant tout mobiliser et faire adhérer à tous les niveaux de

13 <http://www.larousse.fr/encyclopedie/article/Laroussefr_-_Article/11030041>.

14 Même si les chiffres ne disent pas tout, il est possible de définir précisément l'état des lieux de la société post industrielle, notamment française. Nous renvoyons particulièrement aux pages 145 à 155 (et aux cartes 5-1 et 5-2) de l'excellent ouvrage de Le Bras et Todd (2013) et voir *infra*.

15 P.-Y. Loaec, sur le site LesEchos.fr. De même, une grande firme de constructions, travaux publics et téléphonie écrit sur son site : « Engagé dans une politique d'innovation au service du développement durable, "Bouygues Immobilier" place le lien social au cœur de sa vision de la ville de demain. Initiatives solidaires au sein des quartiers, valorisation de la mixité sociale, contribution du public aux grandes réflexions stratégiques, implication des collaborateurs… "Bouygues Immobilier" entretient des liens forts avec la société, dans l'ensemble de ses activités. »

> la ligne managériale. La communication interne doit devenir l'outil du top management [sic] pour renforcer le sens collectif.

Il s'agit à l'évidence de langue de bois. Le « mur séparatif », élevé à la fois, selon l'abbé Grégoire (1807), par l'autorité gouvernante et par l'opinion, ne tremble guère sur ses fondations ; les préjugés, l'animosité, les préventions, sont toujours bien présents. « L'estime », mesurée à l'aune de l'utilité (sociale), des vertus et des talents d'autrui, est une valeur fortement dévaluée. Müller (1998, p. 110) a raison d'indiquer que l'éthique ne saurait se résumer à décrire les parcours entre le soi et l'autre, ou entre la Loi et le sujet. En effet, « elle est toujours aussi éthique sociale, étendant l'exigence normative aux relations moyennes et longues, au macro-économique et au macro-social, malgré la dissolution des normes et des références à laquelle la postmodernité semble nous condamner. L'éthique doit toujours effectuer le passage des valeurs de préférence aux valeurs de référence, communément discutées et partagées. » Müller fait ici appel à plusieurs termes emblématiques du discours contemporain, pris dans une « postériorité » qu'on ne sait trop comment qualifier : « dissolution des normes et des références », « postmodernité », etc. On peut avec profit se tourner du côté du philosophe Michel Freitag (d'ailleurs cité par Müller). Freitag (2005, p. 179) constate :

> Comme le nazisme, la société postmoderne contemporaine voudrait faire un saut par-dessus la crise du sens, en abolissant le sens dans la fuite en avant d'une expansion de la puissance pure : « Tout ce qui est possible, il faut le faire », tel est le slogan du technologisme. Aussi cette puissance technologique et systémique autonomisée tend-elle, dans son développement, à s'approprier le sens de la réalité, le sens des institutions sociales et politiques, le sens des formes d'expression esthétiques, le sens de l'identité, non seulement les pourtours de son expérience, mais son centre où elle s'appartient à elle-même ; elle tend à s'approprier tout cela dans le déploiement de sa simple effectivité, de sa pure productivité virtuellement illimitée, qui sont devenues irréfléchies, et donc « insensées ». Ce mouvement sans frein et sans limites, cette nouvelle forme globale de *l'hubris* devenue purement objective, la philosophie nihiliste ne l'avait qu'anticipée, mais tout cela est en train d'être réalisé, et il appartient à l'humanité de l'empêcher.

Ce qui précède permet de conclure, avec Jean-Marie Domenach (1987, p. 118), que « "l'avidité des certitudes optimistes" (F. Nietzche) l'a emporté souvent sur le désir de savoir. C'est pourquoi ceux qui parlent de "postmodernité" n'ont pas forcément raison. Le mot lui-même n'a guère de sens, car la modernité est sans postérité, étant elle-même la production de l'avenir, qui avance sans cesse, en se recyclant elle-même. » Et surtout, en restreignant le propos à la sociologie du travail, on est fondé à considérer, comme Trépos (1998, p. 8), dans l'article que nous venons de commenter, qu'« en définitive, la postmodernité n'est [...] qu'un vernis permettant le renforcement du contrôle, la mise en place d'une nouvelle rationalité économique moderniste. »

Désindustrialisation et tendances socio-économiques profondes : en passant par la Lorraine et le Grand-Duché

Lorsque l'on consulte l'ouvrage de Le Bras et Todd, *Le mystère français*, qui présente une cartographie exemplaire du changement social, on est frappé par la violence inouïe et la rapidité de la désindustrialisation du territoire. On voit d'abord que dans le passé, c'est-à-dire au moins jusqu'en 1968, « l'industrie semble accrochée aux frontières nord et est, pour diffuser vers l'intérieur du pays [...]. Au soir du cataclysme, en 2008, les quelques poches industrielles qui subsistent [...] restent collées aux frontières est et nord. » (Le Bras et Todd, 2013, p. 150) Ces auteurs notent également que « dans le cas de la France, comme dans ceux des États-Unis ou du Royaume-Uni, le reflux du secteur secondaire est allé largement au-delà de celui qu'une trajectoire autonome, sans globalisation, aurait impliqué. » (*ibidem*, p. 148) En France, où l'industrialisation était somme toute périphérique, à la fois géographiquement et sociologiquement, et spécialement dans les régions qui exploitaient intensivement les minerais et où les usines sidérurgiques et les manufactures étaient florissantes, comme en Lorraine, le choc a été terrible, comparativement beaucoup plus dévastateur qu'en d'autres lieux. Cette lente déconstruction industrielle est bien décrite par le syndicaliste et métallurgiste Édouard Martin, originaire d'un village andalou proche de Grenade, qui relate son installation en Lorraine dans un petit livre récemment paru. Le père d'Édouard Martin avait d'abord été ouvrier agricole en baie de Somme et dans les Vosges, revenant de temps en temps au pays, puis repartant en France. Finalement, il trouve un travail stable à Gandrange :

> La vallée avait fait fortune au milieu du XIXe siècle grâce à son minerai que l'on appelle chez nous la « minette ». Au milieu du XXe siècle, la Lorraine était la deuxième région productrice du monde, après les États-Unis. Mais sa faible teneur en fer a conduit les exploitants à importer d'autres minerais, plus riches, pour alimenter les hauts-fourneaux. Les unes après les autres, les mines ont fermé, jusqu'à la dernière, les Terres Rouges, en 1997. Sont restés les hauts-fourneaux et les aciéries. De cette histoire, quand je suis arrivé en France, je ne connaissais rien. Avec mes frères et mes nouveaux copains, à peine percevions-nous la dureté du labeur de nos parents au travers de nos aires de jeu. Nous savions que nous ne pouvions pas faire de bruit sous les fenêtres de tel ou tel appartement parce que les pères faisaient les trois-huit et qu'ils dormaient l'après-midi. [...] De temps en temps, à table, nous arrachions à mon père quelques phrases sur son métier. Il nous disait alors « bosser dans l'acier ». Mais de l'usine, nous ne connaissions que les bruits – impressionnants –, les odeurs de sulfate et d'ammoniaque. Il y avait aussi la fumée des cheminées et la poussière qu'elles dégageaient au point que les femmes de la vallée avaient appris à étendre le linge en fonction de la direction du vent pour qu'il ne soit pas noirci par le rejet des hauts-fourneaux et des aciéries. (Martin, 2013, pp. 29-30)

Et, de fait, jusque dans les années 1970, les habitants de la vallée de la Fensch vivaient dans un brouillard de poussière brun-orangé qui se répandait à heures fixes sur les habitations : si l'on était à l'extérieur à ces moments-là, on sentait nettement les grains de poussière cribler le visage, pénétrer dans les yeux en écorchant la cornée, égratigner la peau alors qu'on tentait de se débarrasser de cette crasse d'un geste répété de la paume (souvenir personnel de S. F.). Mais ils *vivaient*, ils ne survivaient pas.

Dans ces régions (et dans d'autres), au XIXe siècle et durant une partie du XXe, le patron habitait volontiers à peu de distance des logements des ouvriers de sa fabrique ou de son usine. Par exemple, dans *Frau Jenny Treibel*, roman dont l'action se situe à Berlin dans les années 1880, Theodor Fontane évoque l'ascension d'un industriel qui décide de quitter son ancienne résidence historique, construite au XVIIIe siècle par un célèbre architecte, pour s'installer dans une villa moderne érigée sur le terrain de son usine, quoique celle-ci soit fort polluante. L'industriel marque sa proximité avec sa fabrique, dont il fait régulièrement *surélever* les cheminées, fanaux signalant à grande distance l'importance sociale du propriétaire et permettant – accessoirement – d'éloigner les pestilences du ferrocyanure ferrique.

> Autrefois, aux environs immédiats du fleuve, il n'y avait que les bâtiments de l'usine où l'on produisait tous les ans d'innombrables quintaux d'alcali, puis, lorsque l'entreprise s'agrandit, des quantités à peine inférieures de bleu de Prusse. Lorsque cependant, après la guerre de 70, les milliards affluèrent dans le pays [...], Treibel trouva lui aussi que sa maison de la vieille Jacobstrasse n'était plus en accord avec l'époque et avec sa situation [...] ; il se construisit donc sur le terrain de son usine une villa à la mode avec un petit jardin devant et, derrière, une sorte de parc. [...] La proximité de l'usine avait certes pour conséquence, quand le vent était défavorable, divers inconvénients ; cependant le vent du nord qui rabattait la fumée était notoirement rare et l'on n'était pas tenu de donner des réceptions précisément lorsque le vent soufflait du nord. En outre, Treibel faisait élever toujours plus haut chaque année les cheminées de son usine et éloignait ainsi de plus en plus cet inconvénient initial. (1892/1981, p. 413)

À Nouzonville, dans la partie ardennaise de la vallée de la Meuse, près de Charleville, Pinçon (1985, p. 98) souligne que la « proximité spatiale a été plutôt la règle que l'exception : longtemps les industriels nouzonnais résidèrent dans la commune, dans ce qu'il est de coutume de dénommer les "châteaux". Ces grandes maisons bourgeoises sont disséminées, comme le sont les usines, dans toute la commune qui ignore la ségrégation et la fonctionnalisation de l'espace, mais elles tranchent sur l'habitat ouvrier. » Pascale Roze, qui a enquêté en Moselle[16], décrit très bien la demeure du patron d'une industrie métallurgique en perdition, dans son roman *Ferraille* (1999) :

16 Communication personnelle. D'une manière générale, beaucoup d'œuvres de Pascale Roze se fondent sur une documentation historique très solide, notamment *L'eau rouge*, roman publié en 2006 (Freyermuth, 2012).

> Dans la cité, on a toujours appelé la maison du directeur « le Château » bien qu'il ne s'agisse que d'une grosse maison datant du second Empire[17]. En ce temps-là, elle est flanquée de deux tours carrées coiffées de clochetons. Quatre marches mènent au perron d'où on découvre la vallée sidérurgique. La maison est située en hauteur, au-dessus de l'usine et de la Cité. Sa seule grâce réside dans une marquise audacieuse et légère ajoutée à la façade par Achille Barheim, troisième directeur de la lignée, qui a également fait planter dans le parc des arbres d'essences rares, pins d'Alep, cèdres sycomores, érables du Canada. [...] La Cité lui doit son école, son dispensaire, son église, son théâtre et son gymnase. C'était un bâtisseur et l'époque était à la gloire sidérurgique.[18] (Roze, 1999, pp. 24-25)

Cette proximité créait – le cas échéant – une familiarité de façade avec le patron, qu'on rencontrait dans la rue, et avec lequel on pouvait quelquefois échanger un mot. À Nouzonville, comme dans beaucoup d'autres lieux, la plupart des usines ont fermé. Sans doute les industriels étaient-ils déjà partis depuis quelque temps, pour rejoindre la capitale ; mais désormais, indique le journaliste et documentariste Marcel Trillat, qui a consacré en 2007 un film à la petite ville ardennaise et à son patronat *(Silence dans la vallée)*, « le monde industriel est [...] entre les mains de financiers qui ont les yeux braqués sur la Bourse, spéculent sur les produits de base, imposent des délocalisations et sèment la panique dans un milieu qui est encore très attaché à la notion de métier. Parmi eux, on trouve ces patrons voyous qui débarquent pour reprendre des usines en difficulté, qu'ils obtiennent pour trois fois rien, pillent ce qu'ils peuvent et vident les lieux. Il y a enfin un nouveau patronat "moderne" qui accepte la mondialisation comme un fait inéluctable, une loi du marché et qui prétend suivre le sens de l'histoire. »[19]

Aujourd'hui, le silence règne dans les vallées de la Fensch et de la Chiers ; les hauts fourneaux de Florange et de Gandrange sont fermés, de même que l'aciérie et la coulée continue de Serémange. Pascale Roze dresse un tableau poignant de cette lente agonie (*ibidem*, p. 17-18) :

> En ce temps-là, elle est grise, la Cité, composée de maisons toutes semblables, briques de laitier et toits de tuiles, de potagers invariablement alignés. Elle est grise mais incroyablement

17 Gasnier et Lamard (2007, p. 58) constatent, pour la région de Belfort-Montbéliard, que les grandes demeures patronales ont, dans bien des cas, été « rachetées par les collectivités territoriales et réinvesties le plus souvent en espaces pour grand public ou secteur associatif, comme c'est le cas du château Armand Viellard à Morvillars, ou bien celui du tissage Zeller à Etueffont. » D'autres édifices du même genre ont été transformés en maisons de retraite, etc.

18 Comme l'observe Blandin (2010, p. 24), dans le Nord, « l'architecture industrielle de cette période n'a pas qu'un but fonctionnel. Elle doit aussi témoigner de la richesse, de la puissance sociale et politique des industriels : "Les châteaux de l'industrie". [...] On construit dans l'imposant style néogothique à la mode dans l'Angleterre du XIXe siècle : des tours crénelées encastrent la haute cheminée ; on emprunte au style flamand dans le jeu de briques tout au long de la façade. Les tirants des murs sont des ferronneries aux initiales des familles. Au-dessus de l'entrée principale, une statue du Christ affirme généralement le lien entre travail et catholicisme. »

19 <http://www.voiretagir.org/SILENCE-DANS-LA-VALLEE.html>.

> vivante jusque dans ses déchirures et ses morts successives, avec sa rue des Italiens, sa rue des Marocains et des Algériens. [...] Toutes les maisons craquent comme un œuf.
> À chaque annonce de fermeture, la cokerie d'abord, le P1, les trains de 950 puis de 600, elle se cabre et bande ses forces en direction du Château et des villas des ingénieurs dont les architectures luxuriantes s'étalent le long de la rivière. Les jours de grève, les ouvriers montent jusqu'aux grilles du parc en frappant en cadence le pavé de leur casque. [...] L'épreuve se solde par un échec commun : la fermeture. Des maisons se vident. Des volets claquent pour toujours sur la fin d'un monde.

Récemment, alors que les espoirs de reconversion sont déçus et, qu'une fois de plus, la région et ses habitants sont abandonnés à eux-mêmes, Jean Portante et Joël Leick retournent à Florange. Un petit ouvrage, composé de photographies (Leick) et d'un texte (Portante) porte témoignage d'un *Florange sans fin* (2013), ou plutôt, d'un Florange qui n'en finit pas de mourir. Les clichés sans titre de Leick donnent à voir des paysages désespérants, comme post-apocalyptiques. Deux photographies seulement évoquent la présence humaine : l'une (p. 55) montre un mur de soutènement sur lequel est placardé un agrandissement d'un cliché des années 20 ou 30 – une procession (clique et petites filles en blanc). Sur l'autre (p. 66), un soupirail de cave révèle un visage blafard – est-ce un masque ? – biffé au niveau des yeux par un barreau de défense horizontal. Portante rappelle que cette partie de la Lorraine est une terre de vieille immigration – « les Italiens viennent. Sans armes. Les mains vides. Les pieds nus. Inoffensifs ces envahisseurs-là. Ils n'arrivent pas pour prendre. Ils arrivent pour donner. Donner leurs bras, leur travail. » (p. 25) Désormais, il n'y a plus de quoi employer son savoir-faire. Alors, le mouvement reprend, en direction de la frontière :

> [Les enfants se préparent] à leur tour à migrer. Sans savoir où aller. D'aucuns se mêlent alors au flux des voitures qui chaque matin filent vers l'Est. Ils vont donner leurs bras ailleurs. Là où ça fleurit encore. Là où les villes se terminent également par ange. [...] Les voilà devenus frontaliers, les enfants des migrants. Autrement dit nomades. Comme au temps où l'on courait après les fruits et les animaux, on court désormais de nouveau après le travail. Aux temps où n'existaient ni l'Italie, ni Florange, ni la terre de la grande promesse que reste pour des milliers d'entre eux le Luxembourg voisin. Jusqu'à ce que là aussi la fleur se fane. Parce que l'empereur de l'acier, de part et d'autre de la frontière, porte un nom de métal et fait main basse sur les usines. Jadis les chefs guerriers démantelaient les forteresses. Aujourd'hui, l'empereur au nom de métal démantèle l'outil de travail. (Portante [texte] 2013, p. 26)

Dans *La misère du monde*, Bourdieu met parfaitement en évidence le désarroi qui assaille les populations en cette époque charnière où l'on voit se préciser la catastrophe, pressentie comme inévitable, mais où l'on veut encore y croire, envers et contre tout et tous. Il se trouve que Bourdieu a lui-même enquêté, en compagnie de Rosine Christin dans l'extrême nord lorrain, en février 1992. Dans une localité frontalière proche de Longwy, les deux sociologues se rendent rue des Jonquilles :

> Cet ensemble d'habitations hétéroclites, d'abord désigné par des initiales bureaucratiques, ZUP [...], puis rebaptisé « Val Saint Martin », un de ces euphémismes par lesquels les responsables des « opérations » de « Développement social des quartiers » (DSQ) entendent « changer l'image » des quartiers à rénover, est, comme les populations qui l'habitent, la trace visible que les politiques industrielles successives ont laissée, comme des sédiments, sur les anciennes terres agricoles qui s'étendent au pied du mont Saint Martin et de son église romane. [...] Sauf à l'heure de la sortie des écoles, où elle se transforme en aire de jeux pour les enfants, la rue des Jonquilles, peut-être parce qu'elle ne comporte rien de ce qui anime d'ordinaire l'espace citadin, boucheries, boulangeries, épiceries, cafés, marchands de journaux ou bureaux de tabac, est presque toujours vide, et elle évoque naturellement le mot de « désert » que les gens de la région emploient souvent pour désigner ce que l'on a fait de leur pays depuis la fermeture des usines et la destruction des bâtiments, qui a laissé un immense vide, et pas seulement dans le paysage. (1993, pp. 13-14)

Vingt ans plus tard, la petite ville visitée par Bourdieu et Christin n'est pas beaucoup plus animée. La désindustrialisation s'est poursuivie ; le 23 décembre 2007, la mairie a été attaquée et partiellement incendiée à la voiture bélier. Elle a été reconstruite et de gros plots de béton ont été mis en place pour éviter de nouveaux désagréments. Un peu plus loin, la rue des Jonquilles est toujours aussi calme, au moins dans la journée ; les petites maisons accolées ont été repeintes mais les façades sont à nouveau défraîchies. En bordure de l'ancien centre commercial ruiné, entrant et sortant d'un café de triste apparence, quoique portant lui aussi un nom floral, des jeunes de la cité « tiennent les murs » et proposent leurs marchandises au vu et au su de tout le monde. L'endroit est propice, dégagé, proche des frontières et permettant de disparaître rapidement. On voit de grosses cylindrées rouler lentement dans le quartier, avant de prendre leur élan sur le boulevard périphérique. Avril 2014 : assis dans la voiture garée sur la « place du 19 mars 1962 » – date de la signature des accords d'Évian –, vitres ouvertes, car il fait beau, nous voyons passer un couple endimanché. C'est un samedi matin, peut-être ces personnes fort âgées se rendent-elles à une fête ou à un mariage. La femme dit à l'homme : « Regarde, ici, même à la ZUP c'est tout dégradé ! » Son compagnon se retourne et acquiesce. Le propos, en même temps qu'il souligne l'aspect peu avenant de beaucoup d'immeubles et de maisons de la petite ville, établit un contraste avec la ZUP, censée constituer une vitrine, comme le proclament de grands panneaux édilitaires apparus peu avant les élections municipales, et vantant les opérations de « ravalement » et de « rénovation » du « val Saint-Martin ». Les documents de propagande électorale – le maire de ce bastion communiste sera réélu au premier tour – parlent de « ville belle et rebelle », expression en voie de lexicalisation, initialement utilisée à propos de La Rochelle sous la mandature de Michel Crépeau. Les campements de Roms, installés à quelques mètres des frontières, alimentent les conversations. *Le Républicain lorrain* écrit : « De plus en plus, les gens du voyage ont la volonté de se sédentariser. Se pose alors la question des terrains à mettre à leur disposition. [Le maire] voit sans cesse arriver sur sa commune, frontalière avec la Belgique et le Luxembourg[20], de nouveaux véhicules. Au total, plus d'une centaine est ainsi présente sur son territoire. »[21] De nouvelles constructions, surtout de petits immeubles en co-propriété, sortent néanmoins de terre, notamment dans l'agglomération longovicienne voisine. Sans doute cela est-il attribuable au fait qu'une partie importante de la population active, les « transfrontaliers », travaille dans le très prospère Grand-Duché voisin (voir plus loin).

Comme le faisait remarquer l'interlocuteur de Bourdieu et Christin, M. Leblond de la rue des Jonquilles, la nature du logement et son implantation jouent un rôle *fondamental* s'agissant de l'insertion dans le quartier :

> Disons, quand on s'est mariés, on a eu un bloc, on était au bout, là-bas dans un bloc et puis, moi, le bloc… […] Moi les blocs, j'ai jamais été habitué aux blocs et ça me plaît pas de toute façon, un bloc ça me plaît pas, alors j'ai fait de mes pieds et de mes mains… enfin il y avait que quatre étages, je veux dire on était bien dans le bloc, on n'était pas… le logement était bien, on était tranquille, mais moi j'ai fait de mes pieds et de mes mains pour avoir un individuel, enfin ce qu'ils appellent un individuel. […] J'ai le garage au-dessous : garage, cuisine, chambre ; et trois chambres en haut. Trois chambres en haut et la salle-de-bains. […] mais c'est ça le problème, c'est qu'on arrive à fermer tout. C'est vrai qu'il y a moins de gosses. On est en zone éducative prioritaire. On a au CES ici 80% d'étrangers dans les effectifs de l'école. [M. Leblond observe qu'il y a du bruit à la période du Ramadan] Oh ! la, la, c'est… ben c'est horrible parce que, je vais dire que c'est horrible, bon, ben, c'est vrai que eux, ils dorment la journée, ils sont calmes les grands, mais les petits… les petits, ils sont dans la rue. Les petits braillent. […] Et puis eux, ils commencent à vivre à dix heures du soir, alors comme vous, vous voulez aller vous coucher, ben ma foi, vous avez droit au bruit. […] (pp. 27-28)

Et, de fait, Nezosi, (1998, pp. 629-630) a montré que *le type d'habitat*, concurremment avec d'autres paramètres, avait eu une incidence considérable *dans l'évolution identitaire* des ouvriers de la sidérurgie et en particulier sur ceux du bassin de Longwy (Meurthe-et-Moselle). Les HLM se substituant peu à peu aux

20 Anita Petersheim (2006, p. 23) relevait dans le *Rapport alternatif d'Enar : Le racisme au Grand-Duché de Luxembourg*, que : « Au Luxembourg, une loi de 1996 interdit le séjour à chaque étranger qui "est dépourvu de papiers de légitimation prescrits, de visa si celui-ci est requis, qui est susceptible de compromettre la sécurité, la tranquillité, l'ordre ou la santé publics". De plus, les lois luxembourgeoises très strictes en matière de colportage et d'interdiction de s'installer dans des "campements" font qu'il est impossible pour les gens du voyage de traverser le Grand-Duché de Luxembourg et encore moins de "résider", ne serait-ce que le temps d'un séjour touristique, sur le territoire. » Cette disposition ne semble pas avoir été abrogée, quoiqu'elle ne soit pas mentionnée dans le dernier rapport d'Enar, car les Roms sont regroupés dans des campements (autorisés) sur le territoire français, *à quelques dizaines de mètres de la frontière luxembourgeoise* (sur les communes de Mont-Saint-Martin et de Longlaville notamment (la première localité luxembourgeoise étant Rodange).

21 <http://www.republicain-lorrain.fr/meurthe-et-moselle/2013/05/12/gens-du-voyage-debat-relance>.

fameuses cités, où les ouvriers étaient regroupés en fonction de leur appartenance à telle ou telle entreprise, le groupe formé par les sidérurgistes d'un même atelier ou d'une même usine ne coïncidait plus nécessairement avec les affectations par immeuble. Auparavant, « on était d'abord de Mont-Saint-Martin, de Senelle ou de Rehon, puis dans un deuxième temps, ouvrier du bassin de Longwy. [...] Le bassin était en fait composé d'autant de "mondes" ou de "sociétés" qu'il y avait d'entreprises sidérurgiques dans la vallée de la Chiers. L'identité se faisait en fonction de son entreprise d'origine. [...] L'habitat était un moyen d'intégrer l'ensemble de la famille à l'entreprise. [...] On était des cités Merlin (Usinor), de Gouraincourt (La Chiers), du Plateau ou du Bel-Arbre (Usinor) et donc, en quelque sorte, les "vassaux" des entreprises correspondantes. » Ces dispositifs ont déjà disparu à l'époque de l'enquête de Bourdieu et Christin. Nezosi (*ibidem*, p. 643) faisait une autre remarque importante, notant qu'au fur et à mesure que s'effondrait, pan après pan, la quasi-totalité du secteur secondaire lorrain – quinze années plus tard, en 2013, Gandrange et Florange constituant les saillances ultimes du phénomène – l'identité professionnelle, autrement dit l'identité sidérurgique, était de façon corrélative de plus en plus mise en exergue, jusqu'à culminer au moment où elle n'existait plus qu'à l'état de souvenir. François Bon a participé à l'écriture de ces souvenirs du « temps d'avant » dans *Temps machine* (1993, p. 95) :

> À Longwy le jour de l'écrasement vingt pas devant soi des quarante tonnes de la cage à rouleaux, le cassement des élingues sous le pont roulant et le monde entier qui tombe : l'instant qu'il fallut pour savoir s'il y avait quelqu'un là-dessous ou personne, les claquements de la boucle brillante sur le laminoir.
> Les graffiti obscènes, les photos découpées de magazines qu'ils multipliaient dans les casiers de vestiaire ou sur les machines, et quand on serrait la main de ceux à qui il manquait des doigts, et leur manière de se terrer dans le temps sans fin de l'usine en s'y aménageant tanière, et leur utilisation des vacances à pétanque comme pour prouver d'avance le peu que serait la chose commune et les idéaux la liquidation de tout ça.
> Morts en marche ils étaient : l'aiguilleur à Longwy comme sorti d'un livre dans le décor fantastique des cubilots déversant dans des bennes sur rail le métal en fusion, et ces trains minéraux qui sortaient de la bouche énorme des halls dans le paysage noir uniformément [...], lui c'était à cause d'une jambe en moins qu'il avait eu sa cabine, vingt ans passés à plus de distance du monde humain que toute une Orénoque n'aurait jamais pu offrir.

Le Luxembourg permet une intéressante comparaison. Ce petit pays a lui aussi été touché par l'écroulement de la sidérurgie, mais ce secteur a rapidement été remplacé par une industrie financière très dynamique. Ainsi, la reconversion de l'économie du Grand-Duché, qui devient la première place financière européenne, modifie-t-elle en profondeur la structure de l'emploi intérieur : alors qu'en 1975, les frontaliers représentaient 9% de l'ensemble des travailleurs, entre 1987 et 1988, le pourcentage passe de 20 à 24%. En 2012, les frontaliers représentent 44% de l'emploi total dans ce pays (Drevon et Gerber,

2012, pp. 8-9) Le bassin d'emploi lorrain fournit un nombre important d'employés et d'ouvriers qui occupent des fonctions subalternes ou moyennes au Grand-Duché. D'une manière générale, dans l'eurorégion « Saar-Lor-Lux », environ 50% des frontaliers lorrains se situent dans la catégorie des ouvriers ou des professions intermédiaires. Les données suivantes montrent clairement le déséquilibre existant entre titulaires d'un diplôme d'enseignement supérieur au Luxembourg et dans les autres composantes de la Grande Région : « Au sein de l'UE des 27, le taux des actifs titulaires d'un diplôme d'études supérieures s'élève à environ 28 % (2009). En comparaison, le Luxembourg (+ 10 points), la Belgique (+ 10 points), la Wallonie (+ 8 points), la France (+ 3 points) et l'Allemagne (+ 0 point) se situent au-dessus de ce taux. Tandis qu'au sein de la Grande Région, la Rhénanie-Palatinat (- 3 points), la Lorraine (- 3 points) et la Sarre (- 6 points) sont au-dessous. » (Löh, 2011, p. 41) Schulz (2007, p. 91) relève que le Luxembourg a plusieurs atouts que ne possèdent pas les contrées avoisinantes : d'abord, il s'agit d'un État souverain, ce qui autorise une large latitude institutionnelle ; mais le Grand-Duché a en outre acquis une importance socio-économique et culturelle qui rayonne largement au-delà des frontières, et lui permet de jouer un rôle de premier plan dans le processus de régionalisation. À ceci s'ajoute la présence d'instances européennes.

Le contraste est donc massif avec la région frontalière la plus sinistrée, du côté de Longwy notamment. Il n'y a dans cette situation aucune place pour une postmodernité « économique » : tout s'explique par des transferts de compétences financières et structurelles (entreprises, banques, établissements financiers divers, théâtres, salles de concert – par exemple l'emblématique *Philharmonie* de Luxembourg-ville)[22].

Cependant, Schulz *(op. cit.)* ne tire pas les conclusions ultimes de son analyse, ce que font en revanche l'économiste François Morin ou la sociologue Anne-Catherine Wagner. Comme le remarque Morin, « d'un côté, des sociétés

22 S'agissant du PIB, relève *Latribune.fr* du 21 juin 2011, « entre les pays où la richesse produite par habitant est la plus faible et ceux où elle est la plus forte, la différence s'est accrue. Pour faciliter la comparaison, Eurostat définit une base 100 qui constitue la moyenne. Avec un PIB par habitant de 183% supérieur à cette moyenne, le Luxembourg a amélioré sa performance par rapport à 2007 (indice 275) mais aussi par rapport à 2009 (indice 271). » En revanche, il n'en reste pas moins qu'en 2010, le Luxembourg n'a investi que 22,7% de son PIB dans les dépenses de protection sociale, se plaçant ainsi entre Chypre (21,6) et la Hongrie (23,7), et bien en-dessous des pays avoisinants : Allemagne (30,7), Belgique (29,9), France (33,8). Ce dernier pays possède le plus fort pourcentage de dépenses de protection sociale, juste avant le Danemark (33,3), l'Allemagne (30,7), la Finlande (30,6), la Suède (30,4). Naturellement, la dette publique consolidée du Luxembourg n'est que de 20,8% du PIB, valeur la plus faible des 27 pays de l'UE, exception faite de l'Estonie et de la Bulgarie : Belgique (99,6), Allemagne (81,9), France (90,2). (*Le Luxembourg en chiffres*, Luxembourg, Statec, Institut national de la statistique et des études économiques, 2013, p. 46.)

démocratiques [...] voient se succéder des majorités alternantes, souvent avec des basculements forts qui traduisent des mécontentements profonds [...] ; on y dénonce l'absence de projet et, quand il y en a un, il se borne à demander "l'accompagnement" de la mondialisation économique, jugée inévitable [...]. De l'autre côté, une finance libéralisée et son noyau oligopolistique de plus en plus puissant, avec leur propre code et leurs propres valeurs, ne rencontrent guère d'obstacles sur leur chemin. » (2006, n.p.) On observera que certains pays sont parfaitement intégrés à cette logique de l'inévitable globalisation, spécialement les Pays-Bas, l'Allemagne et le Luxembourg. Ce dernier pays est particulièrement intéressant, du fait, déjà souligné, de sa très petite superficie et de sa très grande importance géopolitique, au niveau européen et au niveau mondial, dans l'organisation et la gestion d'une finance globalisée. L'une des conséquences de cette structure particulière est le maintien au pouvoir d'une même coalition politique conservatrice sur la longue durée. Ainsi, sauf lors d'une parenthèse entre 1974 et 1979 – le démocrate Gaston Thorn étant alors premier ministre – le parti populaire chrétien social, créé en 1944 à partir du Parti de la Droite, est aux commandes depuis 1945 et domine depuis lors la vie politique luxembourgeoise. Jean Claude Juncker a ainsi dirigé le gouvernement de 1995 à 2013, ce qui constitue la longévité la plus importante à ce poste de tous les États européens et certainement de la plupart des démocraties (18 ans, 10 mois, 14 jours). En outre, et simultanément, Juncker sera ministre des Finances, ministre du Travail et de l'Emploi, ministre du Trésor et des Communications. Il a été également Gouverneur de la Banque mondiale de 1989 à 1995, et depuis 1995 il assume la responsabilité de gouverneur du Fonds monétaire international et de gouverneur de la Banque européenne pour la reconstruction et le développement (BERD). Il a été à trois reprises président de l'Eurogroupe et a été désigné candidat du PPE (droite et centre-droit) en vue de mener la liste du parti aux élections européennes de 2014 ce qui lui a finalement permis d'accéder à la présidence de la Commission. Il faut insister sur le fait que cette situation paradoxale s'inscrit dans un cadre politique démocratique : ce sont en effet les électeurs, en toute connaissance de cause, qui reconduisent systématiquement la même majorité. L'une des raisons est que le Grand-Duché, du fait notamment de sa reconversion réussie dans le domaine bancaire et des coûts de gestion relativement modérés liés à sa faible dimension territoriale, est en mesure d'effectuer une redistribution plutôt généreuse de la manne financière, essentiellement en direction de ses nationaux, préservant ainsi une large paix sociale, alors que la France voisine est traversée par des vagues conflictuelles liées à une désindustrialisation galopante. De ce fait également, non seulement dans la Grande région, mais dans l'Europe tout entière, le Luxembourg est un *centre*, au sens de Mary Douglas et Marcel Calvez *(op. cit.)*, un « cœur de la Cité européenne », dont les modèles, notamment en matière économique, reposent sur un partenariat consensuel et une empathie certaine avec les grandes organisations financières et monétaires ainsi qu'avec les circuits bancaires – les multiples attributions internationales de l'ancien premier ministre, en symbiose parfaite avec la pensée « mainstream » des institutions européennes, étant de ce point de vue, un indice fort et métonymique. La situation du Grand-Duché est largement comparable à celle décrite pour la Suisse par Anne Catherine Wagner (2011, p. 7) où « le capital cosmopolite, qui a longtemps été un capital de second rang, est désormais une source de légitimité décisive au détriment des capitaux nationaux et du capital social traditionnel, ce qui est directement lié au renforcement de position de la fraction financière au sein des élites économiques suisses. » Mais, contrairement à la Confédération helvétique, le Grand-Duché est depuis longtemps une pièce maîtresse du dispositif européen, à la fois économiquement et institutionnellement. Par contraste, les régions limitrophes, et en tout premier lieu la Lorraine, sont périphériques en ce sens qu'elles ne disposent que d'un faible pouvoir décisionnel en matière financière ; elles constituent d'abord un réservoir d'emploi pendulaire et ne peuvent être considérées comme des partenaires économiques à part entière, devenant aisément le lieu de production de discours hétérodoxes. En 1996, Duran et Thoenig soulignaient – s'agissant du modèle français – que « le territoire, plus que l'appareil de l'État, constitue désormais le lieu de définition des problèmes publics. Du même coup, les structures d'élaboration et de mise en oeuvre de l'action publique s'en trouvent bouleversées, mais aussi les principes de justification pour promouvoir le bien public. Privé de son hégémonie, l'État trouve une raison d'être dans l'institution de capacités de négociation entre une grande variété d'acteurs. Gérer les affaires publiques est affaire d'action collective : il reste à identifier les conditions qui président à son développement. » (p. 582) De ce point de vue, le Luxembourg est un donneur d'ordres et un entrepreneur extrêmement efficace dans la Grande région et au-delà, entretenant à l'extérieur de ses frontières des rapports comparables à ceux d'une capitale politique avec ses collectivités territoriales dans un système décisionnaire centralisé – ce qui est évidemment paradoxal. On a donc affaire à une logique du territoire où les principes purement économiques prennent le pas sur les principes régaliens.

Des frontières économiques et mentales

Lorsqu'on traverse la frontière franco-luxembourgeoise, par exemple entre Rodange (Luxembourg) et Longlaville (France), on passe soudainement d'un univers à un autre : d'un lieu coquet, où les façades des anciennes maisons ouvrières ont été ravalées et sont repeintes de couleurs vives, où les restaurants et les commerces abondent, on est transporté dans un coron triste et gris. Ce paysage frontalier est bien décrit par le poète Gilles Ortlieb, dans *Gibraltar du Nord* (1995, p. 98) :

> Maisons de maîtres vacantes désormais, vitrines au blanc d'Espagne et ruelles peu passantes, où des hommes en survêtement se tiennent assis sur le pas des portes dans le soir lent à tomber. Crusnes, Athus, Rodange, et la déréliction paisible de tous ces bourgs frontaliers où l'on devine les vestiges pilés d'une industrie morte. Telle elle apparaît, telle, donc, elle est ? Voire.

Ces contrastes très marqués s'accompagnent de stratégies identitaires spécifiques. Amann *et alii* (2011, p. 238) constatent par exemple que « l'action politico-culturelle, qui continue à s'exprimer à une échelle nationale ou régionale, reste dépendante des représentations symboliques d'identité. » De même, Baltes-Löhr *et alii* (2011, p. 295) montrent, toujours à propos des frontaliers, que les nationaux luxembourgeois pratiquent aussi bien des « stratégies positives et inclusives » que des « stratégies négatives et exclusives ». S'agissant des aspects positifs, les nationaux luxembourgeois admettent qu'il serait difficile de se passer des frontaliers, indispensables à l'équilibre économique du pays (87%) ; ils sont aussi 55% à reconnaitre que ces travailleurs étrangers peuvent constituer un apport culturel. S'agissant des aspects négatifs, les Luxembourgeois interrogés mettent en avant la menace pour la langue du pays (57%), puis la concurrence sur le marché du travail (34%), (*ibidem*, pp. 295-301). Ce type de réactions mitigées et les stéréotypes qui les accompagnent sont d'autant plus attendus que le groupe de référence est restreint. Il ne fait guère de doute qu'une communauté possédant un nombre limité d'individus – c'est le cas au Luxembourg – a tendance à renforcer ses « défenses » et à instituer des réseaux qui peuvent aussi bien être objectifs et définissables en termes d'échanges économiques et d'interactions sociales (*cf.* Lüdi, 1992), que symboliques, c'est-à-dire liés à des évaluations culturelles et linguistiques, constituant des affinités électives. Comme l'observent Beauvois et Deschamps (1990, p. 16), « les différenciations entre groupes s'intensifient conjointement à une accentuation des ressemblances perçues à l'intérieur de ces groupes. »

La situation des frontaliers et les jugements qu'ils suscitent sont évidemment révélateurs d'une inquiétude : pour se rendre compte de l'importance de cette fracture économique qui double la frontière politique, il faut se souvenir que dans cette zone, du côté français, en Meuse et en Meurthe-et-Moselle, il y avait des gens en 2010, dont le revenu annuel oscillait entre 3600 et 6800 € – revenu annuel du premier décile, c'est-à-dire le montant au-dessous duquel on trouve les 10% de revenus les plus faibles (Le Bras et Todd, 2013, « À quel point pauvres ? », carte p. 187). Ces différences entre les revenus de part et d'autre de la frontière sont très sensibles dans tous les secteurs, y compris dans la fonction publique, par exemple dans l'enseignement. On peut lire dans un journal en ligne luxembourgeois, le Wort.lu du 22/09/2013 : « Les professeurs du Grand-Duché de Luxembourg sont [...] les mieux rémunérés d'Europe. Dans un pays où le SMIC est à plus de 1.800 euros bruts mensuels, les enseignants du second degré gagnent en moyenne 104.049 euros par an en fin de carrière, soit 8.670 euros bruts par mois. À côté, leurs collègues français font pâle figure avec 28.666 euros par an (tous niveaux confondus) : l'équivalent de 2.308 euros bruts mensuels.[23] » Les considérations justifiant cet état de fait par des différences de coût de la vie – réelles, notamment dans le secteur du logement – restent très insuffisantes, tant les écarts sont importants. Ceci est d'autant plus mal vécu par les acteurs sociaux (côté français) que l'on se trouve plus près de la frontière (Longwy, Herserange, Thionville, etc.). L'effet s'amenuise petit à petit, jusqu'à disparaître totalement, lorsque l'on sort du bassin d'emploi du Grand-Duché. À nouveau, il ne faut voir là aucun malaise postmoderne ; en revanche on se situe bien dans une dynamique historique très forte, qui met en avant l'identification d'un groupe à un territoire dont les frontières politiques, économiques ou morales, sont menacées.

L'Alsace, par sa situation géographique et par son histoire politique, économique et sociale, constitue un cas d'école. Dans une étude sur les stéréotypes et la conscience linguistique, Fiegel-Ghali et Bonnot (1996) ont ainsi montré que des locuteurs alsaciens dialectophones ressentaient une plus grande proximité catégorielle avec les Allemands, qu'avec les « Français de l'intérieur » (c'est-à-dire les habitants des départements autres que le Haut-Rhin, le Bas-Rhin, et éventuellement la Moselle). On peut à ce sujet rappeler le point de vue de Lüdi (1995, p. 209) qui souligne, à propos des migrants romands en Suisse alémanique, que l'on identifie les interlocuteurs « sur la base de traces de leur identité dans leur manière d'être et d'agir dans l'interaction sociale. Ces traces [...] ne sont pas toutes, et de loin, de nature verbale. » Les conflits de loyauté, l'identification au territoire, le resserrement du groupe sur lui-même, accentué par la pression du vainqueur français dans le premier conflit mondial, et la façon expéditive dont certains immigrés ressortissants du Reich furent expulsés, sont particulièrement bien rendus par l'écrivain allemand (plus tard naturalisé français) Alfred Döblin (1878-1957) dans les deux premiers volumes de sa fresque romanesque *Novembre 1918.* (*Peuple trahi*, 1990, pp. 60-61) Fin novembre, alors que les troupes françaises pénètrent en Alsace (le 18 elles sont à Colmar et Sélestat et le 21, elles arrivent à Strasbourg), un grand nombre d'Allemands qui étaient installés en Alsace – et dont la plupart étaient parfaitement intégrés à la population – doivent repasser le pont de Kehl :

> Hanna désirait – il s'en doutait [il s'agit de Jakob, préparateur en pharmacie] – retourner sur le pont de Kehl qui menait en Allemagne [Hanna est enceinte du sous-lieutenant von Heiberg qui a disparu]. Elle implora Jakob du regard, elle ne trouvait pas le repos.

23 <http://www.wort.lu/fr/view/les-professeurs-luxembourgeois-sont-les-mieux-payes-d-europe-et-de-loin-523f11d0e4b04c22d3f7f458>.

> Ils prirent le tram pour sortir de la ville, longeant la rue de la Forêt-Noire, le bureau de ravitaillement, l'énorme complexe de la Citadelle et l'Esplanade en direction de la porte de Kehl. Un vaste espace s'ouvrit : le port et les bâtiments industriels. On s'approchait du Rhin. Une plaine onduleuse, de l'herbe desséchée, peu d'arbres. De loin, déjà l'on percevait des cris et des clameurs qui périodiquement s'apaisaient.
> Hanna voulut gagner la berge du Rhin. Jakob suivit. Ils cheminèrent lentement le long de l'étroit chemin, noir de gens qui, avec ou sans jumelles, observaient l'autre rive où l'on accueillait les expulsés pour les diriger sur des baraquements. [Ils reviennent à la gare de Strasbourg. Hanna a faim, achète des brioches] « Elles ne sont pas bien fraîches », dit-elle.
> Mais ils les mangèrent toutes les quatre en longeant la rue Kuss. Puis ils se retrouvèrent sur la place de la Gare illuminée et décorée de drapeaux et d'étendards [français]. Elle voulut jeter le sachet. Jakob lui dit : « Mais non. »
> Elle rétorqua en riant : « Vous êtes bien un Schwob [un Allemand] avec votre sens de l'ordre, les Français vont vous chasser ! » (1990, pp. 60-61)

Un peu plus tard, le 23 novembre, « chez la belle et riche Mme Anni Scharrel, rue de la Haute-Montée, salle à manger et salon resplendissaient de lumière. » On attend l'arrivée à Strasbourg de personnalités militaires et gouvernementales :

> Des officiers allaient et venaient. Mme Scharrel les logeait. On discutait par petits groupes, une tasse de thé à la main ou en dégustant des gâteaux à la petite cuiller. [...] Les officiers furent entraînés dans la conversation, peu ou prou, chacun ici parlait français. M. le curé, le confesseur de Mme Scharrel, rassemblait quelques graves Strasbourgeois autour de son fauteuil, en évoquant à mi-voix les incidents fâcheux du jour : n'était-ce pas irritant de voir les gens arracher les drapeaux [français] des magasins ? Des erreurs fort déplorables auraient déjà été commises, qui pouvait bien être derrière tout cela ? On n'était tout de même pas en pleine révolution ! Parmi ces sages et doctes discoureurs, il s'en trouvait naturellement certains qui, pour une raison ou pour une autre, craignaient de devenir à leur tour victimes d'une méprise. (*ibidem*, p. 105)

Les journaux français rendent compte des événements, avec force détails, décrivant l'atmosphère de surexcitation, de violence et il faut bien le dire, de délation, qui règne en ville et aux alentours du pont du Rhin. *L'Ouest éclair* du 8 décembre 1918 écrit :

> Un grand nettoyage s'impose. Il a commencé et aujourd'hui une seconde série d'indésirables, entre autres l'ancien commissaire de police de Metz, Baumbach von Kaimberg ont traversé le pont du Rhin sous les huées de la foule. Un comité « d'épuration » vient du reste de se former à Strasbourg et convie la population à lui soumettre des noms d'indésirables. Une fête d'un genre spécial a eu lieu au Pont du Rhin au moment où les premiers Allemands indésirables, au nombre de 38, ont quitté Strasbourg, renvoyés dans leurs pénates par l'autorité militaire. La nouvelle s'était propagée en ville dans la matinée et à l'heure fixée pour le départ, une foule goguenarde emplissait les abords de la route, et bientôt, on les vit defiler, ces tristes individus qui ne cessèrent d'abuser de l'hospitalité reçue en Alsace pour dénoncer les Alsaciens, les faire envoyer en prison et en exil, leur cracher au visage leur haine et leurs menaces. Parmi eux se trouvent des professeurs d'université, des médecins, des avocats, le président du directoire, von der Goltz, des commerçants, d'ignobles personnages comme ces frères Crailsheim qui, sur leur balcon, avaient établi une potence à laquelle ils suspendaient des poupées représentant

des soldats français. Ce que furent les adieux de la foule, on peut aisément se l'imaginer. Des huées accueillirent chacun d'eux, des explosions d'indignation, des cris et des menaces, et certains de ces Boches qui, dans les derniers jours où ils espéraient encore pouvoir se sauver, avaient poussé la bassesse jusqu'à étaler des sentiments alsaciens, redevinrent subitement arrogants. Les autres s'en allèrent tête basse, se dirigeant vers Kehl, où déjà, sur les murs, s'étalent les pancartes « Got strafe das Elsass » (Dieu punisse l'Alsace).

Dans *Le Monde illustré* du 1er mars 1919, le journaliste Albert Flament décrit une scène « prise sur le vif » fin novembre 1918, très semblable à la fiction romanesque du salon d'Anni Scharrel. Les protagonistes sont attablés dans un restaurant strasbourgeois ; hommes d'affaire et notabilités discutent de l'avenir de la région avec Daniel Blumenthal, député et sénateur alsacien d'opposition qui siégeait au Reichstag (et sera décoré de la légion d'honneur en 1919) :

Jeudi – Au restaurant Valentin, le Bignon, le Foyot de Strasbourg, dans une petite salle du rez-de-chaussée, des amis fêtent ce soir, le retour de M. Blumenthal, maire et député de Colmar. Douze ou quatorze convives, industriels ou gros commerçants. Trois dames et, à l'extrémité de la table, un jeune homme dont le bras gauche est resté à la guerre. L'amphitryon a apporté une bouteille de vin encore non soutiré, un de ces vins gris-blond, d'une légèreté incomparable et dont la saveur est si particulièrement fraîche qu'on ne s'en rassasie point. C'est une précieuse bouteille, elle commence le repas et, bientôt, la première gêne de ces convives qui ne sont pas encore électrisés s'évapore. [...] Le grand nombre, le trop grand nombre d'immigrés allemands encore demeurés à Strasbourg, pousse à l'exaspération le patriote alsacien. Ils étaient à Strasbourg soixante mille ; quarante mille y sont encore. C'est un chiffre évidemment considérable. Chaque jour, l'autorité militaire en expédie par le pont de Kehl, plusieurs cargaisons outre-Rhin. M. Blumenthal ne juge pas que l'autorité militaire, précisément, se montre suffisamment énergique. Les banderolles de papier portant les mots « Maison Allemande » ou « Consigné aux militaires des Armées françaises et alliées » et que les commerçants sont obligés de placer à la devanture de leurs magasins, ne sauraient suffire à éliminer ou même encercler l'élément germanique et l'opposition boche. Le député de Colmar cite des journaux essentiellement germanophiles, allemands, de la première à la dernière ligne qui, la veille encore, publiaient des articles assurant l'Allemagne de leur sympathie. — « C'est intolérable, intolérable ! » s'écrie M. Blumenthal, promenant son oeil étincelant par-dessus la double rangée des convives soumis. Mais, deux dîneurs étrangers paraissent et, comme ils s'installent à une petite table voisine de la fenêtre, M. Blumenthal et ses amis, baissant le ton, se mettent à parler alsacien. (p. 118)

Il est malaisé de trouver de la documentation objective sur cette époque – y compris à l'heure actuelle – tant la situation fut tendue et confuse, et l'objet de récupérations de tous bords. Une bonne approche est fournie par un historien américain, David Allen Harvey (1999, p. 553), qui constate que le malaise alsacien (très différent du malaise lorrain) s'explique par plusieurs facteurs : passage d'une économie orientée vers le marché allemand à une économie orientée vers la France à partir de 1919 ; difficulté de faire coïncider de façon harmonieuse les particularismes locaux et le centralisme français ; à ceci s'ajoute la désillusion ayant suivi la réunion d'abord bien vécue de cette province à la

France, attribuable pour partie au fait que les deux composantes avaient évolué depuis 1870. En outre, l'expulsion des Allemands de souche et de certains Alsaciens considérés comme pro-allemands n'était pas de nature à calmer les esprits. Des cartes d'identité (A à D) furent d'ailleurs attribuées en fonction de la nature de l'ascendance. Ainsi, les titulaires d'une carte D ayant deux parents allemands (513 800 personnes, soit 28% de la population) constituèrent le gros des personnes expulsées. Mais, comme l'observe Prott (2009), les expulsions eurent plutôt tendance à frapper les chômeurs ou les femmes de mœurs légères que les industriels. Harvey rapporte les conditions pénibles du « retour », dont la description est congruente avec celle (certes orientée) de *L'Ouest éclair* : « One German deportee recalls that on his journey from Strasbourg to Kehl, he was met at the Pont du Rhin by "a mob made wild by drink, hysterical women, work-shy classes, also gentlemen in bourgeois clothes, who mocked and whistled at the helpless ones, they spat and threw horse dung, while the guards at the bridge didn't lift a finger". Although a self-help association, with Rudolf Schwander [Alsacien impliqué dans l'aide sociale, il poursuivra sa carrière en Allemagne] as president, was set up to help the expulsees begin new lives in Germany, the experience was a difficult and traumatic one, both for those expelled and for their relatives who remained in Alsace. » Les mouvements de populations ont cependant eu lieu également en direction de la France, si l'on en croit un autre journaliste présent sur les lieux, Daniel Bertrand de Laflotte, décrivant la situation strasbourgeoise les 24 et 25 novembre 1918 :

> A l'entrée du pont métallique, le tramway de Kehl ne cesse de déposer des voyageurs, officiers pour la plupart. Quittant les avant-postes allemands établis sur la rive droite du fleuve, de lamentables convois s'engagent sur le tablier et sont reçus par une compagnie de notre 47e cantonné sur la rive gauche. Des déménagements complets que l'on entasse à grand peine sur les plates-formes du tramway, des familles surchargées de paquets et de ballots, tous Alsaciens-Lorrains habitant l'Allemagne et contraints, dans les vingt-quatre heures, de traverser le fleuve. Les vieillards, les malades eux-mêmes n'ont pas été à l'abri de cette draconienne mesure et sur des brancards on voit de pauvres êtres qui auront au moins la consolation de rendre leur dernier soupir en France. Des soldats de toute arme, revêtus de l'uniforme allemand, des groupes de nos prisonniers sont mêlés à cette détresse, que le verglas et une bise d'hiver rendent encore plus douloureuse. À notre gauche, le pont du chemin de fer sur lequel plane encore l'aigle éployé, est jalonné de clochetons de fer jusqu'aux premières lumières de la gare de Kehl. (Bertrand de Laflotte, 1918, pp. 850-851)

On sait qu'un nouveau déplacement de population sera organisé en 1939, lors de la déclaration de guerre. Durant toute la « drôle de guerre », Strasbourg, ainsi qu'un certain nombre de communes situées à proximité immédiate de la frontière (20 km), seront vidées de la quasi-totalité de leur population, et les réfugiés seront accueillis dans le sud-ouest de la France, notamment en Dordogne, en Haute-Vienne et dans l'Indre. 11 000 Strasbourgeois seront ainsi « repliés » à Périgueux. Dans son roman *Les nuits de Strasbourg*, Assia Djebar (1997, p. 11) consacre un prologue à cette période : « Tous, d'un coup, au-dehors, sur le pavé ou par les routes, c'est une armée, une horde ; un exode. [...] » On imagine que l'ennemi va venir par le fameux pont de Kehl ; en fait il arrivera en 1940 et ce sera par le Sud et Colmar.

> Les rappelés attendront l'ennemi : deux jours, huit jours, peut-être plus ; le pont majestueux sur le Rhin maintient en veilleur son soldat au-dessus des flots. Ce sera lui, le fantassin en bronze, qui, le premier, verra l'ennemi déboucher sur l'autre rive [...]. La furia : juste après le pont, sous le ciel alourdi par la nue des bombardiers approchant avec une fausse lenteur, tels des vautours, ou des aigles. Le soldat en bronze, au-dessus des flots du fleuve, percevra enfin la rumeur de la guerre, sa scie monotone. (1997, pp. 12-13)

Mais rien ne se passe ; l'évacuation est totale, les oiseaux eux-mêmes prennent le chemin de l'exil :

> La France est vaste. « On » nous accueillera partout, plus loin, jusqu'à l'Atlantique... « On. » Qui, « on » ? [...]
> Ainsi les oiseaux ont émigré les premiers ; après les pigeons, puis les hirondelles, les cigognes ont suivi un peu plus tard. Elles semblaient guetter d'en haut les dernières cohortes d'humains qui rejoignaient les lieux de regroupements, appelés « centres de recueil ». De là, démarraient trains et cars qui emmenèrent, plusieurs jours sans discontinuer, tant d'Alsaciens vers l'ouest et le centre du pays.
> Tous les oiseaux une fois expatriés, le ciel net reparaît immense : vaste caverne renversée d'un bleu incorruptible, chaque soir à peine obscurcie, virant au violet, puis au gris. [...]
> Le 15 juin 1940, les premiers chars de l'armée attendue passent le Rhin, mais pas sur le pont avec son soldat de bronze ; non, l'ennemi franchit le fleuve plus au sud, près de Colmar... (*ibidem*, pp. 29-35)

Ces catastrophes successives expliquent peut-être la durable négation de l'Alsace en tant que contrée par essence *frontalière* ; bien avant dans les années 50, alors que le traité instituant la Communauté européenne du charbon et de l'acier a été signé en 1951, et que le traité de Rome l'est en mars 57, Rochefort (1957), dans un article plutôt pionnier sur les réseaux urbains, consacré à la région de Strasbourg, ne dit pas un mot de l'Allemagne, ni de la frontière, ni même du Rhin. La seule comparaison internationale est faite... avec São Paulo. Ce que confirme Nonn (s.d., pp. 3-4), observant que « la dimension régionale transfrontalière de proximité, jusqu'aux années 70-80, ne fut guère apparente : systèmes de gestion des hommes et des territoires, conception et modalités d'aménagement et d'urbanisme distincts ont limité les concertations. Seules des attractivités commerciales et socioculturelles ont joué. »

CHAPITRE 2
ESPACES IDENTITAIRES POSTMODERNES : DES ÉPIPHÉNOMÈNES SOCIAUX ET LITTÉRAIRES ?

Une postmodernité « glissante »

La désorganisation et la déconstruction industrielle des univers autrefois rationnellement agencés par le travail ont redessiné la distribution des espaces identitaires, dans un cadre que d'aucuns appellent postmoderne[1]. Cette appellation ne nous semble pas pertinente dans la mesure où ces transformations portent en elles les traces de la mémoire des événements, souvent vécus par les hommes dans leur chair. Il existe cependant des secteurs de la vie sociale dans lesquels il est tentant de voir le sceau de la « postmodernité » ; c'est par exemple le cas en architecture s'agissant de certains quartiers et réalisations qui, bien qu'ils se réfèrent au passé, n'en éveillent paradoxalement aucun écho, car il ne s'agit que d'un placage qui ne renvoie à aucune mémoire collective. On citera les *Espaces d'Abraxas* réalisés à Noisy-le-Grand en région parisienne, le *quartier Antigone* à Montpellier, ou les *Échelles du Baroque*, place de Catalogne à Paris, tous dessinés par Ricardo Bofill – mais on trouverait beaucoup d'autres architectes ayant adopté le même parti pris. Il est d'ailleurs révélateur qu'un film de science-fiction (1985) ait été tourné sur le site des *Espaces d'Abraxas*. Jencks (2011, n.p.) note que, « for its sinister beauty and large scale, Terry Gilliam featured the complex in his film *Brazil*, the dystopian satire. Parts of the project are, indeed, overscaled and underthought. » Ces ensembles donnent déjà, bien peu d'années après leur inauguration, l'impression d'être terriblement démodés – contrairement aux réalisations beaucoup plus anciennes du Bauhaus ou de celles d'Alvar Aalto, pionnier de l'architecture organique, conçues dans un tout autre esprit. Bofill fait ainsi des citations, notamment de Claude-Nicolas Ledoux [7]. Jedruch (2007, p. 227) estime que dans les *Espaces d'Abraxas*, à Noisy-le-Grand, « si l'on observe [...] plus exactement les rangées régulières de fenêtres standardisées incrustées entre des corniches et frises préfabriquées, on remarque simplement un cube moderniste visuellement déconstruit. Les citations architecturales et la figuration semblent, dans ce contexte, masquer le caractère somme toute moderniste de cet ensemble

1 La présence du tiret (post-moderne) ou son absence (postmoderne) n'est pas anodine, dans la mesure où, dans le premier cas, on situe la réflexion en se référant à la *modernité*. Dans le second cas, en revanche, le concept prend son autonomie.

finalement assez ordinaire. Le langage classique de l'architecture sert (à l'inverse de ce qui se passe chez Ledoux et conformément au procédé postmoderne de mise en question des significations utilisées) à cacher le véritable caractère de l'ensemble, et cette hypocrisie est ressentie de toutes parts. C'est [...] un négatif du fonctionnalisme dont elle applique pourtant les principes [...]. » Le sociologue Florent Champy (1999, pp. 35-36), spécialiste de l'architecture, abonde en ce sens, soulignant que, quoique Bofill ait réintroduit dans ses immeubles des décors historisants « au motif que le peuple aussi a droit, à son tour, à des colonnes », on peut s'interroger sur la pérennité de l'œuvre. En effet, « le décor obsolète qu'il plaque sur des programmes qui n'en restent pas moins pauvres ne suffit pas à faire de la belle architecture. Si on s'y intéresse encore dans vingt ans, cela risque fort d'être comme témoin de ce que notre époque a de plus superficiel : l'utilisation mensongère de codes qui jusqu'au début du siècle allaient de soi. » Champy met en regard les constructions haussmanniennes, qui, aussi marquées qu'elles puissent être, n'en ont pas moins permis l'émergence d'un style original, du fait d'un contexte favorable lié d'une part aux démolitions massives qui avaient eu lieu dans Paris (percées) et d'autre part à un contexte économique florissant, de 1853 à 1869.

Il s'ensuit que le concept même de *postmodernité* ne peut qu'être *évolutif* (glissant) et par définition directement lié à la nature de l'implication des individus dans le monde ; dès lors que les agents se laissent (complaisamment) submerger par des paillettes d'informations dont ils ne parviennent à saisir qu'une infime partie et dont la confrontation ne fait pas sens, ils restent désespérément à la surface des choses, esclaves de modes aussi volatiles que peuvent l'être les styles vestimentaires. On s'inscrit ici dans une approche très différente de celle d'un Baudelaire qui, remarquait Touraine (1992, p. 15), « voyait dans la vie moderne, dans sa mode et son art, la présence de l'éternel dans l'instant. Mais n'était-ce pas une simple transition entre les "visions du monde" fondées sur des principes religieux ou politiques stables et une société post-historique, toute faite de diversité où l'ici et l'ailleurs, l'ancien et le nouveau coexistent sans prétention à l'hégémonie ? » Ce constat amenait Touraine (*ibidem*, p. 136) à appeler de ses vœux la survenue d'un « sujet libre » :

> L'opposition que fait Nietzsche entre conduites actives et réactives est bien une opposition sociale, et ce n'est pas un hasard s'il dirige ses attaques à la fois contre les faibles, la démocratie et les femmes. Attitude que je tiens pour capitale et dont j'entends prendre le contre-pied en défendant [...] l'idée que le thème du Sujet n'est plus la recherche d'un fondement métasocial de l'ordre social, un nouveau nom donné à l'Un, à Dieu, à la raison ou à l'histoire, mais, tout au contraire, un mouvement social, l'acte de défense des dominés contre les dominants qui s'identifient à leurs œuvres et à leurs désirs. Car dans la société moderne, le naturalisme et le matérialisme sont la philosophie des dominants, tandis que ceux qui sont pris dans les réseaux et les idéologies de la dépendance doivent établir un rapport à eux-mêmes, s'affirmer eux-mêmes comme sujets libres, faute de pouvoir se découvrir à travers leurs œuvres et leurs relations sociales, puisqu'ils y sont aliénés et dominés.

Malheureusement, cette affirmation du Soi comme sujet libre n'est pas chose aisée, les « faibles », c'est-à-dire les individus *normaux*, étant guidés dans leurs « choix » par la *doxa*, requérant comme l'observe Bourdieu (1979, p. 499) « [une] adhésion ordinaire à l'ordre ordinaire qui, allant de soi, va sans dire ». Cette difficulté à résister est d'autant plus importante que le « discours interprétatif dominant », expliquait Touraine, est indépendant – quoique évidemment en relation avec lui – du niveau idéologique (informé par les groupes de pression économiques, financiers, politiques), et « crée de manière autonome une représentation de la société ayant des effets sur la politique et l'économie, quel que soit le mode de direction de celle-ci. » (Touraine, 2007, n.p.) En outre, cette absence de stabilité conceptuelle de la société post-historique[2] dénoncée par Touraine, outre le fait qu'elle autorise tous les brouillages informationnels « de surface » (du pic de Bugarach, dernier rempart contre l'apocalypse du 21 décembre 2012, au caractère « mortel » de la vaccination contre la grippe), favorise, malgré les apparences, les points de vue orthodoxes contre les points de vue hétérodoxes, dans le domaine scientifique, comme dans les domaines moral et politique. En effet, Bourdieu (1975, p. 109) remarquait, dans un texte toujours d'actualité, que « la censure qu'exerce l'orthodoxie – et que dénonce l'hétérodoxie –, cache une censure plus radicale, plus invisible aussi, parce qu'elle est constitutive du fonctionnement même du champ [...] et qu'elle porte sur l'ensemble de ce qui est mis hors de discussion par le fait d'accepter les enjeux de la discussion, [...] tout l'indiscuté et l'impensé tacitement tenus hors des limites de la lutte. »[3] Dès lors, on comprend que cette censure ne porte pas sur les épiphénomènes de mode, qui ne sont finalement que des sortes d'appoggiatures sur la partition du prêt-à-penser, et dont le fourmillement (conjointement à l'effacement de valeurs d'engagement social de type associatif, syndical, caritatif, etc.) crée les conditions d'une régression de la pensée démocratique, autrement dit d'une pensée qui n'est pas engoncée dans des a priori bien-pensants et fortement conservateurs (ayant partie liée avec l'orthodoxie), de quelque obédience qu'ils soient – on pense ici aux anathèmes des intégristes de tous bords, mais aussi à l'attitude des gouvernements et des lobbies qui n'osent les condamner que du bout des lèvres.

Il s'ensuit que l'individu « postmoderne », qui est un *urbain* dans le sens d'Henri Lefebvre[4], est doublement aliéné : il l'est d'abord en ce qu'il est

2 Le qualificatif est sujet à caution, car, quelle que soit la perspective adoptée, il faudra bien qu'à un moment donné, les événements « post-historiques » soient intégrés à l'histoire. Ils ne peuvent être envisagés comme tels que par un individu qui les considère dans une marge temporelle qui lui est très proche, autrement dit dans un *hic et nunc* qui sert de point d'ancrage à la perception des événements et qui est par nature constamment renouvelé.

3 C'est le cas en ce qui concerne notamment les notions de « postmodernité » et de « non-lieu », qui sont désormais largement intégrées à la *doxa*.

4 Ceci permet d'intégrer dans cette catégorie des individus qui, tout en se situant dans des lieux géographiquement orientés vers le pôle « campagne », n'en sont pas moins porteurs de valeurs urbaines (tels les anciens citadins « délocalisés » dans les villages situés aux environs des villes).

contraint dans ses options, formatées et répétitives, non pas en raison de la disponibilité limitée des biens (comme dans une économie de guerre ou dans l'ancienne économie « planifiée » soviétique) mais bien plutôt en raison des choix qu'il s'auto-impose en tant que *fashion victim*, autrement dit en tant qu'« individu qui nie son individualité dans l'acte même où il croit l'exercer. » (Schiermer, 2008, p. 48). Il l'est également du fait de son enfermement dans ce *présent glissant*, qui lui interdit de recourir à des repères stables, en le confrontant à des données culturelles discontinues, fragmentées et fragmentaires, quoique interchangeables. Novotny soulignait en 1997 (p. 101), s'inscrivant dans la mouvance de Lyotard, que : « Everyday life in postmodern culture is pervaded by a sense of cultural discontinuity and fragmentation not unlike that of the aesthetic of surrealism [...] The dispersion of cultural voices and the blurring of representational genres is a characteristic of everyday life in postmodern culture. » La ville, à l'instar de la société, serait donc vouée à l'itération des formes et à la promotion du *produit*, terme cher aux agents immobiliers, qui désormais ont presque partout remplacé les architectes et les maîtres d'œuvre dans le dialogue avec la clientèle. C'est ce que Lefebvre (1974/2000, pp. 91-92) avait bien vu lorsqu'il s'insurgeait :

> Triste évidence : le répétitif l'emporte sur l'unicité, le factice et le sophistiqué sur le spontané et le naturel, donc le produit sur l'œuvre. Ces espaces sortent de gestes répétitifs (ceux des travailleurs) et de dispositifs à la fois répétés et à répétition [...]. Ces espaces sont-ils échangeables parce qu'homologues ? Sont-ils homologues pour pouvoir s'échanger, s'acheter et se vendre, n'ayant entre eux que des différences appréciables en argent, donc quantifiables (volumes, distances) ? Ces espaces [...], on les fabrique pour le visible : gens et choses, espaces et ceux qu'ils emboîtent. [...] La vue et la vision, figures classiques en Occident de l'intelligible, se changent en pièges ; ils permettent dans l'espace social la simulation de la diversité, le simulacre de la lumière intelligible : la transparence.

Dans un monde répétitif, factice et mercantile, fait d'emboîtements, on comprend que le lieu se désintègre (devienne transparent) sitôt qu'il n'a plus d'utilité immédiate et qu'il ne correspond plus à un produit monnayable : il n'est que de penser aux immenses chantiers immobiliers abandonnés, notamment en Espagne. Deux ans avant sa disparition, Guy Debord (1992, pp. 12-13), dans un commentaire tardif de *La société du spectacle* (1967), remarquait de manière extrêmement lucide qu'à force de parler d'elle, le spectaculaire intégré (dans le monde) a fini par reconstruire la réalité et en outre par la reconstruire à son image :

> Quand le spectaculaire était concentré, la plus grande part de la société périphérique lui échappait ; et quand il était diffus, une faible part ; aujourd'hui rien. Le spectacle s'est mélangé à toute réalité, en l'irradiant. Comme on pouvait facilement le prévoir en théorie, l'expérience pratique de l'accomplissement sans frein des volontés de la raison marchande aura montré vite et sans exceptions que le devenir-monde de la falsification était aussi un devenir-falsification du monde. Hormis un héritage encore important, mais destiné à se réduire toujours, de livres

et de bâtiments anciens, qui du reste sont de plus en plus souvent sélectionnés et mis en perspective selon les convenances du spectacle, il n'existe plus rien, dans la culture et dans la nature, qui n'ait été transformé, et pollué, selon les moyens et les intérêts de l'industrie moderne. La génétique même est devenue pleinement accessible aux forces dominantes de la société.

À la lumière de ce qui précède, nous pouvons donc avancer que *la postmodernité est d'abord un état de conscience du sujet* – c'est-à-dire une représentation du monde et non un phénomène autonome –, largement déterminé par le discours interprétatif dominant (Touraine), les effets spectaculaires de la raison marchande (Debord), mais également soumis à l'emballement de la technique qui tend à se substituer à une analyse rationnelle des objectifs et des finalités d'une action, comme le montre fort bien Tordjman (2011, n.p.) : « Une des principales sources du problème, nous semble-t-il, réside dans l'autonomisation de la technique. […] De nouveaux moyens succèdent aux anciens sans que l'on prenne le temps de se demander où cela nous mène. Pourquoi fabriquer des cochons vert fluorescent ? Parce qu'on le peut, pour ce que cela nous permettra peut-être de faire demain, pour devenir riche et célèbre, ou bien pour la nouveauté pour elle-même. […] L'action individuelle devient aliénée […] d'où ce mélange de fragilité, d'irresponsabilité et d'impuissance. » En 1980, Jean-Edern Hallier[5] dans *Fin de siècle*, avait parfaitement saisi les enjeux de cette évolution d'un certain corps social, lorsqu'il fait dire à l'un des protagonistes du roman :

Une pelure d'oignon vous recouvre toute la cornée, la taie des arthropodes, ajoutait-il, et c'est bien la meilleure chose qui puisse nous arriver avant de nous enfouir. De même, l'architecture suit-elle l'évolution du corps social, quand elle ne la préfigure pas – déjà avec l'air conditionné,

5 Il est intéressant de noter que J.-E. Hallier fait partie de ces personnalités dont l'évocation est presque systématiquement accompagnée de qualificatifs tels que « sulfureux », « contesté », « personnalité mégalomane », « Jean Edern, fou Hallier » (titre d'un film) ; sans doute est-ce pour se prémunir (on n'est jamais trop prudent), en ces temps de normalisation de la pensée et de renforcement du politiquement correct, de toute association avec J.-E. H. Heureusement, de façon plus juste on trouve aussi sur internet : « irrévérencieux empêcheur de penser en rond ». On aime se le rappeler ainsi : « À Brive-la-Gaillarde, souvent invité à la Foire du Livre, il créait l'animation dès la descente du "train du livre", bourré comme un wagon de la poste, et s'entretenait de carottes, de salades et de choux avec les premiers agriculteurs venus. Il connaissait les grands et les autres. Sa littérature sur le bout des doigts et son humanité au fond des yeux. Par commodité pour les jeux de mots faciles, beaucoup le traitèrent de "fou", Hallier. Il semblait l'être, par moments, quand il faisait le zozo, quand il élucubrait à l'envi sur les grotesqueries des uns, les mesquineries des autres. Il était de ceux qui ne s'en laissent pas compter, à qui on ne la fait pas. Il était souvent le digne fils de Don Quichotte (encore lui !), prêt à voir dans tout moulin à vent un chevalier à combattre ou une Bastille à prendre, un pouvoir à renverser ou une damoiselle à sauver. Il était de ces chevaliers qui poursuivent l'inaccessible étoile, pas de ceux qui plantent des tentes en attendant l'obole. Pour toutes ces qualités, on aimerait qu'il pédale encore. » (Article en ligne de « LM », du 12 janvier 2007, sur *Agora Vox*.)

on n'ouvre plus les fenêtres, les paysages sont des illusions derrière des parois de verre – et, à ce terme, ce seront des écrans de télévision géants qui simuleront les vagues du Pacifique au-dessus des rues crasseuses de Chicago. Les villes monstrueuses qui s'élèvent sur la planète impliquent des formes d'organisation différentes, internes. La multiplication des prestataires de service l'annonce : ce sont les protozoaires en symbiose indissoluble avec l'estomac du termite. Les emplois parasitaires mâcheront la besogne anonyme. Ils lui fourniront son suc, son vomi et sa vidange de graissage. La machine n'aura plus qu'une seule fin : produire l'huile nécessaire à sa propre lubrification et à celle des tunnels de la termitière universelle. Le nouveau matériel sera glissant, du plastique, du verre poli et des nouveaux produits synthétiques. (Hallier, 1980, pp. 73-74)

De l'Hôtel Moderne à l'hôtel postmoderne

[...] les façades circulaires des « Royal » ou des « Grand » de Scarbro' ou de Brooklyn ; et leurs railways flanquent, creusent, surplombent les dispositions de cet Hôtel, choisies dans l'histoire des plus élégantes et des plus colossales constructions de l'Italie, de l'Amérique et de l'Asie, dont les fenêtres et les terrasses à présent pleines d'éclairages, de boissons et de brises riches, sont ouvertes à l'esprit des voyageurs et des nobles — qui permettent, aux heures du jour, à toutes les tarentelles des côtes, — et même aux ritournelles des vallées illustres de l'art, de décorer merveilleusement les façades du Palais-Promontoire.

(Arthur Rimbaud, « Promontoire », *Illuminations*, *in* : *Œuvres complètes*, 1963, p. 199.)

Afin d'illustrer ce point de vue sur l'instabilité conceptuelle *essentielle* de la postmodernité, apportons un peu d'outillage linguistique. L'un des « objets » de la vie courante, que l'on associe le plus volontiers à « moderne », est « (l') hôtel » ; l'hôtel est intéressant car il est un lieu de vie, de passage, de rencontre, il a quelquefois une histoire très longue et il constitue une composante de la plupart des sociétés :

[1] Hôtel de charme 3 étoiles, *face à la Cathédrale et la Maison Kammerzell, au cœur du marché de Noël, des restaurants et des commerces, près des musées et des canaux de la Petite France.* [...] Cette maison a une *belle âme, imprégnée de rencontres*, de plaisirs, et de moments de détente *partagés* sous son toit. De nombreux clients et *quelques personnalités y ont laissé leur empreinte*, marquant le livre d'or de leurs souvenirs. Juliette Gréco, Guy Bedos, Jean d'Ormesson, Michel Serrault, Michel Drucker, et tant d'autres sont venus s'y reposer, *pour ne jamais vraiment nous quitter*. L'hôtel Cathédrale n'attend plus que vous pour écrire une nouvelle histoire. La vôtre.

Une recherche sur internet de la séquence munie de guillemets « Hôtel Moderne » (avec ou sans majuscule à « moderne ») a fourni 1 460 000 résultats ; la requête « Hôtel postmoderne » a renvoyé 678 occurrences. D'un point de vue historique, on remarquera tout d'abord que le syntagme « Hôtel moderne » a dans un premier temps été considéré comme un ensemble [substantif + adjectif], dans lequel l'adjectif est porteur des traits de confort attribués au substantif *hôtel*, tels qu'eau courante chaude et froide, chauffage central, WC avec chasse d'eau, etc. (voir par exemple les premiers *guides Michelin* ou *Joanne*). Ainsi, en 1910, à Collonges-sous-Salève (Haute-Savoie) peut-on lire sous la plume de François Muriset, propriétaire du Chalet et du Grand-Hôtel d'Orjobet, que :

[2] Le Grand-Hôtel d'Orjobet comprend 45 lits d'étrangers, avec *tout le confort moderne, électricité*, chambres de bain, *chauffage central, lavabo à eau courante dans toutes les chambres* (eau de source qui, selon l'analyse officielle du Laboratoire de l'École Nationale Supérieure des Mines de Paris, possède d'excellentes qualités thérapeutiques, comparables aux eaux d'Évian et de Divonne).[6]

Comme en témoignent les publicités des guides touristiques, à la fin du XIXe siècle et au début du XXe, les hôtels de luxe étaient plutôt qualifiés de « Grand », l'adjectif « moderne » étant souvent réservé au texte de présentation de l'établissement. Plus tard, le syntagme prendra la nature d'un nom propre, avec dans certains cas, une connotation vieillotte d'hôtel défraîchi de sous-préfecture endormie. Actuellement, on trouve des attestations d'hôtels de luxe portant ce nom ; l'accent est bien mis sur le charme, l'élégance, le *romantisme et la tradition*, et donc sur l'inscription dans les valeurs patrimoniales ; le Grand Hôtel Moderne de Lourdes *revendique même le patronage de Bernadette Soubirous*, dont le frère fut responsable de la construction :

[3] Le Best Western Hôtel Moderne de Caen vous accueille *au cœur même du centre-ville* à quelques minutes à pied du *Château de Caen et des principaux monuments historiques de la cité ducale*. Dans son cadre *élégant* et *raffiné*, découvrez les 40 chambres de cet hôtel 4 étoiles, entre *charme*, confort et *tradition*. Lors de votre séjour en tourisme d'affaires, week-end *romantique* ou *vacances en famille*, appréciez des prestations d'excellente qualité avec salon bar, sauna et salle de séminaire. [...] Le Best Western Hôtel Moderne est idéalement situé à moins de 2 minutes du *château Ducal*, du *centre historique et du port de Caen*. Découvrez ainsi en toute liberté *la Cité de Guillaume Le Conquérant : l'abbaye aux Hommes et le tombeau de Guillaume, l'abbaye aux Dames et le tombeau de Mathilde*.

[4] Construit en 1896 par Benoîte et *Jean-Marie Soubirous, frère cadet de Sainte Bernadette*, le Grand Hôtel Moderne**** est un *joyau de l'architecture française du début du siècle*. Avec sa surprenante *façade Baroque* et ses salons intérieurs raffinés de *style Art Nouveau* conçus par le grand architecte [sic] *Louis Majorelle*, il allie *charme*, *élégance* et confort *au cœur de* Lourdes.

Les établissements plus simples se réclament des mêmes valeurs : gentillesse, courtoisie, demeure chaleureuse, cuisine familiale, menu du terroir, proximité du

6 Texte cité dans un article de Dominique Ernst, publié par le *Messager.fr*, journal en ligne haut-savoyard (28 mars 2013).

centre historique, maison appartenant à la même famille depuis plusieurs générations, tourisme populaire et rural, etc. Ils mettent en exergue une continuité (l'entreprise familiale) qui inscrit l'établissement dans une temporalité et dans une mémoire garante d'attention et de dévouement.

[5] Notre hôtel** restaurant vous séduira à plus d'un titre, par la *gentillesse*, la *courtoisie* de l'accueil et le confort d'une *demeure chaleureuse*.

[6] L'Hôtel-Restaurant Moderne vous accueille chaleureusement à Frangy à proximité d'Annecy en Haute-Savoie pour un agréable séjour à la découverte de notre belle région. Nous mettons à votre disposition un hôtel* composé de 15 chambres équipées tout confort pour votre plus grande satisfaction [...] Pour vos repas, notre chef cuisinier vous prépare de délicieux plats issus d'une cuisine familiale.

[7] Ce *petit hôtel familial* est situé au *centre-ville* de St Géniez d'Olt, *Station Verte* de Vacances. Le restaurant propose un *menu du terroir*, un menu du jour, [...]. Aux beaux jours, une terrasse vous accueille et des menus à thème vous sont proposés.

[8] Gisors, capitale du Vexin normand, est une étape incontournable à seulement une heure de Paris et de Rouen [...] *Ancien relais de poste* entièrement rénové, *proche du château médiéval*, l'hôtel Moderne vous accueille dans un cadre *chaleureux* et *familial*, point de départ idéal pour de multiples *activités touristiques* et sportives.

[9] Situé au *centre ville* d'Espalion, l'hôtel Moderne, *où il règne depuis plusieurs générations une ambiance familiale*, vous séduira par son accueil *chaleureux* et *personnalisé*. Vous apprécierez le joli salon et la très belle salle de restaurant lumineuse, qui sont *toujours généreusement fleuris par la maîtresse de maison*. [...] Jérôme, *propriétaire et cuisinier* du restaurant L'Eau Vive, *vous fera partager sa passion de la pêche* qu'il pratique dans les lacs et rivières de la *région*. Dans la très belle salle de restaurant où le service est soigné, vous goûterez sa cuisine qui marie poisson, *spécialités régionales* composées des *meilleurs produits de notre terroir*. Noubliez pas « *la carte des desserts maison* ».

En revanche, en ce qui concerne les hôtels « postmodernes », il est douteux que l'on écrive jamais « Hôtel *P*ostmoderne », à la manière d'« Hôtel *M*oderne ». En d'autres termes, il est improbable que l'adjectif sorte de son usage ordinaire pour constituer un nom propre en se combinant au substantif. Les exemples [10] à [13] mettent clairement en évidence que ces établissements sont avant tout des résidences de luxe, conçus par des architectes et des décorateurs célèbres (Putman, Starck, Jahn – avec cette précision : « de Chicago », sans doute parce que cette ville a été la pionnière des constructions métalliques de gratte-ciel), très récents et composés de matériaux que l'on fait passer pour « contemporains », ce qui n'est pas le cas, puisque le verre et l'acier étaient déjà au centre des préoccupations des concepteurs du Bauhaus. Au demeurant, Yücel Besim *et alii* (2010, p. 113) observent que le « classicisme postmoderne » architectural est l'équivalent de « classicisme freestyle » ; il s'agit selon ces auteurs d'un style pluraliste et éclectique : « Historical styles are either modified, authentically applied or combined, either abstracted or displayed in a figurative manner, integrating also the aesthetic heritage of Modernism. »

[10] Un hôtel récemment rénové et entièrement climatisé, à deux pas de l'Opéra Garnier. Un charmant emplacement Parisien, pour un *hôtel post-moderne dans un style de Putman et Starck.*

[11] *Hôtel postmoderne situé à l'aéroport* et doté d'un centre thermal. *Les ailes de l'imagination.* Cet *hôtel « transparent » en verre et en acier, conçu par l'architecte Helmut Jahn de Chicago*, se trouve *dans l'aéroport* de Munich, entre les terminaux 1 et 2.

[12] [À Dubai] Des couleurs chatoyantes et des *lignes géométriques* donnent à cet *hôtel postmoderne en acier et en verre un look contemporain.* Le cuir et le bois de hêtre des chambres en font un endroit agréable. Et ne manquez pas un dîner au Verre de *Gordon Ramsay*, un incontournable.

[13] Les hôtels font parfois de grandes manœuvres. Dans le cas de la chaîne, on pourrait parler de prodige. *En métamorphosant un building moderniste des années 70 en hôtel postmoderne élégant*, elle a contribué à embellir le centre-ville.

Bautès (2004, p. 242), dans sa thèse de géographie consacrée aux hôtels de luxe indiens, estime que ces établissements doivent plaire à une clientèle « en recherche d'un passé esthétisé, idéalisé, mis en scène », et qu'ils s'apparentent ainsi à des « objets postmodernes, mêlant les signes du passé aux tendances les plus actuelles de la consommation. » : il y a dans cette définition l'idée d'un bricolage esthétique – comme chez Bofill, déjà évoqué précédemment – dont les principales caractéristiques sont l'absence d'unité, ce qui après tout, a souvent été le cas, les ajouts et modifications divers n'ayant jamais effrayé les concepteurs, quelle que soit l'époque – et surtout la notion consumériste de « touristes d'élite » [sic][7]. L'aspect « phénomène de mode » de ces objets dits postmodernes implique, dans le monde réel, une caducité visuelle et souvent matérielle extrêmement rapide qui les prédestine à très mal vieillir. L'exemple [13] est très éclairant sur ce point : *« un building moderniste des années 70 [s'est métamorphosé] en hôtel postmoderne élégant »*. Il faut noter les valeurs attachées aux adjectifs *moderniste* et *postmoderne* employés, qui interagissent avec

7 Contrairement à ce qu'écrit Gontard, nous ne voyons *aucun* lien entre *consumérisme* et *« non-lieux de la surmodernité »*, même s'il existe effectivement un rapport *économique très étroit entre consommation de masse et grandes surfaces/hypermarchés. Cf.* Gontard (sans date, p. 48, [en ligne]) : « Lorsque le consumérisme devient l'expression d'un désir narcissique qui rabat le principe de liberté individuelle sur la légitimation des choix personnels, alors s'ouvrent ces non-lieux de la surmodernité que sont pour Marc Augé les grandes surfaces et autres hyper-marchés. » Il s'agit là d'une sorte d'automatisme d'écriture consistant à associer systématiquement « non-lieu » et « surmodernité » à des lieux tels qu'aéroports, parkings, grandes surfaces, etc.

le sème du verbe *métamorphoser*. Ainsi, la caractéristique *moderniste* du building des années 70 trahit de la part de ses concepteurs une espèce d'engagement militant (être moderne à tout prix), puisque la définition même de ce terme dénote un conformisme outrancier par rapport aux goûts et usages modernes. Le verbe *métamorphoser* opère ensuite une opposition entre les propriétés *moderniste* et *postmoderne*, la deuxième valeur étant supérieure à la première, d'autant plus qu'elle est associée à l'adjectif *élégant*. Par rétroaction, le modernisme est perçu comme dépassé et inélégant. Il s'agit manifestement ici d'un processus de valorisation des caractères postmodernes d'un lieu (soumis à une mode qui ne vaut guère mieux que celle du modernisme), la « postmodernité » et de façon associée l'extrême contemporanéité, ne pouvant être envisagées qu'en étroite conjonction, n'étant pas liées à une période déterminée (de telle année à telle autre), mais à un intervalle dont les limites sont imprécises, tant elles dépendent de la perception de l'individu.

Notons pour terminer que l'on trouve quelques rares attestations (en anglais) d'hôtels « prémodernes » ; il s'agit d'hôtels vieillots et en mauvais état. Le préfixe ne renvoie à aucune période historique, mais à un état d'absence de confort :

[14] « Noisy and premodern hotel » Except for the friendly guy at the front desk, this hotel is really poor. It is under construction, there are noisy guests, the rooms are small, there are no balconies (you can sit in front of your room, but is that a balcony?), and it has not had a modernization since long. The location is great but that's the only reason why you would want to stay here. For a little bit more money, you can be equally close to the beach and have a normal hotel.

[15] « The hotel is of excellent value if you are young and just looking to get away for a short break with friends. However if you are looking to take someone away to impress them I do not recommend this hotel as it is pre-modern and could use a lick of paint. The staff are excellent and always happy to help. »

L'usage de l'adjectif « premodern » est évidemment ironique, car une telle qualification ne peut qu'être critique. Il s'agit d'ailleurs d'un avis de client sur l'établissement.

Périodisation et perception du temps social

Dès lors, si rien n'est périodisé, si l'on a affaire à un intervalle fluctuant dont les limites forcément floues sont dépendantes des percepts, il n'y aurait plus lieu de regarder en arrière, ni d'envisager les conséquences à venir d'un acte. On peut utilement faire ici appel à la représentation guillaumienne du temps. Selon

Gustave Guillaume[8] (1965), la structuration du système verbal est *chronothétique* et possède un caractère modal. Soutet (2005, p. 33), qui propose un commentaire de la chronogénèse relève que « le temps où échoit l'événement est vu comme privé de toute orientation ; ce n'est donc pas le temps des époques (passé / présent / futur) mais celui qui constitue l'événement en tant qu'événement, ce que Guillaume appelle le temps impliqué (par opposition au temps des époques, ou temps expliqué). En simple incidence à cette ligne du temps qui le constitue en tant que tel, l'événement est donc événement mais au minimum de ce qui est requis pour qu'il existe. » Ou, pour le formuler autrement, avec Santacroce (1999-2004, p. 12) : « [...] le présent pose un problème particulier. Il se sépare à la fois du futur et du passé. Il se constitue en fait en leur empruntant une part de temps. Au passé il emprunte du temps "qui a existé effectivement et qui s'en va", au futur, "du temps qui n'a pas encore existé effectivement et qui vient" [...]. Ces deux éléments dont il se compose sont appelés respectivement "chronotype réel et décadent" [...] et "chronotype virtuel et incident" [...]. Le présent n'est rien d'autre qu'une somme de deux chronotypes [...] extensible depuis le "présent ponctuel" qui les écrase jusqu'au "présent éternel" qui les illimite ». Le point de vue guillaumien fut maintes fois controversé, mais il a le grand mérite de permettre l'établissement d'une analogie forte avec le mouvement, de quelque nature qu'il soit, dont la mise en œuvre ne peut être comprise hors de ces deux *chronotypes* qui ne se chevauchent pas, mais se complètent, permettant une progression homogène de l'action. Si l'on adopte la conception guillaumienne, on obtient une vision théorique assez exacte de l'individu dit postmoderne face à la temporalité. Le présent devient un état incertain, qui dans la perception qu'en ont les agents sociaux, est ressenti comme non borné, et cela d'autant plus qu'il y a moins d'échéances, quelle qu'en soit la nature (*cf.* notamment la notion de *désaffiliation* évoquée plus loin [12] et dans la postface). Vittorio Frigerio, dans un roman récent, *Naufragé en terre ferme*, met ainsi dans la bouche d'un de ses personnages (le « vieux ») cette analyse :

> Nous vivons dans un présent éternel dénué d'idées, convaincus que dans le passé il n'y a plus que des erreurs à oublier ou des leçons apprises déjà, inutiles à exhumer. Telle est la peur de nous trouver dans l'état pitoyable du damné de Dante, qui marche en avant avec le visage tourné vers l'arrière, que nous ne marchons même plus et que, pour éviter d'avoir à choisir entre ce qui nous attend et ce qui nous précède, nous préférons sombrer collectivement dans l'ataraxie et la cécité volontaires. (Frigerio, 2005, p. 226)

Néanmoins, en observant les choses de plus près, on peut aisément mettre en évidence des traces prégnantes de sens historique et social. Freitag (2005, p. 180) estime que « la réalité dans laquelle nous vivons ne ressemble pas encore à [un tableau, où

8 Il va sans dire que Gustave Guillaume s'inscrivait dans une perspective purement linguistique. Il n'en reste pas moins que ses travaux ont une portée qui dépasse très largement ce plan.

la société postmoderne contemporaine ferait un saut par-dessus la crise du sens, en abolissant le sens dans la fuite en avant] et il est fort probable qu'elle ne lui ressemblera jamais complètement. Mais ce décalage heureux qui existe entre le modèle type et la réalité exige de faire l'objet d'une mise en garde en même temps qu'il est constaté. Ce qui diffère du modèle dans la réalité historique contemporaine doit son existence à la persistance massive des formes de régulation modernes, traditionnelles et même archaïques. » Cette idée de survivance de valeurs anciennes très résistantes est également défendue par Le Bras et Todd (2013, p. 23), qui soulignent qu'évidemment, « la crise existe et [...] on peut effectivement observer dans la phase la plus récente [...] une peur généralisée du chômage et une résignation à la baisse des revenus. La conscience sociale pessimiste n'est pas coupée de la réalité. Mais si nous glissons des plans de l'économie et du sondage d'opinion vers certaines données démographiques objectives [...], c'est souvent une autre France qui apparaît, aussi optimiste dans ses comportements inconscients qu'elle apparaît consciemment pessimiste. » De plus, les mêmes auteurs notent que, depuis des décennies, la grande ville a changé de nature en grandissant, et que, compacte au centre (historique, des affaires, etc.) elle est devenue diffuse en périphérie, les lotissements, zones commerciales, bâtis divers, gagnant sur la campagne. Dans le même temps, certaines de ces extensions, pour la plupart situées sur des voies de communication autoroutières ou ferrées, ont donné naissance à de nouvelles agglomérations (les « cités »), quelquefois créées *ex nihilo*, et quelquefois s'agglomérant autour d'un bourg préexistant. Dans une telle configuration, on pourrait se demander si ces conurbations n'ont pas fini « par constituer elles-mêmes un terrain anthropologique spécifique, avec sa propre sensibilité, ses souvenirs, et se construisant année après année une mémoire déconnectée de celle des milieux ruraux environnants. » (Le Bras et Todd, op. cit. p. 25) Or il n'en est rien, car soulignent Le Bras et Todd, il n'y a aucune rupture dans le continuum, puisque « le passé anthropologique est toujours présent. Comment concevoir autrement la persistance des valeurs anciennes si la population est urbaine à près de 80% ? » *(ibidem)*

Dans un article plus ancien, Freitag (1999, p. 207) souligne, après Habermas, qu'il existe une disjonction entre un « monde de la vie » et un « monde du système », celui-ci étant davantage, précise Freitag, « un réseau de procédés et de procédures opératoires ». La difficulté essentielle réside dans le fait que le « monde du système » se résume à un « monde de la communication tel qu'il s'est déployé dans les systèmes médiatiques et informatiques. Il ne s'agit plus d'un "espace public", mais d'un vaste champ publicitaire, où tout fonctionne en slogans et en clichés. » Et il ajoute que le sujet postmoderne est dans un état permanent d'adaptation à la précarité (tant sociale qu'intellectuelle), au changement, et à l'errance – le terme étant ici utilisé dans le sens de dérive normative[9].

9 Nous reviendrons largement sur la question de *l'errance*, conçue différemment, mais impliquant aussi une « rupture d'attaches identitaires, normatives et projectives » (Freitag, 1999,

Freitag – avec des historiens comme Carlo Ginzburg, par exemple – est l'un des rares à tenir compte d'une temporalité très longue (il évoque notamment Benjamin Lee Whorf et ses travaux sur le hopi) et constate que *récits*, histoires, dictons, constituent déjà les réceptacles d'une « objectivation réflexive du sens ». Le sens n'est pas donné simplement et ouvertement, « il appartient [en effet aux hommes] de faire effort pour le redécouvrir, le reconnaître à travers les indices dispersés dont les récits mythiques contiennent une interprétation déjà distancée de toute appréhension immédiate. La structure ontologique fondamentale tend donc déjà vers une polarisation, mais ce n'est pas encore selon un axe vertical, mais selon une dimension de profondeur qui relie plus qu'elle ne les sépare le manifeste et le caché qui le soutient, ces deux moments restant encore inséparablement attachés à la même réalité. » (*ibidem*, pp. 192-193)

Les procédures opératoires qu'évoque Freitag, en restreignant le parcours de l'individu postmoderne à un espace jalonné de slogans – c'est-à-dire à un espace-bulle totalitaire –, donnent tout son sens à la comparaison avec le nazisme, ou toute autre idéologie de même nature, bien décrite par Orwell dans *1984*, et empêchent l'individu « postmoderne » de s'identifier à autrui. C'est bien le but de la *novlangue*, qui interdit toute narration, a fortiori toute forme de romanesque et réduit l'expression à la production de formules stéréotypées. Comme le soutient le philologue Syme, l'ami/camarade – car on ne peut avoir d'amis en Oceania – de Winston :

> C'est une belle chose, la destruction des mots. Naturellement, c'est dans les verbes et les adjectifs qu'il y a le plus de déchets, mais il y a des centaines de noms dont on peut aussi se débarrasser. Pas seulement les synonymes, il y a aussi les antonymes. Après tout, quelle raison d'exister y a-t-il pour un mot qui n'est que le contraire d'un autre ? Les mots portent en eux-mêmes leur contraire. Prenez « bon » par exemple. Si vous avez un mot comme « bon » quelle nécessité y a-t-il à avoir un mot comme « mauvais » ? « Inbon » fera tout aussi bien, mieux même, parce qu'il est l'opposé exact de bon. Et si l'on désire un mot plus fort que « bon », quel sens y a-t-il à avoir toute une chaîne de mots vagues et inutiles comme « excellent », « splendide » et tout le reste ? « Plusbon » englobe le sens de tous ces mots, et si l'on veut un mot encore plus fort, il y a « doubleplusbon » [...] En résumé, la notion complète du bon et du mauvais sera couverte par six mots seulement, en réalité un seul mot. Voyez-vous, Winston, l'originalité de tout cela ? Naturellement, ajouta-t-il après coup, l'idée vient de Big Brother. (Orwell, 1950, pp. 76-77)

La langue ainsi réduite à son squelette, sur lequel s'articulent des pièces préformées (racine, suffixation et préfixation restreintes), implique une pratique langagière machinale qui bannit toute nuance liée à une activité critique et à une perception émotive fines. Gobin (2004, pp. 99), pour sa part, établit une relation indirecte entre la novlangue et le discours politique, notamment celui qui

---

p. 211), s'agissant aussi bien de l'errant lui-même (vagabond ou « bohémien ») que du regard porté sur lui par la communauté [13].

a cours dans les instances européennes, une langue de consensus technique et moral, dont l'une des finalités est de dresser des barrières langagières rendant toute contestation difficile. L'intérêt de ce type de discours est d'une part de tenir à distance le public (ensemble de citoyens de seconde zone) et d'autre part d'envoyer des signaux de reconnaissance aux autres « techniciens » de l'économie et de la politique ; des termes qui dans la langue usuelle étaient polysémiques, sont affectés d'une signification codée, les énoncés produits finissant par être réduits, comme en *Oceania*, à de simples slogans réifiés. Ainsi, tirée par la réduction rationalisée vers un appauvrissement extrême, cette langue pourrait bien entrer en résonance avec l'expérience du vide qui caractérise l'homme postmoderne.

L'homme postmoderne, un artefact littéraire ?

Jorland et Thirioux (2008, p. 279-280), analysant la théorie de l'empathie de Robert Vischer (philosophe et psychologue allemand) exposée dans sa thèse de 1873, soulignent que l'on doit porter au crédit de ce psychologue « d'avoir bien distingué les deux moments de l'empathie, en premier lieu l'identification *(Einsfühlung)* avec l'objet, en second lieu l'empathie *(Einfühlung)* de notre sentiment dans l'objet. Ou encore, objectivation et anthropomorphisation. Autrement dit, ressent-on empathiquement en lui ou en nous ce que l'autre sent ? L'Einfühlung procède-t-elle d'une Einsfühlung ou d'un *Nacherleben*, d'un "revécu" ? » Selon Vischer, estiment Jorland et Thirioux, l'association d'idées « relie [...] une représentation actuelle, bien présente, une perception, à la représentation inactuelle d'une chose absente, un souvenir, un souhait, un désir. Par exemple, dit Vischer, [...] nous voyons les hautes montagnes de Suisse et par association l'idée nous vient qu'ici demeure la liberté. Le sentiment que nous éprouvons n'est pas suscité au contact de la chose, par elle-même, mais par l'idée qu'elle évoque et qu'autre chose pourrait aussi bien évoquer [...]. Toutefois, l'empathie peut être déclenchée par l'association d'idées. Vischer prend cet exemple : je vois une vieille chope de bière et je pense, par association d'idées, par "contiguïté" ou par "métonymie" dirions-nous, à l'homme assoiffé qui l'a autrefois soulevée. Mais je peux aussi l'imaginer en pied dans la posture que suggère cette chope, et ressentir sa soif. L'association d'idées s'est alors élevée à l'empathie. » En outre, on dispose actuellement de solides connaissances dans les domaines de la neuropsychologie et de la psychophysiologie. Comme le rappelle Jean Decety (2002, p. 9) – excellent spécialiste de ces domaines – on sait désormais que « l'empathie repose sur des mécanismes de traitement de l'information qui ont été façonnés au cours de l'évolution permettant une communication implicite avec autrui et qui seraient à la base de l'intersubjectivité. Cette perspective s'articule avec les théories de l'esprit [...] qui tentent de rendre compte, chez l'homme, de la capacité à comprendre les autres comme des agents intentionnels, c'est-à-dire dotés d'intentions, de désirs et de croyances. » Decety et ses collègues ont par exemple montré – dans une expérience visant à rechercher de quelle façon le cerveau « distingue une même action selon que sa source (l'intention) est endogène ou exogène » – qu'un réseau d'activités partagées au niveau du cortex pariétal et du lobe frontal (régions préfrontales dorso-médianes) était mis en évidence entre les deux conditions d'imitation. Decety conclut que « ce réseau d'activations partagées est cohérent avec l'hypothèse d'un codage commun entre les actions du Soi et celles d'autrui. » (*ibidem*, p. 16, et Decety *et alii*, 2002) Il existe évidemment des cas, ajoute Decety, où les mécanismes qui régulent l'intersubjectivité sont mis en défaut. Ce peut être le cas chez certains psychopathes, incapables d'empathie et de jugements moraux, ou chez les enfants autistes[10]. En d'autres termes, quel que soit le point de vue depuis lequel on considère la question, il est indéniable que l'empathie est un phénomène universel – car il ne caractérise pas que les êtres humains, mais également de nombreuses espèces animales (carnivores et mammifères sociaux) ; son absence, exception faite des cas pathologiques, est donc purement théorique, entraînant par voie de conséquence l'impossibilité d'un homme « postmoderne » privé d'empathie. Mais il y a plus, car l'exemple de la « vieille chope de bière » de Vischer renvoie à Carlo Ginzburg et à la notion de *traces* qui, outre leur rôle de *madeleine proustienne* – ici non limitée à l'odeur, à la texture et au goût – ont une importance capitale dans la rémanence des souvenirs ; en effet, ces traces ou ces indices sont autant de jalons, quelquefois très ténus, qui assurent la continuité du tissu social, et donc du lien historique entre les individus.

Il faut toutefois insister sur le fait qu'on ne saurait établir de rapport direct entre les créations littéraires et artistiques en général et les données expérimentales scientifiques, car il s'agit de deux plans tout à fait différents, et cela y compris dans les cas où les auteurs de romans – Proust étant un cas emblématique – ont traité de problèmes neuropsychologiques (etc.) En ce sens, Lambert a raison de relever que « la référence à Proust [faite par des neurophysiologistes] relève en partie d'une opération de communication dans le cadre d'une concurrence entre laboratoires [...]. Bernard Harrison souligne un paradoxe du fait littéraire : la littérature est supposée apporter des gains cognitifs mais le discours littéraire est situé en dehors des normes de vérité. Le comportement traditionnel face à l'œuvre se heurte à l'idée de transformer le discours proustien en hypothèse scientifique à évaluer, à l'idée de soumettre le texte à des critères de validité, à des normes scientifiques. Les propositions proustiennes sur la mémoire constitueraient une conjecture scientifique qu'il convient de réfuter ou de confirmer par les méthodes

10 Voir *supra* : *L'homme et la Mégamachine* [1].

scientifiques. » Même s'il peut y avoir des convergences partielles, il semble donc tout à fait irréaliste, dans le cas de Proust comme dans tous les autres, de postuler une correspondance terme à terme. Cela ne veut évidemment pas dire qu'un texte comme *Le Horla*, de Guy de Maupassant, ou certains tableaux de Füssli *(Le Cauchemar, Le Silence)* ou de Ferdinand Hodler *(La Nuit)*, ne disent rien sur les phénomènes hallucinatoires, bien au contraire (voir Cathiard, 2011, pp. 212-240). Marie-Agnès Cathiard et Nicolas Abry (2011, p. 109) commentent ainsi certaines manifestations du syndrome de la paralysie du sommeil dans son unité cognitive transculturelle : « Pour une représentation [...] du personnage du cauchemar, [on peut se reporter à] la scène centrale du tableau *La Nuit* du peintre suisse Ferdinand Hodler au Musée de Berne (1889-1890). Cette "cape-manteau", parfois comme vide d'un esprit invisible (Tarnkappe), évoque la "robe de femme entortillée" de la description qu'en tente, dans la première moitié du XIXe siècle, un paysan autodidacte de Bozel (Savoie) : "C'est une chose qui a ni la forme d'homme ni de bête, mais qui est tout rond sans tête ni bras ni pieds, [...] ce n'est point dur au toucher, mais humide, c'est à peu près gros comme une robe de femme entortillée." (Napoléon Thomas, ms. inédit, c. 1830, t. I, pp. 179-180). » On voit donc que *certains* objets artistiques, qu'il s'agisse d'un roman, d'un poème, ou d'un tableau, et la liste n'est pas exhaustive, ne sont pas isolés d'un très vaste contexte narratif, puisqu'ils peuvent être mis en correspondance avec des récits populaires, ce qui renvoie à l'interprétation du sens « dispersé », dont Freitag explique qu'il reste accessible en collectant des indices, par exemple dans les histoires et dictons. Il s'ensuit que le modernisme (délivré de son préfixe) est toujours largement présent, et qu'il repose sur un continuum enraciné dans la tradition – les valeurs ancestrales de l'ancienne ruralité, par exemple.

***

Nous pensons avoir réuni suffisamment de données convergentes pour être en mesure de soutenir qu'un homme « postmoderne procédural » (Freitag) qui ne connaît ni *l'Einsfühlung* ni *l'Einfühlung* (Vischer), et qui serait dépourvu d'empathie (Decety) n'existe pas en dehors de la littérature « postmoderne », ce qui n'est déjà pas rien. Le diagnostic porté par la psychiatre et anthropologue québécoise Ellen Corin (1996, pp. 254-255), il y a bientôt vingt ans, reste plus que jamais d'actualité. Corin mentionnait les difficultés d'insertion de la jeunesse canadienne, son incapacité à « projeter devant eux la vision d'un avenir auquel ils participeraient » ; elle notait les « phénomènes de solitude, de fractionnement, de marginalisation, la dissolution des formes familiales [...]. Les conditions mêmes de l'identité [sont affectées]. Sur ce point, la notion de postmodernité peut servir de métaphore ou d'instrument qui permet de penser ce qui nous traverse ou nous prend. » Ou comme l'écrit Gontard (2001, n.p.), « la postmodernité se fonde sur une réalité discontinue, fragmentée, archipélique, modulaire où la seule temporalité est celle de l'instant présent, où le sujet lui-même décentré découvre l'altérité à soi, où à l'identité-racine, exclusive de l'autre, fait place l'identité-rhizome. » Mais justement, si la postmodernité est métaphore ou instrument, elle ne saurait fournir un cadre suffisant du point de vue sociologique et économique ; c'est avant tout une notion intellectuelle, rendant compte d'un certain état de surface de la société. On utilisera donc judicieusement la notion pour rendre compte des phénomènes subjectifs, tels que le « ressenti » des gens, leur « vécu », ce *taedium vitae* si important, que nous évoquions précédemment. Au demeurant, dès la fin des années 50, Maurice Blanchot (1959, p. 132) – ici invité en qualité de critique littéraire – attirait l'attention, à propos de Borges, dans *Le livre à venir*, sur l'une des ambiguïtés fondatrices du fait littéraire – le pouvoir de *feindre* : « si le livre est la possibilité du monde, nous devons en conclure qu'est aussi à l'œuvre dans le monde non seulement le pouvoir de faire, mais ce grand pouvoir de feindre, de truquer et de tromper dont tout ouvrage de fiction est le produit d'autant plus évident que ce pouvoir y sera mieux dissimulé. » Si l'homme postmoderne est avant tout une créature littéraire, il ne faut pas s'attendre à ce qu'il corresponde à un décalque d'une réalité économique ou politique objective ; il restera une créature de papier. Mais il ne s'ensuit pas que cette mise à distance, cette feinte de l'écriture, éloigne de la compréhension du monde, bien au contraire. Blanchot ajoute d'ailleurs que « la littérature n'est pas une simple tromperie, elle est le dangereux pouvoir d'aller vers ce qui est, par l'infinie multiplicité de l'imaginaire. » (*ibidem*, p. 133)

Ce n'est nullement un hasard si, dans le même ouvrage, Blanchot consacre une vingtaine de belles pages à Robert Musil, et plus particulièrement à son roman *Der Mann ohne Eigenschaften*, dont il rappelle que la traduction n'alla pas sans poser de difficultés, et cela dès le titre. En effet, fallait-il retenir *L'Homme sans qualités*, comme ce fut finalement le cas avec l'excellent Philippe Jaccottet, *L'Homme disponible*, proposé par Gide, *L'Homme sans caractères* de la revue *Mesures*, ou *L'Homme sans particularités*, comme l'aurait souhaité Blanchot ? Il est vrai que la traduction du poète de Grignan, certainement la plus élégante, a l'inconvénient, selon Blanchot, « de n'avoir pas de sens immédiat et de laisser perdre l'idée que l'homme en question n'a rien qui lui soit propre : ni qualités, mais non plus nulle substance. Sa particularité essentielle, dit Musil dans ses notes, c'est qu'il n'a rien de particulier. C'est l'homme quelconque, et plus profondément l'homme sans essence, l'homme qui n'accepte pas de se cristalliser en un caractère ni de se figer en une personnalité stable. » (*ibidem*, pp. 188-189) On a là, dès 1930, date de la publication de la première partie de l'œuvre, le fidèle portrait du personnage romanesque « postmoderne », d'autant que Blanchot ajoute un peu plus loin : « L'homme sans particularités [...] jamais proche de ce qui lui est le plus proche, jamais étranger à ce qui lui est extérieur, se choisit tel par un idéal de liberté, mais aussi parce qu'il vit dans un monde – le monde moderne, le nôtre – où les faits particuliers sont toujours prêts à se perdre dans l'ensemble impersonnel des rapports dont ils ne marquent que l'intersection momentanée. » (*ibidem*, p. 190) Bien sûr, on pourra alléguer qu'il n'y a pas totale adéquation, puisque l'homme « postmoderne » est rarement mû par un « idéal de liberté » ; en revanche, il est bien pris dans les rets d'une société impersonnelle en recomposition permanente. Tel est également le Dino de *L'ennui* d'Alberto Moravia, paru en traduction française en 1961, très peu de temps après sa publication en italien. Dino ne parvient pas à adhérer au monde, les objets ont un caractère d'étrangeté, une « réalité insuffisante ». Le narrateur rapporte qu'aussi loin qu'il puisse remonter dans ses souvenirs, il s'est toujours ennuyé : « En ces années-là, il m'arrivait de cesser brusquement de jouer et de rester des heures entières immobile, comme engourdi, accablé en réalité par le malaise que m'inspirait ce que j'ai appelé la flétrissure des objets, c'est-à-dire par l'obscure conscience qu'entre moi et les choses, il n'existait aucun rapport. » (Moravia, 1961, p. 9) Durant l'adolescence de Dino, le fascisme instaure une relation particulière entre les individus d'une part, et entre ceux-ci et les choses d'autre part. C'est que la machine mumfordienne est en panne, générant une incommunicabilité généralisée[11] : « mon adolescence se passa donc sous le signe noir du fascisme, c'est-à-dire d'un régime politique qui avait érigé en système l'incommunicabilité, non seulement entre le dictateur et les masses, mais entre les citoyens eux-mêmes, comme entre eux et le dictateur. L'ennui, qui est l'absence de rapports avec les choses imprégna, durant le fascisme, l'air même que l'on respirait [...]. » (*ibidem*, p. 12) L'ennui empêche toute continuité de la pensée qui s'égare « constamment, n'entrevoyant que par intermittences quelque détail de la réalité. » (*ibidem*, p. 76) D'un bout à l'autre de l'œuvre, on retrouve les mêmes préoccupations : dans un roman de grande jeunesse, *Les indifférents*, publié en italien en 1929, mais écrit en 1924-1925, c'est-à-dire lorsqu'il avait 17 ou 18 ans, Moravia traçait déjà les grandes lignes de son œuvre à venir, s'intéressant en particulier à l'arbitraire du monde et à l'absence de logique des événements, à la faille profonde entre le Soi et la vie, à ce que dans un roman de la dernière période, *1934*, il appellera « le désespoir stabilisé » :

> Michel ne regardait pas dehors. [...] L'ombre lui cachait les visages des trois autres, mais, chaque fois que l'auto passait sous un lampadaire, une lumière vive les faisait surgir ; alors apparaissaient soudain les traits profonds et ravagés de sa mère, son regard vaniteux ; Carla, avec sa figure de petite fille contente qui va à la fête ; le profil rouge de Léo, régulier et un peu dur – objets inexplicables et effrayants, tels ceux que révèle, durant l'orage, le feu rapide

11 Boltanski et Thévenot (1987, p. 13) observent que « les *situations naturelles* où tout *se tient*, sans être exceptionnelles, ne sauraient cependant persister durablement. De quelle façon sera ébranlé *l'agencement* harmonieux de ces choses et personnes à l'état général ? Le plus simplement, par la panne. [...] Une machine qui fonctionne normalement est plus générale qu'une machine défectueuse. »

des éclairs. À chaque apparition nouvelle, Michel retombait dans la même stupeur : pourquoi était-il là, avec eux ? Pourquoi ceux-ci et non pas d'autres ? Ces êtres lui étaient étrangers ; arbitrairement placés devant lui par le destin, ils auraient aussi bien pu être différents [...]. (Moravia, 1949, p. 142)

Beaucoup plus tardivement, en 1983, dans le très habile roman *1934* – tout fait d'emboîtements, de mise en abyme de situations et dont les personnages revêtent une identité polymorphe qui se dérobe presque jusqu'à la dernière page – Moravia évoque ce « désespoir stabilisé » :

Quelle que fût autour de moi la situation politique et sociale [les fascistes sont au pouvoir, en Italie et en Allemagne], j'étais sûr d'être de toute façon désespéré. [...] mon désespoir était différent de celui de Beate parce qu'il était provoqué par des motifs différents, mais aussi parce qu'orienté vers une solution différente. Beate voulait amener son désespoir jusqu'à la solution logique du suicide. Moi, au contraire, je voulais le stabiliser. Je voulais trouver le moyen de vivre avec lui. C'est dans ce but [...] que j'avais eu l'idée d'écrire un roman où le personnage principal se suiciderait pour des raisons politiques. Dans la perspective d'un désespoir stabilisé, ce roman servait de paratonnerre [...]. (Moravia, 1983, p. 79)

Il semble donc bien qu'un rapport puisse être établi entre des états d'instabilité politique, économique, sociale, et l'émergence d'un romanesque de *l'ennui*, du *taedium vitae*, de *l'incommunicabilité*, comparable – au moins dans les intentions – à la production postmoderne. Aussi, n'est-ce sans doute pas le fruit du hasard si plusieurs œuvres considérables de la littérature du début du XXe siècle ont vu le jour dans un triangle dont les sommets sont la Carinthie autrichienne – avec Musil ; Prague – avec le premier Rilke ; et Trieste, ville de l'irrédentisme – avec Italo Svevo. Ces trois contrées étaient situées dans l'ancien empire austro-hongrois, qui venait de s'écrouler, le dernier coup ayant été porté par la défaite à l'issue de la Grande Guerre. (De la même façon, l'Italie décrite par Moravia est politiquement déchirée et socialement meurtrie). Le traducteur de Svevo, l'érudit Paul-Henri Michel, écrivait dans la préface de *Senilità*, que « quand parut *L'Homme sans qualités* de Robert Musil, on rappela le nom de Svevo, et, cette fois[12], le rapprochement semblait justifié par des raisons géographiques : Trieste n'est pas loin de Klagenfurt, où naquit Musil. Il ne faut pas oublier que Svevo était né Autrichien, patriote italien, certes, et écrivain de langue italienne, très attaché à sa ville natale, mais ayant nécessairement subi l'influence du milieu et des mœurs de l'ancienne monarchie où se mêlaient tant de familles diverses, latines, germaniques et slaves. » (Préface de *Senilità*, 1960, pp. 11-12) Michel poursuivait : « [Tous les personnages principaux de Svevo] vivent l'aventure sans gloire de l'introspection [...], ils s'épuisent à saisir les ressorts de leurs moindres gestes, enquête le plus souvent sans résultat et, quand elle n'est

12 Svevo avait auparavant été comparé à Proust.

pas vaine, paralysante. L'un d'eux, hanté par le désir de se rendre parfaitement compte des dix-sept mouvements musculaires nécessaires pour faire un pas, en arrive à ne plus savoir marcher. Pareils efforts de conscience, appliqués à des actions plus complexes, rendent l'homme inerte devant son destin, inadapté à la lutte, incapable d'être heureux : s'il lui est donné parfois d'obtenir quelque profit, quelque victoire, cette réussite n'est jamais la récompense de ses dérisoires calculs, mais le fruit du hasard, un caprice du sort. Son inaptitude à entrer dans le jeu n'est d'ailleurs pas plus volontaire que son impuissance à se comprendre lui-même. » (*ibidem*, pp. 13-14) Dans un entretien avec Mario Fusco, en 1983, Moravia évoquait Svevo, constatant lui aussi, qu'« il avait vraiment le sens de la complexité des personnages. Est-ce [...] parce que c'était un homme de la frontière ? Peut-être plutôt parce que c'était un grand bourgeois, l'ultime fruit de la bourgeoisie ? Et aussi, c'était un homme de deux ou trois cultures, avec d'autre part cet élément juif. » (1991, p. 11)

Zeno, le narrateur de *La conscience de Zeno*, est ainsi un homme irrésolu, incapable de se tenir à un point de vue, dans sa vie amoureuse, dans ses études, comme dans ses opinions ; il veut arrêter de fumer des cigarettes, mais c'est toujours « la dernière fois » :

> Aujourd'hui, 2 février 1886, j'abandonne l'étude du droit pour celle de la chimie. Dernière cigarette ! [Mais] pour échapper à la série des combinaisons à base de carbone auxquelles je ne croyais pas, je revins au droit. Hélas ! Ce fut une erreur, marquée elle aussi par une dernière cigarette dont je trouve la date notée sur un livre. [...] à présent que je suis là, en train de m'analyser, un doute m'assaille : peut-être n'ai-je tant aimé le tabac que pour pouvoir rejeter sur lui la faute de mon incapacité. [...] Une fois, étant étudiant, comme je changeais de chambre, je fus obligé de faire retapisser à mes frais les murs de celle que je quittais et que j'avais couverts de dates. Il est probable que si j'abandonnais cette chambre, c'est qu'elle était devenue un cimetière de bonnes intentions et que je ne croyais plus possible en ce lieu d'en former de nouvelles. (*La conscience de Zeno*, 1954, p. 20)

La cigarette sert de jalon dérisoire à une temporalité déréglée et bégayante qui réitère indéfiniment l'instant de la décision (arrêter de fumer), comme s'il s'agissait d'une borne ultime, toutefois condamnée d'avance à être anéantie, puisque les dates inscrites sur les livres et sur les murs ne servent qu'à mettre en évidence des échecs successifs. Les bonnes résolutions prises en public (étant ivre) ne seront pas davantage suivies d'effet :

> Mon esprit troublé par la fatigue et par le vin se formait complaisamment l'image d'un bon mari, qui n'est pas moins bon pour tromper sa femme. [...] On voulut, pour rire un peu, m'obliger à porter un toast. Je finis par m'y décider, voyant là une occasion de prendre publiquement de bonnes résolutions, ce qui serait une chose vraiment décisive. Non pas qu'à ce moment je doutasse de moi le moins du monde. Je me sentais tel que je viens de dire ; mais ne pouvais-je pas devenir meilleur encore en affirmant devant tant de personnes des intentions qu'elles se trouveraient ainsi, en quelque façon, garantir ? (*ibidem*, p. 285)

Enfin, dans *Histoires pragoises*, une œuvre de jeunesse publiée en 1899, Rilke – qui fait partie de la minorité de langue germanique et quittera rapidement Prague pour Berlin – rend compte de l'atmosphère fin de siècle de la capitale de la Bohème austro-hongroise et du conflit des nationalités, de l'opposition entre intellectuels et couches populaires (Dieterle, 2004, p. 103) :

> [Les artistes tchèques, dit Rezek] ne sont pas d'aujourd'hui comme ce peuple qui est encore en pleine enfance, plein de désirs, et qui n'a encore rien accompli. Ils ont été achevés en une seule nuit. Trop mûrs déjà. C'est tellement plus aisé que de suivre son propre chemin, à travers l'oppression que le peuple doit souffrir ! On arrive sans peine. On importe tout de Paris : les vêtements, les pensées et l'inspiration. On était hier un enfant, on est aujourd'hui un jeune vieillard, déjà blasé. On sait soudain tout. Et l'on adapte son art à cette attitude. On peint des scènes d'horreur et des orgies. On cherche la fille dans la femme, et on l'exalte dans des romans [...] Et l'on est enfin arrivé au but : on ne célèbre plus, on ne condamne plus. On est las de tout. On a tout dépassé. On n'est plus du tout chez soi, ici, en Bohème, à quoi bon ? On a sa patrie je ne sais où, par exemple à la source de toute vie. (Rilke, 1899/1929/1966, pp. 24-25)

On est en 1899, et « on est las de tout. On a tout dépassé [...]. On a sa patrie je ne sais où » ; il n'y a plus d'inspiration ni de pensées propres. On est « déjà blasé », en quelque sorte postmoderne avant la lettre. Blanchot l'avait bien perçu à propos de l'œuvre de Musil et de Musil lui-même, lorsqu'il écrivait : « La découverte et peut-être l'obsession de Musil est le rôle nouveau de l'impersonnalité. Il la rencontre, et c'est avec enthousiasme, dans la science, puis, avec plus de timidité, dans la société moderne, puis, avec une froide anxiété, en lui-même. Quelle est cette puissance neutre qui émerge tout à coup dans le monde ? Comment se fait-il que, dans l'espace humain qui est le nôtre, nous n'ayons plus affaire à des personnes distinctes vivant des expériences particulières, mais à *"des expériences vécues sans personne qui les vive"* ? » (Blanchot, 1959, p. 202)

CHAPITRE 3
« DANGER SOCIAL » ET CONSTRUCTION DE L'EXCLUSION DE MASSE

Rentabilité, industrialisation, classes dangereuses et misère ouvrière

En 1853, le docteur Ancelon, médecin à Dieuze, près de Nancy, publie localement un opuscule d'une vingtaine de pages consacré à « la constitution épidémique actuelle », c'est-à-dire au problème des maladies contagieuses, telles que la grippe, la variole et la typhoïde. Il dresse un tableau terrifiant de la pollution engendrée par l'industrie chimique installée dans l'ancienne saline. « Le gaz sulfhydrique » reconnaît-il, s'attaque aux portes, aux volets, aux enseignes des maisons, pénètre dans les logements et y « attaque les instruments métalliques » ; en outre, l'atmosphère est constamment empuantie par l'hydrogène sulfuré. Les déchets engendrés par les fabriques s'amoncellent et constituent des ruisseaux coulant en permanence à ciel ouvert. C'est le tableau ordinaire d'une cité industrielle paupérisée du XIXe siècle, que les hygiénistes présenteront comme repoussoirs de la ville moderne, saine et productive :

> Depuis vingt ans que les immenses ateliers de produits chimiques de Dieuze fonctionnent avec une prodigieuse activité, ils perdent annuellement, dans des résidus qui sont sans cesse accumulés derrière l'enceinte de la saline, 7000 quintaux métriques de soufre ; ces résidus attaqués chaque jour par la chaleur et la lumière solaires, par l'électricité, lessivés par les pluies et la fonte des neiges, alimentent un ruisseau dont les eaux roulent depuis lors une boue gris de fer composée de soufre mis à nu et de diverses sulfures ; il en émane en tout temps une odeur d'œufs pourris, et, à la moindre oscillation barométrique, il s'en élève une masse de gaz sulfhydrique qui noircit, *dans la ville infectée*, les portes, les volets, les enseignes, etc., etc., peints au carbonate de plomb, et qui pénètre dans les appartements les mieux clos pour y attaquer les ustensiles métalliques. Eh bien ! Cette atmosphère si complètement chargée d'hydrogène sulfuré (vieux style) *n'a aucune action sur la santé publique, ne produit point de malaise spécial*, et n'a jamais modifié en quoi que ce soit nos constitutions médicales. Les cholérines, les dysenteries, les grippes, etc., etc., se sont montrées ici ce qu'elles ont été partout ailleurs. (Ancelon, 1853, pp. 4-5)

Ancelon, qui pourtant sera plus tard député de la gauche républicaine de 1871 à 1876, se félicite en cette année inaugurale du Second Empire[1], que cette effrayante conjonction de déchets empoisonnés et de gaz délétères « [n'aient] aucune action

1 Le Second Empire sera instauré le 2 décembre 1852, faisant suite au coup d'État du 2 décembre de l'année précédente et au plébiscite.

sur la santé publique, ne [produise] point de malaise spécial ». On ne saurait dire si cet avis était sincère – car on n'avait pas encore de théorie microbienne – ou si, comme c'est probable, Ancelon était inféodé au patronat de l'endroit. En effet, la théorie des miasmes, à laquelle semble s'opposer le médecin, quoiqu'erronée, avait opportunément convaincu un certain nombre d'urbanistes et d'hommes politiques (notamment Haussmann) d'entreprendre des campagnes d'assainissement, particulièrement dans les grandes villes et dans certains quartiers. En expliquant que ni la grippe, ni la dysenterie, etc., n'étaient attribuables aux émanations gazeuses, ce en quoi il avait raison, le praticien ne disqualifiait pas seulement la doctrine aériste, il justifiait surtout la poursuite de l'exploitation en l'état des installations chimiques. Rentabilité et développement économique passaient avant le bien-être de la population ouvrière et populaire, qui comptait fort peu. Le lieu évoqué semble d'ailleurs privé d'habitants, et tout se passe comme si les émanations qui s'insinuent dans les moindres recoins de la cité n'attaquaient que des objets. Guillerme, Lefort et Jigaudon (2004, p. 316) constatent que la banlieue parisienne d'alors – qui présente sur un territoire restreint une gamme étendue de ce que l'on rencontre dans le reste du pays – accueille dans ses communes les plus pauvres, les plus ouvrières, « les pires entreprises, les plus dangereuses, sans doute parce que la charge foncière y est faible et que le risque manufacturier est à la hauteur de l'insécurité locale, parce qu'elles offrent aussi des foyers d'insalubrité, des biotopes, propres à développer ces arts organiques, parce que l'habitat y est plus aggloméré, offrant plus de vides. » Dès cette époque, l'État organise soigneusement les flux : la richesse du pays, et surtout l'enrichissement de la bourgeoisie passent par la mise en coupe réglée d'une partie du territoire, que l'on exploite sans scrupule aucun : « la période la plus noire de l'industrialisation chevauche la seconde révolution industrielle car dans cette région parisienne s'accumulent la pollution urbaine – l'indigestion organique que la capitale offre généreusement à ses communes riveraines […] – et la pollution industrielle importée : métaux, polymères, gaz sulfureux de la combustion de la houille, pluies acides. » (*ibidem,* p. 318) Tout se passe comme si les pouvoirs publics et les industriels cherchaient, non à minimiser le problème, mais à l'évacuer du discours tant politique que scientifique. C'est probablement en ce sens qu'il faut comprendre le texte d'Ancelon : décrire les faits dans les moindres détails, pointer avec une exactitude chiffrée les pollutions, puis conclure que tout cela n'a aucune incidence sanitaire – même s'il ne s'agit que de la grippe – revient à donner quitus. Les habitants des banlieues et des villes industrielles de province ne sont pas électeurs, pas plus que ne le seront unc centaine d'années plus tard les travailleurs immigrés des bidonvilles et des grands ensembles[2].

2 Kokoreff et Lapeyronnie (2013, p. 16) remarquent que « le vocabulaire est un enjeu central dans la construction du problème : comment parler de la banlieue, quels termes utiliser pour désigner les "grands ensembles", les "quartiers" et leur "population" ? […] Aujourd'hui, il est

On trouve une autre belle illustration de cette cécité aux dangers de la pollution dans une des premières publications partiellement dédiées à la vulgarisation scientifique et destinées au grand public. Dans *La Science française*, *Revue populaire illustrée*, un article est consacré à la *mélinite* (acide picrique) qui fut longtemps utilisée comme explosif, notamment dans les obus. L'intérêt journalistique pour cette substance naît d'un fait-divers tragique survenu en 1887 – l'explosion de mélinite dans un fort belfortain, entraînant la mort de plusieurs soldats. On peut lire ce qui suit sous la plume du journaliste :

> La caractéristique des faits observés, dit le Dr Tachard, est la multiplicité des plaies, leur profondeur, ainsi que leur étroitesse à l'entrée et leur gravité dans les parties molles ; elles sont produites par des fragments de forme cubique, généralement de petites dimensions. Les moindres grains s'enfoncent profondément. Les fragments extraits sont irréguliers et tranchants, les os sont broyés. L'aspect des plaies est tout à fait caractéristique : les parties découvertes prennent à l'air une teinte jaune clair très intense. Les linges de pansement eux-mêmes, ont cette couleur, qui gagne peu à peu jusqu'au visage du blessé. Les gaz dégagés n'ont causé aucun trouble particulier sur les blessés, bien qu'ils soient fortement toxiques. Les personnes exposées d'une manière continue aux émanations de la mélinite, sont soumises pour ce motif à des précautions particulières. Le matin, en arrivant aux ateliers, les ouvriers chargés de la manipulation et notamment du chargement des obus, boivent une ration de lait qui combat efficacement les effets pernicieux de la crésylite et de la mélinite. Il faut dire du reste que jusqu'à présent ces ouvriers, malgré les craintes qu'on avait eues au début, se sont toujours très bien portés ; ils affirment même que la manipulation de ces substances active leur appétit. Voilà tout au moins un heureux résultat[3].

Comme Ancelon, l'auteur du texte donne de nombreuses précisions ; il insiste sur l'horreur de l'explosion, sur la nature et sur l'aspect des plaies, ne faisant grâce au lecteur d'aucun détail : os broyés, couleur des blessures, etc. Tout ceci ne concerne somme toute qu'un accident. En revanche, lorsqu'il s'agit de passer aux explications concernant la fabrication de la substance, et donc au plan de l'économiquement rentable, tout change : les gaz, pourtant « fortement toxiques », dégagés par l'explosion, n'ayant eu semble-t-il aucun effet délétère sur les soldats, le rédacteur s'interroge assez logiquement sur l'effet que pourraient produire la mélinite et la crésylite sur ceux qui la manipulent quotidiennement. Bien qu'ici encore il soit question *« d'effets pernicieux »*, il suffit de boire un verre de lait en prenant son poste pour que tout danger soit écarté. Ce protocole préventif fait écho aux vertus que les classes populaires attribuent au lait – cette fois curatives – en l'utilisant comme antipoison. Mieux, la déclaration des ouvriers pourrait même faire croire aux influences bénéfiques de la manipulation

---

impossible de nommer ces quartiers de façon neutre, de caractériser leur population en termes objectifs. Chaque terme implique un diagnostic et une orientation politique. »

3 Maginal, « La mélinite », *La science française, revue populaire illustrée*, n° 16, 20 juin 1891, p. 245.

de ces substances dangereuses, puisque le bon sens populaire prétend aussi que « lorsque l'appétit va, tout va ». Quelques personnalités éclairées, généralement extérieures au milieu de l'industrie et de la finance, dénoncent néanmoins ces conditions de travail inhumaines. Ainsi, le journaliste belge Édouard Ducpetiaux (1843, p. 149) fait-il un point exact et international sur la situation engendrée par la mécanisation, le regroupement de la force de travail dans des lieux malsains, et les empoisonnements dont sont victimes les ouvriers. Parmi beaucoup d'autres exemples, qu'il prend soin de bien détailler, Ducpetiaux évoque le cas des étameurs :

> Les émanations mercurielles occasionnées par l'étamage des glaces produisent des douleurs aux articulations des poignets, des coudes, des genoux, des pieds, puis des phénomènes cérébraux et des tremblements. Les ouvriers languissent quelques années dans ce misérable état morbide, puis meurent de consomption ou d'apoplexie.

Mais il faut bien travailler, quelles qu'en soient les conditions et les conséquences ; il faut accepter ce que d'autres mieux pourvus refuseraient, ou plus exactement n'auraient jamais l'occasion de connaître. Ainsi, le lundi 4 mars 1887, un coup de grisou tue au moins 113 mineurs près de Pâturages, dans le Borinage belge. Le 11 mars, certainement à la suite de cette catastrophe, une brève est insérée dans *La Tribune*, « organe de la démocratie du Rhône », intitulée *Une nouvelle grève* : « Mons, 10 mars. Les mineurs de Pâturages et de Wasmes sont en grève. Les ouvriers protestent contre l'usage de la poudre et de la dynamite dans les mines. Ils réclament en outre une augmentation de salaires. La misère est telle dans la région qu'on ne pense pas que le chômage [c'est-à-dire la cessation de travail par les grévistes] puisse durer longtemps. » Ducpetiaux, dans l'ouvrage déjà cité, n'hésite pas à comparer l'ouvrier au serf d'autrefois (comme l'exprimait Robida en 1872, *cf. supra*) :

> L'industrie est devenue une sorte de servage ; l'ouvrier est enchaîné à son métier comme le serf l'était à la glèbe. La féodalité des anciens temps a fait place à une féodalité d'un nouveau genre ; les hauts seigneurs du moyen âge ont été remplacés par les hauts seigneurs de la finance et de la manufacture. Lorsque l'on parle à quelque fabricant de la nécessité d'organiser l'industrie dans l'intérêt commun du maître et de l'ouvrier, de l'urgence d'éclairer, de moraliser la classe ouvrière, que vous répond-il le plus souvent ? Que tout est au mieux aujourd'hui, que la dépendance absolue du travailleur est un fait qu'il importe de renforcer au lieu de le détruire, et que l'extension de l'instruction, loin d'être utile, aurait au contraire l'inconvénient d'éveiller chez le peuple des idées, des besoins qu'il ignore et qu'il fait bien d'ignorer. (*ibidem*, p. 227)

Au XIXe siècle, si la misère ne justifie pas tous les sacrifices, elle élève le seuil de tolérance : il suffit de fort peu pour basculer de la catégorie de *bon pauvre* à celle de *mauvais sujet*, ou de *mauvais ouvrier*, devenant ainsi un membre des *classes dangereuses*. Victor Grandin, député et grand industriel drapier elbeuvien, réactionnaire notoire connu pour s'être violemment opposé en 1841 à une loi visant à limiter le travail des enfants, définissait cyniquement le *bon ouvrier* et le *bon sujet*, dans un discours à la chambre des députés en 1848 :

> Mais, dit-on, il faut que l'ouvrier puisse se soustraire aux exigences du maître, et, par lui-même, il n'a pas le moyen d'échapper à son influence tyrannique. Mais d'abord, si la situation faite à l'ouvrier des fabriques est si mauvaise, comment se fait-il alors que nos campagnes manquent de bras, que ce soit encore aux ateliers que l'on donne la préférence ? C'est qu'apparemment on trouve encore plus d'avantages à travailler dans nos ateliers qu'à travailler dans les champs ; c'est qu'en effet la situation n'est pas aussi déplorable qu'on la dépeint. Il y a dans l'industrie pour les *bons ouvriers* (et par bons ouvriers j'entends ceux qui ont de l'activité et de l'intelligence), non-seulement des salaires plus élevés que dans les campagnes, *mais il y a même des chances d'arriver non pas seulement à l'aisance, mais même à la fortune*. [...] Quand un ouvrier est parvenu à mettre *un millier de francs* de côté, qu'il est *notoirement connu pour bon sujet*, comme *honnête*, bon père de famille ou bon fils ; quand, d'autre part, il a fait preuve *d'activité* et d'intelligence, le jour où il le veut, le crédit lui est ouvert. Il trouve un marchand de laine, qui lui dit: « *Mon cher ami*, si vous voulez vous établir, j'ai deux, trois ou quatre balles de laine à votre disposition. »

Ce passage du discours de Grandin contient, sous une forme condensée, les poncifs habituels ; on y trouve d'abord une explication fallacieuse de l'exode rural. La réalité est tout autre : ce n'est pas tant que les salaires soient plus élevés à la manufacture, c'est surtout que dans les campagnes de Haute-Normandie, les tisserands-paysans n'ont plus de travail, du fait de la disparition progressive de la filature à domicile, avec l'installation d'usines dans les vallées ; les petites villes grandissent très rapidement, Bolbec passant par exemple de 4820 habitants en 1806 à 9630 en 1831 ; un « Manchester en abrégé », dit-on à l'époque (Soulas, 1936, p. 405). Il est évidemment impossible à un *ouvrier* d'amasser la somme énorme de *1000 francs*, puisque Villermé (1840, p. 11), dans son rapport à l'Académie des Sciences observe que « si l'on retranche les tisserands et les simples journaliers, dont la plupart sont si mal rétribués, le salaire moyen des travailleurs qui font le sujet de mes recherches, est d'environ 2 fr. pour l'homme, 1 fr. pour la femme, 45 c. pour l'enfant de huit à douze ans et 75 c. pour celui de treize à seize ans. » En outre, remarque Villermé, si un homme seul et en bonne santé peut éventuellement faire quelques économies, il n'en va pas de même d'une femme, qui survit difficilement, ou d'un ouvrier ayant charge de famille (*ibidem*, pp. 13-14). Quand à être *« notoirement connu comme bon sujet »*, il est clair que cette qualité est liée à l'absence totale de revendications, quelles qu'elles soient, et à l'acceptation de toutes les demandes de l'employeur, notamment les dépassements d'horaires non payés.

Frégier (1840, p. 7), qui sera le premier à théoriser la notion de « classe dangereuse », relève que le « danger social » ne vient presque jamais des « classes qui jouissent de la fortune ou de l'aisance » ; en revanche, écrit-il, « les classes pauvres et vicieuses ont toujours été et seront toujours la pépinière la plus productive de toutes les sortes de malfaiteurs. [...] Le danger social s'accroît et devient de plus en plus pressant, au fur et à mesure que le pauvre détériore sa condition par le vice et, ce qui est pis, par l'oisiveté. Du moment que le pauvre, livré à de mauvaises passions, cesse de travailler, il se pose comme ennemi de la société, parce qu'il en méconnaît la loi suprême, qui est le travail. » Ce chef de bureau de la préfecture de police, tout entier dévoué au régime de la Monarchie de Juillet, ne dit pas que tous les pauvres sont mauvais, mais que leur état les prédispose à devenir hors-la-loi. Cette vision de la société, qui postule l'existence d'une frange d'individus irrécupérables, voués à la criminalité, est loin d'être une caractéristique de la bourgeoisie ; en effet, à l'autre extrémité de la pensée sociale et politique, Marx et Engels qualifient d'une manière très analogue le *lumpenprolétariat* : « Le prolétariat a aussi ses déclassés, ils forment le lumpenproletariat », écrivent-ils en 1873 (cité par Huard, 1988, p. 13). En 1870, Engels considère que « le lumpenproletariat, cette lie d'individus corrompus de toutes les classes, qui a son quartier général dans les grandes villes est, de tous les alliés possibles, le pire. Cette *racaille* est absolument vénale et impudente [...] Tout chef ouvrier qui emploie ces vagabonds comme défenseurs ou qui s'appuie sur eux prouve qu'il n'est qu'un traître au mouvement. » (cité par Huard, *ibidem*, p. 14) Dès lors que l'individu n'appartient plus au milieu dont il est originaire, par suite d'une trajectoire descendante, il est un « déclassé », et par la même dangereux.

Ces classes dangereuses ou potentiellement telles, il convenait donc de les regrouper à l'extérieur de la cité – comme tant d'autres groupes le furent auparavant et le seront ensuite – et de les isoler dans des lieux où ils ne pouvaient être vus et où ils seraient immédiatement disponibles pour le travail. C'est le cas, par exemple, durant la période d'expansion initiale de la métallurgie en Lorraine : « Durant la période qui s'étend de 1865 à 1880, [relève Ménidiatis] les maîtres de forges locaux ont construit des bâtiments pour loger leur main-d'œuvre. Ces bâtiments désignés, à la matrice cadastrale de Longwy ou d'Herserange, comme "casernes" sont caractéristiques de cette période parce qu'ils ont été construits à proximité immédiate de l'espace usinier. La main d'œuvre, peu nombreuse jusqu'en 1880 devait habiter à côté de l'espace de production pour être disponible à tout moment de la journée et pour se rendre rapidement à telle ou telle phase d'élaboration du fer. Ainsi les maîtres de forges ont logé cette main-d'œuvre entre les hangars, les écuries et autres dépôts non loin des hauts-fourneaux. » (Menidiatis, 1994, p. 2) L'historien et homme politique Albert Milhaud notait dès 1908, avec beaucoup de perspicacité, que la « classe dangereuse est surveillée par les intendants et la police d'ancien régime et traitée identiquement par le Consulat, l'Empire, et tous les régimes ultérieurs uniquement respectueux des propriétaires. D'ailleurs, ces conditions juridiques n'empêchaient, dans la réalité, ni la coalition entretenue par l'insaisissable compagnonnage qui survivait vigoureusement jusqu'en 1850, ni les grèves partielles qui surgissaient malgré tout. À vrai dire, le régime de contrainte favorable aux industriels, favorable à la tranquillité publique, permettait d'exécuter sans à-coup les immenses travaux de l'établissement des réseaux ferrés et les travaux non moins importants par où Paris et les grandes villes s'*haussmannisaient.* » (1908, p. 218)

Les odeurs infectes dont parle Ancelon, étaient sans doute moins désagréables pour un nez de la bourgeoisie industrielle de l'époque – c'est l'odeur de la prospérité – que les remugles de la pauvreté. Balzac en donne de nombreuses illustrations dans la *Comédie humaine.* Comme le montre Dupuis (2009, p. 41), dans beaucoup de ses romans, « les lieux de concentration populaire sont perçus comme malodorants. Si Balzac nous épargne la puanteur scandaleuse de la prison ou de l'hôpital qui préoccupa au plus haut point les hygiénistes du XIXe siècle, la mauvaise odeur d'autres lieux de promiscuité nous est suggérée. Le parloir où le juge Popinot reçoit quantité de miséreux est caractérisé par sa "puante atmosphère". Nous pouvons lire que les apprentis de la Maison du chat-qui-pelote se précipitaient à la fenêtre pour y respirer "avec une avidité qui démontrait combien l'atmosphère de leur grenier était chaude et méphitique". [...] Louis Lambert, pensionnaire au collège de Vendôme, [dépérit], victime des "exhalaisons par lesquelles l'air était corrompu". » Quant aux odeurs provoquées par la pollution industrielle, elles ne sont que faiblement combattues par l'administration, car elles sont ressenties comme un mal nécessaire. À Grenoble, par exemple, Poiret (1998, § 36-37) indique qu'un arrêté municipal est pris en 1883 pour empêcher les évacuations de déchets *durant la journée*, dans le canal bien nommé des « Eaux-Claires » : « Cette disposition ne résout pas le problème du rejet des déchets industriels et de l'engorgement des ruisseaux, mais prend parti pour le "confort" des habitants qui, désormais, n'auront à souffrir des mauvaises odeurs qu'une fois la nuit tombée. En aucun cas elle ne doit porter atteinte à la liberté de l'industriel mais simplement concilier les intérêts, éventuellement antagonistes, de la propriété et de l'industrie. » Il va sans dire que les riverains concernés, puisque propriétaires, ne sauraient être des ouvriers.

On voit donc que l'exclusion hors la ville, ou la spécialisation industrielle de certaines agglomérations « prédestinées » (présence d'une mine, d'une saline – comme à Dieuze –, d'anciennes manufactures, etc.)[4], s'expliquent par la conjonction d'intérêts économiques – la nécessité de disposer d'une force de travail qui, pour longtemps encore, sera corvéable à merci – et d'intérêts sociaux, l'entre-soi bourgeois s'accommodant très mal de la proximité du peuple. On imagine mal les dames à ombrelle et crinoline du Second Empire choisissant pour but de promenade les

4 C'est spécialement le cas pour *les petites villes* : par exemple Eisenerz, en Autriche, qui dépassa 10000 habitants, et n'en compte plus que moins de 5000 aujourd'hui, et qui était entièrement vouée à l'extraction du fer, ou Livet-et-Gavet dans la vallée de la Romanche, qui se développa grâce à l'hydroélectricité et aux fabrications dérivées, telles que l'aluminium, les alliages ferreux et l'acétylène (Veyret-Verner, 1970).

corons de Dieuze ; les ingénieurs et directeurs des mines, aciéries, usines chimiques, étaient généralement logés dans des quartiers où ils étaient isolés du prolétariat, à distance du bruit, de la vue, et des odeurs, dans des « villas » ou dans des « chalets », suivant la place occupée dans la hiérarchie de l'entreprise. On rencontre notamment ce type d'habitat dans la région de Longwy, ou en Moselle à Algrange et d'une manière générale dans les agglomérations des vallées de la Fensch et de l'Orne. Beaucoup de ces maisons ont été construites dans les premières années du XXe siècle. Le problème n'est en rien spécifiquement français : à Christiana, au milieu du XIXe siècle, en Norvège, explique Eivind Myhre (1996, p. 426), « [la banlieue était très laide et] ce chaos visuel apparaissait comme un problème esthétique, mais les aspects économiques étaient beaucoup plus importants. Des deux côtés de la rivière, à la fois sur les terres de la ville et sur celles de la campagne, la banlieue était habitée par des familles pauvres, qui dépendaient de l'aide qu'on leur fournissait. [...] Le problème social et culturel était que la plupart des habitants de la banlieue étaient aussi peu désirés comme concitoyens par les citadins que par les paroissiens d'Aker, parce qu'ils étaient perçus comme pauvres, sales et voleurs ; ni urbains ni ruraux, mais à coup sûr nuisibles. » Mais c'est peut-être Tocqueville (1865, pp. 565-568) qui dressera le tableau le plus sensible de cette misère ouvrière ; de passage à Manchester le 5 juillet 1835, il brosse un paysage effrayant et magnifique de la condition des travailleurs des manufactures et usines, et peint une humanité parquée dans des conditions qui défient l'imagination d'un lecteur du XXIe siècle :

> Au sommet des collines que je viens de décrire, s'élèvent trente ou quarante manufactures. Leurs six étages montent dans les airs. Leur immense enceinte annonce au loin la centralisation de l'industrie. Autour d'elles ont été semées comme à volonté les chétives habitations du pauvre ; on y arrive par une multitude de petits sentiers tortueux. Entre elles s'étendent des terrains incultes qui n'ont plus les charmes de la nature champêtre, sans présenter encore les agréments des villes. [...] Mais qui pourrait décrire l'intérieur de ces quartiers placés à l'écart, réceptacle du vice et de la misère, et qui enveloppent et serrent de leurs hideux replis les vastes palais de la richesse ? Sur un sol plus bas que le niveau du fleuve et dominé de toutes parts par d'immenses ateliers, s'étend un terrain marécageux, que des fossés tracés de loin en loin ne sauraient dessécher ni assainir. Là aboutissent de petites rues tortueuses et étroites, que bordent des maisons d'un seul étage, dont les ais mal joints et les carreaux brisés annoncent de loin comme le dernier asile que puisse occuper l'homme entre la misère et la mort. Au-dessous de ces misérables demeures, se trouve une rangée de caves à laquelle conduit un corridor demi-souterrain. Dans chacun de ces lieux humides et repoussants sont entassées pêle-mêle douze ou quinze créatures humaines. Tout autour de cet asile de la misère, l'un des ruisseaux dont j'ai plus haut décrit le cours traîne lentement ses eaux fétides, que les travaux de l'industrie ont teintes de couleurs noirâtres. Son cours n'est point renfermé dans des quais. Les maisons se sont élevées au hasard sur ses bords. Du haut de ses rives escarpées, on le voit s'ouvrir péniblement un chemin au milieu des débris du sol, de demeures ébauchées ou de ruines récentes. C'est le Styx de ce nouvel enfer. Cependant levez la tête, et tout autour de ce lieu vous verrez s'élever les immenses palais de l'industrie. Vous entendrez le bruit des fourneaux, les sifflements de la vapeur. [...] Ici est l'esclave, là est le maître ; là les richesses de quelques-uns, ici la misère du plus grand nombre ; là les

forces organisées d'une multitude produisent, au profit d'un seul, ce que la société n'avait pas encore su donner. Ici la faiblesse individuelle se montre plus débile et plus dépourvue encore qu'au milieu des déserts. Une épaisse et noire fumée couvre la cité. Le soleil paraît au travers comme un disque sans rayons. C'est au milieu de ce jour incomplet que s'agitent sans cesse trois cent mille créatures humaines. Mille bruits s'élèvent incessamment au milieu de ce labyrinthe humide et obscur.

Cette description précise, certainement exacte et quasi photographique, est à la fois celle d'un dessinateur et d'un sociologue avant la lettre, mais aussi celle d'un orateur du désespoir qui joue du chiasme, de l'antonymie, de l'anaphore rhétorique et du parallélisme pour soutenir la cadence de son plaidoyer en faveur des miséreux ; le point de vue adopté laisse clairement s'exprimer l'indignation de Tocqueville causée par l'inégalité omniprésente : une multitude entassée dans un enfer contre quelques privilégiés en leur palais.

Dessinateur et romancier, Robida l'était, on l'a vu. Dans sa vision terrifiante du XXe siècle, il accorde une place de choix à l'industrie (forcément métallurgique) et à ses grands capitaines :

M. Malbousquet, autre grand industriel, roi du fer et prince de la fonte, maître et possesseur de formidables établissements métallurgiques, propriétaire de tubes[5] et de nombreuses lignes d'aéronefs, à la tête de trois cent mille ouvriers et du plus titanique outillage qu'il soit possible de rêver, immense réunion d'engins terrifiants, grinçant, tournant, virant, frappant, hurlant effroyablement en des usines monstres, colossales cités de fer aux architectures étranges, où les marteaux-pilons géants s'élèvent comme d'extraordinaires monuments mobiles et féroces, parmi des ouragans de vacarmes métalliques et des tourbillons d'âcres fumées, au-dessus de rouges fournaises attisées par des cohues d'hommes hâves et demi-nus, roussis, grillés et charbonneux.
Le maître de ce royaume, véritablement infernal, n'a garde de l'habiter ; il le domine de loin, il commande et dirige, loin de l'infernal mouvement, loin des rivières de fonte incandescente et des hauts fourneaux soufflant des haleines de feu ; il règne sur ses esclaves de chair et de fer du fond d'un somptueux cabinet relié par Télé au cabinet de l'ingénieur-directeur des usines, dans un castel resplendissant, grand comme Chambord et Coucy réunis, élevé à coups de millions dans un site charmant, avec un fleuve à ses pieds, filant vers la mer, et de belles forêts, sévèrement gardées, se déroulant aux divers horizons. (Robida, 1892, p. 120)

5 Les « tubes » sont des moyens de locomotion très rapides permettant de propulser à grande vitesse des navettes de passagers dans des tuyaux. Robida utilise l'expression « roi du fer » au sens quasiment propre : en effet, dans ce XXe siècle dystopique et finalement à certains égards (la finance) assez proche du nôtre, les titres de noblesse classiques n'ont plus cours. On devient comte ou duc en raison de son patrimoine financier. Édouard Martin (2013, p. 123) rappelle que « en 2006, Mittal a acheté Arcelor 18 milliards d'euros, sans verser un centime de sa poche. Il a emprunté la totalité de cette somme aux banques. Quand Mittal nous a rachetés [écrit Martin], nous étions 320000 salariés à travers le monde [à peu près le nombre imaginé par Robida dans son livre de 1892]. Aujourd'hui, nous sommes 254000. En six ans, il a versé 19 milliards de dividendes à ses actionnaires. »

Le tableau de Manchester brossé par Tocqueville, comme la description de l'enfer industriel de Robida sont confirmés presque point par point par Engels (1845, pp. 58-59), qui se rendra dans la grande métropole britannique une dizaine d'années après Tocqueville ; rien n'a changé :

> C'est ainsi qu'il y a juste en-dessous du pont de chemin de fer, une cour qui dépasse de très loin toutes les autres en saleté et en horreur, précisément parce qu'elle était jusqu'à maintenant tellement à l'écart, tellement retirée qu'on n'y pouvait accéder qu'à grand peine ; je ne l'aurais moi-même jamais découverte sans la trouée faite par le viaduc du chemin de fer, bien que je crusse très bien connaître ce coin. C'est en passant sur une rive inégale, entre des piquets et des cordes à linge que l'on pénètre dans ce chaos de petites masures à un étage et à une pièce la plupart du temps dépourvue de plancher : cuisine, salle commune et chambre à coucher tout à la fois. Dans un de ces trous qui mesurait à peine six pieds de long et cinq pieds de large, j'ai vu deux lits – et quels lits et quelle literie ! – qui, avec un escalier et un foyer, remplissaient toute la pièce. Dans plusieurs autres, je ne vis *absolument rien*[6], bien que la porte en fût grande ouverte et que les habitants y fussent adossés.

Engels souligne également qu'il est tout à fait possible de vivre à Manchester « sans jamais entrevoir un quartier ouvrier ni même rencontrer d'ouvriers, si l'on se borne à vaquer à ses affaires ou à se promener », car ces secteurs « sont séparés avec la plus grande rigueur des parties de la ville réservées à la classe moyenne. » (*ibidem*, p. 54) Le machinisme incontrôlé, la mécanisation du travail, loin de soulager l'ouvrier, l'épuise, car l'outil aussi dangereux qu'infatigable ne s'arrête jamais, pourvu qu'on lui fournisse sa ration de charbon et qu'on lui asservisse une main-d'œuvre suffisante. Les notions de *contagion* et de *contamination* prennent ici tout leur sens, car la *canaille* et la *racaille*, autrement dit la « partie la plus vile de la populace » (Littré)[7], doivent être tenus fermement à l'écart de la ville proprement dite, en raison de leur dangerosité potentielle, sanitaire *et* sociale. Dans la plupart des endroits confinés, qui caractérisent l'habitat ouvrier, les maladies contagieuses se transmettent de façon remarquablement aisée. Il en va ainsi de la *phtisie*, qui est pour l'essentiel la tuberculose pulmonaire, mais qui peut également comprendre d'autres pathologies à une époque où le bacille de Koch reste inconnu de la médecine. Ainsi, à Besançon, observe Barreiros (2000, pp. 31-33), l'industrie locale de l'horlogerie est souvent pratiquée dans

6 Les italiques sont d'Engels.

7 Bien que n'étant aucunement apparentés du point de vue étymologique, « canaille » et « racaille » (*caillera* en verlan) présentent des similitudes de forme aussi bien que de sens, le second terme étant aujourd'hui le seul à avoir été conservé dans l'usage courant. « Canaille » est susceptible d'être employé dans un registre soutenu ou littéraire, ou dans un emploi hypocoristique, comme dans la chanson de Gainsbourg *« vieille canaille »,* ou sous une forme dérivée, dans le film *Le triporteur* (1957) où Darry Cowl prononce un « Petit canaillou ! » resté célèbre. Selon Littré, « Racaille est encore plus méprisant que canaille ». Il ne semble pas que « canaille » soit susceptible de subir une adaptation morphologique analogue à celle de « caillera », car « *nailleca » n'est attesté sur internet qu'en tant que pseudo.

des locaux qui servent en même temps de logement et d'atelier ; on utilise le « dorage au feu », extrêmement dangereux car il volatilise le mercure ; les charbonniers, mouleurs de cuivre, aiguiseurs, etc., sont pareillement exposés. Or, « les médecins n'imputent pas les résultats de la propagation tuberculeuse aux seules conditions de travail ou de logement. Ils privilégient avant tout la conduite morale des individus. À leurs yeux, il s'agit plutôt d'une affection immorale associant périls vénériens, débauche, inconduite. » (*ibidem*, p. 32)

Il est en effet courant de lier *mal physique et mal moral*, comme le fera le Docteur Morel, un médecin aliéniste. Selon Morel (1857, p. 659), qui décrit lui aussi la condition des ouvriers des fabriques anglaises (notamment celles de Wolverhampton) :

> Cette espèce de *Malaria physique* [attribuable à l'insalubrité généralisée] n'a pu être séparée dans nos appréciations de cette autre *Malaria morale* qui agit d'une manière si funeste sur l'esprit et le cœur de l'ouvrier des fabriques, et se reflète dans sa constitution par le rabougrissement de la taille, l'infécondité et finalement par l'étiolement et la dégradation de la race. La dégénérescence physique de ces malheureux n'approche pas, il s'en faut, de leur dégénérescence intellectuelle et morale. Nous avons apporté de nombreux exemples à l'appui de l'opinion que les variétés maladives, marquées au double sceau *de la fécondation, dans le sens du mal physique et du mal moral*, sont vouées à l'ineptie, et se révèlent par l'effrayante précocité des instincts les plus dépravés[8].

À l'aube du XXe siècle, en 1903, alors que la séparation de l'Église et de l'État est presque consommée, avec l'arrivée au pouvoir du bloc des gauches en 1902, l'abbé Planeix donne une conférence de carême à Chaumont devant un parterre d'industriels. Après avoir rappelé que l'Église est amie des ouvriers – Pierre n'a-t-il pas été charpentier, et Matthieu « préposé aux douanes »[9] – citant Tertullien s'écriant : « Nous, catholiques, nous sommes nés d'une vile plèbe, *ex vili plebeculâ* », l'abbé change résolument de ton :

> De cette immense armée s'élève un bruit grandissant de haine : la haine du maître, la haine du riche, la haine des heureux, la haine de ceux qui détiennent le pouvoir ou la fortune. La foule de ceux qui n'ont rien et qui gagnent durement le pain de chaque jour est en proie à une immense colère. Sans croyances, sans Dieu, *partant sans force morale* et sans consolations, accablée par le poids de sa destinée, victime quelquefois d'exploitations cruelles, elle se redresse avec une énergie suprême et appelle de tous ses vœux le combat. Qui voudrait connaître cet état d'âme n'aurait qu'à lire la littérature populaire qu'on répand à profusion dans les centres ouvriers, qu'on distribue à l'entrée et à la sortie de l'usine et de l'atelier,

8 La mise en relief est de Morel.

9 Comme l'observe plaisamment Jean Tulard, (2001, p. 5) : « Comme toutes les corporations, les Douaniers se sont donné un patron, Saint Mathieu, percepteur de taxes en Galilée au bord du lac de Tibériade et nous savons grâce à quelques confidences célestes que cet apôtre, adjoint de Saint Pierre, continue dans l'au-delà à poser aux âmes qui entrent en paradis la question traditionnelle : “qu'avez-vous à déclarer” ? ».

> dans l'usine et dans l'atelier mêmes, quand on le peut, sur les places et dans les rues des faubourgs, dans les cabarets borgnes, où les travailleurs ont coutume, leur tâche finie, de se donner rendez-vous : sous toutes les formes, catéchismes de l'ouvrier, feuilletons illustrés, journaux à un sou, brochures, appels au peuple, on leur prêche le « chambardement social » et la révolution violente.[10] (Planeix, 1903, p. 11)

Il n'y a donc de salut que dans la foi, génératrice de *force morale* ; la *mauvaise littérature*, c'est-à-dire les « feuilletons illustrés » et les « journaux à un sou » – plus tard évoqués par Apollinaire –, ainsi que les documents plus politiques distribués à la sortie des usines, minent les certitudes des ouvriers et entretiennent le germe de la contestation. D'une manière générale, et quelle que soit l'appartenance politique (Ducpetiaux constituant peut-être une exception), comme nous le notions ailleurs (Bonnot et Freyermuth, 2008, p. 260), « la rhétorique utilisée [par les théoriciens-réformateurs] vise, par des voies différentes, à rendre acceptable ce qui ne saurait l'être. Avec une grande habileté dans la construction du discours [on][11] dénonce répétitivement les excès les plus criants, met en exergue les situations les plus inhumaines, s'apitoie sur le sort des malheureuses ouvrières, pour mieux justifier *in fine* le système ».

Lyon-Caen (2007, p. 173) souligne que cette méfiance des autorités ecclésiastiques, s'agissant de la littérature populaire, n'était pas sans fondement. Son analyse porte sur le premier XIXe siècle, mais ses observations restent tout aussi pertinentes pour le début du siècle suivant ; elle montre par exemple qu'un roman comme les *Mystères de Paris* d'Eugène Sue, dont le succès fut immense, fut récupéré par les militants ouvriers qui y trouvèrent matière à dénonciation des injustices journellement vécues dans les usines : « C'est ainsi que *La Ruche populaire*[12], [écrit Lyon-Caen] publie en 1844 une série de monographies sur les souffrances ouvrières sous le titre de "Mystères des ateliers". En ces années de multiplication des enquêtes sociales sur et dans le monde ouvrier, le modèle des *Mystères de Paris* reste fortement opératoire. Le comité de *La Ruche populaire* entend participer ainsi à "l'exposition des misères cachées" et affirme le caractère salvateur de leur publication [...]. » Autrefois, ajoutait l'abbé Planeix dans sa conférence, le pauvre « tenait la Providence quitte envers lui, et il estimait que la société avait assez fait. Du milieu du champ où il poussait sa charrue, il promenait sur le monde un regard tranquille et sans envie. Il avait peu, c'est vrai, bien peu ; mais il ne lui fallait pas davantage ; la moisson qui poussait dans son sillon suffisait à lui donner

10 On trouvera de très nombreuses attestations de points de vue identiques dans la florissante presse catholique de l'époque.

11 Il s'agissait notamment de Jules Simon et de Marguerite Jules-Simon, sa petite-fille.

12 Ce journal fut fondé en 1839 par Vinçard et Vanostal, eux-mêmes ouvriers, sous le titre : *La Ruche populaire, journal des ouvriers, rédigé et publié par eux-mêmes, sous la direction de Vinçard* (1839-1849). On peut citer d'autres journaux de même obédience : *L'Écho de la fabrique*, *L'Union* ou *L'Atelier*.

une joie que les heureux pouvaient lui envier dans leur abondance. » (*ibidem*, p. 17) Il n'en était plus ainsi, regrettait l'abbé, car on avait « allumé les passions » et « aiguisé les désirs ». La *morale religieuse* restait finalement la seule « qui [puisse contenir] les emportements du vice », selon Planeix, puisque l'ouvrier ignorait les freins de l'éducation bourgeoise, et que « les habitudes de son milieu » ne le retenaient pas dans le droit chemin : « Si vous la supprimez, [disait-il] il n'y a plus de frein. Il ne reste qu'une loi, la loi de l'animalité, l'instinct de la bête fauve. Et si cet instinct est contrarié, il s'irrite, il s'exalte jusqu'à la colère, jusqu'à la fureur ; c'est que le lion se précipite, avec une rage puissante, contre les barreaux de sa cage, ou que, s'il le peut, il se jette sur sa proie. » (*ibidem*, p. 34) Il convient d'être exact, car Planeix dénonce sans ambiguïté les pratiques inhumaines et souvent illégales, qui sont alors monnaie courante dans l'industrie, plaidant pour un paternalisme intelligent (*cf.* section suivante) :

> Ces ouvriers blessés, mutilés, estropiés sur le chantier, vieillis tout au moins et devenus impuissants, et qu'on renvoie comme inutiles, les secourir peut n'être pas un devoir de justice, si on leur a toujours donné un salaire convenable ; c'est toujours, surtout quand il s'agit d'une industrie florissante et lucrative, un devoir d'humanité. Ces injustes retenues du prix du travail, à cause des malfaçons, tandis qu'on livre ce travail au commerce et qu'on en tire le profit ordinaire : le consommateur est peut-être lésé dans ses droits ; le patron ne l'est pas ; il fait donc un gain illicite, au détriment à la fois de son client et de son ouvrier. Ces boutiques, ces odieuses boutiques, épiceries, auberges, cafés, commerces de comestibles, installés par les patrons dans le voisinage des usines, et où l'ouvrier, s'il veut conserver sa place, est moralement obligé d'acheter un vin fabriqué et des liqueurs malfaisantes, une alimentation malsaine, des marchandises frelatées. Ces femmes appelées, en échange d'un salaire infime, aux travaux les plus durs et livrées à une promiscuité immorale. Ces enfants condamnés, contrairement aux lois de la nature, à un travail supérieur à leurs forces et aussi fatal à leur corps qu'à leur âme. Ces délais indéterminés dans le versement d'un salaire péniblement gagné et quelquefois si douloureusement attendu. […] » (*ibidem*, pp. 21-22)

Et de fait, plus tardivement dans le XXe siècle, avant que soient lancés les grands programmes de rénovation, et hormis des cas isolés, souvent à l'initiative d'industriels (Peugeot, Japy, etc. voir *infra*) il faut le reconnaître, on se soucie fort peu du bien-être des plus pauvres, du personnel non qualifié, alors souvent étranger. Blanc-Chaléard (2006, p. 22) relève que « les baraques qui brûlent ou s'effondrent, le surpeuplement, tout cela colle à la vie de l'immigré et de sa famille, sans jamais faire la "Une" des journaux. La meilleure preuve est qu'aucune statistique n'est même esquissée sur le sujet. Et après tout, que des étrangers misérables soient mal logés, n'est-ce pas normal ? C'est d'autant plus normal que la masse des Français ne connaît pas autre chose que le mauvais logement. Quand, dans les années vingt, les paysans vénitiens arrivent dans les campagnes du Sud-Ouest, ils sont étonnés de trouver des maisons pires que les leurs. L'archaïsme et l'insalubrité de l'habitat rural ne font guère débat. » Il faut donc se résigner à sa condition, comme aux conditions de travail, qui finissent par sembler conformes à la norme technique.

Ainsi, lorsque les ouvriers de *Cellatex* à Givet disent leur désespoir, l'usine étant destinée à fermer, en déversant de l'acide dans une rivière, on peut penser, écrit François Bon dans son roman *Daewoo* (2004, pp. 120-121) que :

> Peut-être que ce qu'on fabrique, on n'en sait pas complètement le danger, puisqu'on y touche tous les jours. L'acide sulfurique dans le réseau d'évacuation des eaux, depuis trente ans ou plus, Cellatex en recrachait sans gêne : l'usine était vieille, hors norme et objet de réprobation. [...] Les matières premières, à Cellatex, c'était 56 tonnes de sulfure de carbone [...]. Il est toxique pour le système nerveux, absorbable par la peau. [...] Dehors, les gars remplissaient d'acide les gants de caoutchouc qu'ils avaient pour le travail et les jetaient dans le feu, ça explosait, on riait, on faisait des oh et des ah comme au feu d'artifice [...].

Modernité et déracinement

> Henrika avait une jupe de coton à carreau blanc et brun, qui a dû être portée au siècle dernier, un bonnot à rubans, et un foulard de soie. C'était bien plus triste qu'un deuil. Nous faisions un tour dans la banlieue. Le temps était couvert, et ce vent du Sud excitait toutes les vilaines odeurs des jardins ravagés et des prés desséchés.
>
> Arthur Rimbaud, « Ouvriers », *Illuminations*, *in* : *Œuvres complètes*, pp. 186-187.

Les frontières constamment transgressées du tout juste supportable, voire de l'intolérable, dessinent une cartographie sensible de la ville. De même que l'on stockait, car il n'était même pas nécessaire de les dissimuler, les résidus industriels toxiques derrière les hauts murs des fabriques au siècle industriel, on regroupait la main-d'œuvre dans l'immédiate proximité des lieux de production. Les pauvres étaient donc l'objet d'une ségrégation explicite, justifiée par des considérations de sauvegarde de la société dans son ensemble. Sur ce point, l'ouvrage *Dégénérescence et criminalité* du physiologiste Charles Féré (1888) – dont par ailleurs les travaux sur le mouvement ont fait justement autorité –, reflète des opinions largement répandues au tournant du XXe siècle, y compris dans les cercles les plus intellectuels :

> L'oisiveté est donc un vice, et la sagesse des nations a reconnu qu'elle est la mère de tous les vices. [...] Le nuisible par défaut de production est aussi bien la conséquence nécessaire de ses antécédents que l'aliéné ou le criminel. Les impotents, aliénés, criminels ou décadents de tout ordre, doivent être considérés comme des déchets de l'adaptation, des invalides de la civilisation. Ils ne méritent ni haine ni colère ; la société doit, si elle ne veut pas voir précipiter sa propre décadence, se prémunir indistinctement contre eux et les mettre hors d'état de nuire. [...] à moins de « changer la nature humaine », comme J.-J. Rousseau le demandait au législateur, il est impossible de faire accepter la solidarité sans réserve dans une société dont un certain nombre de membres sont improductifs ou destructeurs, c'est-à-dire ne font que recevoir et sont incapables de rien rendre, surtout lorsque ces individus courent le plus grand risque de ne procréer que des descendants plus dégénérés qu'eux-mêmes. (Féré, 1888, pp. 102-106)

Ce passage de Féré résume en peu de mots l'essentiel de ce que certains politiques et médecins tenteront de mettre en œuvre au XXe siècle – essentiellement après la fin de la première guerre mondiale – et qui devait aboutir aux pires excès des pratiques eugénistes en France et dans bien d'autres pays (Suède, États-Unis, etc.), culminant durant la période nazie. Quant à l'hygiénisme, qui peut difficilement être dissocié de l'eugénisme (hygiénisme racial), il fournira des justifications « scientifiques » permettant de proroger la mise à l'écart des plus déshérités, les grands ensembles, qui commencent à être construits dans les années 30, en constituant une saillance emblématique et ambiguë, car le confort annoncé sera bien souvent absent. Néanmoins, dès la fin du XIXe siècle, il s'avérait difficile de faire comme si rien n'avait changé : Jules Ferry avait fait voter les lois scolaires en 1880-1881, il devenait de plus en plus délicat de se réfugier derrière les secours aux déshérités, les activités de charité et de patronage et diverses actions philanthropiques – dames visiteuses, mutualités maternelles, organisation de « la goutte de lait », caisses de secours, etc. (Battagliola, 2000). Pour tenter de contrer des évolutions pressenties comme aussi dangereuses qu'inévitables, les grands entrepreneurs avaient assez souvent mis en place des systèmes de patronage puis dans une époque plus récente, des dispositifs inspirés par le paternalisme industriel. Il s'agissait dans tous les cas d'organisations entièrement intégrées à l'entreprise et, de ce fait, totalement indépendantes de l'État et conçues comme un contre-feu au syndicalisme – seuls les syndicats « jaunes » (voir Tournier, 1984) étant tardivement encouragés – et aux idées socialistes. Il pouvait s'agir de systèmes très complets, comportant des logements (en cité par exemple) à des conditions avantageuses, des caisses de prévoyance, des écoles ménagères ou professionnelles – par exemple à Montbéliard, « l'école pratique Peugeot », qui formait des ouvriers *professionnels* (notamment les fameux « ajusteurs ») d'où était issue la maîtrise (contremaîtres). Dans cette école, tout est lié à Peugeot, comme le souligne Hatzfeld (1989, pp. 124-125) « c'est le directeur de l'usine qui se charge de l'EAP [école d'apprentissage Peugeot]. De lui dépendent les affectations des moniteurs, des cadres techniques ainsi que les embauches de professeurs extérieurs ; c'est lui qui établit la liste des candidats admis. [...] Outre le matériel, le symbolique : sport et musique constituent des loisirs particulièrement valorisés. Grâce aux soins soutenus de la direction de l'entreprise, les jeunes apprennent à défendre les couleurs bleu et or, sous les maillots sportifs ou l'uniforme de l'harmonie Peugeot, dans des compétitions de niveau national. » Une nécrologie du journal *Le Pays* d'août 2010, donne une bonne idée du recrutement et des débouchés de cette école pratique. Il s'agit ici d'un fils d'immigrés italiens probablement venus travailler chez Peugeot à l'usine des « cycles » de Valentigney :

> René T. est né le 10 juin 1926 à Vence (Italie). Il était le deuxième de trois garçons d'une famille d'ouvrier. Il vient résider avec ses parents rue de Comberut à Valentigney, où ils avaient construit une coquette maison. Il fait sa scolarité primaire, puis suit ses études à l'école

pratique Peugeot. Ses diplômes en poche, il entre dans le monde du travail d'abord au secteur moto des Cycles Peugeot, puis aux prototypes à l'usine Peugeot de Beaulieu-Mandeure jusqu'à sa préretraite en 1982.

Ce système parfaitement clos permettait de recruter des employés spécialement formés, non seulement au métier[13], mais également et peut-être surtout *à l'esprit maison*, c'est-à-dire à l'idéologie patronale locale. Il fallait se couler dans le moule, faute de quoi, aucune « carrière » n'était possible. L'entretien paru sur le site d'*Article11.info* avec Christian Corouge, ancien ouvrier (de) Peugeot né en 1952 est révélateur à cet égard[14] :

> Les jeunes gens comme moi, embauchés avant le service militaire, faisaient deux ans de chaîne en tant qu'OS, période où on jugeait leur comportement ; ils partaient ensuite à l'armée, et on les faisait normalement passer ouvrier professionnel à leur retour du service. Mais s'ils avaient « un mauvais comportement », c'est-à-dire s'ils faisaient grève, prenaient une carte syndicale ou s'opposaient un peu au système, ils restaient OS. Ce fut mon cas : après mon service militaire, je suis revenu comme OS. [...] [Dans les années 70] nous élisions chaque année de dix à douze délégués syndicaux. Sur les douze élus du mois de mars, il n'en restait en moyenne, six mois plus tard, que cinq ; les autres prenaient leur compte. À cause de la violence, des tabassages. Et à cause du rapport au boulot : les délégués écopaient toujours des mauvais postes, des bas salaires, des sanctions. Distribution de tracts ? Un jour à pied. Un peu de retard au poste du matin ? Deux jours à pied. J'ai ainsi connu des semaines avec trois jours de mise à pied... Et en trente ans, j'ai peu ou prou écopé de 85 jours de mise à pied, c'est-à-dire de jours non payés – pas simple quand il faut faire vivre une famille. Les plus politisés arrivent à résister pendant un moment, mais les autres préfèrent prendre leur compte. Ou pire encore. [...] C'est ce qu'a enduré Philippe Marchaud : un jour à pied, deux jours à pied, une semaine à pied, quinze jours à pied... Jusqu'au moment où il a préféré prendre une 22 et se tirer une balle dans la tête. À 25 ans ! Le lendemain de sa mort, je suis allé voir le chef du personnel pour lui demander l'autorisation de réaliser une collecte pour l'enterrement : Philippe venait d'Angoulême, on ne connaissait pas sa famille, il était tout seul dans la région, il fallait ramener le corps là-bas. Et le chef du personnel m'a répondu : *« Le prochain sur la liste, c'est toi... »* C'est comme ça que ça se passait.[15]

Comme le rappelle Gueslin (1992, p. 202), ce système a pu engendrer des conséquences allant, au XIXe siècle, jusqu'à l'enfermement des ouvriers, et plus fréquemment, des ouvrières : « Dans le cas de certains “pensionnats d'ouvrières”, dans le cas des couvents-usines des soyeux lyonnais ou dans le cas des boarding houses de Lowell en Nouvelle-Angleterre, il s'agit de clôture au premier

13 Sur le recrutement des enseignants dans cette école, voir Beaud (2000). L'EAP formait d'excellents ouvriers, c'est incontestable.

14 Entretien avec Christian Corouge, à propos du livre *Résister à la chaîne. Dialogue entre un ouvrier de Peugeot et un sociologue*, de Christian Corouge et Michel Pialoux (2011). Voir aussi l'excellente « Chronique Peugeot », des mêmes auteurs (1984). Lire plus loin : *Sites et frontières symboliques : une excursion dans la « Cité des Princes »* [11].

15 <http://www.article11.info/?Christian-Corouge-Quand-on-est-en>.

degré. Il existe des politiques sociales dans l'entreprise qui peuvent lui emprunter quelques traits mais on ne parlera de paternalisme que si le système a pour but de faire écran à la fois à l'État et aux luttes de la cité. Il exclut ou a les plus grosses difficultés à tolérer le syndicalisme ouvrier. Cela va parfois, à Beaucourt pour Japy, au Creusot pour Schneider, à Saulnes en Lorraine du fer pour Raty par exemple, à une volonté de contrôle de la municipalité. »

La première guerre mondiale marquera un tournant essentiel et les revendications sociales se feront toujours plus insistantes. Les modalités de la mise à distance suivront donc d'autres voies ; elles n'en resteront pas moins extrêmement efficaces. Il faudra distinguer deux réalités bien différentes : d'une part, les déclarations officielles des patrons, les progrès de la réglementation (limitation des horaires, sécurité au travail, paiement des heures supplémentaires, etc.) et la situation sur le terrain, qui dans bien des cas restait très insatisfaisante (Corouge et Pialoux, 1984 ; Pialoux, 1996 ; Beaud et Pialoux, 1998, pour la situation chez Peugeot). Le maintien de la ségrégation sociale sera d'ailleurs d'autant plus efficace que celle-ci n'empruntera plus, au moins dans les pays d'Europe les plus développés, les chemins d'une exclusion à visage découvert, voire revendiquée et méprisante, comme ce fut le cas au XIXe siècle. Cette impression illusoire d'un apaisement social est perceptible dans les premiers vers de *Zone*, poème sans doute composé en 1912 par Apollinaire (1965, pp. 39-40), homme de la modernité s'il en fut[16] ; le texte qui donne à voir une ville où le mouvement des passants brasse les origines, met en avant une succession d'instants (« Maintenant / aujourd'hui tu marches dans Paris ») :

J'ai vu ce matin une jolie rue dont j'ai oublié le nom
Neuve et propre du soleil elle était le clairon
Les directeurs les ouvriers et les belles sténo-dactylographes
Du lundi matin au samedi soir quatre fois par jour y passent
Le matin par trois fois la sirène y gémit
Une cloche rageuse y aboie vers midi
Les inscriptions des enseignes et des murailles
Les plaques les avis à la façon des perroquets criaillent

16 Boschetti (1999, p. 111) observe avec grande raison qu'« [...] on débat à l'infini pour établir si Apollinaire peut être défini comme une avant-garde, parce qu'il a prétendu revendiquer la continuité avec le passé. On juge cette position paradoxale, alors qu'il suffit de considérer l'histoire de l'avant-garde pour constater que tous ses représentants les plus considérables maîtrisaient parfaitement les acquis des prédécesseurs et étaient conscients de ces liens. Par une erreur opposée, on prend généralement les futuristes pour le modèle achevé de l'avant-garde. Ainsi, on ne fait qu'enregistrer l'image qu'eux-mêmes ont fabriquée et imposée au grand public, grâce à leurs méthodes d'autopromotion. On ne voit pas que, justement, ces méthodes tapageuses et les résultats artistiques décevants des futuristes les avaient discrédités, en tant qu'avant-garde, aux yeux des seuls juges compétents, leurs concurrents les plus légitimes (dont Apollinaire). »

> J'aime la grâce de cette rue industrielle
> Située à Paris entre la rue Aumont-Thiéville et l'avenue des Ternes
>
> [...]
>
> Maintenant tu marches dans Paris tout seul parmi la foule
> Des troupeaux d'autobus mugissants près de toi roulent

On peut y déceler de fugaces indices d'une « postmodernité » à venir : L'industrie – cette industrie-là, c'est-à-dire probablement quelques ateliers, peut-être de mécanique ou de confection[17] – n'est sans doute effrayante ni visuellement, ni olfactivement. Il s'agit d'une rue « neuve et propre », pleine d'agrément, où se côtoient « quatre fois par jour » et six jours par semaine « Les directeurs les ouvriers et les belles sténo-dactylographes », ces dernières étant sans doute pour beaucoup dans l'impression de grâce dégagée par le lieu et représentant également la conjonction humanisée du machinisme industriel et de la mécanisation des bureaux. Ainsi, la ville économique acquiert-elle une dimension humaine et sensible dont elle était jusqu'alors dépourvue. La rue est en outre située *dans Paris*, quoique pas très loin de ses limites, et constitue une vigie annonciatrice d'un avenir différent, libéré du « monde ancien ». La poésie elle-même devient populaire et accessible à tous ; les histoires policières avec leurs illustrations suggestives captent le regard ; on se les procure pour 25 centimes (en 1914, un kilo de pain vaudra 44 centimes) ; les prospectus et catalogues vantent les dernières nouveautés (*ibidem*, p. 39) :

> Tu lis les prospectus les catalogues les affiches qui chantent tout haut
> Voilà la poésie ce matin et pour la prose il y a les journaux
> Il y a les livraisons à 25 centimes pleines d'aventures policières
> Portraits des grands hommes et mille titres divers[18]

17 Michel Décaudin (1996, p. 86) avance le nom de la rue Guersant, « non loin du boulevard Berthier où il [Apollinaire] habite pendant l'été 1912 ».

18 À titre d'exemple, *Le Siècle* [gauche républicaine modérée à cette époque] du 7 février 1913, met à la Une « Le double assassinat de la rue Nollet », « La bataille de Gallipoli », « Les Bandits anarchistes devant le jury. Quatrième audience. Interrogatoire de Metge, Gauzy, Dettviller et Marie Schoofs » [membres de la « bande à Bonnot »]. Le même jour, *Le Petit Journal*, [républicain et conservateur], qui parle lui aussi des « bandits en automobile », donne la suite dc deux feuilletons : « Le palais bleu » d'Emile Solari, une histoire policière (« [...] Or, Oncia, souple comme un furet, avait suivi les péripéties de sa tentative d'empoisonnement comme elle avait surpris la conversation du prince, de Favier et de ses deux amis. Cachée dans le réduit même d'où Potiron avait surpris le complot, elle avait tout vu, tout entendu. [...] ») et « Toto » de Paul Bertnay, qui relate des aventures au régiment (« [...] la mère est une baronne française... alors... comme c'est des gens qui habitent Paris... il a opté pour la France... Ce qui ne l'empêche pas de partir de la caserne dans son automobile, sa soixante-chevaux, mon vieux...en faisant le salut militaire aux capistons qui s'en vont à pattes... [...] »).

Quoique la fin de la culture classique soit assez justement annoncée (« Tu en as assez de vivre dans l'antiquité grecque et romaine »), il reste bien des traces du terrible vieux monde industriel, par exemple dans *Vendémiaire* (*ibidem*, p. 150), où les ouvriers « nus[19] », qui « fabriquent du réel à tant par heure », font intrinsèquement partie de l'outil de production : « Et nos mains innombrables / Usines manufactures fabriques mains » :

> Et les villes du Nord répondirent gaiement
>
> O Paris nous voici boissons vivantes
> Les viriles cités où dégoisent et chantent
> Les métalliques saints de nos saintes usines
> Nos cheminées à ciel ouvert engrossent les nuées
> Comme fit autrefois l'Ixion mécanique
> Et nos mains innombrables
> Usines manufactures fabriques mains
> Où les ouvriers nus semblables à nos doigts
> Fabriquent du réel à tant par heure
> Nous te donnons tout cela

D'autres auteurs, au début du XXe siècle, ont partagé le même souci de modernité et d'espoir d'une communion sociale ne supprimant pas, mais transcendant les clivages politiques et économiques. On pense bien sûr à Jules Romains, pour qui le groupe est facteur de progrès, mais implique une dissolution de l'individualité qui est absente de l'œuvre d'Apollinaire. Paquot (2006, p. 203) souligne que pour Romains et quelques autres, tels Arcos, Vildrac, Barzun, Linard, Gleizes ou Georges Duhamel, « chaque citadin appartient à la ville, lui-même est constitué de tous les éléments que la ville agrège. [...] Chaque élément contient un peu des autres, cette solidarité ressemble davantage à une "communion" qu'à un regroupement volontaire. » Ainsi, dans « Je suis la pointe aiguë » de *La vie unanime*, les hommes marchent « avec la masse des maisons » qui s'étendent toujours plus loin, formant de nouvelles villes, construites autour des usines : « Existe, agis indéfiniment, ville aimée / Ma conscience ira jusqu'où vont tes fumées » (Romains, 1908/1926/1983, pp. 152-153) :

19 Cette image de la *nudité*, miroir du *dénuement* de l'ouvrier, et tout particulièrement de *l'enfant ouvrier*, est inhérente à la description de la misère au XIXe siècle ; on la retrouve aussi bien chez Tocqueville, que chez Engels ou Ducpetiaux (etc.) Ducpetiaux (*op. cit.* p. 93) décrit ainsi le travail dans les mines d'Halifax : « Ce sont des enfants qui trainent ces waggons [sic] en passant par des galeries qui, quelquefois, n'ont que 16 à 20 pouces d'élévation. Il s'ensuit que pour accomplir ce travail fatigant, ces petits malheureux sont obligés de ramper sur les pieds et sur les mains ; pour l'alléger, ils mettent *autour de leur corps nu* une large ceinture de cuir à laquelle pend une chaîne de 4 pieds de longueur environ, qui s'attache au waggon à l'aide d'un fort crochet. » On pourrait encore citer Zola *(Germinal)*, etc.

> La ville vers le nord est bossue de faubourgs ;
> Elle s'épanouit, elle gonfle, elle pousse ;
> Elle s'exalte en excroissances palpitantes
> Qui sont des embryons et des printemps de villes,
> Où pullulent des hommes pauvres et musclés.
> Hâtivement, ils se reproduisent et meurent.
> Il y a plus d'enfants que de vieillards, au nord,
> Il y a plus d'usines que d'églises ;
>
> Mues par les forces comprimées
> Qui font ressort et se détendent,
> Les maisons des faubourgs, au nord,
> Ont l'air de ramper en avant.
> Il semble qu'elles partent pour
> Trouver plus loin du sol désert,
> Pour s'y planter, pour assouvir
> La faim de croître qu'ont les germes,
> Et s'y multiplier chacune
> Jusqu'à la taille d'une ville.

Vers le Nord, c'est Saint-Denis, et un peu plus proche de Paris, c'est Aubervilliers, que Jules Romains décrit dans *Montée des périls* des *Hommes de bonne volonté*. À la fin du XIXe siècle,

> Saint-Denis se mettait à fabriquer des soudes et des acides ; du plomb laminé. Il continuait à recevoir les chalands, chargés de marchandises lourdes, que lui amenaient les canaux. Il devenait une espèce de port picard et flamand accroché à la capitale. Clichy édifiait côte à côte des blanchisseries de capacité croissante et des usines de droguerie. Des fabriques d'indiennes prospéraient à Puteaux ; des distilleries à Neuilly. *L'industrie semblait se faire plus légère et plus élégante à mesure que la banlieue de travail s'avançait vers la banlieue riche de l'Ouest et tâtait sa résistance en lui chicanant le terrain.*
> Ce n'est que plus tard que devait commencer l'époque des grandes entreprises métallurgiques, fonderies, tôleries, chaudronneries, puissamment équipées ; usines de construction de machines, usines d'automobiles ; l'époque des grandes fabriques de couleurs, vernis et cirages ; l'époque des vastes ateliers de menuiserie industrielle [...] ; l'époque des gazomètres géants, rangés en ligne, tenant à la fois du troupeau d'éléphants, de l'escadre de cuirassés et de la chaîne de montagnes ; l'époque des centrales électriques, qui dominent la plaine nuit et jour de leur verrière lumineuse, et dont le bourdonnement, si de près il tranche à peine sur la rumeur de la ville, communique à grande distance un frisson mystérieux au sol et aux murs. (1935/2003, pp. 179-180)

Bien entendu, il faut associer Émile Verhaeren à Apollinaire et à Jules Romains, comme le montre Michel Décaudin. Les recueils *Les villes tentaculaires* (1895) comme deux ans auparavant *Les campagnes hallucinées* (1893) sont ancrés dans la conviction de la possibilité d'une poésie moderne urbaine, comparable à certains égards à celle de Jules Romains et d'Apollinaire, quelques années plus tard[20]. Dans « La Plaine », poème inaugural du recueil *Les villes tentaculaires* (1895/1920, pp. 105-109), le poète belge décrit, de façon plus désabusée que Romains, l'envahissement progressif de la plaine par les machines « hyperboliques » et « l'orde [la sale] fumée » des usines. L'angélus lui-même n'a plus sa place dans cet espace :

> […] La plaine est morne et lasse et ne se défend plus,
> La plaine est morne et morte – et la ville la mange.
> Formidables et criminels,
> Les bras des machines hyperboliques,
> Fauchant les blés évangéliques,
> Ont effrayé le vieux semeur mélancolique
> Dont le geste semblait d'accord avec le ciel.
> L'orde fumée et ses haillons de suie
> Ont traversé le vent et l'ont sali : […]
> On aperçoit, à l'infini, du sud au nord,
> La noire immensité des usines rectangulaires.
> Telle une bête énorme et taciturne
> Qui bourdonne derrière un mur,
> Le ronflement s'entend, rythmique et dur,
> Des chaudières et des meules nocturnes ;
> Le sol vibre, comme s'il fermentait
> Le travail bout comme un forfait
> L'égout charrie une fange velue
> Vers la rivière qu'il pollue ; […]
> Mais aujourd'hui, la plaine, elle est finie ;
> La plaine est morne et ne se défend plus :
> Le flux des ruines et leurs reflux
> L'ont submergée, avec monotonie. […]
> La plaine, hélas! Elle a toussé son agonie
> Dans les derniers hoquets d'un angélus.

20 Décaudin (1999, p. 700) observe en effet : « Un écho paru dans le *Mercure de France* du 1er janvier 1917, se rapportant au salon des Indépendants de 1913, est presque une illustration de ce jugement. On y voit Apollinaire, s'efforçant de persuader "un groupe de visiteurs sceptiques" de l'intérêt de la peinture nouvelle et apercevant Verhaeren dans la foule, tenir ce propos : – Mais si vous n'y comprenez rien, tant pis pour vous ! Vous comprendrez plus tard. Le cubisme s'affirmera. Pourquoi voulez-vous que la peinture n'évolue pas comme le reste, comme la poésie même ? Tenez, voilà un poète qui passe et qui célèbre, dans ses poèmes, la beauté des cheminées des usines. Et l'auteur anonyme de l'écho ajoute : "C'est curieux ce qu'il dit là, murmura Verhaeren". Le jeune Jules Romains est nourri de ses vers et avec des poèmes comme "La Batteuse" ou "L'Ode à la machine" s'inscrit dans son sillage. Quand paraît *La Vie unanime* en 1908, Verhaeren est le premier à écrire à l'auteur : "Dès ce matin, dès aujourd'hui", lui dit-il, "je vous écris à la hâte toute la joie qu'il me donne et tout le bonheur que j'ai de découvrir un vrai poète, parmi les jeunes". Paul Fort, le remerciant à son tour, établit la filiation : "Vous êtes dans toute la force du terme le nouveau Poète et vous premier. Walt Whitman, notre grand Verhaeren lui-même, précurseurs". »

Pour avoir partagé leur condition, en tant qu'ouvrière chez Renault en 1934-1935, c'est peut-être la philosophe Simone Weil (1943/1990, p. 63) qui décrit le mieux la situation du travailleur soumis à la machine dans les années 30. L'ouvrage a été rédigé peu avant la mort de la philosophe, dans l'Angleterre en guerre de 1943 :

> Il est une condition sociale entièrement et perpétuellement suspendue à l'argent, c'est le salariat, surtout depuis que le salaire aux pièces oblige chaque ouvrier à avoir l'attention toujours fixée sur le compte des sous. [...] Bernanos a écrit que nos ouvriers ne sont quand même pas des immigrés comme ceux de M. Ford. La principale difficulté sociale de notre époque vient du fait qu'en un sens ils le sont. Quoique demeurés sur place géographiquement, ils ont été moralement déracinés, exilés et admis de nouveau, comme par tolérance, à titre de chair à travail. Le chômage est, bien entendu, un déracinement à la deuxième puissance. Ils ne sont chez eux ni dans les usines, ni dans leurs logements, ni dans les partis et syndicats soi-disant faits pour eux, ni dans les lieux de plaisir, ni dans la culture intellectuelle s'ils essayent de l'assimiler.

Il y a dans cette vision fort noire un écho de l'échec du front populaire. Weil observe d'ailleurs que lors des occupations d'usines en 36, les ouvriers, qu'elle compare de nouveau aux immigrés, ont « éprouvé une joie pure, sans mélange, à être chez eux dans ces mêmes lieux [...]. Personne ne pouvait raisonnablement croire que le lendemain serait bon. » (*ibidem*, p. 74). On sait que la philosophe – qui n'avait rien d'une zélatrice de quelque totalitarisme que ce soit – ne souhaitait rien de moins que la disparition des *partis politiques et des classes sociales*. Elle considérait que la société, telle qu'elle était dans les années trente, était le lieu d'une oppression sociale généralisée, engendrant le *déracinement*. Dès lors, dans cette société impersonnelle, souligne Wahl (2005, p. 159), ce ne sont pas tant les hommes ou la nature, mais bien plutôt les réalisations humaines (science, technique, argent, organisation sociale) qui sont oppressives, et elle cite Weil (1934/1955, p. 130) : « Les machines ne fonctionnent pas pour permettre aux hommes de vivre, mais on se résigne à nourrir les hommes afin qu'ils servent les machines. L'argent ne fournit pas un procédé commode pour échanger les produits, c'est l'écoulement des marchandises qui est un moyen pour faire circuler l'argent. Enfin l'organisation n'est pas un moyen pour exercer une activité collective, mais l'activité d'un groupe, quel qu'il puisse être, est un moyen pour renforcer l'organisation. » La solution serait qu'au sein d'une société *du travail*, « la reconstruction d'après-guerre [ait] immédiatement pour règle la disparition du travail industriel. » (1943/1990, p. 104) Quant à l'instauration d'un « mode de vie sociale [qui] ne serait ni capitaliste ni socialiste [tout en abolissant] la condition prolétarienne » (*ibidem*, p. 103), Simone Weil restait à juste titre très réservée sur la possibilité de son avènement. Elle considérait que, faute de parvenir à cet état d'équilibre, hélas utopique, l'avenir serait très sombre : « Hors de là, il semble bien qu'il n'y a de choix qu'entre des formes différentes et presque également atroces de malheur. » (*ibidem*, p. 103) On a pu penser que c'était là une prévision totalement erronée, voire absurde, car dans les années qui ont suivi la fin de la guerre, que l'on a fort abusivement nommées les *Trente Glorieuses*, d'après Fourastié, on s'est mis à croire à nouveau en un avenir meilleur.

Il n'est pas question de nier que la période fut économiquement faste et qu'elle fut caractérisée par une effective élévation continue du niveau de vie dans les pays occidentaux ; la possession de biens « de consommation » autrefois rares et emblématiques tels que l'automobile, la télévision bientôt en couleurs, les vacances en famille à la mer, etc., ne relevait plus de rêves inaccessibles et de la stratégie du billet de loterie nationale. L'ascenseur social fonctionnait bien, masquant de ce fait un plafond de verre, toujours aussi présent et étanche, qui verrouillait l'accession à certaines strates, qu'il s'agisse de fonctions occupées dans les entreprises, ou de l'agrégation aux catégories les plus élevées de la bourgeoisie[21]. Comme l'observait Bourdieu il y a bientôt 25 ans, « le montant du premier salaire obtenu au sortir de l'école semble croître quand on va d'Ulm à Polytechnique et HEC, en passant par l'ENA, c'est-à-dire du champ universitaire au champ de la haute administration et au champ économique, le capital social jouant un rôle de plus en plus important à mesure qu'il s'éloigne du champ universitaire (où, on le sait, son rôle n'est pourtant pas négligeable). [...] L'école centrale, qui est plus étroitement liée au patronat que Polytechnique – et cela dès sa fondation –, reçoit des élèves moins nantis scolairement mais plus souvent issus des milieux patronaux, donc mieux placés, grâce notamment à leur capital social, pour tirer le meilleur parti de leur titre. »[22] (Bourdieu, 1989, p. 219) Ainsi, a-t-on pu considérer que les *classes sociales* étaient un concept dépassé, ce qui est en effet soutenable si l'on se fonde sur 3 indices : (a) la diffusion du pouvoir à l'ensemble de la population ; (b) l'augmentation du secteur tertiaire et de la propriété, ne permettant pas une mise en regard d'un système de classes ; (c) et surtout l'élévation du niveau de vie et de consommation (Chauvel, 2001, p. 315). Or, Chauvel (*ibidem*, p. 319), dans un article qui est antérieur à la crise

21 On associe souvent la notion de « plafond de verre » à la difficulté qu'ont les femmes d'accéder à certaines fonctions à diplômes équivalents. Ainsi, dans les universités françaises, « si le ratio de 40 % – 60 % entre femmes et hommes, est conservé entre l'obtention d'un doctorat et celui d'un poste de maître de conférences, le pourcentage de femmes professeurs n'a évolué que très faiblement, de 9,5 % en 1985 à 18,5 % en 2006. » (Latour, 2008, p. 54) Ce phénomène de plafonnement, qui touche effectivement une majorité de femmes, en raison d'une *discrimination sexuée*, ne doit pas conduire à sous-estimer d'autres causes, moins directement lisibles, telles que *l'entre-soi de la grande bourgeoisie et des grands corps de l'État*, les membres du second groupe étant fréquemment recrutés dans le premier.

22 Dans une note de *La noblesse d'État*, Bourdieu (1989, p. 451, note 27) constate que « les rares PDG qui ne sont pas décorés de la Légion d'honneur (22,5%) se rencontrent dans les activités les moins nobles (le commerce, les boissons) à la tête de filiales de second rang des sociétés étrangères ou des sociétés contrôlées directement par un groupe important. » Il serait très intéressant de savoir de quelle façon, 24 ans plus tard, la situation a évolué.

économique et financière qui a débuté en 2007/2008, fait valoir que « depuis la fin des années 1970, au contraire, des inégalités structurées se reconstituent et déterminent objectivement les conditions de vie de groupes sociaux repérables. Néanmoins, ces inégalités structurées, renaissantes, ne sont guère organisées par une conscience capable d'animer un mouvement collectif durable et de donner une expression aux rapports sociaux sous-jacents, ce qui n'est pas sans poser problème pour l'identité sociale des membres des classes populaires, au travers d'un phénomène de dyssocialisation. Objectivement visibles mais subjectivement désarticulées, les classes sociales sont porteuses d'un avenir plus ouvert qu'on ne le conçoit généralement. »

Les premières années du XXIe siècle ne seront guère porteuses d'espoir ; c'est une des grandes différences avec l'insouciance ouverte sur le monde en état de pré-globalisation des « baby-boomers », dont la politisation tenait davantage du slogan ou de l'action désordonnée, que d'une appréhension vraiment cohérente des faits économiques. Rétrospectivement, on ne peut pas soutenir que mai 68, malgré ses apparences « révolutionnaires » (*cf.* la brève excursion du général de Gaulle en Allemagne, à Baden-Baden où il est rassuré par le général Massu) et ses conséquences culturelles bien réelles, ait changé la donne économique et politique. Après une période d'hyperconsommation (sélective), la misère sociale est à nouveau en progression, comme le montrent les enquêtes de l'Insee pour 2010 : « Le niveau de vie baisse ou stagne pour pratiquement toutes les catégories de population sauf pour les plus aisées. Le seuil de pauvreté, qui correspond à 60 % du niveau de vie médian de la population, s'établit à 964 euros mensuels en 2010. La pauvreté continue de progresser. Elle concerne 8,6 millions de personnes, soit 14,1 % de la population contre 13,5 % en 2009. Cette progression affecte davantage les enfants : le taux de pauvreté des moins de 18 ans atteint 19,6 %, en hausse de 1,9 point. » (Burricand *et alii*, 2012) Corrélativement, Landais (2008, p. 300) constate « que les inégalités de revenus ont crû au cours de la période récente en France, occasionnant une déformation de la structure des revenus au profit du "haut" de la distribution. Cette croissance des très hauts revenus est en grande partie imputable à l'explosion des hauts salaires en France, croissance déjà observée dans les pays anglo-saxons. »[23] On perçoit néanmoins un changement de perspective ; alors qu'autrefois, la pauvreté était fréquemment associée

23 Pour la France, Solard (2010, pp. 45-46) constate, sur la base des données de l'Insee, que « la médiane des revenus des personnes à très hauts revenus se situe environ à 112000 euros, ce qui correspond à plus de 6 fois le revenu déclaré par unité de consommation médian. Cela cache toutefois de fortes disparités : le revenu déclaré annuel par unité de consommation des personnes à très hauts revenus va de quelque 84500 euros à plus de 13 millions d'euros (soit un peu plus d'un million d'euros mensuels). Même au sein des plus aisés, l'hétérogénéité est forte. Cette catégorie comprend seulement un peu plus de 5800 personnes ; mais leur revenu par unité de consommation va de 688000 euros (39 fois le revenu médian), à plus de 13 millions d'euros (plus de 700 fois le revenu médian). »

à des considérations morales, il semble qu'aujourd'hui ce soit beaucoup moins le cas comme le montre une étude du Credoc : selon Olm, Le Queau et Simon (2000, pp. 21-22), « si les angles à partir desquels la pauvreté est envisagée spontanément sont multiples, les jugements auxquels elle donne lieu sont moins divers. Le terme "moral", associé à "déchéance" ou bien "misère", ne renvoie explicitement qu'à une des conséquences de la pauvreté, et n'est jamais évoqué comme une cause. La pauvreté, dans la mesure où elle conduit à des difficultés en matière d'alimentation, de santé, d'isolement social, entraîne un certain abandon "moral" alors synonyme [...] de désespoir, de détresse, etc. On est donc assez loin d'une autre conception de la pauvreté et de la misère, pourtant répandue jusqu'au début de notre siècle (héritée de cette "éthique protestante" dont parle le sociologue Max Weber ?), où elle apparaît davantage comme une conséquence d'un manque de moralité. »

Le retour de l'inquiétude et l'argent mondialisé

Sans doute cette appréhension différente de la société, vue comme un continuum relativement lissé, est-elle à mettre en rapport avec un changement de perception de la structure sociale ; alors que tous les indicateurs montrent que la situation a finalement assez peu changé, les écarts ayant même tendance à se creuser, les détenteurs d'un faible capital économique ont fréquemment tendance à surévaluer leur position dans l'échelle sociale. En effet, les repères sont de moins en moins faciles à mettre en évidence ; ils sont dissimulés, comme floutés : si l'on prend l'exemple des petites villes industrielles [11], dans lesquelles l'effet de la crise a été particulièrement sensible, eu égard à une absence de diversification de l'industrie (métallurgie lourde, mines, etc.) on se rend compte que la population ne dispose plus de critères d'évaluation robustes.

Dans la société postindustrielle, l'univers économique de la *Postmetropolis* est d'abord déterminé, observait l'éminent Edward Soja (2000, p. 194), par la concentration des pouvoirs politique et économique en fonction d'une nouvelle hiérarchie où les « cités globalisées » (global Cities) se comportent comme des postes de commande contrôlant les mouvements des opérations financières de l'économie mondiale et redistribuant le travail à un niveau supranational. Rien de tout cela ne serait possible sans l'emprise de plus en plus importante du néolibéralisme :

> It has brought to the fore a new global class of economic and political entrepreneurs who operate not only transnationally but also at the national, regional, metropolitan and local scales to foster those conditions that facilitate the freedoms of global capitalism: increasing privatization in the public sphere, deregulation in every economic sector, deregulation flow

> of capital, attacks on the welfare state and labor unions [...] And it is carried out in a series a familiar spin-doctoring slogans having to do with the magic of the market, the ineffectiveness of Big Government, the triumph of capitalism, the emergence of a borderless world, and a whole slew of "ends of" – of history and geography, of socialism and the welfare state, of ideology itself. (Soja, 2000, p. 216)

Beaucoup plus récemment, Le Galès (2010, p. 276), sociologue spécialiste des stratégies territoriales et urbaines, a fait le même type de constat que Soja (qu'il ne cite pas), remarquant qu'il existe des interactions entre les diverses échelles, dans les relations qui lient les métropoles aux mécanismes de la mondialisation. Le Galès souligne que les principes de l'économie keynésienne, principalement articulés au niveau national, ne fonctionnent plus et que d'autres régulations ont pris le relais, notamment au niveau mondial, au niveau transnational (par exemple l'UE), etc. Comme le résume bien Mangin (2001, p. 6), « en s'étendant, Megapolis ou Postmetropolis s'inverse par extension de son espace périurbain résidentiel, développement de bassins d'activités souvent liés à la haute technologie, apparition de nouveaux centres d'affaires : c'est Exopolis, produit du passage d'une économie fordiste à une économie flexible. La mondialisation y radicalise la polarisation sociale et, partant, la ségrégation socio-spatiale : la ville des Trente Glorieuses, intégratrice, est en recul au profit d'un modèle plus ségrégatif. À l'extrême inégalité des niveaux de qualification correspond l'extrême inégalité des revenus. Ce phénomène de Ghettopolis est renforcé par les opérations de privatisation de l'espace public. »

La question de la corrélation entre le niveau de revenus et la ségrégation socio-spatiale qu'évoque Mangin est représentée avec brio dans le film *Time out*[24], adaptation cinématographique de la nouvelle de Marcel Aymé *La carte* (1943/1972), qui consiste en un journal intime rédigé par l'écrivain Jules Flegmon. Celui-ci évoque un rationnement de l'existence qui s'exerce par le truchement de coupons alloués aux individus, selon *l'« inutilité » sociale* de la catégorie à laquelle ils appartiennent, et ce dans le but d'économiser les ressources (métaphore des restrictions draconiennes durant la 2ème Guerre mondiale et du marché noir qu'elles ont créé) :

> *10 février*. – Afin de parer à la disette et d'assurer un meilleur rendement de l'élément laborieux de la population, il serait procédé à la mise à mort des consommateurs improductifs : vieillards, retraités, rentiers, chômeurs et autres bouches inutiles. [...]
>
> *13 février*. – C'est une infamie ! un déni de justice ! un monstrueux assassinat ! Le décret vient de paraître dans les journaux et voilà-t-il pas que parmi les « consommateurs dont l'entretien n'est compensé par aucune contrepartie réelle », figurent les artistes et les écrivains ! [...] je n'aurai droit qu'à quinze jours d'existence par mois. (Aymé, 1972, pp. 59-60)

24 Film d'Andrew Niccol (réalisateur de *Bienvenue à Gattaca* (1997), autre dystopie), 2011, dont les acteurs principaux sont Justin Timberlake, Amanda Seyfried et Cillian Murphy.

Les personnes ainsi catégorisées disparaissent durant la période au cours de laquelle elles n'ont pas le droit de vivre, pour réapparaître le mois suivant afin de vivre la quotité de jours qui leur est officiellement attribuée. Cette dystopie permet de soulever le problème de la discrimination et des critères par lesquels elle s'auto-légitime, de réfléchir à ce que l'on entend par *égalité*, *(in)utilité*, *mérite* au sein d'une organisation sociale et montre les processus de perversion de tout système par l'instauration d'un marché parallèle. Ainsi, les riches parviennent toujours à se procurer, à prix d'or, un supplément de coupons mensuels (chacun correspond à 24h de vie), de telle sorte que l'on se trouve dans une situation ubuesque où le calendrier ne signifie plus rien. Pour certains, la vie s'arrête le 15 et reprend le 1er du mois suivant. Pour d'autres qui ont obtenu un surplus de coupons au marché noir, le mois peut avoir 35 ou 60 jours. Il y a même des cas extrêmes :

> *4 juillet.* – Les journaux sont pleins de « l'Affaire des tickets ». Le trafic des cartes de temps sera le gros scandale de la saison. [...] En outre, certains cas particuliers soulèvent une grosse émotion. On cite, entre autres, celui du richissime M. Wadé, qui aurait vécu entre le 30 juin et le 1er juillet, mille neuf cent soixante-sept jours, soit la bagatelle de cinq ans et quatre mois. (Aymé, *ibidem*, p. 78)

Dans *Time Out*, l'argent n'existe plus en tant que tel, il a été totalement remplacé par le temps devenu unité d'échange. Dans ce film de politique-fiction fantastique, l'adage capitaliste « Time is money » est actualisé au pied de la lettre. Tous les individus, sans exception, bénéficient d'un capital inaliénable de 25 ans de vie attribué à leur naissance, après quoi ils s'arrêtent de vieillir et doivent alors gagner leur temps supplémentaire de vie, au sens littéral du terme. Un compteur intégré à la peau de leur bras gauche égrène les secondes à rebours : lorsque le 0 est atteint, la personne meurt instantanément. La plupart d'entre elles ne disposent que de l'équivalent d'une journée de 24 h. D'autres, imprudents parce qu'il ont dilapidé leur avoir temporel au jeu, par exemple, ne disposent plus que de quelques heures, voire de quelques minutes, ce qui les oblige à trouver du temps – très vite – par n'importe quel moyen : un job d'appoint mal payé mais qui offre un sursis, la solidarité familiale ou amicale (on peut donner son temps à qui bon vous semble par simple contact d'un compteur cutané à l'autre), le vol (après agression ou meurtre). Cette organisation met en jeu des calculs de relativité tels que nous les connaissons : à l'aune d'un solde créditeur de vie d'1/2 h, un café affiché « 4 minutes » a un prix exorbitant. Pour celui qui possède un siècle à son compteur, cela représente une miette. La ségrégation socio-spatiale est assurée par des péages au prix si coûteux qu'il est impossible de les franchir. Au-delà de leur limite vivent les riches, dotés, grâce aux revenus de leurs entreprises, de leurs dividendes ou de leur fortune personnelle, d'un capital de vie indécent qui peut se chiffrer à plusieurs milliers d'années – renouvelables. En d'autres termes, la vie éternelle sans vieillir. Le plus frappant est la différence des rythmes de vie : alors que dans les ghettos pauvres, les personnes s'agitent perpétuellement et se déplacent au pas de course (il faut courir après le temps pour vivre, courir pour en faire le plus possible en un minimum de temps), les *happy few* fortunés ont, eux, tout leur temps, qu'ils passent dans l'oisiveté et les fêtes somptueuses. Pour le pauvre, en revanche, le « bon temps » est un luxe, et si dans son quartier il marche en flânant, il peut être soupçonné de posséder une grande quantité de temps et risque alors d'être agressé et détroussé de son bien le plus précieux, son capital-vie.

On retrouve ici transposé le système qui oppose le détenteur du capital et des moyens de production à celui qui, mercenaire au jour le jour, n'a que la force de ses bras pour assurer sa subsistance (définition du prolétaire chez Marx). Au demeurant, dès 1883, et au plan national, Robida avait imaginé dans son roman satirique illustré une France transformée en société financière par actions, dans laquelle il n'y aurait plus ni pouvoir législatif, ni pouvoir exécutif, et où le Président de la République, que l'on fait fonctionner avec des clés, est « en bois, sévère, rigide, immuable ! Il règnera, mais ne gouvernera pas [...]. Le premier acte de la Chambre nouvelle a été d'adopter le grand principe du président mécanique. » (Robida, 1883, p. 301)

> Qu'est-ce que la France ? Pour moi, penseur, c'est une pure abstraction géographique et sentimentale, une simple nébuleuse d'avant les temps scientifiques. Je veux faire sortir la France de cette forme abstraite de simple patrie et lui donner une forme concrète d'une grande Société financière, composée de tous les Français, pour l'exploitation du territoire compris dans les limites connues. [...] Voyons, vous savez qu'actuellement, il n'y a rien de plus coûteux à entretenir qu'un gouvernement, il faut toujours payer. [...] Je supprime tout cela. Dans mon gouvernement nouveau modèle, les citoyens sont des actionnaires et leur dividende, c'est l'économie qu'ils réalisent sur les frais de gouvernement...
> – Vous supprimez les chambres ?...
> – Rouages inutiles, puisqu'il n'y aura plus de politique...
> – C'est impossible !
> – Rouage inutile, puisqu'il n'y aura plus de gouvernement, mais des administrateurs ! (*ibidem*, pp. 303-304)

L'argent est désormais désincarné, la finance opérant dans une dimension mondialisée autrefois inconcevable et imposant ses ukases aux États souverains eux-mêmes : il est significatif que le gouvernement américain, après plusieurs années d'enquête ait finalement porté plainte contre l'agence de notation *Standard and Poor's* et sa maison mère *McGraw-Hill*, pour avoir, en connaissance de cause, induit en erreur les investisseurs en publiant des notes favorables concernant des produits adossés à des prêts hypothécaires très risqués[25]. Comme le remarque très bien Le Texier dans sa belle thèse (2011, pp. 209-210) :

> La gouvernementalité régalienne semble bel et bien désacralisée. Concomitamment, le droit paraît vidé de toute transcendance pour être intégré à l'arsenal managérial au titre d'outillage parmi d'autres. Ainsi que le déplore par exemple Pierre Legendre (1999, p. 235), « parvenu au

25 Voir par exemple *LesEchos.fr*, *Liberation.fr* du 4 février 2013, ou encore *LaTribune.fr*.

> stade d'une instrumentalisation pure et simple, le droit se trouve écarté du champ de la pensée, pour n'être plus qu'une technologie annexe au service de *l'efficiency* ultramoderne, c'est-à-dire pour n'être plus, selon la formule des juristes sociologues, que régulation sociale. » Plus encore, le domaine infiniment régalien du droit tend à être envahi par des normes non-juridiques édictées et sanctionnées par des organisations privées. [...] Les institutions publiques nationales et internationales semblent désinvesties de leurs tâches régaliennes au profit d'alliances à géométrie variable à la fois flexibles, rapides, peu bureaucratiques, faiblement légitimes et très ouvertes aux organismes privés à but ou non lucratif. Ces institutions paraissent ainsi troquer en toute conscience, pour ainsi dire, les principes régaliens de légalité et de légitimité pour ceux managériaux de malléabilité et d'efficacité.

Ces organisations qui se substituent aux États mettent en œuvre, remarque encore Le Texier (2006, n.p.) dans une autre publication, un discours *irréfutable* : « le discours de la Banque mondiale exerce une influence en lui-même : il est performatif et référentiel. » Ajoutons que, contrairement au discours politique et économique classique, le discours des organisations émane d'une nébuleuse dans laquelle il est difficile de reconnaître – sauf peut-être pour quelques grands initiés – la plume d'un individu particulier, et c'est ce qui en fait la force, car cette dépersonnalisation a le pouvoir enchanteur de faire passer un ensemble de données (statistiques, évaluations, hypothèses sur la croissance, etc.) du statut d'opinions discutables et réfutables (falsifiabilité de la théorie) à celui de vérité générale et immanente. Il ne s'agit là de rien d'autre que d'une variante institutionnelle et internationale du trivial « c'était dans le journal, donc c'est vrai » ou du « c'est une décision de l'administration, on l'applique en toute transparence » (etc.). Dans le discours proprement politique, la notoriété, la popularité, la représentativité institutionnelle, sont au fondement de l'autorité et « ces facteurs sont socialement construits sous l'influence d'appareils de pouvoir qui sélectionnent, éliminent ou consacrent les prétendants à la parole dans l'espace public. » (Braud, 2010, pp. 144-145) De ce fait, l'auteur du discours (même s'il s'agit d'un parti, d'un club politique) peut à tout moment être mis en défaut et être amené (la plupart du temps il est vrai sans beaucoup de succès) à s'expliquer. En revanche, la « pensée » des organisations est opaque, en ce sens qu'elle n'a pas de destinateur – dans le sens jakobsonien – précis et qu'il s'agit de déclarations *d'experts*, le pluriel étant ici capital, car il est au fondement du discours d'autorité. Pour Garric et Léglise (2012, p. 15), il arrive en effet fréquemment que, dans la cascade de déclarations accompagnant l'analyse d'une question spécifique, « le processus d'expertise relève non seulement de l'expertise mandatée – lorsqu'on a recours à un savoir spécialisé qui vient trancher dans une conjoncture problématique –, mais également de l'expertise *instituante*, dans laquelle "l'expert d'auxiliaire devient partenaire et même partenaire principal dans le processus de décision" (Castel, 1991, p. 179). Dans cette situation l'expert est aussi producteur de normes. » On peut, ici encore, se référer à Debord (1992, p. 18), qui montre la relation intrinsèque existant entre l'expertise, le pouvoir et la médiatisation :

> Tous les experts sont médiatiques-étatiques, et ne sont reconnus experts que par là. Tout expert sert son maître, car chacune des anciennes possibilités d'indépendance a été à peu près réduite à rien par les conditions d'organisation de la société présente. L'expert qui sert le mieux, c'est, bien sûr, l'expert qui ment. Ceux qui ont besoin de l'expert, ce sont, pour des motifs différents, le falsificateur et l'ignorant. Là où l'individu n'y reconnaît plus rien par lui-même, il sera formellement rassuré par l'expert. Il était auparavant normal qu'il y ait des experts de l'art des Étrusques ; et ils étaient toujours compétents, car l'art étrusque n'est pas sur le marché. Mais, par exemple, une époque qui trouve rentable de falsifier chimiquement nombre de vins célèbres, ne pourra les vendre que si elle a formé des experts en vins qui entraîneront les caves à aimer leurs nouveaux parfums, plus reconnaissables. Cervantès remarque que « sous un mauvais manteau, on trouve souvent un bon buveur ». Celui qui connaît le vin ignore souvent les règles de l'industrie nucléaire ; mais la domination spectaculaire estime que, puisqu'un expert s'est moqué de lui à propos d'industrie nucléaire, un autre expert pourra bien s'en moquer à propos du vin.

En ce sens, *l'expert procède à un travail de falsification de la réalité*. Tant qu'il s'agit de vin, c'est-à-dire de faire aimer au public des cuvées systématiquement « vieillies en fûts de chêne » dont la saveur naturelle et spécifique est de ce fait perdue, et de globaliser les goûts, le danger est limité ; il en va hélas de même s'agissant de l'économie, de la finance, de l'appréciation du harcèlement moral dans les entreprises et les administrations, etc. Dans le même temps, le discours universitaire, qui constituait un pare-feu et une tribune de qualité, est partiellement disqualifié, en partie parce que les chercheurs ont rarement accès aux médias – et ceux qui y ont un accès *régulier* ne sont pas nécessairement les plus qualifiés, tant le choix d'un « expert universitaire » est dépendant de l'idée que les responsables des télévisions, radios et presse écrite se font de l'impact sur le public – mais surtout parce que la position des universitaires dans le champ social est de plus en plus marginalisée, notamment dans les sciences sociales et humaines. Bourdieu pointe parfaitement dans *Homo Academicus* (1984, pp. 13-14), dès les premières pages du livre, que « ceux qui campent à la frontière entre la connaissance savante et la connaissance commune, essayistes, journalistes, universitaires-journalistes et journalistes-universitaires, ont un intérêt vital à brouiller cette frontière et à nier ou annuler ce qui sépare l'analyse scientifique des objectivations partielles imputant à des individus singuliers ou à un *lobby* […] des effets qui engagent en réalité toute la structure du champ. » Ce brouillage, savamment entretenu, conduit à ce que le *savant* ne fasse plus recette, et que l'on demande systématiquement aux « intervenants » de simplifier leur propos jusqu'à le falsifier – ceci étant particulièrement évident dans les documentaires pédagogiques diffusés par certaines chaînes de télévision.

Entre remise en perspective des faits, c'est-à-dire, dans le meilleur des cas, présentation, analyse et éventuellement modélisation des données à partir d'un autre point de vue (ce qui est justifié) et *falsification*, il n'y a souvent qu'un pas. Dans le domaine de la fiction, l'exemple le plus remarquable est le roman d'Antoine Bello *Les falsificateurs*, dans lequel sont narrées les aventures du jeune Sliv, universitaire fraîchement diplômé, engagé par une firme islandaise qui est en fait une couverture pour une antenne du CFR, le *Centre de Falsification du Réel*, dont presque tous les membres, même très hauts placés, ignorent les véritables objectifs.

> Sachez [dit Gunnar] qu'il existe au sein de Baldur, Furuset & Thorberg une poignée d'hommes et de femmes pour qui les études environnementales ne constituent qu'une couverture. [...] Le CFR – c'est son nom – opère sur les cinq continents et dans plus d'une centaine de pays. L'implantation de Reykjavik a le rang d'antenne. [...] Les agents du CFR [...] échafaudent des scénarios parfaitement plausibles, auxquels ils donnent ensuite corps en altérant des sources existantes, voire en en créant de nouvelles. Autrement dit, ils modifient la réalité. [...] Le plan est l'organe du CFR qui arrête les grandes orientations stratégiques de notre action. [...] à la fin des années cinquante par exemple, nos prédécesseurs ont travaillé sur la conquête spatiale : comment inciter les grandes puissances à dépenser plus sur un sujet dont personne ne se souciait encore dix ans plus tôt ? (Bello, 2007, pp. 40-41)

Comment vendre des frigos aux « Esquimaux »

Un exemple éloquent de manipulation de l'opinion et de falsification de la réalité est fourni par l'affaire *Daewoo*, dans laquelle des subventions du gouvernement français sont venues soutenir un projet qui, au final, s'avérera être un fiasco retentissant : on peut en effet lire sur le site de *L'Humanité.fr* du 24 novembre 2008, sous la plume de Thomas Vescovi : « Avec le soutien de l'État, Kim Woo-Choong installe trois usines en Meurthe-et-Moselle, à Fameck, Villers-la-Montagne et Mont-Saint-Martin. Une bouffée d'oxygène pour les élus locaux et les Lorrains. 2002 : surendetté, Daewoo ferme ses usines, après avoir engrangé près de quarante-six millions d'euros de subventions. Six ans après l'incendie suspect du site de Mont-Saint-Martin, conclusion dramatique de "l'affaire Daewoo", les braises sont encore chaudes et la région n'a rien oublié. [...] Le 27 janvier, le tribunal ordonne la liquidation judiciaire. 550 employés, dont la moyenne d'âge est de 27 ans, se retrouvent à la rue. Et la direction disparaît dans la nature. Rage et déception planent sur les salariés. [...] De bout en bout l'État français aura protégé et subventionné les Sud-Coréens. Après l'incendie, des salariés crient à la préméditation et pointent de nombreux éléments suspects : l'alarme d'incendie n'a pas fonctionné, des lances à eau étaient sans pression et les extincteurs vides... Seule certitude jusqu'ici : l'incendie a été allumé par l'embrasement de palettes. [...]. » Dominique Manotti, dans *Lorraine Connection* (2008, pp. 26-27), récit romancé de l'affaire Daewoo, illustre ce pouvoir de la finance mondialisée ; dans sa fiction, la romancière suggère que la firme sud-coréenne installée en Lorraine est un des enjeux d'une « bataille stratégique » qui impliquait des multinationales :

> Déjeuner discret dans une auberge au Luxembourg, tout près de la frontière française, une table de deux couverts dans un petit salon. Maurice Quignard attend en buvant un pastis. La

soixantaine, grand, carré d'épaules, ventre plat, il garde l'allure sportive. Le visage est brutal, la peau tannée, et marquée de rides. Après une longue carrière dans la sidérurgie, il a monté un cabinet de conseil en reconversion des entreprises, il travaille avec de nombreuses instances européennes, et occupe, pour le compte de la Mission pour le Plan européen de développement, et à titre bénévole, un poste de conseil auprès de la direction de Daewoo Pondange. Daewoo, c'est en un sens son enfant. Grâce à ses amitiés politiques en Lorraine, il a joué les intermédiaires avec les Coréens, négocié les conditions d'implantation de l'entreprise, veillé à l'abondance de la manne des subventions européennes et françaises. Toujours de façon bénévole. Au nom de l'intérêt de la région et de la France.

L'action de ces « experts producteurs de normes » se manifeste, signe d'une mondialisation « vraiment globale », jusque dans les territoires du Grand Nord, qui étaient autrefois – il n'y a pas si longtemps – épargnés par la « civilisation occidentale ». Le géographe karstologue Jean Corbel (1920-1970), qui fut à l'origine de la recherche française au Spitzberg, s'est intéressé au sort des populations dans un article publié en 1958, dont nous avons pensé qu'il fallait restituer une partie suffisamment longue du texte. En effet, Corbel, dont on ne mettra en doute ni la bonne foi ni l'honnêteté, est tombé dans toutes les chausse-trapes tendues par l'économie libérale en plein développement. Les Inuit de Frobisher (Nunavut) furent les victimes d'une politique d'acculturation très dure menée par le gouvernement fédéral du Canada :

La Baie de Frobisher [...] n'est le Centre d'aucune mission catholique, mais une puissante base militaire américaine, un grand aérodrome établi en 1942. [...] La base emploie actuellement une quarantaine d'indigènes qui logeaient dans des bidonvilles proches. Sous l'impulsion énergique et publicitaire d'un journaliste-écrivain, Doug Wilkinson, devenu fonctionnaire au Ministère des Affaires du Nord, il apparut intéressant de créer là une sorte de cité-modèle de l'Américanisation esquimaude. Dès 1955 il y avait déjà 5 maisons, on doit en compter une trentaine actuellement. Elles ont 5 m. x 9 m. Chaque maison se compose de deux chambres à coucher, d'une pièce de séjour et d'une salle de bains à laquelle doit s'ajouter évidemment l'eau chaude et la machine à laver et probablement le réfrigérateur. Les bâtiments publics sont formés par une école, une infirmerie (on n'envisage pas encore d'hôpital), une centrale fonctionnant au diesel et un grand atelier-garage servant éventuellement de salle publique pour le cinéma. La cité doit d'abord servir à loger les Esquimaux travaillant à la base (une trentaine de familles) [...]. Le dévouement de D. Wilkinson au délicat problème de l'amélioration de l'habitat esquimau est vraiment admirable et l'on ne peut que souhaiter que partout de telles constructions remplacent les bidonvilles. Que cette cité-modèle soit le but presque invariable des voyages organisés dans l'Arctique pour journalistes ou personnalités, on ne saurait s'en étonner connaissant les méthodes spectaculaires nécessaires en Amérique pour l'obtention des crédits. Pour le programme « d'acculturation » voici ce que l'on en dit : En plus de loger les Esquimaux, le Ministère se propose de les préparer à l'abandon progressif de leur genre de vie ancien. La langue anglaise est enseignée à tous les indigènes (on ne mentionne pas d'enseignement en esquimau).

Le gouvernement s'est assez largement comporté comme une autorité coloniale classique. Dans sa thèse, consacrée à l'élimination partielle des chiens de traîneau des Inuit, Lévesque (2008, p. 472) – qui prend assez nettement le parti des autorités – conclut néanmoins que, « à l'image de toutes les administrations coloniales, l'administration canadienne a reproduit dans sa colonie (le Nord) le même modèle d'administration qu'elle appliquait dans le Sud. Ainsi, cette administration canadienne a-t-elle mis en place dans le Nord des structures administratives pouvant supporter les politiques et les programmes liés à l'État-providence, autant dans le Sud que dans le Nord, à la même époque. » On peut douter que « l'opération publicitaire » de la « cité-modèle », promue par le documentariste des années cinquante Douglas Wilkinson, ait finalement beaucoup profité aux Inuit ; en effet, plutôt que d'une « acculturation », qui aurait déjà eu de très lourdes conséquences, il s'est agi d'une entreprise de destruction systématique des traditions des autochtones, passant par l'obligation de l'apprentissage de l'anglais et corrélativement, par la mise en difficulté de la langue inuit[26]. On a beaucoup de mal à trouver dans ce coin du Grand Nord des traces d'un « État-providence ». L'analyse de Michel Onfray (terre de Baffin) est à cet égard révélatrice ; le philosophe montre bien qu'il n'y a ni « cité-modèle » (Corbel), ni « État-providence » (Lévesque) :

> Le sous-sol a été creusé pour l'enfouissement de ces poubelles modernes [déchets radioactifs, chimiques, bactériologiques], mais aussi pour constituer des réserves de kérosène [...] Un tuyau de pipe-line [...] témoigne, sur cette île jonchée par les poubelles des Occidentaux jadis occupés à convertir le morceau de terre en déchetterie à la mesure de l'hystérie des nations postmodernes, d'une activité possible et régulière des autorités militaro-industrielles sur le site. [...] Au quotidien, ce qui a été détruit par le feu a été remplacé par les objets de consommation américains qui pouvaient ainsi développer leur marché et assurer la dépendance par les pièces et la main-d'œuvre, évidemment sollicitée ailleurs qu'en zone inuit. [...] Fin des Esquimaux mangeurs de viande crue, fin des Inuits, ces hommes debout, arrivée triomphale de l'Américain moyen plus semblable que dissemblable de son sinistre voisin canadien. [...] Silence des Inuits possédés, la jeune génération aspire ouvertement à consommer comme sa semblable sise sous des cieux plus cléments et en des températures plus complices. (Onfray, 2002, pp. 138-142)

26 Il convient d'être exact : depuis les années 70, des efforts ont été entrepris et la langue inuit est moins en danger, sauf dans la « capitale » du Nunavut (Hot, 2008).

CHAPITRE 4
L'HABITABLE ET L'INHABITABLE, UNE QUESTION DE POINT(S) DE VUE ?

Un nouveau monde ?

Dans sa dernière œuvre, *Couleur du Temps. Drame en trois actes et en vers*, ayant encore dans les oreilles le fracas des obus, le bruit grinçant du métal tordu, et la « tête étoilée », Apollinaire a en vue une reconfiguration du monde. L'action se déroule « en 1918 »[1]. Il faut quitter les anciens lieux. Au début de l'acte II, Van Diemen explique que :

> C'est l'heure pour certains / De supporter / La solitude / Là-bas d'où nous venons un homme n'est plus rien / Là-bas l'individu n'est qu'une particule / D'êtres aux corps énormes anciens ou nouveaux / L'homme n'est qu'une goutte au sang des capitales / […] C'est un simple coup d'œil jeté dans un musée */ La pièce de billon dans la caisse des banques* / C'est un peu de buée aux vitres d'un café / *Il pense mais il est l'esclave des machines* / *Les trains dictent leurs lois à l'homme dans l'horaire* / L'homme n'était plus rien c'est pourquoi nous fuyons / Pour retrouver un peu de liberté humaine (*Œuvres poétiques*, 1965, pp. 935-936)

La même œuvre donne également à voir une *ville glacée où l'avenir est figé et impénétrable* ; la ville chaleureuse décrite dans les premières lignes de *Zone* n'existe plus :

> Van Diemen : Nous voici au pôle mes amis / […] Et nous tremblons de froid et de peur […]
> Madame Giraume : *Moi je regrette un petit balcon / Donnant sur une rue peu passante / Et le bruit très lointain des tramways* / Banquise de souvenirs glacés […]
> Nyctor : La blancheur souveraine qui brille / Partout est l'image de la paix / Implacablement froide la paix / […] Nous ne tarderons pas à connaître / *Cette paix dans toute son horreur*
> [Si Nyctor « savait mener l'avion », il retournerait d'où il vient. Au contraire Ansaldin promet que bientôt « la cité blanche … s'élèvera ici » et que « Toutes les banquises / Brilleront comme des diamants » À la fin, tous meurent.]
> Mavise : Voilà cette paix si blanche et belle / Si immobile et si morte enfin / La voilà cette paix homicide / Pour laquelle les hommes se battent / Et pour laquelle les hommes meurent
> Madame Giraume : O mon fils je t'avais oublié / Tu mourus en faveur de la vie / Nous mourons d'une paix qui ressemble à la mort
> Voix des morts et des vivants : Adieu Adieu il faut que tout meure (*ibidem*, pp. 950-962)

1 Il y eut une seule représentation, donnée *post mortem*, le 24 novembre 1918. Le poète était mort de la grippe espagnole le 9 novembre, deux jours avant l'armistice. La pièce fut publiée dans la *NRF* en 1920. (Voir notes, *in* : *Œuvres poétiques*, 1965, pp. 1180 sqq.)

La tonalité mortifère de cet extrait offre un contraste saisissant avec celle de « La petite auto », poème en vers libres incluant un calligramme, paru en 1918 dans le recueil *Calligrammes* et inaugurant la section « Étendards ». Ce texte exalte l'enthousiasme du poète, convaincu que la destruction guerrière est un passage obligé pour accéder au monde nouveau, *à celui de la modernité*. La narration du voyage effectué avec son ami Rouveyre à bord de sa « petite auto », entre Deauville et Paris, « [l]e 31 du mois d'Août 1914 », au commencement de la Grande Guerre (la mobilisation générale avait été proclamée le 2 août), devient une métaphore de cette transition entre deux mondes, deux époques :

> Le 31 du mois d'Août 1914
> Je partis de Deauville un peu avant minuit
> Dans la petite auto de Rouveyre
> [...]
> Nous dîmes adieu à toute une époque
> Des géants furieux se dressaient sur l'Europe
> [...]
> Je m'en allais portant en moi toutes ces armées qui se battaient
> Je les sentais monter en moi et s'étaler les contrées où elles serpentaient
> [...]
> Je sentais en moi des êtres neufs pleins de dextérité
> Bâtir et aussi agencer un univers nouveau
> [...]
> Et quand après avoir passé l'après-midi
> Par Fontainebleau
> Nous arrivâmes à Paris
> Au moment où l'on affichait la mobilisation
> Nous comprîmes mon camarade et moi
> Que la petite auto nous avait conduits dans une époque
> Nouvelle
> Et bien qu'étant déjà tous deux des hommes mûrs
> Nous venions cependant de naître (*ibidem*, pp. 207-208)

Ce poème fait écho à la ville moderne de « Zones », pleine de promesses, peuplée de travailleurs actifs comme des fourmis et richement parée de denrées : « Un marchand d'une opulence inouïe et d'une taille prodigieuse / Disposait un étalage extraordinaire [...]. » (*ibidem*, p. 68) Read fait valoir que dès avant le début des hostilités, Apollinaire s'était intéressé à l'architecture de la ville nouvelle, telle qu'elle était conçue par les nouveaux urbanistes et architectes. C'est une ville toute différente de celle décrite dans les premières lignes de « Zone ». Apollinaire considérait que l'architecture de verre, dont on retrouve un écho dans *Couleur du Temps*, était promise à un grand avenir, et avait notamment donné un compte rendu d'un ouvrage d'un écrivain allemand (en particulier de science-fiction), Paul Scheerbart, intitulé *Glasarchitektur* :

« Apollinaire reprend les termes de Scheerbart pour exalter "la beauté des villes prochaines bâties en maisons de verre", cite ses commentaires au sujet "des fontaines lumineuses", de l'éclairage des cafés et des restaurants, de l'influence morale possible de l'architecture transparente et lumineuse sur les populations, des colonnes lumineuses pour éclairer les villes. [...] Cet aperçu de la ville future, neuve et propre, claire et lumineuse, préfigure les projets d'un Mies van der Rohe, six ans plus jeune qu'Apollinaire, ainsi que l'architecture puriste des années 1920. » (Read, 1990, pp. 104-105) Il y a toutefois loin de la fameuse *villa Tugendhat* (1930) de Brno, de la *maison Esters* à Krefeld (1928-1930), de *Farnsworth House* à Plano (1945-1951), dans l'Illinois, ou même des gigantesques gratte-ciel de verre de Chicago, construits par van der Rohe, aux grands ensembles des cités.

C'est probablement dans la comparaison entre une représentation idéalisée et finalement abstraite de la ville, telle qu'elle est théorisée par les urbanistes ou rêvée par les poètes, les peintres ou les plasticiens (par exemple ceux du Bauhaus), donnant lieu à des réalisations la plupart du temps isolées – on pense particulièrement à la magnifique usine Fagus, construite de 1911 à 1913 (1ère phase) par Walter Gropius et Adolf Meyer à Alfeld en Allemagne –, et les constructions de masse utilitaires des années 40 à 60, que se lit le mieux l'impossible jonction d'un *style élitiste d'avant-garde* et de ce que l'on pourrait appeler un *style économique*[2], l'adjectif étant employé à la fois dans le sens de « bon marché » et d'inscription dans une démarche de gestion et de développement de l'urbanisme « raisonnable ». Comme l'indique Rittersporn (2008, p. 771), « il n'y a eu aucun pays avant-guerre où l'architecture moderne soit parvenue à s'affirmer dans le paysage urbain. Elle a eu la préférence des commanditaires de bâtiments privés de taille plutôt modeste, comme des villas, et a surtout été utilisée pour l'habitat bon marché. Mais la plupart du temps, l'avant-garde est restée aux marges. » L'architecte et urbaniste Paul Chemetov (2004, p. 12) a de ce fait tout à fait raison d'écrire, dans un ouvrage consacré aux *grands ensembles*, que :

> Les grands ensembles, par leur effet de loupe grossissante, nous aident à déchiffrer les raisons d'une histoire française dans le climat de l'affrontement de l'après-guerre. [...] La modernité affichée [...] trouva, au choix de ses inspirateurs, ses références dans l'Amérique des gratte-ciel, des nœuds autoroutiers et des supermarchés, ou dans l'Union soviétique des plans quinquennaux et du stakhanovisme. Le logement fut pensé et produit comme une infrastructure [...]. On oublie à l'occasion que le logement est d'abord un bien social, un bien culturel, une part intime. Il est superstructurel, non parce qu'il s'élève au-dessus du sol, mais parce que les grues qui le construisent sont aussi métaphysiques.

2 On pense ici, bien que la notion soit peut-être un peu réductrice en ce qui concerne le « goût dominé », à l'opposition omnivore = éclectique = fractions sociales dominantes *vs.* univore = fractions sociales dominées (Coulangeon, 2004 ; Peterson, 1992).

Le point de vue de Chemetov mérite que l'on s'y attarde un peu ; en effet, ce grand constructeur réaliste[3] considérait que l'on pouvait évidemment modeler une demeure dans de l'albâtre à la manière d'une caverne platonicienne, ou qu'à la façon des expressionnistes allemands (et pourrait-on ajouter, d'Apollinaire) il serait possible de réaliser « une maison toute de verre construite, une terrasse avec vue sur l'avenir en quelque sorte ; [or] toute matérialité univoque tend, asymptotiquement, vers la dématérialisation. » Et il ajoutait : « La réalité – on le vérifie chaque jour – est un assemblage équivoque et ambigu, ambivalent, à tout le moins, c'est ce qui fait sa richesse, qui permet aussi sa richesse interprétative. [...] La pierre et le bois, le verre et l'acier, le béton et les matériaux de synthèse, l'air et la lumière, la diversité des énergies, la variété des biosystèmes, telle est notre vie, telles sont nos maisons, telle devrait être notre cité pour affronter la question de sa durée dans le temps, de son développement soutenable. » (Chemetov, 2003, n.p.) Le propos de l'architecte est frappé au coin du bon sens : les maisons, les immeubles, *sont faits pour que l'on y vive*, et non uniquement *pour qu'on les regarde*. Les locataires et les accédants à la propriété, surtout lorsqu'ils sont modestes, ne sont pas en quête d'une ascèse esthétique, mais d'un chez-soi confortable et intime. Néanmoins, certains projets, par exemple celui du Bijlmermeer aux Pays-Bas [6], bien qu'ils aient été conçus en fonction de normes d'habitabilité censées être optimales, se sont révélé être des catastrophes sociales : les concepteurs ont très mal évalué « la durée dans le temps » et surtout le « développement soutenable ». Il n'est pas aisé d'expliquer de tels échecs, qui touchent de façon indifférenciée la quasi totalité des grands ensembles sortis de terre après la seconde guerre mondiale. On trouve des éléments de réponse dans la pensée du sociologue Michel Crozier, théoricien de la sociologie de « l'action organisée » appliquée aux politiques publiques. Dans un article écrit au milieu des années 70, Crozier et Thoenig montraient que le processus de prises de décision – qui caractérisait en particulier la mise en œuvre de grands chantiers locaux comme ceux des ZUP – n'était « ni hiérarchique, ni démocratique, ni contractuel. C'est un processus croisé, ou en zigzag, particulièrement bien adapté à un modèle d'évitement des responsabilités. Profondément ancré dans la vie locale, il se prolonge au niveau

3 Avec beaucoup de bon sens, Paul Chemetov déclarait récemment dans un entretien à Rue89.com (14/09/2012) : « Il n'y a pas de logement social idéal. Il n'y a que des logements sociaux habitables. Est-ce qu'il y a un homme, une femme idéale ? Non. Aimeriez-vous vivre avec ? Non. Par contre, en posant le “habitable”, on revient à une forme de créativité possible. Il faut que les microdécisions des gens – leur souhait de bouger tel meuble, de cuisiner ou non – soient possibles. Je vois des logements actuellement où la batterie de cuisine est dans le séjour : on ne vit pas comme ça, ça n'est pas vrai. Qu'ils essaient de faire des choux avec des saucisses, c'est infernal. Et ensuite, les plats dans la cuisine, la vaisselle sale… Qui s'occupe de tout ça ? Certainement pas les architectes. » <http://www.rue89.com/rue89-culture/2012/09/14/paul-chemetov-le-mauvais-logement-est-une-machine-briser-les-gens-235328>.

départemental. [...] D'une façon générale, dans un tel système en zigzag, la communication verticale est très faible. Subdivisionnaires et directeur départemental, maires et conseiller général communiquent peu. » (Crozier et Thoenig, 1975, p. 10) À l'heure actuelle, on peut considérer que les responsabilités sont encore un peu plus diluées, du fait de la lisibilité très difficile des « consignes » délivrées verticalement par les institutions (nationales, européennes, etc.) ainsi que par les pressions occultes exercées par les lobbies financiers, avec l'assentiment des États, notamment ceux engagés de façon consubstantielle dans la construction de l'Union.

Aussi longtemps qu'il s'est agi de quelques maisons construites en bordures de rues déjà existantes, de petites « cités » ouvrières, éparpillées en périphérie de villes moyennes et formant faubourg, le tissu urbain s'en accommodait parfaitement ; dès lors qu'ont été mises en œuvre des politiques globales de logement (ou de relogement, s'agissant des populations déplacées du centre vers les périphéries), notamment des populations immigrées, des problèmes insurmontables ont commencé à se faire jour. Pour Barney Warf, l'un des théoriciens du *tournant spatial*, « location [...] has become increasingly a matter of production and negotiation rather than being given *a priori*. If the surfaces that characterized the geographies of modernity have declined in utility, the spatial metaphor that has taken their place centers on networks [...]. Contemporary globalization has undermined commonly held notions of Euclidean space by forming linkages among disparate producers and consumers intimately connected over vast distances through flows of capital and goods. » (Warf, 2009, pp. 69-70) De la même manière, Manuel Castells, qui depuis longtemps souligne que les sociétés s'organisent en fonction de *flux* de capitaux, d'information, de technologies, d'images et de symboles, etc. (Castells, 1996, p. 412), relève que de très grandes entreprises se décentralisent en réseaux d'unités semi-autonomes, et que lorsqu'un processus de réajustement est parvenu à terme, le réseau se dissout et ses composants forment d'autres réseaux autour d'autres projets. Castells insiste également sur le fait que l'accumulation du capital se fait aujourd'hui essentiellement sur le marché financier qui fonctionne lui-même selon une logique de réseau : les entreprises sont simplement les nœuds qui opèrent des jonctions entre les réseaux de production et les réseaux d'accumulation organisant les flux de la finance globalisée. (Castells, 2005, pp. 8-9) Ce sont les *petites villes* ou les villes moyennes, et plus particulièrement celles qui étaient mono-industrialisées [11] qui sont frappées en premier (Orum et Chen, 2003, p. 99)

Quoi qu'il en soit, la véritable maîtrise des réseaux – on ne parle pas ici des réseaux sociaux évidemment – ne concerne qu'un très petit nombre d'élus ; quant aux autres, il leur faut, dans l'enceinte de la cité ou du lotissement, poursuivre une existence qui, comme par le passé, leur est imposée *de l'extérieur*. Seuls de grands privilégiés peuvent atteindre l'idéal que fixait Valéry Larbaud à la maison de A.O. Barnabooth, (*Journal intime de A. O. Barnabooth* [1913]) :

> Je souhaite une existence paisible, aisée, retirée et studieuse. J'habiterai une des grandes capitales, pour être en contact direct avec la civilisation. Un quartier tranquille ; mais non pas le quartier le plus aristocratique. Une maison pourvue de toutes les commodités les plus nouvelles ; mais non pas assez grande pour y pouvoir donner des réceptions. J'hésite entre Londres et Paris ; entre Kensington et Passy. Mais pour la maison, je l'organise déjà. Extérieurement, rien ne la distinguera des maisons voisines. [...] Pour l'intérieur, c'est bien plus difficile [...] La partie purement pratique retient encore mes méditations : la salle de bains, surtout, deux fois plus grande que la chambre à coucher (une simple cellule d'hôpital, blanche, carrelée et sans angles) et qui contiendra une petite piscine à eau courante, et une baignoire pour l'eau de mer qu'on m'enverra de Bexhill comme l'an passé, chaque matin, si je m'installe à Kensington. Je songe même aux boutons de sonnettes, aux lampes et aux ventilateurs électriques, à tous les accessoires de bureau. [...] du verre, du nickel, de la faïence, des surfaces faciles à laver ; le plus d'air et de lumière possible. (Larbaud, *Œuvres*, 1958, pp. 277-278)

Cette représentation du confort, et surtout de la commodité d'usage et d'entretien de l'habitat, rappelle la conception par Frank Lloyd Wright de la *Robie House*, construite entre 1905 et 1908 à Chicago (Illinois) dans le style « prairie », soit quelques années avant la rédaction du journal de A. O. Barnabooth.

Enracinement, déracinement et perte de repères

On vient de le voir, d'une manière générale, l'individu *lambda* n'est guère en mesure de décider de son destin, tant les contraintes qui pèsent sur lui – et en tout premier lieu les contraintes financières – sont importantes. En outre, dans le monde urbain actuel, producteur d'absence à l'Autre, où la technologie génère solitude et exclusion, la notion de progrès continu et indéfini – déjà largement mise à mal par la faillite des idéologies fondées sur une économie exclusivement et arbitrairement planifiée par l'État, en fonction « d'objectifs révolutionnaires » (Bonnot, 2012) –, tend à se déliter sous les coups de boutoir d'une société toujours plus individualiste, à la fois cloisonnée (absence ou superficialité des relations interpersonnelles) et globalisée. Au sein d'un même espace se juxtaposent et interfèrent des zones d'extrême richesse et d'extrême pauvreté, qui ont certes toujours existé, mais dont les conditions d'émergence sont désormais très différentes. Ainsi, la ville et les zones périurbaines – tout particulièrement dans les marches étatiques, comme celles délimitées par les frontières luxembourgeoise, française, belge et allemande – sont devenues des lieux de relégation, voire de bannissement.

La ville pénètre désormais largement les anciennes zones agricoles, les panneaux publicitaires jalonnent les routes et les centres commerciaux y prospèrent. Les démarcations, autrefois nettes, se font floues, et l'on passe imperceptiblement de la véritable campagne à des zones indécises dans lesquelles s'interpénètrent prairies, champs de maïs, hangars industriels, lignes à très haute tension, grandes surfaces de bricolage et hôtels bon marché de périphérie, sur les parkings desquels, au petit matin, on peut voir s'ébattre des lapins de garenne – c'est le cas dans la banlieue nord de la capitale alsacienne. Cet entre-deux est très bien décrit par Daeninckx dans *Mort au premier tour* (*Mémoire noire* [1997]/2010, p. 28) où il redessine la périphérie strasbourgeoise :

> Les grandes surfaces grignotaient les espaces libres des banlieues, macadamisaient les champs de la première périphérie pour tracer des places de parking. Des panneaux criards, immenses loupes rectangulaires plantées au bord de la route, détaillaient les produits en promotion. Puis d'un coup, le dernier échangeur passé, la campagne reprenait ses droits. Villages nichés dans les creux, maisons à colombages, clochers joufflus, rangs de vignes striant les collines. [...] Il bifurqua sur la gauche après les bâtiments en ruine d'une brasserie artisanale, repaire d'une armée de corneilles [...]. D'immenses grues orangées, il en compta douze, fragmentaient l'horizon, découpant le ciel en lamelles verticales.

Dans ces nouveaux espaces, le vagabond n'a plus sa place ; il s'est mué en SDF ou s'est sédentarisé ; les nouveaux errants sont venus de plus loin, immigrés d'Afrique noire et du Maghreb, ils forment les nouveaux bataillons, regroupés d'abord dans les bidonvilles, puis dans les grands ensembles. L'enracinement se délite, comme le soulignait dès 1943 Simone Weil (1943/1990, pp. 106-107)[4] : « Le déracinement paysan a été, au cours des dernières années, un danger aussi mortel pour le pays que le déracinement ouvrier. Un des symptômes les plus graves a été, il y a sept ou huit ans, le dépeuplement des campagnes se poursuivant en pleine crise du chômage. Il est évident que le dépeuplement des campagnes, à la limite, aboutit à la mort sociale. » Bien que ce ne soit évidemment pas le cas, s'agissant de Simone Weil, dont l'exemplarité ascétique est bien connue, on doit utiliser avec une certaine prudence les notions *d'enracinement* et de *déracinement* dès lors qu'on les transpose à la sphère politico-économique (quelques-unes des propositions de S. Weil, faites en 1943 dans une situation très particulière, sont d'ailleurs équivoques, si on les replace sans précaution dans le contexte actuel). Silverstein (2003, p. 28) observe que « la généalogie de *enracinement* provient en grande partie du discours antirépublicain de la droite française, lequel, comme a montré Emily Apter, remonte au roman de Maurice Barrès *Les Déracinés*, publié en 1897. Barrès y éreinte le système scolaire public qu'il accuse de "déraciner" les enfants de leur sol et de leur groupe social, causant ainsi la dégénérescence des campagnes. En France, cette notion de déracinement a beaucoup influencé le débat à la fin du XIXe siècle sur la décentralisation et la réforme administrative

4 Sur la question très discutée de l'exode rural, notamment au XIXe siècle, on peut consulter, par exemple, l'article de Poussou (2002), qui représente l'un des points de vue et qui donne une bibliographie importante. Voir également les chapitres 11, 12 et 13.

et a rapidement pris une place centrale dans le nationalisme régional de l'Action française, mouvement monarchiste antisémite et colonialiste de Charles Maurras. »[5] Il est d'ailleurs tout à fait remarquable qu'à la toute fin de son livre, Barrès revienne *sur la question de l'accent*, de l'intonation et des particularités linguistiques : Dardinier, qui a organisé une fête en l'honneur de Bouteiller, professeur au lycée de Nancy qui vient d'accéder habilement à la députation, est particulièrement éméché, ce que ne manque pas de noter le jeune avocat Suret-Lefort (de Bar-le-Duc). L'accent est en effet le dernier rempart de *l'enracinement*, ultime bastion quasi immatériel – mais ô combien stigmatisant – contre une inéluctable normalisation.

> Cependant Dardinier, que l'on avait chargé dans cette belle fête d'organiser le punch, la bière et, comme il disait, « toute la limonade », ordonna aux garçons de servir, et quand la dernière note eut expiré, levant son verre, il hurla de sa grosse voix sympathique de pochard – à Bouteiller, la Lorraine reconnaissante ! – Mâtin ! – dit Suret-Lefort à l'oreille de Bouteiller, – en a-t-il, un accent ! Et tandis qu'on applaudissait, avant de se lever pour son grand discours de remerciement, le député répondit : – Tout à l'heure, mon cher ami, quand vous me traitiez si généreusement, j'admirais votre talent, que j'ai prédit, vous vous en souvenez, dès 1880 ; mais ce que j'admirais surtout, c'est que vous vous soyez à ce point affranchi de toute intonation et plus généralement, de toute particularité lorraine. (1897/1911, pp. 490-491)

La tendance consistant à relier l'enracinement à une « métaphysique nationale » possède son corollaire, faisant du *déracinement* créé par l'exil et la migration, des pathologies et des « situations de rupture morale » (Silverstein, 2003, p. 28) ; cette approche fut notamment théorisée par Georges Mauco, antisémite notoire, collaborateur de Montandon durant la guerre, dans sa thèse de 1932. Ce n'est évidemment pas – est-il besoin de le préciser – notre point de vue. Tout au plus peut-on retenir l'idée de « rupture psychologique » – ce qui présente l'avantage de ne pas se fourvoyer dans un inextricable fatras de jugements de valeur –, qui rend compte du mal-être des populations, qu'elles soient d'origine française ou qu'il s'agisse d'immigrés, français ou non, qui demeurent dans les « nouvelles » cités. La localisation de l'opposition enracinement / déracinement s'est d'ailleurs insensiblement déplacée d'un lieu physique – la ferme, la maison de famille, le champ – à un lieu monétaire comme le suggère Baldner (1989, p. 35) : « L'adhésion à une idéologie du confort par l'accumulation indéfinie des biens durables et mécanisés que propose la nouvelle norme de consommation, fait croire à des catégories de plus en plus larges qu'elles maîtrisent leur avenir [...]. La métaphore de l'enracinement [...] recouvre alors la capacité individuelle et familiale à maîtriser sa contrainte budgétaire par l'endettement à long terme pour l'acquisition d'un lieu propre à l'accumulation de la consommation et à

5 Le concept a ensuite été réutilisé par Pierre Bourdieu, dans une acception totalement différente, et anticolonialiste.

l'investissement affectif des temps de loisirs, le pavillon de banlieue ou, signe de distinction, la résidence secondaire. » Il y a là une claire allusion à Georg Simmel et à son livre *Philosophie de l'argent* (1987) : « Propriété foncière, œuvre d'art, commerce, droits et positions de toutes sortes [...], tout cela demeure de moins en moins longtemps dans la même main [...]. [I]l se réalise assurément une quantité globale et extraordinaire de liberté ; mais parce que seul l'argent [...] constitue la première partie de ces processus de libération, ces autres objets en restent trop souvent à la réalité du déracinement, sans que cela mène à un nouvel enracinement. » (cité par Genestier, 1989, pp. 52-53)

On sait quelles conséquences dramatiques eut cet endettement excessif, qui se manifesta par la ruine des victimes des *subprimes*. On peut suivre Taguieff (2004, p. 328) qui écrivait de façon prémonitoire : « En ce début de XXIe siècle, nous courons de plus en plus vite dans les ténèbres, nous nous activons de façon insensée dans une temporalité flottante qu'Orwell avait caractérisée, en référence au monde totalitaire, comme un “présent perpétuel sans passé ni avenir”. [...] Dans l'univers techno-communicationnel où nous entrons, la durée est comme suspendue par l'instantanéité, tandis que la temporalité du projet est mise en pièce par la chaotisation du devenir mondial. [...] Cette “déshabitation” généralisée est vraisemblablement l'un des effets négatifs du principe d'utilité, ou plus précisément de l'anthropocentrisme utilitaire. » Van Wesemael (2010, p. 171) montre que dans des romans comme ceux de Beigbeder ou de Houellebecq, « l'inanité de la vie actuelle [...] est la préoccupation majeure. » Ainsi, dans le roman *Plateforme* (2001), de Houellebecq, « le touriste Michel construit l'image d'un posthumain, nomade, déraciné et désaffilié, marqué par la passivité du spectateur. [...] Houellebecq et Beigbeder explorent les thèmes littéraires de la fragmentation, de l'aliénation et de la décadence, afin de représenter l'échec de la réalité sociale et de la désintégration des sociétés capitalistes et industrielles. » C'est le cas dans le premier roman de Houellebecq, *Extension du domaine de la lutte* (1994, pp. 69-70). Le narrateur, en déplacement à Rouen, observe les gens qui se promènent sur la place du Vieux marché :

> J'observe d'abord que les gens se déplacent généralement par bandes, ou par petits groupes de deux à six individus. Pas un groupe ne m'apparaît semblable à l'autre. Évidemment ils se ressemblent, ils se ressemblent énormément, mais cette ressemblance ne saurait s'appeler identité. Comme s'ils avaient choisi de concrétiser l'antagonisme qui accompagne nécessairement toute espèce d'individuation en adoptant des tenues, des modes de déplacement, des formules de regroupement légèrement différentes. [...] J'observe enfin que je me sens différent d'eux, sans pour autant pouvoir préciser la nature de cette différence.

Au contraire du flâneur – ou du promeneur, du chaland – qui investit et reconstruit un espace connu et géographiquement limité, qu'il arpente en tous sens, en prenant le temps, le nomade houellebecquien se contente de porter un regard (éventuellement participant) sur un exotisme commercial, dont le renouvellement permanent exclut tout approfondissement. Flore Vasseur, qui met en exergue de son roman *Une fille dans la ville* (2006) cette phrase de Houellebecq : « Dans la vie tout peut arriver, surtout rien », montre bien l'intrication de ce tourisme clinquant, accompagné « d'objectifs financiers » et de cette perte totale de repères :

> À South Beach [Miami], en plein hiver, tout est factice, sauf le soleil. Nous prenons des airs sérieux au News Café sur Ocean Drive. Ordinateurs sur les genoux, nous refaisons le monde à la piscine du Delano. Dans la nuit, Marco a préparé les projections de croissance de ma petite entreprise. Je vois des zéros partout :
> – Tu crois vraiment que je peux faire 5 millions de chiffre d'affaires l'année prochaine ?
> – Mais oui, c'est simple ! Regarde, j'ai tout modélisé. Si tu augmentes la valeur de la cellule C8 en année *n*, donc maintenant, tu arrives automatiquement à 5 millions de dollars. Tu lèves un peu d'argent, recrutes des cadors. Tu fais deux ou trois événements en France, et tout le monde va venir. (Vasseur, 2006, p. 57)

Espaces en déshérence et solidarité des exclus

Parmi les zones incertaines, ni ville, ni campagne, situées dans un entre-deux indéfinissable, que nous avons évoquées plus haut, il en est qui présentent un statut particulier : en effet, un certain nombre de ces espaces, fréquemment non cartographiés[6], autrefois dénommés de façon à la fois plus poétique et plus exacte « terrains vagues », sont caractéristiques d'une vacance institutionnelle et économique de l'État ou des municipalités, ou encore sont l'enjeu de spéculations foncières. Ces zones, d'autant plus nombreuses que l'on s'éloigne de nœuds stratégiques comme les gares, les stations de métro, etc., résultent ordinairement de la disparition d'installations industrielles ou artisanales et sont en recomposition permanente, témoignant paradoxalement du dynamisme du tissu périurbain (Padeiro, 2009). Quoiqu'officiellement vides, les friches urbaines (Andres, 2008 ; Ambrosino et Andres, 2008), de même que les tunnels routiers, souterrains de gare, et même abords du périphérique parisien (malgré un bruit permanent assourdissant) sont fréquemment investis par des « nomades urbains » (Raffestin, 1997)[7]. Damon (2006, p. 36) souligne que « se mêlent

6 On ne confondra pas ces zones avec les « zones urbaines sensibles » (Zus), qui sont répertoriées dans un Atlas en ligne et renvoient à des quartiers difficiles. Par exemple, dans le XIXe arrondissement de Paris : Curial, Cambrai, Alphonse Karr. Ou à Bethoncourt, près de Montbéliard (Doubs) le quartier de Champvallon (voir plus loin [11]). <http://sig.ville.gouv.fr/Atlas/ZUS>.

7 On se reportera notamment à l'article de Gwiazdinski (2013, n.p.) sur le périphérique parisien : « le boulevard périphérique parisien fait office de frontière entre Paris et ses 29 communes limitrophes. La limite du territoire est accentuée par une centaine de kilomètres de

ici, aux marges de la réglementation et sous le regard des médias et des responsables politiques, des problématiques de salubrité et d'insécurité, d'immigration et d'asile, d'accueil en urgence et de logement de long terme. Des sans-abri clochardisés aux demandeurs d'asile en passant par les gens du voyage, les populations concernées et les solutions adaptées sont différentes. » Agier (2011, p. 22) formule parfaitement le problème : « il faut inventer pour eux [écrit-il] un extérieur du monde qui les maintient en vie physique sans reconnaître leur existence sociale. » Dans certaines villes, à Bangkok par exemple, ce type d'urbanisation est extrêmement répandu, comme le montre Fanny Gerbeaud dans sa récente thèse de sociologie urbaine : « La progressivité des transitions et l'apparition de commerces informels existent aussi dans des secteurs réguliers où demeurent des espaces non viabilisés ou des structures abandonnées (secteur déprécié ou d'habitat populaire pour travailleurs pauvres ou étudiants). Les compartiments chinois "hybrides", squattés, ou les espaces vacants utilisés comme lieux de stockage par le voisinage, marquent une première appropriation spontanée et peut-être le début d'un ensemble d'habitat. La proximité avec une voie de chemin de fer ou un canal, une zone protégée en cœur d'îlot par une urbanisation générant des "impasses", forment le terreau de l'habitat spontané (flexible et adaptable à de petites surfaces) puisque ces terrains sont disponibles mais non urbanisables. » (2012 pp. 345-346)

Ces lieux en déshérence, en attente d'urbanisation ou réellement *inhabitables*, créent donc des points de fixation *mobiles* de la misère, épousant les fluctuations de la désindustrialisation et de la réurbanisation, entités interconnectées d'une économie souterraine labile, parallèles aux réseaux politiques et économiques mis en place par les institutions nationales et internationales dont ils représentent un effet collatéral. Augé (2011, pp. 48-49) relève que « l'urbanisation du monde, l'extension des "filaments urbains" dont parle le démographe Hervé Le Bras [...], le fait que la vie politique et économique de la planète dépende de centres de décision [...] toutes interconnectées et constituant ensemble une sorte de "métacité virtuelle" (Paul Virilio) [font que] le monde est comme une immense ville ». Il a raison d'ajouter immédiatement que « la ville-monde relativise ou dément par sa seule existence les illusions du monde-ville. » (*ibidem*, p. 49) L'économie de ces réseaux est elle-même relativement diversifiée. Au moins chez les gens du

murets en béton et glissières, auxquels il faut ajouter une vingtaine d'écrans phoniques sur près de quinze kilomètres. [...] La frontière n'est pas que matérielle. L'autoroute installée sur l'enceinte militaire de 1860 trace une limite symbolique entre les Parisiens et les Banlieusards. [...] Que n'a-t-on pas dit sur la coupure du périphérique, notamment dans les réflexions sur le "grand Paris" et sur les effets de la séparation entre "ceux du dedans" et "ceux du dehors". Les lignes de métro, voies routières, passerelles et souterrains piétons qui permettent de traverser le boulevard ne suffisent pas à faire tomber les barrières. »

voyage[8] (Tsiganes et Voyageurs [13]), elle s'inscrit dans une niche particulière et se fonde sur le « nomadisme péripatétique » et la déambulation familiale ; les activités polyvalentes et nécessairement de courte durée (Reyniers, 2002) sont privilégiées – bricolages divers, activités traditionnelles dans le domaine de la musique, de la chiromancie, etc. –, et n'excluent pas la mendicité et certains petits trafics. Assez généralement (car on trouvera des exceptions), il s'agit d'une économie de la pauvreté, en un sens comparable à ce que l'on observe dans les « cités », fondée « sur peu de monnaie et beaucoup d'échanges et de services » (Moreau de Bellaing, 2000). Un cran plus bas, ce sont les SDF, qui ressortissent à une économie de la misère dans laquelle l'échange marchand est cette fois presque inexistant. Selon Moreau de Bellaing (2000, n.p.), « ce qui disparaît avec eux, c'est, le plus souvent, l'usage du vestiaire pour les vêtements, celui de l'asile de nuit, des cantines et "soupes populaires". En revanche, ils pratiquent la "manche", deux heures par jour environ, pour recueillir de la monnaie avec laquelle ils s'achètent la nourriture (pain, charcuterie) et surtout la boisson, le vin de mauvaise qualité, qui représente la plus grande part de leur "budget". Rarement resocialisables, ils vivent en état de mort sociale. […] L'économie de la misère […] appelle apparemment le don. »

Rappelons la définition canonique du *non-lieu* selon Augé (1992, p. 100) :

> Si un lieu peut se définir comme identitaire, relationnel et historique, un espace qui ne peut se définir ni comme identitaire, ni comme relationnel, ni comme historique définira un non-lieu. L'hypothèse […] défendue est que la surmodernité est productrice de non-lieux, c'est-à-dire d'espaces qui ne sont pas eux-mêmes des lieux anthropologiques et qui, contrairement à la modernité baudelairienne, n'intègrent pas les lieux anciens : ceux-ci, répertoriés, classés et promus « lieux de mémoire », y occupent une place circonscrite et spécifique.

En apparence, une ligne de partage nette se dessine entre les deux populations que nous venons d'évoquer. Les gens du voyage remplissent à l'évidence les trois conditions énoncées par Augé, puisqu'ils constituent des groupes ethniques clairement identifiables et porteurs de traditions très anciennes. Les groupements d'individus sont eux-mêmes homogènes et bien structurés, même s'ils sont mouvants, et présentent une organisation hiérarchique tant sociale que religieuse. De ce fait, même si les espaces qu'ils occupent, légalement ou non, peuvent être des plus précaires (emplacements réservés, mais aussi campements « sauvages » en bordure de routes à fort trafic, aux abords de zones commerciales ou de zones urbaines elles-mêmes en voie de paupérisation), il serait à l'évidence erroné de les qualifier de non-lieux. En revanche, les SDF peuvent être isolés, et lorsqu'ils se regroupent, il s'agit d'une juxtaposition assez hétérogène d'individus que seule

8 Il s'agit d'une économie *présentielle*, par opposition à une économie *résidentielle* et a fortiori *productive* – cette dernière prenant pour objet la localisation des entreprises sur un territoire (Terrier, 2009, p. 64).

la misère noire, dans laquelle ils sont tombés pour des raisons diverses, a amenés à se rencontrer[9]. Or à bien considérer les choses, on s'aperçoit rapidement que cette analyse, si elle est exacte du point de vue de l'origine sociale et culturelle, ne tient compte ni de la capacité d'auto-organisation des groupes (voir *infra*), ni surtout de la possibilité de créer sur le territoire public des lieux symboliquement investis par l'intime. On peut citer à ce propos l'ouvrage *Paris Gare du Nord* (2011) de Joy Sorman, écrivain et journaliste. Le travail de Sorman s'apparente à celui de l'observation ethnologique et de l'exercice de style, puisque dans un ensemble constitué de fragments brefs et incisifs, elle rédige une chronique sur un espace « surmoderne », selon les critères d'Augé, qu'elle appréhende avec une grande disponibilité d'esprit et sans *a priori*. Voici ce qu'indique la quatrième de couverture :

> [Joy Sorman] s'installe une semaine gare du Nord, pour voir. Sans jamais monter dans un train, un RER ou un métro, elle observe la gare à toutes les heures de la journée. Elle en rapporte le récit, écrit sur le vif, d'une semaine passée là où d'ordinaire on ne s'arrête pas. (Sorman, 2011, quatrième de couverture)

L'endroit est par nature un lieu de passage perpétuel dans lequel rien ne semble pouvoir « prendre racine » ou s'inscrire dans la durée :

> Gare du Nord, on sait déjà qu'il y aura foule [...] on sait qu'il y aura des masses de voyageurs en transhumance sur les quais, des milliers de valises à roulettes, des vendeurs de journaux et des hommes d'affaires. [...] Je suis là pour regarder.
> Et quand on se pose quelque part pour ne plus en bouger il se passe des choses invraisemblables, des choses qui surgissent parce qu'on a pris le temps de les attendre, parce qu'on est resté. (Sorman, 2011, « GARE DU NORD. *Lundi 2 mai 2011*. 16h40. Arrivée », p. 9)

Or la durée est déterminante dans la possibilité de transformer un non-lieu en lieu. Dans cet endroit où tout est mouvement éphémère, toute forme de stabilité d'un individu s'inscrit dans une chronologie qui donne de l'épaisseur à la mémoire, non pas du lieu, mais des personnes. C'est en ce sens que l'on peut comprendre ce qu'écrit Sorman l'avant-dernier jour de son aventure :

9 Bruneteaux et Terrolle font valoir avec raison que « qualifier un état ("sans-abri") et non un ensemble d'effets [...] conduit à un renoncement de la rationalité logique pour penser cette population. En centrant les recherches sur une population rapportée à un isolat expérientiel du "sans-abrisme" [...] on rend caduque l'analyse des causalités structurelles (en particulier les bailleurs sociaux et leur travail de sélection dans les commissions et plus généralement le désengagement de l'État). Si nommer une population ne suffit pas, loin s'en faut, à engager un débat scientifique, en revanche, reprendre à son compte sans l'objectiver les catégories les plus *politiques* de l'action publique éloigne forcément de ce débat. » (2010, pp. 48-49)

> Sixième jour à la Gare du Nord et je me dis que le plus important dans cette expérience ce n'est pas le lieu, ce n'est pas l'espace, mais le temps.
> C'est parce que cela dure que quelque chose arrive. C'est la durée qui est exceptionnelle. (Sorman, 2011, « GARE DU NORD. *Samedi 7 mai 2011*. 17h50. Espace-temps », p. 62)

Sorman rapporte le cas extrême de Christian, un SDF qui a vécu dix ans dans une cabine de Photomaton transformée en maison, comme le lui racontent de jeunes « flics », qui sont en poste à la gare :

> Rejeté par sa famille et par tous les services sociaux et psychiatriques, il avait échoué là et le photomaton était devenu sa maison. Quand on vous dit sa maison ça veut bien dire qu'il y faisait tout : sa cuisine, ses besoins, c'était aussi sa chambre à coucher, ça puait là-dedans vous imaginez même pas, et puis il était couvert d'insectes. Mais on l'aimait bien. Parfois il se mettait à gueuler tellement fort qu'on l'entendait dans toute la gare. On a fini par couper l'électricité dans le Photomaton, on avait trop peur qu'il s'électrocute. (Sorman, 2011, « GARE DU NORD. *Samedi 7 mai 2011*. 19h33. Maison », pp. 65-66)

On imagine, selon la forme et les dimensions d'une cabine de Photomaton, la difficulté de Christian à faire de cet espace une maison, dans laquelle il est impossible de se tenir autrement qu'assis ou debout, ou en boule pour dormir. Ici, tout est question de point de vue : alors que ceux de l'extérieur condamnent, rejettent et déshumanisent, parce qu'ils sont incommodés par la puanteur, le bruit et la vermine, le regard porté de l'intérieur, des yeux de celui qui habite l'endroit, réinjecte de l'humain et transforme le non-lieu en lieu. (Freyermuth, 2014).

En effet, l'exclusion sociale et économique bien réelle, telle qu'elle est définie sur la base de critères émanant d'organismes officiels (Insee, ministère de l'intérieur, etc.), n'empêche pas que l'appropriation d'un lieu qu'on ne possède pas (entrée d'immeuble, coin de rue, refuge matérialisé par des cartons, par quelques objets laissés sur place) soit parfaitement attestée, mettant en évidence le caractère exclusivement administratif de la dénomination *sans domicile fixe*. En outre, à partir du moment où des individus s'agrègent à un groupe, ils deviennent dépositaires d'une forme de saga identitaire, somme toute comparable à celles des récits mythiques. À propos de la distinction faite par Walter Benjamin (ébauches de textes 1916-1922) entre espace communautaire sacré *vs.* profane, Déotte (2008, §18) observe : « [Est]-ce qu'une communauté en général ne suppose pas quelque chose comme un sol commun ? Oui : mais ce sol n'est pas nécessairement un topos, encore moins un site universel, un géométral. Benjamin affirmera dans ses textes "esthétiques" de jeunesse qu'un des rapports possibles des hommes à la loi "positive", c'est la circonscription archaïque d'un espace "sacré" se différenciant d'un espace "profane". Ce qui faisait alors le commun de la communauté, [c'était] le fait d'être passible des mêmes récits, ceux, provenant selon la tradition, des "grands ancêtres" mythiques. » La solidarité entre les exclus se construit donc en régénérant une mémoire généalogique, qui peut être partiellement ou totalement fictionnelle, fondée sur le souvenir de ceux qui ont vécu dans les mêmes lieux dans un passé plus ou moins lointain et plus ou moins imprécis, l'essentiel étant d'être en mesure d'établir un lien narratif entre cet autrefois et le présent. Dans une très belle étude sur les SDF messins dont il a partagé le quotidien, Jérôme, ethnologue spécialiste de l'arctique et des Inuits, montre que la mémoire floue permet de créer les conditions nécessaires à l'édification d'un véritable lieu de vie, d'une *demeure*, même si celle-ci est ouverte à tous les vents :

> Cet ensemble humain s'est constitué autour d'individus aujourd'hui disparus qui vivaient eux aussi en marge de la société. Et si la mémoire du présent groupe ne remonte pas au-delà de la génération précédente, il reste que la transmission de certaines valeurs de la rue s'explique par la succession d'individus qui ont vécu une même situation, sur un lieu identique. De même que l'exploitant agricole à son fils qui lui succède, le plus ancien du groupe transmet au nouveau venu les valeurs culturelles, les habitudes de vie adoptées inconsciemment, les usages légués par voie orale. Il y a des liens spatiaux, des souvenirs, qui unissent les grands marginaux d'aujourd'hui à ceux d'hier. (Jérôme, 2002, p. 111)

On partage le point de vue de Vassart (2006, pp. 18-19) qui considère « que l'espace habité ne se réduit pas à ses simples propriétés métriques ou esthétiques parce qu'il se charge de significations liées aux représentations que l'habitant s'en fait et aux expériences émotionnelles dont il est investi. » Cette tradition purement locale et orale n'est en rien comparable à la grande tradition historique, génératrice de lignages illustres inscrits dans le marbre et le granit ; elle n'est même pas située sur le même axe, car il existe des différences qualitatives fondamentales entre les deux ensembles. On observera d'ailleurs que les producteurs de généalogies (ascendance, descendance, filiation), notamment par le biais de l'état-civil, craignent par-dessus tout le flou identitaire. On pense bien sûr aux lois racistes de Vichy, et notamment à celle du 2 juin 1941, qui disposait : « Est regardé comme juif : Celui ou celle appartenant ou non à une confession quelconque, qui est issu d'au moins trois grands-parents de race juive, ou de deux seulement si son conjoint est lui-même issu de deux grands-parents de race juive [etc.] » Tout se passe comme si l'absence de permanence dans un espace donné, dans un lieu défini, se doublait d'une nécessité renforcée de cerner l'individu, au propre et au figuré, en l'obligeant à détenir une carte d'identité, un livret ouvrier, un passeport, un titre officiel quelconque ; à partir du XVIIIe siècle, il s'agira bien de tracer une frontière entre le pauvre (établi, connu) et le vagabond, le mendiant errant (Denis, 2000) auquel aucun territoire ne peut être associé, le *sans feu ni lieu*. Quant aux juifs, sous le régime de Vichy, cela permettra, outre la déportation qui s'ensuivra, de les priver des droits civiques attachés aux lieux et à la possession de biens, et le cas échéant, de les *dénaturaliser* (Laguerre, 1988).

À cette échelle des *Vies minuscules* (voir van Montfrans 2010), se met en place un autre type de lieu de mémoire, nourri d'empathie et de culture vernaculaire (Labov, 1978). Jérôme (*ibidem,* p. 112) conclut :

> Or, ce sont tous ces non-lieux produits par la société surmoderne que les membres du groupe se réapproprient en les inscrivant au sein de valeurs et de références culturelles nouvelles et en s'engageant suffisamment pour leur redonner du sens. La gare, les jardins publics et autres places publiques sont des points de transit et d'occupations provisoires pour les membres de la société dominante. Mais ils sont en même temps [...] des *lieux identitaires, relationnels et historiques* pour les membres du groupe. En ce sens, la société surmoderne est toujours productrice de lieux chargés de sens.

Un tel espace ne s'inscrit pas nécessairement dans un schéma temporel stable. À Metz, « le magasin de Libellule » redevient un commerce normal dès lors que la SDF a quitté l'emplacement où elle mendie quotidiennement ; de même pour un regard extérieur occasionnel (passants, clients), aucune relation ne peut être tissée entre ce magasin et Libellule. La cartographie de l'appropriation des lieux ne peut en conséquence qu'être intersubjective et la plupart du temps incommunicable à ceux qui ne partagent pas les valeurs *(les points de vue)* du petit réseau d'initiés ou, dans le cas d'une fiction, de lecteurs ou de spectateurs. Comme l'écrivait Gilbert Durand, « la mémoire, loin d'être intuition du temps, échappe à ce dernier dans le triomphe d'un temps "retrouvé", donc nié. [...] Et le fameux problème de l'existence d'une "mémoire affective" ne signifie rien d'autre que cette possibilité de synthèse entre une représentation reviviscente, lavée de son affectivité existentielle d'origine, et l'affectivité présente.[10] » (Durand, 1969/1992, p. 466) Ceci peut être mis en rapport, en évitant toutefois une comparaison terme à terme qui n'aurait pas de sens, avec un vaste corpus de travaux de neuropsychologie qui mettent en évidence « l'existence d'un mécanisme interne produisant un temps subjectif en rapport direct avec le temps "réel". » (Droit-Volet et Wearden, 2003, p. 650)[11]

En outre, de simples indices littéraires ou cinématographiques, par exemple le récent film de Kaurismäki, *Le Havre* (2011) viennent s'inscrire en faux : la fictionnalisation de la solidarité des sans-abris, des clandestins et des précaires[12] peut se révéler aussi convaincante que les résultats d'enquêtes sociologiques : dans *Le Havre*, Kaurismäki oppose une ville réelle – celle du « lieu officiel » – tirée au cordeau, issue de la *reconstruction*, c'est-à-dire dans ce cas précis, de l'effacement (pour l'essentiel) d'une mémoire patrimoniale, et une ville rêvée,

10 N'est-ce pas en ce sens qu'il faut entendre la quête proustienne ?

11 On a notamment montré que les émotions ont une influence directe sur la perception du temps, montrant que la sensation du temps qui passe – plus lentement ou plus rapidement – est inséparable de l'état de l'environnement (Droit-Volet et Meck, 2007, p. 512).

12 Voir en particulier l'article de Fijalkow qui insiste sur la solidarité dans des habitats relativement précaires, les hôtels meublés rouennais : « la singularité de cette solidarité est d'autant plus marquée que nombre de ces locataires sont dépourvus de réseaux familiaux stables à proximité. Elle se manifeste donc par un système d'entraide mutuel souvent actif en cas d'urgence financière. » (1998c, p. 117) Sur le même sujet des hôtels meublés, mais à Paris, voir l'éclairage donné par l'ouvrage de Barrère et Levy-Vroelant (2012).

moitié bidonville, moitié ruelles commerçantes (café, épicerie à l'ancienne) des années 50, où l'on trouve refuge, amitié et fraternité et où surtout peut s'épanouir le sentiment de l'intime, même provisoire, même fugace – le temps de vider un ballon au comptoir – condition *sine qua non* de l'expression de l'*habitabilité*[13]. Un terrifiant centre de réhabilitation pour drogués, en apparence bien plus inhospitalier que le monde extérieur, peut tout à coup devenir un *refuge*, car derrière la brutalité des faits qui l'apparente à un bagne librement consenti, se révèle une humanité qui n'existe plus ailleurs. C'est ce que relate la narratrice de l'extraordinaire récit / roman (la précision n'est pas donnée) *Une baraque rouge et moche comme tout, à Venice, Amérique…*, de Marie-Gisèle Landes-Fuss[14] (1982). La narratrice, en perdition, accrochée depuis des années à des pilules qu'elle appelle « ses petites chéries », échoue sur la plage de Venice (Los Angeles) ; dans le bus elle regarde par la vitre :

> […] j'avais aperçu cette plage sale, ces palmiers minables, cette foule hirsute et bronzée… « C'est Venice ! Un faubourg de Los Angeles ! On appelle ça "le ghetto de l'océan", à cause de la came ! Ici, on trouve tout ce qu'on veut ! » m'avait expliqué la blonde en blouse « made in India », installée à côté de moi… « Ça tombait bien ! Je commençais à être à sec ! Et puis je crois bien que l'idée d'aller explorer les gratte-ciel de Los Angeles, comme ça, tout de suite, ça me fichait un peu la trouille ! […]. » (Landes-Fuss, 1982, p. 12)

À bout de forces, malade, ayant dormi dans un trou sous la jetée, la narratrice se présente presque par hasard au centre de réhabilitation, la « baraque rouge et moche » tenue par d'anciens drogués (le chef, « un poussah » afro-asiatique a un adjoint nommé « le Nazi »), où nulle aide médicale n'est prévue, où tous les biens personnels sont confisqués et redistribués ; elle y restera une année, à frotter puis à faire frotter sans relâche les murs de l'immeuble, à dire et à entendre les choses les plus atroces dans des groupes de parole, à avoir des relations sexuelles codifiées :

13 On peut lire dans *Libération.fr* du 21 décembre 2011, une critique de Jean-Louis Touzet, consacrée à ce film. En voici un extrait : « Le film se déroule dans le quartier Saint-François, le quartier des pêcheurs. Kaurismäki est un professeur de richesses. Il montre Le Havre d'Auguste Perret derrière le rideau d'un bistrot où fume un grog. C'est le champion des choses incroyables qui nous dit que nous sommes faits pour l'impossible : aimer et combattre. On voit des choses qui dépassent l'homme : des bagnoles des années 50-60, des guéridons, des transistors, des boîtes à couture, une guérison miraculeuse et un chien qui parle mais qu'on n'entend pas. On monte dans une sorte de pays inconnu en troisième classe et on finit dans un wagon de première. » <http://next.liberation.fr/cinema/01012378782-braves-de-comptoir>.

14 Lors de l'émission *Apostrophes* de Bernard Pivot (17 septembre 1982), M.-G. Landes-Fuss expliquait que le livre est « basé sur une expérience qu'elle a vécue elle-même, […et] se déroule à Venice, Los Angeles, dans un centre de désintoxication pour drogués. Là, les toxicomanes sont tenus à un programme sévère : plus de drogue, pas de violence, une vie privée limitée à des heures réglementaires, des réunions thérapeutiques qui durent parfois 3 jours. [Elle estime] que cet "enfer" n'est rien comparé à celui de la drogue. » <http://www.ina.fr/art-et-culture/litterature/video/CPB91000680/descente-aux-enfers.fr.html>.

> [Au début] chialer, je ne fis que ça. Et suer. Et vomir. Et grelotter. Et gueuler aussi. Matraquée par la trouille. [...] Tout ce que je savais, c'était que j'étais là, au fond de l'Amérique, au fond d'une chambre jaune avec les rideaux tirés et le bruit de l'océan derrière. Ça aussi, ça me rendait dingue. Comme si j'étais coincée sur une île. Toute seule, avec le cauchemar du monde sans came... [...] Le temps ne voulait plus rien dire. Don l'avait enfermé avec ma montre dans le placard du bureau. Oui, c'était là qu'il était, le temps. (*ibidem*, pp. 58-59)

Pourtant, cet espace en apparence concentrationnaire deviendra au fil des mois, non pas un *sweet home*, mais un lieu d'espoir, dont la fermeture symbolique empêche l'irruption du temps comme de l'espace de la ville :

> L'escalier en colimaçon qui mène à la boutique démarre du troisième étage. [...] Pas de fenêtres. Deux portes. Celle du fond, grande ouverte sur le ciel si proche qu'on pourrait le toucher du doigt. Le ciel bleu-bleu ce matin comme tous les autres matins, vraiment, c'est à devenir fou, ce temps qui ne bouge pas. C'est l'été ? C'est l'hiver ? C'est quoi ? Quelquefois, je me demande si mon temps à moi bouge... Je suis là depuis un mois ? Un an ? Dix ans ? [...] Peut-être que c'est le monde à l'envers, dehors. ça l'est bien dedans. Avec moi dans cette baraque... (*ibidem*, pp. 147-148)

Si, pour la narratrice, l'espoir d'un retour à la vie « normale » est toujours présent, pour Susan (une autre pensionnaire), qui l'accompagne dans l'ascension vers la « boutique » – le « cimetière de fringues », il s'agit d'un univers autonome, un lieu d'avenir et de vie (Susan a laissé dans le passé une partie de son cerveau, conséquence d'une malencontreuse overdose) :

> « C'est pas merveilleux, [dit Susan], une maison comme ça où on vous donne tout ? Qu'est-ce qu'on peut souhaiter de plus pour être heureux ?... » Elle, rien. Le dehors et la came ? Avec sa cervelle déjà fêlée, elle ne ferait pas long feu et elle le sait bien. Le dehors sans la came ? Quarante-deux ans, la déraille, un bras foutu, même pas sûr qu'on voudrait d'elle à l'armée du salut. « Tu as raison..., dis-je. C'est vraiment merveilleux... » Et j'ajoute qu'elle a l'air d'une vraie star d'Hollywood, toute blonde comme ça, avec son boa... Elle glousse de joie... [...] (*ibidem*, p. 148)

Les références s'estompent, la narratrice a du mal à imaginer le retour vers un monde où plus rien n'est sûr, où les choses ont peut-être pris un cours différent, où la vieille femme juive de la Promenade qui tricotait des poupées se camerait. Pourtant, au bout d'un an, la narratrice s'en va, guérie, prête à retrouver la temporalité ordinaire et l'espace de la ville :

> « Pour une putain d'année ça a été une putain d'année ! que je dis. Mais ça a été aussi la plus belle année de ma vie ! » Les bravos explosent. Avant l'ouverture des cadeaux, fou ce qu'il y a comme cadeaux, le défilé commence. Des mains m'empoignent. Des bouches se collent sur ma bouche. Je ne sais plus qui m'embrasse. Je ne sais plus qui j'embrasse. Ils crient : « Bonne année, Frenchie ! » Je chiale. (*ibidem*, p. 243)

La « baraque » s'est finalement révélée être bien plus un lieu d'espoir de liberté tourné vers l'avenir qu'un lieu de confinement, à l'opposé des « prisons pour riches », ces « gated communities », que Landes-Fuss (également journaliste) décrivait quelques années plus tard dans la livraison du 3 octobre 1996 de *Paris-Match* :

> Le nombre de ces forteresses du XXe siècle est passé de 45 000 en 1980 à 1 500 000 en 1992. Elles consistent en une petite ville, une bourgade ou un quartier qui, non content de se réfugier derrière un mur, achète à l'une de ces compagnies de protection du citoyen, qui remplacent les flics sans les remplacer vraiment, un « paquet sécurité », comme ils disent : caméras vidéo, senseurs électroniques, centre d'écoute, alarmes qui, en cas de pépin, sonnent, photographient, inondent, éclairent, verrouillent, aveuglent, déclenchent une voix hurlante (« Sortez d'ici ! la police encercle la maison ») et lâchent des chiens. Des gardes en armes patrouillent les rues en voiture à gyrophare et servent d'escorte personnelle si besoin est. Un cauchemar disent certains. L'Amérique se militarise. Et les gens s'enferment dans leur propre prison.

Survie et entre-soi à Westerbork, Auschwitz et Ravensbrück

Le journal d'Etty Hillesum (édition 2004), ainsi que les deux autres exemples qui suivent, fournissent une preuve ultime de l'inadéquation de la notion de non-lieu, car ils évoquent, directement cette fois, l'univers des *camps de concentration*. Etty était une jeune femme juive, née aux Pays-Bas en 1914 à Middelburg ; elle fit des études de droit et de russe à Amsterdam, où elle mena une vie très libre. Elle est connue grâce au journal qu'elle a tenu lors de son internement – dans un premier temps volontaire, car elle faisait partie du « conseil juif » d'Amsterdam (section « d'aide aux personnes déplacées » [sic]) – à Westerbork. Depuis cet endroit, qu'elle a quitté à quelques reprises, bénéficiant d'un statut particulier, elle a également envoyé de nombreuses lettres. Etty Hillesum sera finalement déportée à Auschwitz le 7 septembre 1943 avec sa famille ; personne n'en reviendra. Elle était d'ailleurs très lucide sur son sort, comme sur celui de ses compagnons. Ainsi écrit-elle par exemple le 3 juillet 1942 : « … cette nouvelle certitude : c'est que l'on veut notre destruction totale. Ça je l'accepte aussi. Je le sais maintenant. Je ne vais pas ennuyer les autres avec mes peurs.[15] » (*In* préface Gaarlandt, 2004, p. v) Westerbork est un camp de concentration et de transit, comme les nazis en installeront un peu partout dans les pays occupés[16]. Il est situé au milieu de la lande de la province de Drenthe. À la toute fin de son séjour à Westerbork, alors que personne ne pouvait plus entretenir d'illusions, elle envoie du camp une lettre non datée, postérieure au 18 août 1943 :

15 Nous sommes responsables des traductions, réalisées à partir de l'ouvrage en néerlandais *Het verstoorde leven* (2004), qui réunit le journal et une partie de la correspondance d'Etty Hillesum.

16 Sur ce point, voir plus loin, en ce qui concerne le camp de Drancy [6].

Mais bon, ça je ne peux quand même pas le dire à ces petites jeunes femmes avec leurs nourrissons, qu'elles partiront sans doute en droite ligne vers l'enfer dans un train de marchandises tout ce qu'il y a de banal. [...] Ce soir, je vais en visite avec Mechanicus[17] chez Anne-Marie et son hôte habituel, le chef de baraque, qui a une petite chambre personnelle. Nous nous trouverons donc dans un endroit vaste, au regard de Westerbork, avec une grande fenêtre basse ouverte ; derrière cette fenêtre la lande est aussi ample et ondulante que l'océan. L'année dernière je vous écrivais toujours depuis cet endroit. Anne-Marie fera sûrement du café et l'hôte racontera des anecdotes sur la vie d'autrefois dans le camp (il est ici depuis cinq ans déjà[18]) et Philip [Mechanicus] en donnera ensuite un petit compte rendu. Je vais plonger dans ma petite boîte pour voir si je peux trouver quelque chose de mangeable à apporter pour le café et, qui sait, peut-être qu'Anne-Marie aura de nouveau fait du pudding, comme la dernière fois [...]. Il a fait chaud aujourd'hui, ce sera une belle soirée d'été avec cette fenêtre ouverte sur la lande. Plus tard dans la soirée, Philip et moi, nous irons chercher Jopie, et, comme les trois amis que nous sommes, nous nous baladerons tranquillement près de la grande tente de bédouins grise, qui se dresse sur un espace sablonneux ; autrefois on y mettait les gens qui avaient des poux [...]. Derrière cette tente, le soleil emprunte chaque soir un chemin différent pour se coucher. (Hillesum, 2004, pp. 194-195)

On ne peut guère imaginer d'endroit plus inhospitalier ; or cette antichambre de la mort recèle malgré tout de petits agréments ; une fenêtre y est ouverte sur le monde et la campagne, dessinant une ligne de fuite mentale. Les gestes d'autrefois acquièrent une rareté précieuse : plonger dans une petite boîte afin de trouver un bonheur gustatif, aussi menu soit-il, qui éveillera des souvenirs à l'acuité d'autant plus vive que les privations du camp sont quotidiennes : l'« inoubliable pudding aux amandes » dont le goût est à présent magnifié. On reconstitue une vie, non pas normale, mais qui préserve l'essentiel, comme Etty le notait à propos de son écriture, le 5 juin 1942 : il ne faut garder que le cœur des choses, comme dans les estampes japonaises ; « les mots doivent venir renforcer le silence. » (*ibidem*, p. 89) Dans l'ouvrage qu'elle a consacré à Etty Hillesum, Jeanne-Marie Clerc (2012, pp. 240-241, et voir Clerc, 2007) relève que la jeune femme « se plaît à décrire les nombreux "bons moments" qui s'offrent à elle, en particulier les amitiés qui "suffiraient à meubler plusieurs vies". [Vers la fin, lorsqu'il s'avère que les lettres vont se faire de plus en plus rares], on trouve encore, dans cette écriture de plus en plus perturbée et raréfiée, des éclairs de poésie qui la transfigurent, à l'égal de ceux, nombreux, que l'on trouvait dans le journal. » On notera que, même si l'avenir se réduit à l'énonciation de choses minuscules, de projets dérisoires, il est cependant très prégnant. L'inscription dans une temporalité historique ne fait aucun doute, en ce lieu où le passé a déjà, pour certains, cinq ans.

Le second exemple est un témoignage de Marc Klein (1946), Professeur de médecine à Strasbourg, qui fut déporté à Auschwitz. Dans ce texte, rédigé

17 Il s'agit d'un journaliste juif, interné à Westerbork, qui a également laissé un journal, et qui mourra lui aussi à Auschwitz.

18 Il s'agit certainement d'un juif allemand ; le camp avait été ouvert en 1939 par le gouvernement néerlandais, avant l'invasion nazie, pour accueillir des réfugiés.

au sortir de la guerre, Klein décrit avec beaucoup de précision et, il faut le dire, une certaine distance, la vie dans le camp. On voit qu'au milieu d'un déferlement de barbarie incohérente, une certaine stabilité est malgré tout maintenue, en partie d'ailleurs du fait de l'administration nazie, hantée par la peur du désordre. Pour ceux qui échappaient provisoirement aux « sélections », et après avoir assisté le cas échéant aux pendaisons publiques, il y avait le rituel calendaire *du dimanche et des jours de fête* :

> Les dimanches et les jours de fête cet ordre était rompu. Une partie seulement des kommandos sortait pour le travail, la grande majorité chômait. L'appel avait lieu à onze heures, puis c'était le repos. Le dimanche après-midi, il y avait des séances de football, de basketball, de water-polo sous les acclamations bruyantes des spectateurs ; il faut extrêmement peu de choses à l'homme pour le distraire des dangers les plus immédiats ! L'administration SS avait permis des distractions régulières pour les détenus, même les jours de semaine. Un cinéma projetait des actualités nazies et des films sentimentaux, et un cabaret fort prisé donnait des représentations fréquentées souvent par les autorités SS. Enfin, il existait un orchestre très honorable, composé au début uniquement de musiciens polonais et remplacé ultérieurement par une nouvelle équipe de haute classe composée de musiciens de toutes nationalités, en majorité juifs. Le chef d'orchestre était professeur au conservatoire de Cracovie. Par un hasard singulier, j'ai assisté à la dispersion de l'orchestre polonais, scène inoubliable qui démontre une fois de plus la démence du camp. L'orchestre était en train d'étudier « l'invitation à la valse » de Weber quand un détenu accompagné d'un SS vint interrompre l'exécution. Les musiciens furent appelés un à un, déposèrent leurs instruments, quittèrent la salle pour se rendre au bloc de quarantaine, d'où ils devaient partir en transport pour l'Allemagne du Nord ; c'était pour eux la vraie déportation, car ils quittaient leur patrie. Je n'oublierai jamais leur figure : toute la scène me rappela une gravure célèbre de Rethel où l'on voit la mort interrompre un bal masqué et où les derniers musiciens quittent la scène. (Klein, 1946, p. 26)

On relèvera particulièrement l'épisode de la dispersion de l'orchestre composé de musiciens professionnels polonais ; tout se passe – au moins dans l'interprétation qu'en donne Klein – comme si les Polonais, quoiqu'ils eussent été internés dans l'un des pires camps d'extermination nazis, avaient conservé une forme d'espoir, puisqu'ils se trouvaient sur leur territoire national. Klein montre qu'il existait d'étranges hiérarchies du désir. Des camps tels que Buchenwald (environ 56000 morts) ou Dachau (environ 32000 morts) ont acquis, à juste titre, la réputation d'être des lieux d'abomination. Or, relate Klein, « les départs pour Buchenwald et pour Dachau étaient toujours extrêmement convoités, car Buchenwald représentait pour les Auschwitziens une sorte de paradis. »[19]

> La population du camp était constamment brassée par l'arrivée de nouveaux convois et par le départ de transports d'Auschwitz vers d'autres camps. « Partir en transport » était toujours une menace désagréable [...]. Malgré tout, au moins pour les juifs, toujours menacés par les gazages massifs, un transport pouvait parfois être une voie de salut. Mais il fallait autant que possible être exactement renseigné sur la nature et la destination d'un convoi, et l'on

19 Il y eut au minimum 1,1 million de morts à Auschwitz.

> pouvait alors faire le nécessaire soit pour en faire partie, soit pour y échapper. Les départs pour Buchenwald et pour Dachau étaient toujours extrêmement convoités, car Buchenwald représentait pour les Auschwitziens une sorte de paradis. (*ibidem*, pp. 26-27)

On terminera avec le témoignage de Margareta Glas-Larsson, une bourgeoise juive (convertie, mais néanmoins déportée) des Sudètes, dont les propos ont été recueillis par Gehrard Botz en 1979, et réunis en un volume de plus de 700 pages. Quelques extraits ont été choisis pour être publiés dans les *Actes de la Recherche en Sciences sociales* (Botz, Pollak et Glas-Larsson, 1982). Cette relation est assez différente des précédentes ; elle se caractérise par une parole très spontanée et fourmille de détails, certains extrêmement brutaux, permettant de se faire une idée très précise de la vie dans les camps, notamment à Auschwitz-Birkenau. Selon Botz et Pollack, « l'exemple de Margareta suggère que les ressources qu'il faut mobiliser pour survivre peuvent être diversifiées et qu'elles s'enracinent dans la volonté de maintenir l'estime de soi, mais supposent également des savoirs acquis auparavant, l'aptitude et la volonté d'apprendre, l'habileté à faire face à des situations changeantes, bref toutes les composantes de l'habitus acquis à travers la socialisation, l'apprentissage et les expériences de la vie antérieure et, surtout, tous les savoirs acquis par l'interné au cours de sa vie dans le camp. [...] Au terme du récit éprouvant qui fait resurgir les moments les plus difficiles, les plus horribles de sa vie, le sentiment de culpabilité de Margareta se transmue en une sorte de sagesse qui réinterprète toutes les souffrances vécues et toutes les atrocités subies en termes d'expérience marquant à jamais le rescapé d'une dimension humaine exceptionnelle. Le témoignage s'est révélé être une forme d'objectivation : l'usage fréquent du "on" dans le récit, l'absence de termes de haine, la généralisation, en plusieurs endroits du récit, de l'expérience individuelle, tout indique un regard distancié de Margareta sur elle-même. » (Botz, *et alii*, 1982, p. 28) À Auschwitz-Birkenau même, la vie des femmes s'organise ; certaines parviennent à préserver un peu de beauté et de féminité :

> Au camp, on m'appelait Dolly. Elles disaient toujours : « Dolly va bien, elle vient de Hollywood », parce que j'étais jeune et que j'avais l'air assez bien et que j'avais beaucoup d'humour. Dès le jour où j'ai « organisé » un rouge à lèvres et que mes cheveux sont redevenus un peu plus longs, on m'a appelée Dolly. J'avais « organisé » le rouge à lèvres avec l'aide d'une fille de « Canada ». C'était une fille qui était dans le même bloc que moi, quand j'étais encore au camp principal et je lui avais dit : « J'aimerais beaucoup avoir un rouge à lèvres. C'est pour moi le signe de la liberté » [...] Je crois que si je m'étais laissée aller, je serais morte. Je crois que tout cela était lié à mon instinct de survie. Je me serais encore fardée même si j'avais su que je devais partir pour mourir. [...] Je voulais toujours être belle, plaire aux autres et j'ai conservé ce désir en prison, à la forteresse de Theresienstadt et à Auschwitz. [...] En prison où il n'y avait pas d'hommes, j'ai essayé de me teindre les cheveux... et j'ai toujours remarqué que les prisonnières qui se laissaient aller devenaient repoussantes et c'était terrible. Mon sentiment esthétique se révoltait contre cela... (*ibidem*, p. 19)

Ce témoignage montre qu'il n'y a pas de véritable rupture – c'est également le cas en ce qui concerne Etty Hillesum, qui peut toutefois sortir occasionnellement du camp – entre la vie antérieure et la vie concentrationnaire ; non évidemment parce que celle-ci constituerait un prolongement de ce qui a été vécu auparavant, mais parce que les savoir-faire qui ont été accumulés dans le passé permettent d'organiser la survie sociale et de définir des cadres plus ou moins stables. Cela n'empêche pas les déportés de connaître des périodes d'intense découragement. Ainsi, Margareta tentera-t-elle de se suicider :

> [...] nous voyions des vers sortir des blessures. [...] Une partie des malades partaient, par peur de la mort ; mais elles n'allaient pas plus loin que 4 ou 5 mètres, après elles ne pouvaient plus. Il fallait laver les malades, on essayait de donner des chemises à celles qui étaient très gravement malades... Tous ces soupirs et toutes ces prisonnières en train de mourir ! Parfois on essayait d'« organiser » un peu de lait ou de thé. Au fond, on les laissait tout simplement crever. Des internés se jetaient volontairement dans les fils. Même les jeunes. Mais je crois qu'il s'agissait principalement d'hommes, très peu de femmes. Mais, j'ai oublié de raconter une chose. Moi aussi, j'ai essayé de manger des médicaments. J'avais mendié pour les avoir, des Luminal. J'étais devenue inconsciente dans mon coin et les autres prisonnières ont appelé Orli, Ena et la docteur Hautval, elle aussi médecin, qui m'a fait vomir. J'ai été malade pendant des journées entières et je me sentais rejetée par tout le monde, y compris par Orli. (*ibidem*, p. 21)

Dans tous les cas, on constate une volonté farouche de recréer un *entre-soi*, de tisser avec les bien misérables moyens du bord un cocon dont l'essentiel est que l'on ait l'impression qu'il protège des agressions extérieures, permettant *d'habiter* un lieu inhabitable. Mais il y a plus. Todorov (2007, n.p.) rappelle le travail effectué par Germaine Tillion sur elle-même lors de sa déportation à Ravensbrück[20], puis plus tard au retour de captivité. Ethnologue très active avant la guerre, elle fait appel à son expérience pour résister à la violence mentale et physique du camp[21]. Todorov cite des extraits de *Ravensbrück* de Tillion : « Démonter mentalement, comprendre une mécanique, même qui vous écrase, envisager lucidement, et dans tous ses détails, une situation, même désespérée, c'est une puissante source de sang-froid, de sérénité et de force d'âme. » (Tillion, 1973, p. 76, citée par Todorov) C'est un gage de survie, car cela engage une réflexion sur le système concentrationnaire et permet d'en faire un objet d'étude, l'enquêteur-ethnologue se trouvant en immersion totale, comme[22] ce

20 Il y eut au moins 70000 victimes à Ravensbrück. C'était presque exclusivement un camp de femmes.

21 D'autres scientifiques ont réalisé des études lors de leur captivité. Ce fut par exemple le cas des linguistes André Martinet et Georges Straka. André Martinet publia après la Libération un ouvrage sur « la prononciation du français contemporain à partir de témoignages recueillis en 1941 dans un camp d'officiers prisonniers » ; quant à Georges Straka, déporté, il consacra un article à « l'argot tchèque du camp de Buchenwald. »

22 Le « comme » ne renvoie évidemment qu'à la situation d'immersion et non à une comparaison entre les deux situations, est-il besoin de le préciser ?

fut le cas de Tillion séjournant parmi les montagnards de l'Aurès algérien dans les années 30. Après avoir réuni et analysé des données, y compris statistiques, elle les communique à ses codétenus : « Ce que je n'oublierai jamais, ce fut la joie des camarades qui m'écoutèrent ce jour-là [...]. Comprendre ce qui vous écrase est en quelque sorte le dominer. » (Tillion, 1973, p. 186, cité par Todorov) L'ethnologue compose même une opérette, *Le Verfügbar aux enfers*. (Le terme désigne un individu disponible, un « tire-au-flanc » ayant échappé aux Kommandos de travail. C'est Todorov qui, évidemment de façon non polémique, utilise le terme. On aurait cependant préféré « résistant » (point de vue des déportés) à « tire-au-flanc » (point de vue des nazis). Todorov souligne que, « aussi tragiques que soient les faits rapportés, cette distance engendre le rire. Elle provient déjà du genre choisi, celui d'une légère et frivole opérette-revue : rien ne saurait être plus éloigné de la réalité quotidienne des détenues. Les personnages sont habillés de loques mais se comportent comme des mannequins de mode ; ils sont épuisés mais essaient de danser le french cancan ; ils sont traités comme des animaux mais parlent un langage châtié ; ils sont faméliques et enlaidis mais on les appelle les girls… » (2007, n.p.) On notera la similitude avec le récit de Margareta Glas-Larsson, où ses compagnes disaient d'elle : « Dolly va bien, elle vient de Hollywood. »

L'impossible humanisation

Il existe évidemment des zones dont la qualité de non-lieu peut difficilement se métamorphoser en lieu, parce qu'il est impossible de les investir, de quelque manière que ce soit. Tel est le cas des centrales nucléaires qu'Élizabeth Fillol (2010) traite en véritables personnages dans son premier roman *La Centrale*. Le premier chapitre de la section « Chinon » représente ces entités de haute technologie comme un champ de bataille sur lequel tombent successivement les hommes, évincés dès qu'ils ont atteint la limite annuelle de 20 millisieverts, ce qui les condamne au chômage pour le reste de la période des 12 mois glissants :

> La relève. Comme en première ligne à la sortie des tranchées, celui qui tombe est remplacé immédiatement. Dans la discipline, et les gestes appris et répétés jusqu'à l'automatisme. Il y a des initiales pour ça. DATR. Directement affecté aux travaux sous rayonnements. [...] Et les corps peuvent s'empiler en première ligne, il semble que la réserve soit inépuisable. J'ai eu mon heure. J'ai été celui qu'on entraîne à l'arrière du front, cours théoriques puis dix jours de pratique sur le chantier école, dix jours ramenés à huit comme au plus fort de l'offensive quand on accélère l'instruction des recrues pour en disposer au plus vite, et à quoi servirait d'investir davantage de temps et d'argent sur eux dont on sait que la carrière sera courte ? (Filhol, 2010, pp. 15-16)

La centrale nucléaire offre un mode de fonctionnement complexe : son caractère inhumain varie par degrés selon la proximité du cœur du réacteur et l'intensité des radiations émises ; la gravité du danger encouru est codée par couleurs, le risque mortel étant signalé en rouge, symbole de rayonnement maximal :

> Bleu, vert, jaune, orange et rouge. En optique, par longueurs d'onde croissantes. En radioprotection, par risque croissant d'exposition des extrémités – mains, pieds, chevilles, avant-bras – aux rayonnements ionisants. [...] Les couleurs, on finit par les avoir en tête, le spectre entier, de l'ultraviolet à l'infrarouge, avec une attention particulière pour les couleurs chaudes, la nuit surtout, comme une barre de fer chauffée à blanc qui passe par toutes les nuances du rouge [...] (*ibidem*, pp. 50-51)

Ces espaces n'autorisent donc aucune métamorphose en lieu, parce qu'ils ne se laissent pas apprivoiser, tant est compté le temps, pour qui s'y aventure, afin d'échapper à la mort. Alors qu'ils demeurent par nature de véritables non-lieux, ils déclenchent en revanche un processus d'humanisation dans leur périphérie. Il en va ainsi de la caravane que Jean-Yves partage avec le narrateur, dans un camping voisin, afin de faire des économies durant leur mission[23]. L'amitié y règne et le soin de l'autre – ils s'occupent des repas, simples mais bons et copieux – crée la chaleur d'un foyer : « [...] c'est une règle entre nous, pour les repas pris en commun, de préparer à tour de rôle *quelque chose qui vaut la peine d'être partagé* [...] » (*ibidem*, p. 62) C'est le refuge des deux collègues de quelques semaines qui compensent par une sorte d'intimité la sécheresse et la précision mécanique des gestes à reproduire rigoureusement dans la zone contaminée. Jean-Yves est à l'écoute de son colocataire qui vient de subir un accident de rayonnement :

> Jean-Yves a sorti sa bière de réserve [il est belge]. On est assis sur la banquette, rideaux tirés. Il parle. Ça fait du bien. Il a une présence, quand il parle, qui emporte l'adhésion. [...] Je tire profit de la situation, de cet élan qu'il communique aux autres, rien qu'à l'entendre, à le voir agir, par simple contact, comme les surfaces d'échange primaire-secondaire, dans le respect et l'étanchéité des circuits, qui vous remet sur pied et vous redonne envie d'entreprendre. Même si après coup, hors de ce champ d'énergie, l'effet se dissipe, c'est toujours ça de pris, ce moment-là, dans l'odeur de viande qui remplit l'habitacle, l'envie de faire et la faim qui va avec. [...] J'aime l'écouter, le regarder, ça me repose. (*ibidem*, pp. 66-67)

Il existe dans ce cocon un temps qui n'est manifestement pas vécu de la même manière dès que commence le compte à rebours de la période de travail, c'est-à-dire au moment même où l'on monte dans sa voiture pour se rendre à la centrale :

23 Il s'agit des « nomades de l'atome », sorte de mercenaires qui vont monnayer, de chantier en chantier d'arrêt de tranche, les 20 millisieverts d'exposition aux rayonnements ionisants auxquels ils ont droit durant 12 mois glissants. Pour dénoncer leur triste condition, Filhol les qualifie de « chair à neutrons » et de « viande à rem » (*op. cit.*, p. 16).

> À l'heure du changement d'équipe, les premiers départs précèdent toujours les premiers retours, car la continuité là-bas ne doit pas être rompue. Puis le silence retombe. Le temps d'ici est le temps de la centrale qui tourne jour et nuit. Et les hommes tournent à leur tour sur vingt-quatre heures à raison de huit heures chacun, et rien ne semble devoir ralentir ce rythme qui est le rythme même du temps pris à sa source, le temps étalon des horloges atomiques sur lesquelles le temps légal est construit. » (*ibidem*, pp. 98-99)

Dans les zones confinées, le moindre incident pouvant être mortel, chaque geste est soumis à une contrainte maximale de précision et de vitesse d'exécution sous la pression du dosimètre ; c'est ce rationnement drastique du temps qui condamne toute possibilité d'humanisation, de même que le conditionnement d'une mémoire ultra-sélective qui doit s'automatiser afin que seuls comptent les gestes, dans l'obsession – justifiée – d'accomplir son travail en préservant sa vie. De ce fait, les rapports entre l'intérieur et l'extérieur de la centrale nucléaire semblent fonctionner sur le mode des vases communicants : plus l'espace intérieur est inhabitable et se caractérise par les propriétés du non-lieu, plus l'espace extérieur à la zone de danger peut être investi affectivement et constituer pour les nomades de l'atome le lieu d'humanité qui viendra compenser les procédures et gestes robotisés qu'ils auront dû mettre en œuvre dans leur travail.

***

Hormis le cas extrême que nous venons d'examiner, *un non-lieu est toujours susceptible de se transformer en un lieu de vie, un « chez soi » ; c'est en fin de compte une question de point de vue aussi bien dans le monde réel qu'en littérature.* Pour ceux qui y résident, « la baraque rouge et moche » de Venice est bien un havre, comme le sont, à l'autre bout du spectre, et pour de tout autres raisons, les « gated communities » : comme l'observe Serfaty-Garzon (2004, n.p.), « l'habitat est une création délibérée par l'habitant d'un rapport dynamique d'appropriation de son espace propre. Cette appropriation est ainsi une expression individuelle. Elle relève de l'affirmation identitaire de l'habitant. En ce sens, l'habitat est le projet d'engager l'espace habité dans la construction de soi. » On conclura donc qu'il est impossible de conserver sans la modifier la définition classique du non-lieu. En effet, cette définition d'une tranchante clarté oblige à considérer que les non-lieux sont irrémédiablement stables et catégoriels, définis une fois pour toutes, ce qui à l'évidence est faux, puisque à y regarder de plus près, ils répondent dans la plupart des cas, sinon dans tous, aux conditions identitaires, relationnelles et historiques postulées par Augé lui-même.

Deuxième Partie
Systèmes urbains et superposition des traces

CHAPITRE 5
PARADIGME INDICIAIRE, RÉSEAUX URBAINS ET IMAGINAIRE DE LA VILLE

> En 1864 [Haussmann] donne carrière à sa haine contre la population instable des grandes villes dans un discours à la Chambre. [...] La « ceinture rouge » se constitue. Haussmann s'est donné à lui-même le titre « d'artiste démolisseur ». [...] Hugo et Mérimée donnent à entendre combien les transformations de Haussmann apparaissaient aux Parisiens comme un monument du despotisme napoléonien. Les habitants de la ville ne s'y sentent plus chez eux ; ils commencent à prendre conscience du caractère inhumain de la grande ville.
>
> Walter Benjamin, *Paris, capitale du XIXe siècle* 1939/2003, p. 17.

Mémoire engagée et point de vue

Nous avons montré au chapitre précédent que la notion *d'habitabilité* devait s'entendre de façon relative et non absolue. Bien entendu, il existe des *normes* définissant ce qui correspond à des exigences minimales[1]. Or, comme le remarque Gossé (2000, p. 90), « pressé par la rapidité et l'ampleur du phénomène démographique naturel et migratoire, l'aménagement urbain contemporain ne consiste trop

1 C'est bien cette question que soulèvent l'écrivain-journaliste Joy Sorman et l'architecte Eric Lapierre dans leur ouvrage *L'inhabitable.* Sorman mène son enquête en accompagnant une employée de la Siemp (Société immobilière d'économie mixte de la Ville de Paris) dans ses démarches auprès des familles vivant dans des logements insalubres, afin de les aider à constituer un dossier de demande de relogement. Le témoignage est bouleversant tant les conditions de vie de ces personnes sont indignes : « Des couloirs sales et étroits mènent aux 70 logements. Le plafond lépreux laisse apparaître sous les couches successives de peinture qui se détachent par gros morceaux un béton noirci, du plâtre imbibé. Les moisissures font comme des traînées verticales d'eau rouillée et de terre humide, un sol de béton éventré laisse apparaître les poutres qui le tiennent et offre une vue immense sur l'appartement du dessous, des gravats roulent sous mes pieds. » (Sorman et Lapierre, 2011, p. 42) Les auteurs donnent de l'insalubrité la définition suivante : « Insalubrité : Un logement est déclaré insalubre à partir du moment où son état de dégradation peut avoir des effets dangereux sur la santé de ses occupants et / ou du voisinage. L'insalubrité s'analyse en se référant notamment à une liste de critères tels que murs fissurés, humidité importante, pièces sans ouverture sur l'extérieur, terrain instable, absence de raccordement aux réseaux d'électricité ou d'eau potable, absence de système d'assainissement, odeurs fétides ou produits toxiques circulant dans l'atmosphère. » (*ibidem*, p. 7)

souvent qu'en l'application de recettes géométriques, de simulations statistiques, de règles hygiénistes et de normes techniques. La maîtrise urbaine se limite à une estimation de la croissance, au dimensionnement et au tracé de voiries et réseaux dont l'ensemble est baptisé de l'un de ces termes qu'affectionnent les techniciens comme "trame d'accueil" ou "lotissement". » C'est ainsi que le relogement se fait souvent dans des bâtiments neufs, pensés avec un souci de rationalité mais indépendamment du mode de vie spécifique des personnes relogées :

> Dans un immeuble social du quartier de Belleville vit la famille Sidibé, originaire d'un village des côtes sénégalaises. Le logement qui leur a été accordé – 4 pièces pour une famille de 3 enfants – est vaste, neuf et propre mais inadapté aux pratiques de vie des Sidibé. La cuisine américaine ne permet pas de préparer le repas pour un foyer régulièrement élargi aux dimensions des oncles, tantes, cousins et amis. Les Sidibé n'utilisent plus les plaques électriques qui font sauter les plombs – le mafé cuit de longues heures, les plaques ne sont pas assez puissantes. […] Une gazinière de fortune reliée à une bouteille a également été installée sur le balcon. L'appartement est bricolé pour s'adapter aux modes de vie traditionnels du foyer. Les architectes n'y avaient pas songé avant. Pas songé qu'il s'agit d'accueillir au sein de la ville occidentale des mœurs héritées d'une vie rurale et communautaire. (Sorman et Lapierre, 2011, p. 58)

Ce déphasage complet est souligné par l'architecte Gossé qui ajoute qu'au niveau mondial – et subsidiairement au niveau national, voire régional – des logiques antagonistes sont à l'œuvre : d'une part, note-t-il, « les cultures locales tendent à l'universel et la culture internationale (celle reflétée par les médias) tend à s'implanter localement » ; de ce fait, il est irréaliste et même fâcheux de définir une « norme unique, uniformisatrice, négation de la différence, ignorant et méprisant la liberté d'être soi-même, pour permettre plus aisément l'accession du particulier à l'universel. » (*ibidem*, p. 91) Chez les personnes relogées qu'évoquent Sorman et Lapierre, l'attachement aux particularités culturelles se traduit par un retour extrêmement rapide au mode de vie qu'elles avaient dans les appartements insalubres :

> Les pièces ne sont jamais aérées, les murs noircissent et moisissent en quelques mois. Comme ils le faisaient dans leur logement délabré, les Sidibé calfeutrent tout l'espace. Les volets sont fermés, les rideaux sont tirés, le chauffage poussé au maximum, les ventilations et aérations bouchées par des sacs en plastique. La télévision est allumée en permanence. Pour occuper les enfants. […] Enfermés toute la journée, ils courent dans l'appartement, les voisins se plaignent, les rapports se dégradent et les Sidibé regrettent *la bonne ambiance qu'on avait dans l'insalubre*. (*ibidem*, pp. 58-59)

C'est un fait, indépendamment des conditions d'hygiène effroyables, ces personnes privilégient une relation interindividuelle forte qu'elles sont incapables de nouer dans un contexte autre que celui qui est conforme à leur mode de vie originel :

> Il n'est pas rare que des habitants d'immeubles insalubres refusent d'être relogés, ou du moins se montrent réticents, méfiants ou inquiets. Plus de voisins à qui confier ses enfants, plus d'aides alimentaires d'un palier à l'autre, plus de palabres dans l'escalier infesté. L'anonymat et l'atomisation des familles sont un arrachement. (*ibidem*, p. 57)

C'est justement ce lien humain qui transforme en lieu, en espace habitable, ce que n'importe qui d'extérieur estimerait être un « non-lieu », tant il impose par son insalubrité des conditions de vie « indignes ». Ce constat est lié à un problème beaucoup plus vaste, celui de la trace matérielle et de son interprétabilité dans une perspective interculturelle d'une part, et dans une perspective diachronique, d'autre part, prenant en compte les aspects mémoriels. Sorman et Lapierre écrivent :

> Certains habitants, au moment de quitter leur immeuble insalubre pour être relogés, demandent un droit au retour. [...] Ce droit au retour leur est accordé. Et à nouveau ils peuvent dire : *ici c'est chez moi.*
>
> *Chez moi* est une réalité incrustée dans les plus infimes replis d'une mémoire, d'un corps et ses gestes, ses habitudes. *Chez moi* est imprimé dans une vie, une accumulation de jours passés et sédimentés dans un lieu. C'est scientifique, c'est concret, c'est du temps écoulé, une silhouette découpée par une ligne de graisse sur le mur de la cuisine, de tabac et de poussière sur le papier peint du salon. Il y avait un espace qui sans moi est à nouveau vide, qu'importe que le plafond s'effondre, que les murs s'effritent, c'est moi qui l'occupais. C'est ici que j'ai agi et senti. Habiter, même un taudis, trace une histoire, une empreinte, occupe définitivement un esprit. Habiter est irrémédiable et l'on s'en souvient. (*ibidem*, p. 39)

Comme on le constate, l'espace n'est pas qu'un produit purement matériel (géologique), c'est évidemment une production culturelle, y compris s'agissant des espaces *inhabités*, où il est très souvent possible de mettre en évidence un travail humain, quelquefois plurimillénaire comme le montrent les techniques dérivées de la photographie aérienne puis de l'imagerie satellitaire. Ainsi, tel champ de folle avoine, tel bosquet de hêtres, telle pinède, recouvrent-ils souvent d'anciens haut lieux historiques ou, plus simplement, d'anciens établissements humains (campements, fermes, villas, oppidums, etc. ; voir plus loin, dans ce même chapitre : « mémoire des lieux »). C'est ce que montrent fort bien les travaux de géoarchéologie, comme ceux entrepris depuis 1996 dans la vallée de la Laigne en Bourgogne où « une étroite collaboration s'est [...] instaurée entre historiens, archéologues et géologues, dans le cadre d'une recherche visant à la reconstitution des paysages historiques et de leur évolution, de la Protohistoire à nos jours et ce à différentes échelles spatiales. [...] Il s'agit de dater et quantifier de façon aussi précise que possible les relations complexes entre les aménagements anthropiques et la dynamique alluviale. En effet, l'une des clefs de lecture du paysage historique réside en grande partie dans le décryptage de la réponse sédimentaire à la succession sur la longue durée, des modifications de l'environnement sous la double contrainte du climat et de l'action des sociétés humaines. » (Petit *et alii*, 2006, p. 264) Ainsi, de l'ancien oppidum de Vertillum – que nous avons visité en août 2012 –, ne reste-t-il que quelques très rares traces *visibles* ; la nature a repris ses droits, certaines anciennes fouilles réalisées au début du XXe siècle ont à nouveau été masquées par la végétation et, n'étaient les panneaux dressés par le syndicat d'initiative, on pourrait fort bien ignorer qu'en cet endroit, au premier siècle de notre ère, prospérait une ville d'une certaine importance, sur la route reliant Alésia à Augustobona (Troyes).

Mais il y a plus. Comme le couple habitable vs. inhabitable, les traces ne sont interprétables qu'en fonction du point de vue et du regard que l'on porte sur elles. La mémoire des camps de concentration (déjà largement évoquée ci-dessus) constitue une bonne illustration. Au début des années 80, la hiérarchie catholique polonaise, avec l'assentiment des autorités de Rome, décida d'installer un couvent de carmélites sur le site du camp d'extermination. Cette décision (suivie d'effet) déclencha une très vive polémique entre catholiques et juifs. Van Cant (2010, p. 6) rappelle les faits : « La mémoire de l'Holocauste et la question de déterminer qui, des juifs ou des chrétiens, pouvait revendiquer cette mémoire se retrouvèrent pris dans la controverse. Il s'agissait plus précisément d'une querelle portant sur Auschwitz en tant que symbole principal de la souffrance de la Deuxième Guerre mondiale, et de la compétition entre juifs et Polonais pour s'arroger le statut de victime ultime. Les juifs furent accusés d'essayer de "judaïser" la mémoire d'Auschwitz, réduisant la mémoire de la Deuxième Guerre mondiale à la Shoah et tous les crimes perpétrés à Auschwitz, à l'extermination des juifs. Les Polonais, quant à eux, furent accusés d'être antisémites et d'essayer de "christianiser" la mémoire d'Auschwitz, au mépris de la sensibilité juive. Finalement, à la demande du pape, les carmélites du couvent acceptèrent de déménager. » Mais ce déménagement fut fait à contrecœur et les religieuses ne *comprirent jamais* qu'on pût les obliger à quitter un site aussi symboliquement investi, comme le relate Hebbelinck (2012, p. 49) : « Le père Dujardin [...] se rendit aussi chez les carmélites, bien que le cardinal Macharski ait cherché à l'en dissuader : "non, n'allez pas les voir, elles vont vous considérer comme le diable". Lorsqu'il aborda le problème du carmel à Auschwitz, il se heurta à une incompréhension totale de la part des religieuses. Cette attitude des religieuses n'évoluera pas au fil du temps. » Au-delà de la récupération d'un lieu de mémoire par les uns et par les autres, qui relève de l'historiographie des relations interreligieuses, ce qui est intéressant ici, c'est la *divergence absolue des regards*, qui n'est pas explicable par de sombres rivalités, ni même par des manifestations d'antisémitisme – même s'il n'est pas question de nier qu'il ait pu y en avoir dans ce conflit.

Ce qui est en jeu ici, c'est une longue tradition, non pas seulement fondée sur des dogmes, une liturgie, des rites, etc., dont il est certain qu'ils ont leur importance, mais surtout sur un climat de religiosité, qui fait que l'on *ressent* l'appartenance religieuse (juive, catholique, etc.) à travers de petites choses – il s'agit encore de traces – telles qu'un *Minuit chrétien* chanté à la messe de minuit ou le souvenir du pain béni un peu acide distribué le dimanche à la messe dans l'Église de Saint-Hippolyte (Doubs) dans les années 50 et inséparable d'une certaine sensation de douceur de vivre. Sans doute sont-ce ces souvenirs, ces accès de nostalgie, qui forment le plus solide des ciments, parce que, étant de pures évocations, ils n'ont aucun caractère contraignant. En ce qui concerne les juifs, le remarquable spécialiste des traditions qu'est le sociologue strasbourgeois Freddy Raphael (1979, pp. 167-168), rend très bien compte de ce phénomène pour les familles mozabites d'origine algérienne réfugiées en Alsace :

> La plupart des familles mozabites sont venues à Strasbourg pour y retrouver une « atmosphère juive ». [...] Pour certains juifs ce fut une période heureuse ; d'autres, par contre, ont conservé le souvenir d'un isolement progressif. [...] Ils s'efforcèrent de se regrouper à Cronenbourg et à Bischheim, dans la banlieue strasbourgeoise, afin de recréer, même en se logeant dans les « H.L.M. » exiguës et déjà délabrées, une communauté, un office, un réseau d'échanges et un tissu social proches de leur monde originel. En fait, il semble que cette tentative ait en partie échoué. Certes, un office scrupuleusement fidèle au rite de Ghardaia réunit certains Mozabites pour la prière, dans un baraquement aménagé en synagogue. Certes, il fait bon, par un soir d'hiver où la neige tombe à gros flocons, s'y retrouver autour du rabbin Abraham Elbaz, dernier rabbin de Ghardaia, aujourd'hui installé en Israël, et autour d'un « pajtan », un compositeur d'élégies, presque aveugle, pour y chanter les « baqqachot » du M'Zab, où s'exhale toute la nostalgie de Sion, la ferveur messianique et « la flamme du Shabbat ». [...] Ce qui fait le plus cruellement défaut aux familles mozabites, c'est la vie sociale chaleureuse, spontanée, jamais assoupie, du pays antérieur. Face à la société occidentale, atone et terne, elles exaltent les échanges d'autrefois [...].

Comme le montre Schnapper (2001, pp. 18-19), les *réseaux* constitués par les diasporas, et notamment par la diaspora juive (mais aussi arménienne), créent à terme une identité proprement diasporique, qui tire paradoxalement sa cohésion et sa force de la dispersion spatiale et bien sûr, pour les juifs, de la référence au Livre : « De manière imaginaire, ils avaient rendu positive la judéité diasporique et malheureuse, au nom de ce malheur même et des dons exceptionnels, que ce destin exceptionnellement malheureux, avait suscités dans le peuple dispersé. » Il faut donc que se constitue un *imaginaire de l'exil*. La mélancolie de la remémoration, qui soude les communautés et en particulier les diasporas, s'exprime également à travers *la langue*, et pour les juifs – au moins pour certains – à travers le *yiddish*. C'est encore Raphael (1986, p. 18) qui relève que « le jeddich-daitch c'est la langue de l'entre-soi, de la [xɑfrysə] du compagnonnage, qui s'oppose à la langue des autres, et qui exprime la conscience diffuse d'une communauté de destin. Elle révèle une bipartition fondamentale du monde entre "eux et nous", la certitude d'être embarqué pour le meilleur et le pire dans une histoire qui dépasse parfois ses protagonistes. L'humour des juifs d'Alsace est issu précisément de leur prise de conscience de l'écart qu'il y a entre leur conviction d'être ce peuple que Dieu a été "chercher d'entre les nations", et leur condition présente de souffre-douleur des "gentils". » Le yiddish disparut en premier lieu parmi les intellectuels et d'une manière générale parmi ceux qui estimaient que la réussite sociale excluait cette langue de proximité et d'intimité. Elle se maintint plus longtemps dans les couches modestes et pauvres, « chez les marchands de houblon et de vin, de céréales et de peaux, chez les boutiquiers et les aubergistes, les tailleurs et les matelassiers, ainsi que chez les marchands de bestiaux – ceux que les parvenus de la ville stigmatisaient comme la [kyvatəlaristokrasi] (“l’aristocratie de la queue de vache”). » (*ibidem*, p. 25) Kohn (2010, pp. 91-92), qui a réalisé récemment des enregistrements pour les *Cahiers yiddish*, a consacré ce que l’on pourrait appeler un « article d’impressions » aux cafés parisiens dans lesquels on peut encore entendre cette langue, à côté d’autres :

> Un participant, Jakub Sageman, m’a dit [à propos d’un café où il se rend régulièrement] que c’était sa synagogue [...]. Je me demande si ce n’est pas la fonction de ces cafés d’être une sorte de synagogue, en tout cas pas un café littéraire comme dans certains endroits. [...] Ils ne veulent pas rester seuls chez eux, ne veulent pas mourir. Ils restent entre eux sous le regard de l’Autre. Ils attendent. Qui, quoi ? Je ne sais pas. [...] Même si les gens ne sont pas très religieux, les fêtes sont présentes ainsi que le « Shabbat ». La synagogue où certains vont se trouve au 15, rue Notre-Dame de Nazareth dans le troisième arrondissement de Paris. Certains restent dehors, mais vont quand même faire un tour devant.

On admettra donc – comme le suggère Durand – que la mémoire échappe (au moins partiellement) au temps, autorisant une réparation des souillures et des offenses du passé, car elle possède « le caractère fondamental de l’imaginaire, qui est d’être euphémisme. » (Paschalis, 2003, n.p.) Cette oblitération de certains faits et la restructuration d’autres événements sont bien attestés dans les récits de déportés des camps de concentration (Wagenaar et Groeneweg, 1990) et d’une manière plus générale dans les relations d’expériences post-traumatiques (Byrne, Hyman et Scott, 2001). En ce sens, la mémoire est capable d’aménager les événements d’antan, voire de les réinventer à partir de données parcellaires qu’une personne ou un groupe partageant un habitus commun, tirent par exemple de documents d’archives (photographies, actes de mariage, de naissance, cartes postales, parfois une simple signature) dont il n’est pas nécessaire qu’ils soient explicites et constituent un récit complet et cohérent. Il peut tout aussi bien s’agir de traces immatérielles, purement discursives, véhiculées par la tradition orale familiale ou constituant le patrimoine « historique » du groupe [11, 12, 13]. En littérature, cette mémoire « engagée et incarnée » (Freyermuth, 2011) trouve une de ses expressions les plus achevées chez Jean Rouaud (2009, pp. 410-411), dans *La femme promise* : « [...] Nous qui savons, nous comprenons que l’artiste a recomposé dans cette chambre les morceaux de sa généalogie éparse, qu’elle a réuni sa famille secrète, et qu’elle nous parle, oui, d’amour, après avoir vécu sous le signe de l’opprobre et de l’éclatement. » Dans un tel contexte, la nostalgie, et particulièrement la *mémoire collective et affective*, théorisée par Halbwachs, occupent une place de choix : « L’expression émotive se serait transmise comme la langue ; et après tout elle lui ressemble en ce qu’elle met en jeu toute une mimique, qui est comme un langage des gestes et des traits. Elle répondrait au même besoin de communiquer aux autres ce qu’on éprouve. » (Halbwachs, 1947/2008, p. 182) Il s’agit moins, observe Svetlana Boym, de la nostalgie d'un lieu, que de l'aspiration à un ailleurs, qui peut être l'époque de l'enfance ou le temps des rythmes plus lents des rêves. On sait d'ailleurs que chez le jeune enfant (3 ans), « [la] représentation du temps diffère de la notion de temps absolu des enfants plus âgés. Il s'agirait d'une sorte de "temps éclaté" spécifique à chaque action ou événement dont l'enfant a fait l'expérience. » (Droit-Volet, 2000, p. 460). On peut aussi y voir une rébellion contre la conception moderne de la temporalité, qui s'inscrit dans une dynamique de l'histoire et du progrès. Boym ajoute : « The nostalgic desires to turn history into private or collective mythology, to revisit time like space, refusing to surrender to the irreversibility of time that plagues the human condition. Hence the past of nostalgia, to paraphrase William Faulkner, is not even past. It could be merely better time, or slower time – time out of time, not encumbered by appointment books. » (Boym, 2007, p. 8) De cette nostalgie dans la ville réelle/littéraire, il est également question dans deux articles de Barrère et Fijalkow (2013, p. 90, et 2014, sous presse) – qui évoquent d'ailleurs Svetlana Boym – consacré à la littérature noire (le polar parisien). Les auteurs observent que « l'investissement de la nostalgie peut [...] être une forme d'ouverture par la création d'une distance critique entre ce qui est – la réalité – et ce qui aurait pu être – la fiction des possibles. Cette forme de nostalgie *réflexive* cherche à mettre l'accent sur les ambivalences et les contradictions et interroge les cadres collectifs, les zones de stabilité d'une société, mais ne prescrit pas de modèle. Elle s'apparente à une forme de méditation et de réflexion sur le passage du temps [...]. » On peut aussi voir dans la mémoire collective, avec Lévy-Vroelant, qui se fonde sur un corpus recueilli dans les hôtels meublés parisiens (Barrère et Lévy-Vroelant, 2012), une construction bâtie sur l'oubli, mais aussi sur des lieux et des traces, « pour peu qu'un groupe en soit le porteur, et que les cadres sociaux en autorisent l'expression. Les récits, les narrations de la vie de tous les jours, sont de nature à réveiller les fantômes, et c'est dans les espaces habités que ceux-ci circulent. »[2]

Micro-histoire et paradigme indiciaire

On aborde ici les rivages de la *micro-histoire*, essentiellement fondée sur la collecte et l'interprétation des traces, massives ou plus fréquemment ténues (Ginzburg, 1980a, 1980c), et de ce fait menacées d'oubli (Freyermuth et Bonnot, 2009, 2012). Ginzburg (1993, p. 33) observe à ce propos que la tendance consistant à centrer l'attention sur des « bribes » *(scraps)* plutôt que sur des

2 Si les hôtels meublés sont propices à ce type d'évocation, il en va de même s'agissant (par exemple) de la mémoire « historique » du groupe des SDF messins (Jérôme, *op. cit.*). Voir ci-dessus : « Espaces en déshérence et solidarité des exclus » [4].

entités plus importantes, est un saisissant changement de perspective signant le basculement vers un *paradigme indiciaire* qui se substitue au paradigme téléologique historiciste. Se fondant à la fois sur la méthode du critique d'art Morelli, sur l'approche freudienne et sur les techniques d'investigation prêtées à Sherlock Holmes par Conan Doyle, qui, avant d'être écrivain, exerça la médecine, l'auteur de *Le fromage et les vers* (1980b, p. 30) souligne l'importance du détail, du fragment collecté :

> De minuscules détails paléographiques ont été utilisés comme des traces permettant de reconstituer des échanges et des transformations culturels avec un renvoi explicite à Morelli [...]. La représentation des vêtements flottants chez les peintres florentins du XVe siècle, les néologismes de Rabelais, la guérison des écrouelles par les rois de France et d'Angleterre ne constituent que quelques-uns des exemples montrant comment des indices minimes ont été considérés comme des éléments révélateurs de phénomènes plus généraux : la vision du monde d'une classe sociale, d'un écrivain ou de toute une société.

Plus récemment, Ginzburg complète, s'opposant ainsi à François Furet :

> Que la connaissance historique implique la construction de séries de documents, cela va de soi. Mais ce qui va moins de soi, c'est l'attitude que l'historien doit assumer par rapport aux anomalies qui viennent à la surface de ses documents. Furet proposait de les ignorer, fort de ce que l'hapax [...] n'est pas utilisable dans une perspective d'histoire sérielle. Mais l'hapax, en toute rigueur, n'existe pas. Tout document, même le plus anomal, peut s'insérer dans une série ; mieux encore : il peut servir, pour peu qu'on l'analyse d'une manière adéquate, à éclairer une série de documents plus vaste. (2006, p. 381)

On établira volontiers ici un parallèle avec les travaux de Charles Bally (1909, p. 204), partisan d'une stylistique de la réception, qui, au début du siècle dernier, avait compris toute la valeur heuristique de ces traces sociales, de quelque nature qu'elles puissent être :

> [...] c'est comme si les faits de langage recevaient une odeur particulière des milieux et des circonstances où ils sont naturels. De même qu'une coutume ou un détail de costume peuvent être les marques d'un état social, évoquer des milieux, de même un fait d'expression, même le plus futile en apparence, par ex. un mot, une tournure, un terme technique, une expression littéraire, voire même [sic] un détail de prononciation peuvent être conçus comme faisant partie des habitudes et de la vie d'un groupe, pourvu que ces faits soient très usuels dans ce groupe et très peu employés dans les autres [...] Tout individu qui emploie spontanément une forme particulière d'expression particulière à un milieu se classe, qu'il le veuille ou non, dans ce milieu.

L'approche du disciple de Saussure, que les sociolinguistes ont pour la plupart eu le grand tort de superbement ignorer, bien qu'une importante partie de son œuvre puisse être qualifiée de « linguistique sociologique » (Forel, 2008), s'ancre dans une perspective où « la subjectivité pensée en termes d'affectivité, d'émotivité, est inscrite dans la langue, précisément dans la langue parlée comme seule vraie norme supposant l'existence de situations de communication concrètes. »

(Chiss 1985, p. 88) Bally avait parfaitement saisi que cette économie de la trace, au sens très large puisqu'elle englobe aussi bien l'outil, le vêtement que « l'expression littéraire », porte témoignage de l'état de la société à un moment donné de son histoire. Pour Adam (1998, p. 16), « on gagne probablement à distinguer, à la suite de Charles Bally, trois pôles ou faces de la langue : la langue naturelle, la langue littéraire et le style. Bally définit la langue littéraire en termes socio-historiques. Il la définit comme "un résidu, une résultante de tous les styles accumulés à travers les générations successives, l'ensemble des éléments littéraires digérés par la communauté linguistique, et qui font partie du fonds commun tout en restant distincts de la langue spontanée" (1965, 28). » C'est dire toute l'importance, pour Bally, « fondateur d'une stylistique des formes collectives de discours » (Jenny, 1993, p. 115) dans les échanges et dans ce qu'on n'appellerait pas avant longtemps *la communication en réseaux*, de ces empreintes sociales dont l'interprétation ne peut qu'exceptionnellement être univoque, les traces étant essentiellement polysémiques. D'ailleurs l'écriture romanesque, lorsqu'elle se fonde sur des indices « historiques » n'est pas nécessairement tributaire de la constitution d'un corpus cohérent – au sens scientifique du terme –, une seule trace pouvant quelquefois mettre en œuvre la création littéraire : ainsi, l'écrivain américain Richard Powers raconte que c'est une simple photo d'August Sander, prise en 1914, qui a inspiré le sujet de son très célèbre roman *Trois fermiers s'en vont au bal*. Cette pluralité des sens / des significations possibles – dont toute perspective téléologique est désormais absente –, vient à son tour, comme dans les champs linguistiques, anthropologiques et historiques, refonder la critique littéraire postmoderne. Dion (1993, p. 97) observe

> [qu'] elle s'inscrit d'ailleurs en faux contre les notions de totalité, de cohérence, de clôture ; en définitive, à la « réconciliation esthétique », elle oppose (et préfère) la « non-coïncidence ». Les critiques postmodernes ont conscience de se situer au croisement de plusieurs disciplines mal assurées, de savoirs tremblés, de textes problématiques. [...] La visée critique postmoderne ne se limite pas à la compréhension du texte ; elle engage la subjectivité, l'histoire personnelle, l'imaginaire, le corps du lecteur. [...]

Et d'ajouter *(ibidem)* :

> Contrairement à la critique moderne (grosso modo : le structuralisme, la sémiotique [...]), la critique postmoderne ne cherche pas à occulter le problème de la référence afin de se placer sur le seul terrain des correspondances formelles [...] ; elle vise au contraire à problématiser l'activité même de référence (Owens). Qui plus est, elle se refuse à tenir pour négligeable la surface du texte, sa manifestation – récusant du même coup toute une mystique des niveaux, de la profondeur (Greimas) –, et s'attache de préférence aux chatoiements du signifiant [...]. Aux larges structures, elle substitue donc les effets de surface, tout comme une certaine architecture, [...] au détriment de la fonction.

Cet échec de la sémiotique, y compris de la sémiotique dite urbaine, comme du structuralisme radical [cf. préface], à prendre le train de la « postmodernité », s'explique par le refus de considérer à leur juste valeur « les chatoiements du signifiant » et les « effets de surface » des textes, qui révèlent aussi bien la subjectivité et l'affectivité de l'auteur qu'ils stimulent celles des lecteurs. D'une manière plus générale, la polysémie naît de la turbulence engendrée par l'extraction de l'indice, arraché à son milieu d'origine, et par son intégration subséquente à un milieu tout différent, celui du chercheur – historien, ethnographe, linguiste, critique littéraire –, qui en donne une lecture *partisane* (nous utilisons le terme sans connotation péjorative aucune) dans la mesure où elle s'enracine dans une connaissance sélective de l'environnement (on ne peut pas tout savoir) obligeant à opérer des choix, y compris dans les « carottages », en grande partie guidés par l'inscription au sein d'une théorie. Krämer (2012, n.p.) observe ainsi que « l'événement qui a donné lieu à une trace est reconstruit à la manière d'une narration. La sémantique de la trace ne se déploie qu'au sein d'une "logique" de la narration, dans laquelle la trace se dote de son propre "lieu narré". Pourtant, il existe toujours une multitude de narrations de ce genre. » Il va de soi que le degré de variabilité interprétative diminue à raison du nombre d'indices réunis *et* convergents. Cette manne finit par constituer un paysage cohérent, pourvu que l'on ne tente pas de faire entrer les données par force dans un moule qui ne lui convient pas, car trop unidimensionnel. En effet, la ville et les structures qui gravitent autour d'elle (zones commerciales, lotissements, grands ensembles devenus « quartiers », friches diverses, campagne urbanisée, dimension temporelle de la cité) obéissent à des logiques diverses, complémentaires ou opposées, dépendant de réseaux quelquefois imbriqués, mais pouvant aussi être étanches les uns aux autres, comme l'illustre par exemple l'étude de Jérôme *(op. cit)*.

Tohu-bohu de la mémoire et superposition des traces urbaines

Les saillances d'un paysage urbain, telles que peut les percevoir un voyageur, sont donc d'abord fonction de sa familiarité avec l'endroit, de son empathie avec les aîtres, et donc du « script » intériorisé qu'il possède de la cité – souvenirs, connaissances tirées d'un guide, voire représentations purement imaginaires car *il est toujours possible de se représenter un lieu où l'on n'est jamais allé*. Le géographe genevois Antoine Bailly (1989, p. 55) considère que ce type d'approche constitue une pièce très importante dans la compréhension de la structure urbaine : « Parfois l'imaginaire prend le dessus ; dans mes rêves je quitte Genève pour vivre dans une ville fabuleuse. Je connais son plan, sa structure ou j'imagine les connaître. Peut-être est-ce Princeton ; mais à part cet axe structurant linéaire, il n'a rien en commun avec le Princeton où j'ai résidé. La grand-rue, le campus sont devenus des marqueurs qui permettent de se déplacer dans un nouveau décor imaginaire, parsemé de rêves abandonnés. Ce monde, comme celui de la petite ville de province *des Gommes* d'A. Robbe-Grillet, a ses dimensions précises, ses images accumulées… mais nul ne peut situer rues, bâtiments, limites ; le cadrage sert à un imaginaire labyrinthien dans lequel le temps s'estompe.[3] »

On peut tenter un rapprochement avec l'œuvre de Philippe Jaccottet, qui contient de nombreuses narrations de « rêves », et notamment avec ce passage de « Parenthèse », extrait du recueil *Et, néanmoins* (2001/2014, p. 1104), où le poète fait remonter à la conscience éveillée un itinéraire nocturne, générateur d'une angoisse de plus en plus forte, au fur et à mesure que le rêveur s'enfonce dans des régions qu'il croit connaître, mais qui se transforment – comme chez Modiano –, en « quartiers perdus »[4] :

> Tous ces rêves, depuis aussi longtemps qu'il m'arrive d'en noter, où le rêveur, n'est-il pas seul, ses compagnons, se voient perdus, de plus en plus perdus, dans des banlieues désertes ou peu sûres, des quartiers que l'on croit avoir connu autrefois et qui ont changé jusqu'à devenir méconnaissables (jamais, me semble-t-il, dans des campagnes) – et comme le rêveur s'inquiète, comme son inquiétude, à mesure, devient angoisse, parce que, voulant téléphoner, il a perdu la carte à glisser dans l'appareil, ou le numéro à former, ou c'est l'interlocuteur qui est absent, ou dont la voix est inaudible ; ou parce que, voulant, une autre fois, héler ses compagnons, perdus comme lui, c'est sa voix à lui qui s'enroue, ou qui est trop faible pour les atteindre…

Ou encore, dans un autre rêve *(La Semaison – Carnets 1995-1998)*, Jaccottet ressent

> […] cette impression de plus en plus intense d'être là dans une ville inconnue ou plutôt à Paris, mais dans des quartiers excentriques où je n'ai jamais mis les pieds. Plus ou moins perdu, inquiet en tout cas ; déambulant dans des immeubles toujours plutôt modernes et luxueux comme dans les coursives d'un grand paquebot. À un moment donné, comme je continue à chercher, assez nerveusement, la station de métro qui me ramènerait enfin en des lieux familiers, je constate que le couloir et l'escalier que j'ai empruntés sont envahis de jeunes gens à la dégaine peu rassurante, comme on en côtoie parfois au Forum des Halles […] (2001/2014, p. 1020)

De la même façon, à Tanger, Gaston Carré (2012), sur les traces de Brian Jones, éprouve la différence fondamentale entre ces villes du monde arabe « structurées comme un inconscient », où l'imaginaire joue un rôle primordial dans le cheminement du flâneur, et les villes européennes :

> J'erre dans les ruelles, les « derb ». Les rues, en Europe, mènent quelque part ; les « derb » ne vont nulle part, font dédale et génèrent l'impression d'un éternel retour au même. Ce peut être anxiogène pour qui ne sait marcher sans but, mais c'est libérateur si l'on se fout de la

3 Dans un autre article en collaboration, Bailly donne des clés pour l'exploration « pratique » de la ville, et établit un protocole de découverte, dans lequel l'imagination a un important rôle à jouer (Bailly, Racine, Söderström, 1985).

4 Voir plus loin : *Paris ville-réseau. L'exemple de la rue de l'Alboni* [7].

> destination. La marche ici est exercice de léthargie, favorisée par une chaleur qui décourage toute interrogation. Cette léthargie, dans ces milieux qui sauf les minarets sont dépourvus d'architecture verticale, de ces immeubles qui à Paris ou à Berlin vous écrasent à mesure qu'ils vous fournissent des repères, fait s'épanouir un vif sentiment de légèreté. (*ibidem*, p. 121)

Et plus loin :

> Tanger est structurée comme un inconscient, avec ses caches, ses écrans et ses trompe l'œil, par les détours, dérivations et dérives qu'elle impose à qui prétend explorer cette ville dont Bowles releva la topographie « typiquement onirique », et qui dès lors lui apparut, à la lettre, comme une « ville de rêve ». Une rue semble interminable et, brusquement, coagule en cul-de-sac ; une ruelle va finir croit-on en impasse mais ouvre en réalité sur quantité de débouchés, ceux-ci se parcourent comme de nouvelles ruelles quand subitement le marcheur constate qu'ils sont devenus escaliers, qui inopinément le portent d'une strate à une autre, à des profondeurs insoupçonnées ou, au contraire, à des pans surplombants, où l'éclat du soleil cependant interdit un plein déploiement du regard. (*ibidem*, pp. 132-133)

Celui qui, sortant de la gare d'une ville parfaitement inconnue, jette un regard rapide autour de lui, sera peut-être d'abord attentif aux stationnements des taxis ou des transports en commun, repérera l'entrée d'un métro, ou aura le regard attiré par le panonceau de l'hôtel Terminus ou d'un restaurant à l'enseigne de la Pagode d'or. Voici deux témoignages de voyageurs recueillis sur des sites internet[5] :

> Je sors de la gare, je prends de l'argent (800 couronnes qui s'avèreront trop peu) puis vois un hardrock café : premier réflexe, premier achat : un décapsuleur pour mon frère (tradition oblige). Je passe devant Tivoli (un parc d'attraction en pleine ville) aux couleurs d'halloween. Je trouve facilement l'hôtel, c'est plus cher que prévu mais tant pis. Je prends une douche et c'est parti pour un long parcours. Il ne fait pas froid, il y a du monde et beaucoup de choses à voir. Et puis j'arrive au fort : le vent est froid et c'est très silencieux[6].

Ou à Lyon, boulevard Vivier-Merle :

> Le nouvel arrivant à Lyon, quand il sort de la gare de la Part-Dieu, débarque sur une esplanade traversée par une voie moderne, sillonnée de tramways et bordée d'immeubles d'affaires et de banques, sur laquelle il ne prend peut-être pas même le temps de jeter un regard, tant il lui paraît n'être ici que sur un simple lieu de transit. Devant lui se dressent le centre commercial et la tour du Crédit Lyonnais. Métros, tramways, autobus, tout l'invite à filer le plus vite possible, le plus loin possible. Et sans doute n'entend-il plus gronder le rire moqueur de l'oiseau dans ce nom de Vivier Merle, qu'il voit sur la signalétique : il est loin, le joli temps des cerises ; des oiseaux, il n'y en a plus guère en ce coin de la ville, sinon les piafs espiègles, qui chapardent sur les terrasses des brasseries miettes de croissants et croûtes de pain.[7]

5 Les trois passages cités ci-dessous font partie d'un corpus plus important collecté sur internet ; le point commun des différentes séquences est qu'elles comportent, dans les premières lignes, la proposition « je sors de la gare » ou « il sort de la gare ».

6 <http://www.enroutes.com>. Il s'agit de Copenhague.

7 <http://lesruesdelyon.hautetfort.com/web/>.

S'il ne fait qu'un arrêt assez bref, reprenant une correspondance, peut-être le flâneur s'aventurera-t-il dans les rues avoisinantes, à la recherche d'un café accueillant, d'un jardin public ombragé, d'une librairie, d'un cinéma peut-être, et il imaginera les quartiers plus lointains, marqués par une flèche d'église, ou un gratte-ciel. S'il s'agit d'un autochtone, qui cependant a quitté l'endroit depuis des dizaines d'années, il est probable que la recherche se fasse d'abord en creux, en forme d'inventaire des manques. Cette façon de revenir après des années d'absence, alors que l'on était un familier des lieux, est totalement différente du retour du touriste qui fait plusieurs séjours dans un même lieu, épuisant d'abord monuments et musées, pour ensuite découvrir la banlieue et les « curiosités » secondaires. Il s'agit d'une démarche accumulative, alors que l'ancien autochtone procède par comparaison de deux états de la ville temporellement distants : les platanes de la place ont disparu et l'esplanade est maintenant pavée ; le bistro où l'on allait en bande au sortir du lycée est devenu un magasin d'optique ou bien l'immeuble a été détruit ; le cinéma du boulevard où l'on avait donné *Un été avec Monika* de Bergman (des années après sa sortie) n'existe plus. Le tracé de l'avenue a été modifié pour réserver une voie à l'autobus ou au tram ; les réseaux intimes des trajets que l'on effectuait journellement sont bouleversés – le passage sous rail a disparu, il faut dorénavant faire un détour ; l'usine a colonisé un quartier entier et les nouveaux sens uniques et interdits empêchent d'atteindre le centre historique. La mémoire est chahutée, mais la plupart du temps il subsiste suffisamment de traces de l'ancien bâti pour que le sentiment d'étrangeté se dissipe rapidement. La ville se réorganise d'ailleurs en permanence, par petites touches ou par de grands travaux :

> Tous ces matins, comme j'attrape mon train de banlieue au vol, par la dernière porte du dernier wagon, arrivée à Paris-Montparnasse, je sors de la gare côté Pasteur, comme au temps de la pièce 2071 au-dessus des voies, et poursuis ma route au moyen du bus 91 pris à son terminus. Je constate au passage que l'environnement de l'Allée de la 2e Division Blindée (qui, je le rappelle, joint le jardin Atlantique à la place des Cinq Martyrs du Lycée Buffon) a bien changé. La chaîne TV d'info en continu qui la borde d'un côté et son vis à vis l'éditeur ont personnalisé leurs façades-verrières au moyen d'autocollants grand format. [...] Mais surtout, les attaches vélos/scooters/motocyclettes des gens de la comm' ont fini par évincer la double haie de campements de misères, brics et brocs, autrefois collée aux deux façades. Je me demande ce qu'il est advenu du jeune homme qui vivait là, sa tente entourée de vieux mobilier de bureau, et recevait chaque après-midi la visite d'une très jeune femme qui venait avec un bébé dans un landau. Sa compagne et son enfant j'imagine, profitant des heures de sorties autorisées par le règlement de leur foyer. Le couple assis côte à côte, sur deux chaises désarticulées de bureau, parlait dans une langue que je n'identifiais pas, en fumant ; souvent le bébé, dans les bras de sa mère, tétait pendant ce temps-là. Dans le Montparnasse monde, pour certains, la vie n'est pas rose layette.[8]

8 Blog de l'historienne Martine Sonnet. <http://www.martinesonnet.fr>.

Parmi les auteurs contemporains, personne mieux que Modiano ne décrit cette tentative de cristallisation mémorielle des silhouettes et des objets du passé, évoqués à travers les images d'une ville duelle – celle d'antan et celle d'aujourd'hui. Zelinski (2012, pp. 359-360) relève que le romancier « essaie [...] de comprendre le passé, témoignant régulièrement de sa conviction que ses empreintes restent perceptibles dans les rues où les temps se croisent, où la réalité et la mémoire se superposent. Un exemple se trouve dans *L'Horizon* : "Il avait toujours imaginé qu'il pourrait retrouver au fond de certains quartiers les personnes qu'il avait rencontrées dans sa jeunesse, avec leur âge et leur allure d'autrefois. Ils y menaient une vie parallèle, à l'abri du temps" (Modiano, 2010, p. 54). » Dans ce roman, le procédé est en effet particulièrement remarquable :

> Quelques années plus tard, vers deux heures du matin, il traversait en taxi le carrefour où se croisent la rue du Colisée et l'avenue Franklin-Roosevelt. Le chauffeur s'arrêta au feu rouge. [...] [Bosmans reconnaît Mérovée] Il ne pouvait détacher les yeux de cette silhouette immobile, en pèlerine noire [...] Il y avait des dizaines de fantômes de cette sorte. Impossible de donner un nom à la plupart d'entre eux. Alors il se contentait d'écrire une vague indication sur son carnet. La fille brune avec une cicatrice, qui se trouvait toujours à la même heure sur la ligne Porte-d'Orléans / Porte-de-Clignancourt... Le plus souvent, c'était une rue, une station de métro, un café qui les aidaient à ressurgir du passé. Il se souvenait de la clocharde à la gabardine, l'allure d'un ancien mannequin, qu'il avait croisée à plusieurs reprises dans des quartiers différents : rue du Cherche-Midi, rue de l'Alboni, rue Corvisart... » (Modiano, 2010, pp. 19-20)

Quelquefois, le cheminement, d'un lieu à un autre, d'une gare à l'autre, s'inscrit dans un grand flou temporel, comme si la ville n'était là que pour organiser des événements épars, dont la durée, la nature et l'ordonnancement n'ont aucun point commun, sinon celui de tisser le fil continu de la vie. Modiano est à la recherche du *souvenir* de Dora Bruder :

> Il faut longtemps pour que resurgisse à la lumière ce qui a été effacé. Des traces subsistent dans des registres et l'on ignore où ils sont cachés et quels gardiens veillent sur eux et si ces gardiens consentiront à vous les montrer. Ou peut-être ont-ils oublié tout simplement que ces registres existaient. [...]
> Les traces de Dora Bruder et de ses parents, cet hiver de 1926, se perdent dans la banlieue nord-est, au bord du canal de l'Ourcq. Un jour, j'irai à Sevran, mais je crains que là-bas les maisons et les rues aient changé d'aspect, comme dans toutes les banlieues. (*Dora Bruder*, 1997/2013, pp. 649 et 653)

Certains travaux des historiens de l'infra-historique Philippe Artières et Jean-François Laé (2004, pp. 105 106) sont en parfaite résonance avec cette quête du lieu et de la mémoire :

> Au 16, nous entrons dans ce qui était jusqu'il y a peu encore un centre d'impôts. Solange, comme les papiers joints aux lettres l'attestent, y vivait avec Victor en échange du ménage et de l'entretien. Le bâtiment de brique dans lequel nous entrons est devenu un centre

> d'information régional sur la formation. L'emplacement de la plaque est encore visible ainsi que celui de la boîte qu'évoque Solange. Nous comprenons dans le hall qu'il a fait l'objet de travaux importants et qu'il nous sera bien difficile d'imaginer le logement de Solange. Ce qui est aujourd'hui une grande salle de réunion devait être son deux-pièces cuisine. La cour, quant à elle, est restée intacte semble-t-il. Elle est plus profonde que nous ne l'imaginions ; le fond est planté de trois arbres, l'œuvre peut être de Solange. Je prends quelques photos, espoir sans doute d'y voir un indice. Nous marchons ensuite vers la porte de Châtillon ; les anciennes plaques de rue sont encore là, mais barrées par une croix. La plupart du quartier a été reconstruit ; ainsi le centre PTT du boulevard Brune a été détruit l'année passée et un grand chantier est en cours. Nous repérons encore quelques traces, puis nous décidons d'arrêter là cette enquête sur les lieux de Solange.

De même, dans *Villa Amalia*, de Pascal Quignard, les ombres de jadis peuplent toujours l'espace urbain ; elles sont seulement dissimulées dans les territoires du passé, aussi bien distants temporellement que spatialement, puisque les repères se sont modifiés, au point que l'on n'est plus sûr de rien. Pour les faire resurgir, il faut tenter de *refaire des parcours*, être attentif aux croisements de rues, à l'emplacement de l'ancien arrêt de bus, aux réseaux enchevêtrés, patiemment construits par la ville qui, ayant le temps de la pierre, modifie lentement les circuits, combine des réseaux et les organise en systèmes opaques. Ann (Éliane) Hidden, quitte sa mère à « six heures moins le quart du matin » :

> *Elle arriva gare Montparnasse à la fin de la matinée.* Elle s'engouffra dans le métro et se rendit dans l'ancienne maison vide, sonore, pleine à craquer de silence.
> Elle la retrouva pleine à craquer de remords.
> Et malodorante.
> Et ensevelie sous une minuscule pellicule de poussière noire.
> Trois mois étaient passés. Derrière la grille, dans le jardinet, le printemps était timide. Elle arrosa la terre entièrement sèche. Elle prit dans la boîte aux lettres le peu de courrier qui avait échappé à la boîte postale. Elle se rendit chez le notaire dans le VIIIe arrondissement. Elle signa sous son nom véritable, remit les clés, prit le chèque de banque qui lui revenait, salua son monde. *Georges l'accueillit à la gare de Sens.* Ils allèrent directement au restaurant du port de Teilly où ils dînèrent. Georges lui dit combien il la trouvait transformée. Elle avait maigri (mais lui, en deux mois, avait beaucoup plus maigri qu'elle). (Quignard, 2006, pp. 154-155)

Il faut faire ici une place à Colette – ou tout au moins à la narratrice Colette –, qui comme Modiano plus tard, revient sur des lieux déjà visités, mais uniquement par la grâce du souvenir, procédé affectionné qui parcourt une bonne partie de son œuvre. De ce point de vue, le récit *Flore et Pomone*, écrit dans la dernière partie de la vie de l'écrivain, durant la seconde guerre mondiale, et achevé en avril 1943, est tout à fait remarquable. Certains de ces souvenirs sont de pures « madeleines », renvoyant à des lieux à travers l'évocation d'odeurs et de goûts, remémorations d'autant plus incisives qu'on est privé de l'objet : « Quand nous avions des oranges… Les nommer, depuis qu'elles nous manquent, c'est assez pour susciter, sur nos muqueuses sevrées, la claire salive qui salue le citron frais coupé, l'oseille crue, la mordante pimprenelle. » (1943/1960, p. 159) Le lieu qui s'affirme, c'est le Midi de la France, Cannes et surtout Nice avec son marché aux fleurs : « Nous voudrions soupeser, emporter ces branches coupées, porteuses de feuillages vernissés et de mandarines, qui jalonnaient les étals du cours Saleya à Nice, tout le long du marché aux fleurs. Nous avons une terrible envie de ces paniers ronds qui parfumaient notre chambre d'hôtel et que nous envoyions à nos amis parisiens (la marchande ajoutait, sous le couvercle, un bouquet de violettes et le brin de mimosa…). Ces petits souvenirs-là, comme ils sont acides, irritants… leur vivacité d'évocation nous fait un peu lâches. » (*ibidem*, p. 160) Dans le même récit, la narratrice évoque ses amis disparus et particulièrement Léon Barthou, aérostier amateur et frère du ministre Louis Barthou, « le plus ancien de [ses] amis », désormais pour toujours muet. Elle évoque Paris, en vue aérienne :

> Je questionne toujours, rien n'est changé, sauf qu'il ne me répond plus. Je survole encore avec lui Versailles à une faible hauteur, les mosaïques du parc et ses miroirs ; une saute de vent nous ramène sur Paris et l'ombre des mailles du filet tourne sous le ventre du sphérique… Que de jardins enfermés dans la Ville… Le bruit de perles de lest jeté dans la Seine monte jusqu'à nous, et notre bond soudain et insensible nous dérobe les jardins prisonniers qui contiennent, tous, un peu de sombre verdure, un disque qui est une table, un autre disque plus petit qui est un chapeau d'enfant…
>
> – Dans quelle rue m'as-tu montré, Léon, ce jardin si soigné, si fleuri, qui de là-haut ressemblait à un coussin en tapisserie ?
>
> Il ne répondra plus. D'ailleurs tant de rues, tant de quartiers, tant de jardins sont abolis, ou méconnaissables… Je change de spectacles-souvenirs, j'herborise au hasard. Ce n'est pas toujours en vain. À force de me pencher sur une image de ma mémoire, il m'arrive de reconstituer une fleur qui m'intriguait autrefois. Ainsi nous rappelons de l'abîme le mot en voie de s'engloutir et que nous saisissons par une syllabe, par son initiale, que nous hissons vers la lumière, tout mouillé d'obscurité mortelle […] Il s'appelle bizarrement pentstémon. » (*ibidem*, p 167)

Le *pentstémon*, à son tour, participe à l'évocation et à la reconstruction des jardins parisiens ; la cristallisation opère à partir de ce noyau, produisant une « orchestration violette, rouge et mauve que réussit au mieux le jardinier de la Ville. » (p. 168) Il est très probable que Colette procède en fait ici à une reconstruction *savante*, car on sait qu'elle s'entourait d'ouvrages de botanique dont elle faisait grand usage ; cela n'enlève rien à la nature du processus décrit.

La ville-système des géographes et des urbanistes

On sait que la conception de la *ville-réseau* comme *ville-système* a depuis de nombreuses années la faveur des géographes. Des années 30 à sa mort, survenue en 1959, le grand architecte américain Frank Lloyd Wright, inventeur du « style prairie » (notamment à Chicago), travaillera à un grand projet de ville démocratique et utopique, *The Broadacre City.* Wright avait l'ambition de faire pénétrer la campagne dans la ville, ou plus exactement, de définir un nouveau type de territoire urbain. Chaque habitant y aurait disposé d'une acre de terrain (environ 4 ares), ce qui lui aurait permis, à côté d'activités professionnelles traditionnelles, de pratiquer l'agriculture familiale. Pour Wright, la grande ville n'était pas un concept « moderne » ; il estimait que concentrer la population sur une petite superficie représentait un intolérable gaspillage, puisque les moyens de transport permettaient désormais de réduire les temps de communication et donc de « supprimer les distances ». En effet, chacun disposant d'une automobile et ayant la possibilité de consommer autant d'essence qu'il le souhaitait, il n'y avait plus de raison de distinguer un style de vie urbain et un style rural. C'est là un point de vue somme toute analogue à celui d'Henri Lefebvre (1970), prévoyant, dans *La révolution urbaine*, le dépassement de la dichotomie ville/campagne et son remplacement par l'urbain. Fishman (1979, pp. 97-100) note à ce sujet que « les maisons, les usines, les magasins, les bâtiments administratifs et les centres culturels sont tous situés au milieu de terres agricoles et de bois. Mais le réseau routier unit les habitants aux nombreux points d'échange communautaires qui caractérisent la ville. » Selon Brennetot (2007, n.p.) le programme de développement urbain *usonien (United States Of North America)* de Wright « ne peut être assimilé aux formes traditionnelles de l'anti-urbanisme : il ne s'agit pas de restaurer un mode de vie corrompu par la révolution industrielle mais bien d'atteindre un niveau supérieur et inédit d'harmonie avec la nature. En même temps, l'usonie est le premier modèle à faire de la suburb un idéal territorial à part entière, notamment car elle permet "de placer le maximum de bâtiments sur un espace de terrain donné, mais en préservant la dignité et l'intimité de chacun". En combinant faible densité et diversité fonctionnelle, elle doit permettre la conjonction de l'épanouissement domestique et de l'intégration sociale. » Il n'est guère besoin d'insister sur le fait que cet objectif louable n'a jamais été atteint. Mais, et c'est aussi en cela qu'il est remarquable, ce projet, qui préfigure le concept de *ville-réseau* et de *ville-système*, contient en germe toutes les conditions de l'émergence d'une catastrophe urbaine, telle qu'elle a été décrite de la façon la plus réaliste par Langdon il y a une quinzaine d'années. Pour Langdon, ces formations suburbaines méritent le nom de *Car Towns*, puisque l'agencement des rues et des routes non seulement favorise, mais rend nécessaire un trafic intense impliquant presque exclusivement des voitures particulières. Ces *Car Towns* sont caractérisées par une hiérarchie des voies de communication, ce qui signifie que chaque rue ou route est vouée à une destination spécifique (Langdon, 1997, p. 27), le piéton, le flâneur, n'ayant aucune place dans ce dispositif. Cette hiérarchie structurale a d'autres effets collatéraux désastreux : Sorensen et Okata (2011, p. 4) ont récemment souligné que la croissance urbaine très rapide des 30 dernières années a favorisé l'accélération d'un processus de polarisation socio-spatiale, entraînant une « ségrégation volontaire » des fractions les plus prospères, à l'intérieur d'enclaves sécurisées, voire fortifiées (*cf.* Landes-Fuss, 1996). En outre, les mêmes auteurs ajoutent que dans beaucoup de grandes cités, qu'il s'agisse de pays développés ou émergents, les élites ont les moyens d'orienter les investissements municipaux de telle sorte qu'elles en soient les principales bénéficiaires, ce qui a pour corrélat de dégrader davantage la situation des quartiers pauvres.

Dans son roman-océan *La famille royale*, William T. Vollmann donne une belle description de ce type de ville sans cœur et sans centre – aux États-Unis, ces villes sont comparées de manière humoristique à des « donuts » –, dévolue aux voitures et aux commerces de périphérie :

> Sacramento est surnommé la Ville du Fleuve, parce qu'elle jette ses poisons, ses stérilités et parfois des sorts à la confluence de deux fleuves, mais pour moi elle est toujours la ville des chemins de fer, même si ce n'est que dans mes rêves ; c'est désormais la ville des voitures et des centres commerciaux, la ville des arcades de jeux, des stations-services, des supérettes, une ville sans cœur, un endroit étrangement vide dont le centre, jadis abaissé au niveau des eaux, a troqué ses trottoirs en bois et ses dortoirs chinois du XIXe siècle contre des passages souterrains peuplés essentiellement par des clochards de passage et des adorateurs de vieux flacons [...] ; ici, comme ailleurs, pourrait-on penser, il devrait y avoir « un sens » ou une « histoire » mais l'on ne trouve que des crottes de rat. [...] On a écrit que Sacramento n'était devenu le capitole que grâce à sa sordide politique ferroviaire, laquelle consistait à taxer les frets en fonction de la distance, du coup, cette prétendue ville a été érigée au milieu de nulle part, afin de maximiser les distances. La demande grandirait avec la ville ; idem pour les frets. D'antiques clichés nous montrent des hommes avec des hauts-de-forme qui se serrent la main, des hommes avec des casquettes (ce sont les ouvriers) qui se prélassent sur des locomotives. (2004, pp. 193-194)

Le caractère peut-être le plus paradoxal de ces structures est que, plus les vecteurs de la communication (ici non limitée à la circulation des véhicules) déploient leurs linéaments, plus les mécanismes producteurs d'exclusion – volontaire ou subie – se développent. L'afflux d'informations, sans doute un des marqueurs essentiels de la surmodernité, y est pour beaucoup. Le film *Denise au téléphone (Denise calls up)* de Hal Salwen, sorti en salles en 1995, était à cet égard prémonitoire car il mettait en scène des personnages qui ne se rencontrent jamais, communiquant exclusivement par téléphone et vivant dans des espaces clos, au sein de la mégapole. C'est là une vie « sans appartenance », comme l'observe Bourdin (1998, p. 183) à propos de ce film : « Vivre sans appartenance est exaltant pour ceux qui en ont les moyens (psychologiques, intellectuels et sociaux) et pénible pour ceux qui doivent sans cesse construire difficilement de nouvelles relations. Cela reste de toutes façons dangereux, en rendant plus difficile le rapport avec les normes sociales, toujours extérieures, et en facilitant tous ces comportements incertains que l'on regroupe souvent sous l'appellation de "perte des repères". »

On peut suggérer, à la lumière de ce qui précède, que parmi les trois processus que la géographe Denise Pumain (1997, p. 132) reconnaît comme étant constitutifs de la *ville-système*, le plus déterminant est son caractère connecté :

> [...] *la transition urbaine*, qui fait dériver la quasi-totalité des systèmes de villes par expansion, concentration et diversification d'un semis de peuplement ayant pour fonction originelle l'exploitation agricole d'un territoire ; [...] *le caractère connecté*, mutuellement informé et concurrent du réseau que forment d'emblée les établissements humains dès que s'accroissent les densités ou dès qu'apparaissent les villes (la prédation, le commerce, les échanges) ; et enfin [...] *le fait que ce réseau est un objet spatial et historique*, qui s'enracine dans un territoire ne conservant pas anthropologiquement les mêmes propriétés spatiales au cours du temps. La variation systématique de la portée des relations urbaines, la *contraction de l'espace-temps*, est un processus essentiel, qui différencie la dynamique des villes de celle d'autres systèmes dynamiques, et qui restitue à la théorie des systèmes de villes sa dimension spécifiquement géographique.

Dans une publication plus récente, Pumain (2007, pp. 35-36) revient sur le problème, estimant que « les avancées des théories physiques de l'auto-organisation, des théories de l'évolution du vivant ou des systèmes cognitifs adaptatifs ont renouvelé notre conception de la dynamique des systèmes [...]. En particulier, pour faire sens en sciences sociales, les interprétations des systèmes complexes doivent composer avec les niveaux de l'intentionnalité individuelle et collective. » Cette ville sans appartenance, décentrée, où coexistent des devenirs multiples, souvent contradictoires et en tout cas concurrents, cette cité *mondialisée* (par la prolifération de ses enseignes commerciales, de ses musiques, des offres culturelles touchant le grand public), connaît deux formes, écrit Nancy (2011, p. 102) : « L'une est la *conurbation* – le tissu indéfiniment étendu et distendu en réseaux multiples, pour bonne part immatériels, communicationnels, virtuels d'une activité qui se décentre au point de ne plus permettre le point de vue intégrateur et la postulation d'identité que la ville portait en elle. La conurbation s'ouvre à nouveau sur la campagne ou à travers elle, elle la remodèle, elle engage d'autres histoires, d'autres modèles, dont nous peinons à discerner les contours possibles. Nous peinons d'autant plus, il faut le dire, que notre regard est brouillé par l'autre forme projetée, elle aussi déjà étalée et tirant la ville en elle pour défaire son tissu et son schème. Elle porte le nom terrible, sarcastique et sonore de *bidonville*, un nom qui désignera bientôt le mode d'habitat du tiers de l'humanité. »

La difficile (inatteignable ?) synthèse des constituants urbains naît donc de ce que les réseaux peuvent être considérés comme des *petits mondes*, ainsi que les désigne Rozenblat (2007, p. 84), caractérisés par deux propriétés : d'une part, la *faible longueur des chemins séparant les individus*, ce qui revient à mettre en exergue l'homologie des habitus incluant la reconnaissance d'attributs partagés et les valeurs de familiarité avec l'environnement ; d'autre part *la forte hiérarchisation des individus*, certains étant localisés de façon centrale et d'autres de manière beaucoup plus marginale, du fait, notamment, des processus de *gentrification* des centres des villes (Fijalkow, 2007, p. 42 ; Giroud, 2008 ; Sorensen et Okata, *op. cit.*). Fijalkow (2011, p. 92) explique que la démographie locale est profondément affectée par cette redistribution des espaces et que « les résidents antérieurs se relogent dans des secteurs plus éloignés et dans les poches résiduelles de vétusté. En France, ce processus a été qualifié par le courant de sociologie urbaine marxiste des années 1970 de "rénovation-déportation". » En outre, certains agents appartiennent à plusieurs réseaux et/ou constituent des pivots stratégiques, autorisant ainsi, on l'a vu, d'un niveau à un autre, une transfusion de l'information, qui dans beaucoup de cas subit des distorsions factuelles et stylistiques quant à la nature des données. L'aspect linguistique est ici déterminant, car il peut conduire à un « dialogue de sourds » entre individus affiliés à des réseaux différents, quoique proches dans l'espace urbain (Bonnot et Petey-Hache, 1995 ; Fiegel-Ghali et Bonnot, 1996, 1997 ; Bonnot, Kempf et Crévenat, 2003).

Mémoire des lieux

La portée heuristique de la notion de ville-système se voit considérablement affaiblie par une mise en perspective diachronique (*cf.* les Halles) – prendre en considération une dimension diachronique n'implique pas que l'on s'inscrive dans un paradigme historiciste –, qui dans la plupart des cas fait apparaître non seulement des options urbanistiques contradictoires, mais également des conceptions très divergentes du « vivre dans la cité » et tout simplement du « vivre ensemble » ; les processus complexes d'expansion ou de récession du tissu urbain semblent fonctionner comme un organisme composite [8] qu'on ne peut envisager qu'en relation avec le contexte mémoriel des pierres et des hommes. On pense naturellement à Halbwachs (1950/2001, p. 86) :

> Les divers quartiers, à l'intérieur d'une ville, et les maisons, à l'intérieur d'un quartier, ont un emplacement fixe et sont aussi attachés au sol que les arbres et les rochers, une colline ou un plateau. Il en résulte que le groupe urbain n'a pas l'impression de changer tant que l'aspect des rues et des bâtiments demeure identique. [...] Non seulement maisons et murailles persistent à travers les siècles, mais toute la partie du groupe qui est sans cesse en contact avec elles, et qui confond sa vie et celle de ces choses, demeure impassible, parce qu'elle ne s'intéresse pas à ce qui se passe en réalité hors de son cercle le plus proche et au-delà de son horizon le plus immédiat. [...] Mais il en est de même des secousses qui ébranlent tel groupe plus limité, fondé sur les liens du sang, de l'amitié, de l'amour, deuils, ruptures, jeu des passions et des intérêts, etc. Alors qu'on est sous le coup d'un ébranlement de ce genre, qu'on sorte, qu'on parcoure les rues : on s'étonne que la vie autour de nous continue comme si de rien n'était, que des visages joyeux se montrent aux fenêtres, que des propos s'échangent entre les passants arrêtés à un carrefour, les acheteurs et les marchands sur le pas de la porte des boutiques, alors que nous, notre famille, nos amis sentons passer un vent de catastrophe.

Il s'ensuit qu'il est difficile de mettre en évidence des indices stables qualifiant la « modernité » et à plus forte raison la « surmodernité » pour rendre compte des processus de transformation des villes, qu'il s'agisse de leurs centres ou de leurs périphéries. Citons à nouveau Halbwachs (*ibidem*, p. 87) : « Les habitudes locales résistent aux forces qui tendent à les transformer, et cette résistance permet le mieux d'apercevoir à quel point, en de tels groupes, la mémoire collective prend son point d'appui sur des images spatiales. » Les tensions qui se nouent dans l'espace urbain (ville haute, ville basse, ghettos, espaces sexués et genrés) et entre groupes sociaux (bourgeois, ouvriers, artisans, corporations sous l'ancien régime, etc.) reflètent des processus identiques à ce que Saussure (1983, pp. 281-282) décrivait, pour le langage, sous le nom *d'esprit de clocher et de force d'intercourse* : « si l'esprit de clocher rend les hommes sédentaires, l'intercourse les oblige à communiquer entre eux. C'est lui qui amène dans un village les passants d'autres localités, qui déplace la population à l'occasion d'une fête ou d'une foire, qui réunit sous les drapeaux des hommes de provinces diverses, etc. » De même, Bourdieu (2002a, p. 96), dans une analyse pénétrante des rapports entre le bourg et les hameaux qui l'entourent, relevait que « nombre de paysans, pour éviter de défiler sous le regard ironique des villageois [les habitants du bourg], préfèrent emprunter les petits chemins [...] La population agglomérée autour du clocher forme une société ouverte aux influences extérieures. Du fait de leur isolement, les campagnards n'ont d'autres occasions de se rencontrer, le plus souvent, que celles que leur offre le bourg, à savoir la messe du dimanche et les fêtes. Ils ne sont informés de la vie communale que par la médiation des villageois. » Si ces observations ne sont pas directement transposables à l'opposition ville / zones périurbaines, les deux situations ont en commun l'interrelation hiérarchisée d'habitats concomitants dans l'espace et partiellement interdépendants, notamment économiquement.

Dans sa saga familiale[9], Jean Rouaud met en lumière de manière sensible cette infériorité de la campagne par rapport à la ville, cruellement ressentie par l'auteur-narrateur lui-même (*Cf.* Freyermuth, 2011, pp. 35-91) :

> Ce qui [sa naissance une nuit de tempête, à la maison et à la lueur des lampes à pétrole], par la suite, en dépit d'un aspect insolite, se révélait gênant, cette naissance au domicile familial, au moment de remplir les fiches d'identité. En face de la mention né à, il semblait plus valorisant pour l'ego d'inscrire Nantes, Paris ou New York, plutôt que cette apparition en rase campagne (Rouaud, 1998, p. 102)

L'habitus de l'habitant du faubourg rural trahit celui-ci lorsqu'il se trouve déplacé « à la ville ». Sa gaucherie, ses mœurs campagnardes, sa manière d'habiter l'espace avec son corps le rendent illégitime aux yeux des citadins :

9 Rouaud, Jean, 1990, 1993, 1996, 1998, 1999.

> C'est partir au contraire qui était dérangeant. Moins de quitter nos repères familiers que d'être exposés soudain aux regards – on ne voyait qu'eux : qui vous faisaient remarquer au restaurant que vous teniez mal votre fourchette, à l'hôtel que vous marchiez trop bruyamment dans les couloirs à la recherche de votre chambre, dans un téléphérique que votre présence risquait d'entraîner une surcharge au point de vous donner envie de sauter dans le vide, au cirque de Gavarnie que vous grimpiez à pied quand de plus riches, ou de plus téméraires, montaient à dos de mulet, au château de X que vous aviez tort de trouver bien court le lit de Du Guesclin, et donc Du Guesclin lui-même, et, à La Bourboule de grimacer en avalant les eaux arsenicales de la station. C'était bien entendu les mêmes qui depuis toujours nous interdisaient l'accès de la plage : trop blancs. (Rouaud, 1993, pp. 92-93)

De ce fait, Anne/Annick[10] Rouaud, la mère de l'auteur-narrateur, apparaît comme un véritable hapax, puisqu'à la seule force de sa gentillesse, de son honnêteté, de sa compétence et de son dévouement, elle réussit, dans son magasin de vaisselle[11], à voler la clientèle de la grande ville, à savoir Nantes, et à inverser l'ordre des choses,

> [...] dessinant ainsi une carte géographique de sa clientèle qui outrepassait largement les limites du canton, ne pouvant se retenir de triompher lorsque, chèque en main, elle tenait la preuve de l'excellence de son affaire, un client domicilié à Nantes, Nantes notre capitale, gavée de commerces en tous genres, Nantes, l'ultime recours, où l'on trouve justement ce qui fait défaut ailleurs, de sorte qu'un Nantais venant faire ses emplettes chez nous, c'est le monde à l'envers, le soleil qui se lève à l'ouest, le fleuve qui remonte à sa source et la pluie vers les nuages. » (Rouaud, 1998, pp. 173-174)

Ce type de relation a une longue histoire : ainsi, à la fin du XVIIe siècle, et sans nul doute auparavant, des antagonismes de ce type sont attestés, par exemple à Laval, près de Grenoble, dans une affaire de sorcellerie ayant pour origine le désir des habitants des hameaux éloignés de fréquenter une église plus proche de leur domicile, quoique ne faisant pas partie de leur paroisse, souhait contrarié par la hiérarchie diocésaine (Chanaud, 1980 ; Freyermuth et Bonnot, 2012).

Ces discordances sociales sur des axes tels que tradition / modernisme, religion / laïcité, culture locale / culture globale, sont toujours bien présentes à l'heure actuelle : que l'on pense, par exemple, aux revendications communautaristes, essentiellement religieuses, visant à réserver spécifiquement un espace *public* (par exemple une piscine à certaines heures), ou à limiter l'accès de lignes d'autobus, voire du véhicule lui-même en totalité ou en partie, à un sexe (les femmes). Ces situations, fortement hétéronormées, visent de manière paradoxale à étendre à l'espace public les pratiques habituelles et socialement silencieuses de l'espace privé. Quant aux institutions, lorsqu'elles sont saisies, elles

10 Dans le « Cycle de Minuit », les prénoms et noms des personnes vivantes sont cryptés et subissent par conséquent des modifications au fil des parutions.

11 À la mort prématurée de son mari Joseph Rouaud, le lendemain de Noël 1963, la mère de l'auteur-narrateur reprend les rênes de l'affaire familiale afin de faire vivre ses trois enfants.

ne produisent la plupart du temps qu'un discours convenu politiquement correct. Les faits sont éclairés d'une lumière d'autant plus crue qu'on les considère sous un angle a priori non polémique, comme c'est le cas dans une approche purement statistique[12]. Or, c'est justement dans la mesure où l'on a affaire à une présentation débarrassée du métadiscours interprétatif et modalisateur, (« les femmes sont douces, patientes, elles ont vocation à s'occuper des enfants, à soigner les malades », etc.) que les faits se révèlent dans toute leur vérité, tant il paraît évident que certaines positions sont *naturelles*, c'est-à-dire sexuées – et qu'il n'y a donc rien à taire. Amossé (2004, p. 37) met bien en évidence ce phénomène à propos de l'absence de visibilité des emplois féminins dans les classifications de l'Insee :

> Dans la nomenclature socioprofessionnelle de l'Insee, on peut ainsi opposer les emplois masculins, découpés finement en métiers, distingués en fonction des systèmes productifs, hiérarchisés selon les niveaux de qualification, aux emplois féminins où les qualifications sont peu précises et les hiérarchies peu présentes. Ainsi en est-il du domaine féminin de la santé et du travail social qui est le seul où la notion de cadre, pourtant définie dans les conventions collectives de branche, n'a pas d'équivalent statistique ou encore du groupe féminin des employés qui, à l'inverse de celui des ouvriers, ne permet pas de distinguer salariés qualifiés et non qualifiés. D'un point de vue quantifié, les professions féminines sont trois fois moins nombreuses que les professions masculines et elles ont en moyenne des effectifs trois fois supérieurs.

De tels rapports complexes créent aussi bien du lien que de l'exclusion, en juxtaposant des espaces et des représentations antinomiques au sein d'un espace urbain public mais *poreux* – du fait même qu'il est l'espace commun – dont l'ordonnancement ne préserve les traces mémorielles que dans la mesure où elles constituent une référence patrimoniale fortement investie par le politique et/ou le religieux, s'agissant notamment des hauts-lieux artistiques et mémoriels. Il convient de souligner que, notamment du point de vue des intégristes ou des ultra religieux, la définition de l'espace public diffère radicalement de celle de la communauté globale, et c'est ce qui provoque le conflit, y compris en Israël où l'espace est majoritairement considéré comme laïc. En France ou dans d'autres pays occidentaux, il faut en outre tenir compte du fait que les revendications de ces groupes très minoritaires sont perçues par une grande majorité de la population comme étant dissonantes par rapport au patrimoine intellectuel, religieux et historique, car ne disposant pas d'un enracinement créateur de traces suffisamment ancien.

Selon Nora (1984, pp. xviii-xix), l'« arrachement de mémoire » a un effet révélateur : c'est « la fin de ce que nous vivions comme une évidence : l'adéquation de l'histoire et de la mémoire. » Et d'ajouter : « Habiterions-nous encore notre mémoire, nous n'aurions pas besoin d'y consacrer des lieux. Il n'y

12 Le recours à ce type d'analyses, notamment lorsqu'elles sont accompagnées d'un discours « d'expert », a cependant dans bien des cas des effets pervers, nous l'avons montré, notamment s'agissant de phénomènes économiques et sociaux de grande ampleur, s'agissant notamment de la régulation des flux de travailleurs migrants d'un pays à l'autre.

aurait pas de lieux, parce qu'il n'y aurait pas de mémoire emportée par l'histoire. Chaque geste, jusqu'au plus quotidien, serait vécu comme la répétition religieuse de ce qui s'est fait depuis toujours, dans une identification charnelle de l'acte et du sens. » Et de fait, les traces populaires de peu d'importance, produites par le travail du manœuvre, de l'ouvrier, de l'artisan, du paysan, de la « ménagère » – en un mot, tout ce qui permet, par accumulation de gestes idiosyncrasiques et familiaux, de savoir-faire de petits métiers, de constituer la trame continue de la vie ordinaire – ces empreintes sont à jamais effacées[13]. Il n'est pas inutile de rappeler ici que c'est l'écriture poétique qui reste la plus apte à créer les conditions nécessaires à la captation de ces gestes, de ces fragrances, de ces impressions constitutives du quotidien, souvent fugaces dans leur durée – un reflet sur un miroir, un rayon de soleil de juillet où dansent d'impalpables poussières, traversant les persiennes, une odeur de neige et de sapin au soir tombant, les *campenottes* [jonquilles] dans les champs au printemps du côté de Lièvremont, le goût d'un *jésu* de Morteau préparé par Marie-Félicité, longtemps fumé au *tuyé* familial et qu'on ne retrouvera plus –, mais si prégnantes dans la mémoire, apportant une preuve supplémentaire de la dimension cognitive de la littérature et spécifiquement d'une certaine poésie « de l'instant ». Parmi les poètes contemporains, c'est probablement Jean Follain qui parvient le mieux à faire ressurgir de l'oubli ces images (non métaphoriques) et surtout à créer les conditions de l'évocation d'autres lieux minuscules de mémoire intime chez le lecteur. Comme le rappelle Bertrand (1997, pp. 23-24), « [la poésie de Follain], rarement réflexive, tout entière se voue (mais la tâche est immense et coûteuse) à capter dans le quotidien des sens qui semblent s'être perdus. [...] Ainsi Follain incarne-t-il une possible poétique du banal. Encore faut-il s'entendre sur une notion dont l'évidence intuitive ne doit pas masquer la complexité des relations qu'elle instaure entre le sujet et l'objet dans un monde (moderne) appelé à générer des insignifiances répétitives, à faire du banal le lieu même du réel, selon une équivalence qui exclut tout investissement imaginaire. » Ces lieux du souvenir intime, de l'enfance, sont refondés par le regard rétrospectif que l'on porte sur eux, créant des espaces de souvenance fragmentaires, exacts parallèles individuels des parcelles de mémoire historique que constituent, au plan du groupe, les lieux de mémoire. Pourtant, au final, ces derniers ne seraient plus que des lieux *insignifiants* (des non-lieux historiques) si de regard individuel en regard individuel, une longue chaîne de visiteurs (de touristes...) ne venait réinterpréter les sites, les réinventer, les repeupler d'imaginaires belligérants ou habitants. En effet, on l'a vu, à raison

13 Pour apprécier pleinement cet oubli dans lequel sont tombés des dizaines de milliers de gestes professionnels, il faut visiter un musée consacré aux outils (par exemple la collection de la *Maison de l'outil et de la pensée ouvrière* de Troyes). On se rendra alors compte que, ni la forme, ni le nom de l'outil, ni sa destination, ne sont connus – alors que l'on dispose de fiches explicatives. C'est que le contexte lui-même s'est radicalement modifié.

de l'éloignement temporel, les sites sont dépossédés de leur valeur symbolique pour redevenir de simples paysages. Que l'on songe, par exemple, à l'oppidum d'Alésia – où Vercingétorix assiégé fut finalement battu par César – et à propos de la localisation duquel les historiens se déchirèrent durablement (s'agissait-il d'Alise-Sainte-Reine en Côte d'Or ou de Chaux-des-Crotenay dans le Jura ?[14]) ; en effet, le plateau d'Alise, dans les années 70, était recouvert de champs et de prairies où il était difficile de retrouver des traces d'occupation humaine et encore moins du siège. Dans « Le sacrifice gaulois » de Follain (1947/1969, p. 44), il y a aussi un guerrier, et une « odeur de corps nu / de métal et de blé » :

> Un gaulois dans un paysage d'été
> avec posés près d'une fourmilière
> son casque décoré d'ailes
> ainsi que son bouclier rond
> comme sont rondes tant de choses en ce monde
> descendait parfois vivant dans la tombe
> sous le regard bleu
> des druides sérieux.
> Il flottait alors une odeur de corps nu
> de métal et de blé
> qu'emportait dans sa course le ciel.

Ce texte n'a rien – absolument rien – d'un témoignage historique ou ethnographique, puisqu'il est exclusivement issu de l'imagination du poète. Néanmoins, son pouvoir évocateur est saisissant et, par sa précision et sa rémanence, il pourrait être assimilé à ce que, faute de mieux, on appellera des *souvenirs littéraires reconstruits* qui n'ont rien à voir avec les faux souvenirs bien répertoriés dans les pathologies du vieillissement, mais aussi dans les souvenirs fabriqués de certains enfants. Il s'agit plutôt d'un fonctionnement associatif impliquant certes la mémoire, puisque la création d'une image, d'une scène, puis son extension à un plus large réseau d'évocations, se fait sur la base d'un stimulus initial, d'un « embrayeur » (une photographie, un court texte, une mélodie) autour duquel se cristallisent des fragments de connaissances diverses, provenant de la mémoire à long terme ou assemblés à partir d'autres données livresques, cinématographiques, picturales, etc. Ces processus sont assez proches de ce que décrit Barthes : « Barthes développe le rapport complexe entre mémoire et roman. Toute mémoire est déjà sens, explique-t-il ; il n'y a pas de mémoire "pure, simple, littérale", jamais de neutre. "En fait, écrit Barthes, ce n'est pas la mémoire qui est créatrice (de roman), c'est sa déformation [...]. Or il y a des types de déformation mnésique plus ou moins productifs". Ainsi la mémoire proustienne est "mémoire par éclats vifs, discontinus, non liés par le Temps (subversion de la chronologie) ; ce qui est subverti, ce n'est pas l'acuité du souvenir, c'est l'ordre". » (Martin-Achard, 2007,

14 On admet actuellement que le site est très certainement celui d'Alise.

p. 3) Ce type de fonctionnement mémoriel est fort bien illustré, dans sa complexité, par cet autre poème de Follain (*ibidem*, p. 60) « Apparition de la vieille » :

> L'escalier craquait sous son pas
> son dos ployait
> sous la ramée.
> C'était la vieille ridée
> des contes de veillée
> à la chaumière intacte.
> Parfois elle revient dans la nuit de nos cœurs
> couchés dans une ville ardente
> son pain a la couleur des siècles
> ses escabeaux et ses écuelles
> forment le mobilier que gardent
> les fins greniers
> de nos mémoires.

Le brouillage des traces, conséquence de la dynamique de dissolution mémorielle, est sans doute indispensable tant au renouvellement et à la régénération du corps social qu'à ceux de la ville et du paysage en général, c'est-à-dire du domaine patrimonial (bâti et non bâti, champs de bataille, tranchées, par exemple) et du domaine rural proprement dit. On l'a vu, l'oubli est contrecarré ou ralenti par des stratégies de remémoration des saillances historiques, comme par l'évocation d'images « des contes de veillée » conservées dans « les fins greniers de [la] mémoire » qui constituent un panorama d'arrière-plan, indissociable de l'imagerie populaire et politique d'une histoire *ressentie* – ainsi de la représentation de la civilisation gauloise par les manuels d'histoire et par les plus grands représentants du roman national, tel Jules Michelet (1833/1966, p. 102), dans le premier volume de son *Histoire de France*, décrivant de façon lyrique la capitulation du vercingétorix (général en chef) – qui deviendra *V*ercingétorix :

> Les assiégés virent avec désespoir leurs alliés, tournés par la cavalerie de César, s'enfuir et se disperser. Le vercingétorix, conservant seul une âme ferme au milieu du désespoir des siens, se désigna et se livra comme l'auteur de toute la guerre. Il monta sur son cheval de bataille, revêtit sa plus riche armure, et, après avoir tourné en cercle autour du tribunal de César, il jeta son épée, son javelot et son casque aux pieds du Romain, sans dire un mot.

Le second Empire alimentera la saga, notamment à travers les œuvres de graveurs, de peintres et de sculpteurs de sujets épiques, dont la célèbre « reddition de Vercingétorix » par Léon Noël Royer (1899, musée Crosatier du Puy-en Velay), ou la gigantesque statue érigée sur le site d'Alise-Sainte-Reine (Aimé Millet, 1866).

CHAPITRE 6
RUPTURES SPATIALES ET DÉRIVES SOCIALES

Si seulement il tombait quelques bombes sur toutes ces vieilles masures qui datent du Xe ou XIIe siècle

La perte des repères traditionnels (que la fictionnalisation de l'histoire contribuait à entretenir) et le changement de perspective intervenu au tournant des années soixante, alors que s'amorce une modernisation radicale des villes, constituent des signes avant-coureurs de la mondialisation économique à venir : l'adduction d'eau est désormais généralisée, l'éclairage public se développe, l'électroménager entre dans les foyers avec les premiers réfrigérateurs et le poste de télévision prend place dans les « salons » des familles ouvrières ; le prêt-à-porter remplace la couturière[1], les objets produits en série sont désormais anonymes. C'est l'époque où les brocanteurs écument les campagnes pour troquer bahuts et buffets traditionnels (qu'ils revendent aux notables) contre des meubles de formica, « fonctionnels et faciles à entretenir » qui « libèrent la ménagère », comme le proclamait une réclame ; de nombreuses municipalités, dans le souci de « faire moderne » et de mettre l'urbanisme au goût du jour, n'hésitent pas à mettre à bas des rues entières des centres ville qui auraient pu être réhabilitées, pour ériger barres et autres immeubles de grande taille, censés apporter hygiène, confort et qualité de vie. De ces images d'objets désormais oubliés qui « s'évanouiront toutes d'un seul coup comme l'ont fait les millions d'images qui étaient derrière les fronts des grands-parents il y a un demi-siècle, des parents morts eux aussi » (Ernaux, 2008, p. 929), ne subsistent que des listes de mots sans saveur :

> Les immeubles de la Reconstruction sortaient de terre dans le grincement intermittent du pivotement des grues. Les restrictions étaient finies et les nouveautés arrivaient, suffisamment espacées pour être accueillies avec un étonnement joyeux, leur utilité évaluée et discutée dans les conversations. Elles surgissaient comme dans les contes, inouïes, imprévisibles. Il y en avait pour tout le monde, le stylo Bic, le shampoing en berlingot, le Bulgomme et le Gerflex, le Tampax et les crèmes pour duvets superflus, le plastique Gilac, le tergal, les tubes au néon, le chocolat au lait noisettes, le Vélosolex et le dentifrice à la chlorophylle. On n'en revenait pas du temps gagné avec les potages express en sachet, la Cocotte-Minute et la mayonnaise

1 Il est remarquable que dans les relevés de recensements (France) de la population (notamment ceux de 1906 et 1911), beaucoup de femmes sans profession, indiquaient néanmoins « couturière ».

> en tube, on préférait les conserves aux produits frais, trouvant plus chic de servir des poires au sirop que des fraîches et des petits pois en boîte que ceux du jardin. (Ernaux, *Les années*, 2008, pp. 948-949)

Dans le même état d'esprit, on peut citer le passage du roman de Jean Rouaud *Pour vos cadeaux* (1998) qui retrace le calvaire de la mère de l'auteur-narrateur, assiégée en son magasin de vaisselle et cernée par les Caterpillars défonçant les rues sur ordre des édiles qui mènent la modernisation des campagnes à marche forcée.

> On imagine le stratège imperator prenant son temps et, après avoir lancé un jet de fumée de sa cigarette vers le plafond, opinant doctement du chef : comme à Alésia. C'est ainsi qu'un matin frais d'automne trois pelles mécaniques prirent position devant le magasin. [...] Des jouets d'enfants surdimensionnés, jaunes sales, bien campés sur leurs chenilles, comme de puissantes catapultes, qui entreprirent de défoncer la rue et le trottoir, en plantant leur râtelier d'acier dans l'asphalte, arrachant des plaques de bitume, découvrant les sols anciens, les épluchant comme des pelures d'oignons [...]. (Rouaud, 1998, p. 170-171)

La métaphore guerrière filée dans cet épisode met en scène une corrélation entre la victoire des engins et l'épuisement de Madame Rouaud, frappée d'une leucémie : à mesure que la ville moderne émerge de ce chantier, s'amenuise la vie de la vaillante petite dame, vampirisée par ces monstres barbares au rythme des dégâts que causent, dans son magasin, les vibrations de leurs attaques en profondeur :

> Les fêtes de Noël dans son magasin déserté qui la privait de son triomphe annuel, ce fut comme un coup de grâce. Tout ce mauvais sang qu'elle s'était fait finit par l'empoisonner. Au moment où tombaient les analyses fatales, on leva le siège sur un bourg flambant neuf. Nouveau décor pour une nouvelle pièce dont il était couru d'avance qu'elle se jouerait sans elle. (*ibidem*, p. 178)

La construction de la ville est assimilée à un combat qu'il faut gagner contre le temps – on est encore, dans les années 50 et au début des années 60, dans l'idéologie de la *reconstruction*. Le 1er février 1954, sur Radio Luxembourg, l'abbé Pierre avait lancé son célèbre appel :

> Mes amis, au secours... Une femme vient de mourir gelée, cette nuit à trois heures, sur le trottoir du boulevard Sébastopol, serrant sur elle le papier par lequel, avant-hier, on l'avait expulsée... Chaque nuit, ils sont plus de deux mille recroquevillés sous le gel, sans toit, sans pain, plus d'un presque nu. Devant l'horreur, les *cités d'urgence*, ce n'est même plus assez *urgent* ![2]

Le petit film de propagande gouvernementale *La cité des hommes* (1966) réalisé par Frédéric Rossif, (*cf.* Canteux, 2007) s'inscrit dans la même perspective. Comme le texte de l'abbé Pierre, le commentaire « poétique » de Roger Macé, dit

2 <http://www.cnle.gouv.fr/IMG/pdf/Appel_de_l_Abbe_Pierre.pdf>. C'est nous qui soulignons.

par Jean Topart, insiste sur l'urgence qu'il y a à construire des villes nouvelles, égalitaires, aux « logements alignés », Sarcelles par exemple :

> Voici 10 000 logements égaux, alignés, et tous avec l'eau chaude, tous avec une salle-de-bain. C'était le plus urgent. Le soir, la ville se gorge d'hommes. Dix minutes dans le train n'ont pas suffi à lier leur destin. Derrière les fenêtres du dortoir, les lumières éclairent le repas du soir et l'isolement devant les postes de télévision. Au matin, les maisons restituent les hommes qui les ont saturées la nuit. Il faut faire vite, créer du travail, construire des maisons, des routes, des écoles. Un travail immense s'accomplit, une conquête jalonnée de chiffres et de bulletins de victoire. Sur la terre nue, 2 millions d'ouvriers en ordre de combat, avec 12 millions de tonnes de briques, 20 millions de tonnes de ciment, 40 millions de tonnes de béton. Le grincement des poulies, les cris des ouvriers qui se déplacent sur les vergues des échafaudages, et l'on pense à tous ces grands paquebots de pierre avec leurs tours comme des cheminées dans le ciel. [...] En une génération, autant de logements qu'il en existe aujourd'hui dans la France entière. Demain cadre naturel pour l'homme. Silence et intimité de l'abri, agitation stimulante des lieux de rencontre et d'échange, image symbolique de la cité [...].[3]

Bien que ce ne soit certainement l'intention, ni des commanditaires, ni de Rossif, on pense irrésistiblement aux discours foisonnant de chiffres et aux « bulletins de victoire » des régimes totalitaires vantant des performances *planifiées* censées avoir été réalisées en un temps record[4]. Derrière les métaphores marines des ouvriers à l'œuvre sur les « vergues » des « paquebots » en construction, et le vœu pieux de « constitution d'un cadre *naturel* pour l'homme », où le *silence* et *l'intimité* des appartements opérerait un heureux contraste avec « *l'agitation stimulante des lieux de rencontre et d'échange* », c'est une déconfiture annoncée qui se profile : les ouvriers et les employés rejoignent un *dortoir* et s'isolent déjà devant un écran, avant de s'engouffrer derechef dans un train de banlieue ; des ménagères secouent draps et torchons aux fenêtres d'immeubles désertés dont elles s'activent à nettoyer les carreaux, perpétuant l'image de la femme au foyer. Dès 1960, Henri Lefebvre (pp. 187-188), avait d'ailleurs émis des réserves massives :

> Sur les cités composées de maisons individuelles et les banlieues de pavillons sur lotissements, des équipes d'enquêteurs (au premier rang desquels les sociologues d'Économie et Humanisme) ont dit l'essentiel ; ils ont dressé de véritables actes d'accusation. L'idéologie paternaliste n'atomise pas les sociétés en individus, à la manière de l'individualisme ; elle la représente comme une somme d'entités : une collection de familles. Cette idéologie se révèle d'autant plus nocive et destructrice de la vie sociale que les gens ainsi amassés ont moins de traditions collectives, urbaines ou non. Dans les corons du Nord, une vie sociale intense a sa source dans les conditions du travail minier ; elle se maintient hors de la mine, dans la vie quotidienne et jusque dans les loisirs. Cette activité sociale s'estompe ou disparaît lorsque des ouvriers, travaillant dans des industries plus récentes, sans traditions, sont assemblés en cités-dortoirs ou cités-ghettos (ou « clapiers », suivant l'énergique expression des sociologues d'Économie et Humanisme, qui ont étudié le Péage-de-Roussillon, les cités

3 Texte transcrit par les auteurs, à partir de la bande son.

4 Sur le cas albanais, à l'époque de Hoxha, voir Bonnot, 2012.

de la Moselle, etc.). De telles cités manquent inévitablement d'équipements collectifs et même d'équipements individuels (chauffage, etc.). Ces équipements y reviennent trop cher. Le seul souci d'une extension des marchés pour les biens de consommation durable suffirait à les condamner.

Lefebvre s'en prenait d'abord aux lotissements qui, dans l'entre-deux guerres, avaient été construits de façon anarchique, et qui faute de confort suffisant et de gestion rationnelle de l'espace, s'étaient rapidement transformés en zones de grande pauvreté, avec des maisons délabrées, entourées de jardins jonchés de débris hétéroclites et de cabanes diverses, par exemple à Chennevières-sur-Marne, à Ormesson, ou à Drancy – ce nonobstant, ces solutions étaient préférables aux bidonvilles qui surgissaient un peu partout, celui de Nanterre constituant un archétype. Anaïs Nin, dans son journal (août 1936), donne une description de première main de ces marges sociales – il s'agit vraisemblablement de Saint-Ouen :

Rango [son amant péruvien, Gonzalo More[5]] m'avait emmenée visiter le village des chiffonniers. Ils habitent juste au-delà d'une des portes de Paris, près des Gitans, sur un vaste terrain vague dans des baraques de tôle, de carton et de journal. Les Gitans habitent dans leurs pittoresques roulottes [...] Les allées ont un mètre de large et ont des clôtures de chaque côté fabriquées avec des traverses de chemin de fer pourries. Baraques branlantes et de guingois, ouvertes au froid et au vent. Hommes et femmes vivent dans la boue, dorment sur des piles de chiffons. Bébés couchés sur des sacs à pommes de terre. Tout le rebut de la cité empilé en monceaux, chiffons, poupées désarticulées, bouts de tuyau, bouteilles, objets sans forme [...]. Entre les baraques sont les charrettes des Gitans grouillantes de familles nombreuses. Parmi elles se trouvait une jolie maison rouge et noire, avec un jardin miniature, entouré d'une clôture. Dans le jardin poussaient des tournesols géants, et il était rempli de pigeons, d'oiseaux en cage, de colombes. C'était la maison de Django, le guitariste que Rango connaît bien. [...] Derrière la maison se trouvait la roulotte de bohémien de Django. Nous le trouvâmes là, en train de jouer. (1936/1970, pp. 169-170)

Cet état de fait est ancien, car très près de Paris et même intra-muros, la zone existait déjà sous le Second-Empire, comme en témoigne cette description de Clignancourt vers 1860, par les frères Goncourt, dans *Germinie Lacerteux* :

Alors commençait ce qui vient où Paris finit, ce qui pousse où l'herbe ne pousse pas, un de ces paysages d'aridité que les grandes villes créent autour d'elles, cette première zone de banlieue intra-muros où la nature est tarie, la terre usée, la campagne semée d'écailles d'huîtres. Ce n'était plus que des terrains à demi clos, montrant des charrettes et des camions les brancards en l'air sur le ciel, des chantiers à scier des pierres, des usines en planches, des maisons d'ouvriers en construction, trouées et tout à jour, portant le drapeau des maçons, des landes de sable gris et blanc, des jardins de maraîchers tirés au cordeau, tout en bas des fondrières vers lesquelles descend, en coulées de pierrailles, le remblayage de la route. [...] Au bout de cela, l'on tournait, pour aller traverser le pont du chemin de fer, par ce campement de chiffonniers, le quartier des limousins du bas de Clignancourt. Ils passaient vite contre ces maisons bâties

5 <http://anaisninblog.skybluepress.com/tag/gonzalo-more/ Consulté le 27/04/14>.

> de démolitions volées, et suant les horreurs qu'elles cachent ; ces huttes, tenant de la cabane et du terrier, effrayaient vaguement Germinie : elle y sentait tapis tous les crimes de la Nuit. Mais aux fortifications son plaisir revenait. (1865/1886, pp. 71 72)

On peut encore citer, dans le même registre, un passage de *L'Agonie du vieux Paris* d'Albert Callet (1911, p. 105) :

> Dans le gazon, rare et sordide, pelé comme un dos de chameau, croissent en abondance des plantes parasites, qui viennent on ne sait d'où, les saxifrages, la bardane, la folle avoine, les chardons et la laitue vireuse, que les anciens appelaient la viande des morts parce qu'elle croît dans les cimetières. Au penchant du coteau, bossué de tas d'ordures, pailleté de rognures de zinc et de copeaux de clinquant, dans ce fumier étrange de banlieue fait de boîtes à sardines [Les chiffonniers utilisaient des boîtes de sardines vides, remplies de terre, en guise de briques] et de peaux de lapins, flambe un coquelicot et frissonne un pissenlit. Dans les ravines de ce terrain effrité, brûlé, aride, éclatent, au milieu de balayures de jardins, la digitale pourprée et la balsamine incarnat.

Ces bidonvilles seront encore présents au milieu des années 60 (255 bidonvilles pour l'ensemble de la France, dont 62% à Paris et en banlieue [47000 personnes]). Il faut souligner que l'ensemble des sites était pluriethnique, composé à 42% de Maghrébins, à 21% de Portugais, à 6% d'Espagnols et à 20% de Français – ces derniers occupant à 80% l'îlot de Noisy-le-Grand (Gastaut, 2004, n.p.). Dans *Meurtres pour mémoire*, Didier Daeninckx livre sa vision des mêmes lieux, en 1961:

> Il lui fallait traverser le canal Saint-Denis et longer les cabanes de bois et de tôle qui avaient envahi les berges. Le pont faisait une bosse, et par temps clair, on voyait le Sacré-Cœur en entier, derrière l'énorme cheminée en brique rouge de Saint-Gobain [...] Il traversa l'avenue Adrien-Agnès pour s'enfoncer dans le quadrillage serré du bidonville. Quelques Français occupaient encore les maisons situées en périphérie. Deux vieilles femmes, de larges cabas de toile cirée à la main, discutaient à voix haute des mérites comparés de l'huile Dulcine et de la margarine Planta. Le café-épicerie du « Breton » était vide hormis un jeune garçon qui jouait au flipper. « Chez Rosa », « Chez Marius », « Café de la Justice », « L'Amuse-Gueule », « Le bar du Gaz ». Les cafés, plus misérables les uns que les autres, se succédaient maintenant. Au fil des années, les propriétaires avaient revendu leur affaire à des Algériens et ceux-ci conservaient l'enseigne d'origine. Seule exception, le « Djurdjura », dernier commerce avant le quartier espagnol. (Daeninckx, 1984/2010, p. 402)

Brunet (1985, p. 651) note que Drancy passe de 776 habitants en 1906, à 4190 en 1911 et 15582 en 1921, pour atteindre 51156 habitants en 1931. Ajoutons qu'en 2010, la ville comptait 66410 personnes. L'essentiel de la croissance urbaine a donc eu lieu dans l'entre-deux guerres. Brunet explique que les maisons « loties », conçues pour faire face à l'augmentation foudroyante de la population périurbaine de la ceinture parisienne, étaient érigées sur de très petites parcelles de 200 à 300 m^2, et comme « certains [acquéreurs] étaient pressés d'avoir leur maison, mais ne disposaient que de ressources modiques, ils construisirent parfois de leurs mains, avec des matériaux de fortune, des habitations sommaires qui, au moins au début, les apparentaient aux bicoques hétéroclites de la zone. Quant au confort, il était rigoureusement inexistant : ni eau courante, ni électricité, ni évacuation des eaux usées, ni égout ; et à la première pluie les chemins d'accès se transformaient en bourbiers. » Il s'agissait en quelque sorte d'un prolongement des bidonvilles ; ces lotissements sinistres s'opposaient à des réalisations plus raisonnées, telles les cités-jardins de Suresnes, Stains ou Champigny, « censées présenter le prototype de l'habitat du salarié banlieusard » (Fourcaud, 2003, p. 66), et dérivées des principes édictés par l'urbaniste britannique Ebenezer Howard (1850-1928), à qui sont dues les premières cités-jardins.

La vision de Louis-Ferdinand Céline est complémentaire de celle de Nin ; dans *Voyage au bout de la nuit*, initialement paru en 1932, il donne à voir le versant « résidentiel » de ces banlieues de l'après Grande Guerre, qu'il a bien connues : Vigny-sur-Seine, une ville imaginaire de la banlieue nord de Paris, est située dans l'ancienne et très vaste Seine-et-Oise, qui constituait le second anneau entourant la capitale, après le premier cercle du département de la Seine :

> Vigny-sur-Seine se présente entre deux écluses, entre ses deux coteaux dépouillés de verdure, c'est un village qui mue dans sa banlieue. Paris va le prendre.
> Il perd un jardin par mois. La publicité, dès l'entrée le bariole en ballet russe. La fille de l'huissier sait faire des cocktails. Il n'y a que le tramway qui tienne à devenir historique, il ne s'en ira pas sans révolution. Les gens sont inquiets, les enfants n'ont déjà plus le même accent que leurs parents. On se trouve comme gêné quand on y pense d'être encore en Seine-et-Oise. Le miracle est en train de s'accomplir. La dernière boule de jardin a disparu avant l'arrivée de Laval aux affaires et les femmes de ménage ont augmenté leurs prix de vingt centimes de l'heure depuis les vacances. Un bookmaker est signalé. La receveuse des Postes achète des romans pédérastiques et elle en imagine de bien plus réalistes encore. Le curé dit merde quand on veut et donne des conseils de Bourse à ceux qui sont bien sages. La Seine a tué ses poissons et s'américanise entre une rangée double de verseurs-tracteurs-pousseurs qui lui forment au ras des rives un terrible râtelier de pourritures et de ferrailles. Trois lotisseurs viennent d'entrer en prison. On s'organise. (1932/1981, p. 422)

Outre ce que l'on sait de la conception du roman par Céline, on dispose d'un indice : Pierre Laval, auquel il est fait allusion, est devenu maire d'Aubervilliers en 1923, et sera ministre des travaux publics dans le gouvernement Painlevé en 1925. Il y est question des lotisseurs peu scrupuleux, de la pollution de la Seine et du changement rapide des mentalités, avec cette fine observation du narrateur : « les enfants n'ont déjà plus le même accent que leurs parents » ; autrement dit, ils ont désormais l'accent caractéristique de la banlieue – qu'on pouvait encore entendre dans les années 60 et 70 (et dont il est inutile de préciser qu'il n'avait rien à voir avec l'accent des cités), et non plus celui de la campagne, lorsque les bourgs entourant Paris étaient encore verdoyants. Vers la même époque, à Rancy – que Godard, dans la notice de la Pléiade, identifie avec Clichy-la-Garenne, c'est la même atmosphère désespérante qui domine :

> Les maisons vous possèdent, toutes pisseuses qu'elles sont, plates façades, leur cœur est au propriétaire. Lui on le voit jamais. Il n'oserait pas se montrer. Il envoie son gérant, la vache. [...]
> La lumière du ciel à Rancy, c'est la même qu'à Detroit, du jus de fumée qui trempe la plaine depuis Levallois. Un rebut de bâtisses tenues par des gadoues noires au sol. Les cheminées, des petites et des hautes, ça fait pareil de loin qu'au bord de la mer les gros piquets dans la vase. Là-dedans, c'est nous.
> [...] Au bout du tramway voici le pont poisseux qui se lance au-dessus de la Seine, ce gros égout qui montre tout. Au long des berges, le dimanche et la nuit les gens grimpent sur les tas pour faire pipi. (*ibidem*, p. 238)

Ce décor de « rebut », « pisseux » et « poisseux » correspond en tous points à la description donnée par Brunet de cette zone transformée en bourbier à la moindre averse et explique, au moins en partie, les choix ultérieurs d'un urbanisme collectif de type « tours et barres ». À ceci s'ajoute que le coût d'un habitat pavillonnaire de qualité était élevé et que l'échec des cités d'urgence (des « taudis neufs ») construites en réponse à l'appel de l'abbé Pierre, appelait une autre solution (Fourcaut, 2004, p. 205). De son côté, la presse généraliste apporte sa contribution et des articles hostiles aux grands ensembles ne tardent pas à apparaître dans les pages des quotidiens et même dans les magazines de vulgarisation scientifique : Vadelorge (2006, p. 68) signale qu'« en septembre 1959, le mensuel *Science et Vie* titre : "Psychiatres et sociologues dénoncent la folie des grands ensembles." [...] On reconnaît ici le fameux thème de la sarcellite [...]. »

Une partie de la population (on ne peut l'en blâmer), et tout particulièrement les fractions les moins favorisées du point de vue culturel, adhère cependant à ces projets de façon assez positive. Il n'est que de revoir, dans les archives de l'INA, le reportage sur les « premiers occupants des HLM de Planoise » (1965) à Besançon[6], pour se convaincre que les heureux élus, pour la plupart des autochtones issus des quartiers historiques du centre-ville, plébiscitaient ce nouvel habitat, aux appartements « bien conçus », où « il y avait de la place »[7]. Au tournant du vingtième siècle, les politiciens en charge de la ville sont donc amenés, par nécessité (accroissement démographique), par conviction, et très certainement par électoralisme, à s'intéresser aux logements sociaux : en France, la « voix du peuple » se fait entendre de manière plus insistante, à l'extrême-droite comme à l'extrême-gauche ; la syndicalisation s'affirme. Ainsi, peut-on lire sous la plume d'Henri Sellier, ministre de la santé du front populaire et grand promoteur de cités-jardins :

6 On conviendra que cette ZUP (zone à urbaniser par priorité) fut construite dans un endroit totalement désert, sur des terrains agricoles, et n'entraîna aucune destruction majeure.

7 Il faut tout de même se demander si les témoignages négatifs n'ont pas été tout simplement écartés dans un certain nombre de ces « documentaires », qui, rappelons-le, étaient commandités par des organismes officiels.

> L'urbanisme social se doit d'organiser un meilleur aménagement de l'humanité, vers un niveau de lumière, de joie et de santé, un meilleur rendement économique car il y a urgence à défendre la race dans tous les domaines contre la certitude de dégénérescence et de destruction que les lamentables statistiques de la natalité, maladie, mort, laissent apparaître : 18 % de la perte du revenu national est due à la maladie[8].

En 1937, alors qu'il n'était plus ministre, le sénateur Sellier comparait la situation des villes, qui lui semblait être en nette amélioration, à celle des campagnes, où il reconnaissait que beaucoup restait à faire en matière de confort et d'hygiène :

> [...] tout travail pratique d'urbanisme, qui ne veut pas s'en tenir à des considérations intéressantes sans doute mais superficielles, de folklore architectural, de tradition pure, doit avoir pour fin l'adaptation de l'habitation rurale aux règles scientifiques d'hygiène, concernant l'homme et les animaux. [...] Dans les villes, la lutte contre le taudis s'est engagée et poursuivie parce que l'accumulation d'horreurs et de misères a soulevé les cœurs, ému les consciences. La ferme isolée, délabrée, avec son coq rutilant conduisant les poules au fumier de la cour, peut encore sembler faire partie intégrante du paysage. Et y ajouter un élément de pittoresque. Dans les campagnes à population décroissante, rien n'a poussé les pouvoirs publics à construire les nouveaux logements où la population ouvrière des villes trouve des conditions normales d'hygiène. Les fils s'y contentent du logis des pères et nombre de paysans, en Europe, vivent dans des logements mal entretenus, que leurs ancêtres bâtirent il y a déjà quelque deux ou trois cents ans. [...] Si la ville se rajeunit, si l'ouvrier y trouve une habitation plus saine qu'il y a un demi-siècle, il est urgent que les mêmes formules soient appliquées aux villages. La terre ne meurt pas et la nôtre surtout est riche d'un potentiel de production que d'autres nous envient. Qu'on lui conserve ceux qui lui sont attachés et qui devraient partout trouver auprès d'elle les conditions d'une santé robuste, que notre climat privilégié, si nous y aidions quelque peu, devrait généreusement leur offrir. (1937, pp. iv-v)

L'amélioration des conditions d'hygiène est clairement d'abord urbaine, comme le montre cette observation de Bourdelais et Fijalkow, concernant la création de bureaux municipaux d'hygiène et son incidence à long terme sur les villes d'une certaine importance : « La création très précoce, et surtout volontaire, avant la loi de 1902, d'un Bureau d'hygiène semble peser sur les caractéristiques de l'action sanitaire municipale, un siècle plus tard. Ainsi, constatons-nous que les villes développent d'autant plus des projets sanitaires tournés vers le quartier ou associés à des actions envers la population et la réhabilitation du bâti que son Bureau d'hygiène a été créé avant 1902 et qu'il s'agit de villes importantes (plus de 50000 habitants). » (2004, p. 110)

Dans *Cités perdues*, Didier Daeninckx donne un aperçu de ce type de cité de banlieue de la « première vague » en voie de dégradation rapide :

8 Cité sans référence par plusieurs sites fiables, par exemple : <http://www.archi-strasbourg.org, et <college-sellier.etab.ac-caen.fr>.

> – J'ai fait équipe pendant six mois avec Mongin, sur Stains et Villetaneuse. Notre indic était le patron de la pizzeria Nessuno, dans la cité-jardin, à deux pas de la mairie. [...]
> Moins d'une heure plus tard, Drovic déambulait dans un quartier d'immeubles bas, de pavillons entourés de jardinets, le tout édifié en ciment teinté, une gamme qui allait du jaune biscotte au pain d'épices. Une cité idéale implantée au milieu des vergers, au cours du premier tiers du siècle d'avant, quand on pensait encore que le rêve d'Alphonse Allais, bâtir les villes à la campagne, était de l'ordre du possible. Avant que ça prolifère. La confiance en l'avenir était telle, alors, que les noms des commerces étaient gravés dans le béton. « Boucherie Garaud », « Boulangerie Desplats », « Droguerie des 4 couleurs »... Certains demeuraient encore visibles, d'autres débordaient d'une lettre ou deux de chaque côté des plaques de bois ou de plastique sérigraphiées qu'on accrochait à la hâte, au fronton, le temps d'un bail. Le bar-pizzeria Nessuno avait succédé à une mercerie qu'on avait crue promise à l'éternité. (2005, pp. 136-137)

La prise de conscience « hygiéniste » et politique vient de loin. À Paris comme dans d'autres grandes villes, certaines zones sont fortement associées à la présence endémique ou épidémique de maladies urbaines : le choléra ravage Paris à plusieurs reprises au cours du XIXe siècle (Lévy-Vroelant, p. 730). En 1849 comme en 1832, ce sont les plus modestes qui succombent (portiers, tailleurs, cordonniers, journaliers, chiffonniers, ramoneurs, maçons, etc.) ; les déplacements de population, l'embourgeoisement (*vs.* la paupérisation) de certains arrondissements expliquent en outre la mobilité géographique des épidémies suivant les époques (Le Mée, 1998, p. 383). À propos de celles recensées à Rouen, et particulièrement à propos du choléra de 1849, le Dr Vingtrinier (1850, pp. 14-15) écrivait :

> Ce n'est pas seulement dans les rues et les marchés que se trouvent les foyers d'émanations méphitiques qui attirent et développent les causes actives des épidémies. Un plus grand nombre de ces foyers se trouvent dans certaines maisons d'habitation ; on est surpris autant qu'affligé, en visitant ces maisons, de voir jusqu'à quel degré de saleté les habitants laissent arriver le lieu de leur séjour habituel. Les ruisseaux des cours, les plombs, les escaliers et surtout les latrines sont si négligés, qu'on s'étonne de ne pas y voir naître plus souvent la maladie et la mort.

On observera que la responsabilité est d'abord attribuée aux habitants eux-mêmes, c'est-à-dire aux plus pauvres qui, à l'évidence, n'ayant pas un sou vaillant, ne peuvent entretenir les immeubles qu'ils occupent et qui ne leur appartiennent pas. Une telle attitude, typique de l'époque (mais dont certains traits persistent à l'heure actuelle, il suffit d'évoquer les « marchands de sommeil ») perdurera jusqu'à la fin du XIXe siècle, avec la bénédiction d'une majorité de la population qui craint tout changement : les bourgeois ne veulent pas de charges supplémentaires et les chiffonniers appréhendent de perdre leur gagne-pain. Szumeraj (1999, p. 80) observe que « la ville [de Paris] souffre en effet, avant l'arrivée [du préfet de police] Poubelle [en 1883], de lacunes terribles dans le domaine de l'hygiène, bien que les thèses des hygiénistes (tant médecins, que professeurs, techniciens, ingénieurs) prennent beaucoup d'ampleur. Mais aucun concours ne peut être espéré de la part de la population qui estime pouvoir tout attendre de l'administration. » Fijalkow (2004, p. 96) montre que le dénombrement de 1906 réalisé à Paris, met en évidence en grand nombre des îlots insalubres et censément tuberculeux « [qui] correspondent non seulement à la traduction de la question sociale sous une forme sanitaire et territoriale, mais aussi à des "aires morales" […]. Ainsi, ils désignent l'implantation de populations indésirables. À proximité du marché des Halles, l'îlot Saint-Merri […] vient au premier rang des îlots mortels avec sa population flottante et ses garnis. Il est suivi (par ordre de risque décroissant) de l'îlot Saint-Gervais […] dont les hôtels meublés et le ghetto juif à quelques pas de l'Hôtel de Ville renforcent la peur de la maladie. Pour Saint-Victor […] le nombre d'hôtels meublés inquiète autant que sa population marginale de clochards ». Dans l'entre-deux-guerres, c'est effectivement la tuberculose qui mobilisera les énergies et terrorisera les familles (voir aussi Fijalkow, 1998a, 1998b). En 1942, une visite d'un immeuble de la rue Saint-Merri, incubateur supposé de bacilles de Koch, est ainsi décrite par la commission des logements insalubres :

> Cet immeuble dont la construction date de 1600 est surtout insalubre du fait de sa vétusté et de son manque d'entretien. Il est mûr pour la démolition […] La toiture s'effondre en partie. Son état est tel qu'il est impossible de le réparer d'une manière efficace. Les parties communes sont très sales. Par suite de l'état du gros œuvre, il paraît impossible de remettre ses parties communes en état de propreté […] les deux pièces du 6e étage correspondent à un grenier transformé en logement ; il convient de l'interdire à l'habitation. (Cité par Levy-Vroelant, *op. cit.*, p. 730)

Ce point de vue à la fois social, hygiéniste *et* eugéniste – les deux derniers termes étant fréquemment associés – est bien implanté dans la population, et sans doute particulièrement vivace dans les classes intermédiaires des fonctionnaires et des employés supérieurs, ayant reçu une certaine éducation, dans le primaire (brevet élémentaire ou supérieur) ou dans les écoles normales. Ces groupes portent un regard souvent critique sur la société, aspirent à plus de confort, mais ne disposent que de moyens financiers très limités. Nous reproduisons un extrait d'une lettre d'une institutrice de Montbéliard, Marcelle Chabos, adressée à sa famille en 1935, alors qu'elle a rejoint pour quelques jours son mari, qui vient d'être promu inspecteur des postes à Joigny. Marcelle semble fort peu préoccupée par la conservation du patrimoine ; eau courante, chauffage, toilettes modernes (avec chasse d'eau), propreté des locaux, aménagement urbain commode (pas de pavés) paraissent être au centre de ses préoccupations :

Joigny, samedi matin 20 avril [1935]

[…] Je vous assure qu'ici les gens ne se cassent rien pour le ménage. La ville n'est pas agréable et les rues pavées éreintantes. Je crois que c'est difficile de trouver une pension convenable. […] Heureusement qu'il ne fait pas froid, la vieille ne fait de feu nulle part. La poste est dégoûtante, mais les employés ont l'air bien gentil. […] Les draps du lit n'ont pas été changés depuis l'arrivée d'Henri, ils sentent la sueur. On est éclairé avec un quinquet de lampe et malgré le carreau rouge les puces [Les puces étaient censées être repoussées par le carrelage rouge (tomettes)] m'ont grimpé dans les jambes et piquée une bonne partie de la nuit. Je viens de faire le lit et laver les ustensiles du lavabo qui étaient crasseux, j'ai descendu le seau. La vieille (60 ans) dit toujours « qu'alle a fatiguée, alle tient pu sur ses jambes », mais elle peut rester 2 h à causer sur le trottoir. […] *Si seulement il tombait quelques bombes sur toutes ces vieilles masures qui datent du X*e *ou XII*e *siècle. S'il y a des familles de punaises depuis ce moment-là !* Je vais aller au marché avec la vieille. Il faut descendre un tas de rues pour arriver au bord de l'Yonne. (Fonds Henri Chabos – Jean-François P. Bonnot)

Le Bijlmermeer et autres « décors ciment »

Les formulations « meilleur aménagement de l'humanité », « la joie et la santé », « la population ouvrière des villes [qui] trouve des conditions normales d'hygiène » qu'évoquait Henri Sellier, peuvent être diversement interprétées : d'une part, elles font écho à une volonté sincère d'améliorer le quotidien des populations en relevant le niveau de vie (c'était sans nul doute la position de Sellier) ; mais d'autre part, c'est aussi l'idée de « régénération de la race » qui pointe. Il n'était certes pas prévisible que la *Cité de la Muette*, cité-jardin érigée à Drancy entre 1931 et 1934 par Lods et Baudoin pour le compte des HBM de la Seine (habitations à bon marché, ancêtres des HLM) à la demande de Sellier, serait transformée en camp de concentration – 83% des juifs ensuite déportés et gazés à Auschwitz y furent regroupés. Mais ce n'est pas non plus un hasard si ce fut le cas. La cité, et tout particulièrement le bâtiment en U, dont seul le gros-œuvre était achevé lorsqu'il a servi de camp, ne présentait aucun confort et était déjà un espace concentrationnaire. Pour Wieviorka et Laffitte (2012, n.p.),

[En 1939] la cité de la Muette inaugure son histoire de lieu d'internement. Elle sembla pouvoir s'y adapter avec une très grande facilité : un large espace ouvert, encadré de bâtiments, surplombé par des gratte-ciel où sont logées les forces de l'ordre. Il suffit d'entourer de barbelés la « cour d'entrée » dont le chantier a été interrompu, et la cité devient un camp. Les premiers détenus auraient été, de septembre 1939 à mai 1940, des communistes, dont le parti a été interdit à la suite du pacte germano-soviétique.

Il n'est pas inutile de rappeler (Bourgon, 2003, p. 31) qu'au début des années 2000, ce secteur servait toujours de logement d'urgence pour 500 personnes presque toutes isolées, les appartements ne se composant que d'une ou deux pièces et étant très peu accueillants. Le classement comme monument historique a d'ailleurs eu des effets pervers car il a interdit le remplacement des fenêtres d'origine de Jean Prouvé par des huisseries modernes qui auraient garanti un meilleur confort thermique et acoustique[9]. (Bourgon, *ibidem*)

Bien qu'elle soit le lieu d'une mémoire atroce et qu'elle demeure une zone d'exclusion, il n'est pas question de nier que la cité de la Muette, à l'instar d'un certain nombre d'autres réalisations comparables, a été un événement *majeur* dans l'histoire de l'architecture contemporaine. Il en va de même d'un autre ensemble plus tardif et presque aussi célèbre, quoique son histoire soit heureusement moins dramatique. Il s'agit du fameux Bijlmermeer, au sud-est d'Amsterdam, qui peut être considéré comme un *retour de l'îlot*, sous une forme gigantesque, hors les murs de la cité. À partir de 1975 – date de l'indépendance de la Guyane néerlandaise – un grand nombre de Surinamiens trouvèrent un refuge économique et politique aux Pays-Bas, et ce qui devait être une agréable cité-jardin devint rapidement le lieu de toutes les rumeurs. Conçu comme une réconciliation de la nature et de l'architecture de logements de masse, ce quartier est resté emblématique dans l'histoire de la sociologie urbaine (van Zandbergen, 2005 ; Helleman et Wassenberg, 2004 ; Smets et den Uyl, 2008). En 1976-1977, l'un des auteurs de ce livre (JFB) a vécu dans ce quartier durant un peu plus d'un an (après quoi il déménagea à Hoorn), alors qu'il venait d'arriver aux Pays-Bas pour occuper un poste à l'Université d'Amsterdam. Il eut l'occasion de rencontrer un certain nombre de personnes plus ou moins déclassées ou marginalisées, provisoirement ou durablement, et d'expérimenter sur le terrain cette notion d'agrégation à d'autres groupes – celui des non-résidents du Bijlmermeer, et celui du groupe des « intellectuels » francophones ou ayant une très bonne compétence en français. Ainsi, l'une de ses connaissances, un homme originaire du Maghreb, qui se disait réfugié politique et dont l'épouse néerlandaise avait été agressée dans le « parc », lui avait conseillé d'apposer sur la porte de son logement une carte de visite indiquant son titre tout récent (Dr.) car les Néerlandais étaient, en tout cas à l'époque, très portés sur la mention des grades universitaires. JFB n'en a rien fait, car cela aurait certainement provoqué des réactions, le cas échéant peu amènes. L'exemple, qui paraît anodin, met bien en lumière les tensions qui peuvent naître et les solutions dérisoires qui sont trouvées, et quelquefois mises en œuvre par les agents.

François Bon, dans un roman publié en 1988, *Décor ciment*, dépeint fort bien ces lieux conçus avec ingéniosité, et devenant au fil des années des coquilles vides partiellement ou totalement ghettoïsées. L'un des narrateurs du roman, la

9 Depuis 2012, est intervenu un classement comme *lieu de mémoire*. On observera que les camps d'internement des Tziganes, sous le régime de Vichy et l'occupation nazie, n'ont pas bénéficié du même traitement médiatique et institutionnel, pérennisant, contre vents et marées, une image repoussoir des gens du voyage. Voir Filhol, 2007.

gardienne d'immeuble Isa Waertens, décrit cette architecture désespérante de bons sentiments aux conséquences dramatiques :

> Gardienne arrivant ici, quinze ans de ça et toute cette misère démoulée de frais (ça a bien duré trois ans avant la pisse dans les ascenseurs, et personne ne savait l'issue bouchée, impossible). [...] ça donne ici sur l'autre côté des bâtiments, la rue six mètres en dessous quand mon balcon est juste sur la dalle. Et la rue même passe en dessous chez nous, entre les piliers de ciment qui portent vingt étages plus haut nos murailles trouées. C'était prévu comme ça, leur rêve, un niveau piéton et courses, un niveau voitures et voiries, pas de danger pour les enfants et la tôle reléguée où elle le mérite : mais les parkings personne n'y laisserait son auto, ils ne servent qu'aux déshabillages (à l'Office, j'insiste sur le pluriel) ; chaque lundi les pompiers viennent avec leur grue extraire les véhicules volés l'avant-veille, plaques arrachées avec le reste [...] C'est chaque lundi qu'ainsi on redécouvre la terrible inertie de ce qui est pauvre et pourtant se reproduit à l'infini, lourde roue sous nos planchers qui tire tout à elle vers le bas, les gosses ici ne passent pas les mêmes tests que dans les autres écoles et elles n'en peuvent mais, celles qui en bas de la voie ferrée dans les préfabriqués tremblants s'y usent, on y change trois fois l'an de portes et de serrures et autant de fois tout y est brisé, gosses condamnés d'avance à la maternelle déjà et c'est à moi que les mères font appel [...]. (1988, pp. 58-59)

Il faut à nouveau souligner que la notion de *lieu inhabitable* est très fortement subjective, comme l'illustre cette réaction d'August Willemsen, qui avait une tendresse particulière pour cet endroit qu'il n'aurait pas envisagé de quitter (Willemsen, 1993, n.p.) :

> Je ne pourrais plus quitter ce monde riche en couleurs et en variété vestimentaire, pas plus que la sérénité et le sentiment d'espace dont je jouis ici. Et je sais que je ne suis pas le seul. Pour l'observateur extérieur, le Bijlmermeer est un quartier maudit. Les médias, surtout, l'ont systématiquement dénigré, le stigmatisant comme un nid de criminalité, un endroit où « on n'habite pas » – en tout cas pas les écrivains ou les artistes (encore que j'en connaisse quelques-uns ici). La presse écrite l'a appelé « vide-ordures d'Amsterdam » ou lui a prédit un « avenir complètement bouché » ; un échevin – du logement, s'il vous plaît – a parlé d'« appartements à pleurésie » ; le professeur américain Oscar Newman[10], qui daignait expliquer pour 25000 florins comment on rase un ghetto, a été appelé à la rescousse en 1979 et a recueilli un franc succès en prononçant ces quelques mots : « Tant de pauvres gens de couleur, avec leurs enfants, dans ces immeubles anonymes, cela ne peut mener qu'à la misère ! »

Willemsen parle de « monde riche en couleurs », de « sérénité » et de « sentiment d'espace » tout en reconnaissant que, vu de l'extérieur, « le Bijlmermeer est un quartier maudit »[11]. En fait, ce qui est probablement à l'œuvre ici, c'est que le Bijlmermeer, comme les Minguettes, comme certains quartiers de Detroit, en

10 Une des idées d'Oscar Newman était de ramener les gens en ville, en améliorant les conditions résidentielles dans les centres, par exemple par fermeture et privatisation de certaines voies publiques. Il n'était toutefois nullement dans l'intention de Newman de briser le lien social entre les diverses fractions de la population (Charmes, 2004).

11 La restructuration complète du quartier, qui est passée par la démolition de la plupart des bâtiments originaux, et par une mise en relation efficace avec le centre d'Amsterdam, semble

même temps qu'ils présentent d'évidents défauts de conception, sont des espaces urbains où tout fait sens, mais où les habitants ou les visiteurs ne disposent que de codes d'interprétation très partiels qui, presque aussi sûrement qu'à l'occasion d'une discussion avec des Pueblos au sujet du temps (d'horloge), entraînent au mieux des quiproquos, et dans bien des cas une incompréhension totale. Le point de vue de Willemsen fournit d'ailleurs une illustration typique de cette vision tronquée ; sa présentation de la situation reposait sur une fâcheuse dichotomie dont il ne retenait que le premier terme : en effet, au Bijlmermeer, il y avait de l'espace et de la couleur locale, mais il y avait aussi pas mal de criminalité et une tendance affirmée à la ghettoïsation. La vraie question est finalement de savoir quel est le poids relatif que les résidents attribuent à tel ou tel indice, faisant ainsi pencher la balance du côté du plus ou moins insupportable ou du plus ou moins agréable. Avec le solide bon sens qui le caractérisait, l'anthropologue américain Edward T. Hall (1959/1984, pp. 191-192) avait parfaitement posé le problème de cette rencontre avec l'étrange / étranger :

> La question n'est pas de savoir si des gens bien intentionnés se sentent coupables parce que l'étranger est associé à une caractéristique relative à l'espace qui libère l'angoisse et l'agressivité. À l'étranger, la libération soudaine de sensations contradictoires crée des situations confuses. Nos sens sont submergés par une langue inconnue, des odeurs différentes, des gestes, des signes, des symboles différents. [...] Maîtriser un accent spatial est aussi important, et parfois plus, qu'éliminer un accent vocal.

Les travaux de Chamboredon et Lemaire sont éclairants à cet égard. En 1970, dans une publication magistrale (l'une des références classiques de la sociologie urbaine sur le sujet), ces deux chercheurs analysaient, à partir d'une collecte de données réalisée à la fin des années 60 du côté d'Antony (*cf.* Pasquali, 2012), les destins entrecroisés de groupes socialement opposés, résidant dans des grands ensembles alors relativement récents. Les auteurs observaient que, contrairement aux quartiers traditionnels où dominait une fraction de la population (ouvrière, bourgeoise, etc.), aucun groupe social ne se détachait de façon saillante dans ces ZUP ; ils ajoutaient que « la diversité statistique des différentes catégories est redoublée par la diversité qui tient à l'absence d'un groupe dominant dont les normes, reconnues même si elles sont transgressées, tendent à définir une légitimité pour l'ensemble des habitants du quartier – effet de domination qui ne se réduit pas à un effet de volume. » (Chamboredon et Lemaire, 1970, p. 7) Pour ces chercheurs, « les présupposés volontaristes et idéalistes », consistant à suggérer que la durée de séjour dans le grand ensemble était directement fonction du « goût » ou du « dégoût » pour ce type de logement, ne tenaient pas compte des

avoir donné une seconde chance au Bijlmer, qui n'a plus grand-chose à voir avec celui qui émergea en pleine campagne à la fin des années 60.

possibilités d'accéder immédiatement ou à moyen terme à un habitat différent[12] (*cf.* le cas du Bijlmermeer et de l'évaluation subjective et certainement non représentative de Willemsen). En ce début des années 70, les deux sociologues soulignaient qu'il était en effet très naïf de faire l'économie des contraintes d'accès au logement, particulièrement pour les classes les moins favorisées – la crise économique qui a débuté en 2008 [et partiellement dès 2007] réactualise parfaitement ces observations. Ils constataient que les jugements portés par les occupants étaient essentiellement guidés par le réalisme économique :

> Ils apprécient les grands ensembles comme une solution à la crise du logement dont ils ont souvent éprouvé personnellement les effets : « émerveillée, je n'y crois pas, après avoir habité dans des baraquements, c'est formidable » (femme de compagnon-maçon). Et ils ne reprennent pas du tout les stéréotypes hostiles que diffuse la presse et que l'on rencontre souvent dans le discours des sujets de classe moyenne ou supérieure : « Pour moi ça ne me choque pas tous ces gens, ça ne m'est jamais venu à l'idée que ça pouvait être une cage à lapins ou un poulailler comme on dit » (ouvrier qualifié, propriétaire) ; [mais :] « Pour moi un grand ensemble c'est une caserne, un lieu sinistre, un dortoir » (cadre moyen, propriétaire). (pp. 12-13)

Bien qu'ils aient produit une analyse particulièrement lucide à la date de l'enquête, Chamboredon et Lemaire n'avaient pas prévu l'évolution de la situation subséquente, et certainement était-ce difficile. Il y avait tout de même eu quelques signes avant-coureurs. On en voit quelques-uns se profiler dans les entretiens réalisés par Monique Selim au Clos Saint-Lazare à Stains (cité HLM) pour sa thèse (1979, p. 19) : « L'entrée au Clos Saint-Lazare […] symbolise brutalement l'appartenance forcée et irrémédiable à une fraction particulièrement défavorisée du prolétariat urbain. […] Le Clos Saint-Lazare est vécu par ses habitants comme un "entre-soi" forcé, connoté de manière profondément négative. Habitat dévalorisé ouvertement comme en témoigne l'ampleur de la dégradation matérielle qui y règne, il implique pour la construction d'une identité individuelle un mouvement de maximalisation des différences, une distance à l'égard de l'Autre le plus proche, son voisin. » Chamboredon et Lemaire ne disent rien de l'immigration massive qui sera confortée par la loi sur le regroupement familial (décret du 29 avril 1976 consolidé en 1994) – qu'on ne peut qu'approuver – qui a contribué, conjointement à d'autres facteurs, à modifier la démographie de ces quartiers, un peu comme ils l'avaient été une première fois, entre 1918 et 1939. Poulain (1994, p. 690) observait que « ces décisions sont le trait marquant de la transition entre une immigration temporaire d'une force de travail et une immigration permanente et de peuplement. Durant cette période, on découvre l'importance du problème de l'intégration, selon la perception des uns, ou de l'assimilation, selon

12 C'est le cas de JFB, qui a dû trouver un logement en toute hâte en janvier 1976 en arrivant à Amsterdam où il ne connaissait personne, mais qui a quitté le Bijlmer, dès qu'il en a eu l'occasion.

celle des autres. C'est dans ce contexte que ressort la difficulté liée à la seconde génération née dans le pays d'accueil, génération qui risque de n'être rattachée ni au pays d'origine des migrants ni à leur pays d'accueil. » Quant à Anselme, qui fut un des très bons spécialistes des quartiers difficiles de Marseille, il écrivait en 1988 (p. 146) : « La crise économique et l'irruption du chômage dans la vie quotidienne, le départ régulier de ces quartiers d'habitat social des catégories de locataires les plus aisés, accédant à la propriété ou plus simplement à de meilleures conditions de logement, les problèmes de gestion urbaine sur fond de réduction des ressources financières et les effets du regroupement familial des étrangers, systématiquement concentrés dans ces zones urbaines, ont abouti à accentuer le processus d'homogénéisation sociale qu'ont connu les quartiers HLM, jusqu'à en faire des quartiers repoussoirs. » Les travaux plus actuels, s'ils divergent quant à l'analyse des situations, ne sont pas très optimistes. Safi (2009, pp. 546-547) met en évidence un isolement de plus en plus prononcé des populations immigrées et surtout une opposition majeure entre d'une part des populations d'origine européenne, caractérisées par un faible taux de ségrégation[13] et dont l'évolution est plutôt favorable (les Portugais par exemple, comme plus tôt dans le XXe siècle, les Espagnols et les Italiens aujourd'hui parfaitement intégrés), et les populations originaires de Turquie, du Maghreb et d'Afrique pour lesquelles on constate une « ségrégation spatiale intense et parfois croissante [… qui] semble refléter, au moins en partie, l'existence d'une discrimination sur le marché du logement qui touche spécifiquement ces populations. » Kokoreff, dans une lecture croisée des travaux de Lapeyronnie et Wacquant, observe que le second reconnaît qu'un mécanisme de paupérisation et d'exclusion sociale et urbaine est à l'œuvre, et que les grands ensembles et les cités en sont les symboles, tandis que le premier considère que les effets de la pauvreté, de la relégation et de la discrimination participent « à la formation du ghetto, ce qui renvoie à la logique coloniale. » (Kokoreff, 2009, p. 569) Tout récemment, Kokoreff et Lapeyronnie sont revenus sur cette question de la ghettoïsation en observant qu'on ne saurait réduire ou faire coïncider le « ghetto » avec une entité géographique – quartier, zone urbaine ou « lieu ». C'est que le « ghetto » – et nous partageons ce point de vue – doit « se comprendre comme un ensemble de conduites sociales. Il est une forme particulière d'organisation, mais aussi d'interprétation de la vie sociale […]. Tous les habitants n'y participent pas et son organisation est plus ou moins cristallisée selon les lieux. » Ces auteurs remarquent que, si le « ghetto » est construit de l'extérieur, du fait de la relégation, du racisme, etc., il

13 Les termes « ségrégation », « ségrégé », et l'expression « population ségrégée », sont employés dans le sens sociologique de rétention de fait des groupes les plus démunis dans un quartier, que ce soit sur la base de critères économiques ou de critères ethniques, ce qui n'a rien à voir avec la ségrégation étatique (comme ce fut le cas aux États-Unis ou en Afrique du Sud, par exemple).

l'est également de l'intérieur, les habitants fabriquant « des structures sociales et symboliques, leur permettant de se protéger collectivement [...]. Ils construisent une sorte de contre-monde plus ou moins fermé, avec ses normes, son économie, ses systèmes de régulation et de solidarité, ses formes de pouvoir [...]. » (2013, pp. 29-30)

Entre soi, culture communautaire et captation de marché

On peut admettre que ce phénomène de ségrégation affirmée n'est pas exclusivement le résultat d'une mise à l'écart délibérée qui serait initiée par certains réseaux communautaires de la cité – ce qui n'exclut pas que certains individus, notamment les plus centraux dans les réseaux et par conséquent ceux qui y détiennent le plus de pouvoir[14], puissent être enclins à faire sécession – mais est plutôt le produit d'un phénomène de reproduction des conduites sociales. Ainsi, les emprunts à l'arabe dialectal, et éventuellement à d'autres langues, notamment dans la confection d'injures, fonctionnent comme des indices de cohésion d'un groupe hétérogène du point de vue ethnique, mais assez homogène du point de vue de l'identité sociale (nous ne partageons pas l'idée d'une *colonisation intérieure*). L'incident survenu aux abords de la gare de Saint-Denis en juin 2010 et rapporté par tous les médias, est révélateur à cet égard. Nous avons choisi un extrait d'un compte rendu publié sur le site internet des Inrocks (Inrockuptibles), média plutôt intellectuel et plutôt ancré à gauche, qu'on ne peut soupçonner de « racisme ». À quelques variantes près, les faits sont d'ailleurs relatés de manière identique par les autres organes de presse :

> Poursuivi pour outrage au chef de l'État [Nicolas Sarkozy], outrage aux fonctionnaires de police et rébellion lors de son interpellation, Mohamed B., 21 ans, était jugé vendredi après-midi en comparution immédiate au tribunal de Bobigny. La scène s'est déroulée [...] aux abords de la gare de Saint-Denis. Mohammed B. franchit d'abord le premier cordon de sécurité qui entoure le président de la République, en visite surprise dans ce département particulièrement touché par la délinquance. [...] Le jeune homme reconnaît ensuite avoir apostrophé le Président d'un élégant : « *Va te faire enculer connard, ici c'est chez moi.*» Et obtempéré lorsque Nicolas Sarkozy, qui n'aurait pas entendu la première fois, lui demande de répéter sa « question ». « *Je voulais exprimer que j'étais pas d'accord avec lui, avec ce qu'il fait, avec mon langage à moi* », se justifie Mohammed B. qui « reconnaît tout de A à Z », assume et refuse de s'excuser. Écarté par les policiers, le jeune homme se débat. [...] « On a entendu le mot "interpellation", quinze secondes après il était par terre dans une mare de sang.

14 Sur ces problèmes, on consultera avec profit les travaux de Labov (1978) sur les ghettos des États-Unis et les phénomènes de réseaux dans les années 60 (situations largement transposables à ce que l'on observe aujourd'hui en France), y compris l'importante question des hiérarchies intragroupales (*lames* [paumés] marginaux dans le groupe, *vs.* individus centraux).

> Il y avait au moins quatre personnes sur lui, on ne le voyait plus », assure après l'audience l'un des amis de Mohammed B., qui dit avoir assisté à la scène. [...] Nerveux lors du procès, s'exprimant de manière désinvolte, [le prévenu] a fait l'objet de plusieurs rappels à l'ordre du juge. Il s'emporte lors du témoignage d'un des trois policiers présents à l'audience, qui évoque son « comportement virulent ». Et hurle, rageur : « Il ment, il ment, c'est un mytho madame le juge, je vous jure ». Les forces de l'ordre accusent également Mohammed B. de les avoir traités de « fils de pute », de « *bande d'enculés* » et autres joyeusetés, ce dont le jeune homme affirme « ne pas se souvenir ». *Lui évoque des « insultes racistes » à son encontre,* démenties par les policiers[15].

L'anecdote montre qu'il existe une faille béante entre les représentations de certains membres de ces quartiers, en majorité des jeunes adultes, sans emploi, sans qualification, sans domicile personnel (Mohammed B., à l'époque des faits, est en attente d'un stage de chauffeur poids lourd et vit chez sa mère) et celles d'une grande partie de la population, tout particulièrement de la fraction la plus proche géographiquement et de ce fait la plus exposée à d'éventuelles incivilités (qui n'ont pas besoin d'être attestées pour être ressenties comme insupportables), fraction qui n'est pas nécessairement beaucoup plus prospère économiquement. Perrineau (1985, p. 28) décrit bien ce phénomène, connu en politologie sous le nom *d'effet de halo* : « Le sentiment d'hostilité à la présence des immigrés, motivation déterminante du vote d'extrême droite, ne traduit pas forcément une situation de cohabitation objective avec de fortes communautés immigrées. Plutôt que d'être des bastions de l'immigration, les zones où l'extrême droite réalise ses meilleurs scores sont souvent des centres dont les périphéries plus ou moins lointaines connaissent de fortes concentrations d'immigrés. Ainsi les peurs, rejets ou inquiétudes qui nourrissent le vote en faveur du Front national semblent parfois relever plus du fantasme que de la représentation de gênes ou de dangers vécus et objectifs. » Dans l'interaction, c'est surtout le *« [...] ici c'est chez moi »* qui retient l'attention, davantage que les propos insultants. Ce *« ici c'est chez moi »* est en même temps un indice très fort de la territorialisation[16] affective du lieu et de son appropriation. Il faut d'ailleurs souligner que le recensement de 1970 mettait en évidence deux localisations majeures de bidonvilles en région parisienne : Nanterre *et Saint-Denis*. Il y a donc bien une continuité historique entre les deux types d'habitat, le grand ensemble reproduisant pour l'essentiel la pluriethnicité du bidonville (Guillon, [1996], carte p. 58 ; David [2010] pour une histoire détaillée de la résorption des bidonvilles dionysiens)[17]. Il faut d'ailleurs souligner que

15 <http://www.lesinrocks.com/2010/06/25/actualite/insultes-a-sarkozy-35-heures-de-travaux-dinteret-general-1128764/>.

16 Sur la question de la territorialité, voir Avenel (2000), pour le cas intéressant et analogue d'un quartier de Bordeaux.

17 Il faut bien sûr tenir compte de la diminution de certaines populations (les Portugais par exemple) qui, en s'intégrant à la population générale de façon complète (ce qui n'implique pas le reniement de certaines spécificités culturelles) ne résident plus à cet endroit.

le bidonville n'était pas toujours vécu comme un enfer par ses occupants ; il permettait, notent Bachmann et Le Guennec (2002, p. 213), se fondant sur les observations de l'ethnologue Colette Pétonnet[18] (récemment disparue) de « faire un passage entre deux mondes » : « Refuge contre les agressions de la société industrielle, il est un "instrument d'acculturation douce", selon Colette Pétonnet. Il a ses côtés conviviaux, que les anciens évoquent avec nostalgie. "L'été, c'était très agréable, on était tous ensemble". On bavarde, on plaisante, on se couche tard. On cultive un potager et on s'échange des légumes. Les enfants jouent dehors, sans qu'on s'inquiète pour eux : la communauté les surveille. "Après, ça ne sera plus pareil, disent les femmes. On sera chacun chez soi, enfermés". Le bidonville amortit aussi le choc culturel que représente le passage du petit village méditerranéen à la grande ville du Nord. » Il reproduit en terre étrangère un schéma villageois connu, où l'entre-soi n'est pas encore dénaturé par le béton des immeubles et les cages d'escalier glaciales et sonores. On comprend dès lors, que pour Mohammed B., comme pour tant d'autres, la cité ne soit en rien un *non-lieu*, d'autant que l'on a montré clairement que, s'agissant des enfants d'immigrés, les attaches avec le pays d'origine, bien qu'elles engendrent des relations soutenues quoique ponctuelles, notamment à l'occasion de vacances et par l'envoi de devises, ne parviennent pas, dans la plupart des cas, à maintenir – pour les plus âgés, ou à recréer – pour les plus jeunes, un ciment communautaire vraiment solide, contribuant à la constitution d'une culture commune (Sicot, 2007, p. 9). C'est ce qu'observe Marlière (2006, pp. 112-113) dans une étude réalisée au Maghreb, avant le « printemps arabe », il convient de le préciser :

> Les propos recueillis et les scènes observées révèlent que ces jeunes [Français d'origine maghrébine], d'une manière générale, sont perçus comme des étrangers par la population maghrébine locale. Ces tensions peuvent être de diverses natures en raison des contextes nationaux et économiques qui peuvent être différents entre l'Algérie meurtrie par la guerre civile récente, le Maroc en proie à une pauvreté endémique et la Tunisie en décollage financier. Ces situations engendrent des interactions différentes selon les lieux mais toujours est-il que les « Arabes de France » sont l'objet de stigmatisation de la part des Maghrébins habitant l'Afrique du Nord. Il est sans doute excessif de parler de racisme entre ces groupes. Le départ des parents, voici trente ou quarante ans maintenant, vers les pays développés, a causé la naissance de tensions, d'inimitiés voire de jalousies au sein des familles d'origine, notamment en raison des difficultés politiques et économiques que rencontrent actuellement les habitants des pays du Maghreb. Et pour les petits bourgeois, à l'exemple de la Tunisie évoquée à l'instant, il paraît inconcevable que des enfants de paysans pauvres aient pu en l'espace d'une génération atteindre le même pouvoir d'achat avec des droits supplémentaires.

Quant à la première partie de la séquence *« va te faire enculer [...] »*, elle met tout au plus en évidence l'absence de maîtrise, non d'une variété plus ou moins standard – dont il ne fait pas de doute qu'elle est connue, sinon familière, par

18 Voir notamment : Pétonnet, 1977 ; 1982.

la fréquentation de l'école, quels que soient les acquis en termes de connaissances scolaires et de diplômes –, mais simplement d'un usage « policé » de ladite variété *en contexte* (Mohammed B. n'a sans doute aucune idée précise du *statut* du Président de la République, du rôle du gouvernement, des institutions, etc.). Il s'agit d'ailleurs d'une expression faiblement marquée du point de vue linguistique dans ce type de contexte. Il n'est en effet pas rare que des personnalités officielles soient insultées en public dans des occasions et dans des lieux très différents, et qu'il arrive également que des personnages publics aient eux-mêmes recours à des formulations du même type. Ceci vient donc en renfort du caractère non marqué linguistiquement des propos de Mohamed B. Il convient toutefois de nuancer le propos : si dans la bouche de Nicolas Sarkozy, alors Président de la République, le fameux *« Casse-toi pauv'con »* ne fit qu'attirer des remarques ironiques de la part de la presse et de l'opposition politique, il n'en alla pas de même s'agissant du militant qui avait brandi (en présence du Président) un panneau sur lequel il avait inscrit la séquence en question. Le militant fut condamné pour outrage et le jugement fut confirmé en appel. Il fallut aller jusqu'à la Cour Européenne pour que soit annulé l'arrêt. Sans doute s'agit-il ici également d'une question de *point de vue*, un même énoncé étant non marqué dans la bouche du Président, mais le devenant fortement et de façon assez magique sur le panneau du militant, alors qu'il ne s'agissait que d'une citation. L'insulte en question est d'une fréquence particulièrement élevée : on trouve 179 000 occurrences de *« va te faire enculer »*, avec guillemets lors de la recherche sur Google et 235 000 avec *« va t'faire enculer »*. Il faudrait aussi, pour être complet, prendre en compte les variantes orthographiques, telles que *« vas te etc. »*. On obtient 142 résultats pour la même séquence entre guillemets sur Google Scholar et c'est le titre d'au moins un clip musical, diffusé sur internet. Quant à *« bande d'enculés »* attesté dans l'extrait cité, il revient 416 000 fois sur Google. La séquence est bien représentée dans les interactions d'élèves de collège à partir de la 6e, comme dans celles d'adultes – par exemple Nicolas Anelka adressant un *« Va te faire enculer, sale fils de pute ! »* à Raymond Domenech[19] le 17 juin 2010 (Coman, 2011, p. 120).

À ce sujet, il est intéressant de noter, avec Stewart (2012), que l'évaluation sociogéographique du prestige linguistique est directement liée, dans la perception qu'en ont les membres d'un échantillon représentatif de Parisiens, à la réputation de la ville de petite ceinture considérée : les jugements sont d'autant plus négatifs que la population de ces agglomérations est réputée être plus pauvre et plus multiethnique. Ceci confirme l'existence d'une relation étroite entre l'idéologie linguistique et les stéréotypes spatiaux. Dans un cadre d'étude comparable, Simon remarque que la politique de la ville implique une entrée par

19 Respectivement footballeur et entraîneur de l'équipe de France lors de la coupe du monde en Afrique du Sud. Voir aussi *France Soir en ligne* du 19/06/10 : <http://www.francesoir.fr/sport/football/anelka-domenech-va-te-faire-enculer-sale-fils-pute-53784.html>.

les territoires, et de ce fait permet d'évacuer, en tant que telle, la « mise en place d'une politique catégorielle [des différentes composantes de la population]. » Toutefois, dans le même temps, cela « conduit à élargir la catégorie aux "jeunes des quartiers", dans un mouvement permanent d'oscillation entre une invisibilisation de l'ethnicité dans le social et une ethnicisation des publics par la généralisation à tous les jeunes des "quartiers populaires" des attributs stéréotypiques appartenant aux seuls jeunes d'origine maghrébine ou africaine. » (Simon, 2000, p. 26) On voit ainsi qu'un flou politique est entretenu, qui favorise l'extension à l'ensemble du groupe de nombre de propriétés, stéréotypiques ou non, constituant par là un modèle interactif à double entrée – l'une externe (institutionnelle), et l'autre interne à la communauté[20].

À considérer les faits de manière plus précise, il semble toutefois que l'idée d'une culture entièrement autonome ne résiste pas à l'examen ; ainsi, lorsque l'on considère avec quelque attention le phénomène *« rap »* qui constitue l'un des étendards de la culture des quartiers, on met très rapidement en évidence des relations massives avec les circuits économiques traditionnels les mieux établis. En effet, ces lieux sont devenus des cibles marchandes privilégiées pour les agents économiques actifs sur le marché global de production de biens, notamment dans le secteur de la musique. Il s'agit de rendre captifs des groupes sociaux spécifiques – particulièrement la fraction des adolescents et des jeunes adultes – en leur proposant des « produits » qui soient en adéquation identitaire avec la représentation qu'ils ont du cadre sociétal. Cet univers musical ne s'adresse pas uniquement à un « cœur de cible », mais fait l'objet d'un « marketing tribal » susceptible de toucher un public très large[21]. Selon Cova et Roncaglio (1999, p. 7), le marketing tribal « prend pour unité d'analyse des personnes hétérogènes mais interreliées [...] qui construisent et renforcent leurs liens à saveur communautaire, c'est-à-dire des tribus dites postmodernes, [...] les tribus de rappeurs [...] et autres tribus urbaines. » Ceci n'entraîne nullement que cette identification ait des répercussions sur la conduite des membres (notamment des plus périphériques) de la « tribu des rappeurs », qui peuvent obtenir des résultats scolaires honorables et être intégrés de façon satisfaisante au tissu social. Comme le souligne Béru (2009, p. 68), « l'ambition réalisée des industries culturelles est celle de rallier des rappeurs pionniers, autrefois récalcitrants à s'engager corps et âme dans les logiques conformistes du discours dominant, au consensus artistico-culturel néolibéral [...]. C'est notamment le cas quand Joey Starr et Passi, respectivement (ex-) membres de Suprême NTM et de Ministère A.M.E.R., contribuent à vanter la musique *pop-rock* dans les directs de l'émission télévisée Star Academy. [De même] les médias français se sont "entichés" du discours mesuré et modéré de Kery James et d'Abd-Al Malik,

20 L'un des marqueurs sociolinguistiques est la présence de termes d'arabe dialectal.

21 Nous remercions Hadrien Wissler qui a attiré notre attention sur ce phénomène.

car ces deux derniers remettaient en cause le discours de leurs pairs engagés. » Au demeurant, le public des auditeurs de *rap,* s'il est constitué en priorité par les catégories d'individus les moins cultivés, tend à s'agréger une frange significative des diplômés du supérieur (Molinero, 2009, p. 19). Un rappeur comme Booba, qui connaît un énorme succès bien au-delà des quartiers (plus d'un million de disques vendus), est très populaire notamment chez les collégiens : loin de dénoncer les travers de l'économie libérale, il en revendique les caractéristiques les plus caricaturales et se construit une image machiste, les femmes étant considérées comme de simples objets de consommation. La plupart des chansons de Booba, dont quelques-unes sont assez habiles, font un usage très important des stéréotypes (attendus) et des clichés les plus éculés, juxtaposés de manière quasi aléatoire. Ainsi, dans cet extrait d'un texte du chanteur, on trouve côte à côte « les étoiles entre elles ne parlent que de moi », plutôt fleur bleue quoique massivement égocentrique, et le classique « esclave, j'avais des chaînes », dont on ne voit pas clairement à quoi il réfère[22], télescopant « je L.O.L. smiley face » ou « j'les baise comme des chiennes, à chaque fois elles reviennent » et les plus identitaires « Scarface »[23], les « khos [frère, ami, en arabe] qui mangent des grosses peines », et « Saddam Hauts-de-Seine ».

> J'suis pas né pour faire la plonge comme dans Scarface / Négro quand tu m'attaques, je L.O.L. smiley face / […] Je rappe depuis le ciel et les étoiles entre elles / Ne parlent que de moi, disent que j'suis frais comme à l'ancienne / J'les baise comme des chiennes, à chaque fois elles reviennent / Esclave, j'avais des chaînes, c'est tout ce qu'ils retiennent / Les cojones vides mais j'ai les poches pleines / Rappeur préféré des khos qui mangent des grosses peines / […] Tyrannie sur le beat, c'est Saddam Hauts-de-Seine

Il est symptomatique que ce chanteur, qui dans le même texte « [veut] peser comme Depardieu / gagner dès le premier quart temps », qui (ne) « pense qu'à faire de l'argent » (4 fois), ait été choisi par la *Monnaie de Paris* qui a frappé une médaille et des jetons à son effigie. En effet, on pouvait lire dans le supplément

22 On pense ici à ceux qui, dans leurs textes (et dans leurs actes) ont dénoncé le *véritable esclavage*, comme Frans Fanon dans *Peau noire, Masques blancs* (1952) : « Je suis nègre et des tonnes de chaînes, des orages de coups, des fleuves de crachats ruissellent sur mes épaules. Mais je n'ai pas le droit de me laisser ancrer. […] Je n'ai pas le droit de me laisser engluer par les déterminations du passé. » Il faudrait encore citer, parmi les contemporains, Martin Luther King et son *I have a dream*, de 1963, et naturellement Aimé Césaire : « J'entends de la cale monter les malédictions enchaînées, les hoquettements des mourants, le bruit d'un qu'on jette à la mer », *Cahier d'un retour au pays natal*, 1939 (etc.)

23 Dans *Libération* (30 juin 2004), Stéphanie Binet écrivait : « Rim-K, 26 ans, du groupe de rap français 113, prétend avoir vu *Scarface* plus de cinquante fois. À l'écouter, ce film dont il avoue avec fierté, dans son jargon, qu'il l'a "bousillé", ferait partie d'un parcours initiatique en banlieue. "Chez nous, on le voit jeune, on se passe ce film comme un relais". » <http://next.liberation.fr/cinema/0101494214-trio-culte-pour-cinema-de-quartiers>.

internet du *Parisien* du 28 novembre 2012, sous la plume de Marie Poussel : « Dans "Billets verts", l'un des titres de son dernier album "Future", le rappeur éructe sa passion pour l'argent, dans un phrasé de pur bad boy. Celui qui utilise les mots "pute", "chienne" ou "chatte", une bonne centaine de fois par album n'a pas refroidi la Monnaie de Paris qui s'est lancée dans ce projet. [...] Booba malgré des textes crus, dans lesquels il s'attaque à la police, à ses collègues rappeurs ou aux femmes, séduit autant dans les cités que chez les bobos. Invités dans les locaux du Parisien, les membres du groupe Sexion d'Assaut nous assuraient que Booba représentait pour eux "un monument" du hip-hop. » Il a même obtenu la reconnaissance (il faut le dire très isolée) de l'écrivain Thomas Ravier, qui dans un article enfiévré de la *Nouvelle Revue Française* (2003), fourmillant de points d'exclamation et d'interrogation, n'hésite pas à comparer le rappeur à Proust, à Céline, voire à Rimbaud, estimant, à tort, avoir découvert un nouveau trope, la « métagore »[24] :

> Écoutez Marcel Proust – un autre Français pas si français que ça non plus pour certains en 1899 – parler de la « brusque naissance des images ». Image brusque, dansée, dans ce « fœtus avec un calibre », vous avez tout Booba. Nous parlerons pour notre part de métagore, des rapprochements qui n'ont pas lieu d'être et, immédiatement, une apparition vénéneuse, rétinienne, brusque, brutale, impossible à se retirer de la tête : quelque chose a été vu. Je croyais mettre un disque, j'ai ouvert un album photo, un livre de chair, de son, de verbe en sang, une boîte de Pandore. (Ravier, 2003, p. 40)

Il est évidemment politiquement (et économiquement) incorrect de ne pas trouver l'œuvre simplement géniale : « Proposition comme ça, au passage : "Rambo contre Gandhi, quand Marc Dutroux rencontre Candy." Oh bien sûr, vous pouvez comme un voisin me dire bêtement que voilà un matériel métaphorique bien trivial... et après ? » On a affaire ici à un parfait exemple de l'interpénétration des univers sociaux, le « quartier » apparaissant comme un objet désirable, y compris pour les agents qui n'entretiennent aucun lien avec lui mais qui le perçoivent comme un lieu « rebelle », s'opposant à la vision qu'ils ont de la société et de ses institutions.

24 Le néologisme est attesté 1390 fois sur Google (0,22 sec.), ce qui témoigne du succès de ce terme, presque exclusivement dans le milieu des amateurs de rap. Il en est même fait mention dans l'article consacré aux figures de style dans Wikipédia : « Les arts musicaux, tels que le rap ou le slam, utilisent les figures de style, en particulier la paronomase et l'analogie). Selon le romancier et essayiste Thomas Ravier, le rappeur Booba est même l'inventeur d'une figure de style : la métagore. »

CHAPITRE 7
PLANS DE VILLES

Ancien bâti, nouveaux projets

Lorsqu'on s'intéresse à l'évolution des plans de ville sur une durée suffisamment longue, on constate que les nouveaux programmes d'occupation des sols remplacent fréquemment l'ancien bâti par des constructions ou des formes de gestion de l'habitat qui créent une discontinuité telle qu'elles compromettent non seulement l'homogénéité visuelle de l'ensemble (ce qui est un moindre mal et peut même produire des effets de contraste intéressants) mais sa cohérence en tant que projet urbain. Les rues du Paris de la première moitié du XIXe siècle n'avaient été qu'en partie réaménagées par Haussmann. À quelques dizaines de mètres des grands boulevards et des places nouvellement inaugurés, le second Empire laissa subsister des quartiers entiers, conservant l'essentiel de leur structure originale, comme le relèvent Fijalkow et Oberti : « Le façadisme des percées haussmanniennes laisse donc des îlots dans la misère. Le fameux clivage est/ouest entre le Paris "patron" et le Paris "ouvrier", montré dès 1873 par l'Atlas des parisiens de Loua Toussaint, masque l'existence d'îlots insalubres au coeur de la capitale, dans les immeubles sur cours ou à l'arrière des boulevards. Aujourd'hui encore, ceux-ci cachent derrière leurs façades respectables des formes d'occupation modestes : chambres de bonne désertées par la domesticité et occupées par une population d'étudiants, de chômeurs et d'étrangers. » (2001, p. 11) C'étaient là autant de traces de l'ancienne cité où les îlots, dérivés lointains de l'antique palais à patio (Leyval, 2009, p. 30), étaient totalement ou partiellement fermés sur eux-mêmes, conçus selon Cabantous (1994, p. 436) comme « [des] espaces réduits, structurés par la parole ou le geste familiers, par l'entraide ou la crainte de l'extérieur [et constituant] bien des cellules multiples qui se chevauchent, se juxtaposent aussi jusqu'à former tout le maillage fractionné de la ville. Ces quartiers du voisinage représentent les lieux privilégiés pour l'entretien de l'interconnaissance où se mêlent l'intime et le public à travers les stratégies de l'entre soi. » Or, l'intervention planifiée de l'urbaniste a mis en péril cet équilibre subtil, déstructurant les îlots d'origine et en créant de nouveaux, ceux-là résiduels (Leyval, *op. cit.* p. 31). Victor Fournel, en 1865, déplorait déjà ces réaménagements jugés incohérents et irrespectueux du bâti historique :

> Les rues de Paris sont en déménagement permanent comme ses habitants. Là où il y en avait cinq ou six, il n'y en a plus une seule aujourd'hui ; là où il n'y en avait pas hier, en voici

> maintenant cinq ou six. Des maisons s'élèvent sur les emplacements des anciennes voies ; des voies nouvelles font leur trouée à travers des pâtés de maisons jetées bas. De toutes parts, les avenues s'avancent au pas de charge, bouleversant, culbutant, nivelant tout sur leur passage ; les boulevards font leurs razzias gigantesques, engloutissant les rues par centaines, comme ces monstrueux cétacés qui dépeuplent la mer pour s'arrondir, et ne peuvent ouvrir la bouche sans s'incorporer des myriades de petits poissons. On travaille sur le Paris existant sans plus s'en inquiéter que s'il n'existait pas. [...] Au lieu de s'accommoder au Paris de Philippe Auguste, de Louis XIV et de Louis-Philippe, de s'associer à lui en se contentant de l'embellir et de le modifier au besoin, il préfère le renverser sans façon, comme ces mottes de terre qu'on écarte ou qu'on broie du pied sur son passage. (1865, pp. 22-23)

La plupart du temps, le réseau viaire récent incise le tissu urbain comme le ferait un bistouri ; pour tenir la comparaison, la référence chirurgicale correspond fort bien à l'éradication des zones insalubres voulue par les hygiénistes, qui voyaient dans l'agencement de la ville traditionnelle l'origine des maladies, notamment de la tuberculose. C'est ce Paris-là que Balzac décrit dans *Scènes de la vie parisienne*, et notamment dans *La Fille aux yeux d'or*, publié en 1834-1835 :

> Si l'air des maisons où vivent la plupart des bourgeois est infect, si l'atmosphère des rues crache des miasmes cruels en des arrière-boutiques où l'air se raréfie, sachez qu'outre cette pestilence, les quarante mille maisons de cette grande ville baignent leurs pieds en des immondices que le pouvoir n'a pas encore voulu sérieusement enceindre de murs en bétons qui pussent empêcher la plus fétide boue de filtrer à travers le sol, d'y empoisonner les puits et de continuer souterrainement à Lutèce [lieu des marais] son nom célèbre. La moitié de Paris couche dans les exhalaisons putrides des cours, des rues et des basses œuvres. (p. 1050)

Il convenait donc de tailler radicalement dans les zones gangrénées, afin de faire entrer air et lumière, ce qui n'a pas évité les effets collatéraux désastreux de la spéculation immobilière, responsable du rejet des plus pauvres dans les faubourgs, condamnés à vivre désormais dans de nouvelles poches de misère. Fijalkow montre que « le microbe, ce tiers invisible dans toutes les relations sociales [...], est une occasion fondamentale pour naturaliser le risque tuberculeux alors que l'exploitation du logement populaire se traduit par la division croissante des immeubles en chambres, surtout en hôtels meublés. Ainsi, la notion de "maisons meurtrières"[1], développée à l'envi par le casier sanitaire, n'obéit pas à un mythe anthropologique et universel mais plutôt à des enjeux sociaux. » (1998a, p. 326). Fijalkow souligne encore que « ces îlots insalubres correspondent non seulement à la traduction de la question sociale sous une forme sanitaire et territoriale, mais aussi à des "aires morales" pour reprendre l'expression des sociologues de Chicago. Ainsi désignent-ils l'implantation de populations indésirables. » (Fijalkow 2004, p. 96) De même, pour Sorman et Lapierre (2011, op. cit., p. 97

1 L'expression « *immeubles tuberculeux* » est également utilisée. (Fijalkow, 2006, p. 84)

et sq.) le Casier sanitaire des maisons de Paris[2] visait à « rationaliser » la lutte contre l'insalubrité dans la capitale : « Le Casier a comme objectif de prouver la véracité de la théorie qui met en relation directe la nature de l'habitat avec le taux de mortalité par maladies contagieuses dans la ville dense. » (Sorman et Lapierre, *ibidem*, p. 98) La première phase de constitution du Casier se déroulera de 1895 à 1905 : « Durant cette période, chaque maison de Paris a été visitée par un des inspecteurs du Casier sanitaire. Le Casier est donc la première enquête exhaustive sur le bâti parisien. » (*ibidem*, p. 99) La phase initiale aboutit à l'isolement de six îlots dont Bonnier et Juillerat[3], auteurs de *La tuberculose et l'habitation* (1905), estiment qu'il faut tout bonnement les détruire. Le nombre de ces espaces infectés s'élèvera à dix-sept au lendemain de la Première Guerre mondiale, et ne seront réhabilités que dans le dernier tiers du XXe siècle. Sorman et Lapierre rapportent que le seul îlot transformé avant la seconde Guerre Mondiale se situe dans le nord du XVIIIe arrondissement, et qu'il a été traité en urgence « à la suite du traumatisme provoqué par la découverte qui y est faite du dernier cas de peste enregistré à Paris. » (*ibidem*, p. 105)

Dans certains cas il est vrai, les *percées*[4], qui portent bien leur nom, car elles autorisent des jonctions aisées entre des pôles économiques distaux, ouvrent à la ville des opportunités d'évolution harmonieuse en créant de nouveaux centres d'intérêt commercial et artistique intra-muros *et* extra-muros. Pour Napoléon III, grand ordonnateur du remodelage parisien, la première des priorités en vue de l'embellissement de la capitale consista d'ailleurs à ce que les artères principales

2 « Le Casier sanitaire des maisons de Paris est, avant tout, une pièce d'environ 25m^2 située à l'Hôtel de Ville, dont les quatre murs sont revêtus d'étagères. Dans ces étagères, des dossiers. Un par rue de Paris. À l'intérieur de ces dossiers, des sous-chemises. Une par maison ou immeuble. À l'intérieur de ces sous-chemises, le plan de masse au 1/2000e des bâtiments présents sur la parcelle ; la description très précise de tous les bâtiments [...] ; une feuille de statistique démographique faisant apparaître au jour le jour le nombre de morts par maladies contagieuses ; une feuille relatant les désinfections opérées dans la maison, leurs causes et leur dates ; le nombre de points d'eau, tinettes, etc. » (Sorman et Lapierre, 2011, p. 98).

3 Paul Juillerat est à cette époque chef du bureau administratif des services d'hygiène de la Ville de Paris et membre du Conseil d'hygiène publique et de salubrité de la Seine. Louis Bonnier est un architecte qui a travaillé en tant qu'urbaniste pour la Ville de Paris. Juillerat est entre autres l'auteur de *L'hygiène urbaine* (1921).

4 Pinon, (2007, p. 2) souligne que « la face la plus visible, et donc la plus critiquée, des travaux attribués à Haussmann, ce sont les percées (tout le monde a évidemment apprécié l'arrivée d'eaux de source ou l'aménagement des squares). Les percées sont des rues, des avenues et des boulevards (seules les avenues sont plantées à l'alignement, à l'exception de l'avenue de l'Opéra, à la demande de Charles Garnier à laquelle Haussmann a accédé) ouverts à travers les tissus urbains existants. L'idée de percée s'est imposée à la fin des années 1830, a été pratiquée par Cl.-Ph. de Rambuteau (préfet de la Seine sous la Monarchie de Juillet) et l'idée d'un "plan d'ensemble" de percées a été élaborée en 1839 par J.-S. Lanquetin, président de la Commission Municipale, idée reprise par Louis-Napoléon. »

fussent reliées aux chemins de fer (Bowie, 1999) ; cette continuité des voies de communication rayonnantes, dans une société en pleine industrialisation, prolongeait idéalement la ville. C'était reprendre par d'autres moyens l'utopie de Ledoux, imaginant sa ville idéale : « la ligne intersécante du grand diamètre [de la ville de Chaux, dont la saline d'Arc-et-Senans est la partie réalisée] traverse la Louë, des plaines immenses, la ville, la forêt, le Doubs, les pâturages helvétiques ; à gauche, la Meuze, la Mozelle, le Rhin, le port d'Anvers apportent jusque dans les déserts de la Sybérie les fruits précoces et tant désirés de notre commerce et de nos arts. » (Ledoux, 1804, p. 22 ; voir Bonnot, 2003, Freyermuth et Bonnot, 2006, et la section consacrée à Ledoux ici-même). Le docteur Tony Moilin, élève de Claude Bernard, avait publié en 1869 un petit ouvrage intitulé *Paris en l'an 2000*[5], dans lequel il proposait de doter la capitale d'un « système de chemins de fer » présentant des analogies avec l'utopie de Ledoux, adaptée à l'époque industrielle et préfigurant le métro aérien :

> [Il fallut] doter la ville d'un système de chemins de fer permettant de se transporter rapidement d'un point à un autre. À cet effet, on commença par construire une vingtaine de voies ferrées qui partaient toutes du centre de Paris, du Palais international, et se dirigeaient vers les diverses barrières de la capitale où elles se raccordaient avec les lignes de la province. Ces chemins de fer rayonnants occupent le milieu de larges boulevards récemment percés et bordés de maisons-modèles. Ils sont établis sur des viaducs assez élevés qui passent au-dessus des rues, et partant, ne gênent en rien la marche des voitures et des piétons. Ces viaducs, construits tout en fer et avec de grandes portées, sont d'une légèreté, d'une hardiesse étonnantes, et, bien loin de nuire à la beauté de la ville, ils en forment un des principaux ornements. Rien n'est magnifique comme la perspective de ces chemins de fer aériens, longs de plusieurs kilomètres, et qui, portés par leurs innombrables arceaux, dessinent une ligne droite interminable et se perdent à l'horizon. C'est surtout du haut du Palais international que le spectacle est grandiose. Les vingt viaducs arrivant pour ainsi dire de tous les pays de l'univers et portant sur leurs rails les voyageurs des Deux-Mondes, viennent aboutir à vos pieds, et donnent ainsi l'image la plus saisissante de la fraternité universelle des Peuples et de l'unité du genre humain. Le système des chemins de fer métropolitains est complété par un second réseau qui, lui, affecte des directions circulaires. Ces nouvelles voies sont établies sur des viaducs assez bas qui passent au-dessous des lignes rayonnantes. Elles partent toutes de la Seine et forment autour du Palais international une demi-douzaine de chemins de fer de ceinture également espacés et desservant tous les quartiers de la ville. (1869, pp. 22-23)

Les modes de vie traditionnels, les us et coutumes provinciaux, se voient ainsi progressivement relégués dans un arrière-plan quelquefois teinté de nostalgie (à partir des années 60, car auparavant on reste dans l'urgence de la reconstruction) ; le « bon vieux temps » ne reviendra plus : les paysages, jusque dans

5 La même année il publie *La liquidation sociale*, plaquette dans laquelle il préconise de mettre en place un salaire minimum décent et un salaire maximum, une assurance générale pour tous, ainsi qu'un impôt sur les revenus. Ceci lui vaudra d'être emprisonné dans les derniers mois de l'Empire, puis, ayant servi comme chirurgien dans les troupes de la Commune, d'être fusillé.

les plus petits bourgs, se transforment inexorablement, les vieilles granges sont démolies ou défigurées, les étables et écuries détruites pour laisser place à la stabulation libre (voir Madeline, 2006), à des hangars en ferraille qui désormais abandonnés s'effondrent sur eux-mêmes, les maisons traditionnelles sont remplacées par les « plans Courant[6] », de telle sorte que l'*urbs* essaime au-delà de ses frontières, autrefois bien définies, dans des marges qu'elle colonise de façon souvent anarchique, génératrices à terme d'espaces inhospitaliers voués aux zones franches et commerciales, voire franchement inhabitables – ce qui n'en fait pas pour autant des « non-lieux », comme tend par exemple à le démontrer le film de Benoît Delépine et Gustave Kervern *Le grand soir* (2012). Comme l'observe Serrano (2005, n.p.), « le métissage entre préservation d'espaces naturels et développement agricole et économique ne s'opère pas de manière spontanée » dans les zones périurbaines ; en outre, beaucoup d'élus, à tort ou à raison, estiment que l'agriculture, jugée « polluante et banale », à l'exception de cultures spécifiques comme la vigne, est disqualifiée en termes d'aménagement de l'espace (Serrano, *ibid.*).

Les hauts-lieux, qui font figure de prés carrés, ne sont même pas épargnés, car ils peuvent se voir fragmentés par des ajouts de surface ou souterrains comme dans le cas emblématique du Forum des Halles (Large, 1992), construit – avec la longue période de vacance du fameux « trou » (1971-1978) – sur l'emplacement des Halles (1852-1870) de Victor Baltard, venant eux-mêmes remplacer le cimetière des innocents transformé en marché et les anciennes galeries couvertes dites « piliers des Halles »[7]. On voit donc pointer une spécificité essentielle du tissu urbain, la faculté à organiser l'espace en articulant en un même ensemble mémoire défaillante (tant individuelle qu'institutionnelle) et émergence de nouvelles superstructures et de nouvelles greffes, officielles ou sauvages, tels les « îlots » de grande pauvreté caractérisant non seulement les arrondissements plébéiens, mais également ce que l'on appelle toujours les « beaux quartiers », avec le phénomène du « squat », dont Bouillon (2012, p. 433) relève que, de l'avis des occupants, « il présente des qualités [car] le squat autorise des formes d'entre-soi que ni l'hôtel ni le foyer (qu'il soit de travailleurs ou d'hébergement) ne permettent. On occupe souvent ces lieux pour fuir une situation de corésidence devenue intenable ». Le Forum est particulièrement intéressant, car il est situé en plein cœur d'un quartier historiquement considéré comme « dangereux » – les noms des rues avoisinantes (rue de la Petite et de la Grande Truanderie) étant explicites –, la population actuelle pérennisant cette réputation, puisque s'y côtoient « zoneurs », « toxicomanes », « rastas (du jardin) » et « rappeurs de banlieue ». C'est en même temps un lieu

6 Du nom du ministre de la Construction Pierre Courant, qui en 1953 fit voter une loi facilitant la construction de logements (notamment des « petites maisons ») tant du point de vue foncier que du point de vue du financement.

7 Le Forum est à nouveau en travaux, jusqu'en 2016…

central et centripète, en ce qu'il est « associé à la jeunesse des périphéries (plus de 45% des gens qui descendent aux Halles viennent en effet de banlieue, et leur moyenne d'âge se situe autour de 28 ans). » (Jarrigeon, 2012, p. 554).

Comme celle de la reine d'Ithaque, cette tapisserie urbaine est tendue sur un cadre mémoriel. Pénélope tisse dans l'espace diurne les points d'une mémoire fiable, ouvrage qu'elle réduit à néant dans l'espace nocturne, bloquant le temps de l'île et opposant un monde « qui se rappelle » au monde de l'oubli, celui de l'aède, « Ithaque [étant] une société qui perd la mémoire » (Ceccarelli, 1995, p. 184). De même, l'autorité politique, de quelque bord qu'elle soit, et ses spécialistes de l'aménagement urbain (aèdes), croient pouvoir imaginer un avenir qui ne se fonderait que sur un système de classement « raisonnable » des priorités, prenant en compte des paramètres quantifiables comme le confort, la sécurité ou l'hygiène, ancré dans la vision d'un avenir stable qui ne serait plus soumis aux aléas de l'histoire, en somme conforme à une version urbanistique de *L'Internationale* : « La raison tonne en son cratère, / C'est l'éruption de la fin. / Du passé faisons table rase, / [...] Le monde va changer de base ». Or, comme dans le cas plus général des « systèmes techno-sociaux » (Vespignani, 2009, p. 427), les urbanistes[8] inscrivent leurs projets dans un empan temporel des plus limité, et sont généralement incapables de prévoir avec quelque certitude l'évolution de la société et du tissu urbain et péri-urbain, en sorte qu'après quelques années, les programmes d'aménagement du territoire se trouvent fréquemment en inadéquation, voire en opposition totale avec les besoins et surtout avec les aspirations de la population à laquelle ils sont destinés. Les habitus évoluent, et surtout, le décalage entre les pratiques des prescripteurs (architectes, « décideurs » politiques, etc.) et celles des « bénéficiaires » (les habitants des « quartiers », les *usagers* d'un hôpital) est bien souvent si important que de brillants projets suscitant l'enthousiasme de cénacles d'intellectuels et d'artistes peuvent se révéler catastrophiques. C'est ce que Bourdieu (1979, p. 110) avait bien vu lorsqu'il écrivait, dans des pages consacrées à l'espace social et à ses transformations, que « les économistes peuvent ignorer ce qui advient aux produits dans la relation avec les consommateurs, c'est-à-dire les dispositions qui en définissent les propriétés utiles et les usages réels [...]. Les objets, s'agirait-il de produits industriels, ne sont pas objectifs [...] c'est-à-dire indépendants des intérêts et des goûts de ceux qui les appréhendent et ils n'imposent pas l'évidence d'un sens universel et unanimement approuvé. »

Corrélativement à l'effet centripète qui attire vers le centre les gens de passage, comme dans le cas du Forum des Halles, ou en transit en ce qui concerne les gares, un fort effet centrifuge déplace les populations vers les périphéries (Bourillon, 1999) qui, de faubourgs, deviennent banlieues, puis à la fin du siècle

8 On ne confondra pas urbanistes et architectes : ainsi, à Brasilia, la qualité de quelques magnifiques réalisations d'Oscar Niemeyer – autre grand disparu de 2012 – ne peuvent remédier à des choix urbanistiques discutables, selon Roland Castro (journal de 13h de *France Inter*, du 6 décembre 2012).

dernier, « quartiers », avec ce que nous pensons pouvoir appeler la ghettoïsation des « grands ensembles »[9] issus des préceptes du groupe CIAM (« Congrès internationaux d'architecture moderne ») emmené par Le Corbusier. La volonté de l'architecte des « Cités radieuses » n'était certes pas d'isoler les habitants de ces ensembles. D'ailleurs Giraudoux, qu'on pourrait qualifier d'hygiéniste dans les années 20 à 40, a rédigé le discours liminaire des conclusions du ive CIAM de 1933 qui s'est déroulé à Athènes sous l'égide de Le Corbusier (Giraudoux, 1943/1979). Le thème principal de ce congrès concernait la ville fonctionnelle et le souci de l'étendre de manière rationnelle, tout en favorisant l'épanouissement des individus et leur qualité de vie assurée par une profusion d'espace, de soleil et de verdure (*Cf.* Rocío Peñalta Catalán, 2011, p. 2). D'un point de vue sociologique, ce déplacement du centre vers la périphérie, s'il ne peut être contesté, tant il est massif, est néanmoins susceptible d'être modulé finement : on a par exemple montré que la répartition en fonction d'un axe de « revenus » devait être corrigée par d'autres facteurs, tels que la nature de l'emploi et la composition de la famille (fécondité). Mansuy et Marpsat (1991, p. 36) relèvent que « les professions liées aux entreprises industrielles et particulièrement à la production (ingénieurs, cadres techniques, contremaîtres, ouvriers de type industriel) habitent certes des zones plus ou moins "résidentielles", mais le plus souvent dans la banlieue éloignée. Les commerçants, en revanche, et à un moindre degré les professions libérales, pourraient presque servir à construire un "indice de centralité" d'un quartier, tellement leur habitat est plus spécifiquement central. » Ces observations invitant à considérer le phénomène de ségrégation sociale de façon plus précise sont corroborées par les travaux de Pinçon et Pinçon-Charlot (1988, pp. 122-123) sur les hauts-fonctionnaires et la bourgeoisie, qui mettent en évidence, à côté d'effets de localisation massifs, des « marges d'incertitude apparentes » dans la répartition des familles (tel haut fonctionnaire réside dans un quartier populaire), attribuables dans la plupart des cas aux histoires de vie des intéressés (appartenance politique, origine, etc.)

Au plan littéraire, Jacques Réda se révèle un excellent observateur de ces déplacements, notamment dans *La tourne* (1975). Reymondet (2000, pp. 862-863) rappelle que le poète « aime à se présenter comme un "rôdeur", un "brigand", un arpenteur un peu marginal des quartiers périphériques peu pittoresques de la capitale [...] glanant, à la manière du chiffonnier baudelairien, ces jouets démantibulés, ces tracts et journaux emportés par le vent, tous ces "débris d'une journée de la capitale" qui sont les véritables ruines de Paris [...] » :

> Je tombais trop tard ou trop tôt dans d'immenses villes abandonnées. En général trop tard, par l'omnibus dont les étapes à travers les banlieues divisaient à n'en plus finir la moitié de la moitié d'une distance obstruée par la nuit. [...] Très loin brillait l'angle d'un mur. Et contre, pour obéir à l'attraction du centre, dans un halo de ces becs de gaz les avenues encore

9 L'expression « grand ensemble » apparaît dès 1935. Leyval, *op. cit.*, p. 41.

> indécises viraient en se prononçant pour l'équilibre, et rameutaient ce troupeau de l'étendue bâtie vers son foyer. Mais un centre, à vrai dire (ce que moi j'appelais centre depuis qu'on m'avait expulsé du mien), les villes en ont un rarement. Ou du moins elles le cachent, à la longue elles l'oublient, elles l'ont perdu [...] c'est un simple fragment qu'il faudrait combiner à d'autres (ces pavés dans une arrière-cour, ces yeux qu'on a croisés et qui semblaient savoir, d'une science aussi ancienne et obtuse que celle des choses), pour obtenir la figure occulte et logique dont les lignes innombrables se recoupent en un seul point. J'explorais des périphéries. (Réda, [1975] 1988, pp. 150-151)

La même impression d'absence de centre ou de centre dissimulé, où les périphéries envahissent la ville et étendent leurs réseaux *au-delà de la frontière*, est bien mise en scène par Gilles Ortlieb (1995, pp. 95-97) :

> Fond de Gras, La Madeleine, puis enjamber tout de même la frontière pour aller assister aux préparatifs du 14 Juillet à Longwy-bas. Un homme en bleu de travail, accoudé à sa fenêtre : « Moi, je m'en fous, j'ai mes provisions pour la soirée ». Par la grille entrouverte d'un collège désert, le claquement d'un ballon résonnant sous le préau, et les entêtantes bouffées de fin d'année lâchées par une rangée de troènes en fleur. Et l'arrêt à Differdange au retour, sous une cavalcade immobile de nuages anthracite le temps d'apercevoir un amoncellement d'essieux et de traverses huileuses et fendillées déteignant en ocre sur le ballast. Allant se perdre parmi les herbes, les deux parallèles d'une ligne désaffectée, à la tranche encore frottée au papier de verre. Et puis la pension de famille de la rue du Rail (« Spécialité : steack de cheval »), les trophées clinquants d'un club sportif et les trois hommes adossés qui fumaient en bavardant, jaugeant d'un regard les silhouettes féminines de passage : abandonnés, malgré tout, à la clémence de cet été absent.[10]

Si la banlieue décrite par Réda est imprécise, et évoque ces villes tristes et fantomatiques qu'affectionne Modiano, la périphérie d'Ortlieb renvoie à une situation particulière, celle de l'espace transfrontalier, transformant en errance un parcours d'ordinaire cadencé par les trains des « navetteurs » français se rendant au Luxembourg ou en revenant pour rejoindre les villes dortoirs de Mont-Saint-Martin, d'Herserange, de Longlaville ou de Longwy (voir *infra*).

L'œuvre de Claude-Nicolas Ledoux : une utopie de pierre et de papier

Si l'on rencontre dans la littérature quantité de narrations qui révèlent une observation fine des espaces urbains, il existe aussi des traités d'architecture qui, par leur usage de la rhétorique, se rapprochent de l'expression littéraire. C'est le cas de l'œuvre de l'architecte Claude-Nicolas Ledoux (1736-1806), que nous souhaitons aborder à présent en raison de la parfaite adéquation qui existe

10 Il s'agit de la frontière entre le Luxembourg et la France.

entre l'architectonique de ses utopies et les propriétés stylistiques de ses traités théoriques[11] léguant à la postérité des réalisations ou projets calqués sur l'image d'un monde idéal, régi par la rationalité de l'esprit. En effet, en mettant en perspective le grand ouvrage de Ledoux *L'Architecture considérée sous le rapport de l'art, des mœurs et de la législation*, (Premier tome – et le seul – des cinq prévus par Ledoux), publié peu de temps avant sa mort, avec un certain nombre d'autres documents ayant trait à l'esthétique et au rôle des cités idéales (*cf.* notamment Jacques et Mouilleseaux, 1988 ; Rittaud-Hutinet, 2005), nous avons observé que les ouvrages abordant les questions d'urbanisme à l'époque classique et postclassique possèdent une structure rhétorique très particulière qui met en lumière un lien intrinsèque entre l'architectonique de ces textes et la *grammaire* des villes – grammaire fondée sur un *centre* et sur une *périphérie*, notamment dans l'utilisation des figures de style, du rythme et de la structure phrastique. Toutefois, nous ne nous contenterons pas de commenter l'économie figurale de ces textes transposée au plan architectural, ou comme l'écrit Rabreau (2002, p. 148) à étudier « la syntaxe des formes géométriques élémentaires, puisées dans la nature », ni à mener une analyse close sur elle-même des écrits d'un Ledoux perçu comme écrivain (Didier, 1980). Elle consistera plutôt en l'examen du rapport que nourrissent la théorie ledolcienne de l'architecture et l'écriture qui la dévoile, de telle sorte qu'au sein de cette dialectique constante, il nous soit possible d'envisager cette œuvre atypique comme une utopie de pierre et de papier.

La première caractéristique saillante dans *L'architecture considérée sous le rapport de l'art, des mœurs et de la législation*, dont nous avons essentiellement analysé l'introduction fort développée, est le syncrétisme. Dans cette perspective qui embrasse l'architecture, l'esthétique, mais aussi la philosophie et la politique, l'architecte fait preuve d'une volonté d'universalité qui s'exprime à divers niveaux : la cité idéale est conçue comme totalité d'une construction sociale, représentation microcosmique d'un univers dominé par les mythes antiques. Steiner (2002, p. 20) considère que, du début de la Renaissance italienne jusqu'à la fin de la première moitié du XIXe siècle, auteurs et poètes (ajoutons *architectes*), ont été nourris de cette culture, car tout honnête homme est formé à l'école de l'antiquité. C'est ainsi qu'un Milton, un Racine ou un Ledoux auraient été pénétrés, de même que leurs lecteurs et commanditaires, des échos des textes grecs et latins.

La première partie de l'ouvrage est ponctuée par des références nombreuses à la théorie orphique de la création et à celle de l'enthousiasme défendues par les Anciens, ravivées à la Renaissance et développées dès la fin du XVIIIe siècle chez les illuministes : l'évocation de l'âge d'or voisine en effet avec Apollon, Bacchus,

11 Ledoux déclarait : « L'art sans éloquence est comme l'amour sans virilité », *cf.* Introduction à *L'Architecture considérée sous le rapport de l'art, des mœurs et de la législation*, Paris, de l'Imprimerie de H. L. Perronneau, 1804, Tome Premier, p. 16, consultable sur : <http://gallica.bnf.fr/ark:/12148/bpt6k857284>.

Atlas, Théocrite ou Homère (*op. cit.*, p. 3 *et sq.*), et dans la droite ligne de ce qui précède, l'introduction laisse également transparaître une vision maçonnique de l'univers[12] créé par le grand Architecte auquel Ledoux, même dans sa condition mortelle, n'hésite pas à s'identifier : « Dieu ! qui créas les mondes, tu vois avec complaisance s'embellir une partie de celui que tu nous as cédé. (*ibidem*, p. 1) Quel mortel, à cet aspect imposant, ne sent pas toute sa petitesse et ne se prosterne pas devant *l'Architecte rival du Créateur.* » (*ibidem*, p. 8) De là, Ledoux s'enflamme, si l'on ose dire, pour une vision prométhéenne de sa mission, auréolant une autre partie de son introduction de la lumière métaphorique du flambeau de l'architecte éclairé opposé aux ténèbres :

> L'Architecture est semblable aux astres bienfaisants qui éclairent le monde. [...] je regarderai comme un devoir d'opposer à cette perfide lumière [celle des imaginations délirantes], la lumière vraie des principes destinés à éclairer notre âge. L'impulsion qui met les hommes en action doit les porter tous à contribuer aux jouissances sociales. Par cette utile direction, ils deviennent alors autant de réverbères qui, placés à des distances combinées avec leur portée, dissipent, par la réunion de leurs lumières, les ténèbres qu'un plus grand éloignement feroit naître. Que les nations embouchent la trompette ! qu'elles sonnent un appel général à ce concours bienfaiteur ! l'Architecte sera prompt à s'y rendre, et sa main active et généreuse versera sur la société des trésors dont il ne la rendra comptable qu'à ses cendres. [...] ses travaux ne seront payés que par l'immortalité de son nom. (*ibidem*, pp. 7-9)

L'architecte apparaît non seulement sous les traits d'un guide lumineux, mais également derrière la figure du mentor nourricier :

> Sa tête raïonnante [celle de l'homme de génie] s'élève et brille au-dessus des nuages qui défigurent les idées premières ; il marche seul au milieu des préjugés ; je dis plus, semblable à l'aigle encourageant ses tendres nourrissons, il élève dans ses fortes serres les enfants timides qui n'osent approcher les cercles enflammés du soleil. (*ibidem*, p. 20)

Partant du principe que l'architecte touche à tous les instants de la vie, Ledoux conçoit son rôle comme supérieur à celui de tous les autres artistes qu'il domine par l'importance de sa mission sociale, requérant de ce fait les vertus les plus élevées[13]. Rabreau (2002, p. 150) affirme d'ailleurs que « Ledoux rêvait d'une "religion de l'art", adaptée à la raison et à la sensibilité individuelle et civique des Lumières. » Cette dimension spirituelle est annoncée dès la mise en exergue de l'introduction : « Omnia vincit amor », amour du genre humain, amour de la beauté et de l'ordre social, moteur de son œuvre même[14], mais aussi toutes qualités qu'il reconnaît au dédicataire de son ouvrage, « l'Alexandre du Nord », Tsar de toutes les Russies, à qui il écrit : « Vous êtes un homme, puisque vous voulez

12 Notre interprétation trouve un écho chez Rabreau (2002, p. 8).

13 Il faut noter que dans les écrits de Ledoux, parmi les termes de métier ou d'art, seul le mot *architecte* possède une majuscule, comme Dieu.

14 Comme en témoigne la note de Ledoux : « C'est ce sentiment qui m'a inspiré et m'a soutenu dans ce long travail. » (*op. cit.*, p. 1)

bien accueillir un système social, qui contribuera au bonheur du genre humain. » (1804, *op. cit.*, n.p.)

Cette volonté d'universalité, que l'on perçoit dans le goût ledolcien pour le syncrétisme, se lit d'une autre manière dans l'apologie de la nature pérenne comme modèle premier. De même que la nature est variée – et cependant unie –, telle que l'Être Suprême l'a créée, de même l'œuvre de l'Architecte doit établir un étroit rapport entre la diversité de la nature et celle des bâtiments qu'il conçoit, toutes deux incarnées dans les écrits théoriques qu'il rédige : « L'Architecte du monde n'a-t-il pas varié ses tableaux à l'infini ? Pourquoi l'artiste ne l'imiterait-il pas ? », affirme Ledoux (*ibidem*, p. 28). Il nous semble alors qu'il n'est pas fortuit que l'ouvrage de l'architecte champenois, rédigé dans la seconde moitié du XVIIIe siècle, coïncide avec les positions théoriques d'un Buffon entrant à l'Académie Française, et prononçant le 25 août 1753, jour de sa réception, son célèbre discours sur le Style dont on retiendra l'éloge de la nature :

> Pourquoi les ouvrages de la nature sont-ils si parfaits ? C'est que chaque ouvrage est un tout, et qu'elle travaille sur un plan éternel dont elle ne s'écarte jamais ; [...] L'esprit humain [...] s'il imite la nature dans sa marche et dans son travail, s'il s'élève par la contemplation aux vérités les plus sublimes, s'il les réunit, s'il les enchaîne, s'il en forme un tout, un système par la réflexion, il établira sur des fondements inébranlables des monuments immortels. (1753, n.p.)

On le comprend, cette stricte géométrie, qu'elle soit architecturale ou verbale, est conçue pour favoriser « l'unité de la pensée », qui n'exclut nullement « la variété des formes ». Telle est la propriété que Ledoux assigne à la formation qu'il réserve aux jeunes artistes :

> C'est par le tableau de ces compositions aussi variées que nombreuses, toutes marquées au caractère qui leur est propre, et qui, dans leur exécution offrent l'analyse de tous les principes, que j'instruirai, échaufferai, contiendrai l'artiste qui s'élance dans la carrière de l'Architecture. (1804, *op. cit.*, p. 6)

Cette conception unitaire et harmonique s'applique jusqu'à l'individu, soumis à l'ordre dont il est un rouage : « Peuple ! unité si respectable par l'importance de chaque partie qui le compose, tu ne seras pas oublié dans les constructions de l'art » (*ibidem*, p. 6). L'intime rapport qui relie la nature, les arts et les hommes se trouve confirmé lorsque Ledoux soutient que l'architecture n'est rien si le discours n'agit pas pour convaincre du bien-fondé de telle ou telle construction. Il faut donc également déceler dans ce traité une volonté argumentative et persuasive. Une fois encore résonne l'écho du discours de Buffon, puisque l'académicien fait dépendre la qualité d'un écrit du soin apporté à son plan :

> Mais lorsqu'il se sera fait un plan, lorsqu'une fois il aura rassemblé et mis en ordre toutes les pensées essentielles à son sujet, il s'apercevra aisément de l'instant auquel il doit prendre la plume, il sentira le point de maturité de la production de l'esprit [...]. (1753, *op. cit.*, n.p.)

Or le plan n'est-il pas également chez l'architecte la pièce maîtresse de son projet d'artiste ? Il nous semble donc nécessaire de conduire une analyse architecturale de l'introduction de l'ouvrage de Ledoux, sans perdre de vue sa dimension poétique et sa force persuasive.

À l'image de la *furor poetica* hantant les poètes antiques, la *furor architectonica* anime le discours ledolcien dont la variété des tons et des rythmes compose un ensemble uni. L'introduction de *L'Architecture* offre un agencement de passages tantôt des plus retenus, tantôt des plus flamboyants, révélant ainsi les différents états de Ledoux, qu'il soit animé par un enthousiasme prodigieux, ou qu'il se trouve ramené à la sagesse de la mesure et de la raison. Étrangement, celui qui prône la pondération et la rigueur se montre souvent excessif dans ses propos ; mais ce faisant, il sollicite le pathos du lecteur par un discours enflammé qui flétrit ou porte aux nues. Cette fonction pathémique des figures est remarquable dans l'emploi de la métaphore et de l'hypotypose[15], particulièrement présentes dans le discours ledolcien. Comme en témoignent les deux exemples suivants, le serpent est un motif qui revient fréquemment car il présente l'avantage de frapper violemment les esprits en y activant les valeurs très négatives qui lui sont liées dans l'imaginaire collectif :

> Déjà le Tartare vengeur le réclame, spectre haï de lui-même, il traîne en longs anneaux ses membres venimeux ; son œil hagard, les cavités de ses joues, moins profondes que les cavités de son âme, sont recouverts d'une peau verdâtre et terreuse, à travers laquelle pousse la carie de ses os. Ah ! si ce monstre eût été médecin, au lieu de se dire Architecte, à l'exemple de Procuste, il eût mutilé, étendu, raccourci les hommes, il eût coupé les pieds, les bras, les jambes. (*ibidem*, p. 19)

Au serpent de Ledoux, on associe évidemment la ruse et la tromperie de son prédécesseur du Jardin d'Éden et la vilenie à laquelle le condamne sa reptation au ras de la terre. Faut-il rappeler que le Tartare, le fond de l'Univers des Anciens, est le séjour des criminels ? L'hypotypose – c'est là l'utilité de cette figure – transforme cet anathème lancé contre les architectes scélérats en un tableau que le lecteur croit voir de ses propres yeux. Rien n'y manque, ni la morphologie de l'être abject, ni la couleur de sa peau, ni son déplacement répugnant. Cette métaphore vaut aussi pour les bâtiments eux-mêmes, dont Ledoux accuse certains – en fait les œuvres des architectes indignes – d'être une adaptation absurde et déséquilibrée des monuments antiques :

> Il semble qu'on n'ait compilé les restes somptueux et dégénérés de Zénobie[16], que pour disséminer chez nous les écarts d'une doctrine relâchée. Ne croiroit-on pas voir ces ruines dresser leurs fronts décharnés ; avares des ombres décidées qu'elles doivent porter, elles rampent avec la race des serpents, sur une terre inculte, dans l'oubli des proportions. (*ibidem*, p. 26)

15 *Cf.* Bonhomme, 2005, pp. 171-173.
16 Reine de Palmyre (Syrie, au N-E de Damas).

Ainsi intégrées au discours, la métaphore et l'hypotypose témoignent de l'indignation de Ledoux et leur portée illocutoire génère chez le lecteur un effet perlocutoire. Or emporter l'adhésion de son interlocuteur de cette manière revient à se servir de l'illustration[17] comme d'un moyen argumentatif. En d'autres termes, le discours ledolcien est empreint d'une forme de lyrisme, remarquée par Rabreau (2000) qui place *L'Architecture* sous l'emblème bicéphale de l'imagination poétique et de la raison, cette dernière trouvant notamment son expression par le truchement des nombres.

Le XVIIe siècle finissant et les débuts du XVIIIe fournissent un excellent observatoire des règles architectoniques du discours classique. Le Père Lamy, l'un des rhétoriciens les plus en vue, notait que l'agrément du propos est intrinsèquement lié à la *mesure exacte* des syllabes qui le composent : « les mesures exactes sont celles qui s'expriment par des nombres, dans la Geometrie toutes les raisons exactes sont nommées, raisons de *nombre à nombre* [...]. » (1699, p. 230). De même, l'Abbé Bouhours (1671, p. 42), dans *Les entretiens d'Ariste et Eugène*, considérait qu'en français, les mots sont « d'une grandeur raisonnable, comme ceux de la langue Latine » ; noblesse et modestie caractérisent l'expression, et il n'est jamais fait usage de termes bas, même dans les échanges les moins formels. Pour d'Olivet, quelque cent ans après Lamy, la cadence de la phrase est également directement dépendante de l'agencement et de la forme des syllabes. Il convient en effet, écrit Lamy, que « les organes, soit de celui qui parle, soit de celui qui écoute, [soient] agréablement flattés par une sorte de modulation, qui fait que le discours n'a rien de dur, ni de lâche, rien de trop long, ni de trop court ; rien de pesant, ni de sautillant ». On retrouve la même idée de *nombre oratoire* chez d'Olivet : la progression du discours doit se conformer à la « marche de l'esprit » (1760, p. 115). Cet aspect rythmique est très présent dans les écrits de Ledoux. En effet, conscient de la nécessité d'emporter l'adhésion de son lectorat, garante de la légitimité de ses créations, et transporté par l'amour fougueux qu'il voue à son art, l'architecte sait se montrer charismatique et utiliser à propos le *tempo* dont il cadence ses écrits. Par ce biais, il orchestre véritablement une stratégie persuasive à l'adresse du lecteur. L'introduction est ainsi marquée par une alternance de rythmes binaire et ternaire. Le premier, souvent produit par des répétitions lexicales sous forme de parallélisme syntaxique ou d'anaphore rhétorique, est associé à un jugement cassant ou dénonçant la stérilité de certains choix. Comme l'indique Bonhomme (2005, p. 173), la répétition, en favorisant une réception optimale, augmente « le rendement cognitif des énoncés ». Par exemple :

> *Si* la science perfectionne l'esprit (1), *si* elle élève l'homme au-dessus de lui-même (2), (+ cadence majeure) [...].

17 L'exemple est chargé de fonder la règle, alors que « l'illustration a pour rôle de renforcer l'adhésion à une règle connue et admise », selon Ch. Perelman et L. Olbrechts-Tyteca, 2000, p. 481.

> *Si* l'Architecture ne supporte pas les corps étrangers qui lui commandent (1), *si* elle trouve dans son isolement l'indépendance qui lui convient (2), (+ cadence mineure) [...]. (Ledoux, *op. cit.*, pp. 12-13)

Dans cette configuration, science et Architecture sont placées sur un plan identique. On trouve des structures plus sophistiquées qui reposent sur le parallélisme morphosyntaxique et la coordination, comme en témoigne l'exemple suivant :

> Souvent, très-souvent *j'offrirai* (1) cette ordonnance (A) libre (a) et débarrassée de ses entraves (b), cette ordonnance (B) qui plaît [...] ; *j'élaguerai* (2) ces emplois fragiles (A), ces ornements saillants (B) [...]. (*ibidem*, p. 14)

Ici, la réduplication affecte trois constructions différentes en quatre lignes :

> Mais *vainement* il délègueroit ses facultés pour briser les chaînes de l'âge de fer, *vainement* il voudroit faire renaître les beaux jours d'Astrée. *Avant que* l'on couronne un premier effort, *avant qu'*un succès triomphe de l'habitude et soit passé en loi, *que d'*entraves *à écarter ! que de* lances *à rompre !* (*ibidem*, p. 21)

Enfin, un dernier exemple :

> Ces villes [...], ces établissements [...], ces palais [...], [soit une accumulation de dix éléments non exhaustive, puisque Ledoux ajoute etc] : *ils* [pronom anaphorisant les dix descriptions définies démonstratives] *étoient, ils ne sont plus*. Ces constructions exaltées par l'imagination, élevées par enchantement, détruites pour servir les passions : *elles étoient, elles ne sont plus*. (*ibidem*, p. 30)

L'accumulation, ici reprise par un pronom anaphorique dans une structure en parataxe, oppose l'existence dans le passé à la disparition dans le présent.

Il est patent, dans ces quatre exemples, que le rythme binaire, qui n'autorise pas l'amplification et exprime la froideur d'un constat, alterne avec le rythme ternaire aussitôt que l'émotion sourd dans le discours et, par là, manifeste l'indignation de Ledoux. La flamme qui l'anime peut également se traduire par la figure de l'accumulation, nettement présente dans son introduction :

> Je dévillagerai une peuplade de huit cent mille hommes [...] ; je placerai les trophées de la victoire [...] ; je transplanterai les montagnes ; je dessécherai les marais, comblerai les précipices [...] ; je gonflerai les pentes de la plaine pour écouler les eaux paresseuses. (*ibidem*, pp. 17-18)

Ces actions titanesques (au nombre de douze dans l'énumération) que l'architecte prend à son compte trahissent une sorte de possession, de fureur de la création. En dévoilant avec exltation ses intimes convictions, Ledoux attire son lecteur dans son système de valeurs. Mais pour atteindre totalement son objectif, il ne se contente pas de cet unique moyen et emploie avec une fréquence élevée l'association de l'impératif et de la question rhétorique. Rappelant Jakobson (1963), Bonhomme (2005, p. 167) reconnaît à l'interrogation oratoire un rôle de renforcement de l'attention de l'allocutaire, privé cependant de la possibilité de répondre. Il s'agit, pour reprendre ses termes, d'un « facteur illocutoire de la dynamisation interlocutive du discours ». L'impératif, par la pression qu'il impose à celui qu'il interpelle, nous semble entrer dans la même catégorie. Ledoux use volontiers de cette technique rhétorique, qui revient avec insistance aux moments de forte émotion.

Enfin, nous voudrions montrer que les préceptes prônés par les grammairiens des XVIIe et XVIIIe siècles cités *supra* sont presque exactement transposés du dessein rhétorique au projet architectural. Équilibre, retenue, symétrie et économie sont les maîtres mots de la construction du discours et de la ville classiques :

> La variété donne à chaque édifice la physionomie qui lui est propre [...]. La convenance qui fait valoir la richesse et travestit l'infortune, subordonnera les idées aux localités, rassemblera les besoins divers [...]. La bienséance nous offrira l'analogie des proportions et des ornements ; elle désignera au premier aspect le motif des constructions et leur destination. [...] On n'oubliera pas la symétrie [...] (Ledoux, *op. cit.*, p. 10).

Un passage extrait de la page 8 est exemplaire de la relation mimétique qui lie l'architecture et le texte ledolciens, et nous proposons à présent de mettre en regard la configuration de cette séquence et celle de la Saline d'Arc-et-Senans.

La séquence textuelle est constituée de cinq alinéas, dont l'élément central est encadré par deux groupes de deux paragraphes chacun.

Le groupe I comprend deux unités commençant par l'impératif *Voyez* en anaphore rhétorique ; dans la première, le verbe appelle trois compléments dont chacun est nanti d'une expansion (nous n'entrerons pas dans le détail de son fonctionnement syntaxique). L'impératif de la deuxième unité possède un seul complément dont l'expansion prend la forme de trois propositions subordonnées relatives coordonnées.

> Groupe I : § 1 et 2 : rythme ternaire majoritaire
>
> §1 : *Voyez*
> 1. ces taches additionnelles qui [...] ;
> 2. ces tombes où [...] ;
> 3. ces dépôts fastueux [...], s'élevant [...] qui [...].
>
> §2 : *Voyez*
> Ces nuages sans nombre qui...
> 1. s'approchent,
> 2. se pressent,
> 3. se déchirent ;

La deuxième période, qui constitue la partie centrale, se scinde en deux interrogations dont la deuxième se subdivise encore en une interrogation alternative à deux membres :

Partie centrale

Q1 : Ne diroit-on pas que ce spectacle les inquiète (1)
et les tourmente (2) ?

Q2 : question alternative à 2 membres :
Est-ce un nouveau monde [...] (1),
ou
sont-ce les catacombes [...] (2) ?
Soit au total 3 interrogations

Enfin, de l'autre côté de ce paragraphe central qui joue le rôle de charnière, le groupe II rassemble deux paragraphes qui reproduisent le schéma du groupe I en commençant chacun par un impératif :

Groupe II : § 4 et 5 : rythme binaire majoritaire

§4 : *Jettez* [sic] les yeux plus loin,
Vous verrez...
1. les prodiges de Sémiramis,
2. les merveilles des Hébreux.

§5 : *Interrogez...*
1. les cendres d'Ilion,
2. les annales des nations les plus célèbres ;

La partie centrale sépare les deux groupes périphériques tout en en réalisant la synthèse, car elle combine les rythmes ternaire (majoritaire dans ce qui le précède) et binaire (majoritaire dans ce qui lui succède). Si l'on compare le texte avec la réalisation architecturale d'Arc-et-Senans, l'identité structurelle[18] est frappante :

Fig. 1: Saline royale d'Arc-et-Senans.

18 On notera cependant une légère variante : dans la saline, les deux pans sont symétriques et non pas parallèles comme dans la séquence textuelle.

Fig. 2: La maison du directeur.

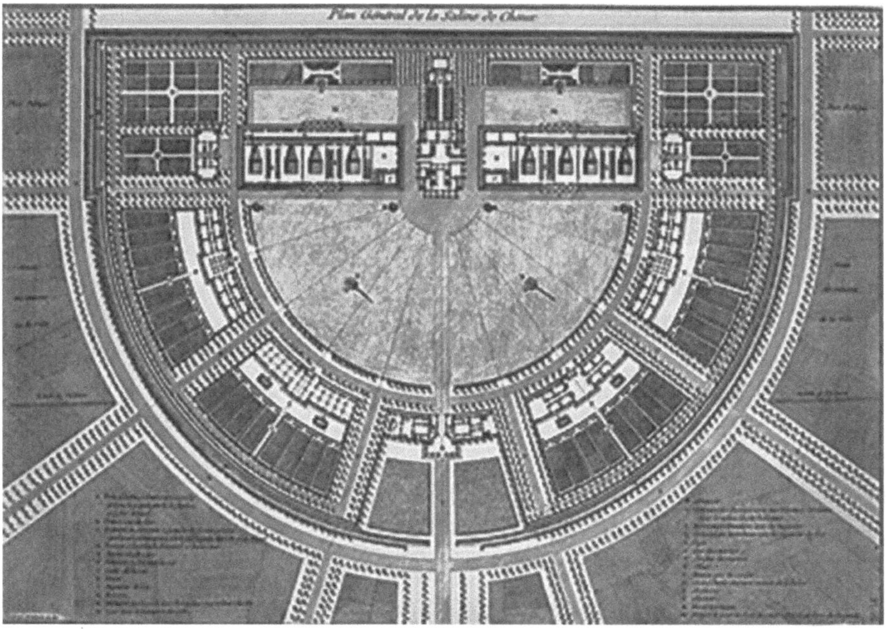

Fig. 3: Plan de la Saline royale d'Arc-et-Senans par Claude Nicolas Ledoux, 1774.

Nous remarquons que le texte est construit de la même manière que chaque ensemble ternaire qui comporte un immeuble central proéminant servant d'axe de symétrie. En outre, de même qu'un lien existe de groupe à groupe dans le texte, de la même manière, dans l'ensemble architectural, la figure semi-circulaire assure la même fonction cohésive, chaque partie étant rattachée à l'autre soit par une allée rectiligne, soit par des arcs de cercle. La position centrale de l'Architecte dans son traité, comme celle de la maison du directeur, au cœur de l'ensemble rayonnant et faisant face au vaste portique d'entrée, ne fait que renforcer une espèce d'héliocentrisme au cœur duquel prennent place les représentants légitimes de l'ordre – le Roi et le Directeur (monarque en sa saline) – mais aussi l'Artiste légitime, fils d'Apollon /Phoebus.

La foi de Ledoux en sa mission artistique et sociale est exceptionnelle, tout comme la cohérence qui cimente étroitement ses options théoriques et ses réalisations architecturales. Il est rare de voir à quel point un artiste, dont l'honnêteté intellectuelle est exempte de compromis, a réussi à unir son art à d'autres arts et disciplines. Il nous est apparu que ses écrits s'élevaient comme de majestueux bâtiments, et au fil de l'examen des planches illustrant ses projets, nous avons pu lire dans la pierre, ses structures et ses motifs, la parole – à la fois rigoureuse et passionnée – d'un pur qui aspirait à voir rayonner dans le monde entier les réseaux strictement géométriques de ses cités idéales. Les urbanistes, du XIXe siècle à nos jours, ne sont pas étrangers – à tort, certainement – à ce sentiment de toute-puissance.

Paris ville-réseau. L'exemple de la rue de l'Alboni[19]

La ville est une grande manipulatrice : l'urbaniste a l'illusion de la maîtriser. Et de fait, il imagine des circuits, des réseaux, des extensions. Il coupe, réajuste, ravale, et tente de trouver une logique qui était censée faire défaut jusqu'alors – ce qui évidemment, n'était nullement le cas. Si l'on s'en tient à la gestion du patrimoine historique, qui pose d'épineux problèmes lors de la transformation des « cœurs de ville », quelquefois laidement nommés « hypercentres », on constate bien vite que, malgré les déclarations souvent tonitruantes des directions politiques (municipales, régionales, nationales), les « rénovations », à côté d'effets positifs, ont engendré des conséquences néfastes. Tomas (2004, pp. 205-206) le reconnaît : « [...] les rues piétonnes, auxquelles les commerçants furent souvent les premiers à s'opposer, se révélèrent, en définitive, plutôt favorables à la valorisation des

19 Rue et square de l'Alboni, et « beaux quartiers ».

commerces, mais en remplaçant ceux de proximité par des boutiques de mode (souvent franchisées), des bars, des restaurants et des boîtes de nuit. Du coup, c'est la fonction résidentielle qui fut la plus affectée, dans la mesure où elle souffrait à la fois du départ des commerces de proximité, des difficultés d'accès aux logements et des nuisances engendrées par la nouvelle activité nocturne. Une des conséquences les plus spectaculaires en a été l'apparition puis le développement d'une vacance des logements à laquelle [...] les responsables politiques et les militants sociaux attribuent une part de l'insécurité ressentie par les résidents. »

La rue de l'Alboni se situe à Passy, dans le XVIe arrondissement parisien. Cette rue, de même que le square du même nom, apparaît fréquemment dans la littérature romanesque et poétique. Nous en avons relevé une première attestation avec *L'Horizon* de Patrick Modiano (2010). Cet engouement n'est guère étonnant, lorsque l'on connaît l'histoire du lieu : il s'agit en effet d'un véritable défi à toute logique urbanistique. Une remarquable description technique de l'environnement se trouve dans un des volumes des *Mémoires de la Société des ingénieurs civils*. Lesourd (1905, p. 43 9) y rend compte de la construction de la station de métro située en contrebas d'une partie de la rue : « la station du quai de Passy est unique en son genre, en ce sens qu'elle est juste située à la transition du tunnel et du viaduc, et que ses quais sont, partie en souterrain couvert d'un tablier métallique, partie en tranchée ouverte, partie sur viaduc. On y accède, d'une part, par la rue Alboni, d'autre part, par des escaliers destinés à compenser la différence de niveau qui existe entre la station et le quai de Passy. Les travaux d'établissement de cette station et de la partie du souterrain qui la précède ont présenté des difficultés particulières dues au terrain rencontré. En effet, toute la partie supérieure de la rue Alboni est bâtie sur le calcaire grossier reposant sur un banc d'argile plastique d'une quinzaine de mètres, sur laquelle reposent des remblais atteignant jusqu'à 18 m. C'est dans les éboulis ci-dessus indiqués qu'a été construite la station Alboni. » L'état de la question fait apparaître l'extrême complexité du dispositif, dont la solidité repose sur un ingénieux équilibrage des pressions. Ce que le document ne signale pas, c'est qu'on aurait tendance à penser, comme l'explique Fortier (1989, pp. 93-94) que le quartier de l'Alboni est *postérieur* à la pose de l'immense structure métallique du viaduc de Passy et du métro : « Rien, en effet, ne semble a priori plus naturel, plus conforme à l'idée que l'on se fait d'une opération d'urbanisme que ce dessin serré (mêlant infrastructures, jardins, bâtiments et espaces publics), dont on entrevoit sans grand-peine le protocole technique, le pont venant d'abord, accueilli par le grand escalier au milieu duquel il se glisse, puis, à mi-pente, le square, ses arbres et ses grilles, lui-même serti par les deux groupes d'immeubles qui bornent à ses extrémités l'ensemble du dispositif. » Or, ce scénario évident est absolument contredit par les faits, puisque quatre hôtels avaient été construits en 1900 à l'occasion de l'Exposition universelle. Ces bâtisses furent ensuite converties en immeubles d'habitation et le square du même nom vint s'adjoindre à l'ensemble. Ensuite, « deux ans plus tard et un peu au hasard, le grand viaduc de Biette et Formigé dont la concession de passage, négociée à prix d'or, aura valu à ses propriétaires le sublime et problématique voisinage [le métro aérien] qu'ils connaissent aujourd'hui. Comme si toute cette opération, loin d'obéir à un projet soigneusement mûri, n'avait fait qu'assembler les catégories d'un projet qui, à travers d'autres ponts, d'autres squares et d'autres rotondes que ceux-ci, existait épars dans Paris. » (*ibidem*, p. 94)

L'une des premières attestations littéraires se trouve dans un roman de Léo Malet, publié en 1956, *Pas de bavards à la Muette*, dans lequel Nestor Burma, à l'occasion d'une filature, est amené à traverser la rue et le square d'Alboni. Le détective constate d'abord l'incohérence des plaques édilitaires, dont certaines indiquent « d'Alboni » et d'autres « de l'Alboni ». En l'occurrence, il s'agit d'un déterminant « d'admiration », note Burma, puisque la rue et le square sont ainsi nommés en l'honneur la célèbre cantatrice d'origine italienne, Marietta Alboni[20]. Suit une description de l'ensemble :

> Célestin [...] descendit donc la rue de l'Alboni, coupée à mi-côte par la station de métro Passy, une des plus agréables du réseau [...], presque champêtre, avec ses portillons qui semblent donner directement sur des jardins, du moins se l'imagine-t-on, lorsqu'on voit ça de l'intérieur des wagons. C'est à cet endroit que la ligne étoile-Nation, direction Nation, sort de terre pour devenir aérienne jusqu'à Pasteur, dans le XVe. La station Passy est séparée de la verdure que l'on aperçoit en passant, de la largeur d'un escalier, aussi bien à droite qu'à gauche. Ces escaliers sont bordés de terrains en pente, boisés, couverts de buissons, et malheureusement aussi, entre les troncs, d'assez nombreux détritus. C'est le côté terrain vague du décor. [...] Le soleil faisait briller les rails de la voie ferrée qui traverse la Seine et que l'on domine du haut de la rue de l'Alboni. De l'autre côté du fleuve, la station Bir-Hakeim, ex-Grenelle, apparaissait toute grise. (1956/2012, n.p.)

Outre *L'horizon,* on retrouve la rue et le square de l'Alboni dans plusieurs romans plus anciens de Modiano. Ainsi, dans *Une jeunesse* (1981) :

> À la sortie du métro Iéna, elle descendait l'avenue jusqu'à la Seine et longeait les jardins du Trocadéro. Bellune habitait un peu plus loin, dans une rue qui donnait sur le quai de Passy. L'appartement, au dernier étage de l'immeuble, était surmonté d'une terrasse d'où l'on voyait les toits du quartier, la Seine et la tour Eiffel. Bellune avait disposé des transats et une table en bordure de la terrasse que cernait une rampe blanche à l'aspect de bastingage.

20 « Rue Alboni » a été la première dénomination officielle de la voie (sur le modèle de « rue Descartes » ou « rue Racine »). En 1906, un conseiller municipal, M. d'Andigné, propose « de donner le nom de rue de l'Alboni à la voie actuellement dénommée rue Alboni. C'est un nouvel hommage rendu à cette grande artiste. La dénomination actuelle amène de nombreuses confusions car cette rue est souvent confondue avec la rue Albouy. » (*Bulletin municipal officiel* du lundi 31 décembre 1906, p. 4800) La demande sera entérinée, puisque *l'Aurore* du 27 juillet 1907 indique que « par arrêté du préfet de la Seine [...] la rue Alboni prendra le nom de rue de l'Alboni. » Burma avait donc raison !

> Les fenêtres de la pièce de séjour donnaient sur la rue et le mobilier consistait en une table longue, un fauteuil de cuir et un piano droit. Un couloir menait à la chambre de Bellune. [...] Le lendemain, ils dînaient dans le restaurant du square d'Alboni – ils dînaient toujours dans les restaurants du quartier comme si Bellune craignait de s'éloigner de son domicile – et il lui donna quelques explications. (pp. 37-38)

Dans *Un cirque passe* (1992, pp. 72-73) :

> Les quais étaient encore plus déserts de ce côté-ci. Après les jardins du Trocadéro, nous nous sommes arrêtés au coin de la rue de l'Alboni, sous le viaduc du métro.
> Elle m'a dit de la laisser. Elle m'a donné rendez-vous dans une heure au café, sur le quai. [...] J'ai préféré marcher plutôt que de rester immobile, à attendre dans le café, et j'ai emprunté une par une les rues avoisinantes et les escaliers à balustres et à réverbères. Plus tard, je suis revenu souvent dans ces parages et chaque fois les escaliers de la rue de l'Alboni me rappelaient le samedi où j'avais marché ici, en l'attendant. C'était en novembre, mais dans mon souvenir, à cause du soleil de ce jour-là, une lumière estivale baigne le quartier. Des taches de soleil sur les trottoirs et de l'ombre sous le viaduc du métro. Un passage étroit et obscur qui était jadis un chemin de campagne monte à travers les immeubles jusqu'à la rue Raynouard. La nuit, à la sortie de la station Passy, les réverbères jettent une lumière pâle sur les feuillages.

De même, dans *Accident nocturne* (2003/2013, pp. 750-751) :

> J'ai sorti de ma poche le « compte rendu » que j'avais signé. Elle habitait donc square de l'Alboni. Je connaissais cet endroit pour être souvent descendu à la station de métro toute proche. Aucune importance si le numéro manquait. Avec le nom : Jacqueline Beausergent, je me débrouillerais. Ce square de l'Alboni était un peu plus loin, au bord de la Seine. J'étais maintenant dans son quartier. Et voilà pourquoi on m'avait transporté à la clinique Mirabeau. [...] J'ai tenté de suivre le quai jusqu'au square de l'Alboni. À chaque immeuble, je demanderais au concierge l'étage où habitait Jacqueline Beausergent. Il ne devait pas y avoir beaucoup de numéros.

Patrick Modiano, comme avant lui Léo Malet, associe le métro et le viaduc à la rue. Chez Modiano, le réseau métropolitain est un leitmotiv. Ainsi, Thérèse, dans *La Petite Bijou* (2001), y retrouve sa mère. Dans *Dora Bruder* (1997), le narrateur se représente les trajets de Dora : « Je regarde le plan du métro et j'essaie d'imaginer le trajet qu'elle suivait. Pour éviter de trop nombreux changements de ligne, le plus simple était de prendre le métro à Nation, qui était assez proche du pensionnat. Direction Pont-de-Sèvres. Changement à Strasbourg-Saint-Denis. Direction Porte de Clignancourt. Elle descendait à Simplon, juste en face du cinéma et de l'hôtel. » (2013, p. 669) Le métro est également un moyen de disparaître ; le narrateur de *Du plus loin de l'oubli* (1996/2010, pp. 146-147) a l'impression de ne plus s'appartenir : « Je me retrouve sur la même ligne, dans le métro. Il passe au-dessus des arbres du boulevard Saint-Jacques. Leurs feuillages se penchent sur la voie. Alors j'ai l'impression d'être entre ciel et terre et d'échapper à ma vie présente. Rien ne me rattache plus à rien. Tout à l'heure, à la sortie de la station Corvisart qui ressemble à une gare de province avec sa verrière, ce sera comme si je me glissais par une brèche du temps et je disparaîtrai une bonne fois pour toutes. » On retrouve le même motif dans *Chien de printemps* (1993) :

> J'étais frappé d'une somnolence. Des mots me parvenaient encore à travers un brouillard ensoleillé [...]. Je me rappelais la réflexion de Jansen : « Ne vous inquiétez pas, mon petit... Moi aussi il m'est souvent arrivé de tomber dans des trous noirs... » Mais là, ce n'était même plus un « trou noir » comme celui que j'avais éprouvé à dix-neuf ans à la terrasse du café de la Paix. [...] J'allais disparaître dans ce jardin, parmi la foule du lundi de Pâques. Je perdais la mémoire et je ne comprenais plus très bien le français car les paroles de mes voisines n'étaient maintenant à mes oreilles que des onomatopées. Les efforts que j'avais fournis depuis trente ans pour exercer un métier, donner une cohérence à ma vie, tâcher de parler et d'écrire une langue le mieux possible afin d'être bien sûr de ma nationalité, toute cette tension se relâchait brusquement. C'était fini. Je n'étais plus rien. Tout à l'heure, je me glisserais hors de ce jardin en direction d'une station de métro, puis d'une gare et d'un port. À la fermeture des grilles, il ne resterait de moi que l'imperméable que je portais, roulé en boule, sur un banc. (1993, pp. 115-117)

On constate la même relation prégnante avec ce moyen de transport, s'agissant du nom d'un des personnages d'*Accident nocturne*, *Jacqueline Beausergent*. Ce patronyme est un décalque de *Jacques Bonsergent*, dont le nom a été donné à une station du métropolitain (ligne 5, boulevard Magenta). Il n'est pas anodin, étant donné l'intérêt porté par Modiano à cette période, de rappeler que Jacques Bonsergent, résistant, fut fusillé en 1940 par les Allemands. Quant à la station Corvisart *(Du plus loin de l'oubli)*, non seulement elle se situe sur la même ligne 6 que les stations Passy (rue de l'Alboni) et Bir-Hakeim (*cf.* Malet et Réda), mais elle est en outre conçue selon les mêmes principes. Ajoutons qu'en 1978, Modiano avait publié à la *NRF* une courte nouvelle, *Johnny*, consacrée à un jeune juif sous l'occupation. Johnny, qui a une maîtresse de quinze ans son aînée, prend tous les soirs le métro pour aller la retrouver à Passy : « Maintenant, chaque soir, vers huit heures et demie, il quittait l'appartement vide de sa grand-mère et prenait le métro jusqu'à "Passy". Là, on arrivait dans la petite gare d'une station thermale ou au terminus d'un funiculaire. Par les escaliers, il gagnait l'un des immeubles en contrebas, proches du square de l'Alboni, dans cette zone étagée de Passy qui évoque Monte-Carlo.[21] » Voici mis en évidence l'aspect onirique

21 Cette nouvelle a été reprise et augmentée dans le chapitre 9 du roman *De si braves garçons* (1982). Nous citons ce passage d'après la thèse de Danielle Omer (1999) *Les activités d'emprunt. Opérations de reprise et de (re)formulation dans la production d'un genre textuel*, thèse de sciences du langage, Université de Rouen, p. 347. Le quartier, les escaliers, sont également évoqués dans *Quartier perdu* (1984/1992, pp. 79 et 140) : « J'avais toujours aimé la vue qui s'offrait de ce pont. À droite, le Trocadéro et les immeubles étagés de Passy derrière lesquels j'imaginais les parcs en pente et les chalets d'autrefois. Et de l'autre côté, les lumières de la Concorde. Et la Seine aux reflets rouges et argentés. Il faisait moins chaud ici et l'air était plus léger à respirer. » Et : « De l'autre côté de la place de l'Alma, le long des quais, sur

de la représentation : la station de métro se mue simultanément en trois espaces différents, qui partagent cependant une forme d'exotisme par rapport à l'ancrage parisien du lieu ; en effet, la station thermale exhale une atmosphère alanguie presque surannée, le terminus du funiculaire projette l'imagination vers quelque éminence et Monte-Carlo, construite toute en hauteur, évoque les fêtes mondaines et l'aisance matérielle. En d'autres termes, des qualités qui font dire de certains quartiers parisiens que l'on se croirait ailleurs que dans la capitale.

***

Cette entrée de Passy à fort dénivelé, encadrée par les deux tours d'immeubles surmontées de poivrières[22], la rue se terminant en impasse et surplombant de façon abrupte la ligne de métro, avec au loin une perspective architecturale radicalement différente (grands immeubles et barres à l'horizon) devient une manière de *forteresse* dans *Les boulevards de ceinture* de Modiano (1972/1978, p. 94) :

> L'électricité ne marchait pas. Accoudés à la fenêtre, nous suivions les allées et venues du métro aérien. Mon père portait une veste d'intérieur, trouée par endroits. *Il m'a désigné la citadelle de Passy*, sur l'autre rive. D'un ton sans réplique : « *Un jour, nous aurons un hôtel particulier au Trocadéro* ! » En attendant, il me donnait rendez-vous dans le hall des grands hôtels. Il s'y sentait plus important, plus apte à réaliser ses projets de haute finance. Il y restait des après-midi entiers. Combien de fois ai-je été le rejoindre au Majestic, au Continental, au Claridge, à l'Astoria... Ces lieux de passage convenaient à une âme vagabonde et fragile comme la sienne.

Quelques années avant que ne soient érigées les deux tours jumelles de la rue de l'Alboni, en vue de l'exposition universelle, Anatole France (1894, pp. 3-4), dans une conférence à la société historique d'Auteuil et de Passy, avait déjà souligné

l'esplanade du palais de Tokyo, nous parlions à voix basse, de crainte que l'écho ne répercute le son de nos voix. La rue Fresnel et son jardin suspendu. La Seine. L'allée aux Cygnes que nous suivions jusqu'au pont de Grenelle. Et le retour par les escaliers de Passy et les jardins du Trocadéro. »

22 Plusieurs immeubles très remarquables ont été construits par Louis Dauvergne à cet endroit : « 2 à 10 rue de l'Alboni : Dans un site au relief très accentué, un ensemble d'immeubles de rapport imposants construits entre 1898 et 1900 par l'architecte Louis Dauvergne pour la société immobilière du Trocadéro et de Passy, présentant des poivrières d'angle très marquantes dans les perspectives de la rue de l'Alboni. 10 rue de l'Alboni, 23 boulevard Delessert : Immeuble de rapport construit par l'architecte Louis Dauvergne en 1898-1899. Il devait servir d'hôtel de voyageurs pour l'Exposition Universelle de 1900 et fut ensuite converti en immeuble de rapport. Situé à l'intersection du boulevard Delessert et de la rue de l'Alboni, il possède une exceptionnelle tour d'angle entourée d'une colonnade et surmontée d'une lanterne. Pour atteindre cette hauteur exceptionnelle avant le règlement de 1902, il obtint une dérogation justifiée par son emplacement remarquable. Il marque le retour du pittoresque et du monumental dans la conception des immeubles parisiens et du paysage des rues dans le prolongement des Expositions Universelles de 1889 et 1900. (Extrait de *Protections patrimoniales, XVI*[e] *arrondissement, Règlement du PLU*, Tome 2, Annexe VI, pp. 340-432)

cette spécificité du quartier, ville dans la ville, qui « a presque de tous côtés ses frontières naturelles. Un bois, un fleuve » :

> La ville de Paris est admirable, prodigieuse, elle est énorme et pourtant jolie. Mais elle est bien grande pour qu'on l'aime avec cette tendresse un peu fétichiste, avec cette intimité qui fait le charme du patriotisme local. Heureux que nous sommes ! Nous avons une petite ville à nous dans la grande. Quand je dis petite, c'est par tendresse, et comme le poète Catulle appelait enfant sa Lesbie, qui était une grande personne et sortait seule le soir. Nous avons une ville qu'on peut embrasser du regard et dont nous faisons le tour, en nous promenant, une ville qui, comme la France, a presque de tous côtés ses frontières naturelles. Un bois, un fleuve. Cela nous rassure, nous nous sentons chez nous. Nous jouissons d'une paix provinciale, sans petitesse. Notre Auteuil et notre Passy, très illustres, ne sont pas las de porter les vivants. Ils sont pour nous encore un air pur, des arbres, des jardins.[23]

On observera que cette mise en vedette de l'historicité du quartier est toujours bien attestée, à Paris même, comme le relève Fijalkow : « Néanmoins la mobilisation de l'histoire est importante dans les deux quartiers étudiés [la Goutte d'Or et le Village de Charonne]. D'une part elle permet à des nouveaux venus de revendiquer une image idéalisée du quartier, vivant dans l'illusion d'une communauté passée homogène et sans conflits, sans se donner les outils pour penser et agir dans un cadre social plus diversifié. C'est un moyen d'intégration un peu factice qui établit une connivence avec la municipalité. [...] les ponts entre les associations et la municipalité sont aussi bien argumentatifs que cognitifs : ils correspondent à une reconnaissance des problèmes. La territorialisation (le village) et l'historicisation (l'architecture vernaculaire) sont stratégiques. Leur reconnaissance par la municipalité lui permet de délimiter les problèmes à traiter au nom d'un bien et d'une histoire commune et de reconnaître la légitimité des interlocuteurs qui en sont porteurs. » (2006/2010, pp. 11-12)

L'image de la *place-forte* est pareillement utilisée par Jacques Réda dans *Les ruines de Paris* (1993, p. 94), comparant les immeubles de la rue Marcel-Proust au « ksar templier-bourgeois du Seizième, avec ses meurtrières d'aération pour la lessive des gens du bas, son rempart arrogant dont les plus hautes fenêtres enregistrent, sur la rive gauche, l'édification de la Floride d'autres parvenus. » Et de fait, depuis sa construction, le quartier de l'Alboni est un lieu d'habitation

23 Quelques années plus tard, entre 1928 et 1941, Jean Giraudoux donne aux journaux *Marianne* et *Le Figaro* une quarantaine d'articles consacrés à l'urbanisme. Il est aussi le fondateur avec Dautry, en 1928, de la « Ligue urbaine » – modifiée en 1943 en « Ligue urbaine et rurale ». Giraudoux exprime son grand espoir que les politiques d'aménagement urbain de l'époque fassent une place importante aux espaces verts et aux artères aérées, dans le but d'offrir à chacun beauté et agrément de vie. Il rapporte alors deux anecdotes pour étayer son propos ; on les retrouve dans *Pleins pouvoirs* : « La France Moderne : notre vie » (chapitre III) qui met en scène l'architecte paysagiste Jean-Claude-Nicolas Forestier et « La France Moderne : nos travaux » (chapitre IV) qui rapporte les suggestions du « non-fou » de Saint-Anne. Sur ce sujet, voir également Sylvie Freyermuth (2013).

affectionné des fractions dominantes de la politique, des arts, puis de la radio et de la télévision, (etc.) : Christine Lagarde, Nicolas Hulot, Jean Nohain y ont logé, côté square. La nièce de Flaubert, Caroline Franklin-Grout y a habité. L'écrivain et critique littéraire Antoine Albalat (1856-1935) relate ses après-midi chez l'héritière de Flaubert (née Commanville), passées à travailler sur le manuscrit de Madame Bovary : « à force d'attention et de recherches, j'arrivais à découvrir les secrets de l'écrivain, les raisons de son choix, le mot biffé sous les larges barres d'encre. Il faisait chaud. On entendait sur la place de la rue Alboni les ritournelles d'un orgue de chevaux de bois, restes solitaires d'un récent 14 juillet. Je revenais tous les après-midi goûter la même exquise jouissance. » (1924, p. 197) Anaïs Nin, en 1936, a résidé à quelques mètres de l'entrée de la rue, au 30, quai Kennedy (alors 30, quai de Passy). Il s'agit d'un immeuble dans le style moderne « passe-partout », toujours existant, construit en 1932 par Jacques Lucas et Henry Beaufils. Nin écrit dans son journal : « Un nouveau décor créé sans espoir ni joie [la guerre d'Espagne menace] [...]. Mais inévitablement beau. Moderne, simple, joyeux, clair. Murs orange, tapis marocains de laine blanche, chaises en chêne naturel pâle et cuir couleur crème, une grande table en pin avec une surface poncée qui ressemble à du sable pâle sur la plage. Luminosité, absence de décorum. [...] Les portes-fenêtres donnant sur les balcons étaient ouvertes. La Seine coulait et miroitait en bas [...]. » (Juin 1936/1970, pp. 139-140) Le passage déjà cité d'*Une jeunesse* vient à l'appui de cette évocation d'un quartier-forteresse, la terrasse-donjon de l'édifice offrant une vue panoramique : « L'appartement, au dernier étage de l'immeuble, était surmonté d'une terrasse d'où l'on voyait les toits du quartier, la Seine et la tour Eiffel. Bellune avait disposé des transats et une table en bordure de la terrasse que cernait une rampe blanche à l'aspect de bastingage. » (1981, p. 37)

Il faut encore évoquer ici Julien Green, qui passa sa jeunesse à Passy, qu'il évoque dans plusieurs ouvrages, aussi bien romanesques qu'autobiographiques. Dans son journal, Green se souvient : « Ma mère me conduisait elle-même à l'école : nous habitions rue de Passy. Le voyage n'était pas long. Vers deux heures, elle me coiffait du jean-bart et nous allions tous les deux le long de la rue bruyante et joyeuse, parmi le fracas des grands omnibus jaunes, jusqu'au rond-point de Passy où l'on dételait les percherons fumants. Puis la rue Duban, ses épiceries et ses bazars où nous nous arrêtions parfois. » (1993, n. p. [édition électronique]) Dans *Épaves*, roman de 1932, Philippe, l'un des personnages, se dirige vers Passy :

> De l'autre côté du fleuve, une ligne de ponts brillants indiquait les quais de Grenelle, mais les maisons étaient noires. Il approchait du grand viaduc qui enjambe la Seine et ses deux quais et porte le Métropolitain à son étage supérieur. [...] Sur le trottoir d'en face, deux hommes sortaient d'un petit café et se mirent à gravir lentement l'escalier qui mène à la rue de Passy. Au pied du pont, il semblait que l'humanité se regroupât, heureuse de se retrouver dans la morne solitude de ces quais. De grands immeubles d'une laideur superbe parlaient de confort

et de sécurité et, de cariatide en corniche, hissaient leurs étages prospères jusque dans le ciel. Mais plus loin la désolation recommençait. […] *Ici, avec ce café et ces hautes maisons, le Paris bourgeois prenait fin. Au-delà, passé la grande étendue déserte qui plongeait dans la nuit, un autre monde que le sien commençait, un monde presque inconnu. Jamais il n'allait dans ces quartiers perdus.* […] [Philippe se souvient que dans sa petite enfance, Lina, sa bonne, l'emmenait en promenade dans ces quartiers] Ils quittaient Passy par une petite rue campagnarde, la rue Berton, et débouchaient sur le quai à peu près à l'endroit où il se tenait ; de là ils gagnaient le viaduc pour se mêler ensuite aux hommes sans faux col et aux femmes en cheveux qui se pressaient autour de la Grande Roue. (1932/1973, pp. 18-19)

Chez Green, la démarcation est clairement tracée : le « monde presque inconnu », est qualifié de « quartiers perdus ». Plus tard, dans un roman dont le titre est presque identique, au pluriel près (*Quartier perdu*), Modiano donnera une description très approchante du même lieu. En même temps que le quartier de l'Alboni constitue une vigie observant le Paris populaire, il est le rempart-promontoire de la richesse, à la porte d'un « territoire à peine imaginable, chinois », comme l'écrit Réda. La dernière partie du texte « Une petite porte bleue », qui commence par « Tout le monde sait que l'ancienne gare de Boulainvilliers est occupée par une dame dentiste, mais lui appartient-elle vraiment ?[24] », reprend les mêmes thèmes, illustrant parfaitement la notion de *ville-réseau* : Réda imagine un club littéraire nommé *Le Barnabooth*, qui organiserait des voyages en Pullman puis en paquebot vers le pont Mirabeau et l'Institut. On retourne finalement rue de Passy, qui « exprime à sa façon […] une synthèse de toutes les *Grand' Rue* de province ouvertes à la flânerie et au négoce […].[25] » Bientôt,

l'on est affermi dans cette impression d'un écart et d'une altitude, place de Costa-Rica, lorsque entre deux massives tours d'angle à demi Philippe-Auguste, à demi Félix-Potin, *la rue de l'Alboni* qui se syncope ouvre une telle échappée que (de l'autre côté d'une sorte de zone neutre tenue par le viaduc) *la station Bir-Hakeim signale le premier poste d'un territoire à peine imaginable, chinois*. Ici donc c'est Kowloon, Macao […]. J'attends car il est agréable

24 La gare existe toujours. Il s'agit d'une gare RER SNCF. Il est intéressant de noter que l'ancienne structure de soutènement, telle qu'elle apparaît sur une photographie de 1986, est exactement la même (arcades superposées) que celle de la station de métro Passy.

25 Comme Modiano dans *Quartier perdu*, Réda fait allusion à l'île aux cygnes et à son allée. On ne sera donc pas étonné que Réda évoque Larbaud (et *Barnabooth*), qui revendiquait dans *Paris de France*, le rattachement de cette île artificielle longiligne au XVIe arrondissement : « L'île (ou allée) des Cygnes fait partie du territoire du XVe arrondissement. En ma qualité de vieil habitant du XVIe, je tiens à protester ici contre cet état de choses. L'île des Cygnes doit faire retour à Passy ; cela est trop évident. » (Larbaud, 1927/1958, p. 791) Modiano convoque encore l'allée aux Cygnes dans *Dans le café de la jeunesse perdue* : « elle s'est engagée dans l'escalier et je l'ai suivie […] En bas, nous suivions l'allée des Cygnes. De chaque côté la Seine et les lumières des quais. Moi, j'avais l'impression d'être sur le pont-promenade d'un bateau échoué en pleine nuit. » (2007, p. 953) L'île des Cygnes a également inspiré l'architecte André Lurçat qui, dans les années 30, avait proposé d'y installer une piste d'atterrissage (un genre de porte-avions) pour aéronefs légers.

de prendre pour lieu de villégiature (villégiature d'une heure ou deux) un endroit d'habitude réduit à sa fonction de passage, et en quelque sorte annulé – dans l'acte d'arriver ou de partir – par tous ces gens distraits et se projetant déjà du front et de la mâchoire vers leurs desseins. [...] Les voyageurs montent, descendent (quantité d'Africains tirés à quatre épingles, qui campent sous les combles du quartier) ; les trains s'arrêtent, repartent dans les deux sens, d'un côté vers la Chine, de l'autre vers le Trocadéro. (*ibidem,* 1993, pp. 95-99)

On est à deux pas de la rue Dickens, et l'on ne tarde pas à arriver à la maison de Balzac, entre la rue Raynouard (en haut) et la rue Berton (en bas), à-pic qui permettait à l'écrivain de fuir ses créanciers. On découvre aussi de ténues traces-frontières historiques, telle cette borne *« posée en 1731 pour indiquer les limites des seigneuries d'Auteuil et de Passy »*[26], dans cette rue Berton « où s'est enfoui le cœur ingénu de l'Ile-de-France. » On ne saura jamais – à moins de l'ouvrir – où mène « au bout, comme un lavoir, une petite porte bleue. » Cette porte est déjà repérée par Georges Cain (conservateur du musée Carnavalet), en 1908[27], qui écrit dans ses *Nouvelles promenades dans Paris :*

[...] c'est une stupeur de rencontrer à Paris cette venelle campagnarde qu'éclairent encore, à la nuit tombante, d'antédiluviens quinquets à huile. Zigzagante et étroite, elle est bordée de murs salpêtrés, mouchetés d'inscriptions, de serments, de rendez-vous, de menaces ; une vieille bicoque en ruine, un atelier de peintre, quelques masures à jardinier, une porte ancienne au ton bleu délavé, une admirable broussaille de fer fichée en un angle du mur où poussent les giroflées sauvages, en font une des sentes les plus pittoresques de Paris. [...] Quelques pas plus loin, au numéro 26 du quai de Passy. Près de la rue Alboni et de la station du Métro, s'ouvre un long escalier reliant le quai à la rue Raynouard, cela se nomme le passage des eaux ; c'est tout à fait curieux ; mi-pavé, mi-dallé, il rappelle ces illustrations comiques semées par Gustave Doré dans les *Contes drolatiques* de Balzac – ce grand Balzac qui habita la rue Berton ! [...] (1908, pp. 349 et 351)

Giono s'attardera à son tour dans le quartier, vers 1962 ; il l'évoque dans un court texte (*Le badaud*, 1968, n.p.). Il y montre plaisamment les transferts de personnalité et d'apparences entre les grands bourgeois (qu'il n'apercevra jamais) et leurs domestiques – « la petite femme de chambre est coiffée à "l'Henri-Martin" [...]. Son corsage est très "avenue Mozart" ; ses souliers sont "boulevard Suchet", et même "chemin de ceinture du lac intérieur". » On l'a vu, il y a dans ce quartier une longue tradition d'opulence, qui n'en rend que plus visible la modestie du Parisien commun. Marcel Prévost, écrivain aujourd'hui oublié, qui avait eu

26 Il s'agit d'une citation exacte de l'inscription portée sur la plaque murale. On notera qu'ici encore, il existe une correspondance avec Larbaud, toujours dans *Paris de France* : « Cure d'air sur les flancs de la montagne Sainte-Geneviève ; exploration de la plaine Monceau ; *voyage dans la seigneurie d'Auteuil* [...]. » (Larbaud, 1927/1958, p. 790)

27 La petite porte bleue est toujours là. La rue et le square de l'Alboni se retrouvent dans d'autres œuvres, par exemple dans *L'enfant d'Édouard*, de François-Olivier Rousseau (Mercure de France, 1980) et dans une pièce de théâtre d'Olivia-Jeanne Cohen, *Rue de l'Alboni* (L'Harmattan, 2003). On croise également le square dans plusieurs ouvrages de Pierre-Jean Rémy.

une conduite très honorable durant la guerre de 14, s'en prenait au sortir des hostilités, aux « neutres de l'intérieur », dont ce « Théophile », qui demeure square Alboni[28] :

> Suave mari magno... Il est doux, par un temps où la plupart de ceux qui vous entourent se nourrissent chichement dans une demi-obscurité et par une température gerçante, de consommer en abondance des aliments savoureux, devant un bon feu, sous des lampes bien garnies. Encore ne faut-il pas qu'au milieu de votre dîner se déchaîne par les rues un concert de hurlements, sirènes fixes, sirènes mobiles, avec l'accompagnement d'un feu roulant d'artillerie à faible distance. Au surplus il n'est pas décent qu'un homme de votre situation, pour éviter de recevoir son plafond sur la tête, soit contraint de descendre à la cave dans la promiscuité des domestiques de la maison, plus de quelques passants auxquels il n'a jamais été présenté. Votre parti fut pris sans retard : vous fûtes de ceux qui couchèrent dans les lavatories des hôtels du Sud-Ouest plutôt que de se soumettre aux incommodités de Paris. On vous revit pourtant ici de temps à autre, quand les Gothas faisaient trêve ; vous manifestiez une dédaigneuse ironie pour les Berthas tant que celles-ci, avec une discipline bien germanique, s'obstinèrent à respecter le seizième arrondissement, votre arrondissement. Mais on vous vit un jour hors de vous, comme si l'ennemi vous avait fait une injure personnelle. Vous disiez : « C'est incroyable ! Il n'y a plus d'axe ! *Des obus sont tombés sur le square Alboni, à deux pas de chez moi !...* » Indigné d'un tel manque d'égards, vous repartîtes aussitôt pour les lavatories de Biarritz. (Prévost, 1919, p. 13)

Au tout début d'une nouvelle guerre mondiale, Irène Némirovsky, dont on sait qu'elle n'aura pas le temps de terminer *Suite française*, sa belle fresque romanesque de destinées nouées par l'exode de 1940, puisqu'elle sera déportée et mourra en camp de concentration, avait bien croqué le portrait des très grands bourgeois du XVIe arrondissement que sont les Péricand, qui demeurent *boulevard Delessert*, tout près de la rue de l'Alboni (partie haute), avec laquelle il constitue un angle droit dont le sommet est la place du Costa-Rica :

> Les Péricand étaient bien-pensants ; leurs traditions, leur tournure d'esprit, une hérédité bourgeoise et catholique, leurs attaches avec l'Église [...], tout leur faisait considérer avec méfiance le gouvernement de la République. [...] [Les Allemands sont aux portes de Paris] La femme de chambre Madeleine, emportée par l'inquiétude, s'avança même jusqu'au seuil de la porte, et cette infraction apparut à Mme Péricand comme un signe de mauvais augure. [...] le peuple n'avait pas de résistance nerveuse. « Comme ils se laissent aller », pensa-t-elle avec un

28 Dans le roman qui l'a rendu célèbre, *Les demi-vierges*, publié en 1894, Prévost donne une bonne description de ce type d'appartement grand bourgeois des beaux quartiers : « Et l'appartement, comme sa décoration, témoignait d'un goût résolu de modernité, informé des commodes d'hier, décidé à les utiliser. C'était le second étage d'une de ces colossales maisons dont un architecte parisien a doté récemment plusieurs avenues voisines de l'Arc de Triomphe. Celui-ci donnait avenue Kléber, tout près de la place de l'Étoile : quinze fenêtres de façade, la superficie d'un vaste hôtel, en plain-pied. Chacune des trois habitantes (Mme de Rouvre divorcée, puis veuve, vivait avec ses deux filles, Maud et Jacqueline) y avait son chez-soi indépendant, ouvrant sur la longue galerie parallèle à la façade. Les jours de bal, un immense hall mobile, occupant toute la cour intérieure de la maison, se montait à l'aide d'ascenseurs au niveau de chaque étage et en doublait l'étendue. » (1894/2004, pp. 7-8)

> blâme. Mme Péricand était de ces bourgeois qui font confiance au peuple. « Pas méchants si on sait les prendre », disait-elle du ton indulgent et un peu attristé qu'elle eût pris pour parler d'une bête en cage. (Némirovsky, 1942/2011, pp. 1471-1473)

Vers la même époque, Henry de Montherlant publie le premier volume de sa célèbre trilogie *Les jeunes filles*. Dans ce roman au titre éponyme, paru en1936, il donne une description acide des beaux quartiers, et du square des États-Unis[29]. Cette place du XVIe arrondissement est parcourue par la provinciale Andrée (qui demeure à cette adresse) et par Costals [on est en 1927] :

> C'était peut-être la troisième ou la quatrième fois qu'ils faisaient le tour du square des États-Unis, marqué par le pas léger des comtesses, ponctué de statues de Libérateurs, de statues de Bienfaiteurs et de statues d'Enthousiastes[30]. Les feuilles des fusains luisaient au milieu de la noirceur nocturne, comme si les valets de chambre astiquaient, chaque matin, le fourré opposé à la maison de leurs nobles maîtres. Les fenêtres aux volets clos évoquaient des compartiments de coffres, vus de l'extérieur, dans une caverne de banque. Quelques humbles avaient l'air, dans ce décor grand-bourgeois, de prisonniers de guerre travaillant pour l'ennemi : des livreurs de charbon, tout noirs, qu'on payait pour les défigurer ; un petit garçon boucher, apportant la viande des comtesses, et qui se laissait glisser en contrebas dans une minuscule porte de service, comme un chat dans une chatière. C'était Costals qui voyait tout cela, parce qu'il avait l'esprit libre. Andrée, elle, n'en voyait rien. [...] Andrée, du square des États-Unis, ne retenait que l'obscurité de ces berceaux de verdure, les allées solitaires qui s'y perdaient, ce recoin presque suspect, avec ses bancs (juste derrière la statue de l'Enthousiaste), et ses folles idées revenaient. (1936/1963, p. 96)

Comme Prévost, Montherlant, Némirovsky, Malet (Burma constate que rue de l'Alboni « demeuraient un baron et une baronne d'Aurimont ») et Giono, Michel Host – qui obtint le prix Goncourt 1986 pour son roman *Valet de nuit* – insiste sur les différences sociales, qu'il met en rapport avec la vision que l'on peut en avoir depuis les rames de la ligne 6 :

> La rue de l'Alboni est une gorge obscure et humide. Canon hivernal, bouche d'enfer, elle est l'obscure tentation du vagabond de ville. [...] On circule sur deux niveaux *dans ce corridor d'entrée des beaux quartiers*. La chaussée peu encombrée, et la ligne aérienne flottant à la hauteur du deuxième étage des immeubles riverains. [...] quand la rame s'arrête, [l'œil inquisiteur] n'a rien vu qu'un immense abat-jour de carton jaunâtre allumé en plein jour, de massifs fauteuils Chippendale rangés autour d'une table basse et, en fait d'êtres vivants, une domestique en tablier s'échinant à nettoyer au chiffon et à la bombe les baies encrassées du salon de ses maîtres. (1986, n.p.)

29 Le square des États-Unis n'existe pas. Il s'agit du square Thomas Jefferson situé au milieu de la place des États-Unis.

30 Sur la place se trouve effet le buste du dentiste Horace Wells, pionnier de l'anesthésie, portant l'inscription sur le socle : « Au dentiste américain Horace Wells novateur de l'anesthésie chirugicale 1844-1848 ». On y voit également un étonnant monument aux volontaires américains de la 1ère guerre mondiale, ainsi qu'une œuvre monumentale représentant côte à côte La Fayette et George Washington.

Outre qu'il confirme l'analyse de Michel Host, un petit article en première page de *La Presse* du 22 avril 1903 – alors que les travaux sont en cours – met en évidence une stratification sociale verticale de la rue traversée par le viaduc :

> Les travaux sont poussés avec activité sur la ligne numéro 4, qui va du Trocadéro à la place de Belfort. Nous avons parcouru les divers chantiers, posant de ci, de là, quelques questions. Le lot numéro 3, qui comprend la rue Franklin et la rue Alboni, sera terminé au mois de juin. On commence déjà la construction du viaduc sur lequel le Métro traversera la Seine. Les ouvriers posent les premiers piliers au square Alboni, à l'endroit où la ligne sort de terre. Nous recueillons chemin faisant les doléances d'une concierge du bas de la rue Alboni. Les locataires de l'entresol et du premier s'en iront lorsque la ligne sera exploitée et peut-être avant, dit-elle. La rue n'est pas large et le viaduc l'obscurcira beaucoup. La lumière sera complètement arrêtée et le bruit des trains assourdira les locataires.

Le contraste entre le fer industriel, quasi métallurgique, de l'architecture du viaduc et du métro et les grands immeubles post-haussmanniens de la bourgeoisie financière[31], qui s'imbriquent et se repoussent en même temps – l'acte de pénétration étant initié du côté populaire du transport en commun –, a très bien été perçu par Giono qui parle de « lointains très Jules Verne », dans *Le badaud* :

> Je contourne le cimetière de Passy et, par la rue des Réservoirs, je vais dans un petit bistrot dont c'est le jour du bœuf gros-sel.
> Généralement après, je prends par l'avenue Paul-Doumer, la rue de la Tour et le boulevard Delessert.
> *La rue de l'Alboni ouvre sur des lointains très Jules Verne*, avec son métro aérien qu'on surplombe et qui s'en va en ligne droite vers Bir-Hakeim et La Motte-Picquet. D'ici, par les soirs d'automne, quand rougeoient les lanternes des rames de métro et qu'à travers les brouillards de la Seine les fantômes de maisons piquetées de lumière à chaque étage se mêlent à la *métallurgie* du métropolitain, *on a une vue de ce que nos grands-pères appelaient une ville dans leur imagination la plus scientifico-romantique*.[32]

31 La vieille aristocratie demeurait plutôt dans le 7e ou dans un rectangle formé par la rue du Faubourg-Saint-Honoré, la rue Royale, l'avenue Gabriel et l'avenue de Marigny. Ainsi Giraudoux, dans *Bella*, décrit le parcours de Fontranges dans Paris : « Quand il venait à Paris, il n'allait guère qu'à l'Union [un cercle très chic], et tout tournant de rue qui n'était pas de la rue Royale lui était difficile à prendre. » (1926/1990, p. 939) Dans *Le Lys rouge* d'Anatole France (1894, pp. 42-43), l'itinéraire social qui relie la rue Royale à la colline du Trocadéro est clairement dessiné : « Presque au bout du Cours-la-Reine, ils se dirent adieu, sous les arbres. Il garda la voiture pour se faire mettre rue Royale. Il dînait au cercle et allait au théâtre. Il n'avait pas de temps à perdre. Thérèse rentra chez elle à pied. En vue de la colline du Trocadéro, qui lançait des feux comme une parure de diamants, elle se rappela la bouquetière du Petit-Pont. Cette parole jetée dans le vent noir : "On voit bien que vous êtes jeune !" lui revenait à la mémoire, non plus gouailleuse et grivoise, mais inquiétante et triste. »

32 Dans un guide des scènes de cinéma tournées à Paris qui n'a rien de scientifique, Pérez et Durant (2011) indiquent que Bertolucci, pour *Le dernier tango à Paris* (1972), a réalisé un

D'une façon générale, Bertrand (1984, pp. 675-676) constate que « le rôle de la voie ferrée dans les formes d'urbanisation est complexe : la gare contribue à étendre ou démultiplier la centralité [...]. Au dix-neuvième siècle, une partie des notables [s'installe près des gares] autant pour des raisons professionnelles que parce que la proximité d'un moyen de transport nouveau témoignait de l'ouverture d'esprit. » Le texte « La gare » de Francis Ponge (1962, pp. 69-71) représente remarquablement ce lieu hybride, à la fois nœud de communication (donc ouvert sur l'extérieur), mais aussi espace où vivent des machines monstrueuses et sales :

> Il s'est formé depuis un siècle dans chaque ville ou bourg de quelque importance (et beaucoup de villages, de proche en proche, se sont touvés atteints *par contagion*),
> Un quartier *phlegmoneux*, sorte de plexus ou de *nodosité tubéreuse*, de *ganglion pulsatile*, d'oignon *lacrymogène* et *charbonneux*. (1962, p. 69)

La terminologie physiologique et médicale de la description conjugue l'aspect nodal de la gare, lieu de convergence des voies ferrées, à ses propriétés morbides *(par contagion)* : le phlegmon, la « nodosité tubéreuse » et le « ganglion pulsatile » évoquent les symptômes de la peste noire – noirceur reprise par l'adjectif « charbonneux » – qui affecte l'espace urbain. La suite de ce poème en prose est une remarquable mimésis de l'entremêlement des réseaux ferrés, qui se réalise grâce à un traitement ramifié de la structure phrastique :

> Comme le noeud d'une ganse où se nouent et dénouent, d'où partent et aboutissent des voies bizarres, à la fois raides et souples, et luisantes, où rien ne peut marcher, glisser, courir ou rouler sinon de longs, rapides et dangereux monstres tonnants et grinçants, parfois gémissants, hurlants ou sifflants, composés d'un matériel de carrosserie monstrueusement grossier, lourd et compliqué, et qui s'entourent de vapeurs et de fumées plus volumineuses par les jours froids, comme celle des naseaux des chevaux de poste. (*ibidem*, p. 70)

L'agencement des appositions, coordinations et relatives construisent les superpositions des voies aux nœuds d'aiguillage, puis leur écartement vers leurs destinations diverses. En outre, la comparaison introduite entre la vapeur de la bête de fer et la condensation de la respiration des chevaux de poste opère un glissement vers le vivant, une animation du monstre qui se meut sur les rails (les chevaux-vapeur). La phrase *excipit* du texte constitue une métaphore qui, par sa force illustrative, résume toute l'idée de réseau convergent et divergent que Ponge associe

---

certain nombre de scènes avec Maria Schneider et Marlon Brando dans un appartement d'un immeuble situé au 1 de la rue de l'Alboni. Ce qui est ici intéressant, est que le réalisateur a modifié le nom de la rue, et a fait apposer une fausse plaque, portant la mention *rue Jules Verne*. Encore qu'on ne puisse exclure que le metteur en scène ait lu le texte de Giono, il est beaucoup plus probable qu'il y ait là une convergence de vues : le contraste entre la perspective des rails vers Bir-Hakeim et les immeubles post-haussmanniens est en effet très vernien.

à l'espace urbain spécifique qu'est la gare : « C'est la gare, avec ses moustaches de chat. » (*ibidem*, p. 71) Compte tenu de l'investissement économique dont est investi ce lieu, « l'avenue de la Gare était un sujet habituel de carte postale, comme à Paris, où les habitants du square de l'Alboni [...] en firent éditer pour montrer leurs riches immeubles de rapport encadrant le pont de Bir-Hakeim qui permet au métro de franchir la Seine. La gare se trouve à l'extrémité de cet axe fonctionnel qui rejoint l'hôtel de ville. » (Bertrand, *ibidem*, p. 676) Bourdieu (1992, p. 71) a parfaitement saisi ce mouvement « fonctionnel » dans son analyse du Paris de *L'Éducation sentimentale* : « Le "faubourg Montmartre", où Flaubert a situé [le journal] *L'Art industriel* [...] est le lieu de résidence attitré des artistes à succès [...] Ce quartier est le lieu de résidence ou de rencontre de financiers, d'artistes à succès, de journalistes et aussi d'actrices et de "lorettes". Ces demi-mondains ou demi-mondaines, qui, comme *l'Art industriel*, se situent à mi-chemin entre les quartiers bourgeois et les quartiers populaires, s'opposent aussi bien aux bourgeois de la "chaussée d'Antin" qu'aux étudiants, aux "grisettes" et aux artistes ratés – que Gavarni raille durement dans ses caricatures – du "Quartier latin". Arnoux, qui au temps de sa splendeur, participe par sa résidence (rue de Choiseul) et son lieu de travail (boulevard Montmartre) de l'univers de l'argent et de l'univers de l'art, se trouve d'abord renvoyé vers le faubourg Montmartre (rue Paradis), avant d'être rejeté dans l'extériorité absolue de la rue de Fleurus. »

***

Le quartier de l'Alboni est donc une saillance dans la capitale, une pierre angulaire dans sa géographie sociale autant que mentale. Lieux d'échanges et de changement d'état, lieux de passage d'un monde à un autre, la rue et le square sont au centre d'un réseau de lignes de fuite, entendues non au sens géométrique, mais au sens de chemin d'évasion vers un point lointain ; le métro, comme les rues, permettent de se dissoudre dans un ailleurs indéterminé[33]. Dans *L'herbe des nuits*, roman de Modiano, publié en 2012, le narrateur reconnaît que : « Oui, quelquefois la vie est monotone et quotidienne, comme aujourd'hui où j'écris ces pages *pour trouver des lignes de fuite et m'échapper par les brèches du temps* » (2011, n.p.)[34]. Dans deux articles, Manet van Montfrans (1993, 2008) a traité cette question de symbolique de la frontière chez Modiano : « D'une part, son Paris est quadrillé par des postes frontières, soit au passage d'un quartier ou d'une rive à l'autre, soit au passage de la ville à la campagne. À ces postes, il faut pouvoir montrer ses papiers d'identité, sinon on ne passe pas. D'autre part, il y a partout des "marches", ces zones neutres, indéterminées, séparant deux mondes distincts et étrangers [...] [qui] sont constituées par les ponts, les îles, [...] et

33 La thèse de Jenny Devine (2011) est consacrée à l'étude des « lignes de fuite » dans l'œuvre de Modiano et à une mise en regard avec la pensée de Nietzsche.

34 Passage à rapprocher de celui de *Chien de printemps*, cité plus haut.

également par les lieux où le métro semble se suspendre au-dessus de la Seine, ou bien, souterrain, permet de passer d'une rive à l'autre sans être vu. À la périphérie, ce sont les portes et les gares qui dessinent des lignes de fuite, et fonctionnent comme des lieux de passage [...]. » (1993, p. 93) La topographie du quartier, sa situation à la fois dominante et enclavée, sa position de redoute, réglemente l'accès à un enfer de l'argent[35] ; Michel Host, dans *Valet de nuit*, insère d'ailleurs une traduction approchée du *« Lasciate ogne speranza, voi ch'intrate »* de Dante, au chant III – « Porte et vestibule de l'enfer », de la *Divine Comédie* :

> La brèche de l'Alboni ressemble fort à une interdiction sur les terres de la pierre de taille et des comptes en Suisse. J'exagère peut-être. Il ne s'agit que d'une mise en garde : vous qui entrez ici, laissez toute espérance... D'en bas, au niveau de la chaussée, l'impression sinistre est accentuée par la perspective des deux hauts escaliers qui, à droite et à gauche de la ligne, permettent aux voyageurs de quitter la station.
> On a donc toutes les raisons de laisser ce poste avancé pour prendre, sur la gauche, l'avenue du Président-Kennedy (autrefois quai de Passy), puis les quais Louis-Blériot et du Point-du-Jour. Cette promenade est à recommander pour la dissipation du précieux temps, pour y accumuler des pas en pure perte car, au-delà du Point-du-Jour, il n'y a plus rien, strictement rien. (1986, n.p.)

En outre, ayant contourné « ce poste avancé », on ne tarde pas – après avoir tout de même beaucoup marché – à parvenir dans un no man's land des pas perdus : « il n'y a plus rien, strictement rien. » En attendant les invités huppés de son salon, Thérèse Martin, la grande bourgeoise amoureuse du *Lys rouge* d'Anatole France, observe de même la Seine depuis la fenêtre de son hôtel particulier de Passy[36] ; elle voit passer le coche d'eau qui transporte de modestes passagers vers Billancourt, c'est-à-dire vers ce néant social évoqué cent ans plus tard par Michel Host.

> S'étant éloignée de la glace, elle alla soulever le coin d'un rideau et vit par la fenêtre, à travers les arbres noirs du quai, sous un jour blême, la Seine traîner ses moires jaunes. L'ennui du ciel et de l'eau se réfléchissaient dans ses prunelles d'un gris fin. Le bateau passa, l'« Hirondelle », débouchant d'une arche du pont de l'Alma et portant d'humbles voyageurs vers Grenelle et Billancourt. Elle le suivit du regard tandis qu'il dérivait dans le courant fangeux, puis elle

35 Claude Lanzmann, dans sa biographie *Le lièvre de Patagonie*, relate comment, étudiant à bout de ressources, il se résout, après la fin de la guerre, à se déguiser en curé pour « quêter » dans les beaux quartiers. L'une de ses cibles est « la rue de l'Alboni, une rue très courte du XVIe arrondissement, dont les immeubles s'alignent tous côté impair et, ce qui était vital pour moi, très proche de la station de métro Passy, au débouché du pont de Bir-Hakeim, sur la ligne étoile-Nation. » (2009, p. 209) Il ne manque pas d'être démasqué et ne doit son salut qu'à la fuite dans le métro à la station Passy.

36 Il est intéressant de noter que Thérèse Martin voit son amant dans un petit appartement de la rue Spontini (XVIe arrondissement) *également située à une des extrémités de Passy*, entre l'avenue Victor-Hugo et l'avenue Foch (actuellement).

> laissa retomber le rideau et, s'étant assise à son coin accoutumé du canapé, sous les buissons de fleurs, elle prit un livre jeté sur la table, à portée de sa main. (1894, pp. 2-3)

D'ailleurs, Thérèse est attirée par les « rues de misère ». Dans une dimension située au-delà de la raison qui voudrait que l'on reste entre soi et qu'on ne prenne pas le risque du qu'en dira-t-on, la jeune femme rêve d'inconnu, de sortir de la forteresse pour quelques moments de pittoresque et de couleur locale, de se perdre parmi le peuple, dans « des quartiers lointains, dans ces quartiers bizarres où l'on voit vivre les pauvres gens » – auxquels plus tard feront écho les « quartiers perdus » de Green puis de Modiano –, comme si l'on allait au Jardin d'acclimatation, alors célèbre pour ses « zoos humains » :

> Elle, cependant, les mains étendues sur les bras du fauteuil dans un repos charmant, la tête penchée de côté, regardait mourir le feu. Sa pensée s'était envolée d'elle : il n'en restait plus rien à son visage un peu triste ni sur son corps alangui, plus désirable que jamais dans ce sommeil de l'âme. Elle garda quelque temps une immobilité profonde qui ajoutait à l'attrait de sa chair le charme des choses que l'art a créées. Il lui demanda à quoi elle pensait. Échappant à demi à la magie mélancolique des braises et des cendres, elle dit :
> – Nous irons demain, voulez-vous, dans des quartiers lointains, dans ces quartiers bizarres où l'on voit vivre les pauvres gens. J'aime les vieilles rues de misère.
> Il lui promit de satisfaire son goût, tout en laissant voir qu'il le trouvait absurde. Ces promenades où elle l'entraînait quelquefois l'ennuyaient, et il les jugeait dangereuses ; on pouvait être vu. (*ibidem*, p. 21)

Et de fait, Passy est presque hors-la-ville, à quelques centaines de mètres on entre dans le Bois – après avoir désormais traversé le boulevard périphérique – puis on arrive à Suresnes. Le Cours-la-Reine et les Champs-Élysées eux-mêmes n'ont été, jusqu'en 1836 (date de l'achèvement de l'Arc de Triomphe entrepris en 1804) qu'un endroit plus ou moins marécageux et giboyeux. Céline Barrère (2007, p. 44) montre fort bien que l'espace du Bois de Boulogne constitue une marche, tant géographique que sociale et symbolique – y compris dans sa dimension linguistique : « La végétation y est complice du déchaînement de la sauvagerie qui ne fait plus de distinction entre les catégories diurnes des bois, parcs, jardins, squares et le lexique des terrains vagues et des marges. Tous ressortissent d'une commune violence archaïque, d'un même modèle naturel condamné et, finalement, mis à mort par L.-F. Céline dans deux épisodes de *Mort à Crédit* (1936) situés une nuit au Bois de Boulogne et un après-midi aux Tuileries. Ce, par l'intrusion, dans les espaces centraux, du populaire relégué aux espaces périphériques et marginaux et par la dévastation de l'obscène, tant au niveau des gestes, des activités que d'une langue orale et argotique. » Au début des *Mystères de Paris*, avec le cabaret du *Cœur-Saignant*, Eugène Sue (1843-1844/2009, p. 132) donne une description de ces Champs-Élysées encore partiellement ensauvagés au milieu du XIXe siècle :

> Rodolphe n'avait pas, en effet, remarqué un de ces cabarets souterrains que l'on voyait, il y a quelques années encore, dans certains endroits des Champs-Élysées, et notamment près le Cours-la-Reine.
> Un escalier creusé dans la terre humide et grasse conduisait au fond de cette espèce de large fossé ; à l'un de ses pans, coupés à pic, s'adossait une masure basse, sordide, lézardée ; son toit, recouvert de tuiles moussues, s'élevait à peine au niveau du sol où se trouvait Rodolphe ; deux ou trois huttes en planches vermoulues, servant de cellier, de hangar, de cabane à lapins, faisaient suite à ce misérable bouge.
> Une allée très étroite, traversant le fossé dans sa longueur, conduisait de l'escalier à la porte de la maison ; le reste du terrain disparaissait sous un berceau de treillage qui abritait deux rangées de tables grossières plantées dans le sol.[37]

Vers le sud, la populaire Boulogne-Billancourt n'est pas bien loin ; et si l'on traverse la Seine, on *redescend* vers la ville. Il y a, dans *Aurélien* d'Aragon, quelques belles pages sur Paris, le Paris des années 20 : « Ils étaient sortis ensemble après le déjeuner et ils *redescendaient de Passy vers la ville* par les quais, le Cours-la-Reine. Il faisait beau et un peu froid. » (1944/1988, p. 34) La provinciale Bérénice, en visite dans la capitale, est « sur la terrasse venteuse » de la rue Raynouard – qui aboutit comme le boulevard Delessert à la place du Costa-Rica, formant un autre angle avec la rue de l'Alboni. Elle aperçoit en contrebas le Paris populaire, fait d'une « quincaillerie de toits » et finit par se perdre dans les terrains vagues :

> Bérénice s'épouvantait de toute la quincaillerie des toits au-dessous d'elle : chapeaux de zinc, casques à fumée. Chevaliers et Don Quichotte, cheminées… D'où y a-t-il au monde une vue plus émouvante que *du haut de ces immeubles de Passy qui sont grimpés au-dessus d'autres et forment comme un New York qui se perd dans des terrains vagues* ?
> On dominait la Seine, l'aqueduc et le pont du métro avec le Trocadéro, le Champ-de-Mars, la Tour Eiffel et toute la ville, toute la ville achevée en blanc, là-bas, comme une mariée, par le Sacré-Cœur, et de loin un éclat d'or sur un dôme au soleil d'hiver. *Profondeur des rues comme des failles.* (*ibidem*, p. 51)

Contrairement au Parisien, qui « réduit sa ville à quelques quartiers, [et] ignore tout ce qui est au-delà, qui cesse d'être Paris », Bérénice découvre les joies de la flânerie ; certains lieux s'y prêtent mieux que d'autres, ainsi de l'étoile, constituant elle aussi, quoique d'une façon très différente, un centre *rayonnant* de la capitale.

> Marcher autour de l'étoile, prendre une avenue au hasard, et se trouver sans avoir vraiment choisi dans un monde absolument différent de celui où s'enfonce l'avenue suivante. […] L'étoile domine des mondes différents, comme des êtres vivants. Des mondes où s'enfoncent ses bras de lumière. Il y a la province de l'avenue Carnot et la majesté commerçante des Champs-Élysées. Il y a l'avenue Victor-Hugo… Bérénice aimait, d'une de ces avenues, dont elle oubliait toujours l'ordre de succession, se jeter dans une rue traversière et gagner l'avenue

37 Passage également repéré par Georges Cain (1908, p. 378) dans *Nouvelles promenades dans Paris*, qui note qu'« en mains endroits, le quartier restait sordide. »

suivante [...] Chemins vivants qui menaient ainsi d'un domaine à l'autre de l'imagination, il plaisait à Bérénice que ces rues fussent aussi bien des morceaux d'une étrange et subite province [...] ou encore l'équivoque lacis des hôtels et garnis, des bistros, des femmes furtives, qui fait à deux pas des quartiers riches passer le frisson crapuleux des fils de famille et d'un peuple perverti. (*ibidem*, p. 86)

La ville est donc bien un réseau complexe de circulations entrecroisées de voies, d'avenues, de boulevards, de lignes ferrées, balisé par des « pôles magnétiques » – le quartier de l'Alboni, la place de l'étoile, et tant d'autres, qui ouvrent, pour le promeneur ou pour le flâneur, sur l'inattendu, l'émerveillement et parfois l'effroi. En revanche, l'autochtone, pris dans un usage utilitaire de la ville, plongé dans son journal et ses mots fléchés, se comporte d'une façon presque entièrement prédictible (*cf.* notre chapitre sur le métabolisme urbain [8]). Le passage d'un monde à l'autre, comme d'une rue à l'autre, est une opération toujours profitable à la société. Le métro transporte le populaire, tandis que les *passages*[38] permettent à Thérèse Martin de faire quelques emplettes[39].

***

Il reste à préciser un dernier point : outre ses caractéristiques de saillance sociale et architecturale, le quartier de l'Alboni constitue une parfaite illustration de la notion de *centre excentré ou secondaire* – notion reconnue par les géographes (Raynaud, 1981) et historiens de la ville depuis assez longtemps. C*es pôles ne s'offrent pas spontanément*, comme c'est le cas, par exemple, pour l'île de

38 Dans un petit texte *(Paris, capitale du XIXe siècle)*, rédigé en français en 1939, peu de temps avant sa mort, Walter Benjamin, observateur perspicace des évolutions urbaines, avait particulièrement bien compris les fonctions politiques des trajectoires urbaines : « Les passages sont des noyaux pour le commerce des marchandises de luxe. En vue de leur aménagement, l'art entre au service du commerçant. Les contemporains ne se lassent pas de les admirer. Longtemps ils resteront une attraction pour les touristes. La deuxième condition requise pour le développement des passages est fournie par les débuts de la construction métallique. Sous l'Empire on avait considéré cette technique comme une contribution au renouvellement de l'architecture dans le sens du classicisme grec. [...] Pour la première fois depuis les Romains, un nouveau matériau de construction artificiel, le fer, fait son apparition [...]. Elle reçoit une impulsion décisive au jour où l'on constate que la locomotive [...] ne fonctionne utilement que sur des rails en fer. [...] On évite l'emploi du fer pour les immeubles et on l'encourage pour les passages, les halls d'exposition, les gares – toutes constructions qui visent à des buts transitoires. » (Benjamin, 1939/2003, pp. 6-7)

39 Thérèse Martin, qui ne souhaite pas revoir son amant avant son départ pour l'Italie trouve de bonnes raisons : « Elle se donna la satisfaction de ne pouvoir revenir ni le lendemain ni les autres jours. Très doucement, elle disait les empêchements. L'obstacle paraissait d'abord léger : des visites à rendre, une robe à essayer, une vente de charité, des expositions, des tapisseries qu'elle voulait voir, acheter, peut-être. À l'examen, les difficultés grossirent, s'amassèrent : les visites ne pouvaient se retarder ; ce n'était pas une vente, c'était trois ventes où il fallait aller ; les expositions fermaient ; les tapisseries partaient pour l'Amérique. Enfin, c'était impossible qu'elle le revît avant son départ. » (*Le lys rouge*, 1894, p. 75)

la Cité, avec Notre-Dame, Montmartre avec le Sacré-Cœur, ou encore pour la place Saint-Michel, qui constituent d'évidentes saillances historiques, réifiées dans la mémoire collective et donnant lieu à cette ultime stéréotypisation que sont les représentations kitsch – Tour Eiffel porte-clés, Sacré-Cœur inclus dans une boule à neige, ou assiettes murales figurant Notre-Dame. D'autres lignes de force (qui ne sont évidemment pas des « pôles ») peuvent être dégagées : il s'agit des parcours, souvent complexes, reliant des quartiers de la ville, constituant des « chemins de fourmis » [8], dont le décodage informe sur les réseaux de sociabilité et leurs hiérarchies. Claude Lanzmann dans *Le lièvre de Patagonie* (2009, p. 368) a parfaitement saisi que – y compris dans la vie réelle – le « centre est ailleurs » :

> Il y a toujours, lorsqu'on aborde une ville étrangère inconnue, une idée et une quête du centre, qui n'est jamais l'endroit où l'on se trouve. Le centre est ailleurs, du moins l'était-il dans notre jeunesse, non point les musées, les universités, les monuments, les édifices institutionnels, tout ce qui s'offrait, mais au contraire ce qui se cachait, se dérobait, les quartiers chauds. Le vrai centre était celui du sexe, de la vie du sexe, comme, pour des étrangers et touristes sans nombre, celui de Paris demeure cette succession de stations du métropolitain : Clichy, Blanche, Pigalle, Anvers, avec aujourd'hui, tout au long de ce même boulevard aux noms changeants, le morne alignement, la sinistre enfilade de sex-shops et de peep-shows néonisés, aux ombres artificielles.

Le centre est la plupart du temps – et en tout cas perceptuellement – une question d'autocentration ; même si, voyageant en terre étrangère, on peine à définir un point focal, il y a la chambre d'hôtel vers laquelle on revient, la place ou le square où l'on s'assied un moment, attentif à l'animation des rues alentour. Dans sa ville même, au-delà des cercles du plus intime, il y a d'autres lieux, qui, à raison d'une familiarité de plus en plus dégradée, ne sont accessibles que par la médiation de l'imagination ou des connaissances livresques. Ainsi, chez Sartre, dans *L'âge de raison*, Mathieu prend conscience de cette spatialité complexe : il est *le* centre, dans son appartement de la rue de la Gaîté ; à l'extérieur, il y a les rues, parcourues selon un itinéraire invariable, les saillances parisiennes (Panthéon, tour Eiffel) ; « au milieu de la rue Vercingétorix », voici la chambre de sa maîtresse, Marcelle. Au-delà du monde familier, des villes se situent « à des distances fixes […] immuables comme des bornes. » Et de fait, s'il est possible pour Mathieu de se représenter et de refaire mentalement le trajet séparant son appartement de la chambre de son amie, ou de la tour Eiffel, il se révèle totalement incapable d'effectuer la même tâche s'agissant du parcours séparant la rue de la Gaîté de Tombouctou ou de Marrakech. Il y a à cela une raison simple : *le système de coordonnées s'est modifié.*

> Au centre il y a mon appartement avec moi dedans, au milieu de mes fauteuils de cuir vert, dehors il y a la rue de la Gaîté, à sens unique parce que je la descends toujours, l'avenue du Maine et tout Paris en rond autour de moi, Nord devant, Sud derrière, le Panthéon à main

> droite, la tour Eiffel à main gauche, la porte de Clignancourt en face de moi et, au milieu de la rue Vercingétorix, un petit trou satiné et rose, la chambre de Marcelle, ma femme, et Marcelle est dedans, nue, elle m'attend. Et puis, tout autour de Paris, la France sillonnée de routes à sens unique et puis des mers teintées de bleu ou de noir, la Méditerranée en bleu [...] et puis des pays, l'Allemagne, l'Italie – l'Espagne est en blanc parce que je ne suis pas allé m'y battre – et puis des villes rondes, à des distances fixes de ma chambre, Tombouctou, Toronto, Kazan, Nijni-Novgorod, immuables comme des bornes. Je vais, je m'en vais, je me promène, j'erre, j'ai beau errer : ce sont des vacances d'universitaire, partout où je vais j'emporte ma coquille avec moi, je reste *chez moi* dans ma chambre, au milieu de mes livres, je ne me rapproche pas d'un centimètre de Marrakech ou de Tombouctou. (Sartre, *L'Âge de raison*, 1945/1981, p. 599)

Barrère et Lévy-Vroelant (2011, p. 236) font des observations analogues à partir de l'œuvre romanesque d'Henri Lopès : « L'hôtel [...] instaure un système de va-et-vient physiques et figuratifs entre le pays natal et le pays d'accueil. Il fonctionne comme une plaque sensible qui enregistre et redistribue les lieux. [...] Un atlas particulier s'étale dans les chambres, remettant en cause les frontières, mettant en avant les territoires de l'expérience. » (et *cf.* Barrère, 2011)

Bailly (1985, p. 199) rappelle que l'on peut considérer que les relations spatiales se constituent à partir d'un référentiel *égocentré*, rendant compte des coordonnées individuelles et d'un référentiel *exocentré* indépendant du sujet. « Ainsi [note Bailly], lorsqu'un individu sort d'une bouche de métro dans un quartier qu'il ne connaît que par la médiation de la carte, son premier acte consiste à acquérir une organisation (localisation) pour se positionner ensuite sur la carte et choisir parmi les rues celles qui lui permettent d'atteindre sa destination. Dans ce cas il n'y a pas d'exploration aléatoire, mais organisation du déplacement. » En outre, remarque Bailly, les espaces investis affectivement bénéficient d'une représentation plus riche. C'est le cas dans le roman de Rouaud (1993) *Des hommes illustres*, dans lequel le père du narrateur, Joseph, voyageur de commerce de son état, s'approprie son champ d'action de représentant d'une maison de cristaux et faïences de Quimper, en matérialisant sur une carte de Bretagne, affichée dans son bureau, son périple d'arpenteur :

> Puis, se postant devant sa carte murale enjolivée par ses soins, dans les parties marines, de photographies des plus beaux coins de la région, comme un stratège à la veille de l'affrontement, il composait ses trajets futurs, reliant les pointes colorées par des fils de coton qui traçaient, selon le principe euclidien du chemin le plus court, une route géométrique idéale, un parcours zigzaguant à vol d'oiseau, figurant, avec des allures de diagramme ou de feuille de température, son programme étalé sur un mois. Semaine après semaine, les fils dessinaient en lignes brisées les chemins d'Ariane qui sourdement terrassaient notre père Minotaure. (1993, *op. cit.*, p. 29)

Cette habileté à mettre l'espace au carreau, afin de s'y repérer aisément, sauvera la famille Rouaud de la honte d'être provinciale, lors de leurs dernières vacances passées avec Joseph, à Paris, à l'occasion de leurs déplacements labyrinthiques dans le métro :

> Lancer la 403 dans le flot de la circulation parisienne, vu son état, n'eût pas été raisonnable. Aussi, c'est en se serrant autour de notre grand homme que nous nous engouffrâmes dans le métro. Passé la cohue intimidante devant les guichets, au moment de choisir notre direction, nous eûmes la bonne surprise de *nous retrouver en pays de connaissance* : le plan électrifié du métro – où des points de diverses couleurs selon les lignes tracent à la demande l'itinéraire idéal entre deux stations – était la réplique, en plus sophistiqué, de sa carte de Bretagne. Grâce à quoi nous nous sentîmes un peu moins provinciaux, à notre insu Monsieur Jourdain de la capitale, comme si le mode de transport parisien par excellence nous était déjà acquis. » (*ibidem*, p. 96)

Le test du métro est en effet infaillible pour détecter le provincial, car le voyageur souterrain d'occasion se trahit alors par son air perdu ou perplexe. Or l'ingéniosité de Joseph sauve la famille Rouaud des stigmates de leurs origines rurales, jugées infamantes par le narrateur. En outre, Joseph avait élaboré pour sa carte un code sophistiqué indiquant une foule de renseignements utiles : commerçants peu rentables, restaurants ou hôtels dans lesquels faire absolument escale pour leur convivialité ou, au contraire à éviter, lieux historiquement intéressants en vue d'une prochaine excursion familiale :

> De plusieurs couleurs [il s'agit des fils tendus entre les points], eux aussi, lestés à leurs extrémités de boutons de cuivre pour assurer une meilleure tension, ils évitaient d'empiéter l'un sur l'autre, se recoupaient parfois à la faveur d'une ville-étape, exploraient méthodiquement un territoire, s'efforçant de concilier les clients à démarcher et les hôtels où il aimait à descendre, assuré d'y retrouver, au hasard des tournées, deux ou trois compagnons de route avec qui entamer après repas une partie de carte. (*ibidem*, p. 29)

Ce procédé employé par Joseph est exemplaire de la faculté de ce voyageur professionnel à réduire la région bretonne qu'il parcourt à l'échelle d'une vision englobante, qui de surcroît ne néglige pas la dimension des rapports humains. L'espace se charge ainsi d'une valeur affective forte et se transforme en lieu habité, pensé, vécu :

> Il tâtonnait longtemps avant d'arrêter la solution la plus judicieuse, procédait par repentirs[40] – au lieu de cette pointe au nord, pourquoi ne pas essayer cette autre plus à l'ouest ? – et de ces options dépendait chaque fois une variation nouvelle, un itinéraire inédit. Quand celui-là semblait le conduire à une impasse, il détachait le fil circulant entre les têtes colorées et repartait de zéro, c'est-à-dire de Quimper, qu'il rejoignait tous les lundis matins après avoir quitté Random à six heures et avoir avalé, en guise de petit déjeuner, la fumée de sa première Gitane. (*ibidem*, p. 30)

Le même type de remémoration des cheminements est présent dans *Rue des boutiques obscures*, de Modiano (1978/2013, p. 447), où le narrateur remonte le

40 On notera le terme « repentirs », issu de la technique picturale, comme un peu plus loin dans la phrase, le mot « variation » appartenant au lexique musical. Ces deux arts sont massivement présents et signifiants dans l'œuvre de Rouaud.

temps en marchant dans les rues, « sur [ses] anciens pas », ce qui lui provoque « un pincement au cœur » :

> J'ai essayé de retrouver le restaurant russe. Vainement. La rue Mirabeau n'a pas changé, elle. Les soirs où je restais plus tard à la légation, je continuais mon chemin par l'avenue de Versailles. J'aurais pu prendre le métro mais je préférais marcher à l'air libre. Quai de Passy. Pont de Bir-Hakeim. Ensuite l'avenue de New-York que j'ai longée l'autre soir en compagnie de Waldo Blunt et maintenant je comprends pourquoi j'ai ressenti un pincement au cœur. Sans m'en rendre compte, je marchais sur mes anciens pas. Combien de fois ai-je suivi l'avenue de New-York… Place de l'Alma, première oasis. Puis les arbres et la fraîcheur du Cours-la-Reine. Après la traversée de la place de la Concorde, je toucherai presque le but. Rue Royale. Je tourne, à droite, rue Saint-Honoré. À gauche, rue Cambon.

Troisième Partie
Métabolisme urbain, contamination, innovation et changement

CHAPITRE 8
MÉTABOLISME URBAIN ET LOGIQUES INTERACTIONNISTES

Approche métabolique de la ville

Nous avons donné des exemples saillants de *renouvellement urbain*, avec le Forum des Halles de Paris [7] – illustration des transformations d'un quartier historique, mais aussi avec le cas de Saint-Denis – juxtaposant un haut-lieu, s'il en est (la basilique), et des grands ensembles symboliquement enracinés dans le terreau des bidonvilles. Par certains traits de réappropriation et de redistribution de l'espace évoquant des structures auto-organisées, la régénération du tissu urbain s'apparente à un phénomène naturel, quasi biologique dans sa cyclicité, un réseau dont les no man's land et autres friches urbaines constitueraient les cicatrices évolutives[1]. Pour Declève, citant Berque (2008, p. 12) :

> La métaphore biologique a souvent été utilisée pour parler de la ville. [...] De fait, un processus culturel éminemment évolutif et complexe lie organiquement les habitants d'une ville aux lieux qu'ils habitent, qui opère selon une dynamique qu'Augustin Berque appelle la « trajection » : «... une opération qui relève de la manière globale dont l'humain saisit son environnement par les sens, par la pensée, par les mots et par l'action... On peut y voir aussi bien la créativité de la nature, qui ne cesse d'engendrer des espèces nouvelles, que, plus spécifiquement, celle des générations humaines successives, dont chacune prend pour un donné de la nature (S) ce qui est en réalité l'œuvre des générations précédentes (S/P) » (Berque, 2008, p. 35).

Cette conception évolutive ou évolutionniste de la ville est particulièrement nette dans les friches industrielles que l'on a tendance à décrire *hic et nunc* : nous avons en effet constaté que cette notion était fréquemment associée à celle de pollutions *historiques*, c'est-à-dire de pollutions dont l'existence est attribuable à des activités industrielles (minières, métallurgiques, chimiques, et désormais nucléaires) du passé, engendrant ainsi un passif de nuisances. Letombe et Zuindeau (2006, p. 5) font un constat sans appel : « Suivant un inventaire de 1993, les surfaces en friches, dans l'ensemble de la région Nord Pas-de-Calais, représentaient 10.000 ha, soit 50 % des superficies nationales. En outre, ce mouvement de création de friches et sa pérennisation sont allés de pair avec un "oubli"

1 Voir notamment : Stewart, John, (2001) « Le sens biologique », in Keller, D., Durafour, J.-P., Bonnot, J.-F.P., et Sock, R., (éds), *Percevoir : monde et langage. Invariance et variabilité du sens vécu*, pp. 117-127, Sprimont, Mardaga.

des éventuelles pollutions présentes sur les sites en question. » Dans un rapport de 2010, consacré aux friches industrielles *et* aux pollutions historiques dans la région Nord Pas-de-Calais, Blandin retrace l'évolution de ces zones bâties et non bâties devenues insalubres et dangereuses : « Ces lieux autrefois fermés, presque "fortifiés", derrière une longue enceinte de briques[2] s'ouvrent illégalement, [...] objets de vandalisme entrainant des pollutions irréversibles des sols (transformateurs au pyralène), des destructions volontaires, des récupérations illégales de matériaux (cuivre, zinc...), des contaminations de l'eau (par les forages des usines [...]). » (p. 25)

Cette vision de la ville est compatible avec une approche *métabolique*, initialement proposée par Wolman (1965), qui repose sur une modélisation de la régulation des entrées et des sorties en termes de flux de matière et d'énergie – réussie pour des éco-villes comme Tallinn, Oulu, Dublin, ou gravement déséquilibrée pour des conurbations comme Mexico, Sofia, Thessalonique ou même Paris. Les entrées sont notamment les matières premières, les produits alimentaires, les produits semi-finis, tandis que les sorties comprennent les produits manufacturés, les déchets et toxiques de tous ordres. Cette approche des zones urbaines est directement liée aux problèmes d'urbanisme à proprement parler : en effet, Barles (2008, p. 23) calcule qu'« à Paris et en petite couronne, la consommation annuelle nette de matériaux de construction est d'environ 0,5 t/hab, tandis qu'en grande couronne elle atteint presque 5 t/hab, dix fois plus. Une estimation grossière montre qu'en 2003 elle s'élève à 80 t par habitant nouveau à Paris et en petite couronne et à 600 t par habitant nouveau en grande couronne. Celle-ci ne peut certes pas être réduite à sa seule fonction périurbaine, mais ces résultats n'en illustrent pas moins le lien qui existe entre processus d'urbanisation, formes urbaines et consommation de matériaux de construction – qui est donc aussi une question d'urbanisme, question ne se réduisant pas à la localisation et à l'encadrement des sites d'extraction. » À ceci s'ajoutent d'autres facteurs, tels que la consommation de carburants pour les transports particuliers et en commun, le chauffage des immeubles, etc. La ville doit donc non seulement être *approvisionnée*, mais également être *nourrie*, renouvelant ainsi la métaphore du ventre (Les Halles de Paris, par exemple). Cette théorisation de la production des flux, où putréfaction et engendrement ont partie liée, a une très longue histoire. Vigneron (2012, pp. 276-277) relève que Pierre de Crescens, au début du XIVe siècle, dans son *Liber ruralium commodorum*, avait insisté sur les métamorphoses du sol, gorgé d'eau en hiver, desséché en été. La science médiévale, souligne Vigneron, « définit la terre comme un ventre pour les plantes, c'est-à-dire que l'idée de base est essentiellement dynamique, le sol est pensé en tant que processus [...]. L'image du ventre témoigne aussi d'une perception de la terre comme

2 La description faite par Ancelon en 1853 de la saline de Dieuze est à mettre en rapport avec les propos de Blandin [3].

un être vivant. Au sein de ce ventre ont lieu des mouvements de vapeurs. » Sans succomber à d'inutiles anachronismes, on peut avancer qu'il s'agit là d'une version très « pré-pasteurienne » du monde vivant. En effet, la circulation des flux dans un corps, quel qu'il soit, implique la présence d'organismes entretenant avec l'hôte des relations complexes, tout déséquilibre (moindre résistance du corps, etc.) étant susceptible d'engendrer une situation pathogène. Tarr (2002, p. 511), dans une étude sur Pittsburgh, reprend la comparaison du biologiste et spécialiste des écosystèmes Eugen Odum, qui considérait que la ville est un *parasite* de l'environnement naturel et cultivé, dans la mesure où elle n'est pas productrice de nourriture[3] et qu'elle pollue l'air et l'eau. En outre, si le parasite cause des dommages irréversibles à son hôte, il ne tardera pas à succomber ; il faut donc que se mettent en place des systèmes d'échanges bénéficiant aux protagonistes. Gandy (2004, pp. 363-364) va plus loin, puisqu'il estime que la nature ne peut être considérée comme un *blueprint* (un plan détaillé) surimposé aux structures urbaines, mais qu'il s'agit d'une dimension faisant intrinsèquement partie du processus d'urbanisation. Ce chercheur parle de *ville bactériologique* (bacteriological city) pour qualifier l'émergence et l'organisation subséquente d'éléments sociaux, politiques et techniques, à partir du « chaos de la cité industrielle du XIXe siècle ». (On notera, par parenthèse, que le film de Rossif, plaidant la cause des grands ensembles, débute justement par une critique de cette ville industrielle du passé, polluée et polluante). Dans cette perspective, il s'agit de rendre compte de l'évolution dynamique conjointe des systèmes sociaux et technologiques, depuis le domaine privé de l'habitat contemporain jusqu'aux infrastructures physiques indispensables à la vie de la cité moderne. Gandy applique cette approche au traitement « métabolique » de l'eau et de l'espace dans les métropoles ; dans un autre article, le même auteur suggère de mettre le terme « bactériologique » en rapport avec des thématiques telles que le rôle des réseaux urbains dans l'établissement d'une relation entre le corps (de l'individu, le corps social) et la cité. (2006, p. 15) On ne peut toutefois écarter la dimension de la contamination bactérienne et virale considérée au sens propre (maladies, épidémies) et figuré (virus informatiques, dont le nom peut d'ailleurs rappeler des catastrophes écologiques et sanitaires majeures, comme *le virus Tchernobyl*[4]). Les réseaux, que nous avons examinés sous leurs facettes symboliques (distances entre individus par rapport

3 Des tentatives de cultures intra-urbaines (sur les toits par exemple) ont été menées avec succès dans certaines très grandes villes. Elles restent par définition très limitées.

4 « Tchernobyl est certainement le virus le plus célèbre et le plus destructeur de son époque. Il a été écrit en juin 1998 par le Taïwanais Cheng Ing Hau, alors étudiant. Contrairement aux idées reçues, ce virus ne doit pas son nom à sa capacité de destruction, mais à son mode de fonctionnement. En effet, il est programmé pour se lancer le 26 avril de chaque année, date anniversaire de la catastrophe de Tchernobyl, qui a eu lieu le 26 avril 1986. Il est également connu sous le nom de CIH, à savoir les initiales de son créateur. » (Infos du net : <http://www.infos-du-net.com/actualite/dossiers/112-4-histoire-virus.html>)

au pouvoir économique et politique) reposent aussi, nous l'avons souligné, sur des circuits de communication physiques (routes, voies ferrées, lignes aériennes et – de nos jours – marginalement maritimes pour les relations « globales ») qui sont des facteurs de propagation de la contamination. Ainsi, la Seine-Saint-Denis est traversée par un tramway qui relie différents points nodaux, socialement et culturellement antagonistes, transportant de ce fait des populations très diversifiées en termes d'âge, de catégories socio-professionnelles, d'origine ethnique, de représentations de la ville, etc. Kherkimoun (2008, p. 44) note :

> Le tramway traverse le territoire. Le T1 qui relie la gare de Saint-Denis à Bobigny dessert à la fois la Basilique, le marché de Saint-Denis, le théâtre Gérard Philippe et la préfecture de Bobigny [...] Il permet aussi de témoigner de la diversité architecturale de la Seine-Saint-Denis et de ses déséquilibres socio-économiques. Le passage à proximité de la tristement célèbre cité des « 4000 », dont deux barres ont été démolies en 2004, ne laisse pas indifférent le regard sensible au cadre urbain.

Le passage suivant, extrait d'un article de Marie Barbier, paru dans *l'Humanité* en ligne du 13 décembre 2012, est très éclairant en ce qui concerne les représentations des voyageurs « issus de l'immigration » du même T1 de Seine-Saint-Denis. On constate que l'intégration – qui est ici évoquée à travers la question du droit de vote aux élections locales mettant en évidence des divergences profondes – se révèle être fort complexe et s'inscrit en faux contre l'idée d'un repliement identitaire homogène et massif :

> Le long de la ligne 1 du tramway qui traverse la Seine-Saint-Denis, rencontre avec ces immigrés qui espèrent obtenir un jour le droit de voter et y voient une preuve de reconnaissance. [...] Privés de droits civiques, beaucoup d'immigrés se sentent écartés, déconsidérés. En costume, Yassi, Algérien de trente-cinq ans, glisse qu'il voudrait pouvoir « voter comme tout le monde »... « Je ne vois pas où est le problème, ajoute cet intérimaire dans la sécurité. J'ai un titre de séjour, mes enfants sont nés en France, je suis intégré ici. » [...] S'ils ne sont pas nombreux, les opposants au droit de vote des immigrés ne sont pas forcément ceux qu'on attendait. Brooklyn, arrivée du Congo-Kinshasa à sept ans, a choisi la nationalité française à sa majorité. S'ils veulent s'exprimer, les immigrés n'ont qu'à faire de même, argue cette étudiante en droit, les yeux rivés sur son Smartphone. « Si mes parents voulaient réellement voter, ils pourraient se faire naturaliser. On peut pas dire qu'on veut participer à la vie politique de ce pays et garder sa nationalité d'origine. » Également français depuis ses dix-huit ans, Mohamed Afzal, vingt ans, va encore plus loin. « Le problème, si on donne le droit de vote aux étrangers, c'est qu'ils vont voter selon leurs intérêts. » Or, assure ce fils de Pakistanais, dans un très mauvais français, « tout se passe mal ici à cause des étrangers ».[5]

Ces intérêts dissemblables aux plans économique, politique et culturel, d'une population que l'on présente souvent comme un tout uniforme (les « immi-

5 *L'Humanité* est un quotidien français d'obédience communiste. <http://www.humanite.fr/societe/immigres-voudrait-avoir-le-droit-de-s-exprimer-510922>.

grés ») mais qui constitue un ensemble extrêmement complexe, tant par l'origine que par la structure familiale, la date d'arrivée dans le pays d'accueil, etc., ne sont pas simples à modéliser, dès lors que l'on veut rendre compte de la mobilité des individus dans le/les réseau(x) et surtout de leurs interactions[6]. Pour ce faire, on peut partir des algorithmes d'optimisation de tâches dans des colonies de *fourmis artificielles* interagissantes (intelligence artificielle biomimétique) sur lesquels Dréo a travaillé (2004). Les éthologues parlent à ce sujet d'*intelligence en essaim*, l'intelligence de l'ensemble, faisant système, étant supérieure à celle de la somme des parties. On ne s'intéressera ici qu'à la première solution proposée par Dréo, parfaitement applicable aux réseaux urbains et à l'échange de biens et d'informations, comme à la circulation virale, entendue dans un sens large. Dans ce système multi-agent, la communication entre sujets est au centre du modèle, avec une composante mémorielle métaheuristique itérative (autrement dit : c'est de la répétition évolutive et mutualisée d'une tâche qu'émerge un comportement optimal). Les fourmis, assimilées à des « voyageurs de commerce » doivent trouver le trajet le plus court afin de rentabiliser les coûts. Chaque « ville » du réseau ne devant être visitée qu'une fois, il convient d'établir un graphe complètement connecté, d'une économie optimale, où les villes sont les nœuds et les trajets séparant les villes, les arêtes. À chaque répétition, chaque fourmi parcourt le graphe et construit un trajet de *n* étapes. Pour chacune des fourmis, le trajet entre deux villes dépend de trois facteurs : (a) la liste des villes déjà visitées, définissant les mouvements possibles à cette étape ; (b) l'inverse

6 En 2008, 8,4% des personnes vivant en France sont immigrées. Deux immigrés sur dix vivent en France depuis quarante ans au moins et trois sur dix sont arrivés il y a moins de dix ans. Par ailleurs, les descendants directs d'immigrés représentent 11 % de la population en France métropolitaine ; la moitié ont entre 18 et 50 ans, et parmi eux, la moitié ont un seul parent immigré. La diversité des origines de la population se retrouve chaque année dans les naissances. En 2010, comme au début des années 1980, 16 % des nouveau-nés ont une mère immigrée. Souvent, le père et la mère ont des histoires différentes. Ainsi, parmi les enfants nés entre 2006 et 2008 ayant un parent immigré, six sur dix ont un autre parent qui n'est pas immigré. (Breuil-Genier, Borrel, Lhommeau, document Insee). Données Insee. <http://www.insee.fr/fr/ffc/docs_ffc/ref/FPORSOC11d_VE22Immig.pdf>. Une approche proprement démographique, utilisant les méthodes de la sociologie quantitative peut contribuer à dépassionner le débat. Préteceille (2009, p. 514) note par exemple qu'« en focalisant trop exclusivement l'attention sur [des] situations extrêmes, on rend invisibles les situations majoritaires, et l'on assimile ségrégation des immigrés à relégation dans les quartiers-ghettos. Alors que la part la plus importante de la ségrégation des immigrés, plus modérée et plus relative, est celle qui s'opère pour la majorité des immigrés dans des situations résidentielles de "mixité" où ils sont minoritaires et pourtant ségrégés par rapport aux non-immigrés. C'est cette ségrégation modérée mais réelle, sensiblement plus intense que la ségrégation urbaine socioéconomique dont on s'accorde à reconnaître, dans les débats politiques, qu'elle est excessive, qui est le phénomène prédominant et pourtant masqué par le regard quasi exclusif sur les cas extrêmes. » Pour les quartiers intramuros de Paris et particulièrement « la Goutte d'Or », voir sur la mixité sociale : Bacqué *et alii*, 2011.

de la distance entre les villes, c'est-à-dire la *visibilité*, qui permet d'éviter les sites trop lointains et de choisir au contraire ceux qui sont les plus proches ; (c) la quantité de phéromones déposée sur l'arête et définissant *l'intensité* de la piste (attractivité de la partie du trajet en cours). Il faut enfin postuler un processus *d'évaporation* des phéromones, qui permet « d'oublier » (d'éliminer) les solutions les moins rentables. Le modèle peut être amélioré en faisant varier certains paramètres, par exemple en introduisant des « sujets d'élite » – les agents ayant effectué les trajets les plus courts – qui déposent davantage de phéromones pour que les autres membres de la colonie adoptent leur stratégie (Dréo, 2000, pp. 11-12). La situation présente de fortes analogies avec ce que décrit Kheirkimoun ; elle est seulement beaucoup plus simple, car toutes les fourmis sont tendues vers un même objectif, la quête de nourriture pour la fourmilière, réelle ou virtuelle. Or les individus qui circulent dans la conurbation, s'ils font partie de l'ensemble très lâche des habitants, sont d'abord membres de groupes aux intérêts divergents.

Dans le roman d'Albert Cohen, *Belle du Seigneur* (1968), on trouve un bel exemple d'un cheminement qui, a priori erratique, est en fait très fortement organisé et balisé, et finalement apparaît tout entier tendu vers une fin. La différence essentielle avec le modèle exposé ci-dessus est évidemment qu'il s'agit d'un cas isolé et de plus, d'une situation fictive puisque romanesque. Elle n'en reste pas moins intéressante, dans la mesure où elle renseigne sur la représentation mentale d'un trajet, tel qu'il est imaginé par le narrateur : Isolde, comtesse Kanyo, est la « vieille » maîtresse hongroise de Solal, qui, désormais amoureux d'Ariane, la délaisse. Isolde « avec le faible sourire du malheur » considère la valise qu'elle a remplie « comme en rêve ». Elle se regarde dans la glace, se dégoûte – « saleté de vieux corps ». Elle se rend à la gare de Genève, se souvient que Solal, trois ans auparavant, l'attendait à Paris, sur le quai.

> Voilà la gare, *le départ pour nulle part*. Faire encore des gestes de vie. [Le porteur se méprend sur la destination d'Isolde, qui en fait ne sait pas où aller.] Elle ne sut que répondre, humecta ses lèvres. « Marseille, madame ? – Oui. [...] Seule au monde, maîtrisant une envie de vomir, elle s'élança, le chapeau de travers, *courut en se répétant Marseille, Marseille.*
> [À Marseille, elle sort de son hôtel de la Canebière, caresse un caniche attendant devant une épicerie.] Elle traversa de nouveau, entra dans une *pharmacie*, demanda du véronal. L'homme aux lunettes dévisagea cette femme décoiffée, lui demanda si elle avait une ordonnance. Non ? En ce cas, il ne pouvait pas lui remettre de véronal. [...] *Pharmacie Principale*. Même refus. La femme en blouse blanche lui proposa de la Passiflorine. [...] *Louer un petit appartement meublé qui aurait une cuisinière à gaz* ? Mais où le trouver ? Pas assez de vie. Même pour mourir il fallait avoir de la vie. En Angleterre, dans les hôtels de province, il y avait des réchauds à gaz dans les chambres. *Aller en Angleterre* ?
> [Isolde entre dans une animalerie, achète un jeune basset] *Une pharmacie*. Elle s'arrêta. Mais oui, on ne se méfierait pas d'une femme avec un petit chien. [...] Elle les avait eus ! Il n'y avait pas qu'eux qui savaient se débrouiller. [...] [Isolde s'assied sur un banc, rentre à l'hôtel, commande un repas froid dans la chambre, ne donne rien au chien désespéré. Elle s'endort.

> À son réveil, elle s'assied devant la table] Elle ouvrit la boîte de comprimés, les compta, [...] senti soudain qu'elle reprenait goût à la vie. Mais oui, *la solution c'était de retourner en Suisse*, de *louer un chalet à la montagne*, de vivre là tranquillement. Donc reprendre le basset [...] et *prendre le train pour Genève*, mais y rester le moins possible [...] *Ensuite aller à Lausanne*, là une agence lui indiquerait un chalet à louer. [...] Elle jeta les comprimés, tira la chasse d'eau.
> Sortie du bain, elle se sécha [...] Agréable de sentir bon. Ça aussi, c'était une preuve du retour à la vie. [Isolde passe sur le balcon, croit voir Solal devant elle] et elle se pencha, se pencha encore pour lui échapper, et la tablette d'appui lui fit mal au ventre et, les bras en avant, elle poussa un cri dans le vide où un nègre guettait, puis *il y eut un autre cri contre l'asphalte du trottoir devant le kiosque des journaux éclaboussés.* (Cohen, 1968, pp. 404-409)

L'itinéraire est donc établi depuis l'origine, c'est un « départ pour nulle part » ; l'épisode peut bien sûr être vu comme une répétition générale du suicide d'Ariane et de Solal à la toute fin du roman. Il y a en fait trois trajets imbriqués ; le premier est réellement parcouru par la comtesse, qui part de la gare de Genève, arrive *par hasard* à Marseille, sort de l'hôtel, entre dans trois pharmacies où elle essaie d'acheter un somnifère pour se suicider. Elle a recours à un subterfuge, se procure un chien pour inspirer confiance. Rentrée à l'hôtel avec les cachets (qu'elle n'utilisera pas), elle s'endort. Au réveil, elle reprend goût à la vie. Le deuxième trajet est purement imaginaire – il conduit à la mort ; elle imagine des solutions de suicide alternatives : louer un appartement avec cuisinière à gaz ou aller en Angleterre où les hôtels disposent de réchauds dans les chambres ? Le troisième trajet est orienté vers la vie, mais il est de même purement fantasmatique : Isolde se voit rentrer en Suisse, passer par Genève pour prendre de l'argent, aller à Lausanne pour acheter des livres, une radio, des disques, et louer un chalet. La mort survient comme par raccroc à la fin de ce chapitre tout entier consacré à la description d'une fuite amoureuse, c'est apparemment le poids du *fatum*. On retrouve dans ces quelques pages les points essentiels du modèle du « voyageur de commerce ». Les étapes sont organisées selon une logique utilitariste, qu'il s'agisse du trajet réel ou des parcours imaginaires (hôtel, pharmacies, animalerie ; agence de location, banque, librairie ; le chien n'est qu'un moyen : la comtesse ne lui fait pas partager son repas et l'enferme dans la salle-de-bains). Un autre point qu'il convient de souligner est que, comme les fourmis dont les déplacements sont conditionnés par la recherche de nourriture, les trajets d'Isolde le sont par la quête du Véronal. Il existe également des trajets subsidiaires qui ne seront pas utilisés, ni pour aller vers la vie, ni pour aller vers la mort. Ici encore, l'illustration littéraire est en pleine adéquation avec le modèle : Isolde, comme le voyageur de commerce et comme les fourmis, est entièrement contrainte (c'est-à-dire soumise à des contraintes externes) par des éléments sur lesquels elle n'a pas de prise. Tout comme la fourmi doit emprunter le chemin le plus court et le plus efficace pour trouver de la nourriture et la rapporter à la fourmilière, Isolde est orientée par sa passion – fin téléologique – vers une mort inéluctable que l'on appellera, suivant l'interprétation que l'on donne à la fin du chapitre, suicide ou accident (causé par l'hallucination qui l'assaille opportunément). Finalement, le seul acte purement volontaire est le mensonge qu'elle a fait à Solal, lui faisant croire qu'elle partait pour la Hongrie. L'ensemble de la séquence est bornée par le « nègre », qui apparaît au moment du départ et se manifeste à nouveau au moment de la chute :

> Elle [...] se rassit sur la valise, sourit à la fillette qu'elle avait été, sans cellulite, toute neuve, un peu peureuse, effrayée par une image d'un livre de prix, *un nègre qui guettait derrière un arbre.* Le soir, dans son petit lit, lorsqu'elle arrivait au nègre, elle fermait les yeux et tournait vite la page. Elle ne savait pas, la petite fille, ce qui l'attendait. *En somme, ce qui lui arrivait maintenant avait existé d'avance, l'attendait dans le futur.* [...] [Isolde tombe] elle poussa un cri dans le vide où *le nègre guettait.* (*ibidem*, pp. 403 et 409)

Revenons à présent en Seine-Saint-Denis. Dans ce patchwork que constitue le tissu de la ville, fait d'enchevêtrement de voies, d'espaces verts, d'immeubles, certains sites sont devenus des pôles d'attraction de la délinquance et du trafic armé de stupéfiants de toutes sortes : dans un système interactif comparable à celui que nous venons de décrire, certains trajets sont plus attractifs que d'autres, car ils relient des espaces de *polarités secondaires* – les trajets imaginaires d'Isolde sont agencés de cette manière – par exemple des lieux organisés en fonction de circuits économiques souterrains. Toutefois, à la différence des trajets séparant des pôles économiques *stables* (commerces, usines, banques) et/ou des pôles résidentiels (Allende, Langevin, Basilique, La Plaine, Cosmonautes, Francs-Moisins, etc.), ils sont fluctuants, en fonction de l'évolution du marché et de la pression policière ou douanière. Ces trajets, en tram, en RER (notamment le RER B entre Aulnay-sous-Bois et gare du Nord puis Chatelet/Les Halles) mènent à Paris. Les jeunes des cités – ceux-là mêmes dont il est question dans l'extrait de *l'Humanité* –, perçoivent l'en-deçà du périphérique comme une entité tripartite. Ils distinguent ainsi, observe Truong (2012, p. 16), « le blanc Paris », quasiment inaccessible car trop bourgeois et correspondant aux beaux quartiers ; le « Paris poubelle », qui est en un sens symboliquement rassurant, car il renvoie (de leur point de vue) une image plus dégradée que celle de leur banlieue « 9-3 »[7] ; enfin le « Paris quotidien », notamment celui des Halles, et marginalement celui des « Champs » [Élysées], qu'ils ont l'habitude de fréquenter : « Aux Halles, on peut être pleinement soi tout en empruntant les rues de la capitale, ce qui permet aux lycéens de réconcilier leur représentation de la Seine-Saint-Denis comme territoire "normal". » Le sentiment d'appartenance au département reste toutefois ambigu, puisqu'une majorité de ces lycéens, note Truong, souhaite aller

7 La Seine-Saint-Denis est couramment nommée par le numéro attribué au département, soit « 93 » ou segmenté en « 9-3 ».

s'installer ailleurs, soit à Paris même, soit dans un département limitrophe, le 91 (Essonne) ou le 92 (Hauts-de-Seine), qu'ils assimilent fréquemment à des arrondissements parisiens, parlant du « 91e » ou du « 92e » ce qui n'est jamais le cas avec le « 9-3 ». (*ibidem*, p. 24) Ceci montre que la porosité entre les lieux est finalement assez importante, pourvu que l'on tienne compte de certains itinéraires privilégiés, particulièrement riches en « phéromones culturelles ». C'est une situation de ce type que décrit Rachid Santaki dans son roman *Des chiffres et des litres* (2012, p. 192) :

> À Saint-Denis, les cités se comptent en dizaine avec autant de mentalités différentes. Aux Francs-Moisins, la hagar. À Allende, la paix sociale. À Romain-Rolland, la toxicomanie. À Carrefour dit Four-K, les arrachés. À Joliot-Curie et Vert Galant, le hip hop. Il y a ceux qui font dans le cannabis et ceux qui font dans la came. Saïd fait dans les deux. Cadet d'une fratrie de trois enfants terribles d'immigrés algériens, il a déserté les cours au collège et obtenu son BEP « délinquant ». Adolescent il péta des autoradios, des magasins, il vend pour le « grand » du quartier pendant que ses frères font des allers retours en zonzon sous les yeux impuissants du daron. Saïd a vingt ans et une criminelle ambition : acheter à ses parents des villas au bled, assurer un travail à ses aînés, faire des grosses thunes avec les stups et les bagnoles volées. Une flotte de véhicules est réunie devant la barre A2 de la cité coincée entre l'hôpital, l'entrée de l'autoroute A1 et le tramway.

Il s'ensuit que les logiques interactionnistes se superposent, sans jamais se confondre, quoiqu'elles se conditionnent mutuellement. Ces interactions (voir aussi section suivante) peuvent impliquer des lieux extrêmement distants, allant jusqu'à remettre en cause les conceptions classiques de cartographie de l'espace. Selon Retaillé, Walther et Pissoat (sous presse, n.p.), « la géographie doit s'emparer d'un problème occulté pour avoir longtemps privilégié les traces matérielles repérées à la surface de la terre, ou transformé en traces sur la carte ce qui résultait de l'inventaire des activités humaines, y compris en termes culturels, sociaux et politiques. Il s'agit de l'occultation de la mobilité, qui est soit rapportée comme errance des origines, soit retrouvée en fin de parcours de civilisation par la technique qui permet de dépasser la distance. Or la mobilité est au départ de l'espace que l'on appelle géographique tout au long de l'histoire humaine de la terre. » L'exemple développé est celui du conflit au nord Mali où le *contrôle de la distance* (dans le désert) est parfaitement maîtrisé par les islamistes, au détriment des troupes gouvernementales et même des indépendantistes touareg, dont l'ambition était d'avoir la *maîtrise des territoires*. Les mêmes auteurs ajoutent que « hors le drame sahélo-saharien, c'est tout l'espace mondial soumis à la mobilité et à la saillance des lieux qui doit être revu. Les acteurs qui s'y meuvent utilisent sans le savoir des espaces de représentation non concordants et peinent à se rencontrer. » (*ibidem*, n.p.) Ils suggèrent finalement, se rapprochant de *l'espace conçu* d'Henri Lefebvre, de ne retenir que deux axiomes phénoménologiques : « la seule chose que nous sachions en matière d'espace, c'est que la distance sépare ; la seule chose que nous vivions, c'est le lieu. » Si l'on admet que les agents appartenant à un réseau donné appréhendent l'espace en fonction de la possibilité d'effectuer un trajet dans une durée déterminée, qui n'est pas nécessairement chronométrique, et non en fonction du nombre de kilomètres séparant deux points, il s'ensuit que les « voyageurs » construisent des représentations directement informées par les moyens mis en œuvre et les conditions de réalisation du périple : dans le cas du Sahel et du Sahara, le déplacement, disons de Mopti à Tombouctou, n'est pas du tout envisageable de la même façon selon qu'il se déroule en 4/4, en autobus ou en pinasse, et dépend en outre du risque potentiel qui est consenti par le voyageur (touareg indépendantiste, djihadiste, soldat, autochtone sédentarisé ou touriste – cette dernière catégorie n'existant plus depuis un certain temps). Le temps réel qui est nécessaire pour relier les deux points n'est pas une variable contrôlée dans l'économie d'un tel système. Google maps indique d'ailleurs : « Impossible de calculer l'itinéraire entre Tombouctou, Mali et Mopti, Mali ». Il est en revanche possible d'obtenir l'information, assortie d'un temps de trajet, pour le parcours de Konna à Bamako. Le commentaire que voici *(Routard.com)*[8], est éloquent de ce point de vue. Il est daté du 1er mars 2010 ; il va de soi qu'il ne pourrait être rédigé en ce début d'année 2014 :

> N'écoute pas ceux qui te diront que Tombouctou c'est pas sûr. Nous y habitons et nous recevons quotidiennement des voyageurs individuels dans notre maison d'hôtes, comme toujours depuis 5 ans sans aucun problème. Au niveau des tarifs pinasse depuis Mopti, c'est un peu à la tête du client. En tous cas, les toubabs paient beaucoup plus cher que les locaux, c'est bien connu. Tout dépend du remplissage de la pinasse touristique, plus vous êtes moins vous payez cher. Généralement il faut compter 700 000 Francs CFA la location de la pinasse entière y compris le gasoil, la nourriture et les bivouacs jusqu'à Tombouctou (3 jours de navigation). Sinon tu peux prendre une pinasse marchande (entre 20 et 30 €) la place.

À ceci s'ajoute le statut très particulier des villes du désert, et spécifiquement celui de Tombouctou : Corlan (2012, p. 405) observe en effet que « Tombouctou est encore, pour le monde occidental, le lieu fascinant et la destination mystérieuse par excellence. Les écrivains [tel Paul Auster] emploient son nom pour suggérer les lieux de partout et de nulle part. »

Logique spatiale, logique économique et contrôle du temps

Des contraintes très différentes régissent les déplacements intra-urbains et interurbains dans les conurbations occidentales ; le *trajet* n'est plus au premier

8 <http://www.routard.com/forum_message/2082367/pinasse_fleuve_niger_de_mopti_a_tombouctou.htm>.

plan, comme dans le Sahel, où les villes de la région n'existent que par la relation qu'elles entretiennent avec le mouvement et les échanges qui en résultent – étant donné qu'il n'y a pas grand-chose à exploiter dans l'environnement proche (Retaillé, Walther et Pissoat, *op. cit.*). Certaines constantes peuvent être mises en évidence, comme le montrent Pumain, Bretagnolle et Degorge-Lavagne (1999, p. 40) : « Les études [...] sur les navettes domicile-travail ont montré que les facilités techniques de circulation [...] s'étaient traduites, au cours des cinquante dernières années, par un accroissement spectaculaire des distances parcourues quotidiennement, mais pas par une réduction du temps consacré au déplacement. Ce temps est demeuré très stable, dans le cas des navettes domicile-travail, de l'ordre de la demi-heure dans les grandes villes (soit une heure aller-retour). Cela prouve bien que ce qui compte socialement, pour les interactions impliquées dans le déroulement des activités quotidiennes n'est pas l'espace physique, mais l'espace-temps, la durée du déplacement mesurée en minutes. » On peut donc considérer, avec Retaillé (2011, p. 77), qu'il existe deux façons de concevoir les sociétés : soit elles se situent *dans l'espace*, soit *sur l'espace*. Le rôle des prépositions est ici capital. Dans le premier cas (« dans »), on considère que l'espace est un contenant et que les sociétés se définissent en fonction du milieu. Dans le second cas (« sur »), on postule une neutralité de l'espace, « surface d'enregistrement de la réalité sociale ». En fait, sauf dans des cas extrêmes, tel l'exemple du nomadisme sahélien, les déplacements et les conduites des agents sédentaires sont régis par un équilibre délicat entre deux exigences : d'une part, une logique *territoriale*, où le site où l'on *demeure* est un choix souvent « consenti » par défaut, car dans bien des cas on ne peut aller ailleurs (contraintes *économiques*, impossibilité de s'installer sur un territoire où l'on travaille, etc.) et d'autre part une logique *spatiale* qui conduit par exemple l'agent à envisager ses déplacements (banlieue vers centre-ville ; cité-dortoir frontalière vers lieu de travail situé dans un pays limitrophe) en fonction de créneaux horaires (la durée de trajet étant soumise aux aléas de la circulation) ou d'itinéraires de substitution.

Ainsi, les conclusions d'une étude réalisée par Enaux et Carpentier (2012, p. 35) montrent bien que la perception des trajets réalisés par le « navetteur » pour se rendre sur son lieu de travail (ici d'un pays frontalier vers le Luxembourg) est perçue comme assez négative : il s'agit d'un « "mal nécessaire" pour accéder à un emploi au [Grand-Duché], tout en conservant un lieu de résidence hors du pays. » Schmitz et Klein (2012, p. 20) observent que les frontaliers parcourent chaque jour environ 100 km pour 2 heures de déplacement, alors que la moyenne pour les actifs français est de 1h07. Les déplacements *transfrontaliers* sont 4 fois plus nombreux (262 000 déplacements/jour) que les déplacements internes au Grand-Duché et sont également beaucoup plus longs (45 km contre 13 km). De ce fait, observe Schmitz (2012, p. 16), « les frontaliers partent tôt au travail : 50% d'entre eux partent avant 7h du matin [...]. Outre la distance, les encombrements sur les routes et la longueur du trajet contraignent les frontaliers à ces horaires matinaux. » Les échanges ci-dessous, tirés d'un blog (2006) et restitués dans leur forme originelle, sont révélateurs de la fatigue physique et mentale induite par les déplacements domicile – travail (il s'agit ici de transfrontalières françaises travaillant au Luxembourg) :

> Déjà que le trajet m'épuise, voilà que hier soir sur le trajet du retour j'ai eu un accident, que des dégâts matériels mais ma voiture est foutue (elle avait 1 semaine la voiture !!!!!) et j'ai eu la peur de ma vie. Alors merci air bag et technologie mais crotte crotte crotte. Pour celles qui sont restées bloquées hier soir dans les bouchons, désolée, c'est une camionnette qui a pas réussi à freiner et qui est rentrée dans le cul d'une autre camionnette qui m'a défoncé la voiture. J'oubliais, c'est mon mari avec mon fils qui étaient venus me chercher pour me faire plaisir, mon gamin de deux ans est traumatisé !!! Et en plus ce matin c'était le caca pour prendre le train. J'ai fait demi-tour et je suis rentrée chez moi. J'en ai ras le bol, je suis enceinte de trois mois et ce genre d'aventure non merci !! Voilà désolée j'avais besoin de râler un bon coup. [...] Ça va, je me suis recouchée après avoir fait une orgie de bonbons, pas bon pour le poids mais tellement agréable pour le moral !! Ça m'avait même pas effleurée l'esprit que c'était un accident de trajet, et pourtant c'est moi qui gère ce genre de chose dans ma boite, comme quoi c'est vraiment les chausseurs les plus mal chaussés !!!!!! Moi j'habite Metz, j'ai atterri au Lux sans le vouloir, je bossais en France et mon patron a décidé de muter tout son staf compta au Lux, c'était on vient ou au revoir. C'est pour ça que ça me soule autant le trajet, je suis passée de 5 min à 3/4 d'heure.
>
> Moi aussi depuis le début de l'année je bosse au Luxembourg, et tout comme toi je dois me taper la galère des trajets tous les jours. Les trains petits et inconfortables, ou les bouchons sur la route. D'habitude je prends le train et effectivement hier, aucun train le matin, j'étais dég. J'ai donc dû prendre ma voiture. C'était vers quelle heure ton accident hier soir ? Moi j'étais sur la route vers 18h mais il n'y avait pas eu trop de bouchons... Tu sais c'est vrai que c'est rageant de voir sa voiture toute neuve partir en fumée, mais l'essentiel je crois est bien que toi et ta petite famille soit saine et sauve !![9]

En outre, le discours produit par les Luxembourgeois révèle (corpus d'entretiens), que 72% des nationaux estiment que les transfrontaliers ne respectent pas leur identité ; ils ajoutent que les mêmes personnes devraient mieux s'adapter à la situation locale, apprendre le luxembourgeois et être reconnaissantes d'avoir la possibilité de travailler au Grand-Duché. Les autochtones se plaignent par exemple d'être contraints de parler français dans les magasins (Wille, 2008, p. 52) :

> Wenn ich hier in Luxemburg in Geschäfte gehe, dann muss ich französisch sprechen. [...] Da müssten die Luxemburger sturer sein und sagen: « Ey, ihr kommt zu uns und verdient viel Geld, also bringt uns auch etwas entgegen. Akzeptiert unsere Kultur, sprecht unsere Sprache! »[10].

9 <http://www.magrossesse.com/vb_forum/les-mamans-de-lorraine-f49/jen-ai-marre-de-bosser-au-lux-t63487>.

10 Il convient de préciser que l'article est rédigé en allemand. De ce fait, il est normal que les commentaires des agents le soient également. Traduction : « Ici au Luxembourg, quand je vais faire des courses, je dois parler français [...] Là, les Luxembourgeois devraient être plus

Comme c'est presque toujours le cas avec ce genre de revendications identitaires, et bien qu'il y ait des exceptions, il s'agit la plupart du temps d'agents n'ayant pas fait d'études supérieures et/ou occupant des positions qui peuvent leur sembler menacées. On observera que des considérations telles que celle rapportée dans l'interview citée plus haut ne sont nullement caractéristiques d'un lieu spécifique (ici le Luxembourg) ; elles caractérisent seulement le rapport asymétrique existant entre deux ou plusieurs groupes, dont l'un détient un certain pouvoir légitime, non nécessairement financier, mais néanmoins fondé sur la notion d'appartenance *vs.* exclusion (ici l'argent et la nationalité). L'étude réalisée par Wille montre d'ailleurs clairement que les rapprochements amicaux entre collègues de travail se tissent de manière préférentielle en fonction de la nationalité (les Allemands fréquentant d'autres Allemands, par exemple). Gaston Carré (2003, pp. 73-75) donne un exemple de cet « esprit de corps » (c'est le titre du chapitre) : Julien est le seul Français dans une agence de publicité luxembourgeoise. Un document très important est censé s'être volatilisé – il s'agit d'un projet de contrat avec les assurances « La Chaumière ». On en vient à se disputer :

> Le ton monte, la température aussi, qui culmine dans l'incrimination de Julien par Tintin son collègue [luxembourgeois] de bureau. [...] L'accusation est gravissime, infâmante de surcroît. [Mais Julien n'attache guère d'importance à ces attaques, connaissant le caractère emporté et la proverbiale absence d'ordre de Tintin.] Les collègues, Julien n'en doute pas un instant, ne tarderont pas à passer leur museau par l'entrebâillement de la porte, hilares et taquins, pour poser la question rituelle : « Tintin a encore pété les plombs ? »
>
> Or, c'est Julien qui est disjoncté. Littéralement disjoncté : pas un museau complaisant à l'horizon, et l'interrogation rituelle ne fuse pas. Un silence gêné, des regards comminatoires et une atmosphère lourde d'inavouables supputations.
>
> De fait, Julien observe chez ses collègues un front uni de défiance, une solidarité viscérale, contre toute rime et toute raison, corollaire d'un esprit de corps marqué par la prévalence du sang sur l'entendement, de l'ADN sur l'expérience, de l'essence sur l'existence.
>
> Julien s'avise alors de sa vulnérabilité face à cette connivence tribale, cette confédération quasi chimique des esprits, d'autant plus coriace qu'elle semble inconsciente d'elle-même. [Il s'avère que la lettre n'avait pas existé, l'accord ayant été donné oralement.]

Ces cadres de vie pénibles (longs déplacements, malaise au travail[11], logements précaires, etc.) ne génèrent qu'exceptionnellement des réactions saillantes, celles-ci

---

catégoriques et dire : "Bon ben ! vous venez chez nous et vous gagnez plein d'argent, alors donnez-nous quelque chose en retour. Acceptez notre culture, parlez notre langue !" »

11 S'ajoute à l'incommodité du trajet quotidien de ces transfrontaliers une autre source de malaise : le harcèlement. Au Luxembourg, selon des données officielles provenant d'un rapport de l'INSEE luxembourgeois (Bintener *et alii*, 2012, p. 122) les pourcentages de personnes ayant, au cours des 12 derniers mois (en 2010), fait l'objet d'intimidations ou de harcèlement moral durant le temps de travail est plus élevé que dans les autres pays de l'UE (27 pays) et s'élève à 7,2% contre 4,1%. On observe en outre une répartition intéressante *en fonction de la nationalité du travailleur étranger* (non luxembourgeois) victime de

étant plutôt initiées par des groupes de pression (les syndicats par exemple) que par des individus isolés, qui dans leur grande majorité *se résignent* à une condition que la routine rend supportable, parce qu'elle met en place des automatismes psychologiques aussi contraignants que « protecteurs » – le classique « métro-boulot-dodo » –, dans la mesure où ils réifient les pratiques, excluant tout autre possible et instaurant une forme de présent perpétuel.

L'incertitude sur le contrôle du temps, et par conséquent sur la maîtrise de son destin, ne date pas d'hier. En effet, Bachmann et Le Guennec montrent que, dès les années 50, et assez avant dans les années 60, les logements provisoires, par exemple les IST (immeubles sociaux de transition), où furent « relogées » des familles qui habitaient des cabanes de jardin, des roulottes, des caves, des greniers, etc., sont présentés comme des solutions d'urgence ne s'inscrivant pas dans la durée. Il y a donc progrès ; mais c'est un progrès dans lequel on s'enlise, et « les cités sous-prolétariennes manifestent toutes une "atmosphère indéfinissable", affirme Colette Pétonnet, qui les a longtemps parcourues. Les gens ont un contact empreint d'une défiance insurmontable. Ils ne parlent pas du futur et du passé, mais du présent et de la cité. "Leur sort leur échappe. Ils sont dépossédés de leur pouvoir de décision, de leur capacité d'intervention, de leur volonté." Ils voient devant eux se cristalliser un ordre arbitraire et impossible à ébranler : "Il paraît qu'on doit rester trois ans, on ne sait pas où ils vont nous mettre après". [...] Tout dépend d'"eux". » (Bachmann et Le Guennec, 2002, p. 193) On est exactement confronté à ce que Bourdieu (1979, p. 195) décrivait comme « le principe de pratiques ajustées aux régularités inhérentes à une condition [mettant en place un système de] transfiguration des nécessités en stratégies, des contraintes en préférences, [qui] engendre, en dehors de toute détermination mécanique, l'ensemble des "choix" constitutifs de *styles de vie* classés et classants qui tiennent leur sens, c'est-à-dire leur valeur, de leur position dans un système d'oppositions et de corrélations. » L'insécurité (linguistique, sociale, professionnelle, familiale), et l'insatisfaction existentielle qu'elle génère sont des composantes intrinsèques à ces trajectoires de vie. Dans le cas des populations confinées dans les « quartiers difficiles », mais aussi dans celui des agents en apparence mieux lotis, car bénéficiant de conditions de vie objectivement décentes en termes de revenus, de logement, d'insertion professionnelle[12], il faut prendre en compte les facteurs

---

harcèlement : les plus harcelés sont les Français (9,5%), suivis des Belges (généralement d'origine wallonne, donc francophones) (8,6%) et des Allemands (4,6%) ; peut-être faut-il voir là un problème linguistique, le luxembourgeois étant une langue germanique et/ou une traduction du fait que le plus fort contingent de travailleurs étrangers *transfrontaliers* est français.

12 On l'a vu, dans beaucoup de cas, il existe une relation directe entre le type d'habitat et sa localisation et l'insertion professionnelle (niveau de diplôme, durée de recherche d'un emploi, taux de chômage, etc.). Cette perception du temps est aussi à mettre en rapport avec la notion de *désaffiliation* (voir notamment la postface de l'ouvrage).

d'instabilité, qui tiennent pour une part à la « modernisation » des entreprises et d'autre part au parcours individuel des agents, dont la résistance à ces contraintes institutionnelles peut conduire à des situations de crise. Bertaux-Wiame et Linhart (2006, pp. 143-144) font valoir que, ni la sociologie du travail, ni celle de la famille, ne croisent de façon adéquate les logiques professionnelles et personnelles :

> La famille n'a [...] d'existence [pour la sociologie du travail] que subordonnée aux contraintes de la vie professionnelle, sans marge d'autonomie. Certes, on s'intéresse à ce que la perte d'emploi (appréhendée sous l'angle de la perte de revenus) fait à la famille, mais peu à ce que l'investissement dans le travail, la manière d'être au travail, ont comme effet en retour sur les liens conjugaux et les modalités de la vie familiale. De son côté, la sociologie de la famille n'est que peu sensible aux effets de colonisation du temps privé par la vie professionnelle. Or, en portant l'attention sur la construction des parcours professionnels, on ne peut éviter la prise en compte des contraintes de différentes natures qui pèsent sur les individus, sous peine de s'interdire toute compréhension des décisions et comportements.

CHAPITRE 9
L'INFECTION DANS LA VILLE ET LES RÉSEAUX DE CONTAMINATION

Conformité du centre, déviance de la périphérie

On peut considérer que, dans bien des cas, les réseaux détiennent un pouvoir pathogène, c'est-à-dire qu'ils induisent des pathologies de façon directe – par le seul fait qu'ils existent, ou de façon indirecte – en véhiculant des virus de tous ordres et des *miasmes*. C'est à dessein que nous utilisons ce dernier terme. Il a l'intérêt, de même que *virus* dans son sens historique, de désigner un agent de contagion quelconque, réel ou fantasmatique ; en outre, « miasme » est susceptible d'acceptions métaphoriques – actuellement, c'est d'ailleurs quasi exclusivement le cas. Fabre (1996, p. 90) relève que jusqu'au début du XXe siècle, le miasme correspond « à une représentation triviale du mal, que la science médicale du moment fait sienne et qui repose sur la propriété supposée de l'air de véhiculer les agents infectieux. On retrouve cette métaphore dans le thème des effluves qui s'échapperaient des corps malades et des cadavres pour se répandre dans l'atmosphère. » On verra que cette croyance est toujours d'actualité. C'est en effet une illusion que de se représenter le monde contemporain comme un univers de rationalité. Certes, la technique y est omniprésente, tout un chacun bénéficie – y compris dans les pays les moins développés – d'une télévision ; le téléphone portable[1] s'avère indispensable à la vie quotidienne et, même en vacances, la consultation compulsive des courriels et autres informations en ligne est devenue pour beaucoup un geste naturel, l'individu étant perdu, dès lors qu'il ne trouve pas de réseau, car on attend de celui-ci qu'il soit indéfiniment extensible et suive le sujet connecté dans ses moindres déplacements. Or ce quasi-cyborg, paniqué à l'idée de ne pas être informé des derniers « événements », ne fût-ce que durant quelques heures, reste largement dépendant de croyances dans lesquelles les objets du quotidien occupent une large place.

Sans doute est-ce le SIDA, essentiellement dans la période précédant la mise en place d'un traitement efficace (trithérapie) qui a suscité les réactions les plus extrêmes ; certains auteurs, notamment ceux qui travaillaient sur les questions

1 Selon la Banque mondiale (juillet 2012), « [d]ans le monde, le nombre d'abonnements à la téléphonie mobile – sur forfait ou prépayés – est passé de moins de 1 milliard en 2000 à plus de 6 milliards aujourd'hui, dont près de 5 milliards dans les pays en développement ». Posséder plusieurs abonnements est en effet de plus en plus courant.

de *genre*, comme Kroker et Cook (1986), l'ont qualifié de *maladie postmoderne* par excellence, car selon ces auteurs, il crée un vide affectif, « desséchant l'individu » : ainsi, note Oprea (2008, p. 286), « pour [ces] théoriciens canadiens, il s'accompagne de la panique généralisée et du "thrill of catastrophe". Entre extase et décadence, entre amnésie et nihilisme suicidaire, la culture postmoderne est portée non pas par "the will to accumulation or the search for lost coherencies, but just [by] the opposite – [its] ecstatic implosion into excess, waste and disaccumulation". Atomisé, schizoïde, le moi n'y est qu'un "empty sign" ». Bourdelais (1989, p. 14), écrivant également durant ces « années noires », souligne que des réactions de panique ont été observées, analogues à celles que les grandes épidémies du passé avaient provoquées : « On a vu des voyageurs se protéger d'une éventuelle contagion par le port de gants dans le métro de New York, [...]. La méfiance est telle qu'à plusieurs reprises des parents se sont opposés à ce qu'un élève atteint du SIDA fréquente la même école que leurs enfants, à moins qu'il ne soit isolé d'eux par les parois d'une cage de verre. » (Bourdelais, 1989, p. 14). Il s'agit à l'évidence d'une actualisation de la théorie des miasmes qui apparaît être parfaitement compatible avec le monde quotidien de la modernité. Dans un article classique[2], Douglas et Calvez (2011, p. 198) opposent une société du « centre » (le « cœur de la cité ») à des sociétés des « périphéries ». La société centrale privilégie un modèle consensuel de l'ordre et définit les déviances inacceptables, en établissant une liste de menaces naturelles qui doivent être contenues hors des frontières, c'est-à-dire hors de ce qui constitue les limites des représentations sociales et culturelles définissant le groupe. Ainsi, « lorsqu'une épidémie survient, on peut s'attendre à ce qu'une partie de la cité renforce ses défenses, qu'elle intensifie les mesures punitives et les contrôles. Puisque l'on croit que l'épidémie est provoquée par des pratiques sexuelles déviantes, il est certain que la tension entre le centre et les dissidents se concentrera sur l'idée du couple conjugal comme norme. » Quant aux enclaves dissidentes, les membres ont eux aussi besoin de parvenir à un consensus – généralement en opposition avec les normes édictées par le centre – mais ne sont guère en position d'imposer des structures institutionnelles ; de ce fait, le consensus est constamment remis sur le métier. Les pratiques du centre, en matière de santé publique, comme dans bien d'autres domaines, sont calquées sur les recommandations des professions doctes (médecins, pharmaciens, diététiciens, etc.) et de l'*autorité*, notamment administrative, auxquelles il convient de se conformer. Ce conformisme semble louche aux yeux des membres périphériques :

> Les professions savantes sont considérées comme suspectes. [...] L'enclave peut être peu organisée ; elle n'est pas impressionnée par le prestige de la médecine et peut s'ouvrir à

2 Il s'agit d'un texte initialement paru en anglais dans *The Sociological Review*, 38, 3, 1990, pp. 445-464.

> des conseils de santé alternatifs. Mais puisque l'enclave tend à être un groupe fort et charismatique, ses membres subissent la pression du groupe [autre manifestation de « l'esprit de clocher » saussurien]. Elle développe ainsi une tendance à favoriser ses propres théories. Par exemple, il y a eu une mode dans les communautés homosexuelles de Californie qui consistait à croire que la nourriture saine et macrobiotique pouvait prévenir l'infection au VIH. Ces idées ne correspondent pas aux critères de complexité requis par les attentes théoriques de la communauté centrale. La pratique peut être apprise rapidement, et la reconnaissance dépend de l'allégeance à des formateurs charismatiques. (Douglas et Calvez, 2011, pp. 201-202)

Dès lors, deux options sont envisageables : dans un premier cas de figure, les membres périphériques, se saisissant du fait qu'il existe des dissensions au sein du corps académique, ou bien que la connaissance de la maladie est lacunaire – ce qui était effectivement le cas au début des années 80 s'agissant du SIDA –, rejettent les traitements proposés ; une option alternative consiste à croire à l'action des miasmes : « À l'opposé de la science moderne, la théorie populaire soutient qu'il existe des pouvoirs cachés dans l'air ambiant et sur les surfaces que nous touchons, qui transmettent la maladie à toute personne qui respire le même air, partage une brosse à dents ou tient en main les mêmes ustensiles de cuisine, tasses, assiettes, verres. La proximité est dangereuse. S'il n'y avait pas de théorie des miasmes, *pourquoi une télévision devrait-elle être désinfectée après avoir été regardée par des patients séropositifs* ? » (*ibidem*, p. 206) Ce dernier exemple est très intéressant, car il convoque un objet de (relative) haute technologie, le téléviseur, censé se charger d'un pouvoir contaminant par le seul fait qu'il a été regardé par un séropositif. On peut établir un parallèle avec l'une des scènes centrales du film d'Hideo Nakata *The Ring* (*Ringu*, Japon, 1998). Dans cette séquence, la télévision s'allume toute seule et l'on voit (image en noir et blanc tremblée) un *Yurei* (fantôme traditionnel des légendes japonaises) – une jeune fille à la longue chevelure noire lui recouvrant le visage – s'extraire d'un puits, s'approcher, pour finalement sortir de l'écran (l'image est désormais parfaitement nette et en couleurs). On notera que pour que la malédiction s'applique, il faut préalablement avoir visionné une cassette vidéo qu'une *rumeur* donne comme étant maléfique. Comme dans le cas des malades séropositifs, qui étaient fréquemment désignés comme « déviants » par certains groupes de pression (intégristes, extrême-droite, etc.), il convient qu'une transgression d'une norme ait eu lieu et qu'un étayage rumoral vienne en renfort pour que puisse se mettre en place le mécanisme miasmatique de la contamination. Il faut encore souligner que cette représentation sociale de la contamination trouve un écho dans certaines pathologies, particulièrement dans les troubles obsessionnels compulsifs (TOC) et dans les cas de personnalité obsessionnelle compulsive (POC). Il s'agit notamment des obsessions phobiques qui se manifestent par une crainte extrême de tout ce qui paraît être sale – les excréments, le sperme, etc., par une peur de la contamination (microbes), ou d'une maladie précise (cancer, sida) (Vera et Vera, 2010). Cependant, dans les TOC, le malade estime que ses symptômes sont ego-dystoniques, c'est-à-dire contraires à ses principes et à ses systèmes de valeurs. Au contraire, dans les POC, le sujet est persuadé qu'il y a adéquation entre ses actions (ego-syntonisme), sa personnalité et ses principes (Hantouche, 2004, p. 400). Dans cette seconde situation au moins, on pourrait donc envisager, passant du plan de l'individu au plan du groupe, une correspondance entre les deux types de conduites, qui seraient à mettre en relation avec les théories populaires de la contagion, prenant quelquefois un caractère quasi magique, par exemple dans la transmission d'une maladie par l'intermédiaire de la télévision. Cette analyse est confortée par le fait que Douglas et Calvez (2011, p. 203) distinguent, parmi les individus périphériques, ceux qui se regroupent en « minorités dissidentes » et ceux qui sont totalement isolés : « Alors que [...] les minorités dissidentes croient en un complot des industriels avides de richesse et d'un gouvernement assoiffé de pouvoir contre les innocents, les isolés étendent l'idée d'un complot mystérieux au-delà de la sphère humaine. Une cause démoniaque de mauvaise fortune est tout aussi plausible pour eux qu'un complot des magnats de la finance ou des fabricants d'armes. »

Il est intéressant d'observer que les groupes contestataires organisés, les minorités dissidentes, auxquelles internet donne un forum de choix et un moyen de dissémination de « l'information » s'intéressent essentiellement à des versions *biologiques* ou *chimiques* de la théorie du complot, c'est-à-dire à des versions « miasmatiques ». Ainsi, les gouvernements (ou éventuellement des puissances maléfiques ou des extra-terrestres sur le mode des *envahisseurs*) sont-ils suspectés de répandre des produits chimiques dans l'atmosphère (« chemtrails »), de procéder à des campagnes de vaccinations dangereuses, comme par exemple en France dans le cas de la grippe H1N1 où les autorités sanitaires ont préconisé sans beaucoup de succès, suivant en cela le principe de précaution, une vaccination généralisée de la population (Bonnot, 2014b). Comme l'observe Taïeb (2010, p. 178), « les discours les plus virulents [...] reprennent le motif narratif faisant d'une instance supranationale, ou de quelques individus la contrôlant secrètement, l'agent d'une volonté de domination. [...] Sous cet aspect, non seulement ce conspirationnisme constate la vacance du pouvoir souverain, désormais dépossédé de ses leviers d'action au profit d'un organisme supérieur au fonctionnement incompréhensible, mais encore il ajoute au désir de contrôle mondial ce moyen inédit qu'est l'affaiblissement physique des corps, sous couvert de prévention médicale. » Ces croyances purement fantasmatiques ne convergent qu'exceptionnellement avec la dénonciation en tant que telle des réseaux de finance globalisée ; or c'est bien à ce niveau et non à celui d'un complot « d'empoisonneurs du peuple[3] », fussent-ils supposés être riches et puissants, que se joue l'essentiel de la partie.

3 L'expression a eu un grand succès, réapparaissant lors de chaque crise, notamment sanitaire (épidémie de choléra à Paris au XIXe siècle, présence d'aluminium dans l'eau du robinet, etc.)

Diffusion des croyances et réseaux

Les croyances, dont on a vu qu'elles se manifestaient volontiers par le truchement des objets les plus contemporains, et qui étaient jusqu'à une date récente tributaires du bouche à oreille, se propagent dorénavant en utilisant les circuits de communication de la toile. Pour Fernback (2003, p. 43), les légendes urbaines font partie depuis de nombreuses années du paysage des médias et cette forme de diffusion est un moyen pour la culture populaire de se maintenir dans une société ultra médiatisée et saturée d'informations. L'espace de l'internet serait propice à la promotion d'une tradition culturelle de l'oralité, dont les légendes urbaines constituent un marqueur, car les espaces de « t'chat » en temps réel, quoique passant par un support écrit, sont caractérisées par une grande réactivité des participants à la discussion. Voici deux exemples, en apparence fort anodins, qui ont été signalés sur les réseaux internet au Grand-Duché. La première rumeur fait appel au thème très ancien des *« fruits empoisonnés »*, distribués aux enfants :

> Des pommes droguées circulent-elles ? *Luxembourg* – Le bruit court sur Internet qu'une nouvelle pilule droguée (en forme de pomme), serait distribuée dans les lycées. D'après des étudiants luxembourgeois, des pilules ayant la forme d'une pomme circuleraient dans les établissements scolaires. Information démentie par la police. « Ces derniers jours des étudiants ont envoyé des messages sur Facebook et par sms signalant la diffusion de cette drogue. Il s'agit d'une plaisanterie », assure une porte-parole de la police, contactée par *L'essentiel Online* mercredi matin. Cependant, une distribution de pommes a bien été constatée dans plusieurs lycées du Grand-Duché. Mais il ne s'agit là que d'une opération lancée par l'Union Européenne, dans le cadre d'une campagne alimentaire. Moins grave et plus savoureux ! *L'essentiel Online*[4]

Collard (1992, pp. 103-104) rappelle que le poison a presque toujours été associé à un support alimentaire. Ainsi au moyen âge, relève cet historien, « Pierre d'Abano [1250-1316] précise que le poison peut aussi être "donné sous l'aspect d'un mets ou d'une médication". S'il "tue plus par le boire que par le manger", selon un aphorisme de l'école de Salerne, il infecte aussi avec succès des purées, poivrades, viandes (au sens large d'alors), fruits (on trouve évidemment *la pomme*), du pain, à moins que l'empoisonneur ne choisisse des médications, utilisées aussi bien par les Lombards de Paul Diacre que par les assassins de Guillaume de Flavy au XVe siècle. » La rumeur luxembourgeoise réunit donc le fruit (pomme) et la pilule – une « médication empoisonnée ». En outre, la

---

L'expression a été appliquée aux minorités stigmatisées, *notamment à celles censées manipuler de l'argent*, comme les juifs au moyen-âge, sous le régime nazi, etc. Voir section suivante.

4 <http://www.lessentiel.lu/fr/news/luxembourg/story/27164145> (20 octobre 2010).

transgression est d'autant plus forte qu'il s'agit d'enfants. Le second exemple n'est pas moins intéressant ; il est relaté sur le site du journal Wort.lu :

> Attention aux fausses « alertes enlèvement » par SMS. Un SMS d'alerte enlèvement a été signalé par une de nos lectrices lorraines. En substance, un canular déjà repéré. Voici le SMS reçu par une de nos lectrices aujourd'hui vers 9h30 : « Une petite de 3 ans a été enlevée à Fénétrange par un homme barbu conduisant un camion plaque : 72B381. Fais tourner ce message, ça pourrait sauver la vie de cette petite (source TF1). » Le problème, c'est que TF1 n'a absolument rien diffusé en ce sens. Mieux encore, un camion gris au même numéro de plaque avait déjà créé une rumeur dans la région lyonnaise en novembre 2011. Par le jeu du téléphone arabe et la non vérification de l'information transmise, la rumeur peut circuler en changeant le nom des villes et ainsi de suite. Si vous recevez ce SMS, vous pouvez le détruire en signalant à la personne qui vous l'a envoyé qu'il s'agit d'un canular.[5]

On peut voir dans ce type de rumeur, à caractère sexuel très marqué (l'homme barbu et la petite fille) le rappel de configurations narratives extrêmement anciennes, attestées dès l'Antiquité, notamment sur des céramiques et des fresques. Cassimatis (2012, n.p.) décrit par exemple un cratère du musée J.P. Getty, représentant « l'enlèvement d'Europe dans une composition spectaculaire, empruntant son riche décor au théâtre et au décor floral vasculaire, et lui oppose un cortège dionysiaque sur deux niveaux. Dans le jeune Dionysos, qui occupe le centre de la panse encadré par une ménade et un satyre barbu, doit-on voir la divinité ou son adepte ? Les sous-entendus que contient l'enlèvement de la jeune fille, sont portés également par la scène dionysiaque. Rapt, initiation, transformation, tout cela sera subi par Europe mais aussi par celui qui embrasse la religion dionysiaque, dont le vin et son récipient sont les plus immédiats révélateurs. » De la même façon, sur les fresques du cubiculum nocturne de la villa de Fannius Synistor (Boscoreale), conservées au Métropolitan Museum de New York, Turcan (1993, p. 708) « [croit] voir un personnage nu, satyre ou bacchant, assis de face, mais la tête à droite, peut-être ivre, en compagnie d'un putto. Il écarte les bras et semble allonger une jambe vers l'enfant qui la tire, à moins qu'il ne lui enlève une épine du pied. Le tireur d'épine fait partie des motifs qu'on trouve notamment sur les sarcophages à représentations dionysiaques, que ce soit le dieu Pan qui bénéficie de l'opération ou un satyre qui se fait traiter par Pan. » Une figure analogue est également bien présente dans les récits de collectes ethnologiques[6]. Ainsi, dans les Alpes, soulignent Abry et Joisten (1995, p. 253), « les croquemitaines témoignent d'une invention inépuisable dans la description faite d'eux et dans les noms qu'on leur donne : "*Barbe-noire*, c'était un mendiant de Dormillouse. Ici, les gosses en avaient peur, c'était une frayeur pour les gosses" (Orcières, Htes-Alpes, 1952) [...] "Si tu ne manges

5 <http://www.wort.lu/fr/view/attention-aux-fausses-alertes-enlevement-par-sms-4fe978d5e4b026f9aa6170a1>. (26 juin 2012)

6 Plus récemment, la figure de « l'homme barbu » renvoie aussi à Landru, barbu comme sont souvent représentés Priape et bien d'autres divinités.

pas, l'*Homme des bois* vient te mettre dans son sac" (Ristolas, Htes-Alpes, 1955) [...] "Le *grand-papa Janvier*, c'était un homme grand, bossu, déjà âgé, qui avait une grande hotte, une grande barbe, avec une grosse canne comme une espèce de gourdin. Il venait frapper la nuit, faire peur aux enfants." (Saint-Chaffrey, Htes-Alpes, 1952) » (*ibidem*, pp. 258-260) Et bien sûr, les *errants* (voir également [13]) sont à nouveau au rendez-vous : « Pour dissuader les enfants d'accompagner leurs parents à la foire de la Saint-Jean de Saint-Bonnot, on leur faisait croire qu'on les donnerait aux *Bohémiens* qui se cachent sous le pont du Drac, entre les Barraques et Saint-Bonnot. (Le Noyer, Htes-Alpes, 1961) » (*ibidem*, p. 260) Dans un cas comme dans l'autre, ces rumeurs/croyances se transmettent par la tradition populaire, se modifiant spontanément de façon essentiellement superficielle, de telle manière qu'elles demeurent acceptables par le public (par exemple le « croquemitaine » ou le « satyre » moderne sera au volant d'un camion). Mais ces histoires ne sont pas – sauf dans des cas extrêmement rares – le résultat d'un « canular »[7], comme le laisse entendre la brève du journal. C'est radicalement méconnaître la nature des rumeurs qui s'inscrivent profondément dans le tissu social et dont les origines – qui peuvent naturellement avoir un fondement historique avéré – sont d'ordinaire très solidement enracinées. C'est à juste titre que Charles Joisten indiquait que « le narrateur [d'un objet de croyance] admet généralement la réalité passée ou présente des événements évoqués [...] qui même s'ils relèvent de la dimension du surnaturel sont presque toujours enracinés dans le quotidien ou situés à une époque historique [...] à tous familière. » (Ch. Joisten, 1979, p. 613, cité par A. Joisten et Abry, *op cit.* p. 16)

Nous évoquerons maintenant deux exemples assez différents, et également intéressants en ce qu'ils s'inscrivent dans un contexte de malaise social favorisant la *contagion mentale* (Freyermuth et Bonnot, 2012). Il s'agit de la rumeur du *numéro de téléphone portable qui tue*, et de celle des *rétrécisseurs de sexe*. Dans le premier cas, la rumeur a essaimé dans une bonne partie du monde, partant d'Afrique de l'Ouest pour atteindre le sous-continent indien, puis l'Indonésie et le Cambodge – sans aborder ni l'Europe, ni l'Amérique. Cette rumeur est née de la conjonction entre une nouveauté technologique, permettant de parler (sans fil et presque n'importe où) avec un interlocuteur *invisible*, et une croyance ancestrale en la sorcellerie, fonctionnant comme attracteur culturel. Selon Bonhomme (2011, p. 149),

> Un virus téléphonique représente un équivalent de la sorcellerie téléphonique plus acceptable et donc plus facilement et largement diffusable. La rumeur se trouve alors directement en phase avec trois foyers d'inquiétudes mondialement médiatisées : les risques du téléphone portable pour la santé, la prolifération des virus numériques, l'épidémie de grippe aviaire. Ces

7 On peut penser à la plaisanterie radiophonique d'Orson Welles. Mais là encore, le cinéaste n'était que le propagateur d'une inquiétude déjà bien présente.

foyers d'inquiétudes globalisées, au carrefour du technologique et du biologique, constituent le terreau sur lequel la rumeur a pu prospérer. Un dernier ingrédient contribue au succès de la rumeur. L'imaginaire de la contagion virale s'applique aussi bien au contenu de la rumeur qu'à son mode de diffusion : passant à la fois par les médias, le bouche à oreille téléphonique et des chaînes de SMS, la rumeur contient en elle-même le principe de sa propre retransmission. C'est en ce sens que l'on pourrait dire que le virus, c'est la rumeur elle-même.

D'autres rumeurs, également relayées par les réseaux sociaux et par les sites de presse (notamment africaine) en ligne, ont des conséquences beaucoup plus dramatiques, celle des *rétrécisseurs de sexe* qui part du Tchad en 1995 pour atteindre finalement le Gabon en 2001, retenant particulièrement l'attention. Cette rumeur intègre un contenu sexuel fortement lié à des croyances magiques ; les méfaits supposés se déroulent toujours sur la place du marché et les boucs émissaires sont la plupart du temps des commerçants étrangers à la communauté, donc des individus périphériques, par exemple des Haussas ou d'autres ethnies mal intégrées, comme les Bozos au Mali ou les Peuhls au Sénégal, en raison de leur ressemblance physique avec les Haussas. Au Gabon, il suffit qu'il s'agisse d'un étranger, la présence de traits physiques spécifiques n'étant pas requise. Le bouc émissaire, accusé d'avoir fait disparaître le sexe d'un client ou d'avoir fait tomber les seins d'une femme, est livré à la vindicte populaire. (Ledit, 2001, p. 226) Mandel (2008, p. 208), qui relate son expérience de journaliste sur le terrain, estime que cette rumeur, qui s'est propagée avec une redoutable rapidité a fait « près de 300 morts, plus de 3000 blessés ». L'auteur note encore : « Début octobre, l'Afrique de l'Ouest qui a retenu longtemps son souffle, panse les plaies de ses milliers de blessés. Et inhume pieusement ses trois cents morts. Martyrs de la rumeur sorcière… » (*ibidem*, p. 192) Nous n'adhérons pas à ce comptage des morts et des blessés. Le dénombrement est en lui-même un pur produit rumoral et ne repose sur aucune source fiable, provenant sans doute d'informateurs d'une part et de données publiées par les organes de presse locaux d'autre part[8]. La question ne semble pas être réglée, puisqu'un site sénégalais donne une information datée du 15 janvier 2013, qu'il conviendrait évidemment de vérifier, car en croisant les textes qui abondent sur internet, on trouve des similitudes troublantes, non seulement dans le *modus operandi*, mais également en ce qui concerne les détails :

> Plusieurs personnes lynchées après des accusations erronées. Des voleurs et rétrécisseurs de sexe présumés ont été copieusement tabassés, ces dernières semaines, par une foule persuadée de leur pouvoir de sorcier. Seulement, vérification faite, il s'est révélé que rien n'avait rétréci, et encore moins disparu… Il y a environ deux semaines, à Touba, une femme s'est présentée accompagnée par la foule à la gendarmerie pour dénoncer un crime insolite : elle était certaine qu'un voleur s'était emparé de son sexe. L'inspecteur en charge de l'affaire a demandé à une policière de vérifier les dires de la plaignante. L'agent a ainsi constaté que rien ne manquait. La presse sénégalaise se fait l'écho, depuis quelques semaines, d'affaires

8 Nous ne contestons pas le fait *en lui-même* : il y a évidemment eu des morts et des blessés.

> similaires – qui concernent majoritairement des hommes. Le scénario est presque toujours le même. Une personne crie que son sexe a disparu après avoir serré la main d'un inconnu. Elle le désigne du doigt, la foule s'amasse et le tabasse.[9]

Si dans les deux cas de figure (numéro de téléphone tueur et voleurs de sexe) la rumeur fait appel à des pratiques de sorcellerie et s'inscrit dans un contexte sociétal difficile, on conviendra que les conséquences de l'un et de l'autre ne sont en rien comparables. La dissémination de la légende des « voleurs/réducteurs de sexe », a naturellement été facilitée par le recours aux médias, mais il est fort peu probable que ceux-ci en constituent l'origine ; en effet, il s'agit d'une légende *urbaine* de pleine acception, dans la mesure où la plupart des événements relatés se déroulent sur une place de marché, nécessitant la présence physique de la foule – porteuse de la légitimité majoritaire – et d'un individu isolé, de préférence un étranger, qui doit lui aussi se trouver là et avoir un contact physique avec la « victime ».

Dans les pays occidentaux, et à l'époque contemporaine, les croyances en relation avec la sorcellerie sont toujours bien attestées, non seulement dans certains groupes ethniques et dans certaines « subcultures underground », mais elles s'enracinent en outre, notamment aux États-Unis, dans une recherche des origines, comme l'illustre par exemple l'œuvre de Howard Philips Lovecraft ou, en Belgique, celle de Jean Ray/John Flanders. L'imaginaire populaire suit les modes et, à partir des années 30, il se peuple d'extra-terrestres, depuis l'arrivée des Martiens annoncée par Orson Welles sur CBS en 1938 – à une époque où la remilitarisation de l'Allemagne bat son plein et où le nazisme poursuit sa progression tentaculaire –, en passant par l'affaire de la soucoupe volante qui se serait écrasée près de Roswell en 1947 – survenant au moment où la paranoïa d'une guerre atomique avec l'URSS monte en puissance et où le sénateur McCarthy allait commencer à faire parler de lui (à partir de 1950). Aux États-Unis, dans les années 50 et 60, de nombreux films et séries de science-fiction animent les écrans, reflétant les peurs engendrées par la guerre froide et par le bloc communiste : la série *Les envahisseurs* (*The Invaders*, 1967-1968), outre qu'elle s'inspire de *la guerre des mondes* de Wells, est une transposition des craintes de l'infiltration d'agents soviétiques dans le « monde libre ». Plus récemment, plusieurs séries ont été réalisées, reprenant le même type d'argument, en particulier *Invasion* (également diffusée en France), *Threshold* et *Surface*. Les scénarios entretiennent un suspense paranoïaque : on n'a guère de renseignements sur les intentions des Aliens, et surtout, on n'a aucune certitude en ce qui concerne l'identité des personnes que l'on côtoie, n'importe qui pouvant être infecté ou « habité », et renvoie aux pratiques de délation pratiquées tant dans l'Allemagne nazie que dans le bloc soviétique.

9 <http://www.lasenegalaise.com/?lasenegalaise=psycho&psycho=psychologie&psychologie=228515>.

Comme le souligne Hantke (2010, p. 148), « All three shows share this fascination with ontological uncertainty with their 1950s predecessors, *Invasion* features scenes in which children must ask themselves whether their mother is still their mother, complete with tell-tale marks hidden on her body, which is straight out of *Invaders from Mars*. Those infected by the alien signal in *Threshold* are indistinguishable from ordinary humans, except for a third strand of DNA. » Toutefois, à la différence des productions des années 50, où les rôles étaient clairement définis, les réalisations plus récentes introduisent des situations dans lesquelles l'incertitude *affective* prend une importance primordiale, la famille n'étant plus une « valeur refuge » (divorces, familles recomposées, etc.).

On voit par là que le *centre* (au sens de Douglas et Calvez) lui-même est atteint, que ses normes vacillent et que ceux qui hier encore faisaient confiance aux gouvernants et aux « savants », sont désormais désemparés et privés de lignes de conduite démocratiques. Cela ne signifie pas que les membres centraux soient en transhumance massive vers les périphéries ; en revanche, cela renforce la croyance dans l'homme providentiel (montée des extrême-droites et du populisme) et l'exaspération des sentiments de rejet de l'altérité, qui n'est désormais plus perçue comme une ouverture possible vers un dépaysement de bon aloi, mais comme un danger, une contamination en puissance. Comme le montre Cox, dans un article qui a plus de vingt ans, mais qui est toujours d'actualité, notamment en raison de la récente crise économique et financière, cette dialectique du *centre* et de la *périphérie* est profondément ancrée dans le post-fordisme qui se manifeste par un retrait d'un État autrefois fortement « gestionnaire et interventionniste », et constituant l'unité de base du système commercial international. Alors que dans le fordisme il existait une sorte de « contrat social » entre l'État, les grandes entreprises et les syndicats, dans le post-fordisme,

> [l]'organisation de la production prend une forme centre/périphérie. Il y a un centre, un « cœur », composé de travailleurs et techniciens qui sont intégrés au capital ; et une périphérie de producteurs variés ayant un statut plus précaire : travailleurs dans les installations centrales avec situation moins permanente que les employés « cœur » ; travailleurs de manutention souvent dépendants d'entreprises sous-traitantes ; employés d'entreprises fournisseurs ; individus qui travaillent à la maison avec leurs ordinateurs ou autres outils ; parfois aussi du travail au noir, etc. […] La segmentation du marché du travail est facilitée par la diversification des producteurs, e.g. par origine ethnique et par sexe. Le pouvoir syndical est affaibli, lui dont les grandes industries fordistes étaient autrefois le bastion. (Cox, 1990, p. 696)

La précarité s'étend désormais à certaines franges de salariés autrefois centraux (par exemple ceux qui, après un parcours assez bref en tant qu'intérimaires, particulièrement dans le domaine de l'industrie automobile (*cf.* [11, 12]), se voyaient rapidement proposer un contrat à durée indéterminée, ce qui est aujourd'hui devenu exceptionnel) et renforce les attitudes de défiance à l'égard des fractions encore plus périphériques, perçues comme d'autant plus déviantes et dangereuses qu'elles sont situées dans des zones qui, quoique économiquement faibles, sont néanmoins en développement très rapide. De ce point de vue, la main-d'œuvre étrangère, qu'elle soit située ou non sur le territoire national, est fréquemment perçue comme un danger qui peut être assimilé à une *infiltration* souvent ressentie comme une pression insupportable exercée de l'extérieur sur l'intégrité nationale.

On ne s'étonnera pas que ceci ait des répercussions très directes sur la perception du danger de contamination, pris dans son sens biologique : il advient en effet régulièrement qu'à l'arrière-plan de considérations épidémiologiques – éventuellement savantes – sur la propagation des épidémies en rapport avec les migrations de populations, se profile la stigmatisation de l'« Autre dangereux » (Fassin 2002, p. 140). On peut même avancer que, loin de connaître une embellie, la situation s'est significativement aggravée : dans une société économiquement fragilisée, où l'idéal avoué, bien qu'heureusement inaccessible, est celui du « risque zéro », toute menace, aussi hypothétique soit-elle, devient rapidement insupportable, dès lors qu'elle est relayée par les médias et les « on-dit ». L'étranger est celui qui est au loin, et qui de ce fait – ses contours étant imprécis[10] – fait peur. La notion de « lointain » est très floue : chez l'enfant ce peut être l'appartement d'en face, des pas étouffés dans l'escalier de l'immeuble, ou le peuplier aperçu de l'autre côté de la voie ferrée ; chez l'adulte, il s'apparente volontiers à l'« exotique[11] », rejoignant ce que Jodelet nomme « l'altérité du dehors », la distance étant exprimée en termes temporels et/ou spatiaux. La distance peut aussi bien être symbolique ; elle engendre alors une altérité du dedans « référant à

10 On notera que dans les séries mettant en scène des Aliens *infiltrés*, il est extrêmement rare que l'on ait un aperçu de leur aspect physique « authentique ». À ce propos, on peut citer le film *Invasion Los Angeles* réalisé en 1988 par John Carpenter (*They live* ; 1989, pour sa sortie en France), d'après la courte nouvelle de Ray Faraday Nelson, *Eight O'clock in the morning* (1963) ; le scénario est signé Frank Armitage, qui n'est autre que le pseudonyme de Carpenter lui-même, emprunté à l'un des héros d'un autre maître de la SF et du fantastique, Howard Phillips Lovecraft. *Invasion Los Angeles* raconte la colonisation de la ville (avec un élargissement probable au pays, puis au reste du monde) par des extra-terrestres totalement irrepérables car ils ont pris forme humaine, et parfaitement intégrés à la population (ils occupent de nombreux postes-clés dans la société américaine). Mais ils sont mis en péril par un groupe de dissidents qui a réussi à fabriquer des lunettes de soleil dont les verres permettent en fait de voir tout ce que les extra-terrestres leur cachent : leur véritable morphologie d'abord (effrayante, comme il se doit : on croirait des corps passés aux rayons X), mais également l'empoisonnement des esprits des véritables humains par des messages subliminaux répandus partout dans la ville ; ceux-ci prônent la soumission du peuple des Terriens à travers des injonctions du type « Obéis », « Travaille », « Achète », « Consomme », « Regarde la télévision », « Soumets-toi », « Marie-toi et fais des enfants » etc., cachées sous les messages anodins de panneaux publicitaires. En mettant en scène une dictature idéologique extraterrestre masquée, ce film dénonce en réalité les comportements orthodoxes exaltés dans les États-Unis de la présidence Reagan (1981-1989), que Carpenter abhorrait.

11 On emploie ici le terme dans son sens le plus générique et sans aucun lien avec une théorie esthétique, comme celle, par exemple, d'un Victor Segalen.

ceux qui, marqués du sceau d'une différence, qu'elle soit d'ordre physique ou corporel (couleur, race, handicap, genre, etc.), du registre des mœurs (mode de vie, forme de sexualité) ou liée à une appartenance de groupe (national, ethnique, communautaire, religieux, etc.), se distinguent à l'intérieur d'un même ensemble social ou culturel et peuvent y être considérés comme source de malaise ou de menace. » (Jodelet, 2005/2008, p. 10) Tomes rapporte par exemple que durant « l'ère progressiste » aux États-Unis (essentiellement durant les mandats de Theodore Roosevelt de 1901 à 1909), des campagnes furent engagées contre les immigrants exerçant la profession de marchand ambulant, accusés d'être porteurs de germes ; cette peur de « l'étranger crasseux » [13] s'étendit rapidement aux denrées alimentaires importées. Plus récemment, le maire de New York Rudy Giuliani réactiva la croisade contre les vendeurs de rue et on observa derechef une résurgence de la méfiance des autorités sanitaires et des consommateurs vis-à-vis des fruits frais et des légumes d'outre-mer. (Tomes, 2000, p. 195)

Il n'est donc pas surprenant que, depuis l'Antiquité, il existe une « géolocalisation des épidémies [qui] permet de séparer les lieux étrangers contaminants du sol national contaminé. » (Adam, 2012, p. 52) Véronique Adam (*ibidem*, p. 55) montre que les médecins alchimistes des XVIe et XVIIe siècles retiennent d'Hippocrate que le « vent du midi » provient des régions infectées, ou que le « vent austral pourrit très vite la viande ». Elle relève que, selon l'une des théories en vigueur à l'époque, « la peste se propage [...] par une contamination olfactive, modélisée sur la technique de la *fermentation*. L'épidémie n'est donc pas native du sol national ou européen, l'air n'en étant pas essentiellement ou originellement corrompu. Elle vient des profondeurs de la terre ou des hauteurs célestes et d'une pollution indirecte. Ces mouvements célestes ou souterrains croisés à l'origine méridionale ou orientale de la maladie, font que la contamination n'est qu'accidentellement occidentale. » Dans l'Orient médiéval lui-même – désigné par les Européens comme une des origines de la contamination –, les savants, en même temps qu'ils incriminent la classique influence des astres, considèrent que certains lieux sont des sources privilégiées d'infection : « le géographe Ya'qūbi [écrit Caiozzo] fustige le climat de la Syrie où l'air est mauvais et celui de l'Égypte rendu pestilentiel par la présence du Nil. » (Caiozzo, 2012, p. 94) *Mutatis mutandis*, traversant les siècles, le même type de représentation du danger perdure, qu'il trouve son origine dans un *ailleurs* proche (l'immigré, le gitan, le SDF) ou plus lointain (oiseaux migrateurs et grippe H1N1, singes africains à l'origine du SIDA, etc.), voire fantasmatique (Aliens divers, théorie de la *panspermie*, tendant notamment à accréditer l'idée que les maladies ont une origine extra-terrestre). À l'heure actuelle, on trouve de nombreuses attestations du caractère méridional du danger de contagion, y compris au Maghreb. Ainsi, un article du quotidien algérien *La Tribune* (2009) est intitulé : « Faux sentiment de sécurité en Algérie : le danger vient du Sud ». L'article précise qu'il s'agit de la pénétration du paludisme par « l'utilisation grandissante des voies transsahariennes », et préconise « un contrôle plus rigoureux aux frontières des infrastructures sanitaires adéquates et un personnel qualifié, bien formé et motivé pour se protéger contre cette maladie qui fait encore des ravages.[12] » Bensaâd (2003, p. 7) note à ce propos que « de façon générale, le Maghreb se trouve aujourd'hui, à son tour, confronté à "ses immigrés" y compris en Algérie, devenue plus une terre de passage que d'immigration [...]. La presse algérienne livre régulièrement des enquêtes et des témoignages sur les conditions de vie de ces migrants mais aussi des récits d'affrontements avec la population locale et des cris d'alarme aux connotations racistes évidentes ("*la population menacée par les Africains*", "*le danger vient du Sud*", "*affrontements sanglants*", "*troubles à Reggane*" etc.). Émois et débats parsèment les colonnes de cette presse où s'expriment autant un rejet et des dérapages racistes qu'une inquiétude devant ces dérapages. » L'opposition Nord/Sud n'est en rien neutre ; même d'un point de vue strictement lexicographique, le TLF*i*, relève Dufour (2007, pp. 36-37), inscrit la relation de dépendance dans la définition : « Nord : "point cardinal qui se trouve dans la direction de l'étoile polaire", Sud : "point cardinal opposé au nord" ». Elle ajoute que le terme « Sud » fonctionne comme un hyperonyme subsumant un certain nombre de notions stigmatisantes, en regard desquelles le Nord apparaît comme le « parangon du développement ». Le cas du sous-continent indien fait clairement apparaître la complexité de cette dialectique Sud/Nord qui, à l'intérieur même du pays où se côtoient développement extrême et dénuement total, n'est pas liée à la latitude : selon Heuzé (2007, p. 224), « la sudification a [...] pris plus de sens et de poids quand des Indiens ont exploité seuls d'autres Indiens, après l'indépendance et quand la grande misère s'est trouvée confrontée à la volonté d'en sortir et à des échecs. Le Sud n'a jamais été autant Sud que lorsqu'il est passé sous la coupe des modélisateurs du développement, supposés avoir toujours raison et que les idiosyncrasies de la société ont été accusées de faire échouer les recettes du "changement", révélant par ce biais une terrible "arriération". » En fin de compte, il semble bien que l'on soit renvoyé à l'opposition déjà largement discutée de *centre* vs. *périphérie*[13]. Peut-être est-ce Caillois (1950, p. 63) qui a le mieux formulé le problème, en le liant à la notion de sacré : « Ainsi l'opposition du pur et de l'impur, passée du domaine religieux au domaine laïc, devenue celle de la loi et du crime, de la vie honorable et de l'existence crapuleuse, a gardé l'ancienne topographie des principes mystiques : le bien au centre, le mal à la périphérie. »

On observera que le processus de contamination est, dans une écrasante majorité des cas, censé provenir de l'extérieur (de la périphérie) pour gagner le

12 <http://www.djazairess.com/fr/latribune/15789>. (26/04/2009)

13 Dans leurs grandes lignes, ces modèles, par exemple celui proposé par Raynaud (1981), recoupent ce que nous avons déjà exposé, insistant sur la compacité du centre et sur l'aspect plus diffus de la périphérie, et sur l'existence de centres secondaires périphériques par rapport à un centre principal.

centre. Or le centre est avant tout, comme nous le soulignions en commençant à propos de l'habitable/inhabitable, question de point de vue, et ce n'est que parce que la centralité est synonyme d'industrialisation, de développement économique, de productivité scientifique[14] que le regard est ainsi orienté. Plusieurs effets de contamination à rebours peuvent cependant être mis en évidence. Le plus remarquable, comme l'un des moins discutés, concerne les « printemps arabes » : rares sont les observateurs à avoir établi un lien de cause à effet entre la crise financière de 2007 (subprimes) / 2008 et les révolutions successives qui ont secoué (et dans une certaine mesure continuent de secouer) le Maghreb et le Machrek. Daguzan (2010-2011, p. 10) a cependant bien cerné la question : « Notre hypothèse est que la crise économique est le facteur clé du mouvement de révolte/révolution du monde arabe. Il est celui qui a permis de faire éclater une colère qui n'aurait pu vraisemblablement exploser que beaucoup plus tard. L'effondrement brutal des économies arabes non rentières dû à la crise a brisé en miettes le tacite pacte social développement *vs.* autoritarisme qui caractérisait la Tunisie et l'Égypte et qui est encore le modèle dominant d'autres pays (Jordanie, Maroc, Syrie[15], etc.). » Un autre cas de figure intéressant, celui-là bien documenté, est l'introduction de maladies inconnues jusqu'alors, qui accablèrent les Amérindiens et les Aborigènes australiens. Ces derniers furent en effet décimés en 1829 par une épidémie de variole importée (Burnley, 2001). On peut suivre Buchillet (1996, p. 399) qui estime que les épidémies ont constitué le « prélude à l'expansion et à la colonisation européennes » ; et de fait, les modifications drastiques de mode de vie qui furent imposées aux populations autochtones par les nouvelles autorités, notamment aux États-Unis, comme la sédentarisation, le regroupement des individus, le travail forcé (apparenté à des travaux forcés), ont concouru autant que l'absence de défenses immunitaires à une extinction massive.

Héritiers, mise à l'index et auto-désignation

Cette peur des marges lointaines, qu'elles soient géographiques et/ou sociales, grave d'inaltérables stigmates dans les représentations des populations perçues

14 La plupart des grands centres universitaires et des instituts de recherche se situent dans les pays les plus développés, essentiellement aux États-Unis, en Europe de l'ouest et dans une partie de l'Asie. Il suffit pour s'en convaincre de faire un décompte des maisons d'édition scientifique, qui sont majoritairement implantées dans des villes comme New York, Chicago, Amsterdam, Londres, Berlin, Berne, Bruxelles, Paris – cette dernière ville étant en assez mauvaise position, etc.

15 Depuis, on sait que ce mouvement s'est étendu à la Libye et à la Syrie et l'on peut suggérer que la crise malienne est, dans une assez large mesure, un effet collatéral de l'effondrement de l'ancien pouvoir libyen.

comme potentiellement contagieuses, dont il convient de réduire la liberté de circulation. Floury-Buchalin (2008, n.p.) relève que, dans la première moitié du XVIIe siècle, à Lyon, on expulse ainsi les « gueux, caymans et faynéantz », puis on leur interdit de s'établir dans les *faubourgs*, la proximité étant jugée trop dangereuse en temps d'épidémie (peste, bien sûr, mais également typhoïde). La crainte d'une impureté physique se double d'une peur de l'impureté morale : « les théories contagionnistes et aéristes du XVIIe siècle se conjuguent sans contradiction avec l'interprétation religieuse de la maladie (la colère divine fait figure de "première et principale considération" et la corruption des corps de cause seconde), mais également avec la volonté politique de contrôler certaines populations. » Les fauteurs de troubles sont bien ces gens de *rien* qui s'opposent aux gens de *bien,* et dont un nombre non négligeable (juifs, vagabonds, bateleurs) font partie de la *familia diaboli* frappée d'anathème. (Fabre, 1993) Beaucoup plus près de nous, c'est la *tuberculose* qui ravive l'angoisse de la contamination. Comme l'écrivait le ministre du front populaire Henri Sellier [6], il faut défendre la « race » ; un peu partout en France, les municipalités prennent des mesures pour se prémunir contre cette maladie. À Villard-de-Lans, note Della Vedova (2012, p. 176), « le mal est perçu comme une "maladie féminine" parce qu'il est une faiblesse de l'organisme. Il dévirilise. Par extension, il est une atteinte à la "race", ce qui justifie une action énergique des autorités [...] ; par ailleurs, la contamination vient des milieux populaires [...]. Par conséquent, lutter contre elle revient naturellement à confier le combat aux milieux économiques locaux dans une perspective paternaliste. » On ne sera pas étonné que dans l'entre-deux guerres, cette lutte contre la contagion passe, entre autres, par la mise en place d'une structure hospitalière destinée à la plus importante des populations immigrées, la communauté nord-africaine. On ne s'étonnera pas non plus que cet hôpital « franco-musulman[16] » (actuel hôpital Avicenne), qui sera inauguré en 1935, ait été implanté à Bobigny, dans une zone plutôt insalubre (traitement des matières fécales parisiennes par l'usine Moritz, située dans le voisinage immédiat), *et tout à côté de Drancy et de la cité de la Muette* qui sort de terre durant la même période [6]. Il s'agit non seulement d'une opération de santé publique, dont l'objectif avéré est de fonder un centre de référence de la tuberculose, mais aussi d'une manœuvre de contrôle des immigrés. Kukawka (2006, p. 56) remarque que Pierre Godin, qui avait été président du conseil municipal de Paris[17], républicain *de gauche*, avait créé en 1926 le « Service de surveillance et de protection des indigènes nord-africains » (SSPINA), qui sera « très vite accusé de n'être

16 On n'a jamais souligné, semble-t-il, l'incohérence *apparente* de la dénomination. En fait, il est clair que « musulman » renvoie à ce qui n'est pas *vraiment* français (les droits des Arabes d'Afrique du Nord ou des immigrés arabes en France n'étant pas comparables à ceux des Français dits « de souche » (voir plus loin).

17 Il n'y avait pas alors de maire de Paris. Le Président du conseil municipal en faisait fonction.

qu'une officine de policiers au service du "fichage" des nationalistes maghrébins. L'idée de Godin est assez simple : pour surveiller, il faut protéger ; les soins gratuits offerts par les dispensaires du SSPINA sont un bon moyen d'identifier et de surveiller les Maghrébins installés en région parisienne ; le futur hôpital "franco-musulman", quant à lui, sera le "couronnement" de ce dispositif, son fer de lance. Il permettra aussi de "désencombrer" (c'est le terme employé) les hôpitaux parisiens. » Sous couvert d'hygiénisme et se fondant sur des conceptions empruntées à une anthropologie physique déliquescente et bientôt criminelle, un véritable appareil de contrôle racial interdisciplinaire se met en place (Bonnot et Boë, 2000). Ainsi, un géographe et démographe et enfin psychanalyste comme Mauco, collaborateur de Vichy (publiant dans la revue *L'ethnie française* de Montandon), « prototype de l'antisémite moderne du XXe siècle » selon Roudinesco (1995), n'hésitera pas à présenter les immigrés comme un danger majeur. Le Cour Grandmaison (2008, p. 24) rappelle que, pour Mauco (comme pour bien d'autres à l'époque) les immigrés provoquent « l'abâtardissement » racial de la France et sont porteurs de « germes de maladies que [la population française] était parvenue à éliminer ».

Même en mettant à part les crimes commis par les autorités vichystes durant l'occupation, qui constituent dans bien des cas un état paroxystique d'une tendance amorcée bien des années auparavant, il faut reconnaître que l'administration française n'a jamais géré de façon cohérente les flux migratoires, qui selon Wihtol de Wenden (2002, p. 32) « [obéissent] à trois logiques, partiellement contradictoires : éthique (réfugiés), démographique (choix "ethniques" selon une hiérarchie des origines), économique (choix d'hommes jeunes, célibataires et bien portants sans vocation à l'installation). Dès 1938, du fait du manque de main-d'œuvre, le système des quotas est assoupli et en 1939 il y a reprise négociée de l'immigration par les pouvoirs publics, ou recours à la main-d'œuvre coloniale. On naturalise aussi des Italiens. Les procédures sont interrompues en 1940 : les Allemands font pression au nom de préférences ethniques qui n'étaient d'ailleurs pas absentes dans la France d'avant-guerre. » Il n'est guère douteux que ces incohérences, la plupart du temps explicables par des *a priori* xénophobes et racistes, ont largement pesé sur la situation actuelle (bidonvilles, quartiers) et que les conditions d'une installation sereine et équitable des immigrés n'ont jamais été réunies. Le Cour Grandmaison (*ibidem*, pp. 31-32) remarque opportunément que les très influents Robert Debré et Alfred Sauvy – co-auteurs d'un ouvrage au titre révélateur *Des Français pour la France, le problème de la population* (1946) –, souhaitaient « garder au caractère et au type français ses meilleures qualités » et distinguaient les étrangers « assimilables » (Italiens, Espagnols, Belges, Hollandais) de ceux qui ne l'étaient pas, tels les « Nord-Africains », les « habitants de l'Est de l'Europe et des confins de l'Asie (Grecs, Levantins, Arméniens, Israélites de l'Europe orientale) ». Pour Debré et Sauvy, ajoute Le Cour Grandmaison, « les problèmes posés par les Maghrébins "proviennent beaucoup moins d'une différence de race que de civilisation". La cause de cette situation ? "L'islam [qui] a creusé un fossé profond", lequel rend "la fusion des [...] populations difficile et, sans doute, peu souhaitable" puisqu'on "constate que les résultats obtenus sont déplorables, tant pour la santé publique que pour la moralité générale". Classique mixophobie. Elle ne repose plus cependant sur des fondements biologiques mais sur un complexe cultuel et culturel dont les effets ne laissent pas d'être dangereux pour la collectivité nationale. » Cette idée d'« inassimilabilité » resurgira entre 1978 et 1980, sous la présidence de Giscard d'Estaing, qui, indique Weil (1995, p. 99), était partisan d'un « retour forcé de la majorité des Nord-Africains plus particulièrement celui des Algériens installés en France parfois depuis de nombreuses années. » Cette proposition passait notamment par deux projets de lois qui prévoyaient de créer des quotas et d'interdire le renouvellement des titres de séjour, notamment en cas de chômage. Ces deux lois ne seront heureusement jamais votées, en raison de la mobilisation des Églises, des syndicats, de l'opposition et de deux partis de la majorité d'alors, le RPR et le CDS. Le Conseil d'État rendit en outre un arrêt défavorable à ces retours forcés, en se référant notamment aux valeurs républicaines, telles qu'elles étaient définies par l'ordonnance du 2 novembre 1945 (Weil, *ibidem*).

Le développement qui précède permet de comprendre que les *héritiers* de ceux qui furent autrefois accusés d'être *porteurs de germes*, susceptibles d'abâtardir la population, s'inscrivent dans cette continuité mémorielle, même si, le cas échéant, ils ne se perçoivent pas eux-mêmes en tant que dépositaires d'un tel patrimoine. Loin de nous l'idée de postuler un quelconque déterminisme, même purement social ; il n'en reste pas moins que la plupart des conditions étaient réunies dans ce parcours chaotique, où les incertitudes sur l'avenir le disputaient à la précarité du logement et à une insertion dans le tissu social jamais achevée, et donc toujours à reconstruire, pour que s'installe un malaise existentiel majeur et pérenne. En effet, la légitimité de ces groupes a toujours eu besoin d'être réaffirmée, comme le montre Sayad (1999, p. 8) lorsqu'il note que « tout se passe comme si c'était l'immigration qui était en elle-même [...] délinquance intrinsèque. [...] L'immigration pèse de toute sa charge de dépréciation, de disqualification, de stigmatisation sur tous les actes même les plus ordinaires des immigrés et, *a fortiori*, sur les actes délictueux ; à l'inverse, tous les comportements des immigrés, surtout les comportements déviants, retentissent sur le fait même de l'immigration pour en accentuer la dépréciation, la disqualification, la stigmatisation. » Et Sayad (*ibidem*, p. 10) ajoute : « L'immigré, surtout de basse condition sociale, est tenu à une sorte d'hypercorrection sociale. Socialement, voire moralement suspect, il doit avant tout rassurer quant à la morale. » Le regard porté sur les immigrés, et sur les groupes qui leur sont associés, organise la réalité en cristallisant les particularités saillantes et en constituant des ensembles stéréotypiques, lourdement *catégorisants* et évidemment réducteurs : ainsi du foulard, du sweat à capuche, de la Golf dévalant les rues en faisant hurler du rap, etc. Spire (1999, p. 53) donne un excellent exemple de cette réification de la représentation de l'immigré, en reproduisant une illustration du manuel de l'agent recenseur de 1975. On découvre un dessin de type caricature, représentant un travailleur immigré « à recenser au même titre qu'un Français » (légende), personnage plutôt athlétique, crâne rasé, sourcils très fournis (une seule ligne au-dessus des yeux) avec des moustaches très longues et recourbées à la turque, un croissant tatoué sur le bras gauche et maniant un marteau-piqueur. À l'évidence, vu le contexte, il ne peut s'agir que d'un travailleur algérien.

Ainsi se structurent durablement des groupes sociaux, qui sont à la fois désignés par la *vox populi* et qui s'auto-désignent en revendiquant une spécificité fondée pour l'essentiel sur un socle social. Le phénomène d'imitation, initialement théorisé par Gabriel Tarde (1890/2004) permet de rendre compte d'une (petite) partie du problème. Premat (2006, p. 5) en donne un résumé succinct : « l'imitation se décline en plusieurs sens : elle est mode (copie du modèle contemporain), coutume (copie du modèle ancien), et habitude (imitation de soi-même). Ainsi, la norme est intégrée et imitée de manière passive avant qu'il y ait une réflexion sur son champ de validité et sa légitimité. » À ceci s'ajoute que les travaux de neuropsychologie et de neurophysiologie sur les neurones miroirs – notamment les expériences menées par Rizzolatti et son équipe –, ont mis en évidence des capacités à reconnaître les actions d'autrui en établissant un lien entre le système représentationnel des actions que nous produisons et celles d'autrui que nous observons. On peut donc parler, avec Jeannerod (1994), de « représentations partagées » (Grèzes et Dezecache, 2012, p. 3). En outre, on ne peut évacuer totalement les éléments culturels. Selon Lagrange (2010, n.p.), ce n'est pas la désagrégation du lien social qui pose problème, mais plutôt un phénomène de *« suraffiliation »* : « S'il y a [...] dans les quartiers d'immigration, un problème culturel, celui-ci résulte moins d'un irrédentisme des cultures d'origine que des normes et des valeurs nées de leur confrontation avec les sociétés d'accueil. Ce sont les conditions de l'expérience migratoire, cette rencontre complexe et souvent douloureuse, tissée de conflits et de frustrations, qui engendrent une grande partie des difficultés. » On a vu dans les pages qui précèdent que les habitus des « jeunes issus de l'immigration » habitant les « quartiers » n'étaient pas superposables à ceux des pays d'origine et qu'il y avait même une dysharmonie de plus en plus sensible entre les usages des Maghrébins résidant en Afrique du Nord et les enfants d'immigrés de deuxième génération résidant en France. Parmi les aînés beaucoup étaient tournés vers le « bled », avec l'espoir généralement non suivi d'effet d'y opérer un retour lors de la retraite – on pense à ces laissés pour compte, vieux *chibanis* [de *chib/chiv* « cheveu blanc »] hantant les centres commerciaux et les cafés des périphéries urbaines, un éternel sac en plastique à la main. Bouhanik[18], sur le site *Kabyles.net*, trace un portrait de ces vieux travailleurs :

18 <http://kabyles.net/les-retraites-algeriens-en-france,8051.html> (mis en ligne le 9 février 2012.

> Mohamed I. a vite compris la nécessité de savoir lire et écrire. Aussi, il a suivi plusieurs années durant des cours du soir et a obtenu un certificat d'études, ensuite un CAP de tourneur. Il fait partie de cette majorité de chibanis ayant choisi de laisser leur famille au pays. En retraite depuis 2001, Mohamed I. refuse de rentrer au pays pour, dit-il, des raisons de santé… Il n'a pas le privilège d'être entouré et accompagné de sa famille comme Ahmed, Achour, Cherifa. Ses journées, il les égrène entre la résidence Adoma et le centre commercial où il voit ses amis… […] La vie des travailleurs immigrés à la retraite n'est pas des plus aisées. Nombreux sont ceux qui se voient obligés de rester en France six mois et un jour pour percevoir leurs modestes retraites. À leur arrivée en France, ils pensaient concilier la famille laissée au pays et leur statut d'immigrés. Au crépuscule de leur vie, ils mesurent l'incongruité de leur situation, parce que peu appréciés par leurs proches et pas vraiment intégrés en France. Et le retour au pays représenterait pour certains une migration à contresens, un retour vers un environnement souvent rancunier et hostile. [La dernière partie du propos a suscité un grand nombre de réactions passionnées sur le site en question.]

Quant aux héritiers, dont les trajectoires ont été étudiées par Boubeker (2012, p. 107), ils se caractérisent par des stratégies fort différentes, plus volontaristes, car il ne s'agirait plus de « naître cousin mais de le devenir ». Pour Boubeker, il existerait un « conflit fondateur entre "intellos cousins" et "bills" – étudiants contre jeunes de la rue. Au-delà d'une vision du quartier cousin comme une enclave de l'identité immigrée, l'expérience des héritiers est ainsi créatrice de formes d'expressions et de langages qui sont autant de moyens de s'identifier et de se comprendre entre gens d'un même monde. » C'est là un point de vue optimiste, car ceux-là également font plus souvent qu'à leur tour l'objet d'une mise à distance au sein de cette communauté française, à laquelle ils appartiennent pourtant, ayant été scolarisés depuis toujours dans le cadre républicain, étant nés en France et en possédant la nationalité. Sauvadet (2011, p. 101) rapporte des propos recueillis lors d'enquêtes au long cours réalisées dans trois quartiers « difficiles », qui éclairent et complètent ce que nous avons discuté dans la section « Ruptures spatiales et dérives sociales » [6] :

> Ces jeunes [des cités] se sentent « un peu » français, tout comme ils se sentent un peu maliens ou algériens. Ils ne souhaitent pas retourner « au bled », ni épouser pleinement une culture d'origine dont ils se sont souvent défiés dans l'intimité familiale. Farid (25 ans) raconte : « Quand je suis retourné au pays, il fallait que j'achète plein de cadeaux à tout le monde ! Mais moi je sais très bien que ceux qui me mettent la pression pour avoir des cadeaux, après ils parlent dans mon dos. Ils me traitent de Français ! » La méfiance qu'exprime Farid envers son pays d'origine vaut bien celle qu'il adresse au pays qui ne l'a qu'à moitié reconnu et accueilli : « Et quand tu penses à la France, c'est pas mieux. Un Français de cité ça vaut pas un vrai Français ! Et un étranger de cité ça vaut pas un Français de cité ! Un étranger de cité, ça vaut rien. Moi, j'vais avoir plein de fils ! Et je leur dirai : "Va niquer la France ! Va niquer les Français !" »

Au même titre que les malades du SIDA, qui font peur (on hésite à employer l'imparfait, tant les vieilles frayeurs sont profondément enracinées) et sur lesquels un regard à la fois craintif et inquisitorial est porté, les héritiers et ceux qui leur sont associés font l'objet d'une mise à distance. Le roman « beur » en donne d'excellentes illustrations ; les propos de Desplanques (1991, p. 146) datent de plus de 20 ans, mais la situation ne semble pas avoir fondamentalement évolué :

> Le regard de l'autre est souvent un regard blessant. Comme le notent Begag et Chaouite dans *Écarts d'identité* : « Demandez à un immigré ou à "un considéré comme tel" comment il perçoit le racisme au quotidien : "Ça se sent dans les yeux", vous dira-t-il », (p. 54). Déjà dans son second roman, Begag avait abordé ce thème. Béni n'a jamais vu la mère de Nick, son copain, mais il n'a pas oublié le premier regard de cette femme : « Ses cheveux de Scandinavie et son peignoir bleu turquoise enflamment ma peau ! J'essaie à grand peine de tenir le coup en restant digne mais elle se met à me fixer, panoramique oculaire au ralenti depuis mes chaussures jusqu'à mes cheveux, et je tremble comme une feuille, parce que j'ai déjà vu ce regard : c'est celui de Glaçon Blanc, notre gentil voisin », (p. 68). Voici que par le jeu de l'écriture, le regard se trouve regardé.

C'est ici le *« considéré comme tel »* qui interpelle. En effet, c'est moins d'un « délit de faciès » qu'il s'agit dans ce type de situation, que d'une mise à distance presque sanitaire. Le regard inspecte le personnage, le jauge, puis dans bien des cas se détourne pour se porter ailleurs. Il s'agit donc moins de racisme caractérisé que de la découverte d'un inconnu hors norme qui, bien au-delà de la personne visée par l'œil du protagoniste, renvoie une fois de plus à ce *lointain* à la fois fascinant et inquiétant. C'est exactement ce que décrit Proust (1921/1954, p. 444), à propos de la tribu des Guermantes, dans un autre temps et dans un autre monde :

> Au moment où un Guermantes, n'eût-il que vingt ans, mais marchant déjà sur les traces de ses aînés, entendait votre nom prononcé par le présentateur, il laissait tomber sur vous, comme s'il n'était nullement décidé à vous dire bonjour, un regard généralement bleu, toujours de la froideur d'un acier qu'il semblait prêt à vous plonger dans les plus profonds replis du cœur. C'est du reste ce que les Guermantes croyaient faire en effet, se jugeant tous des psychologues de premier ordre. Ils pensaient de plus accroître par cette inspection l'amabilité du salut qui allait suivre et qui ne vous serait délivré qu'à bon escient. Tout ceci se passait à une distance de vous qui, petite s'il se fût agi d'une passe d'armes, semblait énorme pour une poignée de main et glaçait dans le deuxième cas comme elle eût fait dans le premier, de sorte que quand le Guermantes, après une rapide tournée accomplie dans les dernières cachettes de votre âme et de votre honorabilité, vous avait jugé digne de vous rencontrer désormais avec lui, sa main, dirigée vers vous au bout d'un bras tendu dans toute sa longueur, avait l'air de vous présenter un fleuret pour un combat singulier, et cette main était en somme placée si loin du Guermantes à ce moment-là que, quand il inclinait alors la tête, il était difficile de distinguer si c'était vous ou sa propre main qu'il saluait.

Le regard porté sur l'Autre ne saurait aujourd'hui qu'exceptionnellement être aussi glacial et classant que pouvait l'être le carreau d'arbalète bleu acier des Guermantes transperçant le *servum pecus*, au demeurant déjà trié sur le volet ; néanmoins, cette adresse à autrui est toujours aussi riche du point de vue de la symbolique sociale, comme en témoignent les stratégies d'évitement[19], dans certains cas, et de provocation, dans d'autres, mises en œuvre par les « jeunes » des cités – qui ne sont pas tous, loin s'en faut, enfants d'immigrés. Nous avons réuni quelques exemples trouvés sur la toile (blogs, sites divers, essentiellement visités par de jeunes internautes), dont nous avons respecté l'orthographe et les caractéristiques typographiques.

> Vazi Qu'est que tu regarde ? Baisse les yeux Connard !
> Marre des chiens, baisse les yeux connard et marche plus loin.
> Baisse les yeux, tu es devant Dieu.
> Baisse les yeux quand j'te parle, chienne baisse la tête quand j'ai la barre
> Baisse les yeux quand tu la vois, jamais tu ne l'égalera, avance & admire cette personne devant toi.
> Vas y baisse les yeux connard, BAISSE LES YEUX!»
> Baisse les yeux sale bouffon
> Parce que je peur les racailles, une racaille peut vous faire n'importe qu'elle chose à n'importe moment c'est pour cela quand je croise une racaille je baisse les yeux.
> Hors de question de baisser les yeux devant qui que se soit… j'aurais même tendance à soutenir le regard des autres.
> Ca dépend du nombre de racaille: s'il y en a une seule, c'est en général lui qui baisse les yeux devant moi.
> J'en sais rien je ne baisse pas les yeux ils ont leur modes de vie Mais si je le faisais sa serais par peur… Ils sont instable
> Pourquoi tu m'regarde ? Azy baisse les yeux !
> Baisse les yeux quand je te regarde !

Ces quelques exemples mettent clairement en exergue le caractère sexué et sexuel du regard, qui implique la soumission de la part de l'individu dominé, comme l'a bien montré Bourdieu (2006, p. 229), à partir d'enquêtes réalisées en Kabylie. Insistant sur le fait que le corps en son entier est socialement construit, Bourdieu souligne que le haut est typiquement masculin (front, bouche), alors que le bas est féminin : « je me souviens [écrit Bourdieu] que, dans ma première enquête, qui portait sur les valeurs d'honneur, mes informateurs parlaient toujours de *qabel*, faire face, faire face à l'est (*qibla*, mot de même racine, qui fait partie de ces mots dans lesquels les gens qui maîtrisent une culture ont l'impression que toute leur culture se condense). Faire face, c'est regarder au visage, dans les yeux, c'est faire front, affronter, par opposition à la conduite féminine qui impose qu'on baisse les yeux, qu'on se tienne courbé. » L'univers de certains adolescents et jeunes adultes vivant dans les quartiers reproduit presque exactement ces prescriptions de l'éthique traditionnelle. Nous ne suggérons pas qu'il existe une relation directe entre les deux, ou que l'on puisse avoir affaire à une transposition

19 De très nombreux travaux de psychologie expérimentale (etc.) ont été réalisés sur la direction du regard, l'évitement, etc. Pour un bref état de la question en français, voir Berthoz (2008).

d'un schème culturel ; il semble beaucoup plus probable qu'il s'agisse d'universaux propres à de nombreuses cultures mettant en avant la domination masculine. De ce point de vue, Piernikarch (2006, p. 105) distingue trois groupes : celui des caïds, *(cailleras)* groupes d'individus pratiquant des trafics divers, devant lesquels il convient de baisser les yeux, le « regard franc et direct [étant] une "provocation" ». Le deuxième groupe est celui des victimes qui se taisent, et qui « l'ont bien cherché ». Enfin, le troisième groupe tente d'offrir une visibilité aussi réduite que possible, en se protégeant des cailleras et en essayant de ne pas devenir les prochaines victimes. Il convient toutefois de ne pas faire de la cité un lieu indifférencié où s'opposeraient massivement deux groupes, celui des bandes de petits trafiquants et celui des adultes « rangés des voitures » ou n'ayant jamais été concernés par des activités illicites. Marlière (2006, n.p.), qui a longuement enquêté dans une cité HLM de la proche banlieue parisienne, distingue une répartition beaucoup plus fine des jeunes générations, montrant notamment qu'à côté des jeunes délinquants, il existe d'autres fractions, bien visibles, comme les musulmans pratiquants, assez portés sur les études supérieures et fichés par la police, ou quasiment invisibles – tels ces trentenaires ayant achevé des études supérieures longues et travaillant en dehors de la cité, ou encore les *conformistes* qui sont titulaires de diplômes universitaires intermédiaires (BTS, DUT) et qui ont adopté le mode de vie et de consommation des jeunes générations ayant le même profil scolaire et professionnel.

CHAPITRE 10
INNOVATIONS ET IDENTITÉ : DIFFUSION ET BLOCAGE DU CHANGEMENT

Structures des réseaux et changements sociaux et linguistiques

On a vu que les quartiers avaient un effet magnétique sur de larges fractions de la population, essentiellement sur les strates les plus jeunes. En témoigne le succès de certains groupes de rap qui portent les couleurs des cultures périphériques, ou encore l'uniformisation vestimentaire inspirée de l'habitus des banlieues et rapidement récupérée et transformée en phénomène de mode par les marques de vêtements sportifs. Au-delà d'un phénomène de contagion gestuelle et surtout verbale qui s'apparenterait à une mode passagère, on est fondé à postuler un foyer de changement linguistique durable. En effet, on a affaire à un ensemble d'indices, en voie de devenir des marqueurs, au sens labovien, susceptibles de prendre des valeurs stylistiques (Labov, 1976, pp. 231-256), et entraînant un ensemble de modifications permanentes, particulièrement au plan phonétique segmental et suprasegmental. Au moment où les dialectes et langues régionales sont dans une position très défensive et où les patois ont totalement disparu, les caractéristiques phoniques de ce que l'on appelle « l'accent des banlieues[1] » pourraient rapidement se diffuser et dans une première phase se superposer, puis dans un second temps se substituer aux français régionaux, eux aussi en difficulté, du fait du « nivellement » plus ou moins avancé des variétés. Bonnot et Petey-Hache ont montré il y a une vingtaine d'années que ces variétés étaient déjà largement en voie de déstabilisation : « les agents se déterminent de façon complexe, face à l'accent régional, qu'ils acceptent ou refusent (hypercorrection éventuelle) selon la vision qu'ils ont de ce que Bourdieu nomme "le monde social représenté, l'espace des styles de vie". [...] Certains témoins, bien qu'originaires de la région [de Montbéliard] [11] sont (presque) entièrement passés du côté du système linguistique et culturel "normalisé", tandis que d'autres, [...] restent essentiellement centrés sur le français régional et sur une perception du monde qui met en vedette les particularismes plutôt que les facteurs d'unification et donc de neutralisation.

1 Nous ne cautionnons pas cette dénomination, qui enferme le phénomène dans les murs des quartiers, *ce qui est erroné*, ainsi que l'ont démontré de nombreuses études, et interdit de rendre compte de l'aspect dynamique du changement linguistique, notamment phonétique, et de sa rapide diffusion.

Dans le premier cas, “la force d’intercourse”, chère à Saussure, a triomphé ; dans le second, “l’esprit de clocher” continue d’agir. » (Bonnot et Petey-Hache, 1995, p. 346 ; *cf.* Bonnot, 2007) Comme le rappelle opportunément Haxhiaj (2012, pp. 62-63), les traits comportementaux, notamment phonologiques, « dépendent fortement du degré d’attachement au groupe social », et les relations les plus étroites sont observées dans les fractions les moins favorisées du point de vue culturel ; en revanche, les classes moyennes sont fréquemment caractérisées « par un affaiblissement ou une perte des structures de réseaux », ce qui entraîne, le cas échéant, un changement linguistique plus dynamique (Milroy et Milroy, 1998). Selon Granovetter (1973, p. 1367) :

> « Central » and « marginal » individuals may well be motivated [...]; but if the marginal are genuinely so, it is difficult to see how they can ever spread innovations successfully. We may surmise that since the resistance to a risky or deviant activity is greater than to a safe or normal one, a larger number of people will have to be exposed to it and adopt it, in the early stages, before it will spread in a chain reaction. *Individuals with many weak ties are [...] best placed to diffuse such a difficult innovation, since some of those ties will be local bridges.*

L’intéressante étude de Jamin (2004) réalisée à La Courneuve, permet d’illustrer ce phénomène : elle met en évidence un changement phonétique impliquant les occlusives [t, d, k, g] passant aux affriquées correspondantes (par exemple [t͡ʃ, d͡ʒ]). Le changement le plus notable est attesté chez les jeunes « Beurs », suivis par d’autres groupes ayant une origine non métropolitaine. En revanche, les agents ayant une origine hexagonale sont plus réticents à adopter la nouvelle prononciation, toutefois mieux représentée dans la fraction la plus jeune. Néanmoins, dans la mesure où le groupe des métropolitains est organisé en réseaux plus lâches que ceux caractérisant les auteurs de l’innovation (c’est-à-dire les jeunes « Beurs »), et que cette particularité permet de nouer plus aisément des relations avec d’autres groupes extérieurs à la cité, cet ensemble de locuteurs pourrait bien être à l’origine de la diffusion à grande échelle de la nouvelle prononciation qui, à terme, pourrait s’imposer à l’ensemble de la communauté et être intégrée au système standard. Il s’agirait alors d’un classique phénomène d’adoption d’un changement, transmis aux groupes alliés et s’étendant finalement à l’ensemble des locuteurs, selon un schéma bien décrit par Labov (1976). Il convient naturellement de rester prudent, car il arrive fréquemment que de telles modifications, quoique bien engagées, régressent spontanément pour des raisons qu’il est difficile de déterminer. C’est ce que le travail *princeps* de Louis Gauchat (1905) à Charmey (Gruyère), suivi 30 ans plus tard de la seconde enquête d’Hermann (1929) ont montré il y a bien longtemps. Gauchat observait notamment que « l’unité du patois de Charmey, après un examen plus attentif, est nulle ; l’influence du francais se fait sentir un peu dans la flexion, beaucoup dans la syntaxe patoise, très fortement dans le vocabulaire ; on entend parler d’autres dialectes fribourgeois, qui, sans exercer une influence notable sur l’évolution du patois de Charmey, en détruisent quelque peu l'unité par le maintien de certaines articulations étrangères, en dépit de toute volonté d'assimilation ; l'analogie a créé toutes sortes de formations morphologiques qui continuent à se disputer la première place ; la langue a cessé d'enrichir son bagage lexicologique, mais le patrimoine surabondant offre plus souvent qu'on ne le pense plusieurs termes pour exprimer la même idée ; le même mot est prononcé différemment, par tous les habitants du village, des plus âgés aux plus jeunes, selon le rythme de la phrase. » (1905, p. 222) Haxhiaj (2007, p. 74) indique que lorsque le corps social est en crise, « lorsque les repères acceptés et répertoriés se dissolvent (conflits d'autorité, incompatibilité des "lectures" culturelles des fractions en présence, etc.), il suffit alors d'une pression relativement modeste sur l'un des éléments du système pour entraîner des changements en chaîne provoquant un effet "boule de neige" [...]. Les "catastrophes" phonologiques sont généralement téléologiquement orientées ; en d'autres termes, elles sont régulées par des phénomènes ayant une finalité communicationnelle. » Nous pensons donc, avec un certain nombre d'autres chercheurs (par exemple Pooley, 2008) que les quartiers constituent le noyau d'un changement linguistique d'envergure, dont seules les premières phases sont actuellement engagées. Le recours à des indices phonético-phonologiques, s'il peut paraître quelque peu exotique au regard de la sociologie classique, a cet incomparable avantage de ne pas être sous le contrôle direct des membres de la communauté ; le revers de la médaille est bien sûr que ces indices ne dessinent pas le portrait sensible d'un groupe social, mais ils permettent au moins de mettre au jour les tensions qui le parcourent, comme de préciser les zones d'influence et de pénétration en territoire « étranger ». On pourrait comparer ce type de données à un *marqueur biologique* accompagnant la progression d'une *infection* – le terme n'a rien ici de péjoratif[2] – et permettant de suivre l'expansion du phénomène. On ne se situe plus dès lors dans une dynamique centre → périphérie, mais plutôt périphérie → centre. Ou, pour être plus précis, dans une dynamique où une périphérie ensemencée produit le changement, mais où le centre – un centre peu compact –, c'est-à-dire les fractions extérieures aux cités, est en charge de la propagation. Il se pourrait que les femmes jouent ici un rôle particulier dans ce changement linguistique en cours. Ce type de changement s'intègre vraisemblablement dans un processus beaucoup plus large, incluant la réduction du nombre de voyelles nasales (notamment par le passage progressif de [ã] à [õ]) que l'on observe dans une grande partie de la population française la plus jeune, indépendamment de l'appartenance à une fraction sociale.

Kokoreff et Lapeyronnie (2013, p. 34) donnent un indice intéressant : ils observent que les tenues vestimentaires et les attitudes corporelles peuvent se révéler facteurs d'exclusion ou au contraire d'agrégation au groupe : ainsi le port

2 André Martinet utilise par exemple le terme pour rendre compte de la *dynamique* anticipatoire d'une voyelle sur une consonne qui la précède (vieil irlandais), voir Martinet, 1955, p. 202.

de la jupe, le maquillage, etc., sont stigmatisés à l'intérieur de la cité, alors qu'ils sont considérés comme un facteur d'intégration à l'extérieur de celle-ci ; le port du voile entraîne des conséquences opposées. Certains individus peuvent être amenés, ajoutent ces chercheurs, à adopter une double apparence, l'une pour la cité, l'autre pour le reste du monde. De ce fait, on peut suggérer que les femmes constituent une catégorie de *passeurs* particulièrement efficace. On retrouve ici la notion de *« liaison persons »* utilisée par Granovetter (1973, pp. 1367-1368, note 12) à propos des membres « marginaux », situés à la frontière de deux ou plusieurs groupes [voir 11]. Il conviendrait dès lors de déterminer si ces femmes – en tout cas les plus jeunes – véhiculent (a) des traits novateurs, provenant de la périphérie, c'est-à-dire de la cité ; si au contraire, (b) elles réintroduisent des traits conservateurs (provenant du centre linguistique) ; ou si, enfin (c) elles mettent en œuvre une stratégie *mixte*, où des traits conservateurs pourraient coexister avec des traits novateurs. Dans différents travaux, depuis la magnifique étude réalisée par Labov sur l'île de Martha's Vineyard en 1963 (reprise dans Labov 1976) et les travaux de Penelope Eckert (1988, 1989) [voir Haxhiaj, 2012, pour une discussion], on sait que « les réseaux de pairs sont [...] capables de reformer les règles phonétiques des adolescents, jusque très tard dans la période reconnue comme "critique". Ce résultat est congruent avec les implications d'autres études y compris [l'étude de Labov à Martha's Vineyard] qui montre que les développements des changements phonétiques sont largement déterminés par les choix que font à l'école secondaire les adolescents quant à leur avenir personnel. » (Labov, 1992, p. 30) Labov ajoute cependant que, même si l'on observe fréquemment une avance des femmes dans le phénomène de changement linguistique, « la nature de la différenciation en fonction du sexe [change] totalement [au cours du processus]. Au lieu d'un simple écart entre sexes, on a affaire à des interactions complexes entre classe sociale, sexe, et âge, régies par la tendance presque universelle qui conduit les femmes à éviter les formes culturelles stigmatisées, et à privilégier les formes prestigieuses. C'est toutefois une tendance qui varie selon l'âge et la classe sociale du locuteur. » (1992, p. 21) Les observations de Jamin et Trimaille (2005, p. 240), réalisées à partir de données recueillies à Grenoble et dans la banlieue parisienne, paraissent confirmer le point de vue de Labov. Il conviendrait de mettre en regard des indices linguistiques (essentiellement phonétiques), des paramètres sociologiques établissant l'implication plus ou moins prégnante des jeunes femmes, adolescentes et jeunes adultes, dans le pôle périphérique et dans le pôle central, afin d'évaluer la direction et l'intensité des transferts de tous ordres. À notre connaissance, ce grand travail de terrain n'a toujours pas été mené à bien. Le roman de Soraya Nini, *Ils disent que je suis une beurette*, publié en 1993, n'aborde pas directement la question du changement, mais consacre une large place à la créativité linguistique chez les jeunes filles des cités. Il est largement autofictionnel, et de ce fait constitue un témoignage important de la situation des jeunes femmes à l'intérieur de la cité dans les années 90. Geesey (1999, p. 150) souligne que « pour Samia et ses sœurs, la manipulation du français, de l'argot, de l'anglais, et de l'arabe est une marque de créativité aussi bien qu'une stratégie pour survivre dans une famille où les filles sont étroitement surveillées par un frère aîné autoritaire. [...] L'enquête du grand frère ne se limite pas à surveiller les allées et venues des filles de la maison. Une vraie brute, il bat ses sœurs pour la moindre infraction aux règles de comportement. Samia et ses sœurs développent une langue qu'elles appellent "langue s", *s* pour "sécurité", pour communiquer entre elles. Ce langage est un mélange de verlan, d'argot, et d'anglais (appris à l'école et à travers la musique populaire). » Depuis lors, il semble que la situation se soit détériorée. Kokoreff et Lapeyronnie (2013, p. 35) relèvent qu'« on observe une segmentation des espaces masculins et féminins et une dégradation continue de la situation des femmes, premières touchées par la pauvreté et soumises à une pression intense. »

Ceci étant posé, nous n'avons nullement l'intention, comme Labov le fit en son temps dans une querelle scientifique qu'il eut avec le psychologue anglais Bernstein, de « sanctifier » le parler de banlieue – il s'agissait des « ghettos » noirs des États-Unis au début des années 60 – pour en faire le lieu d'une créativité dont serait moins bien pourvu le reste de la société ; cette célébration du parler des cités est devenue classique, et il est presque politiquement incorrect d'émettre à son encontre la moindre observation critique, ce qui est au demeurant un signe remarquable de l'intégration du phénomène à la *doxa*. De ce point de vue, la position de Kechiche, réalisateur de *L'esquive*, est tout à fait révélatrice (propos cités par Cauterman et Habi, 2005, p. 51) : « Je suis fasciné par le langage de ces jeunes quand ils sont entre eux. Je trouve que leur langue est belle, ambiancée, riche de symboles, nourrie de mots de leur langue d'origine, pleine de gestes, d'expressions qui se mélangent. Bien sûr, je ne suis qu'un artiste humblement contemplatif, pas un pédagogue. Mais je ne crois pas qu'ils s'enferment dans un ghetto. Je pense au contraire qu'il se passe quelque chose chez ces jeunes, un formidable événement culturel, linguistique. » On sait que le film d'Abdellatif Kechiche (2004) traite de l'interprétation de la pièce de Marivaux, *Le jeu de l'amour et du hasard*. Cauterman et Habi *(ibidem)* notent encore que, « pour Kechiche, la langue de Marivaux n'est pas supérieure à celle des jeunes des cités : "Je n'ai pas voulu faire de comparaison entre la qualité du langage de Marivaux et le leur, plutôt les renvoyer l'un à l'autre." » Nos remarques ne porteront pas sur ce type de comparaison, qui n'a strictement aucun sens. Ce qui est en revanche intéressant, c'est qu'il y a là une tentative, par le biais d'une fiction, de faire entendre la langue de Marivaux dans le 9-3 ; étant donné le succès qu'a obtenu l'œuvre, peut-être cet objectif a-t-il été atteint du point de vue médiatique, car il n'a en aucune façon modifié la situation linguistique, ce qui n'était d'ailleurs pas l'objectif recherché par le cinéaste.

Principe de fascination et dynamisme des « liens faibles »

Nous venons de le voir, la périphérie porteuse d'innovations pénètre de plus en plus profondément dans la ville, où elle rencontre des îlots de résistance qui sont eux-mêmes à plus ou moins long terme contaminés, puis annexés ; des termes jusqu'alors prohibés s'intègrent au fonds commun et rejoignent le champ lexical de la koinè ou sont au moins acceptés comme étant compatibles avec celle ci. Aussi n'est il pas étonnant qu'un resumé en *« langage caillera de contrefaçon »* du même *Jeu de l'amour et du hasard* ait été mis en ligne par les « Boloss des Belles-Lettres » On observera que la syntaxe est dans l'ensemble celle du français standard, avec quelques concessions à une figuration de l'oral que l'on pourrait rencontrer dans nombre de romans policiers contemporains :

> Ça commence y'a un ptit marquis caïd pépère qui se radine avec la valetaille ambiance les rois du monde à sarguemines il est chaud de la teube il veut serrer une zouz qu'il doit rencontrer et l'autre le pauvret lui dit hazi on se détend les muqueuses mike brant tu veux quoi jizz dans ton habit de BG du XVIIIe faut y aller cool je te dis tmtc le richou il continue à faire ouin ouin les meufs c'est trop des filles elles en veulent qu'à mon amex alors le pauvre lui dit hazy tu sais quoi frère envoie ton pti sarouel à 200 keuss moi je te passe mon survet tout cheum et on va voir c'est quoi qu'elle veut la zouz un blédard diplomé de sapologie ou un BG qui a la lose en survet pendant qu'ils causent nanani y'a la fille d'un noble qui se confie à sa confidente ouer ouer tu sais quoi louisette ma pauvrette eh bah jsuis une jeune demoizelle et je cherche 1 mec mortel clair ouer grosse pas un tocard qui voudra tâter mes boobs comme si c'était un putain de pain de weed je veux du respect niquez-vous les crevards qui veulent me serrer pasque je suis noble tmtc il faut voir avec le cœur enfoiré pas avec mon style joibour merde alors louisette la soubrette elle fait non mais tu sais quoi on va faire un truc de bâtard on va les mitonner ces fdp je te file mon déguisement de soubrette de chaudasse et toi t'envoies les louboutins on va voir c'est quoi qu'il cherche ce fdp de la haute putain une bonnasse bien sapée mais qui a pas de race et qui balance son zéro six en deux-deux ou alors une crevarde toute ripou de la gueule mais qui est pas la moitié d'une conne.[3]

Ces parodies – car il y en a un grand nombre sur le site – ont été fort bien reçues par la presse écrite, radiophonique et internet, y compris par la plus intellectuelle *(France Culture, Rue 89, Le Nouvel Observateur, L'express.fr, Télérama, etc.)* qui y a vu, non sans raison, un divertissement de qualité. Dès lors, le phénomène de contagion prend une tout autre dimension, le foyer initial étant relayé par des réseaux présentant de moins en moins d'affinités avec celui-ci, mais véhiculant et récupérant ce qui est acceptable par la société, qui recoupe dans bien des cas l'économiquement rentable, comme l'exploitation des modes vestimentaires et musicales. Les traits que l'on pourrait qualifier *d'éléments de fascination*,

3 <http://bolossdesbelleslettres.tumblr.com/post/34694264733/le-jeu-de-lamour-et-du-hasard-marivaux>.

acquièrent une dimension archétypique et sont revendiqués par une grande partie de la jeunesse (collèges, lycées, jeunes adultes, et même écoles primaires) en tant que balises identitaires particulièrement séduisantes en ce qu'elles véhiculent des interdits « tolérables » : il en va ainsi des *tags*, dont certains fleurissent sur des panneaux mis à disposition par les municipalités, ou des fresques, qui, notamment aux États-Unis, dénoncent les faits de violence commis dans les quartiers. Ces *suburbs ethniques* (le terme étant ici approprié) présentent des murs entiers recouverts de ce type d'œuvres, souvent de belle facture. On pense par exemple au quartier *latino* de Pilsen (l'espagnol y est la langue largement majoritaire) à Chicago. Le texte ci-dessous figure sur un « *mural* » bordant une rue de ce quartier et dédié à un jeune artiste local assassiné alors qu'il se rendait à son premier concert public :

NNOO guns
Dedicated to the innocent victims of gang violence
Talk to your neighbors
Jeff Maldonado Jr. Aka J-DEF was a Hip Hop artist. He was killed one day after His 19th birthday, July 24. 2009 on his way to his first public performance. His music reflected the joys and dangers of the Pilsen community: peaceful and artistic unity instead of senseless gang violence J-DEF PEACE PROJECT continues the work of this young Pilsen artist
IT TAKES EVERYONE IN PILSEN TO KEEP OUR COMMUNITY SAFE
ASM after school mothers Pros Arts Studio ABLE! The resurrection project
"We need to work hard to make the world better
Stop killing each other Start coming together
But the things you want in life like the cars and the Bling
Got You Blinded By The Fact That Its Only A Dream"
MAKE *Smart* CHOICES[4]

Pilsen[5] est partiellement en voie d'embourgeoisement, certaines maisons anciennes – notamment celles construites par les immigrants allemands de première vague – étant fort bien rénovées et rachetées par des familles financièrement à l'aise. Les fresques sont d'ailleurs considérées comme faisant partie du patrimoine ; les autorités encouragent la réalisation de nouvelles œuvres et la préservation des anciennes, comme on peut le lire sur le site de cette communauté urbaine : « The Community Image Task Force and Pros Arts Studios will convene community artists and residents to catalog, evaluate and make recommendations for restoration and upkeep of current murals and suggestions for future murals. Murals play a strong role in the community's history and culture and may be lost

4 Texte transcrit à partir d'un cliché pris par S. Freyermuth et J.-F.P. Bonnot en août 2011.

5 Sur le site de cette ville dans la ville (44 000 habitants), on trouve quantité d'informations, et notamment un document reproduisant plusieurs fresques, dont celle que nous évoquons. <http://www.pilsenportal.org/index.html>.

if they are not restored soon. » Ce type de productions artistiques est donc en voie d'institutionnalisation et de nombreux sites sont consacrés à la promotion de visites touristiques (par exemple un site de la ville de Philadelphie)[6].

Il n'en reste pas moins que tout ne peut être adopté et/ou éventuellement recyclé. Ce sont précisément les traits qui ne peuvent faire l'objet d'une intégration dans la communauté linguistique et culturelle qui sont considérés comme étant contagieux. C'est de cette façon que l'on peut expliquer une partie du phénomène de rejet dont sont victimes les habitants des quartiers, lorsque la distance est trop importante et surtout, lorsque l'éloignement symbolique est perçu comme une menace. Certains traits spécifiques, très fortement marqués, sont stigmatisés, voire proscrits, et ne peuvent que difficilement franchir les limites de la cité. Ainsi, l'annexion des cages d'escalier par des bandes, qui constituent un des phénomènes les plus visibles et les plus médiatisés dans certaines cités, ne sont pas acceptables hors des limites du quartier, ou hors de périmètres spécifiques, évidemment susceptibles de se déplacer (abords de certaines gares, etc.) Toutefois, ce qui rend très difficile une évaluation satisfaisante de ce genre de phénomène, c'est la quasi impossibilité, déjà mise en évidence pour d'autres aspects, de tracer une frontière cohérente, c'est-à-dire fondée sur un faisceau d'indices convergents, entre le *dedans* et le *dehors*, et de ce fait, de définir clairement ce qui constitue un marqueur « non exportable ». En effet, si les bandes occupent les halls d'immeubles et de façon annexe les sous-sols des grands ensembles, c'est peut-être d'abord pour les transformer en espaces de vie, « en microlieux de sociabilité où jeunes et moins jeunes s'éprouvent comme collectif [...], refont le monde et expriment leur "rage" » (Kokoreff, 2003, p. 90) ; mais ce sont aussi des postes de contrôle et de commandement de groupes organisés pratiquant un commerce parallèle, essentiellement celui du cannabis, très hiérarchisé et reposant sur un *capital guerrier*, non seulement fondé, comme le montre Sauvadet (2005, p. 118) sur la force physique, mais également sur « une forme de discipline morale » et sur le « vice » – l'expression étant utilisée par les agents eux-mêmes – qui correspond à « la manipulation d'autrui », permettant de différencier les connaisseurs de la rue des « bouffons » que l'on peut « niquer ». En ce sens, la rue peut être considérée comme un *dedans*, puisqu'il s'agit d'un domaine investi jusqu'à des heures avancées de la nuit, alors que la plupart des adultes et des jeunes acteurs périphériques se trouvent dans leurs logements (Duchesne et Fourmaux, 2008, p. 4). Dans un autre article, Sauvadet (2006, §60) relève que « plus une cité compte d'habitants, plus les jeunes dans la rue sont nombreux, et plus l'économie délinquante élaborée par ces derniers possède une surface commerciale de grande envergure. Le deal, comme tous les commerces, nécessite une base relationnelle aussi large que possible. Il faut donc se

6 <http://www.muralarts.org/getinvolved/tours/>.

connecter à des réseaux lointains qui créent des ponts vers de nouveaux réseaux de vente : comme l'explique M. Granovetter (1973), *il s'agit là de la force des liens faibles*[7]. Pour nouer ces liens, la mobilité est un atout primordial. Plus il y a de dealers, plus il y a de réseaux (chaque dealer veillant à les développer), et plus les bénéfices sont élevés pour ceux qui approvisionnent le groupe. Les capacités "d'exportation" d'un dealer renforcent les interdépendances micro-sociétaires, car chaque "exportation" bénéficie en réalité à toute une chaîne de fournisseurs. » En outre, la diffusion des produits originaires de la cité ou transitant par elle, qu'ils soient symboliques comme « l'accent », le lexique, ou très concrets comme le cannabis, est facilitée par le fait que certains acteurs sont impliqués dans des réseaux en principe non compatibles : Sauvadet (2004, pp. 130-131) relate par exemple que dans un des quartiers qu'il a étudiés, les deux principaux dealers, Grand Farouk et Aziz, occupent aussi des places stratégiques dans l'économie légale de la cité. Aziz a racheté le café-sandwich local, l'ancien tenancier ayant été précédemment obligé d'accepter la vente et la consommation de cannabis dans son établissement. Quant à Grand Farouk, c'est « un animateur qui travaille pour le centre social municipal implanté sur le quartier. Face au "turnover" des animateurs et aux dégradations matérielles, la politique de recrutement se veut "de proximité" (les "grands frères") depuis la seconde partie des années 1990. L'animateur [...] est en effet très efficace : un geste, un regard, lui suffit à calmer les velléités des utilisateurs de l'infrastructure du centre. [...] Il sert régulièrement d'intermédiaire entre ce milieu associatif et la municipalité, et influence la répartition des subventions. » Il faut insister ici encore sur l'aspect non monolithique de la perception de l'Autre, alternativement « voyou » ou « voisin », comme le remarquait déjà Sylvie Mazzella (1996, p. 232) dans sa thèse sur les quartiers nord de Marseille, dirigée par Chamboredon : « Le voisin-voyou est l'image du mauvais maghrébin mais cependant jeune, c'est-à-dire récupérable, et finalement proche : *"je connais sa mère"*. S'il n'est pas honnête dans sa "pratique" de voyou, au moins est-il suffisamment intégré dans son statut de "voisin" (local et culturel) pour être respectueux quand même de ceux qui le méritent, les "bons maghrébins" anciens au quartier. [...] La figure du voisin-voyou, [...] concentre la problématique du même et de l'autre, déclinée sur le double mode de l'honnêteté et du conflit de générations. »

On voit qu'une observation fine de la situation conduit à réfuter toute dichotomie simplificatrice ; il n'en reste pas moins que dans la *perception* qu'en ont les non-membres, c'est-à-dire, entre autres, un certain nombre de ceux qui réalisent des œuvres où la banlieue occupe une position centrale (journalistes, auteurs de romans policiers, cinéastes) il existe une tendance à réifier la réalité, à l'organiser en fonction de la saillance/prégnance (Landragin, 2004) et de la

7 Nous avons déjà insisté sur l'importance de ces liens faibles *(weak links)* dans la propagation des changements linguistiques.

valeur stéréotypique (Yzerbyt et Schadron, 1999, pp. 127-160). Certains auteurs de fictions réussissent pourtant fort bien à dynamiter le stéréotype. Ainsi, Nan Aurousseau, dans son premier roman *Bleu de chauffe* (2005, pp. 13-14) parvient à casser la représentation attendue de la cité en abordant le « politiquement incorrect » de face et en détournant les clichés :

> Le premier jour où j'ai travaillé pour Dolto, dans une cité, je me suis fait agresser. Un jeune a surgi de derrière un mur, il m'a tapé sur la tête et il m'a arraché mon portable. C'était l'heure du déjeuner, j'étais en communication avec ma femme, je lui parlais tranquillement : « Faut voir l'endroit ma chérie, on se croirait à la préhistoire, après la fin du monde, les mecs doivent faire des feux la nuit avec les branches parce que tout est cramé ici, même les arbres, j'te jure, y aurait des photos à faire. »

Le narrateur, s'étant lancé à la poursuite du voleur est immédiatement pris à partie par « une bande de fantômes noirs et faméliques en jogging et capuche sur la tête » :

> Je n'avais pas peur, simplement c'était ma première journée de boulot et je ne voulais pas commencer par une baston avec des jeunes. D'autant qu'on est vite taxé de racisme et tout ce qui s'ensuit, même si au départ vous étiez plutôt de leur côté ; on s'énerve, ensuite on ne se contrôle plus, on dit des trucs qu'on ne pense pas, on tape sur qui on ne devrait pas et ça peut devenir un bordel monstre, avec des barbus qui s'en mêlent Sur le Coran et tout le bataclan. Plus on se débat, plus on s'enfonce dans une fausse guerre puante. C'est vicieux comme truc, marécageux. Ici c'est quand même un peu la jungle, ils ont crevé l'œil du gardien puis ils l'ont jeté dans la Marne, pas l'œil, le gardien.

Dans une étude plus approfondie et plus orientée vers la perception, sans doute serait-il judicieux de s'intéresser à ce type d'effets, et à leur statut cognitif dans les représentations du spectateur, de l'auditeur ou du lecteur. Comme l'écrit Neveu (2000/2009, p. 100), « certaines entités représentées dans le discours sont pensées comme plus centrales ou plus pertinentes que d'autres ; elles jouissent par conséquent d'une accessibilité référentielle plus importante. On peut distinguer une saillance locale et une saillance cognitive. Un référent est saillant localement s'il vient d'être évoqué et qu'il est encore présent dans la conscience de l'énonciateur, ou bien si, dans la situation de communication, il s'impose à l'attention des interlocuteurs par ses propriétés perceptives (visuelle, auditive, olfactive, etc.) » La « caillera » constitue une de ces saillances, qu'il est aisé de visualiser, tant elle a été diffusée par la télévision, par le cinéma et par de très nombreux collégiens et lycéens qui, exception faite de postures et d'une garde-robe inspirée de l'original, ne sont en rien affiliés aux gangs de quartiers. Les exemples ci-dessous, collectés sur divers sites (par exemple *Skyrock*) fréquentés par des adolescents et de jeunes adultes, montrent bien que s'afficher avec un « look caillera » est non seulement un phénomène de mode, mais une alternative vestimentaire, qui n'exclut pas que d'autres options puissent être sélectionnées ; en effet, l'expression qui revient systématiquement est *« en mode caillera »*[8], qui suppose que l'on puisse passer d'un style à un autre :

> Jo *en mode caillera*. Beau goss en plus, *je suis une caillera* et j'en suis fière. *Que pensez vous de mon look* dite si il me va bien
>
> *moi en mode caillera* Xd le montage i tue *jsuis en mode caillera* sa dech lache t com
>
> Voila c *ma meuf en mode caillera* vous la trouver cmt????????
>
> *en mode caillera* gros
>
> *moi en mode baise la police* de france du nord au sud de l'uest a l'este
>
> *oxford en mode caillera*! alors j'ai envie de dire special kassdedi a Marine et Jean pour ces 2 semaines de folie, a Laure et Ghislain aussi bien sur! et a tous les eleves d'oise, ouech ouech....ainsi qu'a tous ceux qui me reconnaitront : changez pas vous etes des gars comme ça! Big up pour Oxford! eh mamzelle, zetes charmante... t'as pas un 06. gendarmerie nationale : papiers du véhicule svp.... gros gros lol see you later alligator!

Le rappeur Rohff a d'ailleurs plusieurs chansons à son répertoire nommées « en mode... ». L'extrait qui suit montre bien que la séquence accepte à peu près n'importe quelle expression appositive :

> J'suis en mode victoire, En mode j'rappe mieux qu'toi / En mode gros son au même caractère que moi / En mode j'rappe trop bien, eh tchiki-flow, nique les MC wesh vous êtes combien ? / En mode studio, En mode envie d'manger le micro / En mode mécra ma pipe à la TV, ma voix à la radio / En mode album de guedin au prix d'un, c'est pas anodin / J'suis venu au monde en mode numéro 1 / On connait l'son c'est l'notre, c'est pas un autre hein / Sniff des rails un train peut cacher un autre hein / J'suis En mode meilleur, balayeur d'MC marre d'ici / J'suis en mode envie d'm'arracher ailleurs, j'ai l'power

La séquence est rentrée dans l'usage commun, sur le modèle informatique (« en mode sans échec, non connecté ») : il existe des sites nommés *« enmodegonzesse »*, *« enmodebeaute »*, *« enmodecerise »*, *« enmodepulpeuse »*, la cité de la Musique affiche *« Stravinski en mode hip hop (création) »*, Eurosport.com met en ligne une photo de Cantona avec cette légende : « *Cantona en mode "caillera"*. Pour les besoins d'une pub pour une boisson gazeuse, Eric Cantona se fond dans le groupe du Kaïra Shopping [...] », tandis que la prévention routière lance une campagne de sensibilisation intitulée *« En Mode Voiture »*. Au-delà de l'aspect certainement passager de cet usage, il importe de remarquer que l'identité des individus les plus jeunes semble être devenue kaléidoscopique, les *tribus*, autrefois relativement

8 Nous avons évité de citer des séquences pourtant très intéressantes, dans la mesure où, en même temps qu'elles illustrent bien la question, présentent un concentré d'obscénités et de considérations franchement racistes, difficilement reproductibles dans un ouvrage académique.

stables (on était *mods* ou *skinhead* ou *punk*, etc.) étant devenues pour les individus périphériques des avatars dont on revêt occasionnellement les oripeaux, se mettant *en mode X, Y, Z*. Il va de soi qu'il est difficile de concevoir un passage du *mode caillera* au *mode BCBG*, l'empan de l'espace des transformations envisageables étant borné par des pressions sociales et culturelles plus profondes.

La diversité des processus de propagation et de confinement, en même temps qu'elle rend compte de la porosité des frontières perçues, met en évidence les contraintes qui régissent les réseaux : en effet, l'identité revendiquée passe avant tout par le regard des autres (« je suis une caillera et j'en suis fière. *Que pensez vous de mon look* dite si il me va bien / Voila c ma meuf en mode caillera *vous la trouver cmt ????????* », « Mimi en mode chaudasse! Bon dun cote on la compren elle venai du coiffeur dc forcement ya du ma tu vue koi !!!!!!! mdr moi jdi hote hote la tof *dites moi ske vous en pensez ???* ») De ce fait, un blocage peut intervenir à tout moment, empêchant la diffusion d'un stéréotype qui, accepté et valorisé par un groupe, peut parfaitement être rejeté par un autre. Ainsi, comme l'observe Assal (2005, p. 122) qui a réalisé une enquête dans un lycée de Seine-Saint-Denis, la définition de l'identité des acteurs est difficile à saisir :

> Autant le fait d'être proche des « chacha » [gosse de riche, « chochotte »] ne pose aucun problème pour quelques jeunes du « technique », autant se donner l'apparence d'une « caillera » pour ceux qui n'ont aucune raison reconnue de l'être est généralement mal perçu par ces mêmes élèves. Ils n'hésitent pas à parler de « fausse caillera ». Un élève de terminale L, qui arborait un « look caillera » et prétendait bien connaître le « verlan », accepta de se joindre à un groupe d'élèves de section « technique », réuni par mes soins, pour tenter de dresser un petit lexique des termes employés dans ce langage. […] À la fin de cette petite réunion, Abdou me fit la remarque suivante : « Un intellectuel qui se prend pour une caillera, ça me fait bien marrer. » On pourrait conclure que, si certains lycéens des sections générales se prennent eux-mêmes pour des « caillera », ils sont loin d'être considérés comme tels par ceux du « technique » qui se reconnaissent entre eux comme de « véritables caillera ».

La *caillera* factice sera rapidement repérée, stigmatisée et mise à l'écart sans ménagement par les détenteurs de la légitimité, les dissonances vestimentaires, comportementales et linguistiques étant amplifiées en milieu « hostile », faisant ressurgir les propriétés du groupe d'origine. On a vu que l'identité personnelle était constamment réévaluée par l'agent lui-même, notamment lorsque dans l'espace public il se perçoit en situation d'insécurité, linguistique et/ou sociale. En outre, cette identité, telle qu'elle est appréhendée par les autres acteurs varie fortement en fonction des lieux : dans un site où l'ensemble (ou une partie suffisante) des propriétés construisant une identité est réuni, les valeurs prises par celles-ci sont élevées, puisque l'on se situe alors dans l'épicentre de légitimité. C'est ce qui arrive à Yaz, le narrateur homo/autodiégétique du roman *Boumkœur* de Rachid Djaïdani (1999, p. 58) :

> Je monte le volume : – Grézi ! ouvre, c'est Yaz… Zi va, vrirou la teport c'est Yaz que j'te dis, fais pas le baltringue. Phrase décodée : Grézi ouvre, c'est moi Yaz, je suis de retour, fais pas

> l'imbécile, ouvre. J'aurais dû m'enregistrer : avec le rythme endiablé du pivert et mon flot de parole, j'ai improvisé quelque chose de cool, je suis un requin assassin grâce à la morsure de mon phrasé. Pourtant je m'efforce de ne plus tchatcher verlan, mais quand je suis énervé, il réinvestit ma langue. Mon verlan comparé à celui des mecs comme Grézi, c'est niveau C. Leur verlan à eux, c'est niveau bac + 10 dans l'université de l'école de la rue.

C'est de cette façon que le phénomène d'insécurité linguistique conduit le locuteur à se « trahir » en retrouvant ses pratiques naturelles, c'est-à-dire celles qui caractérisent son groupe social d'origine. Bourdieu (1980, p. 66) a bien montré que « l'acte de magie sociale qui consiste à tenter de produire à l'existence la chose nommée peut réussir si celui qui l'accomplit est capable de faire reconnaître à sa parole le pouvoir qu'elle s'arroge par une usurpation provisoire ou définitive, celui d'imposer une nouvelle vision et une nouvelle division du monde social : *regere fines*, *regere sacra*, consacrer une nouvelle limite. L'efficacité du discours performatif qui prétend faire advenir ce qu'il énonce dans l'acte même de l'énoncer est proportionnelle à l'autorité de celui qui l'énonce. » D'ailleurs, la « fausse caillera » ne fait pas nécessairement illusion, même en milieu illégitime ; ce commentaire d'un jeune internaute (sur jeuxvideo.com) est éloquent de ce point de vue :

> J'ai un t-shirt noir avec écris dessu « TRUAND 2 LA GALERE » en doré que mon frère m'a offert. [...] Je le porte jamais. Je l'ai mis une fois au lycée, j'avais même pas fais attention, une meuf de ma classe est venu me voir et m'a dis : « Wesh t'es une racaille toi! tu niques la France ? ». Après avoir réfléchi pendant 2h pour comprendre, j'ai été lui demandé et elle m'a dis qu'elle se foutait de ma gueule a cause de mon t-shirt de fausse caillera.

Dans le même ordre d'idée, Marlière (2008, n.p.) rapporte ce propos d'un ancien des cités, devenu négociateur boursier, marié, âgé de 37 ans :

> Un mec qui vient d'un quartier tu le reconnais tout de suite. Ce côté je-m'en-foutiste, un peu charrieur et qui de toute façon ne se laissera pas marcher sur les pieds. Et pas besoin d'avoir un langage racaille... d'ailleurs la fausse « caillera » tu le reconnais au premier coup d'œil.

Il faut encore souligner qu'un même agent portera un regard différent, faisant basculer le sujet observé d'une catégorie dans une autre, en fonction de la localisation. L'étude réalisée par Jobart *et alii* (2012, pp. 442-443) est à cet égard remarquablement démonstrative : ces chercheurs ont observé (de façon masquée) un grand nombre de policiers faisant des rondes dans des lieux « sensibles », par exemple à la gare du Nord à Paris. Ils ont constaté que les variables retenues interagissent de manière complexe : « La variable "site" interagit directement avec toutes les autres variables, à l'exception de la variable "tenue" [vestimentaire], avec laquelle elle ne peut avoir d'influence qu'au travers de la variable "origine". Les effets de la variable "tenue" sur le risque d'être contrôlé seront toujours liés aux effets de la variable "origine" sur ce même risque, les effets de cette dernière étant eux-mêmes influencés par ceux de la variable "site". [...] Les jeunes hommes ne portant pas de sac [considéré comme étant susceptible de dissimuler des armes ou des explosifs] et habillés décontracté n'ont pas le même risque d'être contrôlés [...]. Par rapport à un Blanc, un homme noir encourt un risque, toutes choses égales par ailleurs, 5,2 fois plus élevé, un homme maghrébin 9,9 fois plus élevé, et pour un homme relevant d'une autre minorité visible, ni Maghrébin ni Noir, le risque est 37,5 fois plus élevé. » Ces observations sont tout à fait remarquables – les policiers étant des professionnels de ce type de repérage – car elles mettent bien en évidence que la saillance perceptuelle – et donc le rayonnement des traits spécifiques et considérés comme *contagieux/dangereux* d'un sujet – est fonction de l'endroit où se trouve l'agent. Joy Sorman (2011, p. 20) rend bien compte de ces différences de perception liées à la position de l'observateur, dans *Paris, Gare du Nord* :

> Je me tiens sur le seuil, à la frontière du dedans – gare – et du dehors – rue, ville. Je me tiens sur le parvis, nommé place Napoléon III, et cette frontière est efficace, elle opère. Entre l'intérieur et l'extérieur, tout change et pas seulement la lumière aveuglante qui blanchit l'espace. C'est aussi une affaire de durée, je la sens, je la palpe. [...] à l'intérieur de la gare je vois mal, je distingue à peine, je ne fais plus la différence entre tous ces voyageurs qui marchent du même pas – une masse grise danse sur les quais. À l'extérieur, je vois clairement, je vois les âges, les corps, les peaux, les vêtements, les démarches et les regards. Intérieur, extérieur, mon œil fait le point. Est-ce seulement grâce à la lumière du jour ?

Mutatis mutandis, aux yeux d'un individu *lambda*, un malade perçu comme étant contagieux paraîtra certainement d'autant plus inquiétant qu'il sera assis à côté de lui dans un autobus ou dans un train plutôt que dans la salle d'attente du généraliste : dans le cadre d'une étude épidémiologique de grande envergure, Jauffret-Roustide et Nicolay (2008, p. 47) ont montré que les enquêtés considèrent que le risque de contracter une maladie infectieuse est potentiellement « grand » dans des situations telles que les voyages en pays tropical (52,8%) – on retrouve ici la notion de « Sud » – le séjour à l'hôpital (30,4%), ou la fréquentation des lieux à forte concentration humaine (29,3%). En revanche, ils estiment que le risque est « moyen » dans la salle d'attente du médecin (41%).

Quatrième Partie
Frontières symboliques, micro-histoire et destinées singulières

CHAPITRE 11
SITES ET FRONTIÈRES SYMBOLIQUES : UNE EXCURSION DANS LA « CITÉ DES PRINCES » ET SES BANLIEUES

> Alors, comme un enfant, comme quiconque rêve et ne peut s'empêcher de rêver à ce qui est « de l'autre côté de la montagne » ou « derrière le mur », à l'invisible, on franchit les frontières en s'imaginant qu'aussitôt ce pas fait, tout sera différent, comme diffèrent les drapeaux et les noms qui désignent les pays. Et si d'abord cette naïve attente est déçue, parce que les vraies limites ne sont pas nécessairement où l'histoire les a pour un temps fixées, plus lentement quelque chose se passe, qui bientôt presque la comblera.
>
> Philippe Jaccottet, *Les Cormorans*, 1984/2014, p. 687.

De Brive-la-Gaillarde à Montbéliard

Le site d'habitation lui-même est fréquemment perçu par les résidents comme morcelé et traversé de frontières incertaines. Fournand (2003, p. 549) a ainsi demandé à un échantillon de jeunes résidents des « quartiers » de Garges-Lès-Gonesse de dessiner des *cartes mentales* de leur lieu de vie ; elle observe que « la ville apparaît comme une mosaïque de quartiers et micro-territoires coupés les uns des autres par des limites invisibles mais bien réelles dans l'espace vécu. » Ces représentations d'une spatialité fragmentée, très souvent accompagnées d'une significative dégradation du sentiment de sécurité, sont également observées dans les petites villes qui échappent fréquemment, de ce point de vue, à l'attention des sociologues. À Uzès (environ 9000 habitants dont 600 jeunes), Roques (2005, n.p.) a fait appel à un protocole expérimental très proche de celui de Fournand, et il a obtenu des résultats comparables avec une partie de son échantillon, des fils d'ouvriers agricoles et du bâtiment. Ces jeunes sont tous nés sur place, plusieurs étant issus de l'immigration ; ils résident dans des immeubles situés aux abords de la ville ancienne et déclarent se sentir exclus de la communauté locale. Roques observe que « dans ce […] groupe, les dessins ne représentent que des éléments dispersés et épars. La ville est un espace "éclaté" et diffus, […] déstructuré. Ils ne font apparaître que peu de bâtiments anciens, et aucun lycée, ni collège. L'éclatement de l'espace, ne représente-t-il pas alors une absence de lisibilité locale et une impossible compréhension de la mémoire des lieux ? » On pourrait en dire autant de Brive-la-Gaillarde, dans le roman de Bergounioux, *La mort de Brune* (1996) : Manet van Montfrans (2012, p. 237) note à ce propos que le romancier décrit une ville à « l'horizon bouché par des collines couvertes d'une végétation monotone, restée longtemps fermée au monde extérieur [et qui] respire la stagnation. [...] les rues sombres, moyenâgeuses du centre où flotte "la présence sensible, glaçante du passé" et le quartier délabré datant du XIXe siècle, sont peuplés de figures qui, aux yeux de l'enfant [le je-narrateur] sont aussi inquiétantes que pitoyables. » Cependant, le narrateur voit dans l'arrivée de la modernité une raison d'espérer, « la foire aux bestiaux est transformée en parking, le cinéma Rex entièrement rénové, la musique Rock fait son entrée et à la périphérie de la ville apparaissent les premières stations-service, qui, dans une très belle image sont comparées par le narrateur à "des navires, blanches, trouées de hublots, pavoisées de pavillons multicolores, comme une invite, au cœur des terres, à appareiller". »[1] (*ibidem*, p. 240)

À propos des villes moyennes, Oberti relevait, il y a une quinzaine d'années, qu'elles ont « la particularité [...] de continuer à s'enraciner dans un territoire bien délimité, plus restreint, et donc de reposer principalement sur des réseaux locaux et régionaux. Cela ne veut pas dire qu'elles ne se rattachent pas à des groupes, des intérêts, des réseaux et des marchés nationaux ou européens, mais que leur structuration comme société locale (avec leurs acteurs politiques, économiques, leur histoire, leurs traditions, leur identité, leurs grandes manifestations, leurs institutions, leur tissu urbain, etc.) reste un élément fondamental d'une cohérence sociétale territorialisée, de plus en plus difficile à saisir dans les grandes villes. » (1997, p. 129) Oberti explique que ce sont les villes moyennes, possédant une histoire industrielle forte qui sont le plus touchées par la crise, remarquant en particulier que les populations immigrées venues à l'époque de la prospérité restent sur place, quoiqu'elles ne soient que peu intégrées au tissu social classique (*ibidem*, p. 134). Cette description fournit une bonne entrée pour le cas de Montbéliard, dont on va voir qu'elle a dû sa prospérité initiale à son statut de ville moyenne, puis que, victime de son succès industriel qui ne lui a cependant pas permis d'accéder au statut et aux réseaux de la grande ville, elle a entamé un inéluctable déclin, lorsque la monoindustrie locale s'est trouvée en grande difficulté.

Montbéliard, sous-préfecture du Doubs, est elle aussi une petite ville dans les années cinquante et soixante. On va voir que ce que l'on appellera *les effets de frontières* y jouent un rôle fondamental. Vers 1960, la « cité des Princes » est caractérisée par une confrontation entre un noyau bourgeois originellement luthérien et très conservateur (centre ancien de Montbéliard, votant très majoritairement à droite – de nombreux élus, à différentes époques, au plan local *et*

1 Outre cette spécificité des petites villes, en tant qu'objet sociologique, on observera que cette dernière notation à propos de lieux qu'Augé qualifierait de non-lieux surmodernes, fournit une preuve supplémentaire de la faible consistance théorique de la notion (voir ci-dessus).

national, étant des luthériens convaincus) et une périphérie ouvrière (Bethoncourt Champvallon, Grand-Charmont, Sochaux, etc.) La ville compte 17023 habitants en 1954, 21699 en 1962, 23908 en 1968, 31836 en 1982 et 25875 en 2010. Bethoncourt (y compris Champvallon) passe de 1928 habitants en 1954, à 6442 en 1962, 10996 en 1968, 9751 en 1982 et 5971 en 2010. De 1968 [pic de population] à 2010, Bethoncourt a donc perdu 45,69% de sa population, ce qui est considérable, en comparaison de Montbéliard qui *gagne* des habitants de 1968 à 1982 et perd 5961 résidents de 1982 [pic de population] à 2010, soit une perte (sur une période différente de celle de Bethoncourt) de 18,75%. On observe donc, d'une part, un décalage dans la décroissance de la population – celle de Montbéliard survenant plus tardivement que celle de Bethoncourt – et d'autre part, une chute démographique beaucoup plus prononcée et rapide pour Bethoncourt par rapport à Montbéliard. Ceci peut s'expliquer par le fait qu'il existe une meilleure résistance du centre que de la périphérie urbaine, car Montbéliard *n'est pas une cité-dortoir comme la ZUP de Champvallon*. Montbéliard possède en outre une activité plus diversifiée que celle de Bethoncourt, dont la plupart des habitants (c'est-à-dire ceux de Champvallon et non ceux du « vieux village ») travaillent chez Peugeot. En comparaison, Brive-la-Gaillarde évoquée ci-dessus à propos du roman de Bergounioux, suit un schéma tout différent. En 1954, il y a 36088 habitants, 40175 en 1962, 46561 en 1968, 51511 en 1982 et 48949 en 2010. La croissance de la population s'amorce dans une première phase entre 1900 et le début de la Grande Guerre, puis reprend dans les années 20, selon une pente assez raide, pour culminer en 1975 et enfin décroître très légèrement de cette date à 2010. En d'autres termes, la vision romanesque que propose Bergounioux se fonde sur des indices largement déconnectés des réalités économiques. Cela n'entraîne pas qu'il ait été agréable de vivre à Brive dans les années cinquante et au début des années soixante.

Bourgeoisie luthérienne et paysage politique et intellectuel

Le terrain montbéliardais est presque unique : en effet, des valeurs très traditionnelles se sont soudainement trouvées confrontées, sur un territoire de taille modeste, à des valeurs émergentes liées au développement industriel – qui existait depuis longtemps, mais qui avait pris à la fin des années cinquante une ampleur considérable – et à « l'immigration » régionale et internationale afférente (Bonnot et Petey-Hache, 1995). S'il ne suffit pas à lui seul à en rendre compte, ce contexte historique très particulier – la principauté de Montbéliard ayant été jusqu'en 1793 formellement indépendante de la France, quoique largement inféodée au pouvoir royal depuis Louis XIV[2], et ayant constitué un îlot de luthérianisme au sein d'un océan catholique – a également joué un rôle s'agissant des comportements politiques : l'idée généralement répandue d'un protestantisme de gauche est infirmée pour Montbéliard, au moins durant la période « gaulliste », où la droite obtint de nombreux succès. Greilsammer (1980, p. 130) constatait que « cette chute [du vote à gauche] est manifestée dans tous les départements comprenant de fortes concentrations protestantes [dont] les cantons du pays de Montbéliard [...] pour les élections législatives de 1956, 1958 et 1962. » La région de Montbéliard passera provisoirement à gauche aux législatives suivantes. Pierre Lantz observait en 1967, qu'un premier coup de semonce avait été adressé à la droite montbéliardaise dès les présidentielles de 1965 : « À Montbéliard, la grève de 1964 a été minoritaire jusqu'au moment où la direction a voulu supprimer aux grévistes la prime qui était versée aux non-grévistes ; à ce moment-là, peut-être en liaison avec les valeurs interpersonnelles qui étaient les leurs, les non-grévistes se sont mis eux aussi à participer au mouvement. Ainsi la participation sociale finit par englober les ouvriers d'origine agricole. Le moment d'inertie est provisoire et laisse la place au moment d'une prise de conscience brutale du comportement correspondant à la situation de classe : aux élections présidentielles de 1965, le pays de Montbéliard, qui votait autrefois gaulliste alors que le paysage industriel et la structure sociologique ressemblaient à la banlieue communiste de Paris, a eu un comportement électoral qui tend à se rapprocher de celui de la banlieue parisienne. » (1967, pp. 8-9) Dans la région, les familles protestantes Japy, Peugeot, Sahler, (etc.) sont aux commandes du destin économique de la région depuis le début du XIXe siècle. Ainsi que le souligne Henri (1987, p. 19), « conforme à l'éthique protestante appliquée aux principes de gestion du personnel, ce paternalisme [industriel des Peugeot], traditionnel dans les entreprises familiales de ce type, contribuait aussi à fixer sur place une main-d'œuvre qualifiée [...]. Les Peugeot restaient ainsi ce qu'ils avaient été avant d'accomplir leur destin industriel : des notables repliés sur un pays de Montbéliard au sein duquel ils exerçaient maintes responsabilités locales. Les municipalités faisaient pour ainsi dire partie de la succession, au même titre que les biens matériels : comme son grand-père Jules et son père Eugène, Pierre Peugeot fut maire d'Hérimoncourt[3] et président du Conseil général du Doubs : ses frères Jules et Robert géraient respectivement les mairies de Valentigney et de Mandeure [etc.] ».

2 Dormois (1985, p. 525) relève que « après le retour de la principauté à la branche aînée et le règne d'Eberhard-Louis (1693-1733), ses successeurs se désintéressent de leurs possessions cisrhénanes. C'est de ce désintérêt et de la résignation en face des empiètements de la France que vient la décision de Charles-Eugène (1737-1793) de signer la convention de Versailles (10 mai 1748). Au terme de ce traité les quatre seigneuries (mises sur le même plan que cinq autres fiefs francs-comtois et alsaciens) sont désormais soumises à la suzeraineté du roi de France. »

3 Hérimoncourt faisait partie des communes à très forte majorité protestante.

Des tensions entre un *extérieur catholique* (plus populaire) et un *intérieur protestant* (plus bourgeois et plus intellectuel) existaient depuis toujours, la hiérarchie diocésaine n'ayant en effet jamais accepté cette enclave luthérienne. La construction de l'impressionnante église saint Maimbœuf, édifiée de 1850 à 1875 dans un style néo-renaissance pompier, exactement au-dessus du temple saint Georges (1674, 2e temple protestant de Montbéliard) constitue un épisode remarquable de cette lutte de pouvoir (qui se poursuivra par une deuxième phase plus discrète, beaucoup plus tard, après 1945) : « En 1843, Monseigneur Matthieu [évêque de Besançon] obtient du Pape l'autorisation de construire un grand édifice de culte catholique à Montbéliard. La première pierre est posée en 1850 et le chantier durera près de trente ans. Le projet est ambitieux : il montre à tous que le catholicisme est de retour après trois siècles de protestantisme. L'emplacement choisi participe au symbole. La nouvelle église s'implante au cœur du quartier de la Neuve-ville, à la place du collège universitaire. Le site domine le centre-ville et le temple Saint-Georges. »[4] Ces antagonismes religieux en masquent d'autres, plus clairement politiques et économiques. Ainsi, le curé d'Athesans (bourg de Haute-Saône), l'abbé Tournier, avait fait paraître en 1889 un livre sur *Le protestantisme dans le pays de Montbéliard* (1889) – ouvrage qui ne visait évidemment pas à l'impartialité historique. Cette publication avait valu à l'abbé Tournier une volée de bois vert de la part des protestants montbéliardais, et en particulier d'un industriel audincourtois, Léon Sahler, propriétaire d'une filature, qui avait diffusé une lettre ouverte. En 1894, l'abbé récidivait avec un ouvrage intitulé *Le catholicisme et le protestantisme dans le pays de Montbéliard*, dans la préface duquel il répondait aux critiques de son contradicteur, s'attachant à amalgamer protestantisme, impiété et franc-maçonnerie. Il s'en prenait en particulier à Jules Viette[5], franc-maçon récemment décédé, député de gauche aux idées progressistes, et ancien ministre de l'agriculture, s'essayant à expliquer son nouveau succès de 1893 par le soutien massif des électeurs protestants. La typographie de la page de couverture de l'ouvrage de Tournier est éloquente : « Le catholicisme » apparaît en grandes capitales grasses, tandis

4 <http://www.patrimoine-pays-de-montbeliard.fr/index.php?id=173>.

5 Extrait de la notice de l'Assemblée nationale : « Député depuis 1876 et ministre, né à Blamont (Doubs) le 6 mai 1843, combattit l'Empire dans les journaux républicains de l'Est, et notamment dans la *Démocratie franc-comtoise* dont il fut l'un des fondateurs. Capitaine des mobilisés du Doubs pendant la guerre de 1870, il fut cité à l'ordre du jour de l'armée, devint conseiller municipal de Blamont, conseiller général de ce canton (8 octobre 1871), et, sur la recommandation publique de Gambetta, fut élu, le 20 février 1876, député de l'arrondissement de Montbéliard. [...] dans sa profession de foi, il demandait une République sagement progressive, la réduction du service militaire, la liberté des cultes, l'instruction laïque, gratuite et obligatoire. [...] » [Réélu plusieurs fois jusqu'à sa mort en 1894, il sera ministre de l'Agriculture. Il fut un des hauts dignitaires de la franc-maçonnerie.]

que « Le protestantisme » est imprimé dans un caractère nettement plus petit. En outre, il est indiqué que l'ouvrage a été couronné par l'Académie de Besançon, dont il ne fait guère de doute que les membres étaient en très grande majorité catholiques :

> Après la publication du livre intitulé : *Le Protestantisme dans le pays de Montbéliard*, en 1889, je m'attendais à une levée de boucliers contre mon ouvrage ; j'en avais été menacé. Malheureusement il n'y eut qu'une faible explosion de mauvaise humeur, avec l'annonce d'une réfutation magistrale. Ce n'était vraiment pas assez.
> Le premier qui me lança quelques flèches fut M. Léon Sahler, filateur à Audincourt. Il les enveloppa dans une lettre jetée à plusieurs centaines d'exemplaires sur la terre luthérienne du pays de Montbéliard et envoyée un peu aux quatre vents. L'un de ces exemplaires revint à Athesans de Paris même. Ce factum avait trois parties : l'exorde, un essai de critique et une conclusion sentimentale. [...] M. Sahler connaît par expérience ce que le P. Lacordaire disait à Notre-Dame de Paris : « Le luthérianisme s'attache aux flancs du catholicisme pour le détruire. » Et dans l'espoir d'arriver plus sûrement à sa fin, il s'unit aux représentants de l'impiété, peu importe leur origine ; il caresse la franc-maçonnerie avec une affection rare, nulle part il ne désarme. Dans les paroisses mixtes de notre région, pendant le cours du siècle, quelle guerre n'a-t-il pas faite avec tous ses auxiliaires contre l'exercice du culte catholique ! Et pour le prouver, on pourrait peut-être citer l'enterrement civil de Viette, dont l'opposition acharnée au catholicisme avait fait de ce sectaire le dieu des électeurs protestants. (Tournier, 1894, pp. vii et xii)

Il existe un lien évident entre ces querelles et l'imminence de la séparation de l'Église et de l'État, qui sera consommée en 1905. On sait, comme le démontre encore la remarque de l'abbé Tournier, que la hiérarchie catholique considérait d'un très mauvais œil l'alliance supposée entre protestantisme et laïcité. Bergdoll (2005, p. 109) observe que, « dans ce combat pour la mise en place puis la consolidation de la République, les Églises, en particulier l'Église catholique, sont un obstacle. La conception républicaine de la société est, par-dessus tout, laïque. Il ne s'agit pas seulement de rendre l'État indépendant de l'Église. Il s'agit, selon l'expression de Ferry, d'organiser "l'humanité sans Dieu et sans roi". Dans son discours d'entrée chez les Francs-maçons, Ferry critique la morale chrétienne qui enseigne seulement la résignation et ses "dogmes vermoulus". On ne trouve chez les républicains pratiquement pas de catholiques pratiquants (à l'exception d'Henri Wallon) ; par contre les protestants sont bien représentés : Jules Ferry, Auguste Scheurer-Kestner, Jules Favre, Camille Petillan, Ferdinand Buisson ou Freycinet. » L'analyse de Cabanel (2006, p. 61) va dans le même sens : « l'activité de tels agents de laïcisation n'a pu échapper aux adversaires catholiques de la République et de la laïcité : il suffit de relire Charles Maurras pour se persuader qu'un protestant, comme un juif, n'avait selon lui d'autre ambition que de décatholiciser la France et par là de la dénationaliser, afin de satisfaire de très vieilles rancunes et revanches. »

Ce serait toutefois une grave erreur que de voir dans des industriels comme Léon Sahler des pionniers d'une démocratie égalitaire. Malgré son engagement religieux – la famille compte de nombreux pasteurs –, Sahler n'est nullement philanthrope ; il est d'ailleurs apparenté aux autres grandes familles protestantes manufacturières de la région : Jacqueline Hien (2009) souligne ainsi que « de septembre à décembre 1899, des grèves, révoltes ouvrières se produisent. Toutes les entreprises d'Audincourt sont touchées. Les grèves sont menées par Pierre Bietry[6] et Paul Parisot. La première dure 5 jours et concerne l'ensemble des ouvriers (540) de l'usine Sahler, elle se termine par une transaction. Une seconde grève démarre à Audincourt quand, le 24 octobre 1899, Sahler licencie 8 ouvrières ayant fait partie du comité de grève. Le lendemain, l'ensemble des ouvriers cesse le travail et la direction riposte par des licenciements. Le travail reprend le 3 novembre mais les 8 ouvrières ne sont pas réembauchées[7]. » *La Croix* du 27 octobre 1899 relate les événements, mettant l'accent sur l'incident qui avait opposé les cousins Gaston et Henri Japy, *protestants* :

> Ce matin, par esprit de solidarité avec les grévistes de Beaucourt et de Badevel, 400 ouvriers de l'usine d'automobiles Peugeot, 300 de la fabrique de vélocipèdes de Beaulieu et 50 de l'usine de Valentigney, tous syndiqués, ont quitté le travail. À Audincourt, à la filature Léon Sahler, 50 ouvrières sont parties avec les grévistes des usines Peugeot et Japy. Une bagarre s'est produite à la rentrée d'une heure entre les grévistes et les ouvriers qui travaillent. [...] Les usines de Beaulieu et de Valentigney sont fermées. Aux automobiles, 12 ouvriers seulement sur 400 travaillent. Une grève partielle a éclaté à la papeterie de Mandeure, occupant 150 ouvriers, dont 40 femmes.
> À Beaucourt 25 octobre, 10 heures du matin – La grève dure toujours. Un certain nombre d'ouvriers travaillent. Des gendarmes, un escadron de hussards et une compagnie de chasseurs à pied maintiennent l'ordre. L'incident Gaston et Henri Japy défraye la chronique. Le 20 septembre, le citoyen Briat donnait une conférence à laquelle assistait M. Henri Japy, maire de Badevel. M. Japy prit la parole pour conseiller aux grévistes de constituer un Syndicat non seulement local, mais international. Le soir, il y eut une réunion de famille dans laquelle M. Gaston Japy, cousin de M. Henri prit violemment à partie ce dernier et lui donna de la cravache sur les reins. M. Henri s'empressa de faire connaître le fait urbi et orbi par un placard affiché à Beaucourt, Delle, Belfort et Montbéliard. Le conflit dure encore. Cette querelle inter-patronale n'est pas pour arrêter le mouvement gréviste. [...] à 5h. 1/4, 4800 grévistes d'Audincourt, de Valentigney, de Beaulieu et de Seloncourt, précédés de 400 cyclistes, marchèrent sur Beaucourt. Ils furent arrêtés par la troupe à cheval, sabre au clair, et les gendarmes, revolver au poing. Ils ne purent donc mettre à exécution leur projet d'investir l'établissement Japy frères. [Edmond Briat (1864 1948) était ouvrier mécanicien, responsable syndical socialiste et coopérateur. Henri Japy (1848 1935), ingénieur des Arts et Manufactures, était le directeur de l'usine de grosse horlogerie située à Badevel, tout à côté de Beaucourt et Fesches, autres fiefs Japy.]

6 Paul Bietry tournera rapidement casaque et deviendra le chef de file du syndicat des Jaunes.
7 <http://www.racinescomtoises.net/?Filatures-et-tissages-d-Audincourt>.

L'engagement religieux et, dans une certaine mesure, des idées « modernes » (paternalistes) sur l'organisation du travail – Sahler est l'auteur d'une plaquette sur *La coopération au pays de Montbéliard et ses rapports avec la question sociale* (1890) – n'empêchent nullement que les intérêts économiques, qui recoupent des intérêts de classe, soient jalousement préservés : « Notre époque parait s'être par trop éprise d'un rêve d'égalité, d'un idéal de nivellement. C'est une pure illusion que cette recherche, car elle est en contradiction flagrante avec tout ce que nous voyons dans la nature, dont l'essence, si elle est l'harmonie, est bien plus encore l'inégalité. » (p. 10) Henri Japy, quoique très modéré – l'article de *La Croix* que nous venons de citer montre bien qu'il était médiocrement populaire au sein de la famille –, développait lui aussi, pour le *Figaro*, une version très paternaliste, quoique « bienveillante », des rapports entre patrons et ouvriers : « Certes [les ouvriers] sont des enfants, de grands enfants qui ne demandent que protection et qui ne songent à se révolter que lorsqu'ils sentent que cette protection leur échappe ou qu'elle cherche à se transformer en domination. Pour conserver l'influence sur l'ouvrier, il y a deux méthodes bien distinctes : l'une, toute de menaces, d'âpreté dans le service ; elle dure tant qu'elle peut, jusqu'au jour de la révolte et de la grève... L'autre, d'équité, de justice et de philanthropie, qui affirme, par des actes journaliers, l'union constante entre le capital et le travail [...]. » (cité par Vasseur, 1967, p. 42) Tous les poncifs sont là : « enfants, grands enfants ; protection, etc. » Le 14 décembre 1905, *Le Démocrate. Organe des républicains, radicaux et radicaux-socialistes du pays de Montbéliard*, à propos d'une agression au couteau dans un café, titre : « Les beautés du Japysme : un meurtre politique. La population, terrorisée, empêche les gendarmes de découvrir l'assassin, celui-ci en fuite. État toujours grave de la victime. » L'article donne une idée du lourd climat qui régnait dans la région :

> Venez donc un mois en villégiature à Dampierre [Dampierre-les-Bois]. Si vous avez connu ce village dans ses beaux jours, vous ne le reconnaîtrez plus. La terrible épidémie, qu'on a justement surnommée Japysme, y règne à l'état aigu ; les partisans des Viette, des Sahler, des Borne, se sont tout-à-coup éclipsés ; on n'en compte plus que quelques rares spécimens ; tout le monde est un tant soit peu atteint par la maladie. Les gravalons aux ailes mouillées[8], ne savent où se cacher, pour échapper à l'œil inquisiteur du Grand Maître. Plus de franche camaraderie comme autrefois, plus de fraternelles agapes entre jeunes gens. En s'abordant on se soupçonne, on se tâtonne. Dans une conversation pas moyen de placer un mot sans crainte de le voir reporté et dénaturé, pas moyen d'entamer la question politique, même avec des gens sûrs, sans qu'ils vous disent : « Chut, attention! »

L'incidence du facteur religieux est également très sensible dans le domaine scientifique : la *Société d'émulation de Montbéliard (SEM)*, fondée en 1851 (Béguerie-De Paepe, 2009) et fort active, édite périodiquement un bulletin, des

8 Désigne ordinairement les frelons, en patois.

ouvrages, etc., et s'occupe beaucoup d'histoire moderne et religieuse montbéliardaise. La lettre en ligne n° 24 de janvier 2013 indique que les *ecclésiastiques* et les étudiants de moins de 30 ans bénéficient d'une réduction de 50% de la cotisation. Cette disposition, en elle-même justifiée, ne prend pas en compte les chômeurs, les personnes ayant de faibles revenus, etc., et constitue un indice d'une position plutôt « conservatrice ». Historiquement, de nombreuses personnalités protestantes de premier plan – notamment des industriels – ont fait partie des instances dirigeantes de la *SEM.* Ainsi, en 1859, peu après la fondation de la Société, cinq Peugeot, cinq Sahler, deux Japy, deux Deckherr sont membres. Lorsque l'on compare la composition du bureau de 1859 à celle du bureau de la *Société biblique auxiliaire de Montbéliard*, en 1822[9], un certain nombre de noms apparaissent dans les deux listes : Lalance, Beurnier, Fallot, Duvernoy, Japy, Leconte, Tuefferd. En 1912, le *bureau* de la *SEM* comporte 3 pasteurs – John Viénot, professeur à la faculté libre de théologie protestante à Paris, Blaise Mériot, pasteur à Allenjoie, et Gédéon Jaulmes, inspecteur ecclésiastique à Montbéliard. On retrouve également Léon Sahler et Albert Roux (marié à Henriette Peugeot), industriels protestants, ainsi que Charles Surleau, architecte. La consultation des tables des matières des publications de la *SEM* (en ligne) montre que très peu de communications ont été consacrées à la violence sociale, aux conflits, aux grèves, etc. ayant eu lieu autour des activités industrielles. Or Montbéliard a fait l'objet d'une intense activité sociologique – autour de l'usine Peugeot, des conditions de travail ouvrières, des émeutes, de l'immigration, etc. Il est frappant que la plupart des chercheurs ayant travaillé sur le contexte social périphérique (banlieues de Montbéliard) sont venus de l'extérieur, alors que les travaux publiés par la *SEM* sont très majoritairement l'œuvre de chercheurs locaux.

Un enracinement local intellectuel et conservateur

Il convient à présent de s'attarder un moment sur la personnalité attachante de l'un des présidents récents (1969-1975) de la *SEM*, Georges Becker (1905-1994), qui fut un des représentants les plus marquants de l'élite protestante du pays de Montbéliard, dont la carrière et les préoccupations sont représentatives du paysage culturel et de l'habitus intellectuel de la bourgeoisie locale et de ses rapports avec la politique, dans l'après-guerre et durant la

9 Voir : *Assemblée générale de la société biblique protestante de Paris*, Paris, Imprimerie de J. Smith, 1822. Le baron Cuvier, célèbre montbéliardais, est à cette date vice-président de la société.

période gaulliste. Sa notice sur le site de l'Assemblée nationale fournit une bonne approche. Nous en reproduisons des extraits :

> Issu d'une famille de commerçants originaire d'Alsace du côté paternel et de Montbéliard du côté maternel, Georges Becker [est] diplômé d'études supérieures de lettres classiques, il débute à vingt-deux ans une carrière dans l'enseignement secondaire. Passionné de poésie mais aussi de musique, Georges Becker consacre cependant l'essentiel de ses loisirs à la science et plus particulièrement à la mycologie [...]. Au début des années 1950, il soutient à l'université de Besançon une thèse intitulée *Observations sur l'écologie des champignons supérieurs*. [...] Érudit, Georges Becker s'efforce cependant dans ses écrits de transmettre sa passion et de vulgariser ses connaissances. [...] Gaulliste de la première heure, il s'engage dans la résistance. Après la libération, il assure de 1947 à 1951 la direction du journal *La voie nouvelle*. Enseignant à Altkirch dans le Haut-Rhin, il décide de se porter candidat aux élections législatives de novembre 1958 dans la 2e circonscription du Doubs. [Il est élu à deux reprises et est inscrit au groupe de l'UNR] Il est battu au second tour [en 1967] par le candidat de la Fédération de la gauche démocrate et socialiste, le maire de Montbéliard, André Boulloche par 39 941 voix contre 29 212. [Il] a donné son nom à une amanite qu'il a découverte : *amanita beckeri*.

Dans un article consacré à Lougres – le village où il résidait, à forte majorité protestante, de même que les localités environnantes, Beutal, Longevelle, etc. –, publié en 1951 dans *Les Annales* (revue fondée par Marc Bloch et Lucien Febvre), Becker laisse apercevoir dans sa conclusion beaucoup de sa personnalité et de son rapport à la ruralité, c'est-à-dire aux valeurs traditionnelles, terriennes et conservatrices caractérisant le noyau dur de l'intelligentsia montbéliardaise – à l'exception probable de sa fraction industrielle.

> Étant établi que le passé n'était plus possible, il a été remplacé par un présent fort différent, et nous assistons au spectacle d'une cellule humaine pleine de vitalité, mariée avec la terre qui la nourrit [...]. Le vieil artisanat a disparu, mais la forge est remplacée par un garage, le tisserand par l'électricien. La dégénérescence morale est moins sensible que dans les grandes villes, parce qu'ici chacun est encore quelqu'un, et non pas un individu quelconque noyé dans le désespoir des banlieues. Il y a beaucoup à faire encore, certes, pour améliorer l'habitat, les routes et l'esthétique. Mais les anciens avaient fait beaucoup, et les jeunes profiteront de leurs travaux. Voilà pour l'actif. Quel est le passif ? Il est lourd, et il n'y a pas à le dissimuler. La volonté intellectuelle qui maintenait garçons et filles à l'école jusqu'à dix-huit ans s'est éteinte, et avec elle un certain esprit de dignité aristocratique qui caractérisait le moindre de nos grands-pères. Toutes les traditions populaires de costume, de musique, de bonnes histoires ont sombré irréversiblement avec le patois. Fait plus grave, l'ébénisterie locale, à laquelle on doit tant d'humbles chefs-d'œuvre, est morte. Lévitan sévit partout. L'alcoolisme, grâce au privilège inique des bouilleurs de cru, fait dégénérer visiblement une population autrefois d'une santé magnifique. L'école compte, comme partout, au moins 20 p. 100 d'arriérés et d'incapables. De même, le pittoresque traditionnel des saisons et des cultures disparaîtra devant les tracteurs, les semoirs mécaniques et autres engins à diminuer la peine des hommes. Ce village, comme d'autres, est en train de faire sa révolution, et l'idéal serait qu'il l'accomplît en conservant ses valeurs d'autrefois et en élargissant le sens de sa vie. (Becker, 1951, p. 473)

Cet enracinement local est confirmé par un autre article des *Annales* de 1955, dans lequel Becker évoque la *forêt* entourant Lougres : « Il faut noter enfin que la forêt qui ici encercle le village de toutes parts le protège complètement des vents d'Ouest et fortement de la bise. Il serait nécessaire de procéder à des mesures précises, mais il grêle cinq fois à Colombier – qui n'est qu'à 2 km. – pour une à Lougres et la bise intolérable le long du Doubs y est toujours très atténuée. De même les sources, protégées et entretenues par le manteau forestier, ne tarissent jamais. » (p. 379) Pour notre part, nous n'avons jamais observé qu'il pleuve, neige ou grêle moins à Lougres qu'à Colombier-Fontaine ou à Dampierre-sur-le-Doubs. On a affaire ici à une micro-théorie des climats. Remarquons encore que Becker intitule un de ses articles « *Cil des Bois...* », autrement dit : « Celui... », ou plus vraisemblablement : « *Ceux* des Bois », renvoyant ainsi explicitement à *ceux qui vivent du bois mais aussi qui vivent dans les bois*, ou au moins à l'écart de la communauté principale, celle qui vit du *finage*, c'est-à-dire de la plaine cultivée et par extension mécanisée puis industrialisée au XXe siècle. Une telle opposition est bien décrite par Jolas et Zonabend (1973) dans un article sur « les gens du finage et les gens du bois » à Minot, dans le Châtillonnais. Une des différences essentielles entre la situation de Minot et celle de Lougres est que dans le second cas, la forêt enrichit les habitants et, dans cette Franche-Comté très boisée, est considérée comme une plus-value importante. On pense irrésistiblement à Henri Pourrat et à son *Gaspard des montagnes* auvergnat : « C'était son goût de voir pousser les sapins et de jardiner dans ces bois, élaguant, plantant, faisant abattre ceux qui dépérissent ou qui gênent la croissance des voisins, comme une dame peut jardiner en son jardin bouquetier. Ceux qui ne connaissent point cette vie de propriétaire forestier ne peuvent savoir quel plaisir et quel bien c'est là. "S'il n'y a point de bois là-haut, déclarait Jean-Pierre Grange, je dis que mon pauvre père quitte le paradis pour revenir dans les siens." » (1922/1960, pp. 19 20) Ce n'est sans doute pas par hasard si André Dhôtel, qui connaissait Becker, l'évoque dans un de ses ouvrages[10]. Dhôtel était un écrivain qui – comme Becker – s'intéressait à une nature « dont on sent bien, ne serait-ce que par la minutie des notations végétales, l'importance [qu'il] lui attache, [mais qui] n'est jamais présentée comme une beauté uniforme [...]. » (Debreuille, 2003, p. 79)[11]

En outre, si Lougres et Colombier-Fontaine se situent dans l'ancienne seigneurie du Châtelot, formant une avancée extrême de l'ancienne principauté (ce qui les rapproche), le Doubs, en cet endroit doublé du canal du Rhône au Rhin, trace une limite entre les deux villages – le canal ne desservant toutefois que Colombier (ce qui les sépare). Cette notion de *« terre-frontière »* est une des caractéristiques majeures du territoire montbéliardais, à la fois des points

10 Dhôtel, André, (1974) *Le vrai mystère des champignons*, Lausanne, Payot,

11 Becker a publié plusieurs articles intéressants dans les *Mémoires de la SEM,* sur la forêt, la mycologie, le patois (étymologies et contes), etc.

de vue historique, comme le soulignait Lucien Febvre (1978), sociologique, et industriel. Très tôt, sous le second Empire, dans une communication à la *SEM*, le docteur Muston décrit les premiers dégâts du passage d'une économie rurale à une économie industrielle encore modeste ; il constate de forts contrastes de part et d'autre de la frontière franco-suisse (les territoires communaux de Beaucourt et Vandoncourt sont situés à proximité de la Suisse, Seloncourt se trouvant un peu en retrait) :

> De tous côtés, dans ces montagnes suisses, on ne voit que riantes maisons blanches, aux contrevents verts, entourées de jardins bien cultivés. En France, ce n'est plus cela : dans les centres de fabriques et d'industrie, vous ne voyez comme habitations ouvrières, que des maisons de maigre apparence, mal tenues, sales, dont beaucoup sont encore couvertes de chaume. Voyez les villages les mieux placés dans des sites pittoresques ou dans des vallons fertiles comme Beaucourt, Vandoncourt, Seloncourt, etc. comme tout y est négligé ; les fumiers, les ordures encombrent les rues. Quel laisser-aller ! (Muston, 1859, p. 124)

Après Muston, mais bien avant Becker, Clément Duvernoy (1891, p. 489), à la fin du XIXe siècle, soulignait à son tour les transformations de l'environnement traditionnel :

> On serait bien embarrassé aujourd'hui de reconstituer dans notre ville les corps de métiers d'autrefois, gantiers, mégissiers, tisserands, chaudronniers, même les serruriers ou les menuisiers. L'ouvrier s'est substitué à l'artisan, comme le travail par la machine à l'atelier a remplacé le travail des bras à domicile. La masse y a gagné d'être mieux vêtue, mieux logée et à meilleur marché ; mais les petites industries et le petit commerce ont dû fermer boutique, et l'agriculture commence à vendre ses charrues dont personne ne veut.

Monnier et Vingtrinier, vers la même époque que Muston, écrivaient à propos du nichage des cigognes, que cet échassier emblématique de l'Alsace « fait déjà halte dans le Montbéliard », contrée frontière :

> Le haut bipède ne s'arrête guère en Franche-Comté, malgré le nom que portait cette ancienne province, et nous n'avons pu découvrir s'il l'a plus souvent visitée dans un temps où elle le portait à juste titre. Mais nous savons, pour l'avoir vu de nos propres yeux, que la cigogne fait déjà halte dans le Montbéliard et séjour dans la Haute-Alsace. Elle se plaît dans cette belle province, où on leur prépare le gîte avec empressement, et où l'on tire vanité de son choix. (1874, p. 153)

Il faut toutefois prendre en compte, conjointement à l'idée de « limite », celle d'isolement : Lougres est un bourg retiré, exclusivement agricole, alors que Colombier-Fontaine possédait une usine, alors florissante, la chaiserie Baumann, fondée par un Suisse en 1901 (l'usine déposera définitivement son bilan en 2003) ; il y avait également une gare sur la ligne de chemin de fer Montbéliard-Besançon, prolongée d'un côté vers Strasbourg, et de l'autre vers Lyon. De ce point de vue, la forêt à laquelle sont consacrés deux des trois articles de Becker publiés dans les *Annales*, peut être vue comme une métaphore de la mise à distance d'une modernité déstructurante. En réduction, Lougres et Colombier représentent les deux tendances du tissu traditionnel régional : d'une part une position décentrée au sein du noyau des valeurs historiques locales ; d'autre part une position orientée vers des valeurs urbaines modernes (en aucun cas « postmodernes ») avec une industrie à échelle humaine – la chaiserie n'étant qu'un exemple parmi d'autres. Ainsi l'horlogerie, qui fut très dynamique dans la région, avait totalement périclité à partir de 1918 ; il en alla de même en ce qui concerne l'industrie textile qui se maintint tant bien que mal un peu plus longtemps. Comme l'avait bien vu Goetz-Girey, dès 1960, « l'économie de [la région de] Montbéliard s'affirme comme une économie à prédominance métallurgique. Plus encore depuis la seconde guerre mondiale, à l'intérieur des industries métallurgiques, l'industrie automobile tend à devenir l'industrie dominante. C'est la conjonction historique d'une firme (Peugeot) et d'une industrie (l'automobile) qui caractérise la structure actuelle du pôle de croissance montbéliardais. Des deux grands groupes : groupe Japy et groupe Peugeot, c'est désormais très nettement le groupe Peugeot [désormais lui aussi menacé] qui l'emporte. » (1960, pp. 9-10) Au final, les deux tendances – l'intellectuelle « humaniste » et l'industrielle locales – vont fusionner pour constituer un foyer de résistance au changement social, linguistique et politique. Ce foyer n'a que des rapports très lâches avec les grands industriels régionaux (Peugeot et Japy, ce dernier tombant en grand déclin dès le début des années 60) ; ces patrons, quoique impliqués directement dans le tissu économique et employant des dizaines de milliers de personnes, ne sauraient faire partie ni du finage ni de la forêt : il y a quelques dizaines d'années déjà qu'ils ont abandonné le site régional pour se transporter dans la capitale. Croissant (2006, pp. 281-282) indique que « [d]epuis 1900, le président-fondateur [Armand Peugeot] résidait la majeure partie de l'année à Paris où avait été transféré le siège social de sa société. Maire de Valentigney depuis 1888, il avait été réélu en 1900 en tant que conseiller municipal mais ne participait plus aux séances. [...] Il conserva néanmoins son siège au conseil général du Doubs. [...] En 1901 il demandait son remplacement de délégué du consistoire protestant d'Audincourt puis en 1904 il quitta le conseil presbytéral de la paroisse de Valentigney qu'il présidait depuis 1883. Les raisons du départ définitif à Paris d'Armand Peugeot demeurent incertaines. [...] Nous y voyons [...] la conséquence du trouble immense qu'il ressentit après les grèves de l'automne 1899. [...] : "[...] après ce qui vient de se passer, c'en est fini du régime paternel [...]" leur déclara-t-il. »

La relation que l'on peut établir entre un gaullisme de type conservateur, quoique humaniste, et les valeurs rurales d'enracinement, est confirmée par une remarque de Bruneteau (1992, p. 973). Dans un article intitulé « La "participation paysanne" : un héritage gaulliste », Bruneteau cite Becker pour un texte publié dans le *Journal du Parlement* (13 septembre 1961) et souligne que, selon le député, « en offrant les habits neufs de l'entrepreneur libéral à tous les paysans que tente la compétition économique, le CNJA ne fait que perpétuer une tradition, celle qui confère au métier agricole la primauté sociale. [...] Le chef d'entreprise régénère l'exceptionnalité paysanne. [...] C'est la transfiguration dont le gaullisme s'attache à faire comprendre la nécessité aux siens et à ses alliés comme s'y emploient ses chroniqueurs attitrés [Becker notamment] en militant dans les colonnes du *Journal du Parlement* pour une nouvelle philosophie agricole. » On voit donc se dessiner deux pôles, dont l'un, central et conservateur, est tourné vers les valeurs les plus traditionnelles, et dont certains représentants (tel Georges Becker) sont férus de culture classique, tout en restant proches d'une nature qui fait partie de leur environnement et constitue une ultime barrière isolant d'une modernité qu'ils perçoivent souvent comme détraquée. On doit noter ici l'évidente parenté d'idées entre cette conception d'une « nouvelle philosophie agricole » et les idées d'un Henri Pourrat, dont il convient naturellement de retrancher les sympathies affirmées pour le régime de Vichy : « L'idéologie ruraliste d'H. Pourrat ne peut être analysée isolément de cette remise en cause globale de l'évolution de la société française et mondiale. [Pourrat écrit dans *Vent de Mars*, livre pour lequel il obtiendra le Goncourt durant l'occupation :] "Le vrai, c'est que la ville, le système industriel, le monde enfin tel qu'il roule aujourd'hui, ont vidé et abîmé les campagnes. Ce monde aujourd'hui doit se tourner vers elles, il doit tant qu'il peut les aider." » (Faure, 1982, pp. 10-11)[12]

De la cité des Princes à la cité de Champvallon – années 60

> Je me rappelle toujours avec plaisir l'expression musicale et animée avec laquelle les jeunes filles de Bethoncourt et des environs venaient à Montbéliard tous les matins du printems, *lou petchi fo*, annoncer la vente de leurs *cramayots* ou *craméliots*, chicorée sauvage.
>
> Samuel-Frédéric Fallot, 1828, p. 148.

Si l'on a, à juste titre, beaucoup insisté sur le rôle de l'immigration récente et des difficultés liées à un contexte économique difficile, on s'est nettement moins intéressé aux années soixante à Montbéliard. Il s'agit pourtant d'un contexte très particulier, où l'industrie automobile en plein essor a besoin de bras et où les nouveaux venus – ceux qui ne sont pas ou qui ne sont plus des « ouvriers-paysans » – doivent trouver à se loger à proximité des usines. Dezert écrivait en 1965 : « La petite exploitation agricole, la plupart du temps non rentable, se transforme, comme en Haute-Saône ou dans le Doubs, en maison d'habitation

12 Sur cette période en littérature, on se reportera avec profit à l'article de Gisèle Sapiro (1996).

avec la possibilité, grâce au salaire industriel, de se survivre – tout au moins partiellement – sous une forme d'appoint. La concentration récente autour de Sochaux-Montbéliard de plus de la moitié des ouvriers et employés de la S. A. Peugeot, pour réduire les transports jugés trop onéreux, a été considérée comme une erreur par les dirigeants de Citroën, car elle a eu pour résultat de vider de sa population les zones rurales limitrophes sans profit pour celle-ci en créant par contre de graves difficultés de circulation, de ravitaillement et d'adduction d'eau dans la région montbéliardaise. » (p. 143). L'époque que nous évoquons est excellemment décrite par le pasteur Jean Hoibian, qui exerça son ministère à Glay, petite localité proche de Montbéliard de 1965 à 1970 :

> Cette région de l'est de la France est entièrement tournée vers les usines Peugeot. La firme, de création protestante, fonctionnait selon les normes du plus pur paternalisme. Les gens du Pays s'appelaient des « peugeot ». Cette grande industrie prenait les habitants en charge du berceau à la tombe. Tout leur appartenait : les églises, les logements, les magasins d'alimentation, les crèches, les foyers de vieux, tout ! L'inspecteur ecclésiastique recevait en cadeau une voiture neuve tous les deux ans. Les grands patrons faisaient la richesse du Pays, ils désiraient appliquer leurs convictions sociales puisées maladroitement mais sincèrement dans l'évangile. Mai 68 écorna sévèrement la légende. À cette époque les usines Peugeot n'avaient plus guère de liens avec la famille protestante de ce nom. Le charme du Pays de Montbéliard tient au caractère mi-ouvrier, mi-paysan de la population : des cars sillonnent toute la région pour transporter les travailleurs soumis au régime des trois-huit. Beaucoup d'entre eux n'ont pas voulu habiter dans les cités H.L.M. de la Société. Ils ont préféré rester dans leur village où ils ont jardin, potager, poulailler, porcherie, etc. que leur épouse les aide à maintenir[13]. Que je leur donne raison ! Ces gens adorent la nature. Le travail à l'usine c'est leur gagne-pain, mais pas leur raison de vivre. Dès que le printemps s'annonce, regardez ces rudes gaillards aux mains épaisses, se lancer un défi pour découvrir sous les résidus neigeux les premières « campenotes[14] », comme ils avaient à l'automne exploré les sous-bois secrets pour ramener de gros paniers de champignons. Leur parler est truffé de patois et le folklore bien vivant. Lors des visites pastorales, j'étais sûr qu'on allait m'offrir une part de tarte aux pommes, mon dessert favori. Chaque année le secrétaire du Conseil presbytéral m'apportait un gros lapin de son clapier[15].

Les ouvriers dont il est question dans le récit du pasteur Hoibian font partie du contingent vraiment local et doivent soigneusement être distingués du groupe provenant de régions limitrophes ou, a fortiori, d'un autre pays. La ZUP de Champvallon[16] est un bon exemple de « banlieue » ouvrière de Montbéliard, destinée

13 Cette spécificité « d'ouvrier-paysan » est également relevée par Kronenberger (2009, p. 87).

14 Terme appartenant au lexique du patois de Montbéliard. Il s'agit de jonquilles.

15 <http://jean.hoibian.over-blog.com/article-pays-de-montbeliard-centre-de-glay-110709532.html>.

16 Il aurait été possible de choisir d'autres grands ensembles ; c'est Champvallon qui nous était le plus familier. L'utilisation des témoignages personnels interpelle le sociologue, aussi bien que l'historien. Nous pensons, comme Ginzburg et comme, plus récemment, Artières et Kalifa, qu'il s'agit de données fondamentales dans la reconstruction d'une époque, et notamment

à accueillir ceux qui venaient d'ailleurs. Sa construction est contemporaine de celle des autres grands ensembles nationaux, les premiers immeubles sortant de terre en 1958. Champvallon était à la fois à l'écart de la ville et dans son prolongement – on y accédait par la « nouvelle route », vaste tranchée ouverte en pleine campagne qui évitait aux ouvriers d'avoir à faire un grand détour et les mettait à pied d'œuvre pour se rendre à l'usine. Antoni et Youssoufi (2007, p. 7) observent que « Montbéliard [symbolisait] [...] la réussite industrielle du Nord de la Franche-Comté [...]. Aux périphéries de la ville, c'est toute une nébuleuse de "gros villages" qui accompagne cet essor comme autant de cités de résidence (genre cités dortoirs) ou des centres de sous-traitance (Héricourt, Bethoncourt, Audincourt, Valentigney, etc.) dont la configuration spatiale est un héritage du XVIIIe siècle, reprenant la localisation des forges, des moulins et des petites usines métallurgiques et textiles qui ont employé les ouvriers issus du premier exode rural. Dans le prolongement de la tradition locale, la mono-industrie Peugeot s'insère dans une nébuleuse urbaine qui poursuit l'organisation de l'espace industriel du milieu rural. » Les « blocs », comme on les appelait alors communément, n'étaient pas dans l'état de délabrement qui serait le leur dans les années 80 – les cages d'escalier étaient propres et désertes, les portes d'entrée en bois fermaient convenablement – et pour la plupart ils étaient occupés par des résidents d'origine française, la population immigrée étant très minoritaire sur ce site. Un grand nombre de ces familles venaient de la région environnante, notamment des Vosges, où sévissaient déjà des problèmes de sous-emploi. C'était une cité sans problème, entièrement dominée par l'appartenance à Peugeot : l'alimentation générale était assurée par un *Ravi* Peugeot, petit supermarché assez bien fourni ;

---

de cet « infra-ordinaire » qu'évoquent ces deux derniers auteurs (2002, p. 8) : « Si beaucoup considèrent que les écrits autobiographiques et les archives personnelles, qui entretiennent avec le véridique un rapport toujours équivoque, ne peuvent sérieusement être convoqués qu'à titre indicatif, ou illustratif, certains y voient à l'inverse un matériau privilégié, voire unique, seul capable d'appréhender "l'infra-ordinaire", de saisir les émotions, les sensibilités et les représentations sociales, de restituer les expériences dans toute leur discontinuité (ou de cerner au contraire les tentatives de réordonnancement et de réécriture des existences). L'usage de ces sources, leur critique, leur croisement avec d'autres massifs documentaires, soulèvent de nombreuses questions auxquelles les pratiques historiographiques ont répondu de façon très diverse. Il semble enfin que, de plus en plus, l'écriture autobiographique devienne elle-même un objet historique à part entière ; des analyses récentes tendent à retracer l'histoire de ces matériaux, à étudier ces prises d'écriture multiple comme autant d'"événements". Tantôt valorisé, tantôt dévalué, l'immense et presque indélimitable continent des archives personnelles (correspondances, journaux intimes, Mémoires, autobiographies), auquel on peut adjoindre la masse grandissante des archives orales, différentes par leur nature, mais dont la mise en œuvre et l'usage historique croisent des préoccupations similaires, n'a donc cessé de questionner l'historien. » On ne peut nier que le jeu de la mémoire réinterprète l'événement et même, dans certains cas, le réécrit quelque peu. Ces « mémoires », dans la mesure où elles sont étayées par des observations indépendantes et mises en perspective restent irremplaçables.

ceux qui avaient le permis roulaient dans une voiture *neuve* dont ils enlevaient rarement les housses en plastique transparent – généralement une 403 ou une 404 – et qu'ils revendaient très facilement au bout de neuf mois en faisant un petit bénéfice ; beaucoup partaient en vacances (la Yougoslavie était très prisée, plutôt en raison des prix très bas et du soleil que par attirance pour le régime), et pour tirer le meilleur prix de leur véhicule, ils pratiquaient au retour une opération de rajeunissement du compteur kilométrique (de 1500 à 3000 km), ce qui était très facile au moyen d'une perceuse. On ne voyait là rien de répréhensible, et l'on disait même très sérieusement qu'ainsi « la voiture était bien rodée ». Cela faisait partie de ces petites choses qui soudaient la connivence ouvrière ; on plaisantait d'ailleurs sans méchanceté au sujet des acheteurs – des « petits bourgeois » qui ne travaillaient pas chez Peugeot et qui n'avaient, pensait-on, aucun soupçon. Le vendredi soir, ceux qui avaient de la famille dans la région partaient en week-end « au pays » (en Haute-Saône ou dans les Vosges), retrouvant ainsi le village ou la petite ville (Vesoul, Remiremont, etc.) dont ils étaient originaires. Comme dans un bourg, les rumeurs allaient bon train, notamment celles à caractère sexuel : on rapportait par exemple qu'une telle recevait des hommes chez elle, dès que son mari qui faisait les 3/8 avait tourné les talons ; telle autre se rendait chez ses voisines pour se plaindre d'une trop grande assiduité de son époux. Au foyer des jeunes travailleurs, de petites fêtes très convenables étaient organisées ; on y dansait le *jerk*, le *twist* étant déjà passé de mode. Les jeunes avaient un fort accent régional, mais pas la moindre trace d'« accent de banlieue » (Bonnot et Petey-Hache, 1995). On écoutait Eddy (Mitchell) et les Beatles, sur l'inévitable électrophone « Teppaz », dans une petite chambre de la rue Léonard de Vinci[17]. Il ne semblait pas y avoir de trafics de substances illicites, les rues étaient calmes et silencieuses de jour comme de nuit. En somme, rien que de très normal.

Il n'en reste pas moins qu'une ségrégation rampante était perceptible : les premiers immigrés du Maghreb n'étaient pas logés à Champvallon (ou dans une cité comparable), mais dans les « "hôtels Peugeot" et autres baraquements » (Barbe et Nottengem, 2012, pp. 117-118), situés en face de l'usine, à l'entrée de Sochaux, vastes clapiers de 5 ou 6 étages fort peu confortables, datant des années trente ; plus tard viendraient les Yougoslaves, qui ne seraient pas mieux lotis : « près d'Audincourt, [écrivait Michelle Backmann dans le journal du parti socialiste *L'Unité* du 26 janvier 1973] le long de la voie ferrée, s'élèvent de grands immeubles bleus et gris dans lesquels vivent plus d'un millier de travailleurs yougoslaves, ils habitent à deux par pièce, paient environ 150 F de loyer mensuel et n'ont pour se déplacer, comme tous les ouvriers du coin[18], que les cars Peugeot

17 Une visite sur Google maps montre que les immeubles ont presque tous été remplacés par des pavillons, modifiant radicalement l'aspect du lieu.

18 Ce qui était tout à fait inexact, on l'a vu. Beaucoup d'ouvriers, bien avant 1973, disposaient d'un véhicule personnel, neuf de surcroît.

qui font le ramassage aux heures de travail ». L'anecdote suivante, également recueillie sur le blog du pasteur Hoibian *(ibidem)* traduit parfaitement l'état d'esprit qui régnait alors :

> [à Glay] je reçois la visite d'un cadre Peugeot qui, avec le feu vert de l'Évêque [Il s'agit en fait de l'Inspecteur ecclésiastique luthérien de Montbéliard], vient me faire une proposition : « Nous manquons de logement pour un contingent d'une trentaine de Yougoslaves récemment arrivés pour un contrat de travail de 6 mois. Nous savons que le centre de Glay connaît des difficultés financières. Accepteriez-vous de nous louer l'un de vos bâtiments ? Il s'agirait d'une équipe terminant le travail dans la nuit. Votre tarif sera le nôtre. Au début je flaire l'aubaine, mais très vite je déchante en posant quelques questions : « Comment organiser le dîner de ces hommes ? Je ne peux pas demander à notre cuisinier d'assurer un service de nuit ». La réponse me scandalise : « Oh ! Vous savez, avec ces gens-là un bon casse-croûte fera l'affaire ! Ce sont des gens habitués à la dure ! » Seconde question : « Mais, ces hommes jeunes vont représenter un danger pour nos petits villages. Durant leur temps libre ils vont fréquenter le paisible café de Glay et surtout courir les jupons ! » Réponse : « Pas de problème, on leur interdira de sortir. Peugeot placera un de ses gardiens à la tête du local. On pourrait même envisager de faire poser une barrière autour, afin d'éviter qu'ils n'empiètent sur l'espace du Centre et gênent vos activités. » Je regarde mon cadre dynamique dans les yeux. La colère m'envahit. Je réalise que sans doute ses idées n'ont été approuvées ni par l'Évêque, ni même par la Direction générale. En tous cas, je l'espère. Je lui signifie mon désaccord total et je lui ouvre la porte de mon bureau.

Les habitants autochtones des grands ensembles périphériques étaient eux aussi victimes d'un autre genre d'ostracisme : se rendre à Champvallon, ou dans la ZUP voisine des Fougères à Grand-Charmont, était presque *impensable* pour les rejetons de la petite bourgeoisie et a fortiori de la bourgeoisie historique et politique montbéliardaise ; dans l'interaction entre Montbéliard et ses satellites, le mouvement de socialisation s'effectuait quasi exclusivement de la périphérie vers le centre. Dès 1965, Olivier Guichard, ministre du général de Gaulle, avait d'ailleurs émis l'idée (judicieuse) selon laquelle « concentrer les habitants sur des surfaces réduites aurait dû impliquer que soient restructurés les centres urbains ou déplacées les fonctions vitales de la cité vers un nouveau centre. Cela, qui n'a pas été fait, semble rester actuellement difficile avec les moyens dont on dispose. » (cité par Busquet, 2007, p. 393) Cette conception d'une cité décentrée (ou à plusieurs centres) ne sera presque jamais appliquée et, lorsqu'elle le sera, ce sera généralement un échec. Il semble qu'à Montbéliard même, il ait été question, au début des années 70, de déplacer le cœur névralgique à la « Petite Hollande », autre ZUP, comme l'écrivait Dézert en 1973 : « Le centre réel de l'aire urbaine n'est plus la vieille ville de Montbéliard mais l'usine de Sochaux. B. Dézert (qui se cite lui-même à la 3e personne) en présentant la nouvelle Z.U.P. dite de la Petite Hollande dont on rêve de faire le nouveau centre urbain de Montbéliard, montre les problèmes posés par cet essor rapide, la croissance industrielle étant plus accélérée que la croissance urbaine. » (Dézert, 1973, p. 280) Et de fait, la cité judiciaire et quelques autres administrations y seront délocalisées ; cela ne changera guère l'image négative de ce quartier, au moins dans un premier temps[19].

Une spatialité intime discontinue

Quoique non violentes, les tensions symboliques sont fortes entre le centre bourgeois et la périphérie. Les représentations identitaires des adolescents et jeunes adultes d'alors, dont beaucoup sont nés à la fin des années quarante, sont flottantes, beaucoup ont des difficultés à se situer sur l'échiquier social. Un certain nombre de ces jeunes gens, qu'il s'agisse de Montbéliardais « de souche », ou de nouveaux arrivants, fréquentent le collège d'enseignement général (Les Halles) ou le lycée Cuvier – où Georges Becker fut professeur avant la seconde guerre mondiale. Il était fréquent pour les lycéens d'avoir des connaissances « dans les deux camps ». En effet, peu d'élèves en provenance du milieu ouvrier accédaient à l'enseignement secondaire « long », et ceux qui y parvenaient malgré tout, ayant ainsi échappé à l'apprentissage et à l'entrée à *la Peuge*, cherchaient à se rapprocher de la fraction la plus bourgeoise ; on se trouvait en outre à la jointure entre un enseignement entièrement séparé et un enseignement mixte (à partir de 1964). Dans les cafés, les différences sociales, sans être absentes, étaient lissées et les tables de consommateurs de cafés et de diabolos-orgeat, fumeurs de Gitanes et de Gauloises – les filles fumant plutôt des américaines –, étaient composées sur la base d'affinités personnelles ou d'appartenance à une classe du lycée (Philo, Science-ex, Mathélem) plutôt qu'en fonction de critères d'origine sociale. Il pouvait aussi arriver, Montbéliard étant à l'époque une ville de garnison (possédant même une école des douanes) que l'on soit « par piston », invité (toléré ?) au bal des officiers, ou que l'on passe Nouvel An au *Cercle Hôtel* – autre institution Peugeot[20], « triplement emblématique [relève Hatzfeld] : lieu ordinaire du prestige et de l'opulence de l'entreprise, il est devenu depuis le début de l'occupation [de l'usine par les grévistes en 1968] le siège de la direction avant d'accueillir le quartier général des forces de police. » (Hatzfeld, 2002, p. 367)

19 Il conviendrait de déterminer précisément ce qui a changé depuis l'ouverture du pôle universitaire sur ce site.

20 En ce qui concerne l'architecture patronale, il faut mentionner *l'immeuble du Lion Peugeot* (1909), de style néoclassique et néogothique, construit par l'architecte Jean Walter (né à Montbéliard), à l'entrée de la rue Cuvier, en face de la gare, commandé par les frères Peugeot et destiné à servir de vitrine des automobiles et cycles. À la même époque, Walter construit plusieurs cités ouvrières (cités-jardins) dans la région de Montbéliard : pour Japy, autre « grande famille » industrielle de la région, à Beaucourt et à Fesches ; pour le compte de Peugeot à Valentigney (cité des Longines) et à côté de Voujeaucourt, à La Roche (Kamoun, 2000, p. 50). Walter deviendra d'ailleurs un des spécialistes français de ce type d'habitat.

Il était courant (presque d'usage) qu'après les cours, les élèves se promènent dans la rue principale. Cette déambulation, qui consistait à parcourir la rue Cuvier[21] dans les deux sens, *s'effectuait toujours sur le même trottoir* et s'appelait « faire une gare », car celle-ci était située à l'une des extrémités de la rue. L'espace était clairement divisé, l'un des trottoirs ayant pour certains lycéens la réputation d'être celui « des pédés » ou « des filles ». Bien que cette allégation n'ait reposé sur aucune base factuelle, aucun de ceux qui étaient au courant de la rumeur ne se serait risqué à emprunter le côté stigmatisé ; les malheureux qui – faute d'être informés – transgressaient innocemment l'interdit, étaient immédiatement moqués (certains ne l'apprirent jamais). Il était pareillement inconcevable pour les garçons, même en terminale, d'entrer dans un salon de thé ; il fallait pour cela être accompagné – ce qui n'arrivait pas très souvent – d'une fille qui devait en outre être issue de la bourgeoisie locale ; c'est également elle qui s'adressait à la vendeuse. Il s'agissait d'une fétichisation de l'espace implicite – car non mise en scène explicitement. Cette représentation marquée du territoire ne concernait que les sujets masculins appartenant à une fraction dont les parents étaient pour la plupart, soit ouvriers, soit en ascension sociale quoique eux-mêmes issus du même milieu, ou encore enfants de petits fonctionnaires (instituteurs, postiers, notamment). Il est remarquable que les individus appartenant à la fraction sociale la plus élevée (fils de directeurs et sous-directeurs de l'usine Peugeot, de petits industriels, de médecins, d'avocats, etc.) se trouvaient comme dispensés de ces interdits ; il est vrai qu'ils ne pouvaient guère être désignés comme transfuges, car leur appartenance au groupe en question était soit inexistante, soit extrêmement marginale. Plus tard, lorsqu'il leur arrivait de revenir à Montbéliard, étant étudiants à Besançon ou à Strasbourg (après 1966), les membres de l'ancien groupe, s'ils ne fréquentaient toujours pas les salons de thé, ne respectaient plus la contrainte du trottoir, voire l'évoquaient en plaisantant, ce qui montre d'ailleurs à quel point elle avait pu être prégnante. Sans doute ces phénomènes n'auraient-ils plus été possibles après les événements de 68, particulièrement remarquables à Montbéliard du fait du voisinage sochalien des usines Peugeot.

Cet ensemble d'observations met en évidence l'absence de continuité spatiale de l'intime, saillante à Montbéliard en raison de l'étendue

21 Issu d'une famille luthérienne, Georges Cuvier est *le* grand homme montbéliardais. René Thom, lui aussi protestant, également né à Montbéliard, médaille Fields pour ses travaux mathématiques, eut Georges Becker comme professeur de grec ; les deux hommes étaient d'ailleurs cousins. Autres célèbres protestants montbéliardais (ou du pays de Montbéliard) : Alexandre-Henri Mouhot, re-découvreur d'Angkor ; Étienne Edmond Œhmichen, l'un des inventeurs de l'hélicoptère ; Frédéric Dorian, industriel et ministre ; Charles Louis Contejean, auteur du *Glossaire du patois de Montbéliard*, Professeur de géologie à la faculté des sciences de Poitiers, etc.

géographique modeste des communes économiquement rattachées à la « cité des Princes ». Dans les années soixante, cette spécificité, faite de la conjonction d'un fort potentiel industriel engendrant peu de nuisances écologiques majeures (comme dans le cas de la sidérurgie lorraine, par exemple), et d'un prestigieux passé historique et religieux, autorisait la présence de groupes sociaux aux intérêts culturels et économiques fortement divergents sur des territoires très proches les uns des autres. Certains jeunes, appartenant à des réseaux caractérisés par des *liens labiles* (mais suffisamment nombreux), n'ayant aucune opinion politique – toute revendication d'appartenance à la gauche aurait été rédhibitoire – servaient de *passeurs* (*cf.* Granovetter, 1973 [10]) et permettaient l'agrégation non conflictuelle de fractions, qu'a priori rien ne rapprochait, et qui sans doute, une quinzaine d'années auparavant, n'auraient pu avoir de relations que dans le cadre salarial et hiérarchique. Il ne faut cependant pas exagérer l'ampleur du phénomène. Les « passeurs » étaient d'abord des individualistes qui s'intéressaient à leur propre avenir (car la notion avait encore un sens tout à fait classique). Dans un ordre d'idée tout à fait comparable, Magri (2008, p. 192), commentant l'article de Chamboredon et Lemaire, soulignait que « le texte de 1970 s'achève sur une considération qu'il nous importe de retenir. En faisant voler en éclats l'unité sociale – morphologique, normative et perceptive – du quartier traditionnel, en offrant l'image d'une "société à degrés", le grand ensemble "encourage" chez les ouvriers qui se trouvent près de la frontière avec la classe moyenne, la "rupture des solidarités de classe" et une "ascension" regardée comme la "récompense" de l'"ascétisme petit-bourgeois" (Chamboredon, Lemaire, 1970, p. 33). Cet habit allait comme un gant au propriétaire du pavillon de banlieue. » On se gardera de parler ici de « parenthèse enchantée » (expression souvent associée, depuis Fourastié, aux « Trente Glorieuses » [1979], dont il fut l'inventeur) ; il n'en reste pas moins que cette possibilité de dialogue – y compris amoureux – entre des agents provenant d'horizons différents serait à nouveau compromise quelques années plus tard, lorsque chômage et arrêt brutal de la croissance (à partir de 1973) auraient ravivé les conflits. C'est ce que montrent Beaud et Pialoux, dans un article du *Monde Diplomatique*, faisant suite à l'émeute qui enflamma la ZUP de la Petite Hollande de Montbéliard en juillet 2000 :

> Les jeunes qui s'attroupent et barrent l'accès des immeubles ne sont pas menaçants à proprement parler. Mais, du fait de leur présence constante « dehors » et de leur vie en groupe, règne une atmosphère faite d'un mélange de suspicion a priori et d'hostilité sourde au monde environnant. Dans la rue piétonne ou dans la ZUP, on sent chez eux une fébrilité à occuper l'espace, largement et bruyamment, comme s'ils devaient manifester publiquement le droit de le faire. Une « suroccupation » vécue comme la compensation de leur sentiment d'infériorité sociale. [...] Comment ne pas mentionner l'histoire des pères ? Dans les années 1960-1970, Peugeot est allé les chercher – jeunes, analphabètes et en pleine force physique – dans les régions rurales du Maroc ou de la Turquie. Les enfants savent que leurs

pères se sont toujours retrouvés au plus bas de la société. Que ce soit à l'usine ou à l'extérieur, dans les quartiers HLM (où ils ont été concentrés dans les blocs les plus « pourris ») ou dans la vie sociale, les immigrés, objets de manipulations politiques, ont été traités comme des « sans-droits ».

On voit que l'occupation de l'espace est désormais conçue en fonction du groupe autosuffisant, isolé du monde environnant, y compris dans la rue piétonne – il s'agit de la rue Cuvier, autrefois ouverte à la circulation automobile et *bordée de trottoirs*. C'est à juste titre que Fleury (2004, p. 36), en géographe, souligne que « la rue est une forme urbaine qui a une configuration, une architecture, une histoire. Les pratiques actuelles ne peuvent se comprendre sans celles qui les ont précédées et qui ont laissé des traces dans l'organisation des lieux, une dimension historique d'autant plus incontournable dans la ville-centre européenne. Les fonctions (commerces, artisanat, bureau) font partie de cet héritage, même si elles évoluent avec le temps. L'analyse de leur répartition s'impose, car elles façonnent en grande partie les usages contemporains de la rue, ses temporalités et son paysage. » Il va de soi que la continuité historique n'apparaît qu'à deux conditions : que la configuration antérieure des lieux soit connue, et pour cela il suffit de disposer d'archives, et surtout que l'on soit en mesure de mettre en regard le point de vue des jeunes déambulateurs des années soixante et celui de cette fraction des jeunes d'aujourd'hui. L'usage – cet usage particulier – de la rue est très différent de celui qui prévalait autrefois : alors que l'espace était linéairement divisé – certes de façon sexuée et partiellement sociale – il est dorénavant comme repoussé, un peu comme le sable le serait par grand vent sur une plage, par le passage de la troupe ; mais cette violence cinétique le prive de la stabilité symbolique qu'il possédait alors, puisqu'il se referme aussitôt la vague passée. Le néologisme « suroccupation » introduit par Beaud et Pialoux est bien trouvé car les jeunes descendus de la ZUP (des ZUP sans doute) *tiennent la rue*, quoique ce ne soit que dans le sens d'occupation passagère, comme une patrouille en territoire ennemi / étranger, dont les manifestations de force se superposent à un territoire qui n'est pas le sien. On insistera sur la différence essentielle qui existe entre cette situation et celle qui prévaut dans les cités, qui sont effectivement occupées de façon très différente : *les murs y sont tenus*, et c'est là un aspect essentiel de l'appropriation, phénomène fortement statique, analogue à un marquage par une plaque sur un immeuble. On observera que la différence entre propriété et appropriation, discutée dans la première partie à propos de la qualification de l'habitable / inhabitable, perd ici de sa pertinence, car les quartiers sont devenus, même si c'est parce que d'autres groupes ont « jeté l'éponge », en grande partie la propriété *de facto* de ces bandes : il s'agit d'une forme d'usucapion. Ce passage d'un texte du rappeur marseillais Deen Burbigo, et l'explication afférente figurant sur le site *Rapgenius* sont très clairs sur ce point :

> Mes frères déçus tiennent les murs mieux qu'les parpaings du bloc [explication figurant sur le site :] « C'est pas le ghetto qui fait les frères, c'est les frères qui font le ghetto. Le ghetto est soutenu par ses habitants, pas par des parpaings. »

Et Djaïdani (1999, pp. 26-27), dans *Boumkœur,* fait dire au narrateur :

> Ils sont vraiment graves ces petits jeunes, sans cesse ils te défient, te parlent de leur territoire, vantant une image d'eux toujours plus négative [...]. Ce sont de vrais boss de bac à sable, qui préfèrent kiffer sur un gun plutôt que baver sur une jolie fille qui leur sourit. [...] Les pétasses aiment les chauds, alors si elles aiment fort les chauds, il est logique de bander sur pétard avant de chercher à te faire des bombes de meufs. [...] Les jaloux, ce sont les Gremlins, comme on les nomme nous ici, ils n'ont pas plus de dix-huit ans et déjà sont violemment méchants [...] Les tête-à-tête, les mano-mano sont démodés, c'est la meute qui fait la force.

Il faut le reconnaître, les déambulateurs d'il y a 50 ans n'étaient pas (ou n'étaient plus) des flâneurs, quelle que soit l'acception donnée au terme ; ils avaient aussi cette hâte pressante de faire un parcours cyclique et généralement ininterrompu, même si ce n'était que de la « pierre à poissons »[22] à la place de la gare. Il aurait pour le moins été incongru d'emprunter un chemin différent, non que c'eût été impossible ; simplement cela ne se produisait presque jamais – les rares fois où, pour d'obscures raisons un autre itinéraire était choisi, cela créait une impression d'irréalité, comme si l'on arpentait les rues d'une autre ville. Les lycéens n'avaient qu'exceptionnellement cette disponibilité du regard qui musarde sur les gens et les choses ; il pouvait occasionnellement arriver que l'on s'attarde devant la devanture du libraire qui donnait à lire page par page le dernier album de *Tintin* ou que l'on entre au *Printania* – seul « grand magasin » de Montbéliard, déjà muni d'un escalator – sans raison précise, ou encore que l'on suive (en 1967) les premières émissions de télévision en couleur, dont on n'entendait pas le son, dans la vitrine d'un magasin d'électro-ménager et de radio-télévision. Néanmoins, et sans doute est-ce la clé du problème, les jeunes des cités d'antan (en tout cas ceux qui allaient au lycée) ne trouvaient pas les « tête-à-tête », ni les « mano-mano » démodés ; ils les pratiquaient au contraire avec assiduité, et c'était certainement là un facteur d'intégration essentiel.

22 La « pierre à poissons », située place Denfert-Rochereau (ou place des Halles) à Montbéliard, est une table de pierre, déjà mentionnée en 1470, qui servait d'étal les jours de marché. Guillaume Farel s'y serait juché en 1524, afin de haranguer les chalands par son prêche en faveur de la Réforme. Pour cette raison, la placette sur laquelle se trouve la pierre a été baptisée Square Farel. Elle a été classée monument historique par un arrêté du 9 novembre 1922 (*cf.* Base Mérimée : <http://www.culture.gouv.fr/public/mistral/merimee_fr?ACTION=CHERCHER&FIELD_1=REF&VALUE_1=PA00101682>.

Un mur culturel invisible

> Charles immédiatement se mit en courses. Il confondit l'avant-scène avec les galeries, le parquet avec les loges, demanda des explications, ne les comprit pas, fut renvoyé du contrôleur au directeur, revint à l'auberge, retourna au bureau, et, plusieurs fois ainsi, arpenta toute la longueur de la ville, depuis le théâtre jusqu'au boulevard. Madame s'acheta un chapeau, des gants, un bouquet. Monsieur craignait beaucoup de manquer le commencement ; et, sans avoir eu le temps d'avaler un bouillon, ils se présentèrent devant les portes du théâtre, qui étaient encore fermées.
>
> Flaubert, *Madame Bovary*, 1857/1928, pp. 244-245.

Il arrivait que les jeunes « passeurs » soient rattrapés par leur origine – et il n'était pas nécessaire d'être pour cela originaire des grands ensembles périphériques. Quels qu'aient pu être les efforts d'intégration déployés, ces jeunes gens étaient souvent démunis, réduits à l'improvisation la plus maladroite, voire au « mensonge », devant l'aisance naturelle – y compris en ce qui concerne *l'hexis corporelle*[23] – de ceux (et surtout de celles) qui possédaient les tables de la Loi, et qui n'imaginaient pas un instant qu'il pût en aller différemment. Dubet observe à ce propos que « "l'illusion" des Héritiers consiste même à réaliser des intérêts sociaux tout en croyant accomplir une vocation gratuite. Mais c'est là le propre d'une socialisation prise en charge par une institution, c'est-à-dire par un appareil capable de transformer des valeurs en normes, et des normes en "personnalité". » (1996, p. 29) Les courts extraits (reproduits ci-dessous) de lettres de l'été 1966, écrites par Francette[24], jeune fille de 19 ans, qui venait d'obtenir son bac philo au lycée de Montbéliard, sont à cet égard révélateurs. Francette appartient à l'ancienne bourgeoisie luthérienne montbéliardaise (versant intellectuel). La jeune fille est persuadée que le destinataire de ses missives, dont elle est éprise, partage plus ou moins le même habitus, y compris politiquement. Elle est gaulliste, et le jeune homme, qui n'a aucune opinion bien arrêtée, lui a dit (en 1965) qu'il soutenait Jean Lecanuet – ce qui restait dans les limites de l'acceptable, puisque ce dernier était président du MRP (centre droit), et agrégé de philosophie. (À l'époque, il fallait avoir 21 ans pour voter, ce qui n'était le cas d'aucun des protagonistes de ce récit). Pour les jeunes gens qui viennent de quitter le lycée,

23 Les photos de classe sont à cet égard particulièrement « parlantes ». La position des mains (jointes, à plat sur les genoux, croisées avec les doigts allongés), des bras (croisés, le long du corps, etc.), et pour le premier rang, exclusivement féminin, des pieds (solidement ancrés au sol, ou plus élégamment croisés sur la cheville) constituent des marqueurs remarquables de l'appartenance sociale.

24 Le prénom a été modifié. Francette est décédée il y a bien des années. Nous lui dédions ce chapitre.

l'été de cette année-là constitue une période intemporelle ; on n'est plus lycéen et pas encore étudiant. Francette le ressent confusément. Elle écrit le 3 août, avant de partir pour la Grande-Bretagne : « Il pleut ! si tu savais comme il pleut, c'est absolument dégoûtant. Je frise (ô calamité !), je m'enquiquine et j'enrage. Vive l'Angleterre. D'ici cinq jours j'y serai et n'en suis pas mécontente. Montbéliard est vide, le café de la Gare désert[25]. C'est ici que les vacances prennent leur sens étymologique et non sur la Costa Brava. »

> Extrait d'une lettre du mercredi 27 juillet 1966 : « Pour me désennuyer, je tricote et je lis toujours "Gone with the wind ", je me ballade en voiture et je m'occupe de P. [un petit neveu]. On ne peut imaginer existence plus conforme au guide de la jeune fille modèle selon nos grands-mères. Heureusement, les apparences sont trompeuses. » Sur le même papier, le vendredi 29 : « Cet après-midi je me suis baignée avec X et Y dans la piscine de leurs grands-parents à Colombiers. Sensation inédite et agréable d'avoir une piscine pour soi tout seul sans eau de javel et sans gens pour gueuler autour. Si j'aime la société, j'ai horreur de la foule et c'est pourquoi je m'enquiquine finalement beaucoup à la piscine de Montbé [Montbéliard]. J'espère que tu visites un peu la Catalogne. Je te recommande Montserrat où il y a une église romane adorable à carreaux d'albâtre et une "vierge noire" splendide. Comment est la mer ? »

> Extrait d'une lettre du 15 août 1966, postée à Bromley (banlieue chic au sud du grand Londres) : « Hier donc, je suis allée avec les 2 Italiens à Londres. Il faisait beau. Le matin nous avons marché dans la ville et visité Soho (pas beau, sale et peu fréquentable) dont la faune du moins est intéressante. [...] Dans Regent's park, il y a un petit théâtre de plein air qui jouait justement "Le songe d'une nuit d'été"[26]. J'y ai traîné Sergio qui n'est pas intellectuel et que cela n'intéressait que modérément. Comme j'aurais aimé que tu sois là, au lieu de cet âne d'Italien qui ne comprend rien à Shakespeare ! C'était adorable, des costumes ravissants, d'excellents acteurs. La scène était aménagée au milieu des arbres avec une grotte artificielle, il fallait faire un effort pour se dire qu'on était encore au milieu de Londres et non pas dans une campagne adorable. »

> Le 19 août : « En t'écrivant, j'écoute un disque que je n'ai pas pu m'empêcher d'acheter bien que je sois (déjà) abominablement fauchée. Je le trouve merveilleux et il me tarde que tu l'écoutes. Il est interprété par Victoria de Los Angeles qui a une voix merveilleuse ; elle interpète : "l'année en vain chasse l'année", de Debussy, Shéhérazade de Ravel et des chansons grecques du même auteur. De l'autre côté, ce sont des chansons espagnoles harmonisées par de Falla. Une pure merveille ! Ravissant au sens fort du terme. »

Le fait de se baigner, l'été venu, dans la piscine des industriels voisins – à cette époque, posséder une piscine privée était une indéniable marque de richesse et surtout de statut social –, d'avoir un père pourvu de titres universitaires prestigieux, qui connaissait personnellement Malraux, et avait pour ami le peintre

25 C'est dans cet établissement, dit le Caf'gare, que les élèves du lycée Cuvier se retrouvaient après les cours.

26 Le théâtre en plein air existe toujours (<http://openairtheatre.com/>) et *Le songe d'une nuit d'été* est très généralement au programme.

Jean Messagier, à la réputation internationale, d'aller au théâtre, de passer des vacances à Londres, d'appartenir aux « Jeunesses musicales de France » et de posséder une discothèque classique extraordinairement étendue, constituait autant de signes d'élection que ni les résultats scolaires, ni les lectures compulsives et désordonnées de certains jeunes « passeurs », n'étaient en mesure de compenser durablement. Ainsi, à propos de Messagier, peut-on lire sur le blog du château de Biron (Dordogne) à propos d'une exposition (2009) posthume : « Auteur de natures mortes et de scènes de genre plutôt cubistes au milieu des années quarante, paysagiste subtil et minimaliste dix ans plus tard, dès l'aube des années soixante il préféra, aux sujets définis, la sublimation de leurs énergies [sic]. Tout se mit alors à vibrer. Le battement d'aile d'un bouvreuil, le souffle d'une génisse, voilà ce qui inspira le peintre. Et au diable les détracteurs, disant de lui qu'il peignait comme un "laveur de carreaux" ! » Comment aurait-il été possible de seulement *imaginer* soutenir la comparaison, alors qu'aux murs des petits bourgeois étaient accrochées, dans le meilleur des cas, des toiles de Pierre Jouffroy, peintre régionaliste s'il en est, qui ne peignait pas comme un « laveur de carreaux », mais avec application, comme un artisan consciencieux ? Ces enfants d'ouvriers, d'employés, de petits cadres, tentés par l'ascension sociale et généralement bons élèves, étaient à l'époque dans la situation décrite par Pierre Bourdieu et Monique de Saint-Martin (1976, p. 37) :

> L'allure disparate des systèmes de préférences, la confusion des genres et des hiérarchies, opérette et opéra, vulgarisation et science, l'imprévisibilité des connaissances et des ignorances, le lien qui rassemble les savoirs n'étant autre chose que la séquence des hasards biographiques, tout renvoie aux particularités d'un mode d'acquisition. Cette culture acquise au hasard des rencontres, écoute de la radio, lecture des journaux ou de livres, en l'absence de ces classements par genres, époques, périodes, styles, que produit et inculque la tradition scolaire, Goldoni pouvant côtoyer Tchekov ou Robert Lamoureux, est une sorte de Palais Idéal du Facteur Cheval, où les labyrinthes et les galeries, les cascades et les grottes, Velléda la Druidesse et Inize, le caveau à la mode des Sarrazins et le château du Moyen Age, la grotte de la Vierge Marie et le temple hindou, le chalet suisse et la Maison Blanche, la mosquée et la Maison Carrée d'Alger, féerie de feuilleton sortie tout droit des gravures de la *Veillée des chaumières*, se juxtaposent, sans autre plan ni raison que la passion pure du travail pour le travail [...].

Les « passeurs », quoique parfaitement scolarisés, ne maîtrisaient guère les « systèmes de préférences » évoqués par les deux auteurs : Untel, dont le père était chef du service commercial dans une usine montbéliardaise (situation à laquelle il avait accédé « par la petite porte »), aimait l'opérette – ne connaissant que très peu l'opéra, sauf quelques grands airs –, n'avait jamais entendu chanter Victoria de Los Angeles, ignorait qui était De Falla, et sa science ravelienne se limitait au « Boléro » ; tel autre, fils d'ouvrier « à la chaîne », avait une prédilection pour le rock anglo-saxon, et était convaincu que la musique classique décrivait littéralement lieux et sentiments, ainsi que l'en avait persuadé un jeune membre de la « vraie » bourgeoisie, qui, de ce fait, ne pouvait être dans l'erreur.

Sans doute davantage que les individus appartenant, voire revendiquant leur appartenance à l'un ou l'autre camp – à vrai dire cette revendication était presque invariablement formulée (après 68) par les membres dominés : « moi j'suis un fils d'ouvrier ! (etc.) » – les autres se contentant *d'être* –, c'étaient les membres intermédiaires qui étaient aliénés, parvenant très difficilement à faire leurs les pratiques des plus favorisés. Ce serait une erreur de supposer qu'il y avait là une réticence de classe, visant à protéger un hypothétique prestige latent (dans le sens sociolinguistique donné à la notion par Trudgill, 1972) ; il ne faut y voir que maladresse et absence de familiarité avec les pratiques « bourgeoises », ou plus exactement avec ce qui était supposé être des pratiques bourgeoises. Ainsi, lors d'une soirée (vers 1966 ou 1967) au *Cercle Hôtel* déjà évoqué, le fils d'un OS2 de Peugeot et d'une caissière d'un *Ravi*, qui devait plus tard devenir un médecin fort apprécié, se trouvant entouré de membres de ce qui était, à tort, perçu comme la « gentry » locale (essentiellement des fils et filles d'ingénieurs et des jeunes couples – le mari étant fréquemment issu de l'école des Arts-et-Métiers, alors très prisée dans la construction automobile, et la femme étant sans profession)[27], cassa-t-il son verre de vin en le serrant nerveusement dans sa main, ne sachant quelle attitude adopter dans cette assemblée un peu « snob » (quoique fort peu intellectuelle) et sans doute perçue comme dominante[28]. La gêne naissait bien plutôt d'une représentation largement fantasmée que d'une réalité objective ; il s'agissait en quelque sorte d'un bovarysme moderne, mais toujours très provincial. Selon Bourdieu (1977a, p. 52) :

> L'expérience par excellence du « corps aliéné », la gêne, et l'expérience opposée, l'aisance, se proposent de toute évidence avec des probabilités inégales aux membres des différentes classes sociales ; elles supposent en effet des agents qui, accordant la même reconnaissance à la même représentation de la conformation et du maintien légitimes, sont inégalement armés pour la réaliser : [...] la probabilité d'éprouver le corps (ou la langue) dans le malaise, la gêne, la timidité, est d'autant plus forte que la disproportion est plus grande [...] entre le corps idéal et le corps réel, entre le corps rêvé et le looking-glass self, comme on dit parfois, que renvoient les réactions des autres. C'est pourquoi [...] l'expérience petite-bourgeoise du monde social est d'abord la timidité, l'embarras, le malaise de celui qui se sent trahi par son corps et par son langage, qui,

27 En 1991, Duprez, Grelon et Marry notaient (p. 56) que « les femmes d'ingénieurs sont aujourd'hui majoritairement actives (à 70 % pour les promotions sorties il y a cinq et dix ans contre 30% pour les promotions d'il y a trente ans), elles sont diplômées de l'enseignement supérieur et occupent des postes dans des catégories professionnelles moyennes (dites "intermédiaires" dans la terminologie statistique française) telles qu'assistantes sociales, institutrices ou infirmières, ou dans des catégories supérieures comme professeurs de lycées, cadres ou ingénieurs dans des entreprises, et elles tiennent à leurs emplois. » Dans les années 60, presque aucune femme de cadre supérieur ne travaillait à Sochaux-Montbéliard.

28 On remarquera que les parents de ce jeune homme ne tardèrent pas à quitter leur HLM pour s'installer dans un pavillon situé en limite, mais non à l'extérieur de la ZUP qu'ils habitaient, confirmant ainsi l'analyse de Magri (2008) ; voir plus haut. Le jeune homme en question travaillait à la chaîne durant un mois en été, afin de gagner quelque argent.

> au lieu d'être engagé dans son corps ou son langage, les regarde en quelque sorte du dehors, avec les yeux des autres, se surveillant, se corrigeant, se reprenant et qui, par ses tentatives désespérées pour se réapproprier le corps aliéné, donne précisément prise à l'appropriation (il en fait trop en tout cas et son hypercorrection le trahit autant que ses maladresses).

Dans une perspective analogue, on peut citer la saga familiale de Jean Rouaud (« Le Cycle de Minuit »), dans laquelle l'auteur-narrateur dit sa honte d'être fils de petits commerçants installés dans une bourgade de Loire-Atlantique (Campbon, crypté en Random) : « En face de la mention né à, il semblait plus valorisant pour l'ego d'inscrire Nantes, Paris ou New York, plutôt que cette apparition en rase campagne, ce soupçon d'arriération. » (Rouaud, 1998, p. 102) L'auteur-narrateur se sent stigmatisé par ses origines en de multiples occasions. Ainsi, lorsque la famille part en vacances : « Nous étions très bien à passer l'été entre les hauts murs du jardin. C'est partir au contraire qui était dérangeant. Moins de quitter nos repères familiers que d'être exposés soudain aux regards – on ne voyait qu'eux : qui vous faisaient remarquer au restaurant que vous teniez mal votre fourchette, à l'hôtel que vous marchiez trop bruyamment dans les couloirs à la recherche de votre chambre, dans un téléphérique que votre présence risquait d'entraîner une surcharge au point de vous donner envie de sauter dans le vide, au cirque de Gavarnie que vous grimpiez à pied quand de plus riches, ou de plus téméraires, montaient à dos de mulet, au château de X que vous aviez tort de trouver bien court le lit de Du Guesclin, et donc Du Guesclin lui-même, et, à La Bourboule de grimacer en avalant les eaux arsenicales de la station. C'était bien entendu les mêmes qui depuis toujours nous interdisaient l'accès de la plage : trop blancs. » (Rouaud, 1993, pp. 92-93) Même sentiment d'humiliation lorsque l'auteur-narrateur, fraîchement orphelin de père (il vient d'avoir onze ans), est invité un jeudi par un camarade de classe dont les parents font partie de la grande bourgeoisie nazairienne : « Lui était externe, […] père grand chef des chantiers navals, ou de cet ordre, mère dans les bonnes œuvres de la paroisse, si bien que j'avais dû à cette aisance et au devoir de charité d'être invité un jeudi, qui était alors jour de repos […]. » (Rouaud, 1996, p. 105) La sœur du camarade de collège, qui s'évertue à jouer au tennis de table avec l'orphelin maladroit, arbore l'hexis corporelle de toute jeune fille de bonne famille : « Vue de Random, via Saint-Cosmes, elle avait l'élégance et la simplicité des beaux quartiers : jupe marine, chemisier bleu pâle et autour du cou un foulard noué à la façon des scouts, et d'ailleurs ce devait être en fait l'uniforme des jeannettes, en compagnie desquelles elle avait passé la matinée et une partie de l'après-midi. » (Rouaud, ibidem, p. 111, et *cf.* Freyermuth, 2011, pp. 35-91).

Le terme qui vient à l'esprit pour décrire ce sentiment, est parfaitement démodé, probablement comme la situation elle-même : on se sentait *godiche* (*cf.* l'énoncé proverbial : *« chassez le naturel, il revient au galop »*), ne sachant trop comment tenir d'une main une tasse de thé (avec soucoupe) et de l'autre un petit four. L'exemple qui suit, trouvé sur un blog, et décrivant une situation gentiment banale, rend bien compte de ce sentiment de non appartenance, d'extériorité à soi-même et finalement de cette impression d'être « de trop » :

> C'était vendredi soir à la Fnac [...]. Jean d'Ormesson est dans les murs et dédicace son livre ! Ce livre qui se trouve justement sur ma liste pour mon saint préféré ! J'hésite... [...]. Je m'attends à une longue file mais il n'y a personne devant sa table. Il est là, très élégant, très charmant, accompagné de sa fille. Je suis prise de panique, je me fige, je me cache dans un rayon. [...] Et me voilà devant Jean d'Ormesson, muette, intimidée comme une toute petite fille qui rencontre le Père Noël : je ne sais pas quoi dire, je n'y crois pas, cela me semble irréel... Et je voudrais lui dire tant de choses, je voudrais dire autre chose que « j'admire beaucoup ce que vous faites ». Je voudrais lui dire à quel point *Au plaisir de Dieu* m'a touchée [...], je ne dis rien, je ne sais plus quoi dire : il est délicieusement bien élevé, attentif et sympathique. Ses yeux, plus bleus que jamais, font oublier son âge. Mais voilà, je reste paralysée et je repars avec mon livre dédicacé et mon cerveau anesthésié. J'articule à peine un « merci beaucoup Monsieur ». Je me sens si pathétique, une parfaite imbécile, venue chercher un autographe de l'écrivain qui passe souvent à la télé. Je me donnerais des baffes et des coups de pied [...].[29]

Pinçon et Pinçon-Charlot (2007, p. 44) notent que la « bonne éducation », c'est-à-dire l'éducation bourgeoise, « passe par l'incorporation des manières, mais aussi des goûts, de toute une affectivité spécifique. Le patrimoine de jouissance, dans ce dispositif, tient une place importante. » On trouve chez Proust de nombreuses illustrations de ce clivage finement structuré entre nantis culturellement et socialement, et *vulgum pecus*. Dans *Le côté de Guermantes*, le narrateur, accompagné de Saint-Loup, se rend dans un restaurant chic fréquenté par des aristocrates et par des bourgeois, dont beaucoup sont juifs. Saint-Loup étant retenu à l'extérieur, le narrateur doit entrer seul :

> [...] Une fois engagé dans la porte tournante dont je n'avais pas l'habitude, je crus que je ne pourrais pas arriver à en sortir. [...] Ce soir-là, le patron, n'osant pas se mouiller en allant dehors ni quitter ses clients, restait cependant près de l'entrée [...]. Pourtant la rieuse cordialité de son accueil fut dissipée par la vue d'un inconnu qui ne savait pas se dégager des volants de verre. [...] Pour comble de malchance j'allai m'asseoir dans la salle réservée à l'aristocratie d'où il vint rudement me tirer en m'indiquant, avec une grossièreté à laquelle se conformèrent immédiatement tous les garçons, une place dans l'autre salle. [...] J'avais en face de moi la porte réservée aux Hébreux qui, non tournante celle-là, s'ouvrant et se fermant à chaque instant, m'envoyait un froid horrible. Mais le patron m'en refusa une autre en me disant : « Non, Monsieur, je ne peux pas gêner tout le monde pour vous. » (Proust, 1920/1954, pp. 401-402)

Le calvaire du narrateur s'achèvera avec l'arrivée de Saint-Loup, qui l'adoubera par sa seule présence et le fera admettre immédiatement dans la « petite salle », obtenant en outre le manteau de vigogne du très méprisant prince de Foix, pour réchauffer son ami. Comme l'observe Carnevali (2006, §23), qui commente ce

29 <http://zenacroquer.blogspot.fr/2009/11/miss-godiche.html>.

passage, le lieu est, de façon presque invisible – il s'agit bien ici d'une sorte de cloison de verre, analogue au *plafond de verre*, matérialisée de façon très discrète « par un simple parapet décoré de verdure » – l'enjeu d'une lutte pour la distinction. C'est la vieille aristocratie qui, très provisoirement, l'emporte. Un indice de cette évolution et de la position d'ores et déjà fragilisée de la noblesse d'Ancien régime, peut être relevé dans un autre passage du même ouvrage. Saint-Loup, de très ancienne noblesse, est recommandé par le maréchal de X... au capitaine prince de Borodino (noble d'Empire) qui commande la compagnie :

> [Le prince de Borodino] ne le reçut jamais chez lui, sauf en une circonstance particulière [...]. Je pus facilement, ce soir-là, en voyant Saint-Loup à la table de son capitaine, discerner jusque dans les manières et l'élégance de chacun d'eux la différence qu'il y avait entre les deux aristocraties : l'ancienne noblesse et celle de l'Empire. [...] Saint-Loup prenait amicalement la main de n'importe quel bourgeois qu'on lui présentait et dont il n'avait peut-être pas entendu le nom, et en causant avec lui [...] l'appelait « mon cher ». [...] Le prince de Borodino [...] considérait son rang comme une prérogative effective ; [...] il s'adressait [aux roturiers] avec une affabilité majestueuse, où une réserve pleine de grandeur tempérait la bonhomie souriante qui lui était naturelle, sur un ton empreint à la fois d'une bienveillance sincère et d'une hauteur voulue. Cela tenait sans doute à ce qu'il était moins éloigné des grandes ambassades et de la cour, où son père avait eu les plus hautes charges et où les manières de Saint-Loup, le coude sur la table et le pied dans la main, eussent été mal reçues, mais surtout cela tenait à ce que cette bourgeoisie, il la méprisait moins, qu'elle était le grand réservoir où le premier Empereur avait pris ses maréchaux, ses nobles, où le second avait trouvé un Fould, un Rouher. (*ibidem*, pp. 130-131)

Borodino, en un sens « moins noble » que Saint-Loup, est néanmoins encore proche d'un pouvoir symbolique, car son père a occupé de hautes fonctions sous le second Empire. Au contraire, les vieilles familles aux innombrables quartiers de noblesse, ne sont plus aux affaires *de jure* depuis fort longtemps, certains devant même *aux Bonaparte* des fonctions dans la haute administration (le père de Saint-Loup était dans ce cas, comte « refait » par l'Empereur et solliciteur de préfecture). Le prince de Borodino est authentiquement plus proche de la bourgeoisie, dont ses ascendants sont eux-mêmes issus, car elle est « le grand réservoir ou le premier Empereur avait pris ses maréchaux, ses nobles, [...] ». Bientôt, l'une comme l'autre – sauf dans des cercles nostalgiques et confidentiels, mais néanmoins représentatifs d'une archéologie de la distinction étendant ses linéaments du côté de la grande bourgeoisie – seront remplacées par une « aristocratie » financière, dont l'influence proviendra beaucoup moins de positions dominantes dans un champ exclusivement social que dans un champ économique. En effet, cette position entraîne la reconnaissance sociale, pour autant qu'il s'agisse de fortunes construites dans des secteurs « nobles » – excluant par exemple les limonadiers, brasseurs ou fabricants de surgelés (etc.) Proust, de façon révélatrice, évoque deux personnalités qui ont joué un rôle charnière dans ce passage de témoin : Achille Fould, banquier d'origine juive, converti au protestantisme, qui fut ministre d'État de Napoléon III, tenant d'une économie libérale, extrêmement conservateur politiquement, et refusa d'être fait duc ; quant à Eugène Rouher, il fut avocat et était de même très peu ouvert aux idées démocratiques. Bourdieu notait en 1978 – mais les choses n'ont pas tellement évolué depuis, à charge d'ajouter une dimension distante et mondialisée – que « c'est là qu'intervient d'abord la nature de la société et de ses activités (le secteur) : on oppose les activités "nobles", la banque, l'industrie lourde, le transport maritime, les services publics (réduits depuis la loi de 1946 à la distribution d'eau) [mais à nouveau très largement élargis, ce en quoi l'Europe et sa gouvernance distante n'est pas étrangère], à l'hôtellerie et à la "cantine" (Jacques Borel) et à toutes les activités de commerce et de distribution, à l'exception de celles que rehausse leur ancienneté, tels les grands magasins, version "ancien régime" des grandes surfaces, sans parler des plus infréquentables, comme les "cosmétiques" (François Dalle) et l'immobilier… » (Bourdieu, 1978, pp. 450-451)

Montbéliard et l'autre hypothèse d'Edward Sapir sur la culture

Le 27 avril 2013, dans la rubrique « actualités » de Google, en faisant une recherche sur Montbéliard, nous trouvons quelques informations. Nous apprenons d'abord que « des bandes rivales sèment le désordre en ville. Depuis le début des vacances scolaires, des bandes commettent des incivilités au centre-ville et importunent commerçants et riverains. » *L'Est Républicain* en ligne constate que « des bandes de jeunes ont un comportement particulièrement bruyant place Albert-Thomas et dans la partie de la rue Cuvier proche de la gare. "De toute façon, si on leur demande de baisser le ton, ils nous insultent", constatent les piétons. » De petits délits sont commis, comme l'arrachage des fleurs en bac d'un café, ou le jet de bouteilles sur les vitrines ; le commandant de police de la BAC locale explique au journaliste de *l'Est* que « tous les après-midi, 3 patrouilles les suivent. Les jeunes viennent essentiellement de Valentigney, Audincourt et Bethoncourt. Un des jeunes des Buis et 3 individus de Bethoncourt ont été interpellés pour outrage. Je suis moi-même interloqué par le comportement de ces bandes rivales. Mais c'est toujours difficile de déterminer ce qui est tolérable de ce qui ne l'est pas ». Tout cela n'a évidemment rien à voir, ni de près ni de loin, avec l'explosion de violence de la ZUP de la Petite Hollande en 2000. Il s'agit simplement d'observer que le centre-ville historique n'est plus protégé de l'extérieur comme c'était le cas dans les années soixante ; rien ne l'isole symboliquement de la périphérie et sans doute n'existe-t-il plus qu'en tant qu'ensemble patrimonial – en effet, les principaux bâtiments, autrefois d'un gris presque anthracite (le château, les Halles, le temple saint Martin, le temple saint

Georges, l'Église saint Maimbœuf, la maison Beurnier, etc., ont été joliment restaurés et nettoyés ; le fleurissement vaut chaque année 4 étoiles à la ville) –, l'ancien ciment conservateur et religieux ayant depuis longtemps disparu.

La *Société d'Émulation*, qui représentait un des piliers intellectuels de l'ancienne gouvernance morale tient désormais ses réunions… à la ZUP de la Petite Hollande, dans l'enceinte du pôle universitaire il est vrai. Mais ce choix semble tout de même poser problème, puisque dans son éditorial en ligne, le président de la *SEM*, François Vion-Delphin, dont il n'est pas anodin de relever qu'il est un spécialiste de la réforme, des forêts comtoises et de l'eau (comme auparavant l'ancien président Jean-Marc Debard[30] s'agissant du premier point et Georges Becker s'agissant des deux autres), manifeste une certaine inquiétude devant une désaffection de plus en plus marquée : « Depuis quelques années, nous constatons une baisse régulière de la fréquentation de nos conférences, ce qui nous préoccupe et nous oblige à nous interroger sur les raisons de cette évolution défavorable. Moindre attractivité des sujets abordés ? Réticences par rapport à la ZUP ? […] » La périphérie a donc pris possession, de manière non négociée cette fois, du noyau de la cité. Il est particulièrement intéressant de noter que la pénétration des bandes se fait « place Albert-Thomas et dans la partie de la rue Cuvier proche de la gare », c'est-à-dire dans la partie la plus proche du boulevard périphérique ; le vrai « cœur » semble pour l'instant épargné : on ne signale pas de nuisances de ce type dans la partie la plus ancienne de la ville (environs du temple

30 F. Vion-Delphin écrit, dans la nécrologie de Jean-Marc Debard, décédé en octobre 2013 : « Jean-Marc était un enfant de son cher Pays de Montbéliard, un paysan du Pays comme il se plaisait à le rappeler, fier de ses origines rurales. Son attachement à la terre de ses ancêtres était viscéral : il en avait une connaissance intellectuelle, historique mais aussi physique, charnelle. Il sentait son Pays, le portait à la semelle de ses chaussures, en connaissait tous ses coins et recoins, les traditions et même tous les patronymes traqués dans les archives au gré de ses recherches historiques. L'identification allait si loin entre l'homme et son terroir qu'il finissait par ressembler physiquement à son cher prince Frédéric …, qu'il donna à ses enfants des prénoms très chargés de l'histoire du Pays : Frédéric et Sophie, qu'il "parlait montbéliardais", émaillant ses propos de tournures locales. Ainsi, lorsqu'on lui demandait comment il allait et qu'il n'était pas très en forme, il répondait avec malice : "Je dédeviens"… ce qui signifie, en français dans le texte : "Je décline"… Une autre forme, essentielle, de son attachement à sa terre était sa foi, celle de ses ancêtres, une foi luthérienne ardente qui l'aida beaucoup dans les dures épreuves qu'il eut à traverser. Il fut un membre particulièrement actif de la paroisse luthérienne d'Héricourt et de la paroisse réformée de Besançon et eut un rôle important dans la réunion des églises protestantes. » Ce portrait sensible met parfaitement en évidence la spécificité montbéliardaise intrinsèque et non seulement nominale de la SEM, ainsi que sa relation consubstantielle avec les valeurs conservatrices de l'ancienne bourgeoisie luthérienne. Un monde qui disparaît. <http://www.montbeliardemulation.fr/?mod=page&id=48&PHPSESSID=2decb4acea3a426d565db6e4a99ee2fc>.

saint Martin, château, place des Halles[31], etc.) Ces subdivisions fines de valeurs symboliques ont été mises en évidence depuis longtemps. Norbert Elias et John Scotson (1997, p. 138) décrivent un cas presque identique à « Winston Parva », une cité de banlieue rebaptisée de ce nom et située près de Leicester (l'enquête fut réalisée à la fin des années cinquante) : « L'une de ces rues se terminait par ce que les gens du pays appelaient “le mauvais bout”. Dans les années 1930, la municipalité y avait construit une rangée de maisonnettes qui attiraient à présent une catégorie de locataires un peu plus désargentés et un peu moins avertis des normes et du statut du quartier “d'élite”, c'est-à-dire moins “respectables” que ses habitants et, en fait, que la plupart des habitants du “village”. » Il conviendrait de déterminer (*cf.* chapitre « Innovations et identité » [10]) dans quelle mesure de telles saillances, dont la presse se fait complaisamment l'écho, sont révélatrices d'un véritable changement en profondeur.

Deux autres informations méritent d'être rapidement mentionnées. D'une part, comme l'indiquait un communiqué de l'AFP, « la direction du site PSA de Sochaux a présenté [le] vendredi 26 avril [2013] au comité d'établissement son *“projet de démontage”* le 15 juillet prochain de l'équipe de nuit [...]. La “chute des marchés en Europe” justifie la décision [...]. La fin de l'équipe entraînera la suppression de 800 à 850 emplois parmi les intérimaires du site qui devront céder leur place aux salariés permanents de nuit à reclasser, ont informé les syndicats. » Quoiqu'attendue, la nouvelle provoque de vives réactions, car l'embellie des années 2000 avait changé la donne, y compris chez Peugeot, où l'on recrutait aussi les jeunes des cités, ainsi que le notaient Beaud et Pialoux (2002b, p. 84) : « La demande de travail intérimaire a explosé, les jeunes de cité ne peuvent plus être tenus à l'écart, les verrous qui les tenaient éloignés des usines ont sauté les uns après les autres : “on est obligé de les accepter” (la formule passive est souvent employée), tous les dossiers sont désormais étudiés, y compris ceux qui étaient considérés comme totalement inemployables il y a deux ans (notamment ceux qui avaient un casier judiciaire). Seuls semblent être désormais écartés les jeunes qui ont “fait des histoires” à l'intérieur des entreprises et qui sont, de ce fait, “fichés”. » Dans un autre article (abstract), les mêmes auteurs constataient que « l'opposition jeunes-vieux a cédé la place à une rivalité embauchés-intérimaires. Cette nouvelle situation caractérisée par un “plein emploi précaire” a créé un clivage entre une génération de “vieux” ouvriers, en contrat à durée indéterminée (CDI), qui ont (mal) vécu la modernisation de leur usine et ces jeunes précaires qui cumulent, à la limite de la

31 A cet endroit se trouve la fameuse pierre à poissons, demeurée le symbole de la vigueur du mouvement de la Réforme (*cf. supra*). Avec le temple saint Martin (1607), plus grand temple luthérien de France, il s'agit donc bien d'un point central et symbolique de l'ancien Montbéliard.

légalité, les postes d'intérimaires. » (2002c) Il s'agit là d'un bon indice de la poursuite de la déstructuration du tissu industriel et social de la ville ; il n'y a naturellement aucun lien de cause à effet entre cette annonce et les incivilités que nous avons mentionnées. Il paraît néanmoins probable que cette situation d'insécurité chronique (chômage, perte d'emploi, etc.) contribue à déstabiliser fortement les comportements. Ainsi, au début de cet ouvrage, nous avons cité le syndicaliste Édouard Martin, qui évoque quelques souvenirs d'enfance dans son livre de témoignage sur la catastrophe sidérurgique lorraine : « Nous savions que nous ne pouvions pas faire de bruit sous les fenêtres de tel ou tel appartement parce que les pères faisaient les trois-huit et qu'ils dormaient l'après-midi. [...] De temps en temps, à table, nous arrachions à mon père quelques phrases sur son métier. Il nous disait alors "bosser dans l'acier" » *(op. cit.)*. Le travail fournissait alors un cadre et régulait les « styles de vie » ; à Champvallon également, les enfants et les adolescents étaient attentifs à ces rythmes.

Un dernier indice qui donne une bonne idée de la perte des anciens repères vient d'un lieu social où, a priori, on ne l'attend pas : un entrepreneur montbéliardais, soumis à l'impôt sur la fortune, conseiller municipal d'opposition, a décidé de poser nu, avec quelques billets de banque en guise de cache-sexe (100, 50 et 20 €) ; la photo accompagnée d'un article a été publiée dans *L'Est Républicain*, ainsi que dans *Le Républicain lorrain*. L'élu souhaitait ainsi protester contre l'obligation de déclaration de patrimoine : « L'ancien patron d'une société d'économie mixte [déclare] : "Oui, j'ai un beau patrimoine immobilier", [...] "Mais il n'est pas tombé tout cuit. Faut se lever le matin, faut oser investir. En France, il faudrait se cacher dans un trou de souris quand on a un peu de bien. Maintenant, quel besoin de mettre en place cette usine à gaz et faire autant de tapage quand il existe déjà en France une structure qui s'appelle la commission pour la transparence financière de la vie politique. [...]" »[32]. Nous n'aurions pas mentionné ce fait divers, tant il est trivial, s'il n'était exactement contemporain de l'annonce par PSA du *« démontage »* de l'équipe des intérimaires. Sans doute cet élu, comme il le dit lui-même, « [n'est pas] fortuné. Le fortuné, c'est celui qui vient de gagner 23 millions d'euros au Loto. [sic] ». Il l'est néanmoins beaucoup plus que les intérimaires bientôt licenciés, et plus encore que les chômeurs en fin de droit. Il est d'ailleurs remarquable que le conseiller considère que seuls sont riches les grands gagnants du loto, c'est-à-dire ceux dont l'aisance financière soudaine est le fruit du plus pur des hasards et qui ne représentent qu'une infime partie des très riches ; il se garde de citer les grandes fortunes industrielles et financières, dont certaines – dans le second cas – ont été construites avec une rapidité fulgurante, et ne parle évidemment

32 Propos rapportés par la journaliste Françoise Jeanparis, <http://www.estrepublicain.fr/politique/2013/04/15/chiche-j-ose-et-j-assume>.

pas des *héritiers* (la famille Peugeot, par exemple)[33]. On se prend à regretter très sincèrement l'époque où Georges Becker était député. Comme le confiait le grand René Thom à Michèle Porte[34] :

> Tu ne te rends pas compte. On m'a fait entrer au Lycée Saint-Louis. L'entrée dans les grandes taupes se faisait au poids sociologique des parents – je pense qu'il en est de même aujourd'hui. Georges Becker, mon professeur de grec qui m'était vaguement cousin, m'a défendu. Il m'a beaucoup plus frappé que tous les autres, notamment les professeurs scientifiques. C'était un éminent mycologue, et il écrivait des nouvelles, des poésies.

Pour en revenir à l'économie de l'espace dans le cas précis de la ville de Montbéliard, le centre n'ayant plus de cohérence forte, et les périphéries – ici comme ailleurs – ayant pris leur indépendance, certaines des anciennes ZUP deviennent peu à peu des fiefs, obéissant à une logique purement locale, bien souvent en relation avec une économie souterraine. Le phénomène est particulièrement sensible à Bethoncourt-Champvallon, qui a fait l'objet de programmes de réhabilitation plus ou moins efficaces depuis le début des années quatre-vingt-dix. L'état des lieux le plus fiable – car non dépendant des politiques municipales – paraît être celui de la chambre régionale des comptes :

> Champvallon est l'un des plus grands quartiers d'habitat social de l'agglomération montbéliardaise : en 2004, il abritait plus des deux tiers de la population de Bethoncourt, soit plus de 4 600 personnes dans 1 448 logements, dont 1 043 logements sociaux. Il y a quelques années, le quartier comprenait des zones d'habitation particulièrement dégradées et dépourvues de toute mixité sociale. Le quartier se trouvait, de facto, hors du marché de l'habitat. [...] Le projet [de rénovation] s'est traduit par la démolition de certains immeubles vétustes et d'un foyer Sonacotra [...]. La tendance est à la multiplication de l'habitat individuel de type pavillonnaire, afin de favoriser la mixité sociale. [...] L'ancien maire de Bethoncourt a également rappelé qu'un constat lamentable est fait, d'une part sur la vétusté de ces

33 Le statut d'héritier, dans les dynasties industrielles est bien étudié par Moine (1990, p. 76) à partir des maîtres de forge lorrains : « Nul mieux que les Wendel n'ont assuré cette assimilation de l'entreprise à la dynastie. Les statuts des "Petits-fils de François de Wendel" interdisaient la transmission de parts à quelqu'un qui ne fût pas un descendant de celui-ci et les gérants devaient être choisis parmi ses descendants directs. L'application de ces dispositions a été si rigoureuse que, jusqu'à une période toute récente, jamais un héritier non descendant quelle que soit la qualité de sa noblesse, n'a été proposé à l'agrément. Participaient aussi de la stratégie familiale les politiques matrimoniales, caractérisées par une forte endogamie. À cet égard l'exemple le plus caractéristique est celui des Aciéries de Longwy, dont toutes les familles fondatrices, à l'exception des Adelswärd (il est vrai protestants) sont reliées par des alliances. »

34 Sur le site de la *School of Mathematics* de l'université d'Édimbourg, la mathématicienne Michèle Porte explique que « René Thom et moi avions entrepris de rédiger une biographie. Le projet ne fut pas mené à terme. Je reproduis ci-après quelques-unes des notes que j'avais prises lors des entretiens que nous avions consacrés à ce travail. » <http://www.maths.ed.ac.uk/~aar/papers/thom/renethom/index.htm>.

> équipements municipaux, confirmant le risque pris par l'ordonnateur de l'époque face aux manques de conformité dans tous les domaines, d'autre part sur une situation totale d'insécurité publique sur le quartier sensible de la commune : « Champvallon », quartier le plus difficile de toute l'agglomération, voire du département. À la même période, la municipalité a mis en place un groupe de réflexion et de pilotage de toutes les actions à mener en matière d'urbanisme et de sécurité. [...].[35]

Le Pays de Montbéliard n'est pas encore réduit à la situation de la Lorraine du Nord – notamment les vallées de la Fensch et de la Chiers – mais il paraît fondé de soutenir qu'une page d'histoire régionale est définitivement tournée. Peut-être ne peut-on percevoir que de l'intérieur l'ampleur du changement, peut-être faut-il avoir été enfant dans cette région dans les années cinquante et soixante pour ressentir le cataclysme qu'elle est en train de vivre.

Mutatis mutandis, il est possible de reprendre à notre compte l'analyse faite par le linguiste et anthropologue Edward Sapir en 1924, s'agissant du rapport existant entre « géographie et culture ». Se fondant sur la situation des cités grecques et de la Rome des débuts de l'Empire, Sapir estimait que la culture a atteint son développement le plus remarquable dans des groupes restreints et relativement autonomes possédant un héritage spirituel et culturel commun – ce qui était le cas dans la Montbéliard protestante[36]. Le « Pays » constituait un isolat au sein d'une culture dominante franc-comtoise très majoritaire, bloquant toute expansion significative au-delà de frontières réelles, puis de plus en plus symboliques ; toutefois l'importation de connaissances et d'influences venant d'ailleurs – principalement de Suisse – était non seulement possible mais encouragée. On a affaire ici à une manifestation précoce d'un phénomène de réseau, certes restreint, puisqu'il ne concerne qu'une élite. Cette situation contenait à la fois les germes d'un succès industriel initial et d'un échec ultérieur. Il est en effet certain que la brillante réussite d'entreprises comme celles des Peugeot et des Japy a été favorisée par la spécificité de l'ancienne principauté et de son tissu humain. Nous nous référons à nouveau à l'article fort ancien de Robert Goetz-Girey, économiste toujours sensible aux faits sociaux (admirateur de François Perroux), qui avait bien mis en évidence les déterminants de la croissance initiale :

> [...] l'exemple du Pays de Montbéliard permet de penser que la condition religieuse du Pays de Montbéliard a favorisé la croissance, et l'a surtout favorisée au départ : les relations personnelles avec les protestants voisins de Suisse, d'Allemagne et d'Alsace ont permis aux Montbéliardais d'emprunter leurs techniques et leurs connaissances aux industriels protestants de ces régions ; les industriels et ouvriers qualifiés protestants s'installent plus volontiers à Montbéliard que dans d'autres régions voisines de religion catholique ; les relations familiales

35 Chambre régionale des comptes de Franche-Comté (2010) *Rapport d'observations définitives formulées par la chambre régionale des comptes de Franche-Comté sur la gestion de la commune de Bethoncourt, exercice 2003 et suivants*, Besançon [en ligne].

36 Nous ne comparons évidemment pas Montbéliard à Athènes ou à Rome...

> entre industriels montbéliardais et industriels suisses protestants ont accéléré l'expansion horlogère de Montbéliard et très vraisemblablement rendu plus facile le financement de l'industrie montbéliardaise. Cela nous incite à penser que le stimulant de la croissance a été moins le protestantisme (il est des régions à la fois protestantes et de très faible croissance) que l'originalité du « Pays », qui est à la fois protestant et voisin de la frontière. [...] L'influence de la frontière sur la croissance est en effet illustrée par toute une série d'exemples. Sans parler des profits de la contrebande, le Pays de Montbéliard a bénéficié de la proximité de la Suisse pour accroître son capital de connaissances et son capital financier.[37] Frédéric Japy, fondateur de l'horlogerie du « Pays », habite à Beaucourt (autrefois Bocourt), à 3 km de la Suisse et apprend l'horlogerie au Locle, en Suisse. Ce sont des immigrants suisses qui fournissent une main-d'œuvre qualifiée à l'horlogerie du groupe Japy et aux « Indiennes » du groupe Peugeot. Le fils du fondateur du textile d'Héricourt fait son apprentissage en Suisse. On connaît mal le financement de l'industrie montbéliardaise. Mais c'est un Suisse, Jackson, qui permet de lancer la Société Peugeot à Pont-de-Roide et c'est un autre Suisse, un banquier de Bâle, qui sauve de la ruine la fonderie Peugeot d'Hérimoncourt en 1815. (Goetz-Girey, 1960, pp. 5-6)

Dans le pays de Montbéliard, l'innovation et l'introduction de méthodes nouvelles n'ont pas été contrecarrées par des oppositions et des pesanteurs déjà présentes sur le territoire, comme cela aurait pu être le cas dans d'autres régions, en Lorraine notamment, du fait de la présence ancienne de la sidérurgie prenant appui sur l'exploitation minière[38]. Moine, dans un article beaucoup plus récent (2003, p. 24) confirme l'analyse de Goetz-Girey : « C'est [...] un homme formé en Suisse, qui introduit en France des procédés de production industrielle à Beaucourt, dans le Pays de Montbéliard, en 1772. Ainsi, après son apprentissage, Japy automatise les tâches concernant la fabrication des ébauches, jusque-là dégrossies à la main. Cette spécialisation dans les pièces détachées va perdurer, elle formera même une des premières fabriques, mais sensible aux crises et dépendantes de donneurs d'ordre elle s'efface au profit de l'industrie automobile.[39] »

En revanche l'extension, puis l'internationalisation – selon des modalités toutes différentes des échanges initiaux – des entreprises locales (Peugeot essentiellement) contenaient déjà les germes d'une inéluctable gangrène ; la transformation de la firme du Lion, après la fin de la seconde guerre mondiale, en grande entreprise « classique », et sa croissance très rapide, ont été accompagnées d'une pénétration de plus en plus importante d'influences extérieures qui,

37 Dans une note, Goetz-Girey ajoute à juste titre : « Ce capital de connaissances sur lequel on n'insiste pas avec assez de force dans la plupart des théories de la croissance. »

38 Il a existé un certain nombre de mines. Mais ces exploitations ne peuvent en aucun cas être comparées à ce qui fit d'abord la richesse de la Lorraine et du Nord. De même les « indiennes » de Peugeot ont d'abord cédé la place à une aciérie à Hérimoncourt.

39 Moine (*ibidem*, p. 25, fig. 2) montre parfaitement, s'agissant de l'industrie horlogère, qu'il existe : (a) une faible diffusion dans le sens France (Besançon) vers la montagne (Haut-Doubs) ; (b) une forte diffusion dans le sens Suisse vers Haut-Doubs (Neuchâtel, et dans une moindre mesure, La Chaux de Fonds) ; (c) un très fort courant d'innovation partant de Genève (1750) vers Neuchâtel, puis de là vers Montbéliard (1772 avec Japy) et vers Besançon (1793).

au bout du compte, ont miné un équilibre déjà fragilisé par l'évolution normale de la société, notamment après 68. Sans doute Sapir s'est-il quelque peu fourvoyé lorsqu'il écrit – dans un contexte suivant de très près la première guerre mondiale et où les nationalismes recommencent à s'exacerber[40] – que « nous nous trouvons ici en présence de l'illusion si répandue qui fait de l'internationalisme un obstacle au développement des cultures autonomes. [...] Nous sommes malheureusement si obsédés par l'idée que toutes les formes de groupement humain sont subordonnées à l'État et que tous les types d'activité s'inscrivent dans des frontières politiques, que l'idée d'une culture autonome au niveau régional ou étroitement national est pour nous difficilement conciliable avec une souveraineté de l'État qui serait purement politique et un internationalisme économique et politique. » (Sapir, 1924/1967, pp. 354-355) Sapir avait cependant raison, si l'on se réfère aux valeurs internationalistes défendues, par exemple, par un Robert Schuman. Il ne pouvait prévoir les dérives de la financiarisation de l'économie qui tient désormais lieu de colonne vertébrale aux relations entre États, qui se sont largement défaussés de nombre de leurs compétences régaliennes. Cette croissance durant l'entre-deux guerres et surtout après la fin de la seconde guerre mondiale, a eu comme conséquence première, on l'a vu, de mettre en difficulté les entreprises de petite taille, dans la mesure où il ne s'agissait pas de fournisseurs de l'automobile (les « sous-traitants »). Selon Dezert (1965, p. 142), en 1964, « la concentration se fait par la constitution de "holdings", c'est-à-dire de groupements financiers dirigeant une chaîne d'usines et associant les capitaux de diverses sociétés. Ainsi la S.A. Peugeot contrôle à 100 % une série de filiales Indenor en amont et en aval de la grande usine d'assemblage de Sochaux (Indenor-Mulhouse, Bart, Dijon, Lille, Saint-Etienne). D'autres industries travaillent partiellement ou totalement pour l'automobile et sont ipso facto associées financièrement aux usines d'automobile. » Ici encore, Goetz-Girey (*ibidem*, p. 12) avait vu juste : « L'histoire montbéliardaise oblige l'économiste à se poser la question : l'ancienne industrie dominante doit-elle nécessairement disparaître devant la nouvelle ? N'y a-t-il place que pour une seule industrie ou même une seule firme ? à cette question, l'histoire du pôle montbéliardais semble apporter une réponse si nette qu'il n'est guère d'exemples qui puissent lui être comparés. » De ce fait, quoique ce soit la crise mondiale qui fournisse, au plan macroéconomique, le cadre général permettant de rendre compte du passage d'une société industrielle florissante à une société post-industrielle déclinante, au plan de l'économie locale de la région de Montbéliard, la déstructuration de l'emploi a eu des conséquences assez différentes de celles observées en Lorraine ou dans le Nord. Moins violente dans ses manifestations superficielles, elle a cependant brisé définitivement la relation particulière qui unissait la ville au

40 Mussolini prend le pouvoir en Italie en 1922. Hitler tente un coup d'État à Munich le 8 novembre 1923 (putsch de la brasserie).

« Pays », par l'intermédiaire des réseaux protestants d'une part, et d'autre part des entreprises petites et moyennes qui avaient réussi à se maintenir, comme Baumann à Colombier ou Goguel (plus tard Charpentier, Vogt et Goguel) à Montbéliard[41] et à Niederbrück en Alsace (etc.). Barrère *et alii* (1965, pp. 193-194) dans un bel « in memoriam », rappellent que Goetz-Girey avait mis le doigt sur un point fondamental : l'insuffisance numérique de la population locale, dès les années 30, explique d'une part que toute la main-d'œuvre localement disponible ait peu à peu été absorbée par la construction automobile – et accessoirement, peut-on ajouter, par les activités directement associées (outillage, cycles, moulins à café, moteurs à gaz, etc.) – et d'autre part qu'il ait été nécessaire d'aller chercher (fait unique en France, selon Barrère *et alii*), jusqu'en Alsace et en Haute-Saône, ces fameux ouvriers-paysans[42] (également évoqués par le pasteur Hoibian, voir plus haut) : en 1936, par exemple, « la capitale du pays de Montbéliard restait une toute petite ville de moins de 14 000 habitants malgré la présence à ses portes et sur son territoire d'une usine de 14 000 ouvriers. » Au sortir de la guerre, Andrée Bas (1946, p. 121) remarquait déjà que, dans la « porte de Bourgogne », « cette industrie [essentiellement Peugeot et un peu Japy] a eu de nombreuses conséquences sur la vie rurale. Malgré l'apport de la main-d'œuvre étrangère, l'appel de ces régions industrielles a dépeuplé les campagnes (Peugeot organisait des services automobiles de ramassage) ; pour fixer la main-d'œuvre on a installé des cités ouvrières nouvelles qui ont envahi, absorbé, digéré d'anciens petits villages : Hérimoncourt, Valentigney, Audincourt, Sochaux se sont ainsi transformés sur place jusqu'à perdre entièrement leur caractère. »

Déconstruction du tissu urbain traditionnel

Peut-être faut-il, pour retrouver l'esprit de *l'ancien Pays*, se résoudre à faire une *histoire des traces*, c'est-à-dire à rechercher dans les objets et d'une manière générale dans les choses et les mots, non pas hors d'usage, mais hors de l'usage, l'empreinte de ce que fut l'autrefois de la ville et de ses environs. Ce n'est en rien une tâche aisée. L'ouvrage du Montbéliardais Samuel-Frédéric Fallot (1782-1843), avocat et notaire (évidemment protestant) très érudit, constitue un témoignage de cet attachement à une mémoire fabuleuse de l'ancienne

41 Historiquement, l'usine Goguel fabriquait des rivets, des pointes, du fil, des barres de laiton, des rondelles, puis dans une dernière période, des rouleaux d'impression pour le textile, dont beaucoup étaient vendus à l'exportation et notamment au Portugal.

42 Pour une étude générale sur la question, voir Barbichon (1968). Une partie de ses données proviennent de la région de Belfort-Montbéliard.

Principauté. Fallot était convaincu que le patois de Montbéliard et d'autres vernaculaires de l'Est étaient à l'origine du latin[43]. Outre des « preuves » philologiques, Fallot rapportait une anecdote concernant la découverte, à Mandeure, d'inscriptions portées sur des tombes.

> De savans hellénistes ont cherché à déchifrer [sic] ou interprêter [sic] les inscriptions de deux tombes qui existent à Mandeure, dans un rez-de-chaussée de la maison qu'habite aujourd'hui Mr. Videlange. Toutes deux sont couvertes de caractères grecs. J'aimerais à croire que sous le masque de ces caractères elles recèlent des mots de l'ancienne langue nationale, je veux dire notre patois. Je n'ai pas eu le temps de vérifier cette conjecture ; mais c'est un avis que je donne aux savans et un fait qu'on pourra éclaircir plus tard. Ceci peut concerner d'autres inscriptions réputées jusqu'à présent indéchiffrables. – Mandeure existait sans doute comme ville gauloise bien des siècles avant la conquête des Romains. On y a découvert, cette année, un seuil de porte tellement usé et cintré par le frottement, que dix siècles auraient à peine suffi pour que les pas des hommes eussent pu produire cet effet. Et nous savons que Mandeure n'a été que quatre à cinq siècles sous la domination romaine ; je ne fais aucun doute qu'elle n'ait été détruite par Atilla [sic]. (1828, p. 143, note (a))

Fallot supposait que ces inscriptions pouvaient être du patois transcrit en caractères grecs[44], puisque, selon sa théorie – que partageaient d'autres érudits vers la même époque[45] – le latin est postérieur au patois et au grec. Cette spécificité historique du « Pays » était déjà notée par Charles Contejean, en 1875, dans son *Glossaire du patois de Montbéliard* : « Ordinairement, la différence est grande d'un village protestant au village catholique le plus voisin, et, dans la même commune, on distingue souvent, à leur langage, les adeptes des deux cultes [...]. La prononciation se distingue par sa bizarrerie. En général, elle est d'autant plus lourde et plus désagréable qu'on se rapproche davantage du centre protestant, où les diphtongues et les voyelles nasales se multiplient d'une manière si déplorable que les conventions et les signes ordinaires [d'une transcription non phonétique] ne peuvent les exprimer. » (Contejean, 1875/1899/1982, pp. 27-30 ; Bonnot, 1993 ; 2003b) Il existait encore, dans les années cinquante et au début des années soixante, une prononciation spécifiquement « protestante », au moins chez les personnes les plus âgées (notamment remarquable s'agissant du /R/). Outre la prononciation, quelques expressions étaient également marquées. Ainsi, était-il courant d'approuver en disant « ma foi oui ! » Certaines des luthériennes « les plus centrales », d'un âge certain – il s'agissait toujours de femmes – modifiaient l'expression en « ma *fri*

43 Quoiqu'il s'agisse en effet, comme l'écrit Bourquin, (2003, p. 120) de « linguistique fantastique », on ne saurait jeter la pierre à Fallot, bien au fait des langues anciennes et modernes. Mais évidemment, il n'était pas au courant des travaux de Grimm, ni de ceux de Rask ou Bopp (etc.).

44 Ce n'était évidemment pas le cas : on a montré que ces inscriptions dataient de la fin du XVIIIe siècle, et provenaient des ruines du château d'Etupes. Il s'agissait d'une inscription élégiaque.

45 Voir de Certeau, Julia, Revel, *op. cit.* pour les annexes concernant les réponses aux questions « linguistiques » de l'enquête de l'abbé Grégoire.

oui ! », car il était interdit d'utiliser le mot « foi » dans une expression triviale. C'était une survivance du patois, lui-même déjà particularisé, on l'a vu, par la spécificité religieuse : Contejean (1876/1982) signale d'ailleurs à l'entrée *« fri »* : *« foi.* Seulement dans l'exclamation *mai fri !* » On a ici affaire à un phénomène de tabouisation classique, procédé décrit par de nombreux linguistes, de Gauchat à Troubetzkoy et Labov (voir par exemple Hagège et Haudricourt pour l'affirmation de l'identité linguistique d'un groupe [1978, pp. 138-141]). La persistance d'un accent régional très marqué et stigmatisant dès que l'on se hasarde hors du cocon nord franc-comtois, ainsi que quelques vestiges lexicaux – essentiellement dans un registre dépréciatif et/ou plaisant, constituent actuellement les ultimes traces linguistiques d'un passé en voie d'effacement définitif – les locuteurs non issus de l'immigration étant logiquement les seuls concernés.

Ces indices, essentiellement phonétiques, trouvent un parallèle frappant dans la stratification des implantations urbaines qui ont en partie donné un nouveau visage aux anciens bourgs. Les vieilles fermes – souvent défigurées par l'ouverture intempestive de fenêtres à grand gabarit, par la pose de volets roulants, d'une porte vitrée en matériaux synthétiques à la place de la porte de l'ancienne grange ou de l'écurie, par l'ajout d'une véranda-verrue – côtoient les immeubles défraîchis des années cinquante et les tours des années soixante, d'une façon réellement anarchique. Valentigney fournit une bonne illustration de la transformation progressive d'un bourg essentiellement agricole d'une certaine importance, qui, au fil des années devient une petite ville péri-industrielle (toute proche de l'usine Peugeot de Beaulieu) : le tissu communal ancien se délite progressivement, devenant par endroits intersticiel, à mesure qu'on se rapproche du bâti plus contemporain. Dans l'étude déjà citée de Bonnot et Petey-Hache (1995), les auteurs ont montré que le changement phonétique[46], expression de tensions sociales sous-jacentes, ne pouvait pas, dans un certain nombre de cas, être décrit de façon dichotomique, en fonction d'une attraction massive des agents vers le pôle « ville » ou, alternativement, vers le pôle « campagne ». La situation est en effet nettement plus complexe, mettant en évidence chez un même agent des stratégies intermédiaires et parfois conflictuelles entre deux régimes sociaux et linguistiques, l'un plus conservateur, l'autre plus novateur. Le fonctionnement d'une des variables sociophonétiques retenues – le (R) – permet d'établir un parallèle très clair avec la répartition des activités. On part du fait bien attesté que le maintien de cette consonne dans la chaîne parlée dans des positions fragiles (en finale par exemple, mais pas uniquement) est l'indice d'un statut social stable, c'est-à-dire d'une forte intégration au tissu traditionnel local et rural, et qu'à l'inverse, la chute et/ou l'existence à l'état de trace phonique (« vocalisation » ou souffle) de la même consonne, constitue la marque de l'appropriation des valeurs

46 Nous n'entrerons pas dans les détails de l'expérimentation, renvoyant pour cela le lecteur à l'article cité.

« modernes » attachées au pôle urbain et ouvrier (ou plus largement industriel). Certains locuteurs, plutôt orientés vers la campagne, comme en atteste leur profil de vie, ont tendance à adopter une stratégie conservatrice du (R). D'autres, largement acquis à la vie citadine et n'ayant plus guère d'intérêt pour la ruralité, mettent en œuvre une stratégie intensive d'effacement consonantique. Enfin, certains témoins sont partagés de ce point de vue ; c'est le cas des sœurs Bathilde et Frédérique Leblanc (noms et prénoms modifiés), de Valentigney, qui habitaient ensemble dans le vieux bourg. À l'époque de l'enquête, en décembre 1983, elles ont 75 et 77 ans. Les deux sœurs, restées célibataires, très protestantes, ont une formation d'autodidacte, s'intéressant beaucoup à la lecture et, on ne s'en étonnera pas, à l'histoire du « Pays », en particulier dans sa dimension religieuse. Elles sont retraitées de l'usine Peugeot, où elles ont travaillé durant toute leur vie active – l'aînée (Bathilde) en qualité de secrétaire de direction, la cadette (Frédérique) comme employée de bureau. Elles se sentent proches du « sol natal » et continuent de s'occuper de leurs champs et vergers qui se trouvent justement dans la zone en voie d'urbanisation définitive. Elles occupent une maison ancienne, qui fut autrefois une ferme et qui possède encore une porte de grange traditionnelle. Ainsi, Bathilde et Frédérique réalisent-elles un nombre très modéré d'effacements *complets* de (R), tout en produisant le plus grand nombre d'effacements partiels *(traces)* de tout l'échantillon de témoins. Cela traduit parfaitement la répartition de leurs activités, professionnellement centrées autour de l'usine, tandis que leur vie de famille et tous leurs loisirs sont organisés autour du cœur ancien de Valentigney, où elles reprennent contact avec leurs origines. Ce phénomène linguistique montre que les anciennes normes socioculturelles ne sont pas encore entièrement remplacées par de nouvelles. L'une des façons de procéder de ces locuteurs partagés entre deux modes de vie, consiste à privilégier ce qui, dans l'innovation, est le moins apparent et en tout cas, le plus faiblement stigmatisé. Ainsi, le refus des traits les plus visibles – longs allongements vocaliques « régionalisants » de la pénultième (par exemple comme dans la partie en italique des séquences : l*es* jeunes ; forc*é*ment, j'les *ai* vus*,* c'est l'Fr*an*çois, etc.] et effacement drastique « citadin » du (R) ou du (l)) – s'accompagne de la mise en œuvre de traits discrets, tels que l'effacement partiel consonantique ou la conservation d'allongements vocaliques grammaticalement motivés, comme la prononciation prolongée de finales féminines impliquées dans une opposition du type : « un ami *vs.* une ami*e* → [ami:] ou [amij] » ou dans des mots féminins comme « tyrannie → [tirani:] ou [tiranij] », etc. Il faut enfin souligner que l'on ferait erreur en considérant que les sœurs Leblanc sont des « passeurs » dans le sens que nous avons défini au chapitre 10 (*cf.* Granovetter, 1973). En effet, Bathilde et Frédérique sont bien trop âgées pour remplir ce rôle et, surtout, elles occupent une position au moins partiellement statutaire, en ce sens qu'elles appartiennent, en leur qualité de luthériennes dont la famille est « depuis toujours » implantée dans le Pays de Montbéliard, au centre historiquement légitime.

On aurait certainement beaucoup à gagner en réalisant une nouvelle enquête de terrain sociolinguistique, afin de déterminer sur la base d'indices phonétiques, comment (plutôt que « si ») la répartition des valeurs urbaines et rurales s'est modifiée depuis cette enquête de 1983.

Comme au plan linguistique, toute lecture simple du tissu urbain s'avère impossible et l'histoire des lieux, de même que celle des parlers, peut se révéler très difficile à reconstituer. Ainsi, peut-on lire sur le site de la commune de Sochaux : « Le cours naturel [de la rivière], dans la traversée de Sochaux, est modifié en 1987 pour permettre l'extension des usines Peugeot. Le lit de la rivière est donc comblé dans sa partie sochalienne et détourné au sud de l'autoroute pour emprunter le canal du Rhône au Rhin porté à un gabarit supérieur. La Savoureuse doit alors remonter le cours de l'Allan sur une courte distance. À l'entrée de Montbéliard, la rivière reprend son cours normal ; elle reçoit la Lizaine et se jette dans le Doubs au pied du Mont-Bart. » En outre, une importante partie du vieux village a été détruite lors du bombardement de 1943 (voir [12] : « le foyer d'un contremaître sochalien »). Chamboredon montrait, en 1980, que dans les bourgs ayant un passé agricole – et l'on peut ajouter que cela est encore plus vrai dans les localités entretenant un rapport économique de sujétion avec un centre industriel – apparaît une nouvelle catégorie d'habitants, celle des « consommateurs urbains de la campagne », constituant une fraction intermédiaire entre le « paysan dépaysanné[47] » et le bourgeois plus riche : ceux-là « achètent des parcelles "mesquines" qu'ils enclosent, "encombrent" de plantations trop serrées […]. Parmi les ornements que ce type de jardinage diffuse, et qui se mêlent dans des proportions variables dans les diverses créations singulières, on peut citer les signes de la "provençalité" (lavande + amandiers + cyprès + romarins), les attributs végétaux du jardin "distingué" (saule pleureur, bouleaux, cèdres bleus de préférence) ou exotique (citronniers, lauriers roses, tamaris, etc.), le bric-à-brac ornemental connotant la vie au grand air et la paysannité (barbecues, bancs, rouleaux de pierre, roues de charrettes, margelles de puits postiches, etc.) » (Chamboredon, 1980, pp. 105-106) Les statues « grecques », les petites fontaines et les angelots (etc.) rencontrés au hasard des pelouses et figurant en bonne place dans les expositions des jardineries des zones commerciales, peuvent être interprétés de la même façon ; simplement, ces variantes correspondent à une tentative de se rapprocher des valeurs urbaines « muséales », bien que les propriétaires des objets en question ne fréquentent pour ainsi dire jamais les sites culturels, sinon lors d'éventuels « voyages organisés », dont le comité d'entreprise Peugeot était friand dans les années cinquante et soixante. L'intérieur des habitations offre une image en miroir : des toiles d'artistes vraiment locaux ornent les murs – on ne

47 Cette répartition *politique* fonctionne dans de nombreux cas, mais pas dans celui des sœurs Leblanc, qui ne sont ni des « paysannes dépaysannées », ni des « bourgeoises », mais des personnes ayant toujours vécu sur place, y ayant leurs souvenirs, leurs morts au cimetière, etc.

parle évidemment pas de Messagier, ni même de Jouffroy – mais de peintres exposant dans des salles communales de la périphérie, ou lors de manifestations de type folklorique (avec promotion de produits régionaux), et dont, pour la plupart, la production se situe entre le chromo modernisé et la peinture du dimanche pimentée (paysages, bouquets de fleurs, nus pour les plus audacieux). Ces pratiques décoratives sont par nature ambiguës, car en même temps qu'elles sont la marque d'un très fort conservatisme artistique populaire, souvent doublé de conservatisme politique, elles constituent l'indice d'un éloignement des traditions authentiques (celles évoquées par exemple par Becker) et s'inscrivent dans une tentative d'appropriation d'une paradoxale « modernité rustique », ce qui autrefois était directement utile (outils agricoles par exemple), étant promu au statut d'objet d'art. Précisons, à toutes fins utiles, que ces remarques ne concernent pas l'art populaire de façon globale, qui est parfaitement légitime, non seulement au plan social, mais également, dans une certaine partie de ses productions, esthétiquement. On ne soutient pas non plus que les œuvres d'art « non populaire » ou « savant » soient nécessairement intéressantes. Nous évoquons ici cette partie de la peinture populaire qui s'apparente à la production, souvent en série, de stéréotypes picturaux éculés. On peut penser que l'art populaire vivant se trouve désormais dans la rue (fresques, certains tags) ; la peinture professionnelle ou semi-professionnelle – par exemple celle qui reproduit à l'infini des fermes et des clochers comtois sur fond de forêt et de montagnes jurassiennes – peut ne pas être désagréable à regarder et de ce fait, détient une fonction décorative – un cran au-dessus des posters de forêts automnales en vogue dans les années 70 et ornant les salles d'attente.

Ultime essai d'encerclement ou dernière tentative collaborative ?

Dans la même zone de la conurbation Montbéliard-Belfort, par exemple à Audincourt, à Valentigney, à Sochaux, et évidemment à Bethoncourt, on constate, à partir du début des années 50, une tentative de reconquête du monde ouvrier par l'Église catholique. À cette époque sont édifiées des églises, dont beaucoup mettent en œuvre les principes de l'architecture industrielle. Lequin (2009, §5) remarque que « la formidable poussée de l'industrie automobile sochalienne après 1950 métamorphose la société, contraignant tout le monde et notamment les Églises à des initiatives fortes. En ce qui concerne le bâti, cette mutation débute en 1944, suivant sept étapes […] : le provisoire, la reconstruction, la mission en paroisses ouvrières (après 1950), l'implantation en ZUP (après 1958), le temps du "profil bas" (après 1964), l'engagement hors des murs, la reconversion. » Ainsi sortent de terre des bâtiments plus ou moins réussis, parmi lesquels on peut citer la très belle église – surtout à l'intérieur – de Novarina, Léger, Bazaine et Le Moal, à Audincourt (1949-1951), comme le plus massif édifice sochalien, initialement muni d'une immense flèche métallique, assez impressionnante il faut le reconnaître (elle dut ensuite être démontée car elle menaçait ruine). S'agissant de ce dernier édifice, Lequin (*ibidem*, note 11) rapporte les propos du chanoine Ledeur, de la Commission d'art sacré du diocèse de Besançon : « Cette haute masse, voisine immédiate de la forge [il s'agissait en fait de la fonderie] des usines Peugeot, peut-être certains lui trouveront-ils un air un peu trop industriel. [...] Très vite cependant s'impose le caractère religieux de ce grand volume. » L'église, érigée sur des terrains concédés par Peugeot, avait été dessinée par Marcel Lods – architecte très éclectique, dont on sait qu'il fut le concepteur de la cité de la Muette (plus tard camp de Drancy), ce qui ne l'empêcha nullement de construire des immeubles très bourgeois, dont un dans le quartier de l'Alboni (1951-1956)[48]. Il va de soi que ces observations n'auraient rien de bien remarquable, beaucoup d'autres localités ayant connu un développement industriel rapide, si cela n'avait pour conséquence de parfaire symboliquement l'encerclement de la protestante Montbéliard, avec l'assentiment de la firme Peugeot – désormais engagée dans un capitalisme non confessionnel. Certes, quelques petits temples et oratoires protestants seront construits ou réaménagés (voir cartes dans Lequin, *op. cit.*), mais ils sont fort peu nombreux et ne peuvent en aucune façon concurrencer architecturalement les bâtiments catholiques. On ne doit pas surinterpréter ces observations : d'une part, on n'est plus, dans les années cinquante et soixante, dans la situation d'une lutte frontale avec le protestantisme. D'autre part, comme le remarque Lequin (*op. cit.*), « en 1979, l'emploi local s'effondre au moment où se terminent les deux dernières églises (Delle et Montbéliard), mais le contexte chrétien avait déjà changé : chute de la pratique religieuse, début d'une désaffectation d'églises et de temples. En 2008, dix-huit édifices ont déjà changé d'usage, soit le cinquième de ce qui a été construit depuis 1945. Leur "cycle de vie" est très court, s'apparentant un peu à celui des grands ensembles, où les "tours" disparaissent également. »

Hatzfeld (2004, p. 4) fait une observation intéressante à propos de l'action catholique dans le pays de Montbéliard : « [Pour certains, à la fin des années 50], il s'agit d'abord de démocratiser la vie politique, de "faire bouger" une agglomération strictement dévolue à la vie des usines, et de desserrer l'emprise du centre

48 Fonds Lods, Marcel (1891-1978) (et Association Beaudouin et Lods). 323 AA. Inventaire complet, réalisé par Holy Raveloarisoa et Vlada Filhon sous la direction de Sonia Gaubert ; Franck Delorme. Marcel Lods a également construit l'Église Sainte-Jeanne-d'Arc, à Belfort, en collaboration avec Jacques Beufé (1951-1957). Cette église, qui est inscrite à l'inventaire supplémentaire des Monuments historiques depuis février 1999, est conçue dans le même esprit que l'Église Sainte-Croix de Sochaux.Voir : archiwebture.citechaillot.fr/fonds/FRAPN02_LODS/inventaire/objet-17527.

traditionnel de la ville de Montbéliard pour associer les habitants des nouveaux quartiers à la vie locale. Cette nouvelle génération de catholiques s'engage initialement sur la base d'un lien entre l'Action catholique et le MRP au niveau local. [...] En 1959, plusieurs d'entre eux se présentent aux élections municipales, sur la liste du candidat MRP, sont élus et prennent part à l'action municipale. » Hatzfeld insiste sur le rôle de structuration de la périphérie (les nouveaux quartiers) par les militants ouvriers de l'action catholique. À la grande différence de ce que l'on observe actuellement, la situation décrite par Hatzfeld s'inscrit toujours dans une perspective collaborative entre périphérie et centre ; les militants ouvriers étaient eux aussi, en un sens, des passeurs d'idées et de styles de vie, comme pouvaient l'être, vers la même époque, certains lycéens. L'usine fait alors partie de la vie des gens, non seulement en tant que moyen de gagner sa vie, mais en tant qu'objet affectif [12]. La cohésion sociale qui existait alors, qu'elle ait été le résultat d'actions du centre (protestant) ou de la périphérie (catholique mais aussi communiste) n'existe plus guère ; la population n'a plus le sentiment d'appartenir à une communauté globale, ce qui était encore le cas jusqu'assez avant dans les années 60 – ainsi les ingénieurs et directeurs de Peugeot assistaient-ils régulièrement, en famille, à la messe du dimanche. Cette notion de « communauté » n'implique pas l'existence d'une intercommunication entre les différentes strates sociales – sauf à travers des œuvres diverses, patronales ou de patronage ou encore à travers des actions syndicales.

Le Bras et Todd ont raison d'insister, d'une façon générale, sur le rôle structurant post-mortem du *catholicisme zombie*. Il pourrait y avoir de la même manière une incidence marginale d'un *protestantisme zombie* dans le pays de Montbéliard. On a néanmoins des raisons d'être dubitatif, et il conviendrait notamment d'évaluer avec précision l'évolution de l'implantation de l'Islam dans la région et surtout des pratiques qui lui sont associées, et qui ont bouleversé l'équilibre des forces en présence. Beaud et Pialoux, dans un article publié il y a 12 ans (2002, p. 239), rapportent le cas emblématique d'un ouvrier Peugeot, d'origine maghrébine, lui-même bien intégré, qui témoigne du malaise que vivent certains jeunes du quartier de la ZUP de la Petite Hollande : « Hamid, un ouvrier de l'usine de Sochaux, [est] marié à une Française, originaire de la région, il a même acheté un appartement au centre du quartier. Il y connaît beaucoup de monde, discute avec les jeunes et les vieux, fait souvent la médiation entre Français et immigrés, continuant un peu dans le quartier le rôle qu'il joue à l'usine où il est de longue date délégué du personnel CGT. [...] il s'efforce de nous expliquer ce qu'il pourrait appeler "la psychologie" de ces jeunes qui ont "cassé" [lors des émeutes] [...] "Ces jeunes-là, [dit Hamid] je les ai beaucoup côtoyés et puis si quelqu'un veut devenir un bon musulman, pratiquant, religieux c'est son droit... Mais pour moi souvent, il ne devient pas musulman, il devient 'extrémiste'. Et cet extrémisme, c'est dangereux pour lui et pour les autres, il va engendrer des générations. [...] Leur problème à eux, c'est que maintenant ils essaient de 'réparer' parce que leurs parents n'ont pas su... Et alors ils cassent tout en essayant de venger leur père". »

***

Au bout du compte, il faut faire un constat : la *petite ville* coexiste très mal, à long terme, avec *la grande usine*. Dans une conférence aux accents giralduciens, Pierre Chamaillard, qui était professeur à l'université de Bordeaux, rappelait les caractéristiques de « sa ville », une localité du sud de la France qu'il ne nomme pas (proche de Frontignan semble-t-il). On est en 1946 :

> Je n'ai jamais possédé un cep de vigne mais j'ai toujours regardé le ciel pour m'assurer, suivant la saison, que le temps était favorable à la taille, ou que la lune rousse n'amenait pas les gelées qui en une nuit détruisent toute une récolte. Que de matins j'ai guetté l'armée des vignerons équipés comme pour la guerre, dans une auréole bleue de sulfate de cuivre, jaune de soufre, inlassables défenseurs des vignobles contre les maladies sournoises. Les nuages pour moi aussi signifient pluie ou grêle, abondance ou misère. L'odeur de la petite ville, c'est tantôt l'odeur du pain chaud que l'on sort des fours, tantôt l'haleine un peu fade des tilleuls sous le soleil, mais son odeur propre, différente de celle de toutes les autres petites villes et différente même ici suivant la saison, l'odeur qui me permettrait de la reconnaître encore si je devenais sourd et aveugle, c'est, au printemps, la plus subtile et la plus secrète, l'odeur des vignes en fleur ; l'été, la grisante et âcre senteur de menthe écrasée, de thym, de résine chauffée, de bois brûlé dans l'air tout d'un coup étouffant chargé du crissement des cigales et de la lueur des incendies, c'est, en automne, l'haleine suffocante des raisins piétinés qui fermentent dans les pressoirs et qui se mêle au parfum des pommes mûres et à la fumée des feux de feuilles mortes. Et c'est peut-être par là que s'insinue et que s'enracine le plus profondément au cœur de celui qui y est né le charme de la petite ville.

On retrouve des accents analogues dans les articles de Georges Becker (vers la même époque). À Montbéliard et dans ses environs, on avait aussi dans les narines, par vent favorable, les fragrances des odeurs industrielles ; ainsi à Sochaux pouvait-on sentir l'odeur d'huile de lin chaude, provenant des cubilots de la fonderie toute proche. Ces odeurs, ces bruits de tôles claquantes, faisaient partie du paysage affectif, au même titre que « l'arbre à cancoires » (hannetons en patois, voir [12]) du fort Lachaux au début des années cinquante – dont la présence était d'ailleurs le signe d'un environnement naturel sain. Au-delà de la nostalgie d'un paysage de sensations en train de disparaître, cette attention aux entours traditionnels de la ville se dissout peu à peu dans la banalité normalisée des stéréotypes architecturaux – des « entrées de ville » aux centres « revisités » et aux « programmes immobiliers où l'architecture est « à taille humaine conjuguant confort et modernité[49] ». Que reste-t-il aujourd'hui du patrimoine moral et intellectuel de l'ancienne Cité des Princes ? Peu de choses, parmi lesquelles le souvenir muet des pierres. Il faut ici faire une place à un court texte de Giraudoux, paru en 1919

49 Texte d'une publicité pour un immeuble en construction à Audincourt en 2012.

à la *NRF*, *Une nuit à Châteauroux*, repris dans *Adorable Clio* (1920). Giraudoux y évoque, au sortir de la guerre, par l'intermédiaire de Jean, le narrateur, des souvenirs d'enfance de « Châteauroux, ville la plus laide de France », mais en même temps parmi les plus aimées :

> Malgré tout, la Grande-Rue seule m'attire. Sur ce trottoir tous mes pas ont marqué ; voilà que je reprends malgré moi une marche plus courte ou plus longue selon les boutiques ; je dépasse chaque étalage avec le même nombre exact d'enjambées qu'en mes Jeudis de lycéen : nos traces dans ce monde sont le plus lourdes là où nos pas furent le plus légers ; [...] je n'ai pu marquer sur cette terre, et ici mes pieds se logent dans leurs antiques moules ; et quelle surprise de revoir, plus brillantes qu'alors, ce que je n'attendais que comme un écho, un reflet : ces superbes enseignes ! Voici gravés en mots d'or et en lettres rouges, gigantesques, les premiers noms, cette fois, que j'aie entendus et compris, le mot « Bazar », le mot « Préconiseur public » [crieur public], le mot « Primistère » !... Il est six heures. [...] Pour la première fois, je vois des lumières s'allumer dans ces boutiques que je n'ai vues que de jour, et il me semble que pour la première fois je ne sais quel âge les touche ; ma ville retrouvée va s'évanouir. De la grande terrasse je la surveille, et je surveille aussi, avec cette fin de journée, toute dorée mais confuse de sa mort, palpitante (je ne dirai pas si tous ces adjectifs s'adressent à journée ou à jeunesse), ma jeunesse... [...] Voici l'âge ou je rends au temps ceux qui, les premiers, m'ont fourni le pain, les livres, l'heure... Tous leurs noms inscrits sur les vitres des boutiques vont bientôt monter d'une ligne, laisser leur place au nom du successeur, monter comme un rouleau de pianola, et disparaître. (*Adorable Clio*, 1920, pp. 80-82)

On pourrait, « en changeant ce qui doit l'être », appliquer la même méthode de résurgence du souvenir au Montbéliard des années du « décollage économique », dont certains pensaient qu'il méritait le même label que le Châteauroux giralducien. Encore qu'il ne reste aujourd'hui personne en mesure de témoigner de ce qu'était la ville dans les années vingt et trente, des traces suffisamment nombreuses permettent de penser que – exception faite de phénomènes superficiels (mode) et de quelques artefacts technologiques – elle n'avait pas fondamentalement évolué dans son centre. La petite ville vivait ses dernières saisons et l'on pouvait encore y entendre, non le « préconiseur public », mais bien un crieur (alors âgé) – surnommé *Teuteu* (prononcer [tətə]) – qui faisait ses annonces dans une 203 « familiale » surmontée d'un haut-parleur.

CHAPITRE 12
MICRO-HISTOIRE, DESTINÉES PAYSANNES ET OUVRIÈRES INDIVIDUELLES

> L'homme anonyme est l'une des figures les plus fameuses de l'historiographie contemporaine : il y a les engloutis, les sans visages, les silencieux, les ouvriers, les paysans sans terre, les prisonniers de droit commun, les individus internés, déclassés… Pourtant, l'histoire de l'anonymat reste à écrire. Rien ou presque n'a été produit sur la manière dont s'est constituée la catégorie de l'anonyme. Cette histoire compterait aussi bien parmi ses protagonistes le jeune modèle posant nue avec un loup sur les yeux devant un photographe, que l'agresseur masqué attaquant un bourgeois dans une rue parisienne, le généreux donateur qui tait son nom que l'anarchiste qui pose une bombe ou envoie une lettre de menace non signée
>
> Philippe Artières, *Rêves d'histoire*, 2006, p. 85.

Histoire familiale narrativisée et mémoire orale

Ce qui précède montre l'importance d'une approche *individuée, microsociologique* et *microhistorique*. En effet, si les études quantitatives et statistiques sont irremplaçables, en ce qu'elles permettent de mettre en évidence des phénomènes profonds qui autrement, resteraient muets (voir notamment Le Bras et Todd, *op. cit.*), seules les tentatives de reconstitutions biographiques, replaçant les individus dans le contexte de leur vie quotidienne, permettent d'approcher en détail la culture et les motivations de ces fractions de la population. Ce serait en effet une illusion de supposer que, parce que l'on connaît les grands mécanismes rendant compte des modifications de la structure de l'emploi dans le pays de Montbéliard – pour en rester à cet exemple – on est en mesure de constituer une ethnographie « fine » de la vie ouvrière. La méthode préconisée par Carlo Ginzburg, en 1980, dans la préface de *Le fromage et les vers*, ouvrage magistral dans lequel il reconstitue l'univers d'un meunier au XVIe siècle, est tout aussi applicable à un domaine temporel beaucoup plus proche, et peut-être encore plus mal connu, tant il est, à tort, censé être familier. Ginzburg considère, à la suite de Bakhtine, qu'il existe des influences réciproques « entre culture des classes subalternes et culture dominante. » Il ajoute que « préciser les modes et les temps de ces influences (comme a commencé à le faire, avec d'excellents résultats, J. Le Goff) signifie affronter le problème posé par une documentation qui est, […] dans le cas de la culture populaire presque toujours indirecte. Jusqu'à quel point les éventuels éléments de culture hégémonique que l'on peut retrouver dans la culture populaire sont-ils le fruit d'une acculturation plus ou moins délibérée, ou d'une convergence plus ou moins spontanée – et non, au contraire, d'une déformation inconsciente de la source, évidemment portée à ramener l'inconnu au connu et au familier ? » (1980, p. 6)

Récemment, un numéro entier de la revue *Matériaux pour l'histoire de notre temps* (2011, 104/105) a été consacré au « mouvement ouvrier au miroir de la biographie ». Malcolm Chase y a publié un article, dont le sujet est le tournant biographique de l'histoire ouvrière. Chase déplore que les biographies de militants – mais on peut étendre le propos à volonté – manquent d'intériorité ; « les convictions politiques [écrit Chase] sont présentées, typiquement, comme motivées par l'exploitation et la souffrance, renforcées par le contact avec la rhétorique ou l'exemple, source d'inspiration, d'autres grands hommes. Ceux qui écrivent des biographies de militants ouvriers, plus encore que ceux qui écrivent des biographies de savants, rejettent les spéculations et l'imagination comme instruments d'analyse. Les historiens se sentent toujours piqués au vif quand on leur dit qu'ils ne font que raconter des histoires. […] Je veux plaider en faveur de l'imagination et des spéculations dans l'écriture de biographies ouvrières. » Et Chase cite Henry James qui écrivait à propos d'un personnage d'un de ses romans *(Le sens du passé)* qu'« [i]l cherchait les petites notes de vérité pour lesquelles le prisme de l'histoire, même en creusant de la manière la plus minutieuse, n'était pas suffisamment bon. Il cherchait un type de preuves pour lequel il n'y a jamais eu assez de documents, ou pour lequel des documents, même multipliés à l'infini, ne seraient jamais assez. » (2011, p. 29) C'est également la démarche adoptée par Philippe Artières dans *Vie et mort de Paul Gény* (2013a). Artières écrit en 4e de couverture : « Ma mère m'avait raconté l'anecdote alors que je n'étais qu'un enfant. Son grand-oncle Paul Gény, philosophe jésuite, avait été assassiné à Rome en 1925 par un fou. L'histoire avait sombré dans l'oubli. […] Je suis parti à Rome en quête de cet ancêtre au point de l'incarner. Là-bas, dans les rues, dans les archives, dans les palais, à force d'errer, j'ai retrouvé le philosophe et son assassin. L'inconnu s'appelait Bambino, l'enfant. Et, au coin d'une place, j'ai croisé un autre personnage, plus obscur encore, plus proche, plus inquiétant aussi. J'ai quitté l'aïeul et j'ai suivi ces deux-là. Ils m'ont emmené loin, à l'autre bout de la ville, dans l'autre pays. »

C'est dans cet esprit que l'on s'intéressera à présent au parcours et à la généalogie révélatrice de quelques ouvriers de la vallée du Doubs, en nous fondant sur l'histoire familiale narrativisée d'une branche des Bonnot[1]. On constate que,

1 Les éléments biographiques sont tirés des souvenirs de J.-F.P. Bonnot (témoignages recueillis auprès d'Émile Bonnot (avant 1974) et du père de J.-F.B) et proviennent également des tables décennales, des recensements de 1906 et 1911 [archives départementales du Doubs], ainsi que de divers actes d'état-civil mis en ligne (notamment <http://doubsgenealogie.fr/>). On a également

dans le courant du XIXe siècle, un certain nombre de paysans du nord du département quittent leurs villages pour rejoindre le nouveau pôle industriel franc-comtois, en voie de constitution autour de Montbéliard. On vient de le dire, il importe assez peu qu'il s'agisse d'une histoire événementiellement exacte ; en revanche, il est fondamental de retracer un cheminement humain, des premiers contreforts jurassiens à la vallée, et du champ à l'usine. À la fin du XVIIIe siècle et au début du XIXe, presque tous sont attachés à la terre ; on se hasarde rarement – ce qui est attesté dans bien d'autres régions – à plus d'une dizaine de kilomètres de son lieu de naissance. Derouet (1993, p. 460) indique qu'en Franche-Comté, seules les femmes « circulent » ; encore n'est-ce que pour rejoindre les pénates du mari : la nouvelle épouse s'intègre alors à la maison de son beau-père et de ses beaux-frères, comparable en tous points au lieu qu'elle vient de quitter. Sous l'Ancien Régime, les patrimoines restent globalement stables, même s'ils ne sont pas indivisibles, et Derouet souligne qu'il reste exceptionnel que des membres d'une fratrie quittent la maison pour rechercher des emplois extérieurs ou pour embrasser une profession nécessitant une installation au loin.

L'abbé Jean Garneret (1993, p. 11), à qui l'on doit l'immense travail de recensement des maisons comtoises, note que sa famille originaire de Santoche, dans la vallée du Doubs, vivait « au gros ménage » au XVIIe siècle, les biens étant « en communion », « ces biens communs [étant] partagés à la dissolution éventuelle de la communauté ». En revanche, le XIXe siècle, et tout particulièrement sa seconde moitié, est caractérisé par une ouverture sur l'extérieur. Outre le développement industriel, on observe une floraison de grands travaux. Il faut ajouter que l'État recrute dans de nombreux domaines : douanes, armée, enseignement, etc. On peut à nouveau citer le travail de Becker sur Lougres (1951, p. 464) qui fournit une description réaliste de ce pouvait être un village de la vallée au mitan du XIXe siècle.

> En 1850 donc, le village de Lougres comportait 85 feux et 375 habitants. À l'exception du garde forestier et de l'instituteur, la totalité de la population vivait de la culture. Encore le garde et l'instituteur étaient-ils contraints de garder une vache et de cultiver un ou deux champs pour pouvoir vivre, le premier étant payé 300 fr. et le second 600 fr. par an, chiffre encore inférieur aux traitements d'aujourd'hui. Comme la superficie cultivable (prés, pâturages, jardins, champs et vignes) se montait à 260 hectares, la moyenne des exploitations était de 3 hectares. Les plus grandes étaient de 6, mais beaucoup étaient plus petites et réduites à une cinquantaine d'ares. Quinze familles ne possédaient aucune terre et vivaient de leur travail chez les autres, se trouvant ainsi en hiver dans un état de complet dénuement. L'économie du village était d'ailleurs presque purement autarcique. Il fallait d'abord produire de quoi subvenir à tous les besoins immédiats : logement, nourriture, chauffage et habillement. Aussi devait-on trouver au village des maçons, des menuisiers, des charrons, des cordonniers et des tisserands. Ils s'y trouvaient, en effet, mais tous ces artisans étaient en même temps cultivateurs et ne travaillaient à leurs ateliers que l'hiver.

---

eu recours aux données généalogiques très complètes contenues dans l'arbre de Geneviève Bonnot et Pierre Schuft : <www.geneanet.org/profil/genebonnot/Genevieve-Bonnot-Schuft>.

Les villages de Mambouhans et de Dambelin, un peu en retrait de la vallée du Doubs (canton de Pont-de-Roide) sont un lieu où, de façon très ancienne, des Bonnot sont attestés. Les familles dont nous retracerons le cheminement et souvent les tribulations étaient vraisemblablement pauvres, ne disposant que du strict nécessaire, et de très peu de liquidités. Probablement se trouvaient-ils pour beaucoup dans la situation des quinze familles de Lougres, c'est-à-dire réduits à louer leurs bras.

Une vie précaire au pays de la Dame Verte

Si « le génie féminin du Lômont » a pris ses quartiers près de Dambelin, de Mambouhans et de Solemont, peut-être est-ce parce que, dans « ce véritable pays de chasse », l'on « respire un air sauvage comme aux savanes américaines », ainsi que l'écrivaient joliment Monnier et Vingtrinier en 1874 :

> Si vous passez des Vosges à la montagne jurassienne du Lômont, le pays-féerie de la Franche-Comté, vous y pénétrez avec une Dame Verte et des Dames qui se confondent tellement avec Diane et ses nymphes, que l'on ne saurait s'empêcher de les prendre les unes pour les autres ; et l'on y est surtout engagé par la proximité des domaines du dieu qu'on nomme tantôt Bel, tantôt Belin, tantôt Sol (Belvoir, Belmont, Dambelin et Solmont), s'entremêlant avec ceux de la déesse, parmi lesquels nous distinguons surtout la Combe-à-la-Dame, Roche-d'Anne, et Combe-Dian, ou Combe-d'lan. [...] La Combe-Dian est sous Neufchâtel et Dambelin, véritable pays de chasse, où l'on respire un air sauvage comme aux savanes américaines. Allez-y, vous y trouverez la roche de la Dame Verte, entre les villages de Neufchâtel et de Rémondan. C'est là que se cache la déesse, derrière un rideau de hêtres auxquels s'entrelacent les tiges effilées de la souple liane ; c'est là qu'elle se contente, pendant la pluie, d'un étroit abri dont je ne me contenterais pas moi-même, et qu'elle passe toutes les nuits qui sont sans lune pour les humains. (Monnier et Vingtrinier, 1874, pp. 227-228)

La vie à Dambelin, vers 1840, est brossée par le curé du lieu, l'érudit abbé Richard :

> Les pommes-de-terre, le pain de blé, pur ou mélangé, forment la nourriture ordinaire des cultivateurs. Le dimanche, le mardi et le jeudi sont encore [...] les seuls jours de la semaine où ils mangent du porc salé ; ils ne boivent du vin que fort rarement. Les riches n'achètent de la viande que pour les dimanches et jours de fête. Les habits en toile de chanvre, de coton, de droguet, fabriqués dans le pays, forment, avec les sabots, leur habillement pendant la semaine. Les dimanches et jours de fête, les hommes et les garçons portent la veste et la culotte descendant jusqu'au bas de la jambe [le pantalon], en drap vert ou bleu, avec le chapeau rond en feutre ou en paille, à larges bords et recouvert d'une toile cirée, un très petit nombre de garçons portent du drap. [...] [Quant aux femmes] le nouveau costume qu'elles ont adopté plus élégant et plus dégagé, ne s'écarte en rien des exigences de la plus stricte modestie. (1840, pp. 405-406)

Charles Roussey (1894a, pp. vii-viii) dans la préface de son *Glossaire du patois de Bournois* (village situé dans le Doubs, à la frontière de la Haute-Saône) – ouvrage d'une exceptionnelle qualité – décrit avec un grand souci du détail les conditions de vie habituelles dans un village comparable à Mambouhans-Dambelin ; dans les années 70 les us et coutumes sont presque identiques :

> En 1874, alors que les villages voisins étaient déjà pourvus de batteuses, ils se servaient encore du fléau [...] En 1877, j'ai encore labouré avec la charrue en bois [...]. Ne sachant pas tirer du sol le quart de ce qu'il aurait pu produire cultivé d'une façon intelligente, et tout en travaillant beaucoup, les gens de Bournois se nourrissaient très mal jusqu'à ces vingt dernières années. La plupart du temps ils ne buvaient pas de vin. Chaque ménage tuait un cochon pesant 75 à 100 kilogr., cette viande devait durer une année. À la fête patronale seulement, on achetait du bœuf. La soupe et les pommes de terre étaient la nourriture principale. Souvent cette soupe était bien maigre. Dans un grand ménage, on n'avait pour l'assaisonner qu'un pot de beurre de 5 ou 6 livres, et il fallait que cela durât de novembre à mai ou juin. [...] Aussi voyait-on les femmes cueillir des orties le long des chemins, dans des endroits souillés par les bêtes, pour faire la soupe et les fricots d'herbe qui étaient alors fort à la mode. Pour aller au travail, on mangeait deux ou trois grandes assiettées de soupe ; c'était beau si l'on avait ensuite une frottée de lard pour terminer le repas. De novembre à juin, le premier repas consistait en gaudes ou bouillie de farine de maïs dans laquelle on mettait un litre de lait et souvent moins dans une grande marmitée. À midi, la ménagère faisait cuire sans eau, nature, plein une marmite de pommes de terre qu'elle versait sur la table. On les mangeait avec un peu de lait caillé, ou telles que en buvant à tour de rôle de l'eau dans le *pintet* placé au milieu de la table et le repas était fini. Le soir, de la soupe le plus souvent de pommes de terre. Entre les repas, l'appétit des enfants se calmait avec un morceau de pain sec, mais dans bien des familles la miche était sous clef par raison d'économie. Ce régime paraissait excellent aux vieilles personnes dont plusieurs racontaient avoir vécu pendant les mauvaises années en mangeant de la bouillie de son.

On peut aborder le récit en évoquant Pierre « Joseph »[2] Bonnot (1767-1827) et son épouse Jeanne Françoise Gauderon (1772-1837) ; ces deux-là convolent en 1797 à Mambouhans, où Joseph est né. Joseph est *journalier*, comme l'est aussi son beau-père. Le couple s'installe à Vyt-lès-Belvoir, *à une dizaine de km*. Il est donc vraisemblable que Joseph n'ait disposé d'aucun bien foncier, d'autant qu'il est le dernier d'une fratrie de dix ; il a notamment deux frères plus âgés. Neuf enfants viendront ; quatre mourront. On s'en va vite, et de bien des manières, dans la petite enfance et l'on en fait des poèmes, comme celui-ci, « Les joujoux de la morte » de Gautier (1852/1936, pp. 102-103) :

> La petite Marie est morte,
> Et son cercueil est si peu long
> Qu'il tient sous le bras qui l'emporte
> Comme un étui de violon

2 Les guillemets indiquent le prénom d'usage, tel qu'il a été transmis par la tradition familiale ou tel qu'il apparaît dans les actes.

Sur le tapis et sur la table
Traîne l'héritage enfantin.
Les bras ballants, l'air lamentable,
Tout affaissé, gît le pantin.
[…]

Ou encore cet anonyme et sulpicien « *Chant joyeux* [sic] *à l'occasion de la mort d'un enfant de 20 mois et 1 jour, pour la consolation de ses parents* » (1860), caractéristique d'une époque matérialiste, celle de la bourgeoisie triomphante, corollaire « poétique » et religieux de l'architecture industrielle du XIXe siècle[3] :

Ton amour, ô grand Dieu, fait de belles victimes !
De l'enfer aux enfants tu fermes les abîmes,
Tu les admets dans tes parvis.
Monte au ciel, Philomen, assieds-toi sur ton trône,
Les esprits bienheureux t'apportent ta couronne ;
Elle brille des plus beaux lis.

Cesse, maman, cesse tes pleurs ;
Dieu, jaloux de mon innocence,
Pour mon bonheur, dans sa clémence,
Au ciel me couronne de ses splendeurs.

Philomen, enfant cher à l'auguste Marie,
Écoute ses accents, c'est ta mère chérie :
Viens, mon fils, avec les Élus.
A l'instant Philomen court, embrasse sa mère :
Maman du Ciel, je viens. Oh ! je quitte la terre.
Un baiser au petit Jésus. […][4]

Mais chez les journaliers, chez les ouvriers, sans doute n'y a-t-il pas de pantin et encore moins de dînette et de boîte à musique. Quant au « chant joyeux », peut-il consoler ceux qui n'ont rien ? On peut en douter : on n'a même pas d'argent pour ériger une tombe pérenne ; les corps sont la plupart du temps confiés à la fosse commune. Meslé et Vallin (1989, p. 1138) montrent que la mortalité infantile est de 200 p. 1000 au début du XIXe siècle ; elle tombe à 144 p. 1000 de 1835 à 1845, et remonte vertigineusement pour atteindre le pic de 226 p. 1000 en 1871. Outre

3 Il faut évidemment se garder d'oublier, comme le rappelle opportunément Bourdieu (1994, p. 74), que « l'observation contemporaine permet de constater que la différence entre la piété religieuse et la dévotion culturelle ou, plus exactement, entre le culte ritualiste et fétichiste de l'œuvre comme *imago pietatis* et la dévotion culturelle ou cultuelle épurée et devenue à elle-même sa fin, comme dans la religiosité de "virtuose" que prônent les clercs éclairés, tant en matière de religion, avec la lutte contre les superstitions magiques, qu'en matière d'art, avec l'expulsion de l'art sulpicien et le retour à l'ascétisme des lieux de culte "décapés", est étroitement liée à des différences économiques et sociales. »

4 Les italiques sont dans le texte original.

les épidémies, les conséquences des guerres, on peut incriminer directement, à partir du milieu du siècle, « l'industrialisation rapide et les transformations sociales [qui] ont détérioré les conditions d'élevage des nourrissons. Celui-ci a posé de plus en plus de problèmes à nombre de familles ouvrières, souvent contraintes de recourir à l'allaitement artificiel voire d'envoyer leurs nouveau-nés en nourrice dans des conditions sanitaires désastreuses. » La mort dans la première année (et au-delà) est provoquée par des causes endogènes, liées à un accouchement difficile ou à des problèmes de constitution interne, des maladies génétiques, et par des causes exogènes, au premier rang desquelles figurent les maladies infectieuses (notamment les terribles diarrhées du nourrisson, les pathologies pulmonaires, la rougeole, etc.), et plus tard les accidents.

Parmi ceux qui survivent, il y a le fils aîné de Pierre Joseph Bonnot, François Xavier (1799-1862), qui s'installera finalement à Vyt-lès-Belvoir. Il est un temps *préposé des douanes* à Delle à la frontière suisse, en 1830. Un fils y naît, qui sera *cantonnier* à Belvoir. Le second fils de Joseph, Jean Antoine (1803-1837), n'a pas de descendance attestée. Il est *militaire de carrière* : on sait qu'il meurt à 34 ans à Marseille le 19 décembre 1837 à l'hôpital (du) Ratonneau. L'acte de décès précise qu'il est chasseur – c'est-à-dire simple fantassin – (5e compagnie, 3e bataillon) au 17e régiment d'infanterie légère. La date, le lieu du décès et le fait qu'il s'agisse de ce régiment particulier, indiquent que Jean Antoine a participé en octobre-novembre 1837 à la prise de Constantine – rendue célèbre par le tableau d'Horace Vernet (1838) –, et qu'il vient de rentrer en France. De très nombreux cas de choléra ayant frappé le corps expéditionnaire, il est plausible que Jean Antoine ait succombé à cette maladie, d'autant que l'hôpital Ratonneau avait été construit sur l'île du même nom afin de servir de lieu de quarantaine pour les passagers des navires venant de régions infestées par la peste, la fièvre jaune et, bien sûr, le choléra (Panzac, 2003, p. 195). Sans doute les deux frères ont-ils voulu échapper à la condition de journalier ou de manœuvre. Comme l'écrit Garneret (2003, pp. 81-82) : « Il y eut des commis, ils ne furent pas tellement heureux. La multitude des pauvres donnait au village une aide saisonnière bien utile. Ils allaient à "leurs saisons", s'engageaient pour les foins, pour les moissons, les regains ou les vendanges. C'étaient des ouvriers qui avaient au pays leur famille, leur maison, leur vache et deux-trois champs. Dans les vieux temps on les appelait des manouvriers. On les payait peu ou pas du tout : ils travaillaient la moitié du temps pour celui qui leur rentrait leur foin ou labourait leur terre, après qu'il avait fini les siennes car il convient au pauvre d'être le dernier servi. [...] Les économies d'un qui était "à maître" jointes aux gages d'une qui était servante faisaient un mariage et suffisaient parfois à acheter la terre nécessaire à leur vie, à avoir une petite culture. » Les observations de Salitot (1988, p. 162) pour l'ancien village de Nussey, situé près de Courvières (Doubs), adossé à la forêt de la Joux, vont dans le même sens : « les enfants des petits propriétaires comme ceux des journaliers sont souvent, dès le milieu du XIXe siècle, chassés du village et deviennent domestiques dans une commune voisine ou prolétaires en ville, leur richesse essentielle étant leur force de travail. »

Des trois sœurs, nous savons peu de choses ; Virginie (1811-1866) ne quittera pas le canton. Elle est *journalière* et se marie en 1831. Marie Françoise (1808-1858) épouse en avril 1835 François Joseph Delphy Guez (1810-1858) de Feule ; elle meurt dans ce village. Quant à Marie « Célestine », (1801-1870) elle aussi est journalière. Célestine se trouve enceinte à 34 ans au mois de février 1835 ; elle est célibataire. Les travaux des champs laissant quelque répit en hiver, les hommes sont sans doute plus présents à la ferme. Joseph Tissot (1801-1876) avait bien vu, pour Les Fourgs, localité du Haut-Doubs, le rôle de ce contexte particulier :

> Quant au rôle exceptionnel de février, il s'explique, selon nous, par le fait qu'à cette époque les travaux d'intérieur, tels que battage, vannage, sont terminés, et que ceux de la prochaine campagne, tels que fumage, n'ont pas encore commencé. Les soirées sont longues encore ; on se voit davantage. Ajoutons que l'hiver touche à sa fin, que les jours commencent à grandir et que l'approche du printemps exerce déjà une certaine influence. (1870, p. 310)

Célestine se voit-elle bousculée par le maître, par un commis, par un cousin ? C'est peu probable, eu égard à l'âge : à 34 ans, on n'est plus tellement naïve, surtout à la campagne. Peut-être Célestine a-t-elle éprouvé une grande passion pour un homme de passage – colporteur ou journalier ; peut-être entretenait-elle de longue date une liaison avec un homme marié, pensant être stérile. D'une manière générale, le nouveau Code civil de 1804 ne simplifie pas les choses s'agissant des enfants naturels, puisqu'il présente, relève Duvillet (2011, p. 14) « la famille légitime, basée sur le mariage-institution comme le pilier de la société, ce qui n'est pas sans rappeler l'esprit de la législation royale de l'Ancien Régime sur ce même sujet ; et il ne permit aucune dérogation à ce modèle familial. [...] L'abolition du divorce en 1816 fut inhérente au repli sur une vision conservatrice du mariage. Les couples de concubins étaient l'objet d'une nette réprobation sociétale. [...]. » Lacroix (1839, p. 278), romancier oublié, traducteur, donne une bonne idée de ce rejet des enfants illégitimes par la société bourgeoise de la Monarchie de Juillet, dans un roman intitulé *Le bâtard*, dont la page de titre précise : « Auteur de *Une Grossesse*, *Le Tentateur*, *Les Premières rides*, etc. », soulignant ainsi l'attention stigmatisante portée à ces questions dans les années 1830-1840 – et au-delà :

> — Croyez-vous, ma mère, poursuivit Léopold avec un redoublement de fureur, croyez-vous que tout le sang d'un homme suffise pour laver un pareil outrage !... Il dit que je n'ai pas le droit de porter le nom que je porte ! il dit que ma naissance est votre honte !... Il dit que je suis un bâtard !... Madame Doring laissa tomber sa tête sur sa poitrine ; et d'une voix déchirante, elle reprit au milieu des sanglots. — Tyrconnel !... Oh ! l'indigne ! a-t-il juré la mort de tous les miens !... Quoi ! sa haine n'est pas encore éteinte !... après vingt ans !... Vingt ans, qui m'ont paru vingt siècles de douleur !... Il veut égorger mon fils, à présent !... Oh ! l'indigne !... [...] — C'est un infâme ! dit madame Doring avec l'énergie de l'indignation ; puis elle ajouta

d'une voix faible et indistincte : — Mais il n'a pas menti ! Elle était d'une pâleur mortelle et semblait prête à défaillir.

Pour la Franche-Comté, la situation des mères célibataires est décrite par Boffi (2000, p. 48) qui rappelle que « les domestiques sont les plus vulnérables, l'exploitation étant un lieu particulièrement favorable aux séductions de tous ordres. On peut pourtant dire que "l'immoralité" venait assez souvent des maîtres eux-mêmes, par le forçage des filles venues de la campagne, qui se pliaient parfois naïvement aux désirs de leur patron. » L'entourage est peu compréhensif ; ainsi, à Villers-le-Lac, *en 1885*, un charivari est encore organisé pour moquer une jeune domestique. (*ibidem*, p. 45) Certaines mères abandonnent anonymement leurs enfants à l'hospice, d'autres vont jusqu'à l'infanticide. De toute manière, la condition de la jeune mère, que son enfant soit légitime ou non, est fréquemment très dure à la campagne ; en 1873, l'économiste libéral Paul Leroy-Beaulieu, néanmoins intéressé par les questions sociales, cite « un digne et vertueux instituteur » : « Dans les campagnes du Laonnais, dès qu'un enfant est né, il devient pour sa mère un embarras en ce sens surtout qu'elle ne peut plus participer aux travaux des champs. Mais ce n'est que pour peu de temps. Afin de reprendre plus tôt ses occupations ordinaires, elle sèvre son enfant ; bientôt elle le quitte avant le jour et ne revient pour lui donner la nourriture qu'à midi et le soir. Elle le laisse seul à la maison et le lie à son berceau, quand elle redoute quelque accident. » (1873, p. 237)

Célestine accouche le 3 novembre 1835 ; c'est un garçon, qu'elle prénommera Claude « François », et dont le patronyme sera *Bonnot*, puisque le père ne se manifestera jamais. La question du nom n'est en rien anodine. Zonabend (1980, p. 10) souligne que « le nom de famille manifeste bien l'accentuation patrilinéaire dont les systèmes de parenté européens à filiation bilatérale sont porteurs. Ce n'est qu'en cas d'errements graves ou, ce qui revient au même, dans des circonstances exceptionnelles qu'est interrompue, pour une génération, la règle patrilinéaire de transmission. La femme, dans nos sociétés, reste celle par qui le désordre ou le changement arrive : le matronyme en est le signe manifeste. » Dans le cas présent, la continuité du nom se fait de façon matrilinéaire, ce qui est porteur de lourdes conséquences ; le nom de *« Bonnot »* sera probablement marqué pour un temps à la toute petite échelle du village. On s'en rend mieux compte lorsqu'on observe ce qui se passe à l'époque dans d'autres régions françaises, par exemple en Normandie. Au milieu du XIXe siècle, il arrive encore fréquemment que des enfants illégitimes non reconnus se voient attribuer un patronyme calqué sur l'un des prénoms de la mère, ainsi qu'en témoignent les remontrances des administrations préfectorales adressées aux maires (Nédelec, 1971, cité par Zonabend). Les statistiques de 1830, tirées de *L'annuaire statistique et historique du Doubs* pour 1832, d'Anatole Laurens (1832, p. 244) indiquent qu'il y eut 7294 naissances d'enfants légitimes, 237 enfants naturels reconnus, dont 128 garçons et 109 filles, et 294 enfants naturels non reconnus, dont 136 garçons et 158 filles. Ces enfants non reconnus représentent 3,75% du total des naissances annuelles, ce qui n'est pas négligeable ; on observera en outre que les garçons reconnus sont plus nombreux que les filles dans la même situation, la situation s'inversant logiquement pour les enfants non reconnus ; ceci marque donc doublement François Bonnot en tant que « bâtard ». Les reconnaissances sont également attestées à Mambouhans même : le cas le plus remarquable est celui de Pierre Joseph Saint-Voirin, ouvrier de fabrique, qui reconnaît les 6 enfants de Thérèse Jeannin, nés de 1848 à 1864. Lors de leur mariage, en 1868, Thérèse est âgée de 48 ans, alors que Pierre Joseph Saint-Voirin n'a que 36 ans. Quoique ce ne soit pas exclu (Pierre avait 16 ans lors de la naissance du 1er enfant et Thérèse 28), il est douteux que ces 6 enfants aient eu le même père. Un autre cas très intéressant est la reconnaissance d'un François « Xavier » Bonnot (1778-1854), en 1817, *à l'âge de 39 ans*, par son père, Pierre Claude Bonnot, qui en a 67 et qui mourra deux ans plus tard en 1819. La mère, Anne Cordule Cuenin, est décédée bien des années auparavant, en 1778, à 32 ans. Or, ce Pierre Claude se trouve être *le frère aîné de Pierre Joseph Bonnot* (père de Marie Célestine, etc.) et de Joachim Alexis Bonnot. En reconnaissant très tardivement cette filiation, Pierre Claude Bonnot fait donc de François Xavier[5] son héritier, plaçant de ce fait hors de sa succession – qui devait être mince – ses frères et sœurs.

Lire, écrire, conter, *à Mambouhans ...ou à Bournois*

Avant d'en venir au destin de Célestine et de ses descendants, il convient de tenter de préciser le cadre culturel. Dans la fratrie de Célestine, il n'est pas exclu que les deux garçons – le douanier et le chasseur à pied – aient été en mesure de lire et d'écrire, d'une façon sans doute sommaire, mais suffisante pour remplir des procès-verbaux, notamment s'agissant du préposé aux douanes. Sarraute (s.d., p. 37) estime toutefois qu'au début du XIXe siècle, « La plupart des préposés, pour ne pas dire tous, étaient illettrés. » Afin de tenter de préciser ce point, nous avons reproduit ci-dessous les signatures de François Xavier et de Célestine. Le premier signe avec une relative facilité (sur les critères d'aisance, voir Loison, 2003). En revanche, la signature de Célestine est maladroite et tremblée, les lettres sont formées avec difficulté ; il est vrai qu'elle a alors 61 ans (signature sur l'acte de mariage de son fils François) et que le peu qu'elle a pu apprendre est bien loin ; en outre elle n'a à l'évidence aucune occasion

5 Il s'ensuit que ce François Xavier, reconnu par Pierre Claude Bonnot (1778-1854) est le cousin germain de François Xavier Bonnot (1799-1862), le douanier, fils de Pierre Joseph Bonnot.

d'écrire, ni même de signer. Bien sûr, le XIXe siècle est « le siècle de l'alphabétisation » et dans le département du Doubs, les taux d'illettrisme sont faibles (Pélissier et Rébaudo, 2004), comme en atteste la carte de la France scolaire du baron Dupin, résultat de la grande enquête de 1826. (Chartier, 1997) Le Bras et Todd (2013, pp. 74-75) confirment que « le pôle d'avance éducatif est situé nettement à l'Est de la capitale. L'examen des cartes de l'éducation évoque une entrée de l'instruction primaire par la frontière de l'est, suivie d'un mouvement vers le cœur du bassin parisien, favorisée par un système anthropologique qui stimule la diffusion des idées et des hommes. La facilité des communications entre villages compacts explique la vitesse de diffusion de l'alphabétisation. La tendance de la famille nucléaire à lancer dès l'adolescence ses enfants vers des villages parfois assez lointains contribue à ce premier dynamisme éducatif. [...] En 1901, la carte de l'éducation porte la trace de ce premier décollage culturel. Nous devons à ce stade, rester dans le cadre départemental défini par Dupin. Il est suffisant parce que les villes – Bordeaux mis à part – n'ont pas alors de rôle moteur particulier. Selon le recensement, la proportion d'hommes et de femmes sachant lire et écrire dépasse 96% dans l'est du bassin parisien et pousse un tentacule vers Paris. » Il n'en reste pas moins que les écoles primaires communales ne verront le jour qu'après 1833 (loi Guizot) dans les communes de plus de 500 habitants, s'agissant des garçons, et après 1850 (loi Falloux) dans les communes de plus de 800 habitants, s'agissant des filles.

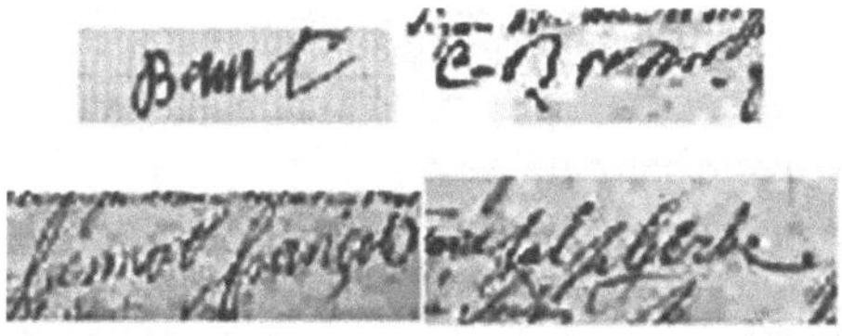

En haut : François Xavier Bonnot (douanier) en 1830 à l'âge de 31 ans ; Marie Célestine Bonnot (journalière) en 1861 à l'âge de 61 ans.

En bas : François Bonnot (journalier puis ouvrier de forge) en 1861 à l'âge de 26 ans ; Marie Anastasie Salzgeber (journalière) en 1861 à l'âge de 25 ans.

Fig. 4: Signatures.

Dans les villages il faudra attendre encore longtemps. Naturellement, ici et là, les curés assurent un enseignement des rudiments de la lecture et de l'écriture dont certains profitent, de façon plutôt aléatoire. On voit sur la même figure, qu'en 1861, le fils de Célestine, Claude François, et sa jeune épouse, Marie Anastasie Salzgeber, nés en 1835 et 1836, signent le registre de la mairie avec une certaine aisance[6] et devaient avoir une certaine habitude de la lecture, sinon de l'écriture. On peut en revanche penser que les parents de Célestine étaient complètement

6 On notera en passant que Marie Anastasie a francisé son nom, d'origine autrichienne (voir *infra*). De *Salzgeber*, il est devenu *Salsgerbe*. Les actes sont très riches en variantes, surtout lorsqu'il s'agit de patronymes étrangers et de ce fait inhabituels. Cela ne facilite évidemment pas les recherches.

illettrés. Probablement parlaient-ils presque exclusivement patois. Célestine elle-même était probablement dans une situation approchante. À Bournois, Charles Roussey – qui devint un grand lettré, quoiqu'ayant quitté l'école à 11 ans, pour n'y revenir qu'à 17 – notait : « Comme ses grands-parents, ses parents, ses frères et sœurs, ma mère […] était absolument illettrée, et son langage différait sensiblement de celui de mon père ; elle parlait comme les vieilles personnes. » (1894, p. v) Roussey estimait que les femmes étaient linguistiquement « conservatrices ». On ne peut faire une règle générale de ces observations, car en d'autres lieux on a mis en évidence des stratégies opposées. Ce qui est bien attesté, en revanche, c'est la différence entre les parlers masculins et féminins dans un site donné. Il y a de bonnes raisons de postuler que la génération suivante, c'est-à-dire celle de Claude « François » (désormais : François) Bonnot n'utilisait plus le patois de façon systématique, parlant un français très fortement régionalisé : en effet, Émile Bonnot (grand-père de JFB) rapportait que son père ne s'adressait en patois qu'au chat, lui-même ne le parlant pas du tout, et assurant mal le comprendre, n'en connaissant en tout cas que des phrases stéréotypées et disposant classiquement d'un lexique spécifique, dont il émaillait quelquefois son propos (toujours sur un mode plaisant) (Bonnot, 2002). Ces faits n'ont rien d'étonnant ; il s'agit de motifs revenant fréquemment dans les enquêtes – on parle en patois au chat, au chien, au cheval, aux animaux en général. De nombreux activistes, à partir des années soixante, ont fait de la question de la disparition des patois et de la mise en difficulté des langues régionales un levier politique et moral : les ruraux qui abandonnaient leur langue auraient été pris entre un désir de modernité et un sentiment de culpabilité – ce dernier se trouvant essentiellement dans la tête de certains linguistes. Quoi qu'en disent les ayatollahs du régionalisme (que l'on distinguera soigneusement des dialectologues, des folkloristes et des ethnologues proches du terrain, c'est-à-dire réalisant effectivement des enquêtes, dont on ne soulignera jamais assez la contribution inestimable), il s'agit d'un phénomène aussi normal qu'inéluctable, celui de la disparition des langues, phénomène que l'on ne peut évidemment que déplorer, mais qui est lié à la pénétration de l'alphabétisation et de l'instruction en général dans les provinces, et dont les manifestations ont été plus massives et plus rapides s'agissant des patois romans d'oïl. Comme l'écrivait en 1910 (p. xviii) l'excellent dialectologue qu'était Félix Boillot, à Grand'Combe-Châteleu, lieu pourtant préservé, « pour se rendre un compte exact de l'état actuel du patois, il faut songer que présentement, il n'y a plus personne dans le village qui se serve de cet idiome à l'exclusion du français, et qu'il en est ainsi depuis quelques années déjà. Il y a encore quelques foyers où le patois est la langue qu'on emploie dans la famille. Certaines personnes ne s'en servent jamais, d'autres emploient concurremment les deux langues et parmi celles-ci les préférences se distribuent d'une façon qu'il ne nous a pas été possible de déterminer. »

Où lisait-on à la campagne ? À la suite des travaux de Mandrou et de Bollème (cités par Guilcher, 1990) on a largement surestimé le rôle de la lecture « communautaire », tout particulièrement de la lecture à haute voix, lors des veillées. L'argumentation convaincante de Guilcher invite en effet à réfuter cette possibilité. Même en admettant qu'il se fût trouvé un villageois maîtrisant la lecture fluide, encore aurait-il fallu que le lecteur en question ait été en mesure de retenir l'attention de l'auditoire. Or, selon Guilcher (1990, p. 150), « la communauté traditionnelle n'est guère à l'écoute de l'individu. Celui-ci n'y trouve sa place qu'en se laissant absorber, engloutir, digérer. [...] Ce vécu extérieur ne trouve guère de faille par où s'insérer dans la vie du groupe, et l'instruction acquise par ailleurs risque fort d'y rester lettre morte. » Les conditions matérielles sont peu propices, notamment l'éclairage qui est très faible. Guilcher considère que ceci vaut, « y compris pour le nord et l'est de la France, [dont la Franche-Comté] où [les témoignages de lecture à une veillée paysanne] sont pourtant moins exceptionnels qu'ailleurs. » (*ibidem*, p. 151) La description de la veillée, donnée par Roussey, va dans le même sens ; il s'agit avant tout d'activités communautaires :

> Nous avons eu en particulier la bonne fortune d'avoir comme veilleuse assidue, la plus vieille femme du village, *la* Pierrette Perriguey (dit Daudon) morte en 1878 à l'âge de 91 ans. [...] Les veillées commencent en novembre et finissent en février. Aussitôt la soupe mangée, tout le monde se met à genoux, le chef de la famille fait la prière à haute voix [...] Les hommes jouent aux prises [jeu de cartes où les perdants offrent une prise de tabac]. [...] Les femmes et les jeunes filles se groupent nombreuses autour de la pâle lumière d'une chandelle fumeuse pour filer, broder, coudre ou tricoter en chantant les chansons du pays. [...] Quand le jeu et les chants ont cessé, c'est encore les bons vieux qui animent la conversation. Cette fois les contes font place aux récits de l'ancien temps concernant le village, les vieilles coutumes ; sur ce dernier point, souvent la discussion s'anime, les vieux soutiennent avec acharnement les habitudes de leur temps, tandis que les jeunes en rient ou s'en moquent en répétant la phrase à la mode [en patois] [...], que les vieilles gens étaient bêtes. [...] Avec le progrès les veillées s'en vont. Aujourd'hui les gens se fréquentent moins, chacun aime à rester chez soi, on devient égoïste et méfiant. (*ibidem*, pp. xi-xii)

Ce fait étant tenu pour acquis, la lecture à la maison, et pour soi, ne concernait pas que les bourgeois et les clercs. À Bournois, le père de Charles Roussey « avait fait des études primaires remarquables pour l'époque », et devint sous-officier. Nous disposons d'un autre indice intéressant : Jean Ferréol Chabod, *né en 1780*, dans le hameau des Joumets à Lièvremont, et mort en 1852, fils de paysans du Haut-Doubs, lui-même cultivateur, puis douanier (finalement lieutenant), écrivait fort bien, et donc lisait certainement de même, puisqu'il a produit plusieurs faux en écriture publique, en vue d'échapper à la conscription de l'an IX et de conserver sa position de préposé[7] ! Il serait tout aussi absurde de supposer qu'il

7 Jean Ferréol Chabod est un ancêtre direct de JFB. Les pièces en question forment une partie de la procédure de mise en accusation devant la « Cour de justice criminelle du Doubs », et sont conservées aux Archives départementales du Doubs, cote U 589, an XIII, 1er brumaire.

s'agissait d'un cas absolument isolé que de prétendre que tout un chacun, dans les villages, y compris dans la seconde moitié du XIXe siècle, avait accès à la lecture et à l'écriture. Joseph Tissot donne des renseignements sur les enfants scolarisés aux Fourgs (1248 habitants en 1852) en 1855 : « 252 enfants, dont 146 garçons et 106 filles, suivent les écoles pendant les longs hivers. C'est, par 1000 habitants, 200,56. La moyenne, pour la France, est de 85,11. Pour le département, de 178,38. [...] En été, les classes sont moins fréquentées ; on n'y compte plus au village que 75 garçons et 50 filles, et celles des hameaux ne fonctionnent plus. » (1870, p. 333)

Ceci étant posé, lorsque le peuple des campagnes lisait, de quoi s'agissait-il ? Il faut distinguer une catégorie d'ouvrages profanes et une catégorie d'ouvrages religieux. Sans doute pouvait-on trouver la version montbéliardaise de l'almanach du *Messager boiteux*, sorti des presses des frères Deckherr[8] (Lüsebrink, 2000, p. 270), dont on devait faire un usage largement oralisé, à partir d'un texte ou de vignettes colportées (Guilcher, p. 156). On suivra ici Nicole Belmont (2010, p. 227), qui observe, d'après Jakobson, « que le conteur, qui a mémorisé du récit entendu d'un autre conteur non pas le mot à mot, mais le schéma narratif général, les principaux épisodes et motifs, racontant sa version, [...] fera acte de traduction, de reformulation de ce qu'il a en mémoire et qui lui vient d'un autre. Mais ses propres mots, ses propres formules, substitués à ceux de la version précédente (y compris les versions racontées par lui-même) induisent des significations qui ne sont plus tout à fait les mêmes. En effet, comme le note R. Jakobson, "qui dit synonymie ne dit pas équivalence complète". Les glissements et les infléchissements de forme et de sens donnent naissance à ce que nous appelons les versions ». Ceci vaut également pour les récits familiaux, transmis et modifiés de génération en génération. Vernus (2002, p. 21) indique que les Deckherr furent des pionniers, dès 1799, de ce point de vue : « La famille a des liens avec Bâle. *L'annuaire du Doubs* de 1817 décrit l'atelier en ces termes : "il existe à Montbéliard une imprimerie-librairie dirigée par les frères Deckherr. Les presses sont au nombre de trois, dont l'une pour les caractères allemands, les deux autres pour les caractères français. Ils impriment

8 Les frères Deckherr sont les fils de l'imprimeur-libraire de Montbéliard Theophilius Jean Gothlieb Deckherr (1748-1823), lui-même fils de Guillaume Henri Deckherr, relieur, né en 1712 à Strasbourg. Les fils de Théophilius-Jean qui reprennent l'affaire paternelle sont au nombre de trois (un fils est mort à 21 mois) : « Théophile-Frédéric (1776-1848), imprimeur-libraire à Porrentruy et à Montbéliard, Rodolphe-Henri (1785-1848?), alors "marchand quincaillier en détail" et fabricant de cartes à jouer, et Léopold-Hermann (1790-18..), alors libraire à Porrentruy. Les 3 frères publient sous la raison "Frères Deckherr", "Deckherr frères" ou simplement "imprimerie Deckherr". » (Document de la BnF : <http://data.bnf.fr/14636246/freres_deckherr/>) Ce sont les ascendants directs de S. Freyermuth. La généalogie de cette branche a été réalisée par la famille Maffre-Euler, que nous remercions. (<http://gw.geneanet.org/glaglassdu91?lang=fr;p=guillaume;n=deckherr;oc=2>).

surtout des livres de dévotion à l'usage des différents cultes chrétiens, et un almanach, sous le titre de *Messager boiteux*, dont le débit excède cent mille exemplaires chaque année." » On disposait probablement aussi, à la charnière du profane et du religieux, de petits opuscules éducatifs, tel ce *Nouvel alphabet de la vie des saints, orné de vingt-quatre jolies vignettes*, sorti des presses de la maison Deckherr en 1845. L'ouvrage comporte une présentation de l'alphabet avec diverses formes de lettres, des exemples de graphèmes simples et complexes, des « maximes, sentences, proverbes » : *« L'ho mme pro po se, Dieu dis po se. La peur est un mau vais con sei ller. Ne re mets pas à de main ce que tu peux fa ire au jour d'hui »* (nous avons respecté les « coupes syllabiques » du texte). Viennent ensuite quelques hagiographies de saints (Augustin, Basile, Clotilde, Denis, Etienne, François de Paul, Geneviève ... Zacharie) contenant force détails sur les épouvantables supplices subis par les martyrs, les méfaits des païens, les miracles. On trouve encore deux modèles de lettres *« à mon Papa, le jour de sa fête, à ma Maman, le jour de sa fête »* – le père est vouvoyé, la mère tutoyée. La présence de ces deux modèles, typiquement « bourgeois », incite à une certaine circonspection s'agissant du « public-cible » : probablement s'agit-il d'abord d'artisans, d'habitants de bourgs d'une certaine importance, plutôt que d'habitants des campagnes profondes. L'ouvrage se termine par des éléments d'arithmétique (les 4 opérations) et quelques notions sur les « poids et mesures ». Au plan proprement religieux, on possédait un missel – la présence de *l'Ancien Testament* chez les catholiques était rare, la situation étant très différente dans les villages protestants du pays de Montbéliard, et à Montbéliard même, ainsi que dans les localités « mi-partie », c'est-à-dire possédant deux lieux de culte, l'un catholique et l'autre protestant (comme Voujeaucourt ou Blussans, par exemple).

On peut penser, vu la proximité du pays de Montbéliard d'une part, et de la Suisse d'autre part, que des colporteurs évangéliques se présentaient régulièrement dans les villages, notamment avec des exemplaires du *Nouveau Testament*. Ainsi, rapporte Petit (2003, p. 108), en 1842, « le curé des Fourgs indique comme "vice dominant" de sa paroisse, "les paroles libres à cause du voisinage de la Suisse [protestante] où elles sont communes". » Douen, de la *Société biblique protestante de Paris*, naturellement tout acquis à la cause, indique qu'« au mois de novembre 1821, les frères Deckherr, imprimeurs à Montbéliard, nous offrirent environ 3000 exemplaires qui leur restaient d'une édition du Nouveau Testament, "d'après une version genevoise ancienne et reçue dans toute l'inspection de Montbéliard" [...]. L'édition de Montbéliard est, croyons-nous, la seule qui ait porté, sur la feuille du titre, les mots : *Société biblique protestante de Paris*. » (Douen, 1868, p. 135) Douen note également, qu'après « les événements politiques de 1830 [...] dans l'ancienne principauté de Montbéliard, l'activité renaissait, des comités auxiliaires se formaient, à Héricourt, à Blamont, à Audincourt, à Saint-Julien ; ces comités, composés de tous les pasteurs et de tous les anciens de chaque église, trouvaient un grand appui dans les populations. » (*ibidem*, pp. 221-222) Sans doute, cette effervescence religieuse eut-elle également quelque incidence sur la disponibilité de ce type de littérature dans les villages environnants, même s'ils ne faisaient pas partie du Pays de Montbéliard. Ces ouvrages pouvaient aussi être vendus par des colporteurs *au service* des Deckherr, comme en témoignent les permis qui furent accordés à des villageois de la région (Vernus, *ibidem*, p. 24). Il faut toutefois tenir compte des résistances, qui pouvaient être très fortes, comme le relève Sacquin (2001, p. 121) : « la polémique catholique affirme que les protestants "achètent les consciences", ce qui provoque malentendus et convoitises. Les sociétés évangéliques apprennent vite à se montrer sélectives, imposant aux candidats des périodes d'essai. Par ailleurs, les convertis prennent des risques : querelles familiales, dénonciation en chaire le dimanche, perte d'emploi ; surveillance policière enfin car il est mal vu de changer de religion, dans de petites communautés où l'appartenance confessionnelle n'a rien de privé. »

Il faut enfin ajouter une remarque finale très importante s'agissant des almanachs et du *Messager boiteux* en particulier. Il existe une différence fondamentale entre les contes oraux des veillées et les contes d'almanach comme le souligne Charles Roussey dans la préface de ses *Contes populaires recueillis à Bournois* :

> Une chose m'a frappé dans mes investigations : c'est que les contes ne s'implantent pas aussi facilement qu'on pourrait le croire dans tel ou tel pays. [...] Ainsi, depuis si longtemps que l'imagerie d'Épinal nous inonde de ses historiettes, souvent plus amusantes que nos contes, il n'en reste pas trace, cela ne se raconte pas. Il en est de même pour tous les nombreux et charmants contes d'almanach que, depuis tant d'années, le *Messager boiteux de Strasbourg* porte dans toutes les familles. Quand, rarement, il vient à quelqu'un l'idée de dire une de ces historiettes, tout de suite on s'en moque et on arrête le conteur en disant que « [en patois] ce n'est pas un conte, cela, cela est dans l'almanach. » [...] Je crois que je laisserais encore les plus belles scènes de notre théâtre si une de ces voix aimées venait murmurer à mon oreille : « [en patois] eh bien, ma foi, voilà qu'il vous faut conter qu'il y avait une fois le loup et puis le renard qui voulaient aller en moisson, etc. » (Roussey, 1894b, pp. vii-viii)

La présence d'images d'Épinal et d'almanachs dans les demeures les plus modestes est confirmée par Max Buchon pour Salins (*cf.* [13]) : « à l'embrasure intérieure de la fenêtre figurent, d'un côté, un almanach, et, de l'autre, une image d'Épinal aux couleurs fortes, représentant le Jugement dernier. Deux autres images, de même fabrique, ornent les deux côtés de la platine ; l'une est le Degré des âges, et l'autre la Mort de saint François-Xavier, sur une plage des Grandes Indes. Au plafond enfin pendent deux énormes paquets de fil qui attendent le tisserand. » (1858, p. 42-43)

L'espoir d'une vie meilleure dans la vallée

Revenons maintenant à Célestine et à son fils François. On perd leur trace durant 25 ans, c'est-à-dire jusqu'en 1861, date à laquelle François se marie à Solemont. À vol d'oiseau, Mambouhans n'est pas très éloigné de Solemont ; pourtant les deux localités sont nettement séparées par la chaîne du Lomont, qui culmine à 835 m. Sur l'ubac se trouvent Dambelin et Mambouhans, sur l'adret, Vyt-lès-Belvoir, Valonne, Solemont et Feule. En empruntant des sentiers forestiers, il est sans doute possible d'éviter le contournement par Pont-de-Roide. En effet, Duvernoy notait en 1869 qu'il existait autrefois un chemin qui « se dirigeait vers Neufchâtel [Urtière], gagnait les crêtes du Lomont pour descendre par Solemont, dans la vallée de la Barbèche qu'il traversait aux lieux dits *le champ du moulin* et les ponts de Solemont. » (p. 107) L'obstacle entre les deux villages n'en reste pas moins massif en même temps que protecteur : Marie Françoise, l'une des sœurs de Célestine, ayant récemment épousé un homme de Feule, à 2 km de Solemont, il est assez vraisemblable que la mère de François, fuyant les ragots villageois, s'y soit installée avec son enfant. Ce qui renforce cette hypothèse, c'est que l'acte de mariage de François Bonnot avec Marie Anastasie Salzgeber indique : « Claude François Bonnot, âgé de 25 ans, natif de Mambouhans, *cultivateur domicilié à Solemont*, majeur, *fils naturel* de Célestine Bonnot, soixante un ans[9], *cultivatrice demeurant à Solemont* ici présente et consentante […] ». Il s'ensuit que François et Célestine *résident* à Solemont, et n'ont donc pas fait le déplacement pour l'occasion.

La « future » est née dans cette commune en 1836, orpheline de père et de mère – la mère de Marie Anastasie, Marie Justine Socié, s'éteint en 1838 à Solemont, et son père, « Jean Martin » (Johann Martin), Autrichien de Schruns dans le Vorarlberg, meurt 3 ans plus tard. Son acte de mariage, daté du 1er avril 1835, Solemont, indique : « Il [Jean Martin Salzgeber] nous a présenté tant extrait de naissance en due forme ainsi qu'un certificat de bonne vie constatant qu'il a satisfait au fait du recrutement dans son pays aussi délivré par lotorité compétante [sic] […]. » La jeune femme est donc vraisemblablement sans le sou ; elle semble avoir été recueillie par des parents. Tout cela s'inscrit parfaitement dans un schéma de reproduction économique et social cohérent : ni Marie Anastasie, ni François ne sont de beaux partis ; ils n'ont aucun bien, il est dès lors presque naturel qu'ils se rencontrent – l'un ne connaîtra jamais son père, l'autre est seule dans la vie. Chacun est en outre porteur d'un stigmate social : François est un enfant naturel, c'est en tout cas ce que disent les textes officiels ; traduit en langage ordinaire (ou littéraire), c'est un *bâtard*, on l'a vu. Quant à Marie Anastasie, c'est la fille

9 Il est alors courant d'omettre le « et » : trente un, etc.

d'un étranger, d'un vrai. Son grand-père maternel, Hippolyte Bonaventure Socié est d'ailleurs également un enfant illégitime (registre paroissial). On tient ici un exemple de l'intérêt qu'il y a à faire appel au récit oral familial, reformulé de génération en génération, par nature assez peu fiable d'un point de vue strictement historique, mais contenant souvent des traces mémorielles inestimables, pour peu qu'elles soient recoupées : ainsi, disait-on que la première femme de François (il se remariera) était « l'Autrichienne », ce qui n'était pas loin d'être exact.

Jean Martin Salzgeber est un pionnier dans notre récit, car il sera le premier à se rapprocher des sites industriels : il est *maçon*, comme beaucoup d'émigrés temporaires ou définitifs du Tyrol et du Sud de l'Autriche ; il n'est pas douteux qu'il existait de nombreux circuits permettant à certains ouvriers de venir en France[10]. Selon John Cole, l'un des spécialistes de la question (1977, p. 123), pour la partie italienne du Tyrol du Sud – la situation étant identique en Autriche frontalière –, dans les villages germanophones, les patrimoines étaient préférentiellement indivisibles, l'objectif étant de préserver un revenu suffisant pour l'exploitant, en général le fils aîné du précédent propriétaire. Les autres membres masculins de la fratrie avaient donc le choix d'émigrer ou de devenir domestiques sur l'exploitation. En 1852, le grand voyageur, traducteur et écrivain franc-comtois Xavier Marmier (Bonnot, à paraître) est de passage au Tyrol et explique : « Jamais les Tyroliens ne se sont, comme les Suisses, enrôlés au service d'une puissance étrangère. Un grand nombre d'entre eux, pressés par le besoin, ou entraînés par l'espoir d'une heureuse spéculation, ont parcouru d'autres régions : on en rencontre à tout instant en Allemagne, ceux-ci formant des chœurs de chanteurs, ceux-là portant une cargaison de tapis fabriqués dans l'Unterinnthal. » (Marmier, 1852, p. 38) Sur son site internet, Roger Chipaux fournit un inventaire partiel de ces immigrants autrichiens : « Les données assez nombreuses concernent surtout le Doubs au XIXe siècle (les sources sont abondantes), mais également la Haute-Saône parfois dès le XVIIIe siècle […] Les migrants sont pour l'essentiel originaires des provinces du Tyrol et du Vorarlberg, et leur profession à l'arrivée est en rapport avec le bâtiment : maçon, tailleur de pierres, gypseur, stucateur… Ils semblent avoir été employés à la construction ou réfection d'églises. Les liens entre émigrés en Franche-Comté et familles en Autriche étaient maintenus, comme le prouvent l'existence de livrets ouvriers montrant la circulation périodique d'individus entre les deux pays, ou la migration à plusieurs époques d'individus portant le même patronyme (Bitschnau par exemple) ou provenant de la même localité (Bartholomäberg par exemple) vers des destinations très

10 À Grandvillars, en 1856, près de Belfort, on trouve un Xavier Salzgeber, *maître maçon*, fils de Joseph (Josef) Salzgeber et Marie (Maria) Meyer, né à Schruns, comme Johann Martin. Sans doute s'agit-il d'un cousin, plus jeune. Le fils de ce Xavier sera *plombier* (toujours un métier du bâtiment) à Belfort.

proches. »[11] Après le décès de sa première épouse, rien ne retient Jean Martin. Il quitte donc Solemont et se rend à Blussans, village « mi-partie » de la vallée, voisin de L'Isle-sur-le-Doubs ; il y retrouve son frère Jean Joseph. Hélas, tous les deux ne tarderont pas à y mourir : Jean Joseph en 1840 à 26 ans, Jean Martin l'année suivante, à 32 ans. Jean Martin imaginait sans doute une vie plus facile, de meilleures opportunités de trouver du travail en se rapprochant des grandes usines et fabriques. Peut-être n'est-ce pas le cas, puisque son acte de décès porte la mention « manouvrier », et non « maçon ». Bien sûr, ce choix de Blussans est grandement favorisé par la présence sur place de la grand-tante de sa première épouse, Jeanne Antoine Socié, épouse Charbonnier, cultivatrice. On relève en outre l'existence d'un autre Tyrolien dans le même village, Théophile Schepar, exerçant également la profession de *maçon*, originaire de Marul, à une trentaine de km au nord de Schruns, qui épousera la fille de Jeanne Antoine Socié-Charbonnier.

On peut considérer que Blussans constitue une frontière, devenue partiellement invisible (voir Cole et Wolf, 1999, sur la notion)[12] ; le village faisait en effet partie de la Seigneurie de Châtelot[13] et, de ce fait, était partie intégrante de l'ancienne Principauté. Le folkloriste Désiré Monnier (1788-1869) relate une excursion dans le Pays de Montbéliard en 1823, c'est-à-dire avant le début de la grande industrialisation du nord de la Franche-Comté :

> L'année suivante, je fis une excursion plus courte au pays d'Ajoie (canton de Montbéliard). Le touriste ne doit pas vagabonder à travers cette contrée sans voir Mandeure[14]. C'est aujourd'hui une contrée devenue presque allemande, par l'introduction d'une foule de familles protestantes qui furent appelées du Wurtemberg par les comtes de Montbéliard, au XVIe siècle. Des galeries au front des maisons, des fenêtres à vitres en cibles, des vêtements qui affectent surtout les couleurs noires et rouges, des noms propres terminés par la syllabe li, des termes tudesques, souvent mêlés à la langue usuelle, sont pour moi des indices assez positifs d'une origine ultra-rhénane, et m'annoncent la proximité de l'empire d'Allemagne. Quand je mis le pied sur le territoire de l'ancien pays d'Ajoie, entre la petite ville de Clerval-sur-le-Doubs et Montbéliard, je vis à ma droite, dans un champ voisin de la grande route, deux femmes piochant la terre. C'étaient la mère et la fille. La jeune personne afin d'agir plus librement, avait déposé corset et fichu sous un buisson, et, dans cet état, ne paraissait pas plus embarrassée de ma présence que si elle eût été parfaitement couverte. Je m'étais approché de ces deux personnes pour leur demander le nom du premier village que je rencontrerais en poursuivant mon chemin : Vous trouverez d'abord Blussans, me dirent-elles. Il y a une bonne auberge. Ceci

11 <http://roger.chipaux.org>.

12 On verra plus loin [13], avec le « crime du canal », que cette frontière est bien présente, jusque vers 1880 et sans doute encore plus tardivement.

13 Nous avons déjà abordé cette question de frontière à propos des villages de Lougres et de Colombier [11].

14 L'Ajoie est l'ancienne dénomination de la région. Ce nom ne concerne actuellement que la partie suisse (Porrentruy). À Mandeure se trouvent les ruines de l'ancienne ville romaine *Epomanduodurum*, qui intriguait beaucoup les savants de l'époque.

était un peu exagéré : le souper fut mince ; puis on me fit coucher dans un lit à l'allemande, c'est-à-dire dans la plume, entre des édredons sans draps et sans oreillers pour appuyer ma tête. Le lendemain, j'allai visiter les ruines de Mandeure. (Monnier, 1871, pp. 373-374)

Lorsque Jean Martin Salzgeber s'y installe, qu'il s'y remarie avec Virginie Sémon (couturière), qu'il conçoit un enfant qui naîtra après sa mort, Blussans est certainement en plein changement : le progrès gagne Montbéliard, les caractéristiques « ultra-rhénanes » s'estompent peu à peu ; le patois s'éteint, d'abord au centre de l'ancienne principauté[15], puis en périphérie. Les usines s'agrandissent et attirent une main-d'œuvre toujours plus importante. Ce phénomène de transformation progressive d'un environnement très largement rural en contexte urbanisé et industriel avait été initié, on le sait, par les Japy à Beaucourt et par les Peugeot dans la vallée du Gland (petite rivière qui se forme à Glay pour se jeter dans le Doubs à Audincourt, à 12 km en aval). Olivier (1999, § 23) souligne que « l'aventure industrielle des Peugeot débute également au cœur d'un espace profondément rural. Paysans enrichis, ils descendent du plateau de Vandoncourt pour s'installer dans la petite vallée du Gland où ils dirigent différents petits établissements, moulins, tannerie, martinet, laminoir utilisant très largement la main-d'œuvre rurale locale. » L'itinéraire suivi par Jean-Martin Salzgeber, puis par François Bonnot est sensiblement différent, mais le principe de la descente vers la vallée est identique. Il est vrai, comme l'observe Olivier (2005, n.p.), que, « malgré l'édification d'usines plus vastes comme celle de Sochaux à partir de 1910, les paysans-ouvriers demeurent très nombreux dans le Pays de Montbéliard jusqu'au milieu du XXe siècle. » Ce ne sera pas le cas de François Bonnot, ni des autres ouvriers que nous évoquons dans ces pages : *ce sont des déracinés définitifs*, qui ne reviendront jamais à la terre. Le fait que les recensements de 1906 ou 1911 les donnent quelquefois comme « cultivateurs » ne change rien à l'affaire. Âgés, ne travaillant plus à l'usine, ils cultivent un lopin de terre, et indiquent de ce fait cette profession à l'agent chargé du recensement.

À L'Isle-sur-le-Doubs, bourg situé à un jet de pierre de Blussans, il y a, depuis 1799, les forges (tirerie, tréfilerie) des frères Bouchot. Ceux-ci vendront leur usine en 1847 aux frères Japy, déjà installés à Beaucourt (Muston, 1866, p. 316) puis à Bart. L'abbé Richard apporte des précisions, montrant que l'Isle et les villages environnants sont, à l'époque, en pleine expansion : « Suspendus par les désastres de 1848, ce n'est qu'en 1850 que les travaux furent continués et portèrent les usines de l'Isle au plus haut degré d'importance. Elles sont mues aujourd'hui par sept turbines de la force de 200 chevaux, et comprennent cinq feux d'affinerie, un four à réverbère, un train de cylindres à étirer la verge et les petits fers, une tréfilerie de fil de fer d'acier, plusieurs ateliers de vis à bois et boulons. Ceux-ci sont fabriqués avec les fontes fines de la Comté et les

15 Fait attesté par Contejean dans la préface de 1875 de son *Glossaire*, *op. cit.*

déchets des fers recueillis dans les usines que MM. Japy possèdent dans le Doubs et le Haut-Rhin ; ils donnent annuellement près de deux millions de pièces, qui se placent dans toutes les parties du globe. Quatre cents à cinq cents ouvriers, dont 200 femmes, travaillent habituellement à la forge de l'Isle. » (Richard, 1856, pp. 30-31) En 1864, les frères Armengaud, tout acquis aux industriels, ingénieurs civils fondateurs de la revue *Le Génie industriel*, qui avaient effectué plusieurs visites dans les établissements des frères Japy, expliquaient que la rentabilité y était optimale, en raison d'une part de la bonne qualité des matières premières utilisées, réduisant la production de déchets encrassant les machines, *et d'autre part, en raison de rétributions journalières modestes* : « le prix de la journée des ouvriers est [...] plus élevé en Angleterre qu'en France ; par conséquent, pour la même quantité de produits fabriqués, la main-d'œuvre est plus chère, tout en ayant plus de perte. » (p. 291) L'abbé Richard notait encore qu'on trouvait dans le voisinage : des moulins industriels appartenant aux mêmes Japy, une taillanderie, des forges de serruriers, une scierie, une « ribe » – sans doute un moulin à chanvre (Littré) ou à huile –, un battoir, des tanneries, des briqueteries ; à quoi s'ajoutaient en outre « soixante-quatre ateliers et boutiques de petite industrie pour divers objets ; soixante-un de marchands pour les arts vestiaires et trente-une maisons ouvertes au public pour l'alimentation. » (*ibidem*, p. 31). Et surtout, entre Montbéliard et Besançon, les travaux de percement du canal du Rhône-au-Rhin, coté à la Bourse de Paris en 1821, viennent de s'achever. Peu après débutent les chantiers de construction d'une voie ferrée desservant la vallée ; en 1858, la section Besançon-Belfort, alors à voie unique, est mise en service. À partir de 1850, la tendance démographique s'inversera de façon irréversible dans la région. Il y aura désormais davantage d'urbains que de ruraux : selon Goetz-Girey (1960, p. 14), « le "Pays" comptait 22 000 habitants à la fin du XVe siècle, 37 000 habitants en 1826, 52 000 en 1861, 80 000 en 1911 [...]. »

Loin du Lomont : vers le cœur industriel et manufacturier

Après leur mariage, François Bonnot et son épouse Marie Anastasie resteront encore quelques années à Solemont, où naîtront deux enfants, en 1861 et 1863. C'est entre cette dernière date et 1866 qu'ils quitteront définitivement la région du Lomont, puisqu'un fils, Léon Joseph, naît cette année-là à Bourguignon. Comme le père de Marie Anastasie avant eux, le jeune couple a sans doute estimé que la vie d'ouvrier salarié valait mieux que celle de journalier. Ils suivent les méandres tourmentés du Doubs, dont la description donnée par Onésime Reclus en 1899 est emblématique du statut ambivalent du Pays. Reclus montre en effet un Doubs hésitant entre la Suisse, qu'il arrose brièvement, l'Allemagne, qu'il évite (après avoir été tenté), pour bifurquer finalement vers le Rhône, ayant mêlé son cours à la Saône :

> Le Doubs traverse le Lomont par la gorge de Pont-de-Roide ; il court ici droit au nord, mais bientôt il prend la route du sud-ouest, c'est-à-dire que désormais il coule jusqu'à la Saône en un sens contraire à sa première direction, et qu'entraîné d'abord vers le fleuve des Allemands il est ensuite attiré par le fleuve des Français. Laissant Montbéliard à une demi-lieue, il en reçoit à la fois le canal du Rhin-au-Rhône et l'Allaine, rivière qui a baigné Porrentruy, ville suisse, et reçu la Savoureuse de Belfort ; puis il s'augmente, près de Baume-les-Dames, d'un courant semblable au Dessoubre par sa limpidité vive : c'est le Cusancin [...] (1899, pp. 273-274)

François et son épouse ne se sont guère éloignés de leur point de départ ; Bourguignon est proche de Pont-de-Roide, et François a très probablement été embauché aux « forges d'Audincourt et dépendances », en qualité d'*ouvrier de forge*. Il n'est pas ouvrier professionnel et doit être affecté à des tâches subalternes et pénibles ; peut-être se forme-t-il sur le tas. La durée du travail est impressionnante, comme le rappellent Decoufle et Svendsen (1984, p. 61) : « Vers 1830, il n'est pas rare d'observer des durées quotidiennes de présence sur les lieux de travail de 15 à 17 heures, selon les industries, soit des durées effectives de 12 à 14 heures [...]. La "barre" des 13 heures semble toutefois présente dans la plupart des métiers observés, du moins dans le Nord, l'Est et le Centre. » Ces auteurs ajoutent que sous le Second Empire – on est alors au milieu de cette période lorsque François devient un prolétaire – « les industriels ne se font [...] pas faute d'user de tous les arguments possibles pour faire en sorte que la durée du travail s'allonge jusqu'à perdre "toute limite". "Ne jamais s'arrêter" : c'est le prétexte qu'un patron du textile du Nord tire en 1852 des lois de l'économie politique pour dénier à un inspecteur des manufactures le droit à faire respecter la loi de 1841 sur la durée du travail des enfants. » (*ibidem*, p. 62)

On retrouve le couple à Bart et à Voujeaucourt en 1870 : ils ont poursuivi de quelques km leur trajet vers l'aval, s'enfonçant un peu plus dans le cœur industriel et manufacturier. François travaille alors dans l'une des usines de l'endroit, sans doute à La Roche, fondée par les Japy en 1824. Célestine, qui accompagnait son fils, sa belle-fille et ses petits-enfants dans leurs tribulations, s'est éteinte à Voujeaucourt le 24 avril 1870, à 68 ans, juste avant le début des hostilités de la guerre franco-allemande qui mettra un terme au Second Empire et aura des répercussions majeures sur la région, du fait notamment du redécoupage des frontières voisines (l'Alsace-Lorraine devient allemande, le Territoire-de-Belfort est créé) et du passage de l'industrie alsacienne dans le giron germanique. Avant que l'Armée de l'Est ne soit défaite, à Héricourt, des combats violents ont lieu à Voujeaucourt et à Bart. Le commandant Euvrard (1895, pp. 174-175) donne une description des faits ; les régions de Dambelin et de Solemont, et le Lomont d'une manière générale, sont concernés. Il n'y a guère de doute que ces événements ont eu des répercussions sur la vie de François et de sa famille :

> En présence des forces que les Allemands avaient devant Belfort, on comprit la nécessité d'évacuer quelques positions, trop en l'air, sur le cours du haut Doubs et de concentrer davantage les troupes de la région du Lomont. [...] Le 7 novembre, [on] put constater, en effet, que quelques compagnies disséminées de Blamont à Voujeaucourt et de Voujeaucourt à l'Isle-sur-le-Doubs ne résisteraient pas à une attaque sérieuse. À la réception de son rapport, le général commandant la 7e division ordonnait, le 9 novembre, par télégramme, de faire replier les postes sur la ligne du Lomont, entre Pont-de-Roide et Clerval. Tandis que des officiers du génie faisaient sauter les ponts de la boucle du Doubs à Voujeaucourt, Audincourt, Valentigney, Mandeure, le 1er bataillon de la mobile du Doubs quittait Voujeaucourt et venait se placer entre le Lomont et la vallée de la Barbèche. Il occupa Solemont, Valonne, Vyt-les-Belvoir, ayant un détachement au col du Lomont qui conduit à Dambelin. Le bataillon des douanes suivait ce mouvement et expédiait ses magasins, ses archives et les non-valides sur Maîche. Le bataillon du Haut-Rhin, évacuant Colombier-Fontaine et les autres postes qu'il occupait sur le Doubs, se rapprochait également de la crête du Lomont et prenait position à Clerval et Anteuil.

Des rumeurs parcourent le pays ; elles sont reprises par Euvrard, qui accuse les « Juifs d'Alsace affiliés aux pourvoyeurs prussiens » [sic] d'acheter des troupeaux[16] pour fournir l'armée allemande. Il cite des courriers :

> De Pont-de-Roide, 22 octobre.
> Commandant du 1er bataillon mobile Doubs à général commandant division, Besançon.
> Viens d'arrêter un troupeau de bœufs se dirigeant sur Audincourt. Au dire des conducteurs, gens du pays, les acheteurs sont juifs d'Alsace ; ils suivent sur des chevaux. Je vais tâcher de les joindre pour les interroger. Tous ces bestiaux achetés foire de Maîche sur bruit répandu que Montbéliard était occupé par l'ennemi. Beaucoup de troupeaux ont passé avant mon arrivée. J'attends vos instructions.

Joseph Juteau, échappé de Paris en ballon, « chargé par le gouvernement [replié à Tours] d'une mission dans l'Est », (1871, p. 52) donne une bonne idée du climat très rude des alentours du Lomont – qui, pourtant, n'est pas encore dans la partie la plus élevée de la chaîne jurassienne :

16 Il est exact qu'il y avait dans la région des juifs dans le maquignonnage. Garneret relève que vers 1880, à Lantenne (Doubs), les paysans achètent de jeunes bœufs, les font travailler pendant l'été et les revendent l'hiver venu, avec un bénéfice : « On vend généralement à des juifs de Besançon : Isaac Picard (surnommé Picard la Vache), Nathan, Uhlmann, les Bevert et Poncet. » (1993, p. 68). Raphael note qu'en Alsace, « David Cohen rappelle qu'il y avait en 1851 à Ingwiller 74 commerçants juifs, dont 26 marchands de bestiaux, 12 courtiers de bestiaux, 5 bouchers et 7 colporteurs [...] En 1886, 23 marchands de bestiaux et 8 courtiers étaient encore en exercice dans cette cité, et ces deux professions devançaient de loin toutes les autres dans le petit commerce. [...] Leur expérience et leur connaissance du commerce des bestiaux leur confère un quasi-monopole, prolongé par celui de la boucherie. » (1980, p. 230)

> Partis de ce dernier bourg [L'Isle-sur-le-Doubs], à huit heures du matin, nous nous engageons dans les défilés tortueux du Lomont, par un temps affreux ; tantôt la neige, tantôt la pluie glaciale, tantôt de violentes rafales qui nous cinglaient le visage et nous aveuglaient ; puis, chose étrange pour la saison, des éclairs partaient, se croisaient, se succédaient sans cesse ; de longs grondements de tonnerre partaient du haut du mont et allaient se perdre dans les ravins. Enfin, après dix heures de marche par des chemins impraticables, nous arrivons, à six heures du soir à Blamont, bourg de 800 âmes, situé sur un plateau du Jura, près des frontières de Suisse [...] Là, nous trouvons les habitants frappés de stupeur, courant en tous sens, dans les rues et ruelles, les uns traînant leur mobilier sur des charrettes, les autres emportant leurs enfants dans les bras. Partout s'élevaient des cris et des lamentations. À nos questions ces gens épouvantés, affolés, répondaient en nous montrant le ciel en feu dans la direction du nord-est [vers Montbéliard]. Sauvez-vous, criaient-ils, les Prussiens montent. [...] En effet, nous entendions la canonnade et la fusillade se rapprocher, et les obus arrivaient jusque sur le plateau.

On sait qu'au final, l'armée de Bourbaki, acculée sur la frontière, sera contrainte de passer en Suisse et d'y rendre les armes[17]. Le département du Doubs sera occupé et libéré assez tôt en octobre 1871, mais la configuration économique de la région en restera durablement marquée.

En 1878, Marie Anastasie meurt à Voujeaucourt à 42 ans. Elle a eu 6 enfants ; 3 survivront. François se remarie l'année suivante, en août 1879, avec Marie « Virginie » Hortense Devillers née à La Grange le 5 septembre 1852. Elle n'a pas encore 27 ans, lui en a 44. (Virginie mourra à Voujeaucourt en 1917). Le mariage ayant lieu à Voujeaucourt, on peut penser que la jeune femme habite déjà dans les parages. Le récit familial n'a rien conservé de la rencontre. On observera que François et Virginie ont une origine régionale identique ; avec un dénivelé de 670 m à 843 m, La Grange est seulement un peu plus enfoncée dans le Lomont, un peu plus « montagnarde » que Dambelin / Mambouhans (397 m à 815 m) ou Solemont (394 m à 831 m). Ce « choix »[18] révèle peut-être qu'une forme de nostalgie pour la région de la Dame Verte est toujours vivace. Trois filles naissent et meurent très rapidement (4 jours, 15 jours, 8 mois)[19]. Le garçon aura plus de chance, Charles « Émile » naît en 1888. Ce dernier rapportait une anecdote : désespérée d'avoir perdu ses trois filles, Virginie s'était rendue chez le

17 On peut lire dans *La Revue des Deux Mondes*, (1872, tome 102, p. 792) « On apprenait que le Lomont, qui couvrait la droite de l'armée, venait d'être abandonné presque sans combat par le 24e corps de Bressolles, chargé de le défendre. Les légions de mobilisés de ce corps avaient pris la fuite au premier coup de fusil. »

18 Les guillemets sont ici de rigueur, car le « choix » est largement surdéterminé par les relations familiales, la parentèle, etc.

19 Il s'agit peut-être d'une affection autosomique, mais cette discussion nous entraînerait très loin, et partiellement hors de notre sujet. On pourra cependant consulter avec profit l'ouvrage de Andrew Read, Dian Donnai, Yves Sznajer et Alain Verloes, (2008) *Génétique médicale : de la biologie à la pratique clinique*, Bruxelles, De Boeck. Les auteurs insistent notamment sur le caractère irremplaçable de l'histoire familiale et des recherches généalogiques (décès dans une fratrie, dans une lignée, etc.)

médecin qui lui avait recommandé de ne s'alimenter qu'avec du lait, du fromage blanc, etc. Selon Émile, ce traitement aurait été un coup de génie de la part du praticien, puisqu'il avait survécu. Quel qu'ait été l'effet de la médication, cela renseigne surtout sur l'état de la médecine générale dans les années 1880. Selon Fanica (2008, p. 9), « à la fin du XIXe siècle, malgré les progrès de la science, les médecins continuent de faire ingurgiter des quantités importantes de lait à leurs patients. Le régime lacté est souvent associé à des viandes blanches !... Toutefois, les hygiénistes se rendent compte que le lait n'est pas sans danger s'il est considéré comme médicament. Ils comprennent que, si le lait peut guérir, il n'est pas toujours accepté par l'organisme. » Le même auteur rappelle que, jusqu'à une date très récente (seconde guerre mondiale), le lait a été utilisé pour ses propriétés antitoxiques supposées, et qu'on y recourait pour combattre les effets des résidus nitrés, ainsi que nous l'avons souligné nous-mêmes plus haut.

Avant de nous attarder plus longuement sur le destin d'Émile, il convient de nous intéresser à une autre branche des Bonnot : on retrouve en effet un « Paul » Amédée Bonnot et sa famille, à Voujeaucourt dans les années 1880. Le fait n'aurait rien de passionnant – vu la fréquence du patronyme dans la région – si Paul n'était originaire de Feule, village dont on a vu qu'il était très proche de Solemont où François a sans doute vécu les 25 premières années de son existence. Paul Bonnot a deux ans de moins que François et l'on sait, par la chronique familiale, qu'ils étaient très liés. Les deux hommes sont des cousins assez éloignés, alors que la mémoire orale en faisait des *frères*. On parlait de « l'oncle », ce qui n'est pas déterminant puisqu'à cette époque (et même plus tardivement), des personnes âgées, avec lesquelles il pouvait n'exister aucun lien de parenté, étaient qualifiées « d'oncle » ou de « tante », pourvu qu'il existât une familiarité ou une connivence suffisantes. Paul était donc considéré comme un membre de la famille, et plusieurs anecdotes le concernant ont été conservées. La trajectoire de Paul, de sa femme et de ses enfants, est assez comparable à celle de la famille de François. Le père de Paul est cultivateur, sans doute journalier, car ses huit enfants (dont 7 survivront) naissent à différents endroits[20]. Paul épouse une de ses cousines, Marie Victorine Joséphine Bonnot (également apparentée à François), qui a douze ans de moins que lui. Ils auront sept enfants. Avant son mariage, Paul est cultivateur (journalier ou commis sans doute) à Sancey-le-Grand, à 20 km de Feule. À la naissance de son premier enfant, on le retrouve à Dambelin, d'où son épouse est originaire ; le troisième enfant naît à Surmont, tout près de Sancey. Sans

20 Les deux villages voisins de Feule/Villars-sous-Dampjoux sont un point d'ancrage (naissances de Paul Amédée, Constance Zénobie, Marie Eugénie, Charles Joseph, Auguste Xavier, qui sera gendarme et employé des ponts-et-chaussées, Benjamin). Les autres localités sont : La Grange (Augustine Honestine) et Rosières-sur-Barbèche (Charles Félix). Il y a 15 km entre La Grange et Feule ; 2,5 km entre Feule et Villars-sous-Dampjoux ; 10 km entre Villars-sous-Dampjoux et Rosières-sur-Barbèche.

doute Paul se loue-t-il toujours comme ouvrier agricole. La famille finit cependant par rejoindre les régions industrielles : en 1882, Marie Victorine accouche à Voujeaucourt, en 1885 à Bourguignon, et en 1890 à nouveau à Voujeaucourt. Paul a en effet trouvé un emploi de *charretier* ; son intérêt pour les voitures pourrait être lié à la fréquentation de son beau-père charron, qui devait connaître des entrepreneurs du transport. Il exerce cette profession au moins jusqu'en 1906 (69 ans) ; il est alors « patron » – et certainement seul employé –, comme en atteste le recensement de cette année-là pour la commune de Voujeaucourt. En 1911, il n'arpente plus les chemins, le recensement indique qu'il est « cultivateur ». Il meurt en 1917, à l'âge fort avancé de 80 ans.

La chronique familiale a retenu qu'il faisait tous les jours – sauf à Noël et à Pâques – le trajet de Voujeaucourt à Pont-de-Roide (ou à Bourguignon), à pied, menant sa voiture à laquelle étaient attelés deux chevaux. Il transportait vraisemblablement des fournitures pour les usines de La Roche et pour les forges de Bourguignon. Paul devait être un personnage haut en couleur, car on ne prête qu'aux riches : on dit qu'il avait décidé de ne plus fumer ; dans la côte de Mathay, il jette son tabac dans le fossé et sa pipe sous une roue de sa charrette. Arrivé à Bourguignon, il se précipite pour racheter pipe et tabac. Les transporteurs devaient être attendus, un peu comme les colporteurs : ils détenaient les dernières nouvelles, connaissaient les naissances, les mariages, les décès, racontaient les faits divers ; l'abbé Garneret, qui a eu dans sa famille un de ces « courriers », note : « Affaire importante que ce courrier. Jean Chapuis, un joyeux compère, imaginait des tours à jouer aux plus naïfs de ses clients. » Comme par exemple faire croire qu'une église en construction, donc sans clocher, était une fabrique de chaussures. (Garneret, 1993, p. 12) On dit encore que le curé de Voujeaucourt, constatant que Paul ne fréquentait jamais l'Église, l'avait menacé de ne pas faire accéder ses enfants à la communion. À quoi Paul aurait répondu : « Monsieur le Curé, je viendrai à la messe tous les dimanches ; vous n'aurez qu'à conduire mes chevaux pendant ce temps-là ! » Il s'agit là d'un motif très commun, dont on retrouve différentes versions dans les récits oraux. En voici une (un conte facétieux, « le bouc malade »), recueillie en 1972 dans l'Isère, par Charles Joisten, et republiée par Dominique Abry-Deffayet et Nicolas Abry (2013, p. 178) :

> Le mari et la femme allaient à la messe tous les dimanches. Et un beau jour, un dimanche matin, le bouc était malade. Alors le mari dit à sa femme : *« — Te va a la meusse, ou si di voi ? »* Ils discutent un petit moment, et la femme se décide à aller à la messe. Et elle lui dit : « — *Si lo ba devin de plus en plus malade, vin me qui.* » Dix minutes plus tard, le bouc devient de plus en plus malade. Le mari descend à l'Église. Il appelle : « — Marie, Marie ! » Le curé se retourne et : « — Chut ! » Il attend deux, trois minutes, et il rappelle : « — Marie, Marie ! » Le curé se retourne et : « — Chut, chut ! » Il attend encore une minute ou deux et il dit cette fois : « Il y a rien à faire, il faut que je l'appelle. » Alors : « — Marie, Marie, Marie ! » Le curé : « — Chut, chut, chut ! » *« — Monchu lo cura, é ya pa de chu-chut que tsienne, quant lo ba sera creva é pa té que va veni buchi lo cabre ! »* [… c'est pas toi qui viendras baiser les chèvres]. Conté en février 1972 par M. Jean Reynier, 26 ans, plâtrier-peintre

et cafetier, Vasselin, Isère ; il a appris ce conte à Vasselin où l'on attribue ces faits à des personnes ayant réellement existé.

L'anecdote de Paul et du curé, quelle qu'en soit l'exactitude factuelle, qui importe peu, révèle surtout que les patrons, ou les clients, tentaient par tous les moyens, dont le premier était le chantage – travail du dimanche[21] ou la porte –, de mettre en œuvre le précepte déjà évoqué de l'activité incessante. L'histoire est d'autant plus intéressante qu'elle se situe *dans les années 1880.* Mas observe que la grande période de non-respect du dimanche commence en 1830, au moment où la religion d'État est supprimée : en 1836, un évêque, Mgr de Pins, constate que « "le marchand se livre à son négoce, l'artisan aux travaux de son art ; les boutiques sont ouvertes, les rues encombrées de voitures de transport." Mgr de Bonald fait, en 1853, un constat similaire à celui de Mgr de Pins : "On peut entendre à la porte de nos temples, le marteau de l'ouvrier, le bruit des machines … Allez sur les places de nos cités, vous verrez … les chariots chargés des produits de l'industrie se croiser". […] À la campagne, les curés redoutent surtout les chantiers de construction de chemins de fer qui n'arrêtent pas les activités le dimanche et contaminent des populations jusque-là respectueuses du dimanche. […] Dans la grande industrie, on respecte plus le repos dominical que dans *la petite industrie, l'artisanat* [Paul est un tout petit artisan] *et chez les travailleurs à domicile* ». (Mas, 2007, p. 440)

Paul a certainement fait ce trajet (8 km jusqu'à Bourguignon, 11,5 km jusqu'à Pont-de-Roide) presque quotidiennement de 1880 à 1886 ; plus tard, il est possible qu'il ait été contraint de trouver d'autres itinéraires et d'autres clients, car il avait alors affaire à forte partie : la ligne de chemin de fer reliant Montbéliard à Saint-Hippolyte, par Voujeaucourt et Pont-de Roide, venait en effet d'être inaugurée. Paul sera le dernier à maintenir le lien avec l'amont de la vallée, même s'il n'allait pas au-delà de Pont-de-Roide ; il sera aussi le dernier à résister à l'emprise de l'usine. En effet, les fils de François et ceux de Paul seront tous ouvriers.

Un destin ouvrier et citadin

Les deux fils de François, « Léon » Joseph (fils de Marie Anastasie) et Émile (fils de Virginie) travailleront toute leur vie à l'usine. Léon, qui est plus âgé de 22 ans, sera *mouleur*, métier très répandu dans la région, notamment chez Scellier

21 La question du travail du dimanche n'a rien à voir avec les débats actuels sur l'ouverture de certaines grandes surfaces. Il n'y avait alors aucune compensation, et bien entendu pas de congés payés.

à Voujeaucourt, qui produit des objets en fonte moulée ou émaillée. L'usine a ouvert ses portes en 1869, c'est une fonderie de fer et de cuivre (indication portée sur les factures de la maison Scellier) ; il y a également un bureau-magasin et un atelier de moulage. Une turbine hydraulique fournit de l'énergie à partir de 1873. De l'atelier sortent « des poteries de fonte de fer, des appareils de cuisine et de chauffage, des articles d'ornement (flambeaux, bougeoirs, lampes, etc.) [La fabrication comporte] également l'émaillage sur fonte. L'usine est agrandie à plusieurs reprises à la fin du XIXe siècle. En 1880 : atelier de moulage et fonderie, "maison cité ouvrière" ; en 1883 : atelier, logement du cocher, écurie, remise, serre, et en 1886-1887 : magasin à sable et à charbon. » S'y ajoute un four à gaz en 1902[22]. Émile rejoint son demi-frère à l'usine, probablement dès 1900 ou 1901. Il a obtenu son certificat d'études à 11 ans. C'est une belle performance, surtout à cet âge – il n'y a, avant 1900, que 25 à 30% des élèves qui soient titulaires de ce diplôme ; 5 fautes à la dictée étaient éliminatoires, et les instituteurs sélectionnaient les candidats qu'ils présentaient. Il y a hélas un revers de la médaille beaucoup moins plaisant. L'article 6 de la loi Ferry de 1882 sur l'enseignement obligatoire de 6 à 13 ans précise en effet : « Il est institué un certificat d'études primaires ; il est décerné après un examen public auquel pourront se présenter les enfants dès l'âge de onze ans. Ceux qui, à partir de cet âge, auront obtenu le certificat d'études primaires, seront dispensés du temps de scolarité obligatoire qui leur restait à passer. » De ce fait, comme personne n'envisage – même pas Émile – qu'une poursuite d'études puisse être possible, le garçon se retrouve apprenti à la fonderie Scellier. Les choses auraient été bien différentes si Émile avait par exemple manifesté l'intention d'être prêtre. Peut-être aussi n'avait-il pas été reçu dans les premiers ; si cela avait été le cas, il aurait eu une chance « d'être poussé » jusqu'au brevet élémentaire par son instituteur. Ce brevet permettait alors d'accéder à un poste d'instituteur (pour ceux qui ne passaient pas par l'école normale), de surnuméraire puis de commis des postes, etc. Émile deviendra donc *fondeur mouleur*. Les destins sont désormais scellés ; tout passera par Scellier, par Japy, puis par Peugeot. Ainsi la demi-sœur d'Émile, Laure, épouse en 1897 Alphonse Louis Olivier Loth, *mouleur*[23]. Dans la famille de Paul Bonnot, un fils (Henri) travaille comme *cuiseur* – probablement d'émail – à La Roche, chez Japy, et une fille (Berthe) est employée comme *émailleuse* dans la même entreprise.

22 *Patrimoine industriel du Pays de Montbéliard, des valeurs passées et futures* (2011), L'agence de développement et d'urbanisme au service du pays de Montbéliard et de l'aire urbaine, <www.adu-montbeliard.fr>.

23 Cette tante Laure, que JFB a connue (vers 1953 ou 1954), et qui avait alors plus de 80 ans, avait encore un parler caractéristique : elle prononçait les « oi » ([wa] en français standard), comme « ouè » [wɛ], etc. Pour « au revoir », elle disait par exemple « arouère », avec un [r] à un battement, ce qui était alors fort rare. Ce n'était pas le cas de son demi-frère Émile, qui avait 15 ans de moins, et qui, quoique ayant un accent régional bien marqué, n'employait plus ce type de marqueurs. Il est également probable que Laure n'avait guère fréquenté l'école.

Paul Amédée, qui porte les mêmes prénoms que son père, se marie en 1900 à Fesches-le-Châtel, autre fief Japy. Une autre fille (Marie Joséphine) épouse un ouvrier d'usine, né à Solemont, ce qui indique qu'à ce stade, si la reproduction joue à plein s'agissant du cadre professionnel, il subsiste en outre un lien avec la contrée d'origine.

Ces professions industrielles, qui nécessitaient un bon niveau de professionnalisme et d'habileté manuelle, n'étaient pas sans risques. Les ouvriers étaient exposés, on l'a vu, à de nombreuses émanations toxiques produites par les procédés de fabrication qui privilégiaient (comme c'est encore trop souvent le cas) la rentabilité à tout prix. Ainsi, justement, les *mouleurs de cuivre* étaient-ils fréquemment victimes d'effrayantes pathologies, comme en témoigne cet extrait d'un article de la *Gazette hebdomadaire de médecine et de chirurgie* de 1856[24] :

> À l'occasion d'un mémoire sur la maladie des aiguiseurs [...] M. Hervieux a établi un rapprochement entre cette affection et la maladie des mouleurs en cuivre [...]. Dans toutes deux, les sujets présentent d'abord les symptômes locaux d'une phtisie pulmonaire. Tout d'abord sèche, et plus tard accompagnée d'expectoration ; crachats rougeâtres ; hémoptysies, parfois très copieuses ; dyspnée croissante ; fièvre continue ; sueurs ; épuisement général. [...] Dans la maladie des mouleurs de cuivre, [les crachats] contiennent dès le début une matière noire caractéristique. À l'autopsie, on trouve, dans l'une comme dans l'autre, de l'induration, des cavernes, parfois du pus, souvent de l'emphysème ; de plus, le tissu du poumon est infiltré, dans la première, de grains de silex, et, dans la seconde, d'une matière noire, sèche, amorphe et légèrement granuleuse. [...] On attribue la maladie des mouleurs en cuivre à l'inspiration du poussier de charbon dont on saupoudre les moules avant le coulage du métal. (1856, p. 98)

Il n'est pas certain qu'au plan sanitaire, la situation ait évolué de façon déterminante au début du siècle suivant. Ces dangers étaient bien sûr largement niés par les industriels (Jorland, 2005) (voir [3]). La *Gazette* rappelait qu'une commission avait fait de son mieux pour dédouaner les patrons de fonderies en arguant que l'on retrouvait fréquemment des grains de silex dans le poussier, et que la maladie était sans doute provoquée par les grains de roche et non par la poussière de charbon ! Il est certain que les groupes de pression des fondeurs ou des exploitants miniers étaient beaucoup plus puissants que celui des aiguiseurs et, qu'à tout prendre, il était plus important de défendre les entrepreneurs appartenant aux deux premiers groupes. Quant aux ouvriers, ils ne comptaient qu'en tant que force de travail. La *Gazette* avait cependant l'honnêteté de dénoncer ces conclusions, citant les travaux de Claude Bernard, qui avait montré que « des poussières à grains plus ténus que les globules du sang, comme celle du bleu de Prusse, injectées dans la veine jugulaire, s'arrêtent dans le poumon, d'où elles ne peuvent plus sortir, en quelque sorte, que par effraction. » (*ibidem*, p. 99) Un exemple de cette minimisation du danger – à rapprocher des propos d'Ancelon [3] –, se

24 *Gazette hebdomadaire de médecine et de chirurgie*, série 1, tome 3, Paris, Masson, 1856.

trouve dans un ouvrage de 1882 du docteur Étienne Muston (qui travaillait pour Japy), consacré à l'histoire de Beaucourt, dans lequel les effets nocifs des émanations métalliques sont quasiment niés :

> Les industries de Beaucourt ne sont nullement nuisibles pour la santé. Le travail du laiton, du fer et de l'acier n'offre aucun inconvénient. Je n'ai vu que peu d'ouvriers atteints d'une intoxication lente du cuivre. Le vieux chef d'atelier Jardin, qui a vécu plus de cinquante ans dans son atelier avait les cheveux tout verts mais cela ne l'empêchait pas de jouir d'une excellente santé.[25]

Il n'en reste pas moins que, d'une manière générale, les conditions de vie s'améliorent lentement : en 1900, le salaire nominal, le salaire réel et le coût de la vie se rejoignent exactement (Lhomme, 1968). À partir du milieu du XIXe siècle, la croissance des rémunérations est rapide, mais le rattrapage sera très progressif ; certaines années, les disparités augmentent, avec des pics vers 1855-1856, correspondant à la participation française à la guerre de Crimée, et au moment de la guerre de 1870. Les années les plus difficiles – celles qu'ont vécues François Bonnot et son cousin Paul – sont terminées, et la période séparant le début du siècle de la guerre s'inscrira plutôt sous le signe d'une relative prospérité. « Ce mouvement, [souligne Boyer] dure près de trente ans et le salaire nominal connaît à partir de 1884 un palier, puis une croissance beaucoup plus modérée jusqu'en 1900, pour s'accélérer ensuite à partir de 1905. À l'issue de la première guerre mondiale, l'ampleur des processus inflationnistes se traduit par un net parallélisme dans les évolutions du salaire nominal et du coût de la vie. Ainsi s'introduit un changement significatif par rapport au XIXe siècle, au cours duquel un tel synchronisme était beaucoup moins net, aussi bien à court qu'à moyen terme. » (Boyer, 1978, pp. 28-29)

Malgré tout, le travail reste pénible à l'usine et la vie quotidienne est peu confortable : on sait, par Émile, qui ne s'y attardait pas trop – il n'aimait guère évoquer ce temps-là, et d'une manière générale, était plutôt taiseux – qu'on ne chauffait guère les maisons dépourvues de tout confort, que l'on n'avait jamais d'argent dans sa poche, que l'on se nourrissait chichement de pain, de soupe, d'œufs, rarement d'un peu de viande. On élevait des lapins et des poules et l'on avait bien sûr un jardin potager. Le dimanche, s'étant acquitté de ses devoirs religieux, on allait pêcher (il y avait de très vieilles lignes, bouchons et hameçons dans un appentis) dans le Doubs et dans le canal. Émile se marie le 14 février 1914, avec « Marthe » Cécile Monnin, née en 1890, *chemisière*, également titulaire du certificat d'études, dont le père est *employé de bureau* chez Japy. Paul Monnin est né en 1860 à Beaucourt, où les Japy ont ouvert jadis leur premier atelier d'horlogerie. Et de fait, lorsqu'on reconstitue la généalogie des ascendants de Marthe, on constate qu'il s'agit d'horlogers, de serruriers, d'ajusteurs. Ainsi,

25 Cité par Daniel Vasseur, dans sa thèse (1967), sans indication de page.

la mère de Marthe, Appolline [sic] Louise Fahy (née en 1865), dite « Pauline », est-elle *horlogère*, comme le sont également ses deux sœurs, elles-mêmes ayant épousé des horlogers. Paul Monnin lui-même, lorsqu'il résidait encore rue d'Étupes à Beaucourt, exerçait la même profession.

Le foyer d'un contremaître sochalien

Durant la première guerre mondiale, Émile participe aux combats, d'abord brièvement en Alsace, puis sur le grand front du nord-est. Ouvrier particulièrement qualifié, il est bientôt mobilisé dans son usine – ce qui est une grande chance – pour participer à l'effort de guerre (fabrication d'obus). Dans *Verdun*, Jules Romains donne à voir ces ouvriers qui se trouvaient loin des combats et qu'on pouvait soupçonner d'être des « embusqués ». Ainsi, d'Edmond Maillecottin, qui justement, est tourneur d'obus dans une usine d'automobiles :

> Edmond Maillecottin sort de l'usine des Quatre-Chemins. Il est vêtu comme autrefois. La seule différence est qu'il porte le brassard des ouvriers mobilisés, qu'il est défendu d'enlever sous peine de sanctions graves. [...] Il ne cherche même pas à se souvenir de la courte période qu'il a passée dans l'armée combattante et au front. Il évite de s'en souvenir, probablement pour ne pas penser que d'autres y sont toujours et que la vie y est devenue encore plus terrible. [...] On a beaucoup crié contre les embusqués d'usine, contre les faux spécialistes et même les faux ouvriers. Il a passé dans les ateliers des commissions, des contrôleurs, qui s'enquéraient des aptitudes et du passé de chaque homme. Quand on arrivait à Maillecottin : « Oh ! celui-là ! » s'écriait triomphalement le chef d'atelier, ou l'ingénieur, « c'est un de nos deux ou trois tourneurs les plus émérites d'avant-guerre. S'il n'était pas ici, il faudrait le rappeler au galop ! » Tout le monde secouait la tête avec le plus bienveillant sourire, et Maillecottin, qui avait poliment débrayé pour se sentir prêt à répondre, se remettait à tourner son obus. (1938/2003, pp. 319-323)

Émile reste encore quelques années à Voujeaucourt où naîtront deux fils, en 1916 et 1921 ; ils ne seront suivis d'aucun autre enfant. Bien sûr, la première guerre mondiale ne sonne pas le glas, en France, de la contribution des familles nombreuses au total des naissances ; néanmoins, les familles ayant 0, 1, 2 et 3 enfants représentent 75,8% du total (Vincent, 1946)[26] et participent à la redéfinition d'un

26 Vincent, en se fondant sur les 270 000 familles issues de la génération 1881 constate que « les familles de 0, 1 ou 2 enfants, qui forment plus de la moitié de l'ensemble, ne fournissent que le quart des descendants de la génération. Au contraire, les familles d'au moins 7 enfants, qui forment beaucoup moins du dixième des familles, donnent naissance à un nombre d'enfants comparable. À elles seules les familles de 10 enfants et plus, en nombre pourtant infime, fournissent presque autant d'enfants que les familles à enfant unique. Les familles d'au moins

paysage social bien différent de celui du XIXe siècle. C'est en 1901 que la natalité est la plus forte : 2,9 enfants par femmes. Il faudra attendre 1950 et le « baby-boom » pour retrouver les mêmes valeurs (2,94) (Daguet, 2002, n.p.). Émile rejoint l'usine Peugeot à la fin de la guerre. C'est vers cette époque qu'on lui propose de prendre la direction d'une petite fonderie dans le nord de la France. Bien que tenté par cette belle offre, il finit par la refuser, car son beau-père s'y est formellement opposé.

À Sochaux, les Bonnot « ont fait construire » à deux pas de l'usine, rue des Champs sous la Chaux. C'est un pavillon typique des années 30, avec un sous-sol de plain-pied, un entresol, auquel on accède par un perron, puis un escalier intérieur en bois, et un étage mansardé. Pendant la guerre, une bombe incendiaire anglaise tombe sur la maison lors du bombardement du 16 juillet 1943 (125 morts) qui visait l'usine Peugeot, mais avait surtout atteint la brasserie et le village ; la famille avait heureusement eu le temps de se mettre à l'abri. Ayant tout perdu, les Bonnot se replient à Voujeaucourt où ils resteront une dizaine d'années. Ils logent alors dans une mansarde. Émile prend sa retraite vers 1954 ; on lui a demandé de rester à son poste deux ans après l'âge légal de la retraite, et il quitte définitivement l'usine à 67 ans. N'ayant pas le permis, il utilise les transports d'ouvriers pour aller au travail et en revenir : à l'époque, il n'y a pas encore d'autocars affectés au ramassage ; ce sont d'anciens camions militaires de transports de troupes, munis de deux banquettes latérales en bois, qui sont utilisés. Ayant été indemnisé, Émile fait reconstruire une copie presque conforme de sa maison exactement au même endroit. *Il voulait en effet rester à côté de l'usine,* alors même qu'il était en retraite.

Le pavillon est cependant plus confortable qu'à l'origine : il y a le chauffage central, mais il ne fonctionne qu'occasionnellement. La salle-de-bains sert fort peu, Émile perpétuant la plupart du temps la tradition de la toilette « devant l'évier » de la cuisine, où il se rase au coupe-chou. C'est là que se concentre toute l'activité, la cuisinière à charbon y ronfle en permanence. Marthe fait la lessive au sous-sol, dans une lessiveuse posée sur un réchaud. La salle-à-manger est constamment fermée, et glacée en hiver. Elle n'est utilisée, et chauffée, que lors des fêtes de famille (Noël, Pâques, etc.) ; au mur est accroché un grand tableau, cadeau d'un peintre amateur, représentant une scène de nuit en forêt, avec clair de lune ; on y voit quelques animaux, dont un chevreuil ou un cerf et des lapins. Derrière la maison, il n'y a pas encore d'immeubles HLM, et l'on peut monter jusqu'au fort, désaffecté depuis longtemps, par un chemin de terre et des escaliers ; c'est encore la pleine campagne. En été, à la saison des hannetons, on peut y voir un arbuste couvert de « cancoires » – terme de patois de Montbéliard (et environs) pour désigner ces insectes – que l'on ramène dans des boîtes

---

quatre enfants totalisent à elles seules plus de la moitié des descendants de la génération, alors que plus de la moitié des familles n'ont que 2 enfants ou moins. » (1946, p. 152)

d'allumettes. Émile cultive un jardin, devant la maison. Il plante des haricots ramants et des pommes de terre ; il y a des rosiers en bordure. De temps en temps, quelques vieux maghrébins passent devant la maison – il y a dans les environs immédiats les « hôtels Peugeot » également nommés le « douar »[27]. Tous le saluent aimablement : « comment ça va patron ? »

Fig. 5: La maison d'Émile et Marthe en 1936 ou 1937.

Fig. 6: Le même emplacement après le bombardement de 1943. Un énorme cratère était visible à l'emplacement du pavillon ; en revanche, les maisons alentour étaient presque toutes indemnes. C'est le vieux village et la brasserie qui avaient essentiellement été touchés.

27 Voir Hatzfeld, 2002, p. 192.

Émile et Marthe, catholiques fervents, entretiennent des relations cordiales avec l'équipe pastorale de Sochaux – le curé Kirscher, celui-là même qui a porté le projet de l'Église Sainte-Croix[28] et les deux vicaires – qui viennent de temps à autre déjeuner chez eux. Ils ne manquent jamais la messe dominicale dans la nouvelle église en béton et Marthe participe en outre à beaucoup d'autres activités de prière, par exemple lors du « mois de Marie », en mai. Le couple se couche tôt, et les soirées se passent, assis à la table de la cuisine, à écouter les émissions de Radio Luxembourg sur la radio « à œil magique » (munie d'une housse lorsqu'elle ne fonctionne pas) – radios-crochets et *Quitte ou double* animé par Zappy Max, *Sur le banc*, avec Raymond Souplex et Jane Sourza. Marthe lit volontiers *Le Pèlerin* et *Les veillées des chaumières* et adore les romans sentimentaux de Max Du Veuzit et de Delly[29]. Peut-être Marthe a-t-elle eu entre les mains ce *Entre deux âmes* de Delly :

> M. de Ghiliac eut un rire moqueur.
> – Eh bien ! ce veuf inconsolable finit tout simplement par épouser Françoise d'Etigny, qui avait pleuré avec lui en l'entourant, ainsi que ses enfants, des soins les plus dévoués. Quelques mois plus tard, son fils aîné mourait empoisonné. Seulement, la nouvelle duchesse avait cette fois agi avec maladresse, elle fut trahie par une femme à qui elle se confiait. Et tout aussitôt, on lui attribua, non sans raison, la disparition étrange de sa cousine. Se voyant découverte, elle se précipita dans le lac, de sorte qu'on ne put jamais savoir ce qu'il était advenu de la duchesse Claude. Et le duc Élie, complètement fou après toutes ces épreuves, se brisa la tête contre cette cheminée de marbre. Vous voyez qu'Arnelles a de tragiques souvenirs. N'aurez-vous pas peur du fantôme de la belle Claude, ou de celui de Françoise la maudite qui flotte parfois sur le lac ? (1919, p. 141)

Il est aisé de moquer ce genre de littérature. On peut bien, comme Baticle (1984), présenter un florilège de la « banalité clichéique » [sic], des lieux communs, et des schémas narratifs sans cesse recyclés. Et, de fait, les yeux des héroïnes (Aélys, Ahélia, Aniouta, Aurore, Dionysia, Elfrida, Gemma, Gwenn, Hoëtle, Iris, Lysis) sont « incomparables, purs, sombres, magnifiques, profonds, veloutés », etc. Mais, ce faisant, on a manqué l'essentiel : le fait que ces romans à l'eau de rose ont trouvé leur public de façon très durable, et qu'ils viennent combler un vide culturel et peut-être affectif. Les romans de Delly, parce que leur intrigue est prévisible, passionnent un public populaire, essentiellement féminin, qui trouve là un contrepoint romanesque accessible à une vie souvent *rangée*, répétitive, de ménagère, d'ouvrière ou de petite employée. Olivier-Martin (1980) remarque dans son livre sur le roman populaire qu'il s'agit d'une littérature moyenne, décente, avec une « langue de vieux salon provincial [...]. Les héros sont en demi-teinte : ni trop vifs ni trop passionnés, ils sont les fils

28 Voir [11] : *Déconstruction du tissu urbain traditionnel.*
29 Pseudonyme de Frédéric et Jeanne-Marie Petitjean de La Rosière, qui étaient frère et sœur et écrivaient à quatre mains. On ajoutera que les « Delly » ont d'abord publié dans *Le Pèlerin.*

de la tradition telle que les goûte la petite bourgeoisie [et aussi, doit-on ajouter, une fraction ouvrière s'intéressant à la lecture] aimant cette atmosphère irréelle, inexistante, enviable, mais si chère, si consolante, comme tous les préjugés. » (1980, p. 242) On ne peut manquer de rappeler, avec Bourdieu, « que l'histoire du roman, au moins depuis Flaubert, peut aussi être décrite comme un long effort pour "tuer le romanesque", selon le mot d'Edmond de Goncourt, c'est-à-dire pour purifier le roman de tout ce qui semble le définir, l'intrigue, l'action, le héros, c'est Flaubert et le rêve du "livre sur rien" ou les Goncourt et l'ambition d'un "roman sans péripéties, sans intrigue, *sans bas amusement*". » (1991, p. 23) Ce « bas amusement » (les italiques sont de l'auteur de la citation), constate Bourdieu de façon fort lucide, ne peut se comprendre que « par référence à la position du roman et des romanciers dans le champ (et notamment par rapport à la poésie) et au lien entre ce genre inférieur et un public doublement inférieur, au moins dans l'esprit des écrivains, puisque "féminin" et "populaire" et/ou "provincial". » (*ibidem*, p. 23) On ajoutera qu'une certaine critique littéraire et linguistique – structuralisme d'arrière-garde et sémiotique mal comprise –, dont nous avons déjà dénoncé les partis pris et les insuffisances, notamment dans son refus de prendre en compte les saillances et la chair du romanesque, est largement responsable de ces analyses pseudo-scientifiques, qui ne retiennent, au final, que le squelette d'une œuvre. Non que nous portions au pinacle les œuvres de Delly, de Max Du Veuzit ou encore de Guy des Cars, mais, comme le note ironiquement Suzanne Lafont (1993, p. 9), « s'il n'est pas un article qui n'en vienne, à propos de tout et de rien, à dénoncer le règne du "souverain poncif" selon la plaisante expression de Morgan Sportès, il est plus difficile de s'accorder sur une définition. Une question angoissante pointe à l'horizon : et si l'on allait confondre la prose rudimentaire de Guy Des Cars avec les tics d'écrivain de Marguerite Duras ou les tropismes cultivés de Nathalie Sarraute ? Quels critères d'évaluation permettent de trancher en faveur des leitmotive des uns contre les truismes des autres ? »

Outre quelques plaisirs radiophoniques, ces lectures sont probablement les seules distractions de Marthe, ses seules échappées imaginaires : les Bonnot sont très casaniers ; ils ne vont jamais au cinéma. Ils font toutefois une exception pour aller voir *L'eau vive* [1958] dans la salle paroissiale située sous l'Église. Émile n'apprécie d'ailleurs guère le film. Il est impensable d'aller au théâtre à Montbéliard (à l'époque il n'y a guère que les « Galas Marcel Karsenty ») et encore moins au concert. Ce n'est pas qu'il y ait un quelconque interdit ; simplement, ça ne s'est jamais fait. Même la fête annuelle, distraction populaire par excellence avec ses manèges et loteries et son bal monté, est frappée d'interdit. Avant la guerre, profitant du fait qu'ils ont encore de la famille à Voujeaucourt, ils s'y rendent pour ne pas avoir à supporter l'éventuelle agitation. À la différence de Marthe, quoique bibliothécaire municipal à temps partiel (sollicité par la mairie de Sochaux, il créera un petit fonds avec les conseils d'un libraire montbéliardais), Émile lit fort peu. Sur l'étagère, à côté de la radio, il y a un *Petit Larousse « je sème à tous vents »*. Émile déteste tout ce qu'il suppose être un peu contestataire, Brassens, par exemple, qui « n'est pas convenable » à cause des « gros mots ».

Il faut insister sur le fait que le pays de Montbéliard n'est pas isolé de ce point de vue et que d'autres, en d'autres lieux, et vers la même époque, c'est-à-dire dans les années cinquante et au début des années soixante, ont mis en évidence des situations tout à fait analogues. Dans *La honte*, Annie Ernaux (1997, pp. 233-235) se souvient :

> La semaine s'égrène en « jours de » définis par des usages collectifs et familiaux, des émissions de radio. Lundi, jour mort, des restes et du pain de la veille, du Crochet radiophonique sur Radio-Luxembourg. Mardi, de la lessive et de Reine d'un jour, mercredi, du marché et de l'affiche du prochain film au cinéma Leroy, Quitte ou double. Jeudi, congé, parution de Lisette. Vendredi, du poisson, samedi, du ménage en grand et du lavage de tête. Dimanche, jour de la messe, rite majeur ordonnançant les autres, le change du linge de corps, l'étrenne d'une nouvelle toilette, les gâteaux du pâtissier et « le petit extra », les obligations et les plaisirs.
> Tous les soirs de la semaine, à sept heures vingt, La famille Duraton.
> Et le temps de la vie s'échelonne en « âge de », faire sa communion et recevoir une montre, avoir la première permanente pour les filles, le premier costume pour les garçons. [...]
> Pourtant on ne cesse d'invoquer le progrès comme une force inéluctable à laquelle on ne peut ni ne doit résister, dont les signes se multiplient, le plastique, les bas nylon, le stylo à bille, la Vespa, le potage en sachet et l'instruction pour tous. [...]
> Tout le monde surveillait tout le monde. Il fallait absolument connaître la vie des autres – pour la raconter – et murer la sienne – pour qu'elle ne le soit pas. [...] Roman collectif, chacun apportant sa contribution, par un fragment de récit, un détail, au sens général, qui, selon les personnes réunies dans le magasin ou à la table, pouvait se résumer à « c'est une bonne personne » ou « elle ne vaut pas cher ».

Dans le même esprit, mais sur un mode plus sociologisant, l'historienne Martine Sonnet a décrit le quotidien de son père à Billancourt, artisan forgeron devenu ouvrier d'usine du fait de l'exode rural ; dans ce récit (*Atelier 62*, 2008), elle mêle l'autobiographique (souvenirs d'enfance), le biographique (vie du père et histoire familiale), les matériaux sociologiques, et ce qu'elle nomme des « papiers collés témoins », c'est-à-dire des documents d'archives et de la littérature syndicale en rapport avec l'usine : « Pour restituer le quotidien du travail et sa pénibilité, à propos duquel je me dresse une petite liste de sujets incontournables, comme le bruit, la chaleur, les cadences, les accidents, les grèves et luttes qui en découlent etc., je m'engage dans la quête de traces écrites au plus près de l'atelier, donc "à chaud". Mon père n'est plus là pour me raconter et je ne veux pas qu'un autre récit personnel déformé ou reconstruit par les années écoulées, se substitue à sa parole. Je ne cherche pas à interroger les derniers ouvriers ayant fréquenté les lieux et je n'imagine d'ailleurs pas (à tort) que leurs rangs puissent compter d'anciens forgerons. Les forges ont fermé dès 1972, soit vingt ans avant le reste de l'usine, et les forgerons ne faisaient pas de vieux os. Je n'entrerai en contact avec l'association des anciens ouvriers de Renault qu'une fois le livre publié. »

Habitus et devenir social

Émile, comme Marthe, ne disposent que d'un capital culturel restreint. Il n'en reste pas moins qu'ils ne peuvent être considérés comme des « ouvriers typiques » : à côté de leur formation professionnelle, qui les rattache sans ambiguïté à cette catégorie sociale, ils ont reçu une certaine instruction – on a vu qu'ils avaient obtenu le certificat d'études, écrivaient sans aucune faute, quoique leurs productions n'aient rien eu de littéraire. En outre, Émile est en quelque sorte fils unique (voir plus haut) et son père, déjà âgé, est un ancien paysan devenu ouvrier, à l'instar de beaucoup d'autres dans les petites agglomérations industrielles de la seconde moitié du XIXe siècle. Quant à Marthe, son goût pour la page imprimée avait sans doute été favorisé par le fait que son père avait été employé aux écritures. Celui-ci se voyait d'ailleurs, rapportait Marthe, comme quelqu'un *« qui savait beaucoup de choses »*.

Les portraits de famille sont éloquents[30] et les photos contiennent très souvent des indices qui ne se révèlent qu'une fois fixés. Ainsi, dans *Le côté de Guermantes*, Ginzburg relève ce passage où le narrateur, « revenant à l'improviste chez lui après un voyage, voit sa grand-mère sans qu'elle ne le voie, et ne la reconnaît pas pendant un bref instant. [...] à travers le regard pour ainsi dire *estrangé*[31] et mécanique que Proust compare à l'objectif impassible de l'appareil photographique, le narrateur comprend sur le coup et malgré lui ce que jusque là l'amour lui avait interdit de voir : que sa grand-mère est sur le point de mourir. » (2006, p. 341) Certes, il faut rester prudent s'agissant de l'interprétation de clichés ; mais, dans le cas présent, ces photographies conçues pour servir de mémoire et pour lesquelles les intéressés voulaient apparaître sous leur meilleur jour, délivrent un message très clair.

La photo des Bonnot a été prise vers 1903. Émile peut avoir 14 ou 15 ans, il porte une veste à larges revers, qu'il a probablement héritée, tant elle paraît démodée ; il a un nœud papillon et un gilet, de la même grosse étoffe. Il est certainement déjà ouvrier et arbore un air à la fois sérieux et juvénile. Sa main droite repose sur l'épaule de sa mère. Celle-ci (Virginie), vêtue sans recherche d'une simple robe foncée, les cheveux tirés en arrière et plaqués, ce qui évite d'avoir à concevoir une

30 Collection privée J.-F.P. Bonnot.
31 Les italiques sont de Ginzburg.

coiffure élaborée, affiche un air revêche. Peut-être est-elle tout simplement mal à l'aise. Le père (François), les jambes écartées, son chapeau noir de paysan à forme haute et arrondie posé sur le genou, est engoncé dans une veste sombre au tissu épais ; aux pieds, il a des chaussons lacés, en tissu et feutre à rayures, qu'il met sans doute avec des sabots. Ce détail suggère que François ne possède pas de souliers – sinon il les aurait portés. À environ 68 ans, il en paraît 10 de plus (il mourra le 2 juin 1907). Son visage est très marqué, et il regarde l'objectif d'un air suspicieux. Le plus frappant dans la photo, ce sont les fortes mains de Virginie et celles de François, posées sur leurs cuisses, les poings fermés, comme s'ils ne savaient qu'en faire. Quoique la photo ait certainement été réalisée à l'intérieur, probablement par un photographe ambulant, le sol est jonché de paille.

Le portrait de groupe des Monnin, qui date à peu près de la même époque, est très différent. Alors que François Bonnot a l'air d'un vieux paysan, d'un *Montagnon*, aussi bien dans son maintien que dans son habillement, Paul Monnin, plus jeune de 25 ans il est vrai, adopte la posture d'un vrai citadin, habillé de façon bourgeoise ; il a un air un peu dédaigneux et feuillette négligemment un livre. Il porte un costume de ville, ses chaussures sont parfaitement cirées. Il pourrait être instituteur, clerc de notaire, ou même ingénieur. Pauline, qui est une jolie femme, porte une robe assez chic, à col montant et à plastron rehaussé de broderies ajourées en forme de fleurs. Les épaules et les manches sont plissées (plis « religieuse »). Son coude est appuyé sur un coussin et ses mains reposent l'une sur l'autre, les doigts *allongés*. Son chignon est noué avec soin. Les trois enfants sont aussi vêtus avec une certaine recherche : Hélène *(repasseuse et employée de maison)*, porte une jupe et une petite veste à basques écossaise et à col rebrodé ; elle a un corsage blanc à col montant orné d'une broche. Marthe *(chemisière)* est vêtue d'une jupe et d'une veste cintrée de style martial, fermée par des pattes, avec col et poignets rehaussés de broderies géométriques. Henri, comme son père employé de bureau, passe une main dans sa veste, à la façon de Napoléon. La mise en scène est évidente, et le photographe a probablement prodigué des conseils ; il n'en reste pas moins que la différence de « message social » délivré par les deux clichés est frappante : même si ce n'est pas forcément le cas, les Monnin renvoient l'image d'une famille en ascension sociale, dont les membres présentent une homogénéité physique (au moins de façade) remarquable. Au contraire, dans le portrait de la famille Bonnot, on a l'impression qu'Émile a été en quelque sorte « superposé », tant il paraît différent de ses parents. À tout prendre, la photo des Bonnot est plus naturelle et plus vivante, mais l'artifice mis en œuvre pour le « tableau photographique » des Monnin révèle une volonté d'être ailleurs, de s'élever socialement, alors que les professions exercées par les membres de la famille n'ont rien de prestigieux. L'avenir réservera d'ailleurs de tristes surprises à la fille aînée, Hélène. En effet, celle-ci ayant entretenu, avant la première guerre mondiale (elle était née en 1886), une liaison avec le maître chez qui elle était domestique, et cette relation ayant été découverte, elle sera largement rejetée par une partie de sa famille. Émile, en particulier, aura beaucoup de mal à accepter cet « écart de conduite ». Cette attitude pourrait indiquer qu'il ignorait que sa grand-mère Célestine s'était trouvée dans une situation encore plus inconfortable, puisque François (son père) était un « enfant naturel ». Ce qui accrédite un peu plus cette interprétation, c'est le fait qu'Émile était très attaché au « nom ». Il disait souvent qu'il souhaitait des descendants mâles, de telle façon que le patronyme Bonnot se perpétue. Or, si Célestine avait eu un enfant « légitime », le patronyme aurait vraisemblablement été tout différent. Il est probable qu'il s'agissait d'un secret de famille. De ce fait, Hélène mènera une existence solitaire – elle sera durant quelques années vendeuse à la *Fraternelle* à Voujeaucourt, et fera ici et là des travaux de repassage pour gagner quelque argent. Elle avait obtenu la « carte d'économiquement faible », instituée par une loi de 1949, qui ouvrait droit à certains avantages très limités, mais dont la possession était très fortement stigmatisante ; l'expression *économiquement faible* avait en effet acquis une valeur péjorative très nette, faisant du bénéficiaire un *pauvre administratif*, objet de pitié en même temps que d'une forme de réprobation (« comment avait-on pu en arriver là », etc.). Cette stigmatisation finit d'ailleurs par être perçue par l'administration, comme le rappelaient Bouget et Noguès (1992, p. 35) : « Dans le domaine de la lutte contre la pauvreté, l'aide sociale a évolué vers une réduction progressive de la référence aux populations cibles dans le but explicite de diminuer la stigmatisation des pauvres. Parmi les grandes étapes qui ont marqué ce mouvement, il faut citer l'abandon progressif de la carte d'économiquement faible, le passage progressif de prestations d'aide sociale vers le système de Sécurité sociale […]. » Hélène finira par échouer à l'hôpital psychiatrique de Saint-Ylie, près de Dole, où elle mourra en juillet 1967. Il ne restait alors rien de la charmante jeune femme saisie par le photographe dans les premières années du XXe siècle ; personne ne réclamera son corps et elle sera enterrée avec les indigents.

L'espace social dans lequel évolue le couple que forment Marthe et Émile semble en apparence bien défini et les déterminants culturels nettement identifiés. Ce n'est pas entièrement exact. Un exemple permettra de préciser les choses : Marthe racontait que, lors d'un pèlerinage à Lourdes, au début des années cinquante, Émile et elle passent devant un hôtel. Marthe trouve que l'établissement a l'air agréable et aimerait y prendre une boisson chaude. La porte passée, ils sont cloués par la surprise, tant le hall leur paraît luxueux – peut-être s'agissait-il du Grand Hôtel Moderne que nous avons évoqué [2].Bien qu'il n'ait pas manqué d'argent, Émile, gêné, fait immédiatement demi-tour, s'exclamant, sans demander l'avis de son épouse : *« Viens, Marthe, on s'en va, ici c'est pas pour nous ! »* Au-delà de la stratégie d'évitement et de la remarque classante, et donc de la peur d'être confronté à un usage mondain qu'il ne maîtrise pas, on lit en filigrane l'appartenance à un groupe dont les pratiques sont encore ancrées dans la perception d'une société, non pas politisée (les prolétaires *vs.* les possédants), mais hiérarchisée, où les uns sont les patrons des autres, parce que c'est dans l'ordre des choses. C'est certainement pour les mêmes raisons qu'il votera toujours à droite. Pinçon et Pinçon-Charlot (2013, p. 131) montrent qu'à l'heure actuelle de telles attitudes sont encore bien attestées : au petit matin, les deux sociologues croisent un homme et une femme qui vont faire le ménage à l'ENS de Cachan ; ces techniciens de surface s'inquiètent de la nouvelle taxe à 75%, dont on vient d'annoncer qu'elle frappera les très riches. Ils craignent que ceux-ci quittent la France : « "Mais qui va payer nos impôts, qui va payer tous ces étrangers ? dit l'homme. S'ils s'en vont, c'est nous qui allons devoir payer et nous allons nous appauvrir." Ni l'un ni l'autre ne savent visiblement que, depuis plus de dix ans, les riches paient de moins en moins d'impôts. » Chez Michelin, à Clermont-Ferrand, bien des ouvriers – en dépit d'une réalité beaucoup moins rose – éprouvent une forme de reconnaissance envers la famille des fondateurs : « Fondée en 1889, la société a connu une période paternaliste où le logement, la formation professionnelle, les vacances des enfants, la santé étaient en partie pris en charge. La gratitude envers des patrons "restés simples", peu arrogants, peut faire oublier l'exploitation, source de la richesse accumulée, et rendre l'exploité solidaire de son exploiteur. » (*ibidem*, p. 133)

La situation est comparable chez Peugeot[32], et éclaire bien un épisode relaté par Émile : lors d'une grève, très certainement lors du grand conflit social de 1920 – beaucoup d'indices (de *traces*) concordent –, des ateliers sont occupés. Émile est alors contremaître à la fonderie et *fait le coup de poing aux côtés* – disait-il – *d'un membre de la famille Peugeot*, pour « libérer » les portes et permettre aux non-grévistes – ceux que l'on appelait les « jaunes » –, d'accéder aux postes de travail. Cohen (1996, pp. 131-132) relate les événements :

> Dans la seconde quinzaine de mars, la grève devient moins sereine. Des armes apparaissent dans les manifestations. Celles-ci commencent dangereusement à prendre le chemin des demeures patronales, les « châteaux ». Les chasses aux Renards [les « casseurs de grève »] s'activent : injures, parfois horions. Des vitres de bâtiments d'usine sont brisées. L'incident le plus violent survient à Sochaux le 29. Le directeur n'avait pas, contrairement à ses collègues, effectué la dernière paie. D'autre part, des Marocains continuent de travailler à la fonderie. Un groupe de grévistes armés de gourdins, de barres de fer et de maillets s'introduit par derrière dans l'enceinte de l'usine. Selon les rapports de police eux-mêmes, le directeur encourage des

32 Hatzfeld (2007, § 9-10) observe : « Autour de la rémunération proprement dite, le statut de salarié Peugeot offre un ensemble d'avantages que l'entreprise procure à ses salariés : logement, transports, école d'apprentissage faisant une place particulière aux enfants du personnel, magasins à bas prix, vente de voitures à tarif préférentiel, etc. Là aussi, le tableau évolue, au gré des différences de dynamiques qui affectent ces différents liens noués entre les salariés et l'entreprise. Parmi ces avantages d'entreprise, plusieurs, anciens, connaissent des fortunes diverses qui toutes tendent à éparpiller le lien salarial. Les œuvres sociales ont longtemps participé d'une logique paternaliste teintée de protestantisme. »

contremaîtres à lancer contre le groupe une quinzaine de Marocains après les avoir munis de pioches, l'un d'eux brandissant même un revolver. Dans la bataille, un Marocain reçoit une blessure qui lui vaut plusieurs jours d'hôpital.

Émile s'agrège donc à la catégorie du « bon ouvrier », coopérant sans réserve aux objectifs patronaux – et il faut bien le dire, probablement sans aucune prise de distance critique – s'insérant ainsi parfaitement dans le schéma défini par l'économiste libéral Daniel Bellet, juste avant la première guerre mondiale :

> Une des conséquences les plus directes de cette industrialisation (qui sans doute nous impose une vie autrement fébrile, autrement agitée que la vie de nos ancêtres), est précisément d'avoir élevé étrangement le niveau de notre existence, le *standard of life* pour employer l'expression anglaise dont le correspondant français n'existe guère. Le consommateur, c'est-à-dire tout le monde ; en y comprenant cet ouvrier qui se plaint encore souvent de l'industrie moderne, sans se rendre compte qu'elle lui a donné beaucoup plus qu'il ne se figure, dans son atelier, et à plus forte raison aussi à titre de consommateur ; chacun des individus vivant à l'heure actuelle dans les sociétés civilisées, jouissant de cette grande industrie, est en réalité au milieu d'un luxe incroyable auquel il participe de la façon la plus large, mais d'ordinaire en le méconnaissant ou en l'ignorant. (1914, pp. 333-334)

Et il est vrai, rappelle Cohen, que le directeur technique de l'usine Peugeot de Sochaux, Ernest Mattern, était un dirigeant hors pair, et même assez conciliant ; il écrivait dans une note interne : « Les salaires élevés, la journée de 8 heures et bien d'autres revendications peuvent être accordés là où il y a de l'ordre et de la méthode » ; ailleurs il rappelait que « la direction des usines Peugeot a fait dernièrement appeler les délégués et leur a demandé de transmettre les félicitations au personnel qui, dans les deux premiers mois d'application des 8 heures, a augmenté la production de plus d'un tiers. » Les syndicats reconnaissent que « l'application de la loi y est "honnête". De fait, le patronat local a manifesté une grande réserve, mais la puissance syndicale est essentielle à ce qui est dans l'ensemble une victoire, même temporaire. De plus, le rôle de pivot joué par un organisateur comme Mattern pour le côté patronal s'est révélé décisif pour dénouer la crise à son point de tension le plus aigu. Il en sera de même en mars 1920 lors de la Grande Grève qui touchera toute la région de Belfort-Montbéliard. » (Cohen, 1996, p. 119) Cohen insiste sur l'absence de dogmatisme de Mattern. Quoique taylorien, il ne retient de la théorie que la rationalité, n'en faisant jamais un principe *a priori* : ce sont les résultats, et non le chronomètre, qui s'imposent aux normes, non l'inverse. (*ibidem*, p. 130)

Il faut être clair. Émile ne connaît ni Taylor, ni les théories économiques ; s'il prend le parti de la direction, c'est que cela lui semble normal et juste. Il estime être bien payé et correctement traité par ses supérieurs ; ce qu'il fait, pense-t-il, c'est pour le bien de l'usine – et il faut se souvenir qu'il ne la quittera jamais de vue, sauf dans les toutes dernières années. La fonderie, c'est toute sa vie, même si ce n'est pas une sinécure ; il fait très chaud dans l'atelier, il arrive qu'il y ait des accidents mortels (dus notamment aux émanations de gaz du cubilot) : tous les soirs il a mal à la tête et prend un « cachet » d'aspirine ; tous les matins il retourne au travail avec plaisir. S'il est promu – ce qui ne manque pas de se produire, puisqu'il sera chef d'atelier – c'est dans l'ordre des choses. Jamais il ne sera contestataire, jamais il n'adhérera à un syndicat[33]. Quoique catholique, Émile n'a jamais fait partie de ces ouvriers militants qu'évoque Hatzfeld [11], qui relève que pour beaucoup de syndicalistes catholiques (de la CFTC), il s'agissait d'abord de « démocratiser la vie politique » ; il faut bien insister sur le fait que ce type d'action, s'il constitue un élément important de lien social (dans le bon sens du terme, fort vilipendé, on le sait), n'entrait pas dans les préoccupations de la majorité des ouvriers de l'époque, et certainement pas dans celles d'Émile, qui avait choisi son camp. Cela n'empêchait nullement que ces hommes fussent très sensibles à des valeurs anciennes de solidarité, héritées d'un passé rural très vivant. Chez les plus anciens, à l'heure actuelle, se lisent encore des traces de cette indéfectible confiance dans la « famille » Peugeot : au moment où, en décembre 2013, nous mettions la dernière main à cet ouvrage, nous avons eu l'occasion de rencontrer par hasard une ancienne employée de PSA, depuis peu retraitée. Elle nous a rapporté une anecdote, qui – qu'elle tienne de la rumeur ou qu'elle se fonde sur un fait réel (la sincérité de notre interlocutrice étant indubitable) – montre à quel point les représentations d'une famille Peugeot proche de son peuple sont profondément ancrées : un ancien directeur général de PSA aurait envisagé, il y a quelques années, de fermer l'usine de Sochaux et la dernière représentante (fort âgée) de la famille qui vivait encore sur place, dans un des « châteaux Peugeot », aurait déclaré : « Vous me l'enverrez [le PDG] pour que je lui explique qu'on ne peut pas fermer cette usine ! » Et notre interlocutrice d'ajouter que cela avait

33 Il faut naturellement souligner que, d'une façon rigoureusement symétrique, certains syndicalistes des usines Peugeot – et d'ailleurs – qui refusaient tout compromis avec la direction, cumulèrent mises à pied, retenues sur salaire, etc., et n'eurent évidemment aucune promotion. Voir ci-dessus : *Modernité et déracinement*. Quoique les époques soient difficilement comparables, nous citerons cet extrait d'un article de Nathan Hervé dans le journal *Libération* du 9 novembre 1998 : « Têtu. Bernard Creusot est comme ça. "Je n'aime pas qu'on me dicte ce que je dois faire." Et ça fait vingt-sept ans qu'il dure ainsi. Sur le parc à voitures (la "piste") de l'immense usine Peugeot de Sochaux-Montbéliard, il est planté. Comme une vigie sur un navire immobile. Syndicaliste, il tient le coup. Et, depuis 1971, il prend les coups. Il exhibe sa fiche de paie comme un constat médical. Il manque "au moins 400 à 500 francs, chaque mois", sur un salaire de base de 7150 francs. Autre symptôme : il demeure, lui le plus âgé, le moins payé de son service. "Jamais je ne pardonnerai !" Bernard Creusot a une dent, et on ne la lui arrachera pas ! Pas contre les Peugeot. Pas même contre Jacques Calvet, patron jusqu'en 1997, et qui a fait perdurer le système ; encore moins contre Jean-Martin Folz, l'actuel président. Non, l'incisive, c'est pour "ils". "Ils", ce sont tous les chefs d'équipe, contremaîtres, directeurs du personnel ou d'atelier qui lui ont fait vivre vingt-sept années impossibles. »

eu l'effet escompté, à savoir que le projet avait été abandonné. Le fait que cette douairière Peugeot ait été la dernière à résider dans le pays de Montbéliard, ne pouvait que donner un écho tout particulier à ses déclarations, attestées ou non dans les faits, puisque l'héritière cristallisait sur sa seule personne la fidélité supposée d'une dynastie industrielle à sa région d'origine.

Un certain nombre d'indices montre qu'il n'entrait pas dans les intentions d'Émile d'inscrire à tout prix sa famille dans une dynamique familiale ascendante : ainsi, au tout début des années 30, son fils aîné, Pierre (né en 1916), qui est bon élève et a obtenu le brevet élémentaire, voudrait devenir instituteur ; il prépare donc le concours d'entrée à l'école normale. Hélas, il tombe gravement malade, contracte d'abord la diphtérie, puis, la même année, doit être opéré d'urgence pour une quasi péritonite. Il se présente tout de même et échoue au concours tant convoité. Sans doute Émile n'oblige-t-il pas Pierre à arrêter ses études et à rejoindre l'usine. Mais il y a des non-dits lourds de sens et le fils ne veut pas « être à charge ». Émile lui trouve donc une place d'ouvrier, et dans un premier temps, le jeune homme est occupé à un travail de manœuvre, puisque sa tâche consiste essentiellement à couper des morceaux de ferraille. Plus tard, il devient employé de bureau à la facturation. Dès qu'il le peut, il devance l'appel et devient, pour un temps, militaire de carrière. Ayant réussi le concours de l'école d'officiers d'artillerie de Poitiers, il est néanmoins empêché de l'intégrer, du fait de la déclaration de guerre. Il part comme maréchal-des-logis. Cette formation lui permettra cependant, après la guerre, de faire carrière dans l'industrie – lorsqu'il prend sa retraite, il est directeur commercial d'une filiale de Péchiney Ugine Kuhlmann. Il n'entrera cependant jamais chez Peugeot, à la différence de son frère cadet, plus jeune de 5 ans, qui deviendra cadre dans l'une des usines de la « firme du lion », dont il était un supporter inconditionnel.

Sur la fin de sa vie, devenu veuf – Marthe a succombé en 1965 à un cancer diagnostiqué très tardivement – Émile change partiellement de vie : tout se passe comme s'il tentait alors de s'intégrer à l'univers de la (petite) bourgeoisie. Marthe n'est plus là, et un certain nombre de barrières qu'il avait érigées ont disparu en même temps. Il s'habille alors avec une certaine recherche – costume gris, cravate, chapeau Mossant ou Fléchet à bords rigides et recourbés. Il est assez généreux, invite volontiers ses enfants dans de bons restaurants (il n'a plus les réticences d'autrefois) ; peut-être est-ce en partie explicable par le fait qu'étant reçu régulièrement chez les uns et les autres, et ne pouvant rendre la pareille chez lui, il ne veut pas être « en reste ». En outre, alors qu'il n'était *jamais* parti en vacances du vivant de son épouse (sinon pour aller en pèlerinage à Lourdes), il prend régulièrement le train, en 1ère classe, pour se rendre dans la région du lac majeur, côté italien, ou dans l'arrière-pays niçois. Il quitte finalement Sochaux et s'installe dans une maison de retraite, plutôt agréable, à Besançon où il meurt en 1974.

Fig. 7: Virginie, Émile et François Bonnot. Vers 1903. Coll. J.-F. P. Bonnot.

Fig. 8: Apolline (Pauline) ; Hélène, Henri, Marthe et Paul Monnin. Vers 1903. Coll. J.-F. P. Bonnot.

Vagues d'immigration

On a montré, au chapitre précédent, de quelle façon le tissu social s'était graduellement délité dans le Pays de Montbéliard, après la fin de la seconde guerre mondiale, déconstruction que l'écran de la « parenthèse (dite) enchantée » constituée par 30 années de prospérité, avait seulement retardée. Les travaux sociologiques ont bien mis en évidence ce morcellement industriel progressif. Jusqu'en 1980, tout va apparemment pour le mieux. Ainsi, Charles-Lyet et Ormaux (1994, p. 26) constatent que « la croissance est à son apogée dans la période 1946-1979 : la production [de Peugeot] atteint 850 000 unités à la fin des années 70 [...]. La poussée démographique [dans le Pays de Montbéliard] est tout aussi spectaculaire : les 60 000 habitants de 1946 sont passés au nombre de 135 000 en 1975, et 60% du croît provient de mouvements migratoires. Cette population est jeune, d'origine rurale, et compte 15,4% d'étrangers. (Ce taux s'élèvera à 20,3% en 1984). [...] Les constructions nouvelles montent à l'assaut des plateaux et occupent des zones agricoles jusqu'alors très mal reliées aux centres urbains. » En 1978, Chabert se montre encore très optimiste s'agissant des capacités d'innovation dues à « l'esprit néotechnique » des dirigeants de l'usine de Sochaux. Cet esprit souffle même, note-t-il, « avec une telle vigueur que la région tend à se revitaliser à partir de Montbéliard. » Il souligne « l'essor spectaculaire » de l'usine : « ses effectifs sont passés de 11 000 à 20 300 entre 1953 et 1963 ; dix ans plus tard, ils atteignaient 35 000. Autour de ce pôle, qui rassemble, à la fin des années 60, forge, fonderie, mécanique, montage, l'environnement immédiat, dans un rayon de 10 à 15 kilomètres, est encore dominé par le groupe Peugeot. » (1978, p. 124)

Avec le recul, on se rend compte que c'est cet accroissement même qui est à l'origine de la fragilisation de l'entreprise – au moins en tant que cause immédiate, car il faut, entre autres déterminants, inscrire ces phénomènes dans le contexte de l'apparition d'abord lente, puis de plus en plus rapide et massive, de constructeurs étrangers. En 1972, Pumain, Robic et Pinchemel produisaient une analyse exactement convergente, dans laquelle ils faisaient valoir que Montbéliard possédait un taux « d'absorption des flux migratoires de toute origine » inégalé pour une agglomération de cette importance, solde « positif de plus de 19 000 personnes », juste après Grenoble et avant Strasbourg, toutes deux des grandes villes. Chabert (*ibidem,* p. 125) voyait cependant dans cette « expansion imprévue et surprenante » un danger potentiel, observant qu'il existait une inadéquation préoccupante entre la croissance industrielle et le nombre restreint de cadres administratifs et de structures adaptées. Mais c'est surtout le très lucide Robert Goetz-Girey, qui dès 1960 – avant tout le monde –, avait mis le doigt sur la principale faiblesse du Pays de Montbéliard. Il avait en effet compris que « dans une région à faible pression démographique comme le Doubs, l'effet de la croissance du pôle sur son environnement géographique est déprimant d'une façon absolue et irréversible […]. » (Barrère *et alii*, 1965, p. 195) Quelque 55 ans plus tard, on prend toute la mesure de la prévision : non seulement la plupart des industries non directement liées à l'automobile ont été balayées (les équipementiers eux-mêmes étant en grande difficulté), mais, après avoir fait le vide autour d'elle, la firme du lion voit ses parts de marché régresser de façon spectaculaire.

Émile termine sa carrière quelques années après la fin de la seconde guerre mondiale. Il a participé à la phase de montée en puissance de l'usine, non exempte de saillances sociales majeures, dont la grande grève de 1920 reste emblématique. Henri (1985, pp. 31-32), qui a travaillé sur la comptabilité industrielle de la firme, montre que Peugeot rencontre des difficultés entre 1918 et 1924. En 1925, c'est l'embellie. « Pour Peugeot, [écrit Henri] la "grande crise" n'eut pas lieu en 1930, mais en 1920. Si forte que fût la croissance de guerre, celle-ci, mal maîtrisée, engendra de nombreux déséquilibres internes, aggravés par la récession économique de 1920-1921. » La conflagration mondiale suivante aura bien sûr des conséquences considérables. Toutefois, les suites ne s'en feront plus trop sentir après 1948, et l'immense succès de la 203 fera repartir les ventes. C'est aussi durant cette période que la firme perd le caractère familial qu'elle avait auparavant, « au moment où des propriétaires étaient en même temps ses directeurs […]. La famille accélère la distinction entre une administration qu'elle conserve et une direction des sociétés qu'elle délègue et se dégage de la marche quotidienne des sociétés. » (Loubet, 2009, p. 315-318). Désormais, l'entreprise entre dans une période de croissance rapide ; ce sera le chant du cygne.

Émile fait partie des ultimes représentants de la première vague, constituant le noyau migratoire, celle qui a déraciné François et Paul Bonnot, et de journaliers du Lomont a fait un ouvrier de forge et un charretier au service des industriels de la vallée[34]. Les petits groupes de paysans qui rejoignaient les usines parcouraient quelques kilomètres, à pied le plus souvent, pour gagner les centres industriels en plein développement. Ils avaient encore un vague espoir de retour et regardaient de temps à autre vers le Lomont. Ils deviendront d'ailleurs progressivement des membres parfaitement intégrés aux communautés des bourgs qui les avaient accueillis, à Pont-de-Roide, à L'Isle-sur-le-Doubs, à Voujeaucourt et finalement à Sochaux. Plus tard arriveront les ouvriers des régions environnantes, puis enfin, ceux d'outre-mer. Ceux-là resteront pour longtemps – sinon définitivement – des pièces rapportées, rejetés dans les marges ultimes de la cité.

34 Jules Bonnot, partisan de la « reprise individuelle », que le *Robert* crédite de la mention « criminel français », et dont le père était *ouvrier fondeur* (comme ses cousins éloignés François et Émile) constitue un exemple extrême des effets de ce déracinement initial.

CHAPITRE 13
FIGURES DU NOMADISME ROMANESQUE ET SOCIAL – LE CRIME DU CANAL À BLUSSANS

> Ah ! mon cher, physiquement parlant, l'inconnue est la personne la plus adorablement femme que j'aie jamais rencontrée. Elle appartient à cette variété féminine que les Romains nommaient *fulva*, *flava*, la femme de feu. Et d'abord, ce qui m'a le plus frappé, ce dont je suis encore épris, ce sont deux yeux jaunes comme ceux des tigres ; un jaune d'or qui brille, de l'or vivant, de l'or qui pense, de l'or qui aime et veut absolument venir dans votre gousset !
>
> Balzac, *La Fille aux yeux d'or*, *op. cit.*, p. 1064

Figures de l'errance sociale et littéraire

On a largement montré que la perte de visibilité des institutions nationales, de même que le délitement d'un grand nombre des facteurs de cohésion qui, autrefois, fondaient la vie en commun, devaient inciter à remettre sur le métier des notions telles que *l'habitable* et *l'inhabitable*, *le lieu* et *le non-lieu*, *l'entre-soi*, etc., et à s'interroger sur les métamorphoses de la ville, lieu où se concentrent et s'interpénètrent pouvoirs politique, économique, intellectuel, et naturellement mafieux (commerces parallèles de la drogue, du sexe, autrefois de l'alcool, etc.). Ces *réseaux*, loin d'être étanches, sont interconnectés à certains nœuds stratégiques, permettant la circulation des personnes et des biens, en fonction de liens forts ou faibles (Granovetter, 1973) et se contaminent mutuellement. On a vu que la ville et ses extensions périphériques, connues chronologiquement sous les noms de « faubourgs » (proche), de « banlieue » (plus éloignée), puis de « banlieues », et enfin de « cités », sont le lieu de changements spectaculaires – innovations musicales, linguistiques, vestimentaires. Ces périphéries peuvent en outre être conçues comme des lieux de désaffiliation, et de déterritorialisation, partiellement dans le sens que Robert Castel (1990, p. 157) donne à cette notion, par exemple dans son article sur Tristan et Iseut : « L'histoire de vie de Tristan et Iseut présente autant de séquences d'une même expérience de désengagement social [qu'on peut appeler] la désaffiliation, c'est-à-dire le décrochage par rapport aux régulations à travers lesquelles la vie sociale se reproduit et se reconduit. [...] Leur vie est un arrachement perpétuel par rapport à toutes les territorialisations familiales, sociales, géographiques, et cette rupture toujours réitérée est la condition de possibilité de l'émergence d'un nouveau type d'alliance entre le masculin et le féminin. » Et Castel ajoute en note : « Il y a ainsi des désaffiliations individuelles [...] et des désaffiliations collectives, comme celle du peuple juif ou du préprolétariat au début du XIXe siècle. Il y a aussi des stratégies différentes, collectives, de réaffiliation. Mais cela est une autre histoire, qui relève non plus de l'histoire de vie, mais de l'histoire de l'histoire. »

Dans *Quartier charogne*, (2012, pp. 167-168), Nan Aurousseau décrit l'une de ces désaffiliations individuelle et familiale, au début des années soixante, où la prospérité était loin d'être universelle :

> Je vais vous dire ce qu'ils ont fait : ils ont pris notre petite chienne Lady et ils l'ont emportée à la fourrière, parce qu'il ne fallait pas qu'un chien erre avec des gens dans les rues. Nous, on pouvait crever dans le caniveau, c'était plus leur problème, il n'y avait pas de fourrière pour des gens comme nous. [...] Elle était jolie, la France des travailleurs, vue sous cet angle-là. Ils avaient récupéré le logement, on était expulsés et il n'y avait rien à dire, rien à faire. Ils étaient pas aimables, les flics et les huissiers, les déménageurs et les maçons. Je m'en souviens bien, ils agissaient vite, avec violence, comme des malfaiteurs. [...] On avait plus nulle part où aller, nulle part où poser nos pauvres petites choses. Ma collection de bandes dessinées, je ne l'ai jamais retrouvée. J'avais tous les *Kiwi*, les *Mandrake*, depuis le premier [...]. Tout a fini pourri par la pluie.
> « Vous avez pas un garde-meuble ? » qu'il disait l'huissier, en remballant hâtivement ses papiers dans une sacoche.
> Il en avait rien à cirer. Je m'en souviens bien, parce que c'était la première fois que j'en entendais parler du garde-meuble. Non, elle en avait pas, ma mère, de garde-meuble.

L'individu ou le groupe désaffilié – car la notion, comme l'indique d'ailleurs Castel, n'implique pas absolument l'unicité, et peut parfaitement fonctionner en tant que *collectif* dont les éléments constituants comportent suffisamment de traits communs pour que la résultante soit considérée comme un ensemble cohérent – présente effectivement des ruptures multiples, des « arrachements » (d') avec la société normée. Le terme « arrachement » convient particulièrement bien, car il implique simultanément, sans qu'il soit possible d'établir une hiérarchie dans les actions, une brisure et un déracinement / extraction dont le caractère est foncièrement brutal – créateur de formes irrégulières – et renvoie aussi bien au rejet social qu'à l'implantation de nouvelles conventions, plus fluctuantes que les anciennes normes statiques (question de l'innovation, par exemple). Castel, dans un texte plus récent (2008, p. 174), évoque la question de la propriété privée et observe que l'individu isolé, le « vagabond », est certes « "libre" de toute sujétion sociale et de toute inscription territoriale [...]. Le destin de ces individus sans attache est littéralement invivable dans une société "holiste", et toutes les politiques à l'égard du vagabondage ont été en fait des tentatives d'éradication des vagabonds. Autrement dit, pour être positivement un individu, il faut un socle, une assise, des supports, et lorsque les supports traditionnels disparaissent, ou du moins desserrent leur emprise de dépendances-protections, le nouveau support nécessaire à l'individu moderne, c'est la propriété privée. » Sans doute l'histoire donne-t-elle raison à Castel, l'ouvrier (essentiellement agricole) itinérant – celui qui allait de village en village à la recherche d'un travail de quelques jours ou de quelques heures – étant de plus en plus un indésirable, notamment à compter de la loi du 27 mai 1885 qui autorisait la relégation et l'expulsion des récidivistes. Cependant, outre que le vagabond était aussi messager, propageant nouvelles (et rumeurs), pour un Jules Vallès comme plus tard pour un Octave Mirbeau, d'accord en cela avec les anarchistes, « l'errance n'est jamais déconsidérée, vue comme un vice, une dépravation. Au contraire, elle apparaît même nécessaire à leurs aspirations littéraires. Ils y voient un genre de vie à la fois subversif et constructif, une manière d'exister autrement dans une société étatisée et policée. Ils rejoignent les anarchistes dans leur vision d'un vagabondage politique et poétique. » (Wagniart, 2007, p. 9)

On ne peut manquer d'évoquer ici Giono et ses figures de trimardeurs, dont l'errance est indissociable du récit. Ces personnages récurrents dans l'œuvre, sont à la jointure d'un ancien monde où l'urbain reste à distance et d'un univers où la technique s'emballe, notamment lors de la Grande Guerre. De ces hommes seuls et errants, passeurs de nouvelles et de contes, il ne reste rien, ni dans le monde rural ni dans le monde urbain. Ces hommes – car c'en était alors toujours – qui vendaient leur travail itinérant, allant d'une ferme à l'autre, puis plus tard (comme dans *Les Grands Chemins*) se faisant embaucher chez des artisans, ne pouvaient pas résister aux transformations économiques majeures qui ont suivi la première et surtout la seconde guerre mondiale. Pour Ricatte, dans la préface des *Œuvres romanesques complètes*, « il faut à Giono, pour qu'il puisse se mettre à conter, de ces silhouettes brusquement découpées sur le vide antérieur : [... Et puis] l'errant s'en va, et souvent aussi mystérieusement : tristes sorties d'un personnage que souvent le récit conduit d'un foyer défait à un autre foyer qu'il refait, après quoi il n'a plus qu'à disparaître. [...] Cette figure du récit n'est peut-être si tenace et si ambiguë que parce qu'elle répond aux légendes de la famille [...]. » (Ricatte, *in* Giono, 1971, p. xxvii)

Ainsi, le narrateur (Amédée), personnage central d'*Un de Baumugnes*, est sur les chemins :

> Nous autres, il y a rien de plus bohémien que nous. Dix jours avant, j'étais à Payruis, dans une baraque, seul, valet, un peu mon maître ; peu de travail, bonne table, et puis, la maîtresse, c'était une femme chaude ; enfin, coq en pâte. Pour un oui, pour un non, je lâche tout et je descends. (Giono, 1929/1971, p. 221)

Le dimanche soir est libre, « on allait à Manosque boire le litre » ; on échange des nouvelles, on parle des connaissances. Albin se confie à Amédée, évoque Louis, qui avait lui aussi été sur le trimard :

> Cet an-là, y avait avec nous un type de Marseille, un jeune tout creux comme un mauvais radis, la peau sur l'os et un tatouage à la paume de la main où il y avait d'écrit *Merde*. Il tripotait le blé avec ça ! [...] Maintenant que je sais un peu la vie, je crois qu'il avait dû faire une chose

> sale et qu'il avait dû changer d'air pour quelque temps. Ça va. [...] C'était pas un mauvais compagnon, non, mais hors du travail. Il chantait en tournant sa tête comme une poule ; il blaguait. Ah ! pour l'avoir à la langue, c'était toujours trop tard ! C'est ça qui a fait le mal : sa langue, et parce qu'il se coiffait avec des accroche-cœurs en trempant ses cheveux dans la fontaine et qu'il se foutait du parfum sur la gueule comme une femme de peu. (*ibidem*, p. 223)

Deux figures du vagabond s'opposent dans le roman : l'un est travailleur itinérant, certes instable, ne rechignant jamais devant un « litre » et ne dédaignant pas les endroits où « il y avait de la fesse » et où « on s'assemblait par sympathie ; ça chez nous, c'est de règle. » (*ibidem*, p. 222) Mais il est toujours prêt à rendre service, et comme les liquidités manquent, il donne de lui-même autant qu'il peut. Il est le trait d'union entre des lieux isolés, entre des groupes qu'il faut mettre ou remettre en relation. C'est ce qu'Amédée fera au péril de sa vie. « Le Louis » est bien différent ; il est de Marseille, donc de la grande ville, il cherche sans doute à se mettre au vert pour quelque temps, ayant vraisemblablement commis quelque méfait. Louis aussi est un passeur, mais d'une tout autre sorte qu'Amédée : il est le vecteur d'une contamination qui transite d'abord par la parole, il chante, il a le verbe haut : « Ah ! pour l'avoir à la langue, c'était toujours trop tard ! C'est ça qui a fait le mal : sa langue ». Il y a dans ce personnage une prémonition du *vanneur*, bien décrit par Labov (1978, p. 255), qui met les rieurs de son côté : « L'une des différences les plus importantes entre l'échange de vannes et les autres actes de parole est que, dans la plupart des cas, les vannes se voient aussitôt ouvertement évaluées par le public [...]. Le signe primordial que l'évaluation est positive est le rire. On peut estimer l'efficacité d'une vanne dans une séance de groupe au nombre de personnes qui rient dans le public. » Louis a de plus un stigmate : le mot *Merde* tatoué sur la paume de sa main, ce qui ne l'empêche pas de « tripoter » le blé, ainsi infecté. Il apporte le parfum bon marché de la proche métropole, il se coiffe avec des accroche-cœurs. Il aura Angèle, en la traitant comme une *bête* ; plus tard, il la mettra sur le trottoir, à Marseille[1] :

1 On trouve dans l'œuvre de Giono d'autres personnages de la même eau ; dans *Les Grands Chemins* (1951), roman beaucoup plus tardif, Pierrot (1982, pp. 381-382) rappelle « que la profession [que l'Artiste] déclare exercer périodiquement, et qui consiste à animer avec sa guitare des bals villageois, sert en fait de couverture à son activité préférée, et seulement à demi avouable, qui est d'être un joueur professionnel. [...] Né de père et de mère inconnus, originaire de cette région socialement incertaine qu'est la Colonie (en l'occurrence l'Algérie), il porte ce type d'identité équivoque, formé de deux prénoms fortuitement accolés, qui sert généralement à désigner les enfants trouvés. Probablement pupille de l'Assistance publique, l'Artiste a eu naguère, comme il l'avoue à son compagnon, maille à partir avec la justice. C'est "en tôle" qu'il a acquis son habileté aux cartes, et son habitude de tricher révèle à un premier niveau une volonté de revanche à l'égard de la société : " Il me dit : 'ils m'ont poissé un coup', mais je me suis promis de les baiser et je tiens parole. Ils m'ont foutu en cabane. C'est en cabane que j'ai appris à les baiser" ». Quant au narrateur du même roman, il représente l'autre

> Ce qu'il ne me dit pas, cette fois-là [poursuit Albin] [...] c'est qu'il l'avait guettée, le soir, dans le chemin du gué, qu'il l'avait eue, brusquement, avec une bonne gifle, et les mots qu'il faut pour parler aux bêtes, et qu'il l'avait, maintenant, quand il voulait, tous les soirs, à sa fantaisie, et docile. (*ibidem*, pp. 232-233)

Louis est un errant par défaut, un citadin, un faubourien aurait-on dit, un *apache* déraciné, qui en même temps qu'il apporte la nouveauté, l'innovation – il n'est sur les chemins que par raccroc, à l'affût d'une bonne occasion – amène la corruption ; en ce sens Giono adopte un point de vue très traditionnel, en opposant la ville obscène et contaminante à la campagne naturelle et pure, bien que très fortement érotisée. Louis avait d'ailleurs fait part à Albin de ses intentions :

> Une femme comme celle de tout à l'heure [Angèle], tu y paierais pour cinquante balles de fringues d'étalage, des dessous d'attaque, un promenoir au *Palais*, et au boulot. Un jour dans l'autre, ça te rapporterait dans les cent francs, tous frais payés. Il avait dit ça, mon Albin, avec l'accent, avec les mots de l'autre. On voyait que c'était entré dur dans la tête et bien resté. Il avait dit ça, comme changé, comme un autre homme, et je voyais le fond de ses yeux, tout douloureux. (*ibidem*, pp. 227-228)

Comme un *virus*, les mots de Louis se sont implantés dans la mémoire d'Albin. Le Marseillais enlève Angèle et le jeune homme désespéré travaille toute la journée sous la canicule. Il est frappé d'insolation ; dans un rêve, il rencontre Angèle, tente de la retenir, mais ses paroles ne valent plus rien. Il suffit que Louis *siffle* pour qu'Angèle se précipite :

> Alors, on siffle là-bas dans la nuit ; un sifflet qui vient du Louis ; elle se détache de moi comme un fruit mûr de la branche ; elle court vers le sifflet ; elle s'enfonce dans la nuit, tirée par le sifflet comme par une corde. « Voilà. » (*ibidem*, pp. 236-236)

C'est une corde et une voix maléfiques qui enchaînent la jeune fille, et l'envoûtent. Angèle est souillée, arrachée à son milieu, et pour reprendre une autre expression de Castel, désaffiliée. Elle ne s'appartient plus ; elle aussi est devenue errante, mais d'une nature qui n'apporte qu'une totale solitude. Pourtant, à la toute fin de l'histoire, il sera à nouveau question de corde, celle de l'amitié. Amédée réussira à réunir Angèle et Albin – et l'enfant né d'Angèle – ; dans le même mode explicatif sociologisant, on peut voir ici un bel exemple de réaffiliation :

> La vie était devant eux parce qu'ils s'aimaient comme des gens libres. Vous me direz : « Comme des bêtes » ; et puis après ? J'y ai bien réfléchi, à ça : Baumugnes c'était un endroit où on avait refoulé des hommes hors de la société. On les avait chassés [Il s'agit sans doute, dans le récit, d'un ancien refuge huguenot] ; ils étaient redevenus sauvages avec la pureté et la simplicité des bêtes.

---

versant du trimardeur, avec toutefois une touche de séduction qui caractérise moins le vieil Amédée d'*Un de Baumugnes*, mais avec une même appétence à la vie.

> Ils n'étaient pas compliqués : ils étaient sains, ils étaient justes ; je vous explique ça comme je le sais, sans falbalas. Ils venaient au-devant de la vie comme des enfants, avec des gestes qui ne tombaient pas d'aplomb. (*ibidem*, p. 309)

Amédée accompagne ses amis à la gare, prend leurs billets et y ajoute (sans le dire) le peu d'argent qu'il a sur lui. Il les regarde s'installer dans le compartiment et rencontre le regard d'Albin :

> […] il n'osait pas bouger, il n'osait pas respirer trop fort, ni parler… sans force, tout lié en gerbe *avec cette sacrée corde du bonheur*. […] J'ai d'abord fait un pas en arrière, puis encore un. À un moment donné, je me suis trouvé juste à la limite d'où je pouvais encore voir ses yeux. […] J'étais au bout de *la ficelle d'amitié amarrée dans nos deux cœurs* ; encore un pas, elle cassait. Et j'ai fait ce pas en arrière, et je suis parti. Voilà !

Les personnages ont bouclé un cycle ; Albin et Angèle appartiennent à nouveau au groupe des *terriens* :

> Une femme comme ça [Angèle], c'était un morceau de la terre, le pareil d'un arbre, d'une colline, d'une rivière, d'une montagne. Ça faisait partie du rond ensemble. Ça durerait autant que les étoiles ! […] Elle vient de le tutoyer, et le ciel, avec tout son verger d'étoiles, est en lui. Vous me direz : ils s'aimaient comme des bêtes… et je vous redirai : oui… et après ?… (*ibidem*, pp. 308-309)

Comme le relèvent les éditeurs de Giono dans le tome 1 de la Pléiade, « autre personnage lumineux, appelé à reparaître dans le conte de *Solitude de la pitié* et dans *Les grands chemins*, le vieil homme errant, protecteur de son jeune compagnon […]. Ombre claire d'Albin qu'il contribue à enraciner tandis que lui-même poursuit sa route, le vieil Amédée fait du livre un hymne fervent à l'amitié […]. » (*Œuvres*, 1971, p. 970) C'est bien d'enracinement à un monde stable qu'il s'agit, celui que Giono décrit dans sa très courte nouvelle *Magnétisme*, de *Solitude de la pitié* (*Œuvres*, [1932]/1971, pp. 527-528) :

> Depuis longtemps, je viens dans ce maigre village de montagne. Il est aux confins de ma terre ; il est aux lisières des monts, assiégé de renards, de sangliers, de forêts et d'eau glacée. […] Les hommes qui vivent là sont peu nombreux : dix, vingt, mettons quarante en comptant ceux des hameaux perdus *et les passagers, ceux qui entrent par une route et sortent par l'autre route*. […] J'ai poussé la porte du petit café tenu par Antoine et, en bloc, je les ai eus là, avec moi, ces hommes qui portent le magnétisme de la terre, ces hommes qui ont trempé trop longtemps dans les épaisseurs du ciel et qui, maintenant, sont comme des éponges lourdes de ciel et le ciel est là, *sous leur langue, et rien qu'à ouvrir la bouche, voilà le ciel qui coule avec toute sa sagesse*, à en avoir la respiration coupée.

Pour qu'il y ait enracinement (voir [4]), il faut que l'espace soit restreint. Le village n'est pas nommé ; il est encerclé par la nature sauvage, par les bêtes et par nombre d'êtres surnaturels. Il arrive que ceux-ci pénètrent dans le cercle des humains ; c'est le cas dans *Prélude de Pan*, où le dieu lui-même traverse un village, venant bouleverser une quiétude sociale en voie de dévoiement. Pan prend pitié d'une colombe maltraitée par un client du cabaret et organise une orgie aux terribles conséquences, qui instaurera un nouvel ordre :

> L'homme avait replacé la colombe sur son épaule. Il avait eu pour elle un petit murmure, comme pour lui dire : n'aie pas peur, reste là. Et il avait tourné vers nous sa face de chèvre avec ses deux grands yeux tristes allumés. Il resta un moment à réfléchir, l'œil sur nous. Puis il se décida.
> « Autant dire qu'il faut vous enseigner encore un coup la leçon, fit-il. Peut-être que dans le mélange vous retrouverez la clarté du cœur. » (*Œuvres*, [1932]/1971, p. 451)

L'article d'Abry et Joisten « De la migrance à l'errance… » (1998, pp. 77-78) est tout particulièrement intéressant pour notre propos. Ces auteurs montrent de quelle façon, notamment dans les Hautes-Alpes, partant d'une situation historiquement attestée, « les Italiens migrants, en l'occurrence ces troupes de moissonneurs ou faucheurs saisonniers, bien présents dans la région, vont […] se montrer d'abord pensés dans une théorie ou procession d'Êtres sauvages. […]. Tel un zoologiste ou un botaniste, le folkloriste sera bien le seul à prendre, sans soupçon, ni condescendance, ces objets pour ce qu'ils sont : les produits d'une "histoire naturelle" de l'esprit. Au contraire, il s'émerveillera, en l'occurrence, de la durabilité des indices d'une culture de l'Écriture dans le Protestantisme, à travers ses réinterprétations. » C'est le cas dans ce récit, confié à Charles Joisten par Félix Berthalon[2] :

> Les sauvages, c'étaient des Italiens qui passaient dans le mois de juillet. Ils se laissaient pousser la barbe et les cheveux, ils étaient tout déguenillés. Un nommé Pavie, des Viollins, était un jour dans les prairies à ramasser du foin aux Deyets, au-dessus des Mensals ; il avait que son mulet avec lui. Il est venu à passer cette caravane de sauvages et alors cet homme leur

2 Les récits de cet article ont été publiés une première fois dans Christian Abry et Alice Joisten (1997, pp. 69-76). Les textes eux-mêmes ont été recueillis dans les Hautes-Alpes, par Charles Joisten, dans les années cinquante et soixante. Il va de soi que ces paysans protestants – et auparavant Vaudois disciples de Pierre Valdo de Lyon – qui représentent une résistance religieuse de longue durée persécutée en Dauphiné, n'étaient nullement incultes. Ils ont fourni, en-dessous de la célèbre ligne de l'analphabétisme St-Malo – Genève (voir [12]), des colporteurs maîtres d'école qui savaient enseigner à lire, écrire et compter (selon le nombre de plumes à leur couvre-chef). Il faut préciser que le mot anachorète, mot savant s'il en est, était connu de ce paysan – ce qui n'est déjà pas du tout courant – et qu'il l'intègre dans la sphère du religieux en gardant de l'érémitisme davantage que la marge des ordres mendiants : ce sont les sèmes que dévoile sa remotivation en errance. Chaque fois qu'il l'a pu, Charles Joisten a noté l'appartenance religieuse dans cette région. Ne serait-ce que parce que les historiens des mentalités ont confondu un certain attachement du protestantisme aux Lumières, avec le rejet rationaliste des récits de croyance de longue durée. Ces récits en disent souvent plus sur la matrice de croyance de longue durée concernant l'accueil de l'étranger de passage – qui apporte la prospérité – que beaucoup d'enquêtes sociologiques. (Communication personnelle de Christian Abry, 2012)

a dit: « Donnez-moi la main pour charger mon mulet. » Les sauvages l'ont aidé, mais ils ne sont presque pas restés. Et une jeune fille qui se trouvait avec eux [entendez : de leur tribu] est restée un moment de plus pour tenir le mulet. Pendant ce temps les autres ont filé et elle s'est mis à dire : « Oh ! Qu'est-ce que vous avez fait, maintenant je ne pourrai plus retrouver mes parents. » Ses parents avaient déjà disparu derrière les rochers. Alors ce Pavie lui a dit : « Si vous voulez rester, je vous garde avec moi à la maison. » La jeune fille est restée avec lui quelques années. Elle gardait les moutons jusque tard dans la nuit, tellement que ses moutons étaient les plus jolis du village, à cet homme. Ça lui faisait rien de rester la nuit comme ça, elle était sauvage ! Alors, quelques années plus tard, la caravane de sauvages est repassée, et ils ont crié : « Nicole, Nicole, ta mère te sonne ! » Ça c'est l'italien [la langue] qui dit comme ça. La jeune fille a quitté ses moutons et elle est repartie avec eux. Le nom de Pra Nicolo [Pré Nicole] est resté à un pré. Il paraît qu'ils s'arrêtaient pas ces sauvages, ils filaient, ils filaient, surtout quand ils voyaient quelqu'un. On les appelait aussi les anachorètes, parce qu'ils couraient, ils ne s'arrêtaient pas. (Félix Berthalon, 77 ans, protestant, Les Viollins, Fressinières, Hautes-Alpes, 1962)

Nombreux sont bien sûr les *passagers* moins divins – des errants, peut-être – qui ne font qu'entrer et sortir du bourg. Aux premières pages du *Grand Troupeau*, il y a les bergers de la transhumance, eux aussi accompagnés de signes, précurseurs de la guerre – la « Grande » : « La pourriture, dit le cordonnier. Sur la Durance, il y a des îles de poissons morts. » (Giono, *Œuvres,* [1931]/1971, p. 544). Puis un vieil homme épuisé arrive dans le village (les jeunes sont partis la veille à la guerre) :

Alors on vit arriver un vieil homme et, derrière lui, la tête d'un troupeau.
« Sainte Vierge ! dit la laitière.
– Il est fou celui-là ! » cria Burle.
Il y avait le gros soleil et la poussière, et l'épaisse chaleur sur les routes si difficile à trouer d'un pas d'homme ou de bête ; ce soleil comme une mort !...
Le cordonnier dit dans sa barbe :
« La guerre ! C'est cette guerre qui les fait descendre. »
Du coup, autour de lui, on ferma la bouche, et Burle même comprit là-haut et les autres comprirent, tout seuls. (*ibidem*, p. 545)

Contrairement à Pan, qui fait entrer la nature dans le village, mais qui réenracine finalement la communauté, mélangeant les corps orgastiques afin de retrouver « la clarté du cœur », on peut voir dans ce passage des bergers, dans ce flux qui s'écoule de la montagne vers la plaine, et donc vers la ville, une annonce de l'intrusion de la civilisation technologique et mécanique qui quelques jours plus tard et durant plusieurs années, s'acharnera à détruire hommes, bêtes et nature, et qui engendre son propre flux :

C'est une batterie anglaise : des roues, des tronçons de tubes, des douilles vides, des obus comme des cocons de chenilles ; des chevaux éventrés, le cou tordu ; des hommes, la face contre terre ; des visages noirs qui mordent le ciel ; une jambe, de la chair en bouillie, de la cervelle d'homme sur une jante de roue. [...] La route est comme un ruisseau mort. Elle est sous la pourriture de voitures, de chevaux crevés et d'hommes ; des canons dans les fossés,

> des mitrailleuses, des tôles éventrées, des tonneaux de bière, des caisses de galettes, des pains de sucre, des sacs de tabac. [...] Deux fois déjà Olivier s'est arrêté de courir pour regarder à ses pieds. Qu'est-ce qui coule là, entre ses jambes ? Et partout dans le pré, dessous l'herbe, comme de l'eau d'arrosage, et si épais qu'on en voit les sillons ? Des rats ! des flots de rats ! Les rats de tous ces murs en flammes, de tous ces greniers éventrés ; les rats des villages écroulés ; les rats de la bataille et des morts, renversés en large eau noire par le chavirement de la terre. (*ibidem*, p. 711)

Et plus loin :

> L'infanterie anglaise monte épaisse comme un ruisseau de boue, et le troupeau bleu des soldats français glisse à la crête des herbes, vers les collines et la fumée.
> « à l'abattoir ! » dit La Poule...
> Au fond de l'horizon, dans cet endroit où le ciel se mélange avec la terre, les mitrailleuses commencent à grésiller comme de l'huile à la poêle. (*ibidem*, p. 717)

Parfois, les voyageurs s'attardent un peu, comme le narrateur de *Magnétisme.* Il écoute les villageois qui parlent. Lorsqu'il est question de *langue*, c'est *le ciel qui coule avec toute sa sagesse.* Et « l'air qu'ils avalent ne sort pas du boyau des autres. Il est pur et à la source. C'est bon d'un côté, mais c'est mauvais de l'autre, étant donné que cette pureté, il faut l'acheter avec sa solitude et son désespoir. » (*Œuvres*, [1932]/1971, p. 527) Cette langue n'est en rien faite pour piéger, comme celle du Louis d'*Un de Baumugnes.* Dans l'entre-deux, on trouvera la langue d'Ulysse, autre voyageur nomade et menteur possédé des dieux, inventeur, pour Giono, de *L'Odyssée.* À son retour vers Ithaque, absent depuis vingt ans et n'ayant rien accompli de remarquable, il apprend par hasard dans une auberge que Pénélope entretient une relation amoureuse avec le jeune Antinoüs, ami de Télémaque ; piqué au vif, malgré sa lâcheté, il annonce qu'Ulysse est bien vivant :

> Ils s'exclamèrent tous ensemble ; le guitariste fit à la ronde le geste apaisant de sa main ; il paraissait vouloir conduire cette discussion comme une affaire personnelle.
> « Toi, dit-il, tu nous arrives porteur d'étranges nouvelles ; n'était le son de ta voix, je jurerais que tu mens.
> – Que je sois changé en baudet si je mens », dit Ulysse ; aussitôt, inquiet, il épia le bruit des dieux dans la forêt.
> Il poursuivit, rassuré et bourru : « Je ne suis pas habile aux contes, c'est bon pour ceux qui vendent leurs paroles et les graines de leur guitare : chacun son métier. Le mien est de dessiner les routes sur la mer avec des burins de bois. Mais je dis franchement ce que je sais. » [...]. (Giono, *Naissance de l'Odyssée*, [1938]/1971, p. 30)

Le guitariste est bien sûr le premier des aèdes qui donnera naissance au grand chant « homérique »[3]. Quant à Ulysse, il est à l'écoute de la forêt, de la nature

3 Sur ce point de l'oralité homérique, on pourra se reporter à l'ouvrage collectif édité par Françoise Létoublon (1997).

et des dieux ; contrairement aux hommes du village de *Magnétisme*, à Amédée et à Albin, mais semblable en cela à Louis, il *ment,* quoique de façon sublime, puisqu'il crée une épopée. Détienne et Vernant (1993, p. 32) donnent des précisions sur cette « intelligence rusée » (*polymètis*), qui caractérise en particulier Ulysse : « Engagée dans le devenir, [...] l'intelligence rusée n'assure sa prise sur les êtres et les choses que parce qu'elle est capable de prévoir, par-delà le présent immédiat, une tranche plus ou moins épaisse du futur. Vigilante, sans cesse sur le qui-vive, la *mètis* apparaît aussi multiple, *pantoiè*, bigarrée, *poikilè*, ondoyante, *aiolè*. [...] Intelligence rusée, la *mètis* possède enfin la ruse la plus rare : la "duplicité" du piège qui se donne toujours pour autre que ce qu'il est, et qui dissimule sa réalité meurtrière sous des apparences rassurantes. » Le mensonge d'Ulysse lui permettra de reconquérir Pénélope et de faire fuir l'athlète Antinoüs, qui, terrorisé, sera pris dans un éboulement et périra misérablement. Essentielle différence entre un fondateur mythique et un maquereau joli-cœur tel que Louis.

Chemins bohémiens et désarroi social

Parmi les *voyageurs*, il en est qui inquiètent plus que d'autres les populations sédentaires, et qui sont victimes de la xénophobie et, il faut le dire ouvertement, d'un racisme endémique. Nous consacrerons donc le reste de ce dernier chapitre à l'analyse et à la mise en perspective d'un fait divers criminel que nous avons découvert fortuitement, au cours de nos recherches menées sur les transformations de la vallée du Doubs dans la seconde moitié du XIXe siècle. En quelques mots, voici les faits : un paysan aisé et sa maîtresse, une Bohémienne Sinti, assassinent le mari de cette dernière (un chiffonnier) et se débarrassent du corps dans le canal du Rhône-au-Rhin. Le meurtre de Blussans, village déjà évoqué au chapitre précédent, dont les protagonistes sont des gens ordinaires, s'inscrit dans un contexte particulier, celui de l'industrialisation rapide de L'Isle-sur-le-Doubs après le percement du canal et l'achèvement de la voie ferrée reliant Mulhouse à Besançon, via Montbéliard. L'affaire est emblématique, à la fois de l'impossibilité de certains nouveaux arrivants dans les villages en plein changement à trouver leur place, de la stigmatisation de certains groupes – les nomades, permanents ou saisonniers –, ainsi que du rôle des nouvelles voies de communication. Ces événements mettent en lumière les antagonismes existant entre les membres d'une société villageoise sédentaire et fermée, quoiqu'en voie de déstabilisation, et deux membres d'une communauté de Tsiganes, pour reprendre une dénomination de l'époque. Comme dans le chapitre précédent, mais cette fois sans recourir à un « récit mémoriel familial », ces pages illustrent l'intérêt qu'il peut y avoir à prendre en compte des traces ténues pour reconstituer le parcours probable et les motivations des acteurs d'un ensemble de faits exemplaires : en effet, à partir de quelques données initiales, nous nous attachons à mettre au jour les correspondances sociologiques et littéraires qui dessinent une trame narrative et historique, permettant non seulement de comprendre cette affaire particulière, mais surtout de montrer la fragilisation de plus en plus profonde des modèles sociaux traditionnels mis à l'épreuve d'un bouleversement économique incontrôlable.

La situation à Blussans est comparable, par bien des aspects, à ce que l'abbé Garneret savait – d'après les notes de son confrère l'abbé Bélamy – de l'histoire de la famille Guisot, installée à la fin du XIXe siècle entre Étalans et Vercel (Doubs) ; cette famille qui avait été prospère, était désormais proche de la misère : « Ils ont entrepris toutes sortes de choses pour gagner leur vie, ils ont été casseurs de pierres le long des routes, ils fournissaient des chevilles aux Suisses, à Morteau. Bref, c'était trente-six métiers, trente-six misères. Et, manque de chance, la mère Guisot disait quelquefois dans son patois : – Si nous nous mettions à faire des chapeaux, les femmes feraient des enfants sans tête. » (Garneret, 1993, p. 187) Toutefois, il n'y a pas que les circonstances économiques qui poussent vers l'usine d'anciens paysans ; avec le temps, ce sont *les cadres sociaux de la mémoire*, pour reprendre le titre d'un ouvrage de Maurice Halbwachs, qui sont bouleversés, à un rythme qui, étant entièrement imposé de l'extérieur, ne permet pas les nécessaires ajustements qu'autoriserait une évolution douce. Comme l'avait bien vu Halbwachs, « le travail de la terre se distingue de beaucoup de formes du labeur industriel en ce qu'il associe pour les mêmes tâches accomplies aux mêmes lieux, au lieu de les disperser, les membres d'une même famille ou de familles parentes. [...] [Cependant, que le paysan] pousse tout seul la charrue, qu'il fauche en même temps que ses parents, qu'il batte le blé avec eux, qu'il s'occupe à la basse-cour, il se rattache en réalité [...] par la pensée à la collectivité paysanne tout entière du village et du pays [...]. » (1925/2002, p. 118) À Blussans, la collectivité se fissure de toutes parts dans ces premières années d'une IIIe République mal assurée, où les stigmates de la guerre de 1870 sont encore bien visibles, et où les usines ne cessent de s'agrandir, les cheminées charbonneuses dépassant désormais largement le clocher et le bruit des machines couvrant l'angélus.

Généalogies et origines

C'est Bellissante Brenet, une jeune Tsigane, née à Froideconche (Haute-Saône) en 1849, qui est la principale protagoniste de cette affaire. Bellissante arrive à

14 ans à Blussans, vers 1863. Joseph Constant, le père de la jeune femme, est journalier et *marchand ambulant* ; la mère, Julienne Delphine Sainty, n'a que 16 ans à la naissance de sa fille. Le grand-père maternel, Charles François Sainty, est *colporteur*. Il apparaît également comme *marchand de tresse* – l'artisan qui fabriquait ou qui vendait des objets en paille ou en osier tressé – et comme *fabricant et marchand de chapelets*. Ses enfants et sa parentèle exercent les mêmes petits métiers : *colporteur, vannier, fabricante d'allumettes*. L'un de ses fils, Pierre Joseph Sainty, est à la fois *vannier, artiste d'agilité, « gymnasiarque », chanteur ambulant et ouvrier en fil de fer*. D'autres sont *fendeurs*, comme le grand-père paternel de Bellissante, Pierre Joseph Brenet, ce qui n'implique pas la sédentarité, qui cependant n'est pas exclue. Il pourrait s'agir de fendeurs d'osier – utilisant un fendoir permettant de refendre les branches en 3, voire 4 brins, et de noisetier – utilisant un départoir ou coutre. Ces ouvriers pouvaient aussi être bûcherons ou charbonniers (toutes ces professions étant complémentaires), ainsi qu'en témoigne la liste de noms et de professions produite par Jean Pierre Creux[4] pour la région des contreforts vosgiens. On trouve dans cette liste, pour Froideconche, un François Brenet, bûcheron (1855), une Françoise Brenet, ayant épousé un bûcheron (1837), ainsi qu'une Louise Sainty, épouse de Charles Alfred Rognet, bûcheron (1880). Les actes portent en outre des mentions telles que : « domicilié dans la forêt / le bois de… ». Pour Foideconche, sont attestées les indications : « De la grande coupe, dans les grandes coupes, de la forêt des grandes coupes, des bois de Froideconche » (*ca*. 1825/1875). Ces travailleurs du bois n'étaient pas toujours dans la légalité, comme le montre cet extrait des *Archives de la Haute-Saône antérieures à 1790*, pour la période 1787-1789 : « Rapports faits par les gardes de la baronnie de Saint-Loup contre : la veuve Simaire de Saint-Loup, qui alimentait un grand feu dans le bois avec des arbres verts coupés et ébranchés par des délinquants ; Claude Olivier et plusieurs femmes, pour avoir tenté d'assassiner le garde qui les avait trouvés en délit ; Simon Chevreux, du Poiremont, pour avoir défriché cent quatre-vingts pieds de terrain dans un canton de bois appelé la Grande-Coupe, etc. »[5]. On relativisera la gravité des faits, qui eurent lieu à la fin de l'Ancien régime, dans une période où les contraintes auxquelles étaient soumis les villageois restaient très importantes.

La vannerie, qui constitue une activité de prédilection chez les Manouches, met en œuvre des techniques très sophistiquées, nécessitant une grande expertise. La culture de l'osier ainsi que la cueillette de la variété sauvage – les Voyageurs utilisaient essentiellement cette matière première –, est conditionnée par la présence de plans d'eau, de rivières un peu stagnantes ou de terres fréquemment

4 <http://jeanpierre.creux.pagesperso-orange.fr/Hommesdesbois.htm>.

5 *Archives départementales antérieures à 1790, rédigé par M. Victor Besson. Haute-Saône. Archives civiles, série B. Tome deuxième*, Paris, Imprimerie et librairie administratives de Paul Dupont, 1874, p. 43.

inondables, puisqu'il s'agit de jeunes pousses de saule. On ne s'étonnera donc pas, qu'à peu de distance de la Corveraine (un hameau de Froideconche), d'Amage, de Saint-Sauveur etc., dont sont originaires des Sainty et des Brenet, se trouve, outre des forêts, une multitude d'étangs, dont certains assez grands. Une excellente description des techniques et du milieu du tressage villageois traditionnel est donnée par Henri Frénay, Mathieu Fréson et Jean Haust (1921 1922) pour la vallée du Geer (dialecte de Glons) en Wallonie, au XIXe siècle. Voici un extrait du texte (traduit par Haust, qui a laissé subsister en français des formes régionales). Il s'agit ici de villageois *sédentaires* :

> À la longue (du temps), on s'habitue si tellement qu'on ne regarde plus sur ses doigts pour tresser. On voit, en l'été, des jeunes filles, des vieux hommes, le boulet de tresse au bras, une pincée de fentes en la bouche ou entre les doigts, qui tressent en se promenant, en devisant, en riant, qui font halte çà et là, s'arrêtent à droite ou à gauche, font la causette, ou se retrouvent dans une gloriette (berceau), à l'orée d'un bocage ou le long de (du) Geer ; et là, tandis que les pendées (brasses) descendent, on se raconte les nouvelles, on lance un brocard sur le marchand de tresses, ou une plaisanterie à un couple qui passe ; on rit un coup, ou on chante son morceau. [...] En l'hiver, on fait soirée sous le veilloir. On soupe quand il fait nuit (= noir) ; et, après le souper, on se retrouve à plusieurs tresseurs et tresseuses dans la maison qu'on sait (= fixée, convenue). Vers 8 ou 9 h., on fait demi-soirée (= on coupe la soirée en deux) : on se repose un peu, on mange une pomme ou une chique (sucrerie), on met [chacun] dix centimes pour la goutte, ou on court à la porte faire une petite tournée ou faire une farce aux voisins. [etc.] (pp. 20 21)

Il est très probable qu'à Froideconche, les pratiques étaient analogues. Quant au patois, il était évidemment différent. Ces « routes de l'osier », évoquées par Bader (2007), sont décrites avec sensibilité par Patrick Williams :

> [À la fin des années soixante, les Manouches] vivaient dans des roulottes et s'arrêtaient au bord des rivières [...] Ils avaient l'art de trouver le faux chemin qui les mettait à l'abri. [...] Les hommes assis dans l'herbe croisaient l'osier, les femmes allaient d'un feu à l'autre, les enfants s'immobilisaient et vous montraient du doigt, les chiens aboyaient... [...] Quand j'ai commencé à suivre Moršela pendant les vacances d'été [...] j'ai découvert les courses dans les chemins à l'aube, il fallait ramener les chevaux des prés où nous les avions mis à paître à l'insu des paysans, puis nous ranimions le feu pour le café du matin et l'odeur du bois humide pénétrait nos vêtements ; sous le soleil, lorsque nous partions couper de l'osier sauvage dans les îles que la décrue du fleuve découvre l'été, la tête lourde maintenant du manque de sommeil, le parfum des chardons étourdissait [...]. Les paysans des Combrailles et de la Limagne partageaient-ils ma fascination ? Ne voyaient-ils pas plutôt les habits déchirés et crasseux [...]. Les femmes ne cessaient de quémander et les hommes ne savaient pas parler à l'intérieur des magasins, ils criaient toujours comme s'ils étaient en plein vent, à croire (et c'était bien cela) qu'ils n'avaient jamais vécu dans une maison. (1993, pp. 65-66)

Zola, dans *La fortune des Rougon*, répercute les stéréotypes de l'époque sur le métier de vannier, qu'il présente comme un métier « peu fatigant » laissant Antoine Rougon « maître de ses paresses », et comme une profession incitant au vol, puisqu'Antoine n'hésite pas à se fournir illégalement dans des oseraies.

Quoique sous-jacent, le rapprochement avec les « Bohémiens » n'est pas établi formellement par Zola :

> En peu de temps, il [Antoine] apprit à tresser des corbeilles et des paniers, ouvrages grossiers et à bas prix, d'une vente facile. […] Il se mettait à la besogne lorsqu'il ne pouvait plus faire autrement, tressant à la hâte une douzaine de corbeilles qu'il allait vendre au marché. Tant que l'argent durait, il flânait, courant les marchands de vin, digérant au soleil […]. [Il] s'était arrangé de façon à se procurer de l'osier à bon compte. Comme il n'en achetait jamais à Plassans, il disait qu'il allait faire chaque mois sa provision dans une ville voisine, où il prétendait qu'on le vendait meilleur marché. La vérité était qu'il se fournissait dans les oseraies de la Viorne, par les nuits sombres. Le garde champêtre l'y surprit même une fois, ce qui lui valut quelques jours de prison. (1904, p. 93)

Toutefois, les Bohémiens sont évoqués à plusieurs reprises dans ce même roman. Dans l'édition de 1906 « ne varietur », que nous avons sous les yeux, la première illustration de l'ouvrage représente un campement de Bohémiens, renvoyant au texte de la page 5 :

> Ce qui a achevé de donner à ce coin perdu un caractère étrange, c'est l'élection de domicile que, par un usage traditionnel, y font les bohémiens de passage. Dès qu'une de ces maisons roulantes, qui contiennent une tribu entière, arrive à Plassans, elle va se remiser au fond de l'aire Saint-Mittre. Aussi la place n'est-elle jamais vide ; il y a toujours là quelque bande aux allures singulières, quelque troupe d'hommes fauves et de femmes horriblement séchées, parmi lesquels on voit se rouler à terre des groupes de beaux enfants. Ce monde vit sans honte, en plein air, devant tous, faisant bouillir leur marmite, mangeant des choses sans nom, étalant leurs nippes trouées, dormant, se battant, s'embrassant, puant la saleté et la misère.

L'origine du nom de cette large lignée maternelle de Bellissante Brenet est limpide : *Sainty* renvoie à *Sinti*, ou *Sinté*. Comme le précise Bader (2007, p. 14), « établis pour la plupart d'entre eux en Allemagne, en Italie (notamment en Lombardie et dans le Piémont), en Belgique et en France, surtout en Alsace et en Lorraine thioise [c'est-à-dire dans la zone francique], issus d'une immigration très ancienne, […] les Sinti ou Sinté […] également appelés Manusch ou Manouches, ont donné à l'Europe de célèbres dynasties de gens du cirque, comme les Zavatta et les Bouglione, ainsi que de grands musiciens, dont le plus connu est sans doute le guitariste Django Reinhardt. Les Sinti parlent une langue appelée *sintitikes* ou *sintengeri tschib,* apparentée comme celle des Roma aux langues indo-européennes parlées au Pakistan et dans le Nord-Ouest de l'Inde. »

Quant au prénom *Bellissante*, il fournit également un certain nombre d'indices intéressants, car il était en faveur au XIXe siècle dans des familles de gens du voyage. Cette popularité pourrait s'expliquer par la survivance dans les récits oraux d'une « romance carolingienne »[6], dont une partie est un récit d'errance,

6 Une partie du prénom est composée à partir d'une base de type *sind* (vieux haut allemand) ou *sinn* (vieux norvégien), etc., qui signifie *« chemin, voyage »*. *Cf.* Wilfried Seibicke, (1998)

et dont il existe plusieurs versions littéraires « récentes », notamment le roman *Histoire des deux nobles preux et vaillans chevaliers Valentin et Orson [...]*[7]. Dans ce roman du XVe siècle, les jumeaux Orson et Valentin sont, écrivent Gricourt et Hollard (2010, p. 56), « les fils de l'empereur de Constantinople et de la reine Belissant, sœur du roi franc Pépin le Bref. Non seulement, la mère évoque par son nom la déesse Belisama, mais certains indices laissent penser que sa double grossesse pourrait résulter d'une étreinte incestueuse avec son frère [...]. Les garçons naissent au pied d'un arbre dans la forêt d'Orléans, *en raison de l'errance de leur mère*, accusée à tort d'adultère. » (voir Magnúsdóttir, 1997, pp. 231-233).

En outre, le prénom paraît avoir été donné tout particulièrement dans des familles de *vanniers* dont certains pouvaient être sédentarisés. Il semble en effet exister une relation entre les attestations du prénom *Bellissante* (dans ses différentes graphies) et les localités situées à proximité d'étangs. Le prénom, plutôt rare, renvoie essentiellement aux départements du Nord de la France. Voici quelques exemples : dans l'Aisne, on trouve à Noyales, vers 1850, un couvreur en paille (ou en chaume), Zéphir Tricoteaux, dont la fille se prénomme Bellissante. Tout à côté du village, se trouve un étang, des boucles de l'Oise, ainsi que deux canaux, celui de la Sambre à l'Oise et le petit canal du Moulin. À La Selve, naît en 1821 Elisabeth Bellissante Genteur. La localité est située non loin du marais de Vesles et Caumont. À Vendin-le-Vieil, dans le Pas-de-Calais, près de la frontière belge, où l'on trouve également de nombreux plans d'eau, naissent en 1854 et 1868 deux filles Loison, identiquement nommées Bellissante Marie Joseph ; en 1869, une Belissante Marie Druon est à son tour enregistrée à l'état-civil de la même commune. Dans la Somme, à Villers-Faucon, où se trouvent trois grands étangs, une Bellissante Ricaux voit le jour en 1813. Le père est mulquinier (tisseur de lin). Un cas très intéressant est celui de Jean-Baptiste Baland, né en 1789 à Servance (Haute-Saône) dans la région des « mille étangs », exerçant la profession d'épinglier de même que son épouse, marchande

Historisches Deutsches Vornamenbuch, Berlin, de Gruyter. Beckmann (2008, p. 69) donne les variantes germaniques *Belesem, Belisem, Belisent, Belissent*. En outre, observe Beckmann, il existe une proximité phonétique avec le latin *bella*, *bellissima*. Selon Beckmann, cette particularité aurait contribué à la popularité du nom, donné à des figures féminines fictives dans l'entourage de Charlemagne.

7 On citera également la tragi-comédie de Nicolas-Marc Desfontaines, intitulée *Bellissante ou la fidélité reconnue* (1648). Il existe surtout plusieurs versions de *l'histoire d'Otinel*, mettant en scène une *Bellissant*, par exemple celle de Jacques d'Acqui, vers 1290 : dans un combat avec Roland, écrit Joseph Bédier (1908, pp. 67-67), « tomba et fut fait prisonnier un jeune géant païen, nommé Ottonellus, de la cité d'Atylia. Il fut instruit dans la foi chrétienne par Roland, et, baptisé, devint son compagnon et même entra dans sa parenté, *car Roland lui donna sa sœur nommée Bellissant*, et Ottonellus fut mis au nombre des douze pairs. » Bédier rappelle encore que l'action est censée se dérouler en Lombardie, dont, selon Bader *(op. cit.)*, sont originaires certains Sinti (Lombardie et Piémont).

ambulante et épinglière, et dont l'une des filles, prénommée Adèle Belissante, est née en 1845 à Ambronay, dans les Dombes. Une présence « bohémienne » dans cette région est fort ancienne : « Le 22 août 1419, des "sarrasins", emmenés par "le duc André de petite Égypte" font leur apparition à Châtillon-en-Dombes. »[8] Mêmes observations à Le Baizil, dans la Marne, à Saint-Laurent-Blangy dans le Pas-de-Calais, à Foucaucourt-en-Santerre (Somme), etc. Il serait évidemment absurde de soutenir que tous ces individus étaient des Sinti ; toutefois, les caractéristiques géographiques des localités ont pu permettre des rencontres et la présence de ces marchands de tresse (etc.) a pu contribuer à populariser le prénom dans ces contrées. En outre, ceci vient conforter ce que l'on sait des pratiques professionnelles multiples : un « épinglier » n'a pas besoin d'être près d'un marais ou d'étangs pour exercer son métier. Dans le cas de Baland comme dans beaucoup d'autres, il est donc probable qu'en sus d'être marchand / fabricant d'épingles, cet ouvrier itinérant était également vannier, ou avait des relations de réseau avec des gens de la vannerie. La généalogie de la famille de Raymond Gurême, auteur de *Interdit aux nomades* (Gurême et Ligner, 2011, pp. 40-42), confirme tant les correspondances géographiques que les professions exercées au sein d'une même famille-réseau :

> Mon arrière-arrière-grand-père, Pierre François Leroux, était « artiste d'agilité » selon l'acte de naissance de mon arrière-grand-père Antoine Guillaume Leroux, né le 18 juin 1824 dans une auberge à Bayeux, dans le Calvados. [...] Cet Antoine Leroux deviendra lui-même « artiste d'agilité ambulant » et voyagera, certainement dans un cirque familial, avec sa femme Joséphine-Marie Bru, issue de familles itinérantes originaires des deux extrémités de la France, le Tarn (les Bru) et l'Aisne (les Fievet). Mon grand-père paternel, Constant Leroux, né le 2 décembre 1859 à Ambérieu-en Bugey, dans l'Ain, [en limite des Dombes] est présenté sous le titre original d'artiste « gymnasiarque » [...]. Ma mère, Mélanie Gurême, est également née dans une roulotte, le 8 avril 1902, à Mouroux (Seine-et-Marne). Ses parents, Georges Gurême et Marie-Adèle Lingelser, fabriquaient et vendaient de ville en ville des paniers d'osier. Ils étaient issus depuis au moins quatre générations des milieux yéniches de vanniers marchands ambulants, journaliers et musiciens d'Alsace, du Luxembourg et d'Allemagne.

Avant de s'installer en Haute-Saône, à Froideconche, à Quers, à Citers, etc., les Sainty vivaient probablement en Lorraine, et auparavant outre-Rhin : ils ont simplement un peu glissé vers le sud, passant du versant nord vosgien à la Franche-Comté. Reyniers (2003, p. 8) explique en effet qu'au XIXe siècle, « les mouvements que l'on discerne sont à l'origine du peuplement contemporain de la France par les Tsiganes. [...] [Les] Manouches viennent de l'Alsace et de la Lorraine. Ils se sont cachés longtemps dans les Vosges du Nord. Cachés ou cachés à demi, en ce sens que s'ils sont très mal perçus par les autorités départementales et l'appareil d'État, ils sont plutôt bien intégrés dans les petits villages tels que Lemberg, Baerenthal, Reipertswiller, Wingen, Wimmenau, etc. [...] Ce sont

8 *Projet Éducation des Enfants Roms en Europe*, Conseil de l'Europe, sans date.

des gens qui, pour la plupart, habitent [...] dans des maisons en dur, et en fait ils sont intégrés à l'économie agraire locale. On a des familles qui, à l'époque, s'incrustent près de cinq générations de suite dans le même village. » La présence à Baerenthal est largement confirmée par plusieurs sources, et notamment par de Viville (1817, p. 44) dans son *Dictionnaire du département de la Moselle* :

> Depuis très-longtemps, ce pays est peuplé de Bohémiens. Sept d'entr'eux sont fixés à Bernthal [Baerenthal], depuis que, poursuivis par les agens forestiers, ils ont renoncé à l'habitude d'errer dans les bois, où ils se construisaient des baraques [...] Ils étaient braconniers, se livraient à la mendicité, jouaient de divers instrumens dans les auberges, dans les noces et dans les fêtes de village, ils dansaient même d'une façon fort bizarre, et les femmes disaient la bonne aventure. Ils ne se mariaient point ; mais femmes, enfans, tout était commun. [...] Mais depuis 1803 qu'ils ont été obligés de se choisir une demeure stable, le genre de vie de la plupart d'entr'eux est entièrement changé. L'un est devenu propriétaire ; un autre loue des terres et les cultive ; celui-là s'est fait cordonnier ; plusieurs autres colporteurs de verres, de la fayence.

Le mode de vie décrit pour Baerenthal est certainement transposable de l'autre côté du massif vosgien, d'autant que l'on sait qu'en Haute-Saône de nombreux charbonniers et bûcherons, dont certains étaient d'origine Manouche ou Yéniche, étaient domiciliés « dans le bois » (voir plus haut). On trouve un témoignage plus récent dans un article du *Magasin pittoresque* d'Édouard Charton, dont la valeur scientifique est ténue, mais qui contient des notations allant dans le même sens. Le texte date de 1863.

> Les campements en plein vent, si pittoresques, avec la charrette et le petit cheval, deviennent de jour en jour plus rares. Harcelés par les gendarmes, traqués par la civilisation qui ne s'accommode pas de leurs habitudes errantes, les bohémiens se soumettent de mauvaise grâce à l'uniformité qui est la loi de la vie moderne. Le Baerenthal est un de leurs principaux refuges ; ils y vivent comme le reste des habitants, mais dans un quartier à eux. Leurs petites maisons sont d'une malpropreté inouïe. Leur temps se passe à ne rien faire, ou bien à pêcher dans les petits ruisseaux au moyen de fourchettes dont l'usage leur est particulier. Ils sont pour la plupart musiciens ambulants et gagnent quelque argent dans les kermesses. [...] [L'article se termine ainsi :] il appartenait à Louis XIV, l'inventeur des dragonnades, de condamner les bohémiennes à la peine du fouet. Comment ces êtres ainsi traqués ne détesteraient-ils pas la société qui les méprise ? Ils mourront sans se fondre en elle.[9]

Dans les mêmes années, Mérimée, qui avait beaucoup réfléchi à la question d'un point de vue littéraire pour *Carmen*, écrivait le 2 mars 1854 à Victor Amanton, inspecteur des eaux et forêts dans le Doubs, pour lui demander « des détails sur les bohémiens de ce département et sur leur langue ». Il était persuadé, sans doute avec quelque raison, que l'on rencontrait « parfois dans les forêts du

9 Anonyme (1863) « Les Bohémiens ou Zinganes », *Le Magasin pittoresque*, 31e année, pp. 83-86.

Doubs des Bohémiens de l'Alsace ou de l'Allemagne »[10]. Amanton ne disposait à vrai dire d'aucune information particulière. L'un des meilleurs connaisseurs des Manouches, François Vaux de Foletier, rappelle que Mérimée s'était cependant rendu dans le pays de Bitche, en Lorraine vosgienne[11], pour « avoir une teinture de leurs différents dialectes, [et] avait ouï parler "d'une vieille sorcière qui (dans les Vosges), détenait un manuscrit en langue romani". Il fit le voyage, guidé par le peintre Laurent-Charles Maréchal, qui prenait souvent des Manouches pour modèles. Sans résultat. "Je n'ai pas trouvé de manuscrit, écrit-il, mais de fort curieuses gens, ayant d'admirables figures. Je leur ai parlé dans le dialecte espagnol, ils m'ont répondu dans le dialecte allemand, et comme dit Epistémon, j'ai failli comprendre". » (1984, p. 198). Dans une sorte de postface « académique » à *Carmen*, le narrateur confie :

> J'ai visité, il y a quelques mois, une horde de Bohémiens établis dans les Vosges. Dans la hutte d'une vieille femme, l'ancienne de sa tribu, il y avait un Bohémien étranger à sa famille, attaqué d'une maladie mortelle. Cet homme avait quitté un hôpital où il était bien soigné, pour aller mourir au milieu de ses compatriotes. Depuis treize semaines il était alité chez ses hôtes, et beaucoup mieux traité que les fils et les gendres qui vivaient dans la même maison. (Mérimée, 1872, pp. 99-100)

Colportage et réseaux professionnels et familiaux

Bellissante Brenet a 26 ans à l'époque des faits ; il y a déjà 12 ans qu'elle exerce à Blussans et dans les environs la profession de *marchande ambulante* – c'est-à-dire le même métier que ses père, mère et grand-père. Elle participe aux nombreuses foires et aux « marchés hebdomadaires du lundi » signalés par l'abbé

10 Gaulmier, (1966, p. 678) note : « "Pourriez-vous me donner quelques renseignements sur leur genre de vie [écrit Mérimée à Amanton], et si l'occasion s'en présentait, noter quelques-uns des mots les plus intéressants à connaître [tels que] père, mère, homme, pain, eau, vin…". […] Et le 7 mars 1854, Gobineau [écrivait] à Tocqueville que Mérimée lui [avait] donné une tête à l'aquarelle d'une bohémienne des Vosges, fort remarquable spécimen de la race des Zigeuners allemands. »

11 Des « bohémiens » y sont signalés dès 1417 (Gilbert, 1904, p. 313). Asséo (2010, p. 17) relève que « les Bohémiens du pays de Bitche rencontrés par Prosper Mérimée appartenaient à des familles françaises et allemandes dites sinti ou manouches établies en Alsace et dans les Vosges depuis le début du XVIe siècle jusqu'à nos jours. Entre 1830 et 1850, ils furent nombreux à s'installer à Paris dans le quartier de la "Petite Pologne" où ils côtoyaient les artistes. Après 1850, le "flâneur", le type urbain de la société parisienne des cafés et des boulevards, campait dans les "ruines" du Vieux Paris comme une tribu errante, tandis que les "vrais" Bohémiens de la Petite Pologne ou des Batignolles étaient affectés par les bouleversements provoqués par les destructions d'Haussmann. »

Richard à L'Isle-sur-le-Doubs ; elle y vend divers objets de première nécessité, dont sans doute de la vannerie. Lorsqu'elle est arrivée au village vers 1863, elle accompagnait probablement un membre de sa famille dans une de ses tournées ; elle n'est pas rentrée à Froideconche, qui est assez loin de Blussans (55 km) – pour autant qu'elle y ait encore résidé, ce qui semble peu probable, car sur le relevé nominal de population de 1851, elle ne figure pas, non plus que ses parents. Une telle association familiale n'a rien d'étonnant ; en effet, la spécialiste de l'histoire du colportage, Laurence Fontaine (1997, p. 75), souligne que « les liaisons entre le village sédentaire et le village en migration sont constantes et manifestes dès le départ. Toutes les études concernant les migrants montagnards[12] attestent que l'aventure de la migration est familiale et reproduit les dépendances et les hiérarchies villageoises. [...] Les colporteurs savent, eux aussi, dès le départ où et avec qui ils vont travailler [...]. La cascade de liens personnels qui préside à l'embauche est une garantie forte pour les employeurs extérieurs au réseau. L'endogamie renforce le contrôle puisqu'elle permet de surveiller et d'agir sur la famille restée au pays et de garantir avec plus de sûreté les associations financières. » Dans le cas des Sainty-Brenet, il s'agit d'une mobilité des pauvres. Fontaine montre dans le même article que ces migrants temporaires – maçons, porte-balles, ferblantiers, rémouleurs, merciers, etc. – sont liés à des commanditaires avec lesquels ils sont en dette ; ils n'exercent pas toujours des « métiers honnêtes » et « ceux qui appartiennent aux échelons inférieurs de ces organisations de migrants vivent tous autant de travail que de grivèlerie. » (*ibidem*, pp. 72-73) Wagniart (2007, § 5) souligne que la tolérance de la société du XIXe siècle est très faible à l'égard des errants de toute nature, qu'ils soient Tsiganes (quoique de nationalité française[13]), bonneteurs, joueurs des rues, chanteurs ambulants, ou tout simplement manouvriers ou journaliers sans attache : « Partis sur les routes dans les années 1870-1880, ils deviennent des "chevaux de retour" sans espoir, rejoints par des contingents toujours plus jeunes de vagabonds issus des couches inférieures des classes laborieuses, mais aussi par des artisans des vieux métiers du textile, du cuir ou du bois, souvent "déqualifiés". L'errance unifie les positions sociales par le bas. »

Ces « gens des routes », qui « voyageaient la France », ne sont pas répertoriés en tant que chemineaux ou vagabonds, car la loi le proscrit ; mais comme le rappelle Becchia (1991, p. 196), beaucoup sont des « marchands de tout et de rien », proposant aux chalands des images, des lacets, des feuilles de cantiques, des sucreries, des gaufres, etc. Max Buchon (pp. 76-78), poète et traducteur franc-comtois [1818-1869], ami de Courbet, donne une description versifiée

12 Il est vraisemblable que la situation était identique en Haute-Saône, qui n'est pas montagnarde. Fontaine le souligne d'ailleurs dans une autre publication, avec le cas du Cotentin (1992).

13 C'est le cas des Sainty-Brenet, comme de la famille de Raymond Gurême, depuis de très nombreuses générations.

pleine de couleur locale de la foire à Salins, petite ville qu'il connaît bien – il y est né et il y est mort. Il y a vu ces colporteurs et marchands forains proposer leurs marchandises. Peut-être a-t-il croisé – les dates correspondent – le grand-père ou les parents de Bellissante[14] :

> Tous les marchands forains sont là depuis l'aurore,
> Hurlant tous d'un gosier sec, vibrant et sonore,
> L'énumération des merveilles sans fin,
> Qu'ils étalent d'un air majestueux et fin. [...]
>
> Un peu plus loin encor, c'est un marchand d'images,
> Qui pend à de vieux clous la Vierge et les Rois-Mages,
> Pauvres rois du vieux temps, tout fiers de parader
> Aujourd'hui, sur la foire, auprès d'Abd-el-Kader.
>
> Là, si calme, au milieu de la foule en détresse,
> Sa longue perche en main, c'est le marchand de tresse,
> Qui laisse aller au vent ses rubans à deux sous.
> Sans s'émouvoir du bruit que l'on fait par-dessous.

L'image que renvoie la littérature de l'époque est la plupart du temps très ambiguë. Ainsi, le célèbre livre de lecture de Laurent de Jussieu, *Simon de Nantua*, initialement publié en 1818, dont le succès ne se démentira guère tout au long du XIXe siècle, donne à lire les aventures très morales et même édifiantes d'un colporteur « lettré » :

> Simon de Nantua avait été destiné par son père à l'état ecclésiastique, en sorte qu'il avait fait dans sa jeunesse quelques études. Mais par la suite, ne s'étant point senti assez de vocation pour la prêtrise : – Ma foi, dit-il, mon père a été porte-balle ; eh bien ! je veux l'être aussi : il y a toujours quelque avantage à suivre modestement la profession de son père. Néanmoins Simon eut sans cesse à se louer, dans le cours de sa vie, de l'instruction qu'il avait acquise. [...] Le goût qu'il avait conservé pour la lecture lui procurait de temps en temps un agréable et utile délassement ; quelquefois même il s'est avisé d'écrire ses propres réflexions, quand ses affaires lui en ont laissé le loisir. (1880, p. 3)

14 Sur l'acte de mariage de Bellissante Brenet et d'Hippolyte Besançon (22 avril 1868), les parents de l'épousée sont portés avec la mention « de Salins » (Salins-les-Bains, dans le Jura), ce qui accrédite l'idée qu'ils n'étaient plus à Froideconche depuis longtemps. Cette localité devait néanmoins constituer un point fixe, dans la mesure où la mère de Bellissante, Julienne Delphine Sainty, y mourra le 21 novembre 1899, à 67 ans. Il existe une relation pérenne entre ces deux régions, puisque le 6 novembre 1892, naît un Louis Sainty, « dans la voiture du déclarant » (roulotte) à Dambenoit (près de Froideconche). Les parents, Joseph Lucien Sainty et Catherine Sermet, sont tous deux marchands ambulants. Une mention sur l'acte indique que Louis Sainty se mariera en 1921 à Sellières (Jura) et mourra en 1979 à Lons-le-Saulnier (même département). Près de Sellières, se trouvent en outre de nombreux étangs. Le village n'est qu'à 37 km de Salins. *Cf.* <http://www.servancnaute.fr>.

La description du colporteur donnée par Maupassant dans un conte éponyme publié de façon posthume en 1900, est plus subtile. Maupassant trace d'abord un tableau ironique des employés de bureau que rencontre le narrateur, et qui prennent chaque soir le « train de bureaucrates » – individus « bedonnants et lourds, car ils ne marchent guère, et mal culottés, car la chaise administrative déforme les pantalons. » Le contraste est saisissant avec le colporteur, dont Maupassant s'amuse à dresser un portrait inquiétant :

> Donc, une nuit, sur la route blanche, j'aperçus un homme qui marchait. Oh : presque chaque fois j'en rencontrais de ces voyageurs de nuit de la banlieue parisienne que redoutent tant les bourgeois attardés. Cet homme allait devant moi lentement sous un lourd fardeau. [...] Pourquoi cet homme me parlait-il ? Que transportait-il dans ce gros paquet ? De vagues soupçons de crime me frôlèrent l'esprit et me rendirent curieux. Les faits divers des journaux en racontent tant, chaque matin, accomplis dans cet endroit même, la presqu'île de Gennevilliers, que quelques-uns devaient être vrais. On n'invente pas ainsi, rien que pour amuser les lecteurs, toute cette litanie d'arrestations et de méfaits variés dont sont pleines les colonnes confiées aux reporters. (1979, pp. 1253-1254)

Dans *Le Rose et le Vert*, roman inachevé de 1837, une opposition similaire, cette fois entre « Bohémiens » et bourgeois, est mise en scène par Stendhal ; « la jeune femme jouant de la harpe [...] vient faire la cueillette [...] [auprès des] cœurs les plus secs : les marchands avares, les vieux juges dévoués à la Cour, les journalistes qui font l'éloge de l'alliance russe. » L'action se déroulant à Koenigsberg, en Prusse, les ormeaux « contemporains des derniers grands maîtres de l'Ordre Teutonique », sont très âgés, et doivent dater du début du XVIe siècle, époque de grand déclin de l'Ordre. L'observation est intéressante, car les Bohémiens sont justement cachés sous ces arbres hors d'âge et acquièrent ainsi une aura mystérieuse qui les enracine dans un passé immémorial.

> C'est là que, deux ou trois fois la semaine sur les cinq heures du soir en été, tout ce qu'il y a dans la ville de jeunes filles et de jeunes femmes se donnent rendez-vous pour prendre du café au lait en plein air. Il y a toujours quelque troupe de musiciens bohémiens qui donne du cor à quelque distance, cachée sous de grands ormeaux contemporains des derniers grands maîtres de l'Ordre Teutonique. La petite tasse d'argent avec laquelle la jeune femme jouant de la harpe et suivant la troupe des musiciens vient faire la cueillette, ne recevrait pas un seul gutegroschen (pièce de trois sous et demi) si ces musiciens bohémiens avaient l'impertinence de jouer la musique composée par eux. Ce sont toujours des morceaux choisis de Beethoven, de Weber, de Mozart et d'autres auteurs encore plus anciens, tels que Bach, ou Haendel. Les cœurs faits pour la musique et l'amour trouvent délicieuses ces harmonies de cor jouées sur une mesure un peu lente. Les cœurs les plus secs : les marchands avares, les vieux juges dévoués à la Cour, les journalistes qui font l'éloge de l'alliance russe n'en sont pas trop choqués. Cette musique est assez éloignée pour qu'absolument parlant, on puisse ne pas l'écouter si l'on n'est pas disposé à la goûter, en un mot cette musique douce et mélancolique n'a rien de l'effronterie d'une chanteuse française conduite par un homme à gants jaunes et venant s'asseoir à côté d'un piano. (1952, pp. 1077-1078)

Plus près de nous, on peut encore évoquer le colporteur (qui se révèlera ne pas l'être) du *Mas Théotime*, d'Henri Bosco. L'exemple est intéressant, car l'ouvrage a été publié en 1945, mais on sait que l'univers bosquien n'est « pas de son temps », ce que reconnaissait volontiers le romancier. Bosco met bien en évidence l'inquiétude du narrateur – qui est aussi celle des villageois du XIXe siècle et du début du XXe (voir plus loin)[15] :

> J'éprouvais un malaise, à la fois physique et moral, qui tenait de la peur, sans doute, et qui se manifestait par mon impuissance à rien faire. Enfin l'ombre se déplaça et le pas s'éloigna vers le portail. [...]. J'eus le temps d'apercevoir un homme. Il s'en allait. Sur le dos il avait une balle de toile, et il portait une sacoche de cuir en bandoulière. De la balle s'échappaient des bouts de serviette et de cretonne rouge.
> C'était un de ces colporteurs piémontais qui voyagent dans les campagnes ; ils vendent aux fermes isolées du fil, des aiguilles, un peu de toile, et même à l'occasion des allumettes de contrebande. On ne sait d'où ils viennent ni où ils vont ; car ils parcourent quelquefois sept à huit lieues dans la journée, toujours à travers champs et plutôt sur les sentiers que sur les routes. Ces gens-là n'ont pas bonne réputation, quoique dans nos quartiers on n'ait jamais eu à s'en plaindre. Mais à la campagne, un isolé, un passant, n'est jamais vu d'un bon œil. (*op. cit.*, pp. 238-239)

On retrouve dans les propos du narrateur, Pascal Dérivat, tous les *topoï* attachés au colporteur dans l'imaginaire populaire : c'est d'abord un bruit de pas non identifié – on n'attend personne ; puis une tentative d'effraction : « C'était une grande main, une main d'homme, large. Elle secoua le battant puis se retira. » (p. 238). L'homme disparaît, mais laisse une vive inquiétude au cœur du narrateur. On peut encore souligner que ce (prétendu) colporteur, qui se fond dans le paysage

15 Profitons de l'occasion pour dénoncer à nouveau la vision à œillères de certains critiques, qui, dans la continuité d'un Adorno mal compris, analystes verbeux tenants d'une sémiotique et/ou d'un post-structuralisme désincarnés et fondamentalement parenthétiques dans l'histoire de la critique littéraire comme dans celle de la linguistique générale, considèrent que le récit romanesque « traditionnel » n'a plus sa place en littérature. Cette logorrhée qui parle d'elle-même et pour elle-même, ne tient pas compte du *renouveau romanesque* qui, notamment aux États-Unis, mais également en France avec un Jean Rouaud – dans son œuvre en général et dans deux contributions critiques en particulier (Rouaud, 2007, 2008 ; Freyermuth, 2006, 2011) –, a su passer outre les diktats de « l'ère du soupçon ». C'est un piège remarquablement bien déjoué par Eric Wessler (2002), qui souligne que « Bosco est donc accusé de foi, de confiance, accusé de passer outre Céline, Joyce, Faulkner, Kafka et le roman du soupçon, l'écriture interrogative. Ce qui apparaît déjà, ici, comme un jugement définitif, semble pourtant un peu hâtif. Car si l'on s'en tient au domaine proprement romanesque, celui des structures narratives [...], on découvre alors que le romancier, au même titre que ses contemporains, a droit à une reconnaissance incontestable au sein de la filiation proustienne. » (p. 62) Et Wessler de conclure : « La vraie originalité de cet écrivain consiste à proposer, face au doute formalisé par le roman d'après-guerre, une conviction qui, plutôt que d'éviter ce doute – ce qui serait alors la solution traditionaliste –, le surmonte par le roman. » (p. 78) On ajoutera que l'œuvre de Bosco était admirée de Bachelard.

bosquien, est un être de la nature. Comme le soutient Gillon (2013, p. 33), « les paysages naturels ou agricoles de Bosco s'accordent au regard néoplatonicien. Ils tiennent une telle place dans ses romans qu'il arrive que les péripéties puissent presque y être considérées comme simple mise en évidence des virtualités induites par les lieux. » Si, à Blussans, la campagne est très différente de la Provence du *Mas Théotime*, on est en revanche très proche des sentiments mitigés que les habitants de Blussans éprouvaient à l'égard des itinérants de la parentèle de Bellissante Brenet.

À Blussans, Bellissante est confiée à Hippolyte Besançon, *chiffonnier* de la commune, qui est également *marchand ambulant* – sans doute lui aussi Sinti ou Yéniche. En 1863, Hippolyte est âgé de 28 ans. Il n'est pas non plus originaire du lieu, puisqu'il est né à Chalonvillars, en Haute-Saône, tout près de Belfort. Ajoutons, pour préciser le tableau, que son frère, Adolphe Besançon, est *brocanteur* et *chiffonnier*, et que la fille de ce dernier, Marie-Marguerite Besançon, est *marchande foraine*. En outre, l'un des fils de Marie-Marguerite sera *marchand vannier*, et épousera une *vannière*, ce qui n'est pas très éloigné de marchand de tresses ; ce dernier couple aura une fille, elle aussi *vannière*. Une fille de Marie-Marguerite convolera avec un lyonnais, Michel Marie Debard, *tenancier d'exhibitions foraines* (ses frères et sœurs exerçant le même type de professions). Ce faisceau d'indices convergents confirme que l'on a affaire à un réseau complexe et pérenne de vanniers, de colporteurs et de forains[16], dans lequel certains Sainty, Brenet et Besançon, etc., devaient être employés par un ou plusieurs patrons, dont l'identité reste inconnue. Bellissante a-t-elle été « cédée » contre espèces sonnantes et trébuchantes – pour agrémenter la couche d'Hippolyte Besançon et pour être son « manœuvre », comme cela était fréquent (elle l'épousera en 1868) ? Vers la même époque (1878), Hector Malot, dans son célèbre et mélodramatique roman pour la jeunesse *Sans famille*, donne une description vraisemblable ou en tout cas ne contrevenant pas à la sensibilité de l'époque, de la « cession » d'un enfant :

> Le vieillard [le bon Vitalis] passa sa main décharnée sur mes [Rémi] jambes en les palpant, secouant la tête et faisant la moue. J'avais déjà assisté à une scène semblable quand le marchand était venu pour acheter notre vache. Lui aussi l'avait tâtée et palpée. Lui aussi avait secoué la tête et fait la moue : ce n'était pas une bonne vache, il lui serait impossible de la revendre, et cependant il l'avait achetée, puis emmenée. [...] C'est un enfant comme il y en a beaucoup, dit le vieillard, voilà la vérité, mais un enfant des villes ; aussi est-il bien certain qu'il ne sera jamais bon à rien pour le travail de la terre ; mettez-le un peu devant la charrue à piquer les bœufs, vous verrez combien il durera. [...] Enfin, dit le vieillard, tel qu'il est, je le prends. Seulement, bien entendu, je ne vous l'achète pas, je vous le loue. Je vous en donne vingt francs par an. (1883, p. 24)

16 Ces données proviennent pour partie de l'arbre généalogique très complet et bien informé de « Mémoire nomade », sur Geneanet.

Dans *Les quatre évangiles : travail*, Zola évoque un personnage de jeune gitane qui pourrait avoir Bellissante Brenet pour modèle. Sans écarter absolument la possibilité que Zola ait pu lire dans la presse le compte-rendu du procès – qui a tout de même eu lieu quelque 25 ans auparavant –, il est plus satisfaisant de voir là un stéréotype bien enraciné dans les mentalités : la petite bohémienne abandonnée, recueillie et mise à l'ouvrage par son « bienfaiteur »[17] :

> [I]l vit avec cette fille, qui est à la fois son esclave et sa femme. C'est une histoire. Il y a cinq ans, elle avait quinze ans à peine, lorsqu'il la trouva malade, mourante dans un fossé, abandonnée là sans doute par quelque bande de bohémiens. On n'a jamais su nettement d'où elle venait, elle-même se tait, dès qu'on l'interroge. Lange l'amena chez lui sur ses épaules, la soigna, la guérit, et vous ne sauriez croire quelle ardente gratitude elle lui en a gardée, jusqu'à être son chien, sa chose. Elle n'avait pas de souliers aux pieds, lorsqu'il la ramassa. Aujourd'hui encore, elle n'en met que les jours où elle descend à la ville. De sorte que tout le pays, et Lange lui-même, la nomme la Nu-Pieds. Il n'emploie pas d'autre ouvrier, la Nu-Pieds est son manœuvre, elle l'aide aussi à tirer la petite voiture, quand il va promener sa poterie de foire en foire. C'est sa façon d'écouler ses produits, et tous deux sont bien connus de la région entière. (1901, p. 187)

Cependant, dans le roman de Zola, la Nu-pieds et Lange sont très attachés l'un à l'autre :

> Elle avait tourné vers lui ses yeux, qui s'emplirent d'une adoration sans bornes, comme pour le maître tout-puissant et bon, le sauveur, le dieu. [...] Lange, lui, l'avait suivie d'un regard de tendresse profonde. Il faisait mine parfois de la rudoyer, en bohémienne ramassée sur les routes, dont il voulait rester le dompteur. Mais, à présent, c'était elle la maîtresse, il l'aimait d'une passion qu'il n'avouait pas, qu'il cachait sous son air de fils de paysan mal dégrossi. (*ibidem*, p. 299)

Des stéréotypes de la presse à ceux des arts et des lettres

On lit dans *Le Petit Journal* du 13 janvier 1876[18] : « elle [Bellissante] avait dix-sept ans. Elle ne tarda pas à nouer des relations adultères avec Charles Ravey dans la maison duquel les époux Besançon avaient pris un logement. Fatiguée de la vie de misère et de travail qu'elle menait avec son mari, Bellissante Brenet aspirait à épouser Charles Ravey qui jouit d'une certaine aisance. » Hippolyte

17 Voir aussi plus loin notre développement à propos des romans pour la jeunesse de Mme Colomb.

18 *Le Petit Journal,* quotidien parisien, républicain et conservateur, visant une clientèle populaire, proposait essentiellement des articles sur des faits divers (l'affaire Troppmann par exemple) ; les tirages à l'époque du procès de Bellissante Brenet devaient atteindre environ 500 000 exemplaires, ce qui est considérable.

Besançon sera donc assassiné par Charles Ravey, et son corps transporté par les deux amants sur un kilomètre, pour être jeté dans le canal. Selon les journaux, les choses auraient été précipitées par le fait que Besançon aurait été prévenu par une lettre anonyme des relations extra-conjugales de son épouse – le chiffonnier savait-il lire ? On peut raisonnablement en douter. *Le Petit Journal* poursuit : « [Besançon] devint sombre et triste, il annonce l'intention de quitter le pays. [...] Les deux complices ne devaient pas lui laisser le temps de mettre ses menaces à exécution et sa mort fut décidée. Le dimanche 20 février, vers sept heures du matin, Bellissante Brenet eut avec son amant une longue conversation ; ils eurent soin d'employer l'argot des colporteurs pour n'être point compris, et c'est à ce moment sans doute qu'on dut convenir des détails du crime, vers une heure et demie. » On observera que Charles Ravey n'est pas colporteur, mais bien paysan du cru, comme ses ancêtres avant lui. Il semble donc très peu probable qu'il ait été expert en argot de cette corporation[19]. En revanche, s'étant rapproché sexuellement, puis de façon criminelle de Bellissante, il s'exclut de la communauté villageoise, ce qui permet de comprendre la remarque sur ce très improbable conciliabule en langage codé, vraisemblablement très librement rapporté par les commérages villageois. Charles Ravey, qui était membre du conseil municipal, est dès lors assimilé à un errant, à un individu de nulle part, comme Bellissante et comme Hippolyte Besançon.

Les amants avaient d'abord tenté de faire accuser du crime le maire de Blussans, Louis Ravey, qui était également le beau-frère de Charles. Ceci valut à l'édile d'être incarcéré 57 jours à Besançon, avant que son innocence ne soit reconnue[20]. Pourquoi avoir désigné le maire ? Sans doute y avait-il de graves dissensions au sein du conseil ; elles semblent avoir perduré durant de longues années, puisqu'en février 1887, paraît au *Journal officiel de la République française* un décret « portant dissolution du conseil municipal de la commune de Blussans (Doubs), sa division en deux fractions opposées numériquement égales entravant l'administration de la commune » (1887, 25-27 février, p. 97). On peut encore noter qu'en 1889, une tentative d'assassinat fut commise à l'encontre d'un autre Ravey, comme le rapporte *La Lanterne* du 25 novembre 1889 : « Baume-les-Dames, 23 novembre. Un sieur Ravey, meunier à Blussans, vient d'être victime d'une tentative d'assassinat dans les circonstances suivantes : M. Ravey rentrait chez lui avec sa voiture chargée de blé. À mi-chemin entre Sourans et Blussans, une détonation se faisait entendre et il se sentit blessé au bras gauche. Comme il se retournait vers son agresseur un second coup de feu l'atteignit au côté droit de la poitrine. Malgré ses blessures, il n'abandonna pas les guides et, lançant ses chevaux au galop, il arriva en moins de vingt minutes à Blussans. Les recherches,

19 Sans doute, Bellissante connaissait-elle également le *sintengeri tschib*, que Ravey ignorait *a fortiori*.

20 *Journal des débats politique et littéraire*, du dimanche 16 janvier 1876.

activement menées par le parquet de Baume, n'ont pas encore amené la découverte du coupable. Malheureusement dans la soudaineté de l'attaque et aussi à cause de la nuit, le sieur Ravey n'a pu voir la figure de son adversaire. »

Comme on peut s'y attendre, la presse ne manifestera pas la moindre empathie à l'égard de la jeune femme, pas plus d'ailleurs qu'elle ne montrera de compassion pour la victime. *L'Univers illustré* du 29 janvier 1876 écrit :

> Ces monstrueux amants [Bellissante Brenet et Charles Ravey] sont séparés pour la vie. Est-ce cette idée qui a exaspéré la veuve Besançon ? Peut-être. Toujours est-il qu'en entendant la terrible sentence, elle est entrée dans une épouvantable fureur. Elle a invectivé son complice, qui lui a répondu sur le même ton, puis elle s'est accrochée à la barre en poussant des hurlements de rage. C'était horrible à voir et à entendre. Les gendarmes ont dû employer la force pour entraîner les deux misérables hors de l'audience.

Le *Petit Journal* du vendredi 14 janvier 1876 livre lui aussi une description impitoyable et exclusivement à charge des deux accusés, allant jusqu'à se demander comment Bellissante avait pu inspirer « tant de passion », alors que dans la phrase précédente, le journaliste venait d'évoquer une longue et pénible détention :

> Les accusés sont introduits. Ravey Charles, 36 ans, cultivateur, membre du conseil municipal. Bellissante Brenet, veuve Besançon, 26 ans. Ravey est de petite taille, fortement constitué, la figure plate, indiquant peu d'intelligence ; sa mise est celle des cultivateurs aisés. Bellissante Brenet, veuve Besançon, est grande, mince, la figure brune, les traits altérés par la longue détention qu'elle subit depuis dix mois ; elle est vêtue de noir. On est étonné qu'une femme pareille ait pu exciter une passion assez vive au point d'amener un crime.

On préfère cette description de 1827, d'Audenelle – qui a allégrement pillé des passages entiers de de Viville –, à propos des « Bohémiennes » de la région de Bitche :

> Les femmes sont d'ordinaire grandes, bien faites et à la démarche aisée. Elles portent leurs enfans à dos, à la façon orientale, ce qui ne les gêne ni dans leurs courses continuelles, ni dans leurs occupations domestiques. Elles ont l'œil vif, le regard malin, la parole pressée. Leur chevelure longue, épaisse, d'un noir d'ébène, se trouve relevée sans aucun art, et leur costume absolument négligé, voile à peine leurs charmes halés et rembrunis. (p. 387)

À vrai dire, on ne sait trop à qui attribuer la paternité de ce passage (et d'autres du même genre), car on le trouve recopié avec de légères variantes chez plusieurs auteurs, ce qui montre que l'on a affaire à un véritable stéréotype très ancré dans les représentations de la femme tsigane. Zola lui-même était certainement tout à fait conscient de l'utilisation « clichéique » de ce type de personnage. Pour s'en convaincre, il suffit de relire ce passage ironique de *Son Excellence Eugène Rougon*, où Clorinde avoue n'avoir jamais lu qu'un seul roman, *Léonora la bohémienne* :

> [T]out en parlant, il manœuvrait avec une grande habileté pour passer derrière le fauteuil de Clorinde, sans qu'elle le remarquât. Celle-ci, les yeux perdus, murmurait :
> — Oh ! moi, les romans, je n'en ai jamais ouvert un seul. C'est bête, tous ces mensonges… Vous ne connaissez pas *Léonora la bohémienne*. Ça, c'est gentil. J'ai lu ça en italien, quand j'étais petite. On y parle d'une jeune fille qui épouse un seigneur à la fin. Elle est prise d'abord par des brigands… (1878, pp. 133-134)

Il est aisé de multiplier les illustrations, car la littérature, la musique et la peinture « de genre » du XIXe siècle se sont largement inspirées de la figure de la Bohémienne ; ainsi William Bouguereau – que le titre de ses toiles y renvoie explicitement ou non –, a produit de très nombreuses variations sur ce thème, notamment ses « jeunes Gitanes » de 1879 ou sa magnifique « Bohémienne » de 1890 … avec Notre-Dame en arrière-plan[21]. Le poème « Guitare » (mars 1837) du recueil *Les Rayons et des ombres* (1858, pp. 223-226), dans lequel Victor Hugo dépeint une envoûtante gitane pour laquelle on passerait *« gaîment [...] dix ans au bagne / Sous le verrou »*, s'inscrit dans une veine comparable, renvoyant les mêmes échos conventionnels. Hugo (1892, pp. 311-312), qui a beaucoup utilisé ce thème[22] reprendra d'ailleurs un passage du poème dans « Biarritz » (texte daté du 25 juillet 1843) où la « belle jeune fille » qui se baigne à moitié nue, ayant quitté ses « habits de paysanne » au fond d'une grotte et qui fredonne « Guitare », renvoie à la figure de la bohémienne libre et délurée. La fin de « Guitare » n'est pas rappelée ici, mais le contexte fait écho à : « Un jour d'été que tout était lumière, / Vie et douceur, / Elle s'en vint jouer dans la rivière / Avec sa sœur » :

> Les filles du village et les jolies grisettes de Bayonne se baignent avec des chemises de serge, souvent fort trouées, sans trop se soucier de ce que les trous montrent et de ce que les chemises cachent. [...] J'entendis une voix qui sortait de derrière un rocher et qui chantait le couplet que voici, en patoisant quelque peu, mais pas assez pour m'empêcher de distinguer les paroles
> *Gastibelza, l'homme à la carabine*[23]*,*
> *Chantait ainsi*
> [...]
> C'était une voix de femme. Je tournai le rocher. La chanteuse était une baigneuse. Une belle jeune fille qui nageait vêtue d'une chemise blanche et d'un jupon court dans une petite crique fermée par deux écueils à l'entrée d'une grotte. Ses habits de paysanne gisaient sur le sable au fond de la grotte. En m'apercevant elle sortit à moitié de l'eau se mit à chanter

21 Pour une synthèse iconographique (où ne figure pas Bouguereau) voir notamment le *Catalogue d'exposition Bohèmes*, Ouvrage collectif sous la direction scientifique de Sylvain Amic, Paris, RMN - Grand Palais. Il faut citer par exemple : Henri Regnault, Corot, Courbet, von Holst, Lenoir, etc.

22 On pense bien sûr au personnage d'Esméralda dans *Notre-Dame de Paris* ; on sait moins que l'impitoyable Javert, des *Misérables*, est le fils d'une bohémienne.

23 *Cf.* l'interprétation de Georges Brassens sous le titre « Gastibelza ».

> sa seconde stance, et, voyant que je l'écoutais immobile et debout sur le rocher, elle me dit en souriant dans un jargon mêlé de français et d'espagnol :
> – Señor estrangero, conoce usted cette chanson ?
> Je crois que oui, lui dis-je. Un peu.
> Puis je m'éloignai, mais elle ne me renvoyait pas.

On peut aussi évoquer un passage de « Souvenirs », dans *Nouveaux contes à Ninon* (1879), où Zola décrit un campement de Bohémiens installés près de la porte de Saint-Ouen et attirant la curiosité des Parisiens. Ainsi, cette description des femmes :

> Les femmes sont également grandes et fortes. Les vieilles, séchées, hideuses avec leurs maigreurs nues et leurs cheveux dénoués, ressemblent à des sorcières cuites aux feux de l'enfer. Parmi les jeunes, il y en a de très-belles, sous leur couche de crasse, la peau cuivrée, avec de grands yeux noirs d'une douceur exquise. [...] » (*op. cit.*, p. 184)

Peut-être est-ce toutefois un écrivain de littérature pour « les jeunes filles », Madame Colomb, de son vrai nom Joséphine-Blanche Bouchet (1833-1892), qui met le mieux en scène la vision *bourgeoise* de l'« errance bohémienne » individuelle, saisie à travers le prisme du christianisme social. Au moins deux romans *(La fille des Bohémiens ; La fille de Carilès)* et une nouvelle *(Nedji la Bohémienne)* de cet auteur, contiennent en filigrane les modalités d'une acceptation de l'identité nomade par le corps social sédentaire – acceptation relevant largement de la chimère. Ainsi, dans le conte *Nedji la Bohémienne*, Joséphine Colomb met en scène une jeune Tsigane, recueillie par des villageois, qui finit par être adoptée par un vieil homme, dont la fille légitime (Babéli) est partie pour suivre son mari sous d'autres cieux.

> Était-elle heureuse, la belle enfant de la tribu vagabonde ? Parfois elle s'asseyait près de la fenêtre d'où l'on voyait la route s'allonger et serpenter au loin ; son regard dévorait l'espace à la suite de l'hirondelle et de la cigogne, et un soupir soulevait sa poitrine. Alors Babéli la serrait dans ses bras : « Tu ne voudrais pas me quitter ? » lui disait-elle. Nedji lui rendait son étreinte et répondait : « J'attendrai que tu sois mariée. »
> Elles grandissaient toutes les deux, et le vieux Jacobus ne savait laquelle il préférait. Babéli lui plaisait pour sa douceur, Nedji pour sa force, son courage et son activité. Aussi, lorsque Frantz, le fils du garde-chasse, vint lui demander Babéli pour l'emmener dans une ville éloignée, il se consola de la perdre par cette pensée : « Au moins, Nedji me restera ! — Tu seras à présent ma fille unique, lui dit-il : le vieillard a besoin de toi ! » Ce soir-là, Nedji ne se mit pas à la fenêtre pour suivre la route du regard ; elle refoula au fond de son cœur son désir de courses lointaines et de liberté sauvage, et elle se dit : « Je suis l'enfant du vieux Jacobus, je ne suis plus Nedji la bohémienne ! » (1874, p. 265)

Lorsque Babéli revient, à la suite de diverses circonstances dramatiques, Nedji reste dans la famille, elle qui « n'avait connu ni père ni mère, et elle remplit tous les devoirs d'une fille ; *elle ne fut jamais mère, et elle devint le soutien et la providence de quatre enfants.* » (*ibidem*, p. 266) Dans *La fille des Bohémiens*, la même romancière situe l'action non loin de Haguenau, c'est-à-dire dans l'outre-forêt, proche de Baerenthal et autres localités où une présence tsigane était bien attestée. Le récit est largement développé, puisqu'il s'agit d'un roman, mais la trame est identique : la jeune bohémienne est abandonnée par sa « tribu » ; après bien des aventures, plus mélodramatiques les unes que les autres, elle finit par hériter d'une somme importante et sauve ainsi ses amis villageois de la ruine.

> Johann Kapfel vécut encore plusieurs années, soigné par Méryem comme s'il eût été son père. Il aimait toujours à parler de la grande armée et à raconter des histoires de sa jeunesse. Puis il passait à son retour de la guerre, à son mariage, à la naissance de Fridoline, à la mort de sa femme, et il arrivait à l'entrée de Méryem à Grünfeld. « Te rappelles-tu, ma fille, comme tu m'as mordu ? Tu avais de fameuses dents ! Elles sont toujours aussi bonnes, n'est-ce pas ? mais le caractère a changé. J'étais bien en colère contre toi : je ne me doutais guère que ce méchant petit diable serait le bon ange de toute ma famille ! Ç'a été une vraie bénédiction de Dieu que ton entrée dans ma maison. »
> Lui aussi, il l'appelait *sa fille* ! Oh non, elle n'était pas orpheline, la fille des bohémiens ! (1904, pp. 294-295)

À la fin du roman elle est plus que jamais « dévouée et infatigable, indulgente et tendre ; elle [est] la joie, le courage et la paix de la maison, le recours de tous.[24] » :

> Elle suit dans le grand ciel le vol lointain des hirondelles, et rêve encore aux merveilles qu'elles peuvent voir dans leurs lointains voyages. Mais elle ne les envie plus ; il est des horizons plus vastes et plus lumineux, dont chaque jour de sa vie mortelle la rapproche : *le moment n'est pas loin où son âme ouvrira ses ailes, et où elle prendra son vol vers une autre patrie*, la fille des bohémiens ! (*ibidem*, pp. 295-296)

À nouveau, on ne peut que tracer un parallèle avec l'œuvre de Bouguereau, dont un des tableaux les plus célèbres est *« Transport d'une âme »* [au ciel] (1878)[25].

Il n'est guère utile d'insister sur le fait qu'il ne faut chercher dans ces œuvres aucune précision *ethnologique* sur les « Bohémiens » ; il n'y en a

24 D'une manière générale, la littérature pour enfants du XIXe siècle se délecte de ces thèmes de l'enfant enlevé par les Bohémiens et mis au travail (cirque, mendicité) qui permettent de créer de l'exotisme à peu de frais. Contrairement à Mme Colomb, dont l'œuvre, évidemment datée, garde un certain intérêt, la plupart des romans profitent de l'occasion pour dresser un tableau terrifiant des Tsiganes. Il en est ainsi de F. C. Gérard (dont nous n'avons pu déterminer plus précisément l'identité) dans son roman *Maria l'orpheline, ou les Bohémiens*, publié en 1853. Par exemple : « elle savait que cette caste impie vivait sans religion, et ne devait ses vices et sa dégradation qu'à sa persistance opiniâtre à refuser de reconnaître Dieu. Les bohémiens remplirent la grotte de leurs cris lugubres ; eux qui l'avaient laissé mourir privé de tout secours et avaient été insensibles à ses souffrances, ils trouvaient non de la sympathie, mais des témoignages de douleur qui étaient parfois rendus d'une manière grotesque, et de nature à provoquer le rire. » (p. 77)

25 Musée d'art et d'archéologie du Périgord, à Périgueux.

d'ailleurs pas davantage chez Baudelaire et « ses bohémiens en voyage » (*La tribu prophétique aux prunelles ardentes* [...])[26], poème librement inspiré d'une gravure de Callot (Menemencioglu, 1966), ou chez Renoir dans son « En été – la bohémienne » de 1868, où le maître peint Lise Tréhot, son modèle et amie de l'époque. En fait, ce qui ressort de la lecture de Joséphine Colomb, comme d'ouvrages fondés sur les mêmes ressorts, c'est qu'il n'y a, pour la bohémienne « adoptée », d'autre solution que l'acceptation pleine et entière d'une condition subalterne, au service de la famille ; l'ancienne bohémienne, ayant fait le deuil de ses « traits distinctifs », tel Vercingétorix se dépouillant de ses armes devant César, est présentée comme un personnage attachant dont – à l'instar de Mamma, la servante noire d'*Autant en emporte le vent* de Victor Fleming (1939) – on ne saurait se passer, d'autant qu'il n'y a aucune limite à son exploitation[27] : il s'agit d'un don de soi, quasi monastique, qui implique le renoncement au mariage et à l'héritage, conduisant à une position socialement périphérique et toujours servile – comparable à celle de la pauvre fille recueillie, souvent par intérêt, comme dans *Pierrette* de Balzac. Le roman *La fille de Carilès*, constitue une apparente exception à ce schéma, dans la mesure où, à la fin, l'héroïne convole avec son ami Jean, devenu maître menuisier : c'est que Miette a été adoptée par un *marchand ambulant* (Carilès) de moulins à vent en papier, qui l'avait lui-même soustraite à des *saltimbanques* qui la maltraitaient. En outre, Miette est l'instrument de la rédemption de Carilès[28]: « Quand elle passe avec [ses enfants] sur la place Bretagne, et qu'elle voit l'endroit où sa mère mourut occupé par une nouvelle baraque de saltimbanques, *elle frémit en songeant au passé* ; et si quelque pauvre petite fille pâle et chétive, vêtue d'un maillot rose et d'une jupe pailletée, vient lui tendre la main, elle y met son aumône en la regardant avec compassion, *et s'éloigne vite en serrant ses enfants contre elle et en remerciant Dieu.* » (1874, p. 243) On pourrait expliquer cette omniprésence littéraire et picturale du personnage de la Bohémienne, traditionnellement situé à l'avant-scène, par le fait qu'il existe – à l'heure actuelle – chez les Tsiganes, un contrôle de l'identité ethnique interne au groupe, qui se manifeste de manière intermittente. Dans ce schéma, les hommes ont plutôt tendance à rester discrets, alors que les femmes sont caractérisées par une extrême visibilité (Bordigoni, 2000, p. 190).

26 *Les Fleurs du mal*, ouvrage ayant connu des remaniements entre 1857 et 1868. Le texte a été conçu en 1852, portant alors le titre : « La caravane des Bohémiens ».

27 Il est intéressant de noter que la comédienne Hattie McDaniel, qui obtint un oscar mérité pour le rôle de Mamma dans le film, était elle-même fille d'un ancien esclave devenu pasteur.

28 Ajoutons que Carilès, devenu aveugle, pensant qu'il est un obstacle au mariage de sa fille adoptive, s'enfuit au hasard et manque se noyer. Il est sauvé par un homme qui se révèle être un célèbre médecin *qui lui permet de recouvrer la vue*.

Stigmatisation et névrose sociale

En cette seconde moitié du XIXe siècle, des populations nouvelles affluent dans les bourgs agricoles. Pour beaucoup d'habitants « historiques », il s'agit d'une situation difficile à accepter, ressentie comme une intrusion ; pour nombre d'arrivants, c'est un déracinement, dont les conséquences sont diverses et quelquefois dramatiques. Mauco, comparant les situations de 1861 et 1926, notait en 1935 : « Tous les départements industriels, surtout ceux de la périphérie où l'immigration étrangère s'ajoute à l'immigration française, connaissent une forte proportion, environ un tiers, d'habitants nés hors du département : Nord, Pas-de-Calais, Ardennes, Moselle, Loire, Haute-Garonne, Gard. Le phénomène est particulièrement caractéristique dans les régions où l'essor récent de la métallurgie et de l'électricité a exigé des appels de main-d'œuvre importants : la Meurthe-et-Moselle n'a que la moitié de ses habitants originaires du département, et le Calvados compte 29 p. 100 de "déracinés"[29], *le Doubs 25 p. 100*, l'Isère 29 p. 100. » (1935, p. 377) Quoique la description donnée en 1894 par Thénard, conseiller général de Saône-et-Loire à propos de la localité de Génelard soit extrêmement orientée – on dirait aujourd'hui « sécuritaire » –, elle est transposable presque point par point à la situation de L'Isle-sur-le-Doubs et de ses environs immédiats, dans les années 1860-1880 :

> Génelard a une population presqu'exclusivement industrielle. L'usine Fournier, pour la construction des machines, emploie plus de cent ouvriers. Il y a une tuilerie fort importante, des carrières, des fours à chaux, une tannerie ; tous ces établissements emploient un nombreux personnel. Un des rôles de la gendarmerie, et des plus nécessaires, c'est la surveillance des voyageurs. Génelard est un lieu de passage des plus fréquentés. La gare [...] reste encore très passagère [...]. Le port du canal est un des plus importants du canal du Centre. Il se fait de nombreux chargements et déchargements ; c'est un lieu d'arrêt pour les bateliers de tous pays qui fréquentent le canal et sur lesquels il n'est pas inutile d'exercer une certaine surveillance. À raison des nombreuses voies de communication qui viennent [...] converger à Génelard, c'est un lieu de rendez-vous continuels de nomades. Il n'y a pas de jours qu'on ne voie installées aux environs du bourg et jusque sur la place, de ces familles de bohémiens, saltimbanques, camps volants de toutes sortes, tellement qu'il s'y est établi un atelier de construction et de réparation de ces maisons roulantes qu'on appelle des caravanes, et vous savez si tout ce monde-là a besoin d'être surveillé étroitement. (1894, p. 730)

En 1907, dans le même esprit, mais d'une manière encore plus virulente, le Conseil général du Doubs émet un « vœu », où – sans faire d'anachronisme – le ridicule le dispute à l'insupportable : un certain nombre d'élus[30], dont plusieurs industriels

29 On a discuté plus haut la notion d'errance et de déracinement. Voir : *Modernité et déracinement.*

30 Vœu de MM. Borne [médecin], Bütterlin [médecin], Grosjean [avocat], Janet [député], Lucas [industriel], Magnin [maire de Pontarlier], Mocquot [médecin], Ordinaire [propriétaire],

de la région – les frères Peugeot entre autres – demandent le « refoulement au-delà des frontières des nomades, bohémiens, romanischels, etc. » :

> M. Magnin donne lecture du projet de vœu suivant : « Les soussignés, membres du Conseil général, considérant que le libre accès de la frontière par les *nomades de tout genre, notamment les bohémiens et les romanischels*, est un danger permanent non seulement pour les populations des départements frontière, mais aussi pour les populations de l'intérieur ; qu'en dehors de *leurs habitudes invétérées de déprédations et de rapine, ces nomades, la terreur des campagnes*, souvent *repris de justice* et pour la plupart *dépourvus de tout état civil*, transportent sur leurs personnes, sur les chiens et les animaux qui les accompagnent, dans les *sordides véhicules* qui les abritent, *les germes des maladies infectieuses les plus redoutables* ; [...] ; qu'il importe [...] que dans le plus bref délai un *cordon sanitaire*, un *instrument de préservation* soit institué par les pouvoirs publics *sur les frontières de terre et de mer* ; [...] les soussignés invitent le Conseil général à émettre le vœu que les pouvoirs publics imposent à tous les services de l'administration des douanes l'obligation et le devoir de *refouler à la frontière les gens sans aveu, nomades, bohémiens et romanischels*, dès leur apparition et sur toute l'étendue des zones occupées par les préposés des douanes. » Le Conseil général s'associe au vœu présenté par M. Magnin et ses collègues. (Magnin, 1907, pp. 133-134)

D'autres Conseils généraux émettront le même genre de vœux, par exemple ceux : de la Vienne en 1856 ; de l'Aube en 1862 ; de l'Orne en 1875 ; de la Saône-et-Loire en 1881 ; de la Marne et de la Sarthe en 1884 ; de la Charente en 1892 ; des Côtes d'Armor en 1905 ; d'Eure-et-Loir, en 1880 et 1906 ; des Pyrénées orientales en 1903 ; du Rhône et de la Haute-Marne en 1907 ; de la Haute-Loire, de la Manche, du Pas-de-Calais en 1906 et 1908 ; des Pyrénées-Atlantiques en 1909 ; de Savoie et de la Nièvre en 1910 ; de la Loire, en 1887 et 1911[31]. Ces « vœux » seront malheureusement suivis d'effet et conduiront au vote de la loi du 16 juillet 1912 et à la prise du décret du 16 février 1913 « sur l'exercice des professions ambulantes et la circulation des nomades sur le territoire de la République », qui venaient lourdement contraindre les conditions de circulation et de séjour des populations itinérantes.

Cette situation est souvent extrêmement douloureuse et dramatique pour les itinérants, mais la presse y trouve toujours matière à plaisanterie et à couleur locale, comme si ces populations – traitées comme les Sioux et les Apaches aux États-Unis à la même époque – n'avaient au fond rien d'humain. Nous reproduisons ci-dessous un extrait caractéristique d'un long article de Camille Audigier[32], publié dans *Le Correspondant* du 25 octobre 1907, intitulé « les Bohémiens ». Comme à l'accoutumée, le tableau est exclusivement à charge, présentant les voyageurs passant « dans leurs roulottes fétides, traînées par des chevaux apocalyptiques,

---

Armand Peugeot, Pierre Peugeot [industriels, membres de la famille Peugeot], Peseux [notaire], Saillard [directeur de l'école de médecine], Thourot [industriel] et Vandel [industriel].

31 Il s'agit d'un sondage ; on en trouverait certainement beaucoup d'autres. Certains départements ont changé de nom depuis cette époque. Nous indiquons la dénomination actuelle.

32 Par ailleurs auteur d'un ouvrage de science-fiction, *La révolte des volcans*.

quand ce ne sont pas des ânes pelés, fourbus et galeux » ; dans la première partie de son texte, Audigier rapporte, en s'en moquant, l'odyssée d'un groupe de Manouches, rejetés par l'autorité administrative d'une frontière à l'autre, entre limites étatiques et frontières cantonales suisses, « *traqués par les villageois coalisés* » :

> En mars dernier, une caravane de soixante romanichels, commandée par la « cheffesse » Maria Reinhart âgée de quatre-vingt-treize ans, apparaissait dans le canton de Neuchâtel, d'où elle était aussitôt expulsée, par Berne, Lucerne et Zurich, jusqu'à la frontière autrichienne. Les gendarmes autrichiens leur barrant la route, force fut aux nomades de rebrousser chemin. Remontant le Rhin, ils se virent repoussés, de canton en canton, jusqu'à Bâle, par les gendarmes de Saint-Gall, deThurgovie et de Schaffhouse. Les autorités bâloises les refoulèrent jusqu'à Soleure, qui les chassa sur Fribourg. Fribourg les fit reculer jusqu'à Palezieux (Vaud) et la frontière bernoise. Là, la police des trois cantons, fatiguée de passer les nuits sur un qui-vive énervant que prolongeait encore l'inertie diplomatique, ne trouva d'autre solution que de faire filer la caravane sur le Valais. Le Valais n'entendait pas de cette oreille. Il expédia les errants sur la frontière française, en passant par Villeneuve, Bouvaret et Saint-Gingolph. Le préfet de la Haute-Savoie donna des ordres précis à ses gendarmes. Après avoir tourné plusieurs semaines dans le Chablais et le Faucigny, traqués par les villageois coalisés, les romanichels, leurs roulottes, leurs ours et leurs marmots repassèrent la frontière suisse et vinrent échouer, le 3 juillet, à Moelesulaz. Ils se croyaient définitivement délivrés des habits bleus lorsque, soudain, de pacifiques guerriers helvètes préposés à la garde de la propriété leur intimèrent l'ordre de décamper. Montrant le poing, les Bohémiens franchirent encore une fois la frontière. Mais halte-là! la maréchaussée française veillait. Elle veille même encore depuis ce jour mémorable, et la caravane immobilisée à Moelesulaz, cernée de tous côtés par les gendarmeries des deux pays, attend dans une hautaine indifférence la solution de cet étrange conflit. Car aucune nation ne brigue la faveur d'héberger ces nomades sans patrie ni état civil, qui, nés au hasard des pérégrinations de leurs tribus, n'ont, toujours et partout, laissé d'autre souvenir que celui de leur ingratitude. (pp. 358-359)

***

Dans un tel contexte, on peut au moins douter que le crime du canal ait été exclusivement crapuleux, comme les journaux de l'époque veulent le faire croire, perpétré par de *monstrueux amants*, également dénommés *les deux misérables*. On peut d'abord remarquer qu'en 1892, un crime rappelant celui de Blussans, davantage par son décor que par ses motivations, défraya la chronique au point d'être relaté par le polygraphe Marie-François Goron, « ancien chef de la sûreté ».

> Quand les relations entre les trois hommes furent assez étroites pour qu'une demande de ce genre ne pût étonner *le Petit Pâtissier* [Buisson], ils le prièrent de les accompagner un soir à Saint-Denis, pour rendre visite à un compagnon, alors très connu dans le parti, *qui habitait une roulotte en pleine campagne, sur les bords du canal*. Il s'agissait d'une mystérieuse affaire anarchiste, – *peut-être une bombe à placer, ou peut-être aussi tout simplement une maison à cambrioler*. Quoi qu'il en soit, la proposition tenta Gustave Buisson et il suivit Meyrueiz et Chapulliot. Vers dix heures du soir, *les trois hommes arrivèrent par une nuit d'orage sur les bords du canal*. Le ciel était noir, et c'est à peine si de lointains éclairs jetaient par instants leur lugubre lueur sur l'horizon. On voyait à peine assez pour se guider et le Petit Pâtissier

trébuchait à chaque pas, maugréant : *« C'est donc chez le diable que vous m'emmenez ? »* Tout à coup, il poussa un cri, vite étouffé ; Chapulliot, qui marchait derrière lui, lui avait passé brusquement une corde avec un nœud coulant. En une seconde, Buisson est à terre, ligoté [...] Et, *sept fois, le poignard s'abaisse*, faisant chaque fois un trou sanglant dans la peau du malheureux Buisson... C'est fini ! L'homme est mort... *Avec la corde passée autour du cou, les deux justiciers assassins traînent le corps jusqu'à l'écluse ; l'un saisit la tête, l'autre les pieds, et le cadavre est lancé dans le canal.* (1897, pp. 217-218)

Le récit des faits – l'exactitude factuelle est très secondaire – réunit en peu de lignes un concentré de poncifs particulièrement remarquables, renvoyant à la structure narrative du conte d'une part, et aux spectacles sanguinolents donnés dans les théâtres du « boulevard du crime » (le boulevard du Temple), puis au théâtre du Grand-Guignol (à partir de 1896), d'autre part : la roulotte en pleine campagne, sur les bords du canal, près d'une écluse, est habitée par un anarchiste avec lequel il aurait pu être question de cambrioler une maison (à défaut de placer une bombe) ; la victime au nom prédestiné, *le Petit Pâtissier*, finit par avoir des doutes et s'écrie : *« C'est donc chez le diable que vous m'emmenez ? »* ; enfin *« sept fois le poignard s'abaisse »*. Comme à Blussans, l'action se déroule dans une zone incertaine de friches qui succède aux dernières maisons du village ou des faubourgs de la ville. Le corps est jeté près d'une écluse car on suppose vraisemblablement qu'il y aura suffisamment de courant pour entraîner le cadavre au loin. Les rôles sont distribués différemment, mais on retrouve les mêmes « types » : l'anarchiste qui rejette la société, l'ouvrier dévoyé, et bien sûr un zeste de « race diabolique », comme chez la Bohémienne « sarrasine » de Paul Perret *(Les amours sauvages)* : « Il se souvint des exhortations de Martineau cherchant à le mettre en garde contre la race diabolique. Othilie [...] avait les mêmes yeux brûlants, pleins de menaces. [...] La correction extraordinaire des lignes rendait à ce visage merveilleux son caractère d'audace et de cruauté natives. »[33] (1873, pp. 112-113)

Il ne s'agit pas de refaire l'histoire ; la reconstruction que nous avons proposée, quelque plausible qu'elle soit, ne fournit pas beaucoup d'indications sur la psychologie et les mobiles précis des protagonistes. En revanche ces événements renseignent très clairement sur les antagonismes entre groupes sociaux. Il s'agit essentiellement d'une question de point de vue : on a vu que les voyageurs, les colporteurs, les marchands et musiciens ambulants du XIXe siècle, ne peuvent qu'exceptionnellement être qualifiés de marginaux dès lors qu'on les resitue au sein des réseaux complexes économiquement et hiérarchiquement très structurés auxquels ils appartiennent. En outre, au sein de la communauté villageoise d'origine, où ils sont souvent nés, où ils possèdent

33 Quoique Zola et Perret aient partagé un même goût pour les personnages de bohémiennes, le premier ne pardonna jamais au second d'avoir fait paraître une mauvaise critique de *La faute de l'abbé Mouret* ; il le poursuivra donc sans relâche de sa vindicte littéraire.

peut-être une maison, et en tout cas où ils reviennent régulièrement, ils sont assez bien intégrés, même s'ils vivent, non en marge, mais en lisière de l'agglomération. Cependant, en règle générale, pour les sédentaires, c'est-à-dire pour l'immense majorité des habitants d'une localité qu'ils visitent, ils sont considérés, sinon comme des intrus, au moins comme des étrangers tout juste tolérés. On évoquera la lettre que Gustave Flaubert[34] envoya à George Sand, en juin 1867, très éclairante sur l'état d'esprit de la population de cette seconde moitié du XIXe siècle.

> [Croisset, vers le 15 juin 1867]
> [...]
> Aimez-vous la préface de Victor Hugo à Paris-Guide ? Pas trop, n'est-ce pas ? La philosophie d'Hugo me semble toujours vague.
> Je me suis pâmé, il y a huit jours, devant un campement de Bohémiens qui s'étaient établis à Rouen. Voilà la troisième fois que j'en vois et toujours avec un nouveau plaisir. L'admirable, c'est qu'ils excitaient la haine des bourgeois, bien qu'inoffensifs comme des moutons.
> Je me suis fait très mal voir de la foule en leur donnant quelques sols, et j'ai entendu de jolis mots à la prud'homme. Cette haine-là tient à quelque chose de très profond et de complexe. On la retrouve chez tous les gens d'ordre.
> C'est la haine que l'on porte au bédouin, à l'hérétique, au philosophe, au solitaire, au poète, et il y a de la peur dans cette haine. Moi qui suis toujours pour les minorités, elle m'exaspère. Il est vrai que beaucoup de choses m'exaspèrent. Du jour où je ne serai plus indigné, je tomberai à plat, comme une poupée à qui on retire son bâton.
> Ainsi, le pal qui m'a soutenu cet hiver, c'était l'indignation que j'avais contre notre grand historien national, M. Thiers, lequel était passé à l'état de demi-dieu, et la brochure Trochu, et l'éternel Changarnier revenant sur l'eau. Dieu merci, le délire de l'Exposition nous a délivrés momentanément de ces grands hommes ![35]

On citera encore un extrait d'un « croquis » de Joris-Karl Huysmans, en visite chez son oncle à Tilburg, ville du Nord-Brabant aux Pays-Bas, probablement en août 1873. Comme Flaubert et Hugo, Huysmans est un des rares écrivains à donner une image résolument positive des Bohémiens ; il n'oblitère pas pour autant la saleté, la fange ; simplement ces gens sont « haillonneux et splendides ». En outre, dans la vision qu'en donne Huysmans, l'état d'esprit de la population est apaisé et accueillant ; le bourgmestre fait un discours – que les Bohémiens n'écoutent pas – et les femmes apportent des provisions à la troupe :

34 <http://flaubert.univ-rouen.fr/correspondance/conard/outils/1867.htm>.

35 Vaux de Foletier indique que, dans une réponse à Flaubert, Sand disait avoir rencontré, en 1861, des « bohémiens de mer » : « Aux environs de Tamaris [...] [il y a] de grandes barques bien abritées, avec des femmes, des enfants, une population côtière, très restreinte, toute basanée ; pêchant pour manger, sans grand commerce ; parlant une langue que les gens du pays ne comprennent pas [...] se mariant entre eux, inoffensifs et sombres, timides ou sauvages, ne répondant pas quand on leur parle. » Mais hélas, Vaux de Foletier note qu'aucune précision ne permet d'identifier ces prétendus bohémiens. (1976, p. 7)

> [Il y avait] des femmes aux yeux de flammes, aux dents éblouissantes, vêtues de guenillons indescriptibles, de chemisettes en loque, laissant entrevoir sous leurs déchirures des éclaircies de chairs blondes [...]. Le bourgmestre était stupéfié et ne soufflait plus mot. [...] on distinguait, çà et là, dans le remous de la toile qu'on secouait, des torses de vieilles femmes échevelées, des bustes d'hommes dépoitraillés, des têtes de marmots, hagards et fangeux ; dès que cette marmaille eut touché terre, elle se mit à rôder comme une ventrée de jeunes loups, s'accrochant à tous ceux qui les regardaient, leur demandant dans toutes les langues possibles, un petit sou et du pain. Les hommes descendirent à leur tour et s'assirent en rond sur l'herbe, et pendant qu'ils s'étalaient, haillonneux et splendides, sous la broussaille de leurs longs cheveux, dans la cuirasse de boue qui les recouvrait, les femmes lançaient à terre le restant des perches et des coquemars qui sonnaient désespérément aux heurts des cailloux et des mâts. En un clin d'œil le feu s'alluma, les tentes furent élevées, les Bohémiens se séchèrent, les chevaux s'en furent paître n'importe où, les femmes et les enfants requirent, non comme des mendiants qui demandent l'aumône, mais comme des princes qui réclament un tribut, de l'argent, de la paille, du pain et de la bière. Les Tilburgeoises affluaient en masse, chargées de gros pains de seigle, de rouelles de poissons et de bœufs fumés, de bottelettes de pourpier, de tas de choux rouges et de pommes de terre[36].

À rebours de ces positions sans doute exceptionnelles, Lazare Sainéan – dont les travaux sur la créativité lexicale peuvent être considérés comme l'œuvre d'un pionnier – véhiculait encore, en plein XXe siècle, des stéréotypes prégnants, qui reflètent les représentations de l'époque et *a fortiori*, celles du siècle précédent :

> Les Bohémiens sont nombreux parmi les forains, qui les accablent de leur mépris, en les considérant comme indignes d'appartenir à la corporation. Ils n'ont laissé, dans ce vocabulaire technique, que les traces de leur nom ethnique : *Manouches* ou *Romanichels*, ce dernier, abrégé en *Romani* et *Romanigo*, désigne particulièrement les bohémiens forains. Ceux-ci parcourent les campagnes en qualité de vanniers, rétameurs, marchands de vieilles ferrailles, mais en réalité ils vivent en exploitant la population rurale. Leurs femmes disent aussi, à la foire, la bonne aventure, la *bonne ferte*, c'est-à-dire la bonne fortune : « Si le paysan est défiant à l'égard du camelot, il craint les *romanigos* ou *romanichels*, ces bohémiens qui s'en

36 Il semble qu'en fait, la situation ait été sensiblement différente : Jan Landuydt note que selon le « *Tilburgsche Courant* du 28 août 1873 [...] "Samedi, dans la soirée, est arrivée ici, escortée par la gendarmerie et la police, une troupe de bohémiens, un groupe d'environ 50 personnes [...]. Bien qu'il y eût parmi eux plusieurs personnes gaillardes et costaudes, ils inspiraient, à cause de leur malpropreté et de leur tenue dépenaillée (certains étaient vêtus de loques), une profonde répugnance. La place Pius (Ven) leur avait été désignée comme lieu de campement par l'Administration communale ; ils y montèrent sans tarder leurs tentes. La commune leur a fourni du pain, de la viande et du fourrage pour les chevaux. Dimanche matin, vers 9 heures, ce beau petit peuple a été transporté aux frontières via Moergestel, dûment accompagné par la police. Nous leur souhaitons un bon voyage et espérons ne plus jamais les revoir, non seulement parce qu'il s'agit de mendiants brutaux, mais surtout compte tenu de l'atteinte aux bonnes moeurs". » Annotations et traduction de l'article de Jef van Kempen, « J.-K. Huysmans à Tilburg », 1988, par Jan Landuydt, 2013.

> vont par les routes, en volant à la tire, sous prétexte de dire la *bonne ferte* », Coffignon, p. 58. (Sainéan, 1920, p. 248)[37]

À Blussans, ni Hippolyte Besançon, ni Bellissante Brenet, n'ont d'attaches et toute conduite non conforme aux attentes communautaires est susceptible de stigmatisation. Hippolyte pourrait correspondre à ce portrait de *trimardeur* brossé par Louis Pergaud dans une de ses nouvelles (« Un petit logement »)[38] :

> Nul n'échappait à sa dent et, comme il était solide, bien musclé et assez « braque » de son naturel, qu'il menaçait élégamment de casser la gueule à quiconque lui chercherait noise, il était aussi détesté que craint dans le pays. Il y vivait pourtant, soit en faisant le terrassier, soit en bricolant à de vagues besognes de charpentier et de maçon, soit encore, au moment des travaux, en se louant comme journalier pour faucher les foins et les blés. On ne l'occupait, il est vrai, qu'à contrecœur et quand on ne pouvait pas faire autrement ; mais comme le village manquait d'ouvriers agricoles, beaucoup de cultivateurs tout de même, certains jours où l'ouvrage pressait dur, étaient bien contents de le trouver là et de solliciter, contre argent comptant, ses services. (1921, p. 113)

Les pratiques discriminatoires s'exaspèrent bien sûr à l'occasion des crises et des guerres. Ainsi, on a vu que dans le Doubs, durant la guerre de 1870, les maquignons juifs avaient été accusés de trafiquer avec l'ennemi. En 1887, un certain François Loyal (probablement un pseudonyme), dans *Le dossier de la revanche, l'espionnage allemand en France*, unissait dans une même opprobre tous les itinérants, quels qu'ils soient (travailleurs saisonniers, etc.), le seul fait de ne pas être sédentaire étant déjà considéré comme louche : « Les espions civils, [...] filles publiques, bonneteurs, balayeurs, camelots, hommes de peine et aussi vidangeurs, moissonneurs, terrassiers, musiciens ambulants parcourant les campagnes en faisant le jour danser les filles au son du violon sur la place de l'Église et le soir jaser les hommes au cabaret, rendent de quotidiens et sérieux services, bien plus utiles que le plan d'une forteresse ou l'inventaire d'un arsenal... » (1887, p. 93) On doit d'ailleurs ajouter qu'Hippolyte Besançon avait été dépouillé de ses biens, sans doute par la destruction ou le vol de son stock de marchandises et de sa voiture, lors de la guerre de 1870[39], ainsi qu'il ressort du récit du *Petit*

37 Raymond Gurême, qui a vécu les choses de l'intérieur (et a été déporté), expliquait lors d'une émission de « La fabrique de l'histoire » sur *France Culture*, qu'il fallait faire la différence entre les petits métiers, comme vannier, et les « gros métiers », comme forain. (*Cf.* Gurême, 2011 et Gurême et Ligner, 2011).

38 Pergaud situe l'action dans un imaginaire Velrans, qui n'a rien à voir avec le village du même nom, proche d'Héricourt. On peut plutôt situer les lieux dans la région d'origine de Pergaud, à Belmont, à Fallerans ou à Durnes (Doubs), à une quarantaine de km de Blussans.

39 Le sergent-major Gustave Brun consigne dans son journal : « Lundi, 23 janvier. Sur les midi, grande nouvelle, les Prussiens ont échangé quelques coups de fusils avec nos hommes qui travaillaient à couper la route près le village de Blussans, aussitôt nous recevons l'ordre de nous tenir prêts à partir ; en attendant, avant la nuit, plusieurs compagnies partent de grand'garde, la 5e compagnie part dans la direction du village de Souvans [c'est une erreur, il s'agit probablement

Journal du 14 janvier 1876, qui rapporte l'interrogatoire de Charles Ravey lors du procès : « [Demande] Vers les deux heures, la femme Bellissante est allée aux vêpres accompagnée de la jeune Octavie Ravey. Vous êtes resté avec Besançon. [Réponse] Une discussion s'est élevée entre nous à l'occasion d'un mandat que la commune lui devait payer pour faits de guerre. Besançon m'a menacé d'un coup de couteau, nous avons lutté, et croyant ma vie en danger j'ai sauté sur un pistolet et j'ai fait feu. »

Ce qui a définitivement compromis un équilibre social déjà précaire, c'est que Bellissante a voulu poser sa balle et devenir une villageoise comme les autres, peut-être même un peu plus aisée, puisque Charles Ravey avait du bien. Selon *Le Petit Journal* du 13 janvier 1876, « après la mort de la femme Ravey[40], la femme Besançon afficha de plus en plus ses relations avec Charles Ravey ; elle s'installa en maîtresse chez l'accusé, y porta une partie de ses vêtements et força la jeune fille de son amant à lui donner le nom de mère. » C'était là une attitude que beaucoup de villageois ont dû ressentir comme insupportable. Dans « Le marchand de paniers », Max Buchon aborde l'improbable hypothèse de sédentarisation du « bohémien » (1877, p. 135) :

> Né dans quelque fossé de quelque grande route,
> Y mourir n'est donc pas chose que je redoute ;
> L'on meurt comme l'on vit ; moi, ma femme et les miens,
> Nous mourrons, j'en suis sûr, en vrais Bohémiens.
> Pourtant, quand je me dis, en voyant une ferme :
> — Quel paisible bonheur cette maison renferme,
> Et ce bonheur jamais tu ne peux l'espérer !...
> De moi mille fureurs me semblent s'emparer.

Dans ces bourgs de la vallée, on a vu que la situation se modifiait rapidement ; le « progrès » fait peser des charges nouvelles sur les habitants : en 1832 déjà, le conseil municipal de Blussans proteste « contre la surcharge monstrueuse de l'imposition foncière portée pour l'année à 2107fr10, le canal ayant traversé les meilleurs terrains de la commune (en partie toutes les chenevières). » (Dodivers,

---

d'Etouvans] l'artillerie de la 2e légion est venue nous rejoindre cette après-dînée. Nos hommes réellement malades, ont été immédiatement évacués, Villon et Charveriat nous disent définitivement adieu. À la nuit, dans notre logement, la famille Chatelain cache ses provisions, dans tout le village les paysans en font autant. Ces préparatifs qui ne nous présagent rien de bon, ne m'empêchent pas ainsi que les camarades de nous étendre sur le plancher, près du poêle. » (1871, p. 145) Il s'agit de la retraite depuis Villersexel où a lieu la bataille du 9 janvier 1871, vers le Haut-Doubs, puis la Suisse (armée Bourbaki). Blussans se trouve *exactement* sur cet itinéraire. Le passage de la frontière a lieu entre Les Fourgs (France) et L'Auberson (Suisse).

40 L'épouse de Charles Ravey, Françoise Clémentine Etienne, étant décédée en 1874, et Bellissante ayant transporté peu après ses pénates chez son amant, au vu et au su de tout le monde, il est impossible qu'Hippolyte Besançon ait pu ne pas être informé de cette relation.

1970, p. 119) ; la proximité immédiate de l'usine Japy et de plusieurs autres entreprises du même type induit des frictions entre des groupes qui, quelques décennies auparavant – par exemple à l'époque où Désiré Monnier était passé à Blussans (en 1823) –, n'auraient guère eu de chances de se rencontrer et surtout, de cohabiter.

La terreur de nos campagnes

Des publications très conservatrices, comme *L'ami du Cultivateur, Journal hebdomadaire agricole*, sont une chambre d'écho et d'amplification de ces situations tendues. *L'ami du Cultivateur* publie plusieurs articles assassins : le 6 avril 1913, occupant les 3 colonnes de la Une et une bonne partie de la deuxième page, paraît un brûlot intitulé *« Contre les nomades »* : « C'est avec une vive appréhension que chaque année, à l'approche du printemps, on voit au village le flot errant des vagabonds, chemineaux, trimardeurs, bohémiens et romanichels réapparaître, sans cesse renouvelé. Ces nomades, qui ne sont intéressants que dans le drame poétique de Jean Richepin, sont pour la campagne française, leur terre de prédilection de par le monde [...], un véritable fléau. » Le 5 octobre de la même année, le quotidien récidive, toujours à la Une, utilisant une formulation proche de celle des conseillers généraux du Doubs en 1907 ; le titre est en effet *« la Terreur de nos campagnes »*.

Une recherche des correspondances lexicales révèle que cette séquence est majoritairement associée aux populations nomades, alors que le syntagme nominal « la terreur *des* campagnes » est souvent lié à des animaux réputés dangereux (loups, sangliers), à la bête du Gévaudan, aux sauterelles[41], à des maladies comme la typhoïde, etc.[42] On peut proposer, à titre exploratoire – quoique

41 Les bohémiens peuvent d'ailleurs être comparés *aux sauterelles* ; c'est ce que fait Cère (1872, p. 248) : « Plusieurs circulaires ministérielles ont prescrit de faire la chasse à ces vagabonds en voiture, mais grâce à la facilité des maires, grâce surtout à la difficulté d'emprisonner toutes les familles de traînards et de mettre leur équipage en fourrière, on les laisse impunis. Cette tolérance est fâcheuse ; *ces sauterelles, comme les vagabonds basanés de Perpignan*, devraient être, dans l'intérêt public, sévèrement réprimés. »

42 Par exemple, dans *Le Chasseur français* n° 660, 1952 : « Les loups exposés au Jardin des Plantes à Paris ne sont en rien comparables avec les superbes loups naturalisés de Pologne qui figuraient à l'Exposition internationale de la chasse de Berlin en 1937. En les voyant, on comprend facilement combien est justifiée la terreur des campagnes devant de pareils animaux, de taille imposante, à la mâchoire armée de façon redoutable » ; dans Simon, Maximilien-Isidore-Amand (1853) *Hygiène du corps et de l'âme, ou Conseils sur la direction physique et morale de la vie adressés aux ouvriers des villes et des campagnes*, Paris, J.-B. Baillière :

représentatif, notre corpus est restreint – que, si la séquence « la terreur *des* campagnes » associée aux nomades, mercenaires, vagabonds, etc., est effectivement attestée, on n'aura en revanche qu'exceptionnellement « la terreur *de nos* campagnes » en apposition à un lexème possédant un trait [-humain]. On notera que les « loups garous » occupent une position intermédiaire, ce qui se justifie après tout du fait de leur nature variable. Le possessif remplit un rôle très précis : il met en évidence l'opposition – renforcée par tout un dispositif de qualificatifs insultants – entre le « bon » Français (*nos* campagnes) et le « mauvais » Romanichel, souvent qualifié de *sans feu ni lieu*. En outre, ce possessif est régulièrement attesté dans des documents émanant des conseils généraux, ce qui est logique dans la mesure où les conseillers sont élus au niveau cantonal, autrement dit au plan local. Bien qu'évidemment des séquences du type « la France, *fille aînée de l'Église* » (et leurs nombreuses variantes syntaxiques) n'en soient pas, elles fonctionnent sémantiquement comme certaines épithètes homériques, telles que « Achille *au pied léger* » ou « l'Aurore *aux doigts de rose* », où l'épithète est impérativement convoquée par le substantif. En voici quelques exemples : *Le Matin* du 4 mars 1907 : « Un Péril errant. Bohémiens et Romanichels. La Terreur des Campagnes » ; *Le Journal d'Annonay* du 11 juillet 1908 : « Que le Parlement l'entende et trouve aussi la formule qui nous débarrassera de tous les parasites sociaux qui sont la plaie et la terreur de nos campagnes et de nos villes et la pépinière de l'armée du crime » ; le comte d'Esterno à la *Société des Agriculteurs de France* en 1908 : « ces hordes de pillards, de voleurs et parfois même d'assassins, qui sont la terreur de nos campagnes » ; *Le Petit Journal illustré* du 31 juillet 1910 légendant un dessin : « Un méfait de plus à l'actif de ces traîneurs de route qui sont la terreur de nos campagnes ». Enfin, lors d'une séance au Sénat en mars 1911, Pierre-Etienne Flandin déclare à la tribune : « Ces roulottiers, camps volants, Bohémiens, Romanichels sont la terreur de nos campagnes ». D'autres combinaisons sont possibles : dans *Le Journal de l'Ain*, du 23 novembre 1842 : « les hommes à qui sont imputés ces attentats à la pudeur sont presque toujours de ces désœuvrés de village, sans principes, sans morale, sans religion et le fléau de nos campagnes. » Selon Cère (1872, p. 96), « [Le livret] remédierait à ce vagabondage des [condamnés] libérés qui est la terreur et le fléau de nos campagnes. Il restreindrait le nombre des récidives en supprimant une partie des causes qui les produisent. »[43] Il s'agit là d'un phénomène culturellement déterminé, et il s'ensuit

« La fièvre typhoïde est devenue, depuis quelques années, la terreur des campagnes. Cette terreur est fondée […] », etc.

43 Dans la presse, s'élèvent malgré tout quelques rares voix plaidant la cause des bohémiens. Ainsi Paul Ginisty (dans *Le Petit Journal*), ami de Maupassant, écrit le 6 septembre 1906 : « Malgré ces témoignages d'essais infructueux, quelque chose continue à nous dire, au fond de nous, qu'il est impossible qu'il n'y ait pas un meilleur parti que de chasser ces étranges gueux comme des bêtes et, de toute notre organisation sociale, de ne leur montrer que des gendarmes. »

qu'au bout de quelques années, la relation a pu être modifiée en profondeur. Il est donc très peu probable qu'un énoncé tel que *« les Roms, terreur de nos campagnes »* soit actuellement attesté, sous cette forme exacte. On trouve cependant ceci sur le net : « Des bandes écument les territoires ruraux – "Culture de vergers pillés, réservoirs des tracteurs siphonnés, câbles d'irrigation arrachés, animaux dépecés", un récent communiqué de la Fédération nationale des syndicats d'exploitants agricoles (FNSEA) *a semé la terreur dans les campagnes.* Lors de sa conférence de presse, Manuel Valls a pris acte en dénonçant "ces bandes d'Europe de l'est qui écument des régions, des territoires ruraux et provoquent des traumatismes". Pourtant le syndicat concurrent de la FNSEA, interrogé par Libération, relativise. »[44] (*Cf.* Bonnot, *in* : Freyermuth et Bonnot, 2014, pour une étude approfondie).

Au plan littéraire, on trouve au moins une attestation d'une séquence approchante, *la terreur du pays*, fonctionnant de façon identique du point de vue des associations lexicales, dans le roman de Barbey d'Aurevilly *L'ensorcelée*, publié en 1854 :

> [Jeanne] passa de jour encore au vieux Presbytère. Tout y était solitaire et silencieux. Seulement, sous une des grandes ouvertures de la cour, cintrée comme l'arche d'un pont et fermée autrefois par des portes colossales, maintenant arrachées de leurs énormes gonds, restés rouillés dans les murs, elle aperçut un de *ces bergers rôdeurs*, *la terreur du pays*, occupé à faire brouter à *quelques maigres chèvres* l'herbe rare qui poussait dans les cours vides de cette espèce de manoir.
> Elle le reconnut. C'était un berger qui s'était, il y avait peu de temps, présenté chez maître Thomas Le Hardouay pour de l'ouvrage, et que maître Thomas avait rudement repoussé, ne voulant pas, disait-il, employer de *gens sans aveux.* Le Hardouay partageait contre ces gens-là les préjugés de maître Tainnebouy, qui sont, du reste, *les préjugés universels de la contrée.* (2010, p. 91)

Barbey, dans ce roman dont l'action se situe en Normandie, sur une lande désolée, utilise les mêmes stéréotypes que les journalistes, à commencer par l'apposition « la terreur du pays » à « bergers rôdeurs », faisant brouter des bêtes forcément malingres, qui ne peuvent être que des chèvres (et non par exemple, des moutons). À la différence de la qualification malveillante qui fait l'ordinaire de la presse en cette matière, Barbey prend de la distance, puisqu'il utilise à deux reprises le terme *« préjugés »*. (*Cf.* également Bonnot, 2014a)

Klauber (2006, §3), dans un article consacré à la situation des Roms en Hongrie, considérée à diverses époques, fait l'hypothèse que, « durant les périodes de changements systémiques – où le système politique, socio-économique ou

44 Carine Fouteau, « Invasion, délinquance, mendicité, saleté? Tout dire sur les Roms », *Mediapart*, 26 septembre 2013, sur le site de la Ligue des droits de l'Homme, <http://www.ldh-france.org/region/aquitaine/2013/09/26/invasion-delinquance-mendicite-salete-tout-dire-sur-les-roms/>.

celui de l'emploi se modifient radicalement –, la visibilité des Roms tend à s'accentuer, leur identité tend à prendre des contours exclusivement ethniques. En revanche, durant les périodes de stabilité, l'ethnicité n'est plus qu'une parmi d'autres composantes de l'identification, elle appartient alors à un ensemble identitaire hétéroclite. Certaines de ces composantes sont partagées avec les membres de la majorité, d'autres ne le sont pas. » Klauber constate notamment que la visibilité des Roms devient plus nette au moment où, dans la seconde moitié du XIXe siècle, le pays s'industrialise, entraînant une prolétarisation d'une partie de la population, qui, auparavant était autonome (certains artisans notamment). La discussion qui précède, ainsi que les illustrations que nous avons données, s'inscrivent dans ce schéma et permettent de suggérer que la position des deux « voyageurs », Bellissante et Hippolyte, se dégradait inéluctablement. Il est possible qu'Hippolyte, le chiffonnier, ait eu des difficultés à maintenir son activité dans un contexte en profond changement, mais qu'il n'ait pas accepté pour autant d'aller travailler à l'usine comme les paysans prolétarisés que nous avons évoqués au chapitre précédent. Marylin R. Brown, dans un article introductif au catalogue de l'exposition *Bohèmes*, commente une huile sur toile de Jean-François Raffaëli, datée de 1884, c'est-à-dire presque contemporaine de l'affaire de Blussans. Il s'agit d'un « chiffonnier allumant sa pipe » : Brown note que « l'artiste attire l'attention sur le geste du fumeur de pipe, qui révèle son "caractère" et son insoumission aux astreintes de l'ère industrielle évoquée par la fumée des usines au loin. La physionomie farouche du chiffonnier et son teint basané suggèrent l'appartenance à une "race sauvage". » (2013, p. 43) « L'ethnicité » d'Hippolyte et Bellissante pourrait alors avoir ressurgi, rendant leur intégration durable dans le village très difficile, et contribuant de ce fait à les dresser l'un contre l'autre.

La fleur du mal au bagne

> Encore tout enfant, j'admirais le forçat intraitable sur qui se referme toujours le bagne ; je visitais les auberges et les garnis qu'il aurait sacrés par son séjour ; je voyais *avec son idée* le ciel bleu et le travail fleuri de la campagne ; je flairais sa fatalité dans les villes. Il avait plus de force qu'un saint, plus de bon sens qu'un voyageur – et lui seul ! pour témoin de sa gloire et de sa raison.
>
> Rimbaud, « Mauvais sang », *Une saison en enfer*, *Œuvres*, pp. 222-223

Le jury de la Cour d'assises du Doubs trouvera des circonstances atténuantes à Charles et à Bellissante et les expédiera aux travaux forcés, séparément et à perpétuité. Alphonse Karr, ardent partisan de la peine capitale, dans le pamphlet *On demande un tyran* (1877) – dirigé entre autres contre la démocratie parlementaire en général et le scrutin de liste en particulier –, se servira de l'affaire du canal de Blussans pour demander (ironiquement) la suppression des jurys et même celle des avocats… Il est vrai que Karr mettait en regard la décision d'un conseil de guerre, qui venait de condamner à mort un sapeur, pour avoir donné un coup de poing à son sergent. Le verdict relativement clément du jury – dans un crime avec préméditation on aurait pu attendre la peine capitale – s'explique probablement par le fait que la victime est un Tsigane et que l'assassin est un paysan aisé, de surcroît membre du conseil municipal. Il devenait dès lors difficile de juger plus lourdement Bellissante qui n'avait été que complice.

Bellissante Brenet et Charles Ravey ne défraieront plus la chronique, mais leur histoire n'est pas terminée, et personne n'en a relaté l'épilogue. Au terme d'un très long voyage maritime – dont le canal du Rhône au Rhin pourrait fonder l'origine fantasmatique –, Bellissante et Charles seront « transportés » (séparément) au bagne de Nouvelle-Calédonie[45]. Quelques années auparavant, on avait déporté sur la même île les politiques de la Commune, dont Louise Michel et Henri Rochefort – enfermés dans l'enceinte fortifiée de Ducos, ils ne bénéficieront pas, comme d'autres moins connus ou moins engagés, du statut de « déportés simples » (Pisier, 1971, p. 109). À la suite des journées de 1848, Hugo, à l'Assemblée législative, avait déjà dénoncé ces pratiques, s'agissant des « politiques » :

> On veut donc simplement remplacer la peine de mort [pour les politiques], et comment s'y prend-on ? On combine le climat… Oui, quoi que vous fassiez, messieurs, vous aurez beau chercher, choisir, explorer, aller des Marquises à Madagascar, et revenir de Madagascar aux Marquises, aux Marquises, que M. l'amiral Bruat appelle le tombeau des Européens, le climat du lieu de déportation sera toujours, comparé à la France, un climat meurtrier, et l'acclimatement, déjà très difficile pour des personnes libres, satisfaites, placées dans les meilleures conditions d'activité et d'hygiène, sera impossible, entendez-vous bien ? absolument impossible pour de malheureux détenus. (Hugo, 1882, pp. 335-336)

Le dossier de Charles Ravey contient quelques précisions : on apprend qu'il sait lire et écrire (ce qui n'a rien d'étonnant, puisqu'il faisait partie du conseil municipal de Blussans), qu'il a payé une amende de 16 francs le 8 mai 1873 (délit de chasse), qu'il est arrivé en Nouvelle-Calédonie le 2 août 1876, où il a appris le « métier » d'effilocheur, travail consistant vraisemblablement à réduire en bribes des chiffons destinés à faire le papier (Littré), qu'il possède 140 francs 93, au moment de son transfert au dépôt de Saint-Martin de Ré. Sa peine est commuée en 20 années de travaux forcés en 1886 et il devient « concessionnaire » le 7 mars 1887. Il meurt à l'île Nou le 28 février 1897.

45 Nous remercions vivement M. Jean-Moé Léonidas, archiviste aux archives territoriales de Nouméa, qui nous a accueillis avec la plus grande amabilité.

Quant à Bellissante, elle est probablement arrivée en Nouvelle-Calédonie le 9 novembre 1876, à bord du « Sumroo », qui avait 46 transportées à bord. C'était un trois-mâts barque de 582 tonneaux[46]. Durant la période 1874/1886, remarque Barbançon (2003, p. 335), les femmes sont transportées sur d'autres bateaux que les hommes. D'abord incarcérée au bagne de Bourail, Bellissante épousera le 24 juillet 1880, à 31 ans, – très certainement une nouvelle fois contrainte, sinon forcée –, Léopold Onfray, bagnard originaire de Condé-sur-Noireau, dans le Calvados, où il était terrassier (il sait lire et écrire). La « cérémonie » a lieu dans le cadre du bagne, les témoins sont deux surveillants et deux sergents du 3e régiment d'infanterie de marine présent à Bourail. Embarqué le 25 janvier 1870 pour la Nouvelle-Calédonie sur la frégate « La Sybille », Onfray sera un temps « fatigant », c'est-à-dire prisonnier « qui va à la fatigue », employé hors du bagne aux travaux du port (Littré). Son profil est plus classique que celui de Charles Ravey, qui a commis un crime passionnel. En effet, les mentions portées sur son dossier montrent qu'il avait d'abord été condamné à une semaine de prison pour vol, avant de l'être pour meurtre. Le document indique un certain nombre de signes particuliers :

> Légère Cce au coin de l'œil gauche, traces de vaccin au bras droit, Cce à la saignée, tatoué d'un buste de femme nue, plusieurs scènes à la main, Cce à la main gauche, tatoué d'un charlatan [sic], d'une femme, du mot héloïse [sans majuscule], d'un perroquet, d'une tête de cochon, d'une tête de nègre, sur la main d'une colombe, au dessus de l'indicateur [l'index] d'une colombe, d'une ancre, près du pouce d'un cœur, d'une étoile, plusieurs Cces sur la main, Cce à l'indicateur, tatoué sur la jambe d'une tête, Cces sur le dos et aux fesses.

L'union de Bellissante et de Léopold, si l'on peut être absolument certain qu'elle ne fut en rien la conséquence d'une passion amoureuse, aura permis aux deux « transportés » d'échapper, pour un temps, à l'enfermement. Au moins en ce qui concerne Onfray, l'amélioration sera relativement courte, puisqu'il sera dépossédé en 1887 de la concession qui lui avait été octroyée en 1879. Quant à Bellissante, elle sera « libérée » en 1886, et il ne semble pas qu'elle ait encore vécu avec Onfray après cette date. Le dossier d'Onfray indique curieusement qu'il est « célibataire » lors de son décès survenu à l'île Nou en 1913. En 1893, il avait obtenu une nouvelle concession à Fonwhari, près de La Foa.

***

Comme le rapportait le médecin de marine Gaston Nicomède en 1886, la plupart du temps, les unions avaient lieu entre forçats condamnés à de très longues peines, voire à la perpétuité. La « transportation » se faisait en principe à la demande des intéressées, qui étaient recrutées dans les prisons françaises par

46 François Jouison, « Les voiliers au long cours », <http://variamarine.free.fr/arm_1881.htm>.

une inspectrice pénitentiaire, qui, selon Nicomède « leur promet merveilles ». Sans doute, l'inspectrice faisait-elle de la Nouvelle-Calédonie – ou elle n'était très probablement jamais allée – un tableau idyllique, comparable à celui brossé lors d'une conférence par Léon Moncelon, délégué au conseil supérieur des colonies :

> Ces misérables [forçats] furent, dans le principe, exilés en Guyane, mais ils y mouraient trop ; et la France, toujours compatissante, toujours bonne mère pour tous ses enfants, assura leur existence sous un climat charmant, jamais trop chaud, ni jamais froid, dans le pays le plus sain de la terre... Non, je commets une erreur : on meurt encore quelquefois sur la grande terre, tandis qu'à l'Ile des Pins, située à dix lieues dans le sud, on vit éternellement, et c'est pourquoi on a installé là un asile pour les invalides et les vétérans des bagnes ! Ils y vivent en paix, ces bons vieillards, se félicitant des hauts faits qui leur valent cette retraite ! (1885, p. 12)

Les « volontaires » sont emmenées à Bordeaux et embarquées ; le voyage dure au moins 3 mois. Les bagnardes sont surveillées par des religieuses de l'ordre de Saint-Joseph de Cluny. Le premier mariage, à Bourail, a lieu en 1871. Les prisonnières sont d'abord internées au *Couvent*, qui porte ce nom pour la simple raison qu'il est administré par des Sœurs. En veine lyrique et littéraire, le Dr Nicomède écrit :

> Le Couvent de Bourail est une prison étrange, monstrueuse. On y a expédié les fleurs du mal, le dessous du panier des maisons centrales de France. [...] Malgré l'active surveillance des Sœurs, elles fument la « cigarette qui aveulit »[47], elles s'enivrent en gardant pendant plusieurs jours leur ration de vin. À la moindre querelle, elles s'invectivent dans le jargon des halles et des bouges. En attendant que par le mariage qu'on leur a promis, elles recouvrent la liberté de la débauche [sic], elles se livrent, dévergondées, au tribadisme et au saphisme le plus cynique [sic]. Le règlement les oblige à des travaux de couture ; mais elles ne travaillent que lorsqu'elles confectionnent leur trousseau. Elles sortent le dimanche pour aller à la messe, à l'Église du village, et le mardi, pour aller à la rivière laver leur linge. C'est dans ces sorties que les transportés qui ont obtenu l'autorisation de se marier, peuvent les voir et faire leur choix. Le futur frappe à la porte du Couvent, et informe les Sœurs de ses projets. Les Sœurs font venir la femme désignée, et leur ménagent une entrevue dans un kiosque situé en dehors de l'enceinte, à quelques pas de la porte du Couvent. Les Sœurs appellent cela : « faire parloir » ; en jargon de Bourail, on dit : « faire paddock ». Les entrevues ont lieu sous la surveillance des Sœurs. Le mariage est bientôt bâclé. Pour redevenir libres, les femmes qui ont une longue détention à subir, celles qui sont condamnées aux travaux forcés à perpétuité, épouseraient n'importe qui. (Nicomède, 1886, pp. 42-43)

47 Nicomède fait ici une citation littéraire. Il s'agit d'un passage de *Sapho*, d'Alphonse Daudet. Comme le signale Boschian-Campaner, « ces "vices" sont, pour les femmes, dans la littérature de cette époque, liés à la déchéance morale. On peut compter aussi au nombre de ces "topoï" celui de l'homosexualité féminine. » (2003, p. 38) On retrouve tous ces marqueurs et poncifs dans la prose du Dr Nicomède.

Tout le convoi est marié en moins de 3 mois. Les formalités sont réduites au minimum, l'autorisation des parents qui devait être obtenue dans une procédure normale, n'étant pas requise.

> Les autorisations arrivent en bloc ; les mariages auront lieu le lendemain. Dès le matin, le Couvent se remplit de mariées aux toilettes plus ou moins bruyantes ; le cortège se forme, précédé du classique violoneux ; on arrive à la Mairie, qui est simplement le logement de l'employé de l'administration pénitentiaire, qui remplit, à Bourail, les fonctions d'officier de l'état-civil. On les marie prestissimo : j'ai vu, en une fois, marier 26 couples, une seconde fois 23. Dès qu'un couple a fini à la Mairie, il prend le chemin de l'Église, où le curé de Bourail donne la bénédiction nuptiale. Après la cérémonie, les mariés et leurs amis s'en vont dans les cabarets faire la noce et dépenser les 150 francs que l'administration leur donne, ce jour-là. (*ibidem*, pp. 43-44)

Une discussion approfondie de cette question nous conduirait trop loin (il existe plusieurs autres ouvrages traitant du « Couvent » et des mariages à Bourail). Notons simplement que les 150 francs octroyés par l'administration constituaient bien souvent la motivation première des bagnards candidats au mariage, comme l'indique Brouilhet dans sa thèse de 1899 (pp. 50-51) : « Longtemps, les condamnés n'ont eu en vue que d'obtenir les 150 francs auxquels avait droit le ménage au jour de la célébration. La décision ministérielle du 16 janvier 1882 sur le régime des concessions, en outre du trousseau complet et des vivres pour trente mois qu'elle octroyait à la femme, accordait au mari un secours de 150 francs. Cette générosité facilitait même un calcul que pratiquaient assez fréquemment les concessionnaires. Arrivé au bout des 30 mois pendant lesquels l'administration lui avait fourni la nourriture sans avoir mis en culture le terrain qui lui avait été confié, le condamné formait une demande en mariage, et l'octroi des vivres pendant 30 nouveaux mois ajouté aux 150 francs reçus en espèces lui permettait de retarder le moment où il n'aurait plus d'autres ressources que le retour au pénitencier. » Comme la loi prévoyant ce subside de 150 francs date de 1882, il est possible que le couple Brenet-Onfray n'en ait pas bénéficié. Naturellement, vu les circonstances de ces unions, il arrivait fréquemment que les choses tournent mal, les épouses étant à l'occasion rouées de coups ou même assassinées par leur nouveau conjoint. Il est peu probable que Léopold Onfray ait fait partie de la catégorie des sentimentaux, décrits par Nicomède :

> Tous les maris de Bourail ne sont pas aussi farouches. La légende en représente quelques-uns passant leurs femmes sur leurs épaules au gué des rivières, pour que ces dames ne salissent pas leurs bottines avant d'arriver au village de Bourail. D'autres accompagnent leur moitié à Bourail le samedi soir, lui disent bonsoir, et la reprennent le lundi matin pour rentrer à la concession. (*ibidem*, p. 44)

La « fleur du mal »[48] de Blussans fut probablement vendue (ou louée) une première fois au chiffonnier Hippolyte Besançon ; elle fut cédée une seconde fois par la République de Mac Mahon et de Jules Grévy au bagnard Léopold Onfray, en vue de contribuer à la « mise en valeur » de la Nouvelle-Calédonie. Dans les deux cas, il est vraisemblable que personne ne lui aura demandé son avis ; on observera d'ailleurs que dans les mariages de bagnards calédoniens, c'étaient toujours les hommes qui prenaient l'initiative, venant en quelque sorte retirer une femme au guichet du *Couvent* – ce qui après tout ne faisait que reproduire trivialement une situation bien attestée en France métropolitaine à l'époque, la femme étant encore pour longtemps une mineure légale. À tout prendre, sans doute était-il tout de même préférable de tenter sa chance en Nouvelle-Calédonie, plutôt que d'être incarcérée à vie entre les quatre murs d'une prison centrale ; au moins à Bourail, on voyait le ciel et peut-être avait-on quelquefois, ne serait-ce que fugacement, l'impression d'être « libre ».

Fig. 9: *Sur les traces de Bellissante en Nouvelle-Calédonie, mars 2014.* Le « Couvent » de Bourail, construit entre 1871 et 1874. Il est probable que Bellissante s'y rendait le dimanche avec les autres transportées.

48 Selon l'expression du Dr Nicomède.

Fig. 10 et 11: *Sur les traces de Bellissante en Nouvelle-Calédonie, mars 2014.* L'église de Bourail (extérieur et intérieur) achevée en 1878.

Ce voyage en Nouvelle-Calédonie (île Nou, Bourail, etc.) s'inscrit dans une démarche inspirée de celles de Philippe Artières, et au-delà, de Carlo Ginzburg. Dans *Reconstitution. Jeux d'histoire*, Artières écrit : « Nous avons d'abord voulu pousser à l'extrême la relation étroite qui lie invariablement l'historien à son objet et aux acteurs du fragment du passé qu'il étudie : une familiarité voire une intimité. Quelques rares courants historiographiques – par exemple la *Micro storia* italienne, pensons à Carlo Ginzburg et le meunier Menocchio – ont encouragé un lien singulier entre l'historien et l'un des protagonistes de l'histoire qu'il investit [...]. » (2013b, p. 71) Cette trop brève excursion, suivie, à rebours, d'une visite à Blussans et à Froideconche – où nous nous sommes attardés au bord du canal, et dans les bois – nous a permis, certes bien imparfaitement, d'appréhender des univers presque incompatibles. C'est ici que les mots « adaptation » et « acclimatation » prennent tout leur sens, et que le terme « nomade » renvoie, s'agissant de Bellissante, à une dimension quasi fantastique. Il nous reste à écrire cette partie de l'histoire.

Fig. 12: *Le canal du Rhône-au-Rhin à Blussans et le chemin de halage, mai 2014.*

Fascination morbide des berges et économie psychologique du canal

Il serait certainement abusif de donner au canal du Rhône-au-Rhin un rôle vraiment actif dans cette affaire ; il n'en reste pas moins qu'il est beaucoup plus qu'un élément inerte du décor. Sur une partie de son parcours, il double le Doubs, entre Montbéliard et Besançon, dans l'étroite vallée, par endroits assez sauvage et encaissée entre des vallons boisés alternant feuillus et résineux. Le lit de la rivière est coupé ici et là par de petits barrages. Le finage n'est pas très différent de ce qu'il était au XIXe siècle ; la route est plus large, des prairies ont remplacé les champs cultivés. Le canal apporte une touche urbaine à cet ensemble, qui sans doute était beaucoup plus nette il y a un siècle et demi[49]. Plus qu'une rivière qui, depuis toujours, est intégrée au site et à laquelle on ne pense pas, il trace une ligne nette dans le paysage, qu'il urbanise et dans lequel il inscrit une brèche[50]. À l'époque, à Blussans et à L'Isle-sur-le-Doubs, il est sans doute, par son caractère relativement récent, et surtout par le trafic qu'il entraîne, considéré comme une voie de communication moderne qui relie des lieux éloignés : quotidiennement, les attelages des chalands parcourent le chemin de halage ; au port de L'Isle, on charge et on décharge les péniches. En outre, les accès en sont aisés : on n'a pas à affronter des berges instables et sujettes à éboulement ; aucune végétation, qui gênerait la traction exécutée au moyen de cordes de chanvre, n'est présente. Il est donc facile de s'y débarrasser d'un cadavre encombrant. Toutefois, si dans un contexte urbain il s'agit d'une solution logique, puisqu'il est difficile d'enterrer un corps, il n'en va pas de même à la campagne. C'est que le canal *s'impose* de façon tellement prégnante qu'il oblitère d'autres solutions qui, d'un point de vue strictement technique, auraient été plus efficaces. Il est perçu comme un lieu à part, ouvrant vers un ailleurs et n'appartenant pas pleinement au lieu qu'il traverse. Comme l'écrivait étienne Barth, le caissier de la société du canal du Rhône-au-Rhin, en 1873, « si l'on se place par la pensée sur le cours de la moyenne Saône, vers Chalon par exemple, on voit le fleuve descendre au midi vers le Rhône : on est sur le chemin de la Provence, de Marseille, de la mer. Au nord, par la partie supérieure de son cours et par son affluent, le Doubs, il semble s'avancer à la rencontre de la Meuse et des affluents du Rhin, l'Ill et la Moselle, dont il n'est séparé que par des plateaux d'un accès facile, au-delà desquels on descend vers la mer du Nord. »[51] (1873, p. 8)

Le canal construit une frontière symbolique, comme en témoigne ce « rêve » d'août 1993, relaté par Jaccottet, puisqu'à la voie d'eau sont associés des signifiés

49 Le canal restera inutilisé pendant un certain temps à la suite de la guerre de 1870, du fait de l'annexion de l'Alsace et donc de Mulhouse. Il sera ensuite mis au gabarit Freycinet de 1882 à 1921 entre Saint-Symphorien-sur-Saône et Strasbourg. Les désastreuses tentatives de mise à très grand gabarit, envisagées sous le gouvernement de Raymond Barre, ne verront heureusement jamais le jour (malgré une timide résurgence du projet en 2006) : outre l'absence de rentabilité eu égard au coût des travaux, ces modifications *défigureraient totalement et définitivement l'étroite vallée* et de ce fait, ruineraient le tourisme.

50 Le canal du Rhône-au-Rhin passe à Montbéliard. On disait, dans les années cinquante et soixante, qu'untel « habitait *au* canal », comme on aurait dit « il habite à la Petite Hollande », etc., faisant ainsi de cette zone urbaine excentrée un véritable quartier organisé le long de la voie d'eau.

51 On observera que cela rappelle furieusement les formulations de Nicolas Ledoux.

séparateurs et défensifs : bastions, barrière, poste de contrôle, soldats ou douaniers (s'exprimant dans une langue étrangère), et zone interdite :

> Dans une ville allemande où nous sommes venus pour quelque rencontre littéraire, des maisons basses au bord d'un canal. Comme je m'aventure seul plus loin, j'arrive dans un quartier presque désert où s'élève une très haute et belle église – haute comme celle de Trani, mais plus ample ; après quoi je me retrouve sur des sortes de terrasses, de bastions où il y a quelques personnes, dont l'une me hêle, d'une voix forte, par mon prénom. Ce sont des soldats, ou des douaniers ; il y a là une barrière, un poste de contrôle ; on me signifie, en allemand, que je me suis égaré dans une zone interdite. (1996/2014, p. 974)

Le tracé souvent rectiligne du canal, ses bords à pic, sa profondeur constante, les mécanismes complexes de ses écluses, son chemin de halage, en font un ouvrage d'art fascinant, et même obsédant, comme l'a bien vu Simenon au début de *La maison du canal* ; depuis le train, Edmée observe : « C'était déjà le crépuscule. On traversa des bois et un canal tout droit, si droit et si long qu'il en était obsédant. » (1933/2003, p. 443) Plus tard, installée dans la maison, après qu'un petit garçon a été tué au cours d'une altercation qui a mal tourné, « ce qui la hantait, c'était le bruit de l'eau qui, dans la nuit, reprenait sa place, et tout le jour elle avait sous les yeux les canaux argentés qui s'étiraient, rectilignes, dans la verdure pâle. » (*ibidem*, p. 510) Plus loin : « il lui semblait que toute cette eau du canal qui, d'embranchement en embranchement, de vanne en vanne, allait mourir en minces filets luisants dans les prés, était empoisonnée, car cette eau-là passait, limpide et bruissante, sur le petit garçon au béret rouge qui avait tant ri à force d'avoir peur. » (*ibidem*, p. 515) Et, de fait, l'eau domestiquée exerce souvent une fascination morbide, tant sur les candidats au suicide[52] que sur les meurtriers. Ainsi, en 1835, Félix Davin, auteur absolument oublié aujourd'hui (il mourut à 29 ans) avait publié un roman intitulé *Histoire d'un suicide, mœurs du Nord de la France*, dans lequel il décrit les tourments d'un personnage contemplant « les ruines de sa vie », envoûté par le canal de la Somme. Ce qui sauvera Théophile, c'est qu'au moment où il va probablement tenter d'en finir, une femme, qui se trouve être sa logeuse, se précipite dans l'eau, le ramenant brusquement à la réalité.

> [Théophile] contemplait seulement les ténèbres de son âme, les ruines de sa vie et l'anéantissement qui s'étendait comme une nuit épaisse sur tout son avenir. Le soir venu, [...] il côtoyait machinalement les bords du canal de la Somme, en suivant les lourdes ondulations des eaux devenues fangeuses, avec ce regard terne dont un autre eût envisagé une fosse ; et parfois s'il glissait sur la chaussée argileuse, il se laissait aller sur le gazon, sans résistance,

52 Ajoutons que la mémoire familiale [12] a gardé le souvenir d'une anecdote éclairante : un soir d'hiver, aux alentours de la première guerre mondiale, que les sœurs Monnin, Marthe (épouse d'Émile Bonnot) et Hélène, rentraient à pied à Voujeaucourt depuis Montbéliard, cette dernière, partiellement rejetée par sa famille (*cf.* chapitre précédent) eut une pulsion suicidaire, et dit : « Viens, Marthe, on saute dans le canal ! » Évidemment, Marthe l'en empêcha.

sans se détourner d'un pas de la pente rapide d'où un hasard inouï l'avait sauvé jusque-là. En un mot, l'affaissement de son existence morale avait tué en lui tout sentiment de l'existence physique. Tout à coup, dans le faubourg, il voit passer près de lui une forme blanche, puis un bruit sourd retentit dans l'eau du canal, puis les cris des mariniers éclatent de toutes parts sur les deux rives. Secoué en sursaut dans sa pesante atonie, il lève la tête, il regarde : partout autour de lui, c'est un mouvement extraordinaire, les habitans du faubourg se précipitent vers les deux bords du canal, des lumières courent sur tous les bateaux et projettent de longs reflets sur l'eau, où s'agitent en tous sens des hommes et des barques. Au milieu de clameurs qui résonnent confusément à ses oreilles il distingue enfin ces mots : « Une femme s'est jetée à l'eau ! » (1835, pp. 127-128)

Les psychiatres du XIXe siècle – pour nous en tenir à eux – se font l'écho de ce magnétisme de l'eau canalisée et des rivières navigables[53]. Ainsi, selon Brierre de Boismont :

61 individus, atteints de maladies plus ou moins graves, compliquées de folie, ont mis fin à leurs jours. Cette terminaison a été observée à la suite de couches, et sous l'influence du temps critique, etc. Une de ces femmes ne cessait de répéter : « Fermez donc la porte ! Comment, vous ne les voyez pas ? Ils vont m'assassiner. » *Ce qui la tourmentait le plus, c'étaient les prétendus reproches de son cousin qui l'accusait de s'être jetée dans le canal avec son chien pour avoir volé une petite chienne.* « Il y a, disait-elle, vingt ans que cela est passé, on n'en devrait plus parler. » (1865, pp. 223-224)

En 1870, Émile Le Roy, « médecin légiste du tribunal de Meaux », note dans une *Étude sur le suicide et les maladies mentales dans le département de Seine-et-Marne*, que « les eaux troubles et profondes de [la Marne] exercent sur ceux qui en habitent les bords, une sorte d'attraction » :

L'importance proportionnelle de la submersion dans l'arrondissement de Meaux, où elle passe avant la suspension [la pendaison], tient au grand nombre de cours d'eau qu'il renferme. Or, comme tous ceux sans exception, qui pensent au suicide, désirent ne pas souffrir, la submersion dans un cours d'eau important comme la Marne leur paraît offrir plus de chances d'une mort prompte et sans souffrances, que celle qui aurait lieu dans un puits, une mare ou une marnière. Combien ce trio funeste, formé de la Marne, du canal latéral à cette rivière et du Morin n'a-t-il pas englouti de victimes ! (1870, p. 109)

En 1883, Marandon de Montyel, dans une expertise psychiatrique, revient en longueur sur l'assassinat de la petite Henriette Barbey, jetée dans le canal de Bourgogne ; le portrait de la meurtrière réunit tous les *topoï* alors « à la mode » : prostituée, voleuse, morphinomane, amnésique, rusée, et, pour couronner le tout, « catholique unie à un protestant » :

[L'accusée] n'était pas seulement légère de mœurs, elle a été condamnée pour vol. Catholique unie à un protestant, elle s'est souvent servie avec ruse, intelligence et succès de cette

53 Pour avoir une vue plus complète des aspects *accidentels* des morts par noyade (au XVIIIe siècle), on peut se reporter à l'article de Catherine Denys (2000).

> différence de religions [...]. Henriette Barbey a été enlevée à onze heures du matin et jetée dans le canal de Bourgogne, vers dix heures et demie du soir ; [l'accusée] reconnut que seule elle avait enlevé la petite, seule elle l'avait conduite au canal, seule elle l'avait poussée dans l'eau, et immédiatement elle donna des détails sur ses habitudes morphinomaniaques : « J'ai pris, dit-elle, le goût des injections de morphine il y a deux ans à l'hôpital. [...] Quand dans la matinée du 30 juin, j'ai appris que la petite avait été trouvée noyée dans le canal, je croyais rêver en me rappelant ce que j'avais fait la veille. » (1883, pp. 667-702)

Au plan romanesque, on trouve une illustration très remarquable dans *Le Crime de Quinette* (1932), second volume des *Hommes de bonne volonté*, dans lequel Jules Romains décrit la minutieuse préparation d'un meurtre qui sera perpétré par le relieur Quinette. Ce dernier est accompagné de l'imprimeur Leheudry ; ils longent le canal Saint-Martin, « lieux obscurément favorables [qui] le troublaient d'une certaine promesse voluptueuse » :

> De loin en loin, un réverbère puissant répandait sur le quai une lumière déserte, couleur de sable. Mais cette même lumière, en retombant le long des berges sur l'eau du canal, allait y faire des miroirs huileux et des gouffres. [...] Quinette n'éprouvait plus de colère. Ces lieux lui semblaient obscurément favorables, lui faisaient battre le cœur, le troublaient d'une certaine promesse voluptueuse, comme les lieux consacrés à l'amour charnel troublent par leurs émanations et leur décor le novice qui vient d'y entrer. [...] « Son pied peut buter contre un pavé. Son pied peut se prendre dans un anneau. Comment se retiendrait-il ? À peine un tour sur lui-même. De préférence aux abords d'une écluse. Chute à pic. Un gros floc dans l'eau... »
>
> Mais Leheudry marche assez adroitement, évite les obstacles. Il sera difficile qu'il trébuche tout seul. Sait-il nager ? Ses vêtements le gêneraient. L'eau est froide. Il y a des endroits où le canal est encaissé. Une muraille lisse. En vain les mains s'écorcheraient dessus. Et il faut continuer à nager. On pousse un cri, mais qui manque de souffle. (2003, pp. 284-285)

Quinette renonce provisoirement à mettre en œuvre son entreprise ; le lendemain, il est convoqué au commissariat et engage la conversation avec un inspecteur qu'il fait parler de ses affaires. L'inspecteur évoque le canal, qui ne semble finalement pas être la solution idéale ; Quinette s'orientera donc vers les carrières de Bagnolet.

> [L'inspecteur] [...] une fois, on m'a fichu dans le canal [...]. Exactement à la hauteur de la rue des Ardennes. À dix mètres du pont du chemin de fer. Dans l'ombre du pont. Vous pensez que je n'ai pas oublié.
>
> – [Quinette] C'est un quartier terrible par là ?
>
> – Tout le canal est dangereux, surtout à partir d'une certaine heure.
>
> – Vous avez pu vous en tirer ?
>
> – Je nage assez bien. Mais ce n'est pas ce qui m'aurait sauvé, vêtu comme j'étais, et étourdi par un coup de poing... J'ai eu une chance inouïe. Je suis allé tomber sur un canot à moitié submergé. J'aurais fini de l'enfoncer ; mais il était retenu par une corde. [...]
>
> – Une chose qui m'étonne, c'est qu'il n'y ait pas plus de gens qu'on jette dans le canal. Cela semble si facile.
>
> – On en jette tout de même quelques-uns.

– Pas tellement, d'après ce qu'on peut lire ; à moins qu'il y en ait qu'on ne retrouve pas. Qu'en pensez-vous ? Est-ce que le canal rend tous les cadavres ?
– On prétend que oui. Mais un peu dans le même genre, j'ai eu une émotion encore pire que celle-là. Dans les carrières de Bagnolet. Vous connaissez ? (*ibidem*, pp. 288-289)

Quant à la presse quotidienne, elle rapporte régulièrement des faits divers que les journalistes n'hésitent pas à lourdement dramatiser, dans lesquels un canal sert « d'arme du crime », d'instrument du suicide, ou d'endroit où l'on se débarrasse d'un corps. Un sondage dans *Le Rappel* fournit de nombreuses attestations ; nous en reproduisons quelques-unes, parmi les plus significatives :

20 septembre 1872 : Avant-hier matin, à la suite d'une violente scène qu'elle eut avec son amant, Julie Croisier s'enfuit de son domicile avec l'intention de n'y plus retourner. Vers six heures du soir, Richard traversait le quai Jemmapes, quand il aperçut sa maîtresse. Dans sa précipitation à la rejoindre, il glissa sur le bord du trottoir et roula sous les roues d'un camion lourdement chargé. Le malheureux qui était ivre n'eut pas la force de se relever et eut la tête écrasée. La mort fut instantanée. À la vue de Richard qui s'élançait vers elle, *Julie Croisier, décidée à mourir plutôt que de le subir davantage, était descendue sur la grève d'où elle s'était jetée dans le canal.* Plusieurs mariniers s'étaient mis aussitôt à sa poursuite et furent assez heureux pour la retirer de l'eau saine et sauve.
13 mai 1883 : À sept heures et demie du soir, des mariniers ont retiré du canal, en face du quai Jemmapes, le cadavre d'une jeune fille qui, deux heures auparavant, *s'était jetée dans le canal.* Il a été impossible d'établir son identité.
28 octobre 1885 : [La « gentille petite bonne, un peu légère » relate son aventure au tribunal] : Ce jour-là, en pleine rue, il me reprocha d'avoir dit du mal de lui à un de ses camarades, et même il m'a donné une claque ; mais j'ai riposté d'un coup de bidon que je tenais à la main. Après ça, nous avons continué notre chemin jusque sur le quai Valmy. Arrivés là, *il m'a prise par la taille et m'a fait passer par-dessus la chaîne qui sépare le quai de l'eau, m'a portée tout à fait au bord et, d'un grand coup de pied, il m'a envoyée dans le canal.* Sans un monsieur qui m'a tendu la main, j'étais bien noyée.
15 novembre 1887 : Suicide par amour. — Chalon-sur-Saône, 13 novembre. — Lucie M., âgée de dix-sept ans, domestique à Saint-Gilles, *s'est jetée dans le canal par dépit d'amour.* Elle aimait un garçon boulanger.
Jeudi 27 février 1902 : Pantin. Désespérée des reproches que lui adressaient ses parents, demeurant route de Flandre, Mlle Marie Maudit, 16 ans, *s'est précipitée dans le canal de l'Ourcq.* Elle a pu être repêchée vivante par le marinier Fortier.
18 février 1905 : La Cour d'assises de Meurthe-et-Moselle vient de juger les nommés Schnapp et Senzer, sujets autrichiens, qui en décembre 1903, après avoir tué dans une chambre à Nancy un marchand de bijouterie de nationalité russe, le sieur Horovitz, âgé de 53 ans, *avaient transporté le cadavre sur une charrette et l'avaient jeté dans le canal.*

Outre l'affaire de Blussans, en 1875, le canal du Rhône-au-Rhin fait parler de lui assez souvent, à la même rubrique des faits divers. Nous avons retenu deux extraits de presse de 1883 et de 1933, parce qu'ils rapportent un meurtre et un double suicide ayant eu lieu à proximité de Blussans :

Le Petit Journal du 1er octobre 1883 : « Besançon, 29 septembre. On s'occupe beaucoup de la disparition de M.B… entrepreneur à la Prétière, qu'on n'a plus revu depuis un jour où il

s'était rendu à Colombier, pour affaires. Des traces de sang ont été remarquées sur le pont du chemin de fer qui traverse le canal entre Blussans et l'Isle-sur-le-Doubs, et des coups de feu ont été entendus le soir dans cette direction. On suppose que le malheureux entrepreneur, qui était porteur d'une somme assez importante, aura été assassiné, volé, et jeté dans le canal ou dans le Doubs. Les recherches se poursuivent dans la rivière. »
Le Populaire du 19 septembre 1933 : « Pris de remords deux amants se suicident. Besançon, 18 septembre. Charles Grauer, 34 ans, père de quatre enfants, demeurant à Audincourt, et Yvonne Lecureux, 21 ans, qui travaillaient à Valentigney, dans la même usine, entretenaient des relations très intimes. Il y a quinze jours, les deux amants s'enfuyaient à Marseille, mais Grauer, pris de remords, écrivit à sa femme pour implorer son pardon et réintégra le domicile conjugal. Yvonne Lecureux le suivit. Après une explication, les deux amants décidèrent de se tuer. Ils se jetèrent dans le canal du Rhône au Rhin, où leurs cadavres ont été découverts aujourd'hui. »

Déterminants culturels profonds

> Chassés des hameaux, des villages, / Nous errerons dans la nuit noire. / Sur la berge des marécages / Nous nous arrêterons pour boire. / Il nous faudra marcher sans trêve, /
> Tomber, nous relever toujours. / Il faudra poursuivre nos rêves / Sans répit, jusqu'au dernier jour.
> Et nous irons jusqu'à la rose, / Et nous irons jusqu'à l'étoile.
>
> Michel Buhler, « Jusqu'à l'étoile », 2008, p. 28.

Au-delà des conditionnements sociologiques et de leurs correspondances littéraires, on peut mettre en évidence des déterminants culturels beaucoup plus profonds : tout d'abord, les Tsiganes (ou Manouches, Romanichels[54], etc.) ne constituent pas la seule minorité stigmatisée. Les juifs ont connu les mêmes problèmes. Ainsi, dans les situations de transgression de l'ordre, comme le Carnaval, dans lesquelles on mettait en scène des personnages marginaux et ordinairement rejetés par la société, il était fréquent que l'on trouve côte à côte juifs et Tsiganes. C'est ce que montre Martine Boiteux pour le Carnaval romain du XVIe au XVIIIe siècle : « Sur la scène, [observe Boiteux] le juif se trouve en compagnie [...] de la zingara, gitane, bohémienne, présentée parfois comme juive, qui fréquente tout particulièrement la ville en cette période de disponibilité. » (1976, p. 779) En Alsace, beaucoup de juifs pauvres exerçaient exactement les mêmes métiers que les Sinti ou les Yéniches et étaient colporteurs, marchands itinérants, ferrailleurs. Freddy Raphael rappelle que « nombreux sont les juifs qui [au XIXe siècle] se livrent au colportage, à la friperie, à la brocante et au ferraillage. Dès

54 Le terme « Romanichel » est nettement plus récent (on en trouve de nombreuses attestations à partir de la fin du XIXe siècle) et presque sans exception employé dans un contexte dépréciatif.

que la lumière de "Havdalah", qui marque la clôture du "Shabbat", s'est éteinte, le colporteur reprend son habit de tous les jours et son ballot, et se met en route. [...] Les colporteurs arpentaient les rues des villages en criant "Nix tse handle ?" ("Rien à vendre ?"). Tel juif pauvre achetait les rayons des ruches pour fabriquer de la cire. D'autres vendaient du savon et des bougies. Le "Schnierjud" proposait des ficelles. Une famille portait le surnom de "Die Esseljéd" ("les juifs à l'âne") parce que le père allait de village en village avec une vieille carriole brinquebalante tirée par un âne. Il proposait des casseroles et autres ustensiles de ménage en échange de vieux chiffons. [...] Parfois les colporteurs plantaient leur mètre en bois dans leur balle de tissus ("Béndel") et la portaient sur l'épaule. [...] Ils allaient de maison en maison ("hùssiere") en proposant, dans leur panier, du fil et des aiguilles, quelques pelotes de laine. » (1980, pp. 228-229)

Comme les Sinti et Yéniches, les colporteurs juifs alimentent l'imaginaire populaire du nomade prêt à tout ; on menaçait d'ailleurs « les enfants désobéissants de les donner au "Juif" pour qu'il les emmène au loin. » (*ibidem*, p. 229) Il s'agit là d'un motif classique, que l'on retrouve sous différentes formes, et où le « ravisseur » revêt des identités fluctuantes. Par exemple, à Ornon (Isère), selon un récit de la tradition orale, recueilli en 1959, « on menaçait les enfants d'un vieux colporteur bègue des Sables, nommé *Pontonnier*, qui parcourait la région avec une balle de mercerie. Il allait aussi faire dire des messes à Notre-Dame de la Salette, avec l'argent que lui remettaient les personnes qui ne pouvaient le faire elles-mêmes. » (Joisten, 2005, p. 162) À Saint-Paul-les-Monestier (Isère, 1961), « on dit aux enfants : – Le *pattier* t'emporte ! Je te donne au *pattier* [chiffonnier]. » (*ibidem*, p. 309) S'agissant du « juif », on peut citer un conte arabe, recueilli et traduit par Guillaume (Wilhelm) Spitta-Bey : « Histoire du musicien ambulant et de son fils » : « Le fils du musicien rentra de l'école à midi. Il vit que sa mère retirait la poule de la casserole [...] "Donne-m'en un morceau, ma mère." Elle lui dit : "Tais-toi, cela ne nous appartient pas." Alors il saisit le gésier de la poule et le mangea. Sur ce une des esclaves lui dit : "Mon maître, fuis de ce lieu-ci, parce qu'autrement le juif viendra te prendre, ouvrira ton ventre et en retirera le gésier". » (1888, p. 114)[55] Plus près de nous, on pense aussi à *La guerre des boutons* (1912, pp. 145-146), roman dans lequel Louis Pergaud évoque le *pattier* et l'associe de façon très péjorative à l'image du juif :

> Tous les mois le *pattier* s'amène sur la levée de grange de Fricot et les femmes lui portent leurs vieux chiffons et leurs peaux de lapins ; moi je lui donne des os et de la ferraille, les Gibus aussi, pas vrai, Grangibus ?

55 Un des intérêts majeurs de ce recueil est, comme le note Spitta dans sa préface, qu'il s'agit d'une transcription et d'une traduction très fidèles du récit oral, qui ne modifie, ni « n'embellit » rien. Spitta est par ailleurs l'auteur d'une grammaire de l'arabe.

- Oui, oui !
- Contre ça il nous donne des images, des plumes dans un petit tonneau, des décalcomanies ou bien un sou ou deux, ça dépend de ce qu'on a ; mais il n'aime pas donner des ronds, c'est un sale grippe-sou qui nous colle toujours des saloperies qui ne décalquent pas, contre de bons gros os de jambons et de la belle ferraille, et puis ses décalcomanies ça ne sert à rien. Il n'y a qu'à lui dire carrément selon ce qu'on porte : Je veux un rond ou deux, même trois, s'il y a beaucoup de fourbi. S'il dit non, on n'a qu'à lui répondre : Mon vieux, t'auras peau de zébi ! et remporter son truc ; *il veut bien vous rappeler ce sale juif-là*, allez !

De façon similaire, les Bohémiens sont accusés de détruire les récoltes, d'empoisonner des fruits, d'enlever les enfants[56]. Désiré Nisard[57] s'inscrit dans cette veine xénophobe et raciste :

Les petits enfants en ont grand'peur, parce qu'on les a souvent menacés des Boumians. Les mères qui leur font ces menaces, pour apaiser leurs cris, en ont plus peur encore, car les Bohémiens passent pour enlever les enfants. [...] Dans les jours de foire, ils sont tour-à-tour marchands, maquignons, mendiants et saltimbanques. Les jeunes filles, aux grands yeux bruns et lascifs, au visage cuivré, pieds nus, la robe coupée ou plutôt déchirée jusqu'aux genoux, dansent devant la foule, en s'accompagnant d'un bruit de castagnettes qu'elles font avec leur menton. Ces filles, dont quelques-unes ont à peine seize ans, n'ont jamais eu d'innocence. Venues au monde dans la corruption, elles sont flétries avant même de s'être données, et prostituées avant la puberté. (1855, p. 157)

Dans un poème intitulé « La Bohème qui passe », Auguste Barrois, auteur tombé dans un parfait oubli[58], donnait en 1888 une version haineuse – véritable appel au meurtre – des Bohémiens, en *fuite* (et non itinérants ou nomades) destructeurs de récoltes, évidemment voleurs d'enfants, anathématisés : « *Debout ! les paysans en chasse !* [...] race *proscrite* [...] *toujours en fuite, / Comme Caïn sous l'œil de Dieu* [...] Les chemins en sont *infestés*, etc.

Debout ! *les paysans en chasse* !
Sauvez la récolte des champs !
Mères, veillez sur vos enfants,
Voici la bohème qui passe !
Il est une *race proscrite*
Qui n'eut jamais ni feu ni lieu ;
Toujours marchant, *toujours en fuite*,
Comme Caïn sous l'œil de Dieu.

56 Voir *diffusion des croyances et réseaux* [8].
57 On ne confondra pas Désiré avec son frère Charles, spécialiste de l'argot, quoiqu'également censeur de la littérature de colportage.
58 Il est cité *en note* dans un article assez ancien de l'historien Paul Gerbod (1982, p. 423), consacré à l'éthique héroïque entre 1870 et 1914. Barrois était donc probablement très impliqué dans la glorification du soldat et dans l'idéologie de la « revanche », et proche des droites les plus conservatrices.

Les bohémiens *errent par bandes* ;
Les chemins en sont *infestés*.
On conte de sombres légendes
Sur ces vagabonds redoutés.
[…]
Malheur à l'enfant qui s'égare
Dans les sentiers, loin des hameaux ;
Le bohémien, rôdeur barbare,
L'enlève malgré ses sanglots !
Il va grossir la bande altière
De ces héros du grand chemin,
Et courir à travers la terre,
Sans espoir et sans lendemain !
[…] (1888, pp. 43-44)

Il arrivait d'ailleurs que la réalité dépasse la fiction, comme le montrent les trois extraits que nous reproduisons, provenant respectivement d'un « compte rendu » de *La Lanterne* du 12 février 1905, intitulé *« Une chasse à l'homme »*, d'une brève du *Rappel*, daté du même jour et d'un article du *Journal des Débats*, du 24 février.

[1] *À la poursuite d'un romanichel.* – Tué par des paysans. Moulins, 10 février. – Depuis deux jours, les brigades de gendarmerie de Moulins traquaient aux environs de Villeneuve-sur-Allier, le nommé Pierre Demettry, âgé de trente-huit ans, chef d'une tribu de romanichels, condamné par contumace par la cour d'assises d'Annecy pour meurtre, aux travaux forcés à perpétuité. Sur le point d'être arrêté, dans une roulotte où il était couché, Demettry avait fui, l'avant-dernière nuit, et réussi à franchir le cordon de gendarmes établi autour du campement de la caravane. Pourchassé par la gendarmerie de Dornes, et par les paysans des environs, Demettry revenait cet après-midi à Villeneuve-sur-Allier ; il était aussitôt l'objet d'une nouvelle poursuite. Cette chasse à l'homme dura plusieurs heures. Tout à coup, des paysans qui s'étaient joints aux gendarmes aperçurent Demettry et tirèrent plusieurs coups de fusil. Le romanichel roula à terre : atteint à la poitrine et à la cuisse, il a succombé aussitôt. Le parquet s'est rendu sur les lieux.

[2] *La loi de Lynch* – […] Sur le point d'être pris dans sa roulotte, Demettry avait sauté par une fenêtre et avait pris la campagne. Il avait de bons limiers sur ses traces, et, au bout de quelques heures de course, il était sur le point d'être forcé. Pourtant, il retrouvait un peu de vigueur et repartait de plus belle. Tantôt on le perdait de vue, tantôt il reparaissait sur un talus. Soudain, il « boula » comme un lapin de garenne. Il venait de recevoir deux coups de fusil. Les paysans de Villeneuve-sur-Allier venaient de trouver, sans fatigue d'imagination, le problème d'arrêter un condamné dont les jambes sont plus « vites » que celles des gendarmes. Cette solution est peut-être moins nouvelle que sauvage. Le lynchage ne sévit point seulement dans les pays dénués de vraie civilisation. Il est seulement plus horrible dans un doux pays comme le nôtre. Quelle infamie qu'une si sommaire satisfaction donnée à la vindicte publique. Quel affront infligé à la justice par la féroce fantaisie de paysans surexcités. Le jury avait condamné le chemineau aux travaux forcés ; le premier venu le condamne à mort. C'est à désespérer de jamais faire entrer une pensée d'équité et d'humanité dans certaines cervelles.

[3] *Une chasse à l'homme* – Une chasse à l'homme d'une sauvagerie inouïe vient de se dérouler dans les environs de Moulins. Un romanichel, nommé Demettry, qui avait été condamné aux travaux forcés à perpétuité pour meurtre, battait la campagne, fuyant devant les gendarmes et les gardes-champêtres lancés à ses trousses. Avant-hier, acculé de toutes parts, il se jeta dans un bois taillis dépendant du château de Baleine, commune de Villeneuve. En cet endroit, la chasse à l'homme reprit avec plus d'acharnement que jamais. Gendarmes et paysans se précipitèrent aux trousses du fugitif qui, haletant, couvert de sueur et d'écume, et ruisselant du sang qui s'échappait des blessures qu'il s'était faites en traversant les fourrés épineux, faisait des bonds prodigieux et des voltes fantastiques chaque fois que le poitrail d'un des chevaux des gendarmes allait le heurter et le terrasser. De toutes parts, des coups de feu partaient, tirés par les paysans, impatients de voir prendre fin à cette poursuite émouvante. L'homme fut atteint à trois reprises, à la fesse, à la cuisse gauche et au côté droit de la poitrine. On le vit battre l'air de ses bras, tournoyer un instant sur lui-même et s'abattre sur la pelouse du taillis. On accourut auprès de lui ; il était sans connaissance et, quelques minutes plus tard, il succombait. Le médecin de l'état-civil qui a examiné le cadavre a déclaré que « Demettry avait dû probablement succomber à une syncope causée par l'état d'épuisement suraigu dans lequel il se trouvait ! » On l'a enterré aussitôt dans le cimetière de Villeneuve.

Le texte de *La Lanterne* ([1]) n'émet aucun blâme à l'encontre des paysans qui ont abattu un « romanichel » fugitif à coups de fusil ; cela montre à quel point le stéréotype du voyageur comme « individu nuisible » était engrammé, tant dans les représentations des journalistes, des politiciens, que dans celles de l'homme de la rue, au point qu'il ait pu paraître normal de mettre à mort un fuyard désarmé. Le journaliste du *Rappel* ([2]) est nettement plus critique, puisqu'il intitule sa contribution « La loi de Lynch » et s'indigne *in fine* du sort réservé à Pierre Demettry[59] : les villageois ne disposaient en effet d'aucune légitimité institutionnelle, sinon d'avoir très probablement été encouragés par les pandores locaux, à qui ils facilitaient la tâche, étant d'excellents connaisseurs du terrain. Les villageois s'arrogent le droit « d'exécuter » – il vaudrait mieux dire *d'assassiner* le fuyard –, infligeant une sanction qui n'avait pas été ordonnée par la Cour d'assises. On observera néanmoins qu'aussi bien dans [2] que dans [3], c'est le *vocabulaire cynégétique* qui est employé pour rendre compte des faits. Même si ces effets de style sont utilisés par les journalistes dans un but contrastif, soulignant ainsi l'inconscience et l'absence « d'équité et d'humanité » des villageois, il n'en reste pas moins que la victime est assimilée à du gibier – un « lapin de garenne » pour *Le Rappel*, et bien qu'aucune précision lexicale ne soit apportée par l'auteur du texte du *Journal des Débats*, le contexte laisse penser qu'il s'agit d'un cervidé pris dans une chasse à courre, où les gendarmes tiennent le rôle des cavaliers et les paysans celui des rabatteurs et de la piétaille exécuteurs des basses œuvres : « [le fugitif] haletant, couvert de sueur et d'écume, et ruisselant du sang qui s'échappait des blessures qu'il s'était faites en traversant les fourrés épineux, faisait des bonds prodigieux et des voltes

59 Le patronyme « Demettry » est vraisemblablement une adaptation francisée d'un « Dimitri », renvoyant ainsi à des origines ethniques, peut-être lointaines, d'Europe orientale.

fantastiques chaque fois que le poitrail d'un des chevaux des gendarmes allait le heurter et le terrasser. » Le journaliste des *Débats* ([3]) conclut ironiquement – la présence du point d'exclamation (maladroitement placé dans la typographie du journal à l'intérieur des guillemets) est à cet égard significative – en observant que « le médecin de l'état-civil qui a examiné le cadavre a déclaré que "Demettry avait dû probablement succomber à une syncope causée par l'état d'épuisement suraigu dans lequel il se trouvait !" », alors qu'il a reçu du plomb à la fesse, à la cuisse, et surtout dans la poitrine. L'information est reprise par plusieurs autres journaux, et notamment par *Le Matin*, *L'Aurore*, *L'Ouest-Eclair*, *Le Temps*, *Le XIXe siècle*, et *L'Humanité*. Si *Le XIXe siècle* titre « La loi de Lynch » comme *Le Rappel*, *L'Humanité* du samedi 11 février 1905 se contente de présenter les faits de façon superficiellement neutre, ce qui montre que la vision réifiée des romanichels, bohémiens, etc., en tant qu'indésirables, dépasse très largement les clivages politiques.[60]

La peur mêlée de fascination qu'exerçaient les bohémiens, est clairement mise en évidence par Maurice Barrès, dans sa réponse au discours de réception de Jean Richepin à l'Académie française[61], le 18 février 1909 : « Nous avons tous au fond de nos cœurs l'instinct secret, la peur, le sentiment qu'une malédiction pèse sur ces vagabonds. Ils nous font peur autant qu'ils nous attirent. Ce sont des frères du Juif Errant, de cet homme sans abri, sans famille, sans société qui représente pour l'humanité moyenne la souffrance par excellence. » Une cinquantaine d'années auparavant, l'archiviste Paul Bataillard (1849, pp. 11-12) avait publié un ouvrage dans lequel il évoquait déjà cet anathème pesant sur les bohémiens qui traverse la littérature romanesque, critique et journalistique : « Symon Siméon raconte que, visitant l'île de Chypre en 1332, il y rencontra "une race de gens qui suivaient le rite grec et qui se disaient de la famille de *Chaym*. Cette race, ajoute-t-il, ne s'arrête presque jamais dans un lieu quelconque au-delà de trente jours ; mais, toujours errante et fugitive, comme si Dieu l'avait maudite, au bout de trente jours elle décampe, à la manière des Arabes, avec de petites tentes oblongues, noires et basses, courant çà et là de caverne en caverne, à cause que le lieu où ils demeurent se trouve, au

60 La « loi de Lynch » est perçue par beaucoup, à la fin du XIXe siècle, comme une alternative intéressante à une justice défaillante, ou jugée laxiste ou corrompue. Ainsi peut-on lire dans un compte rendu d'ouvrage, publié en 1894 (p. 889) dans *La Réforme sociale. Bulletin de la société d'économie sociale et des unions de la paix sociale fondées par P. F. Le Play* : « Garofalo (R.), La loi de Lynch, p. 673-79 [à propos d'une dissertation favorable au lynchage, de Don José Gonzalez y Lanuza, professeur de droit pénal à La Havane. Défend très justement le principe de la loi de Lynch, qui prouve une énergie morale recommandable de la part d'un peuple dont la police et les institutions judiciaires sont corrompues. Il est fort rare que l'on ait à craindre une erreur judiciaire, le flagrant délit étant la condition première de l'exécution. Le lynchage montre au surplus que la défense sociale est la base même du droit de punir. On ne saurait en préconiser l'emploi dans tous les pays ; mais, si l'on savait s'en servir en Italie, la *Maffia* et la *Camorra* cesseraient bientôt le cours de leurs exploits]. »

61 <http://www.academie-francaise.fr/reponse-au-discours-de-reception-de-jean-richepin>.

bout du temps que j'ai dit, rempli de vermine et d'immondices qui le rendent inhabitable". » Dans un article du journal *Le XIX*e *siècle* daté du 19 Août 1884, on en vient même à comparer le choléra, qui menace alors l'Italie, au « bohémien maudit » : « Puisse cette pensée rassurer un peu certaine petite bourgade italienne de ma connaissance, où l'on en est venu à redouter de voir le bohémien maudit, le Zingaro, comme on appelle ici le choléra, dont tout fait peur, même le nom. »

Le poème de Barrois éveille en outre, de façon certes triviale, des échos renvoyant au « petit peuple » des récits oraux. Par exemple à Saint-Pierre d'Allevard (Isère), ce récit des fées voleuses de récoltes[62] et d'enfants, recueilli en 1958 par Charles Joisten, dans lequel on voit ces êtres surnaturels – on sait que le sexe des *fayes* et autres êtres sauvages est fluctuant – voler dans les champs, tenter d'enlever des enfants, et emprunter des sentiers connus d'eux seuls. Les paysans leur donnent la chasse « pour s'amuser et [les] effrayer] » et leur tirent des cartouches de sel :

> Les fayes venaient la nuit arracher des pommes de terre, pour se nourrir, au Baoudë, champ qui se trouve au-dessus du hameau de Charpieu [...] Les fayes cherchaient à changer leurs petits contre les enfants des hommes, pour régénérer leur race. [...] Pour protéger le bébé, on plantait autour du berceau de petits sabres de bois, de fabrication très rudimentaire, qu'elles prenaient pour des fusils, dont elles avaient très peur. En effet, il arrivait que, pour s'amuser et effrayer les fayes, des jeunes gens se cachent la nuit à proximité des sentiers qu'elles traçaient en passant toujours par les mêmes endroits et tirent en l'air – parfois dans les jambes – des cartouches de sel. (Joisten, 2005, p. 89)

De même, à Lavaldens dans le Valbonnais (*ibidem,* p. 247), ce récit des *carcari de Vaunoire* (recueilli en 1955) :

> Les carcari, nains malfaisants, habitaient à La Gorge, dans des cavernes, le long du ruisseau du Pallier, sous le Pont Ver, situé dans la montagne près de Lavaldens. On prétend qu'ils se logeaient dans des grottes qui leur permettaient d'arriver au village où ils venaient voler le linge et la nourriture pendant la nuit. D'autres nomades, ni petits ni grands, venaient l'été à Vaunoire. Ils arrivaient aux beaux jours avec de petits chevaux blancs. Ils s'installaient au fond de la vallée et de là rayonnaient autour en pillant et volant jusqu'aux génisses.

Sorcières, anthropophages, juifs et bohémiens

Marcel Schwob, qui avait travaillé aux archives nationales sur des documents du XVe siècle et sur la vie de Villon en particulier, avait publié un ensemble de contes

62 On notera que dans ce récit, les *fayes* ont soin de ne dérober que le strict nécessaire et de cacher autant que possible leurs larcins.

intitulé *Cœur double* (1891), dans lequel il consacrait quelques pages à l'histoire d'une bohémienne, « la Princesse du Caire ». Il ne faut évidemment pas chercher des faits « authentiques » – et pour cause – dans le *conte* « le "papier rouge" » ; ce qui en revanche est intéressant, c'est qu'on y repère les mêmes lignes de force que dans les récits oraux[63] et dans les autres documents que nous avons analysés. Soumise à la question, la Princesse « avoue » tout ce que l'on veut :

> Elle et ses gens avaient pillé « et robé » tous les bourgs du pays parisien, notamment le Montmartre et Gentilly. Ils parcouraient la campagne, s'établissant la nuit, en été, dans les foins, et en hiver dans les fours à chaux. Passant le long des haies, ils les « défleurissaient » c'est-à-dire qu'ils en ôtaient subtilement le linge qu'on y mettait à sécher. Le midi, campant à l'ombre, les hommes raccommodaient les chaudrons ou tuaient leurs poux [...]. La princesse du Caire faisait mettre à sac les poulaillers, emporter la vaisselle d'étain des hôtelleries, creuser les silos pour prendre le grain. Dans les villages d'où on les chassait, les hommes revenaient, par son ordre, la nuit, jeter la « droue » dans les mangeoires, et dans les puits des paquets noués avec du « drap linge » gros comme le poing, pour empoisonner l'eau. (1891, pp. 188-189)

L'abbé Grégoire dans son courageux *Essai sur la régénération physique, morale et politique des juifs* (1788/1789) remarquait, pour le dénoncer vigoureusement, que les juifs avaient eux aussi été accusés d'empoisonner les fontaines et les sources ; on observera que le *modus operandi* est exactement le même que celui que l'on attribuait aux bohémiens (« paquets d'herbes ou des mixtions pestiférées ») :

> Mais les Juifs, nous dit-on, empoisonnaient les fontaines, correspondaient provisoirement avec les Sarrasins, immolaient des enfants chrétiens, outrageaient les saintes hosties, etc. Remarquez d'abord que profanation, impiété, sacrilège, sont des termes relatifs ; leur application dépend des principes religieux de chaque homme. [...] L'empoisonnement des fontaines par des paquets d'herbes ou des mixtions pestiférées forme une accusation bien plus absurde ; car enfin, pour commettre des crimes, il faut des motifs et l'espoir d'un succès ; il en faut même à l'atrocité la plus stupide. Et quel succès pouvaient espérer les Juifs, en empoisonnant, je ne dis pas le Rhin et le Danube, comme on l'a si ridiculement avancé, mais les sources qui se renouvelaient constamment, où l'on puisait journellement, où ils puisaient eux-mêmes ? (1789, pp. 18-21)

L'identité entre juifs et bohémiens est encore postulée par Collin de Plancy dans son *Dictionnaire infernal* (1844, pp. 93-94) ; il soutient que les juifs qui avaient été accusés d'empoisonnement des puits et des fontaines se seraient cachés durant 50 ans : « On croit que ce sont eux qui ont creusé ces vastes cavernes qui se trouvent encore en Allemagne. [...] pendant leur demi-siècle de solitude, ils avaient étudié les divinations et particulièrement l'art de dire la bonne aventure par l'inspection de la main [...]. Cependant, la fureur contre les juifs s'était apaisée ; ils furent admis de nouveau dans les villages, puis dans les villes. Mais il resta toujours de ces bandes vagabondes qui continuèrent la vie nomade [etc.]. »

63 En aucun cas il ne faut lier ces récits oraux, dont la profondeur est immémoriale, à des faits historiques précis, erreur pourtant très fréquemment commise.

Cela confirme, s'il en était besoin, que le mythe est extrêmement bien enraciné dans les représentations. Il est en effet improbable que Collin ait été conscient qu'il rapportait des rumeurs. Dans les dernières années du XIXe siècle, on relève les mêmes accusations, dans l'ouvrage d'un ancien magistrat, Charles Desmaze (1888, p. 54) : « Quelquefois les Bohémiens endorment leurs victimes d'avance désignées, en jetant dans les aliments ou la boisson des narcotiques, notamment du *datura stramonium.* »

Carlo Ginzburg a clairement montré que toutes ces accusations, qui trouvent une de leurs sources en 1321, reposaient sur des rumeurs et sur des preuves fabriquées de toutes pièces. Les juifs, qui auraient été associés aux rois musulmans de Grenade et de Tunis, étaient accusés d'avoir demandé aux lépreux de leur prêter assistance dans l'empoisonnement des puits et des fleuves. Il s'agissait en fait d'un complot ourdi conjointement par les pouvoirs laïcs et ecclésiastiques dont l'objectif était d'organiser la relégation définitive des lépreux d'une part et le massacre des juifs d'autre part. Ginzburg souligne qu'au-delà de ces terribles événements, qui l'inaugurent, c'est « la séquence *lépreux/juifs – juifs/sorcières – sorcières* qui ressort de cette reconstruction. [...] La naissance de l'image de la secte de sorcellerie qui se greffe sans la remplacer sur celles de l'enchanteur et de la sorcière isolés doit être considérée comme un chapitre – destiné à une grande fortune – de la ségrégation ou de l'expulsion des groupes marginaux qui caractérisent la société européenne à partir du XIVe siècle. » (1984, pp. 342-343) De ce fait, qu'elle soit jeune ou vieille, la bohémienne est régulièrement associée à la figure de la *sorcière*. Le long poème de Jules Canonge, poète de l'ordre moral, intitulé « l'enfant et la bohémienne » (1837, pp. 150-151) pourrait, dans un mode paroxystique, s'inspirer des gravures de Callot[64] : *« Ces pauvres gueux, pleins de bonadventures Ne portent rien que des Choses futures »* et *« Au bout du comte, ils treuvent pour destin Qu'ils sont venus d'Aegypte à ce festin. »*[65] Canonge s'inscrit dans la longue continuité du *topos* de la secte de sorciers, qui s'incarne ici dans une troupe d'errants, conformément au modèle de Ginzburg. La bohémienne, jeune et charmante, est en même temps une *magicienne*, vendant des *philtres*. Tombé sous un charme maléfique, l'enfant s'éloigne « [ayant] laissé depuis longtemps la blanche croix de pierre », et de ce fait se trouve livré aux « immondes sorcières à la main de *harpie* » – harpies, qui, dans la mythologie grecque, sont les « chiennes de Zeus » et volent les enfants – et aux « hommes cuivrés à l'oblique regard. » (« oblique » prenant ici les sens figurés de « faux », « trompeur », « dépourvu de franchise »). Comme le souligne Ginzburg (1984, pp. 341-342), « les composantes fondamentales du stéréotype décrit par

64 Comme plus tard chez Baudelaire, « ardent » (« prunelles ardentes »), est utilisé : « chacun remarqua leur regard plus ardent », et « l'enfant écoutait, et, le regard ardent...» (il s'agit de l'enfant enlevé et soumis aux sortilèges de la bohémienne).

65 Voir le catalogue *Bohèmes*, *op. cit.*, pp. 162-163.

Cohn [Norman Cohn, 1975/1993] sont les orgies sexuelles, l'anthropophagie, l'adoration d'une divinité bestiale. [...] L'anthropophagie attribuée aux sectes hérétiques médiévales était une sorte de rituel endocannibale dans la mesure où il s'exerçait contre les enfants nés d'unions incestueuses consommées au cours des réunions nocturnes. L'image de la sorcière qui poursuit les enfants et les adultes de la communauté pour les dévorer ou les faire tomber malades est bien différente, bien plus directement agressive. » C'est dans ce second cas que l'on se situerait ici, puisque le pâtre du hameau découvre des « ossements d'une étrange structure » et des taches sanglantes : les bohémiens, dans la vision « romanesque » et quasi gothique de Canonge, sont bien des ogres et des goules.

> On avait, le matin, vu passer au village
> De Bohémiens errants une *horde sauvage* ; [...]
> La *magicienne* aux dents d'ivoire,
> Dont le sourire faisait croire
> À l'avenir qu'elle annonçait,
> Et qui vendait, *riant génie*,
> Un *philtre* à ceux dont l'insomnie
> En nuits ardentes languissait. [...]
> Avec un bel enfant jouait la brune fille.
> Tout dans ses grands yeux noirs, et son geste, et sa voix,
> Était *enchantement* ; car on a vu, parfois,
> Inégale en ses dons, la prodigue nature
> Égarer la beauté dans cette *race impure* ; [...]
> Ainsi chantait la bohémienne ;
> Et l'enfant l'écoutait, et, le regard ardent,
> Sur les pas de la magicienne,
> Du maternel abri s'éloignait, imprudent !
> Avide, il la suivait, bien qu'il eût en arrière
> Laissé depuis longtemps la blanche croix de pierre.... [...]
> Sous les roches, au pied d'un *ténébreux noyer,*[66]
> Luisait des Bohémiens *le sinistre foyer* ;
> Là, *des mets inconnus aux humaines paupières*
> *Assouvissaient leur faim trois immondes sorcières*,
> À la main de *harpie*, à l'œil fixe et hagard,
> Et des *hommes cuivrés à l'oblique regard*. [...]
> Et, peu de jours après, le pâtre du hameau,
> Dans le vallon désert conduisant son troupeau,
> Sur des charbons éteints, parmi la *cendre impure*,
> Trouva *des ossements d'une étrange structure* ;
> Et quand, pour échapper à l'accablant midi,
> Il chercha le repos sous le roc attiédi,
> Au sol où ses brebis se couchaient haletantes,
> *Son œil épouvanté vit des taches sanglantes.*

66 Comme chez Stendhal, dans *Le rose et le vert*, les bohémiens sont installés sous de profonds ombrages.

Au XIXe siècle, la rumeur des bohémiens anthropophages est propagée par des scientifiques ayant pignon sur rue, tel l'astronome Franz-Xaver von Zach, qui consigne dans ses *Notes* que, « il n'y a pas longtemps, les bohémiens ou, comme on les appelle fort improprement, les égyptiens, (Zigeuner) étaient des anthropophages. Ce peuple [est] le plus abject de la terre [...]. Sous le règne de Joseph II, on a découvert que ces sauvages au milieu d'un pays policé, qui n'ont pour habitations que des tentes [...] y attiraient les passants, en y faisant de la musique délicieuse. Ils y assassinaient les voyageurs solitaires, les dépeçaient, les salaient, les mettaient en caques, et s'en nourrissaient. » (1824, pp. 150-151)

La peur qu'inspirent les nomades s'accompagne de représentations très érotisées et d'un parfum d'interdit. Ainsi, Pierre Loti, ou tout au moins le narrateur de *Prime jeunesse*, confesse avoir été dépucelé par une jolie gitane :

> [...] sans doute, elle avait deviné mes raffinements, qui étonnaient et charmaient sa sauvagerie, de même que ma passion toute sensuelle s'exaltait de ce qu'elle fût la dernière des dernières, fille d'une race de parias, petite gitane voleuse. De ce qu'elle ne fût que cela, notre intime communion n'en devenait pour moi que plus suavement coupable ; avec mes scrupules d'alors, je trouvais très criminel, presque sacrilège, – mais si adorablement sacrilège ! – de m'être donné tout entier, en esclave, pour lui apporter l'ivresse suprême. [...] ainsi le ravin où s'accomplit mon initiation, ses fougères, ses mousses, le mystère de ses grottes, même jusqu'à ses frêles libellules au corps étincelant, ont gardé, pour le reste de ma vie, une nostalgique attirance... (1919, pp. 147-148)

La perception profondément ancrée de la Bohémienne corrompue, dépravée, tentatrice, ressurgira opportunément dans plusieurs contributions de la *Revue française de psychanalyse* des années vingt et trente. Ainsi, en 1928, juste après un article de Freud, Charles Odier publiait un texte intitulé « L'argent et les névrosés ». Le psychanalyste suisse rapportait le rêve d'un de ses patients :

> Quand je me masturbais autrefois, je me répétais : « Deux femmes me prennent. » Je pense maintenant que c'étaient deux bonnes que ma mère a eues (9-12 ans), et alors je laissais la porte ouverte, en me déshabillant, pour qu'elles viennent, me caressent, et même me maltraitent... À 8 ans, je suis tombé sur une édition non expurgée du Voyage de Gulliver et un passage m'a beaucoup frappé où d'immenses femmes s'amusent, avec le tout petit Gulliver, le posent sur leur corsage... et encore d'autres jeux ! Je n'avais pas osé marquer ce passage, mais je le retrouvais facilement. Il a beaucoup fait travailler mon imagination. Dès ce moment, j'ai eu des fantaisies dans lesquelles des bonnes ou des bohémiennes vêtues de noir s'amusaient avec moi, me mettaient entre leurs jambes ou sur leurs seins, me caressaient, me masturbaient et... (1928, p. 700)

Dans la même revue, en 1936, dans « Clinique psychanalytique : la guérison et la fin du traitement » René Laforgue relate à son tour un rêve d'un analysant mettant en scène des bohémiennes ; cette fois, les bohémiens sont également convoqués :

> Je suis comme candidat dans une salle d'examen où je rencontre une jeune fille brune ; je sais qu'il s'agit d'une bohémienne. Je commence à badiner et à fleurter avec elle et je l'embrasse.

À ce moment, quelqu'un ouvre la porte de la classe, ma femme, je crois. Je quitte la jeune fille et nous allons assister à un repas, pendant lequel ma femme me raconte qu'il y a des bohémiennes dans l'école, mais qu'il ne faut pas les embrasser, car les hommes qui sont avec elles sont très dangereux et poignardent leurs rivaux. Je ressens une grande angoisse parce que j'ai embrassé la bohémienne. (1936, pp. 152-153)

***

Au final, la marge de manœuvre de Bellissante était des plus étroites ; cette fille de la frontière, au parcours d'errance, qui aspirait à une vie meilleure, ne pouvait espérer s'agréger à la société villageoise, car d'un côté comme de l'autre, tout était déjà déterminé et verrouillé. D'une part, peu avant les faits, Hippolyte Besançon avait certainement voulu reprendre la route et quitter Blussans, ce dont la jeune femme n'avait aucune envie. Tout se passe *d'abord* comme dans les récits collectés par Charles Joisten et notamment dans le document, déjà cité[67], *« les sauvages, c'étaient des Italiens qui passaient dans le mois de juillet. »* Dans toutes les versions de ce type de récits, l'être sauvage[68] est *obligé* de rester au village, car il s'est attardé – pour rendre un service auquel il ne peut se soustraire (tenir le mulet ou aider à charger le foin) – et pendant ce temps, *« les autres ont filé. »* Au bout d'un temps indéterminé (plusieurs années), la compagnie réapparaît et *« un des sauvages, qui devait être son père, a crié à quelques mètres des maisons : "Nicole, Nicole, ton père te sonne !" »* ou : *« Alors, quelques années plus tard, la caravane de sauvages est repassée, et ils ont crié : "Nicole, Nicole, ta mère te sonne !" »* Immédiatement, l'être sauvage quitte *« ses moutons »* ou abandonne *« la besace, le bâton et le manteau et [file] avec eux. »* (Abry et Joisten, *op. cit.*, pp. 78-79)

Il n'existe aucun contre-exemple montrant un être sauvage installé à demeure ; quelles que soient les variations narratives, il arrive toujours un moment où l'être s'en va ou disparaît. Lorsque l'appel a retenti, Bellissante, qui cheminait sur un chemin de crête étroit, a fait la sourde oreille, peu désireuse de reprendre sa vie errante ; dès lors, elle était livrée, pieds et poings liés, à la loi commune, quoiqu'en l'occurrence parfaitement inégalitaire, de la République.

67 *Cf.* ci-dessus, *Figures de l'errance sociale et littéraire.*

68 Dans ces récits collectés par Charles Joisten, l'être sauvage est nommé *Nicole*, car, « [il s'agit d'un] des nombreux noms de ces êtres sauvages autant féminins que masculins, et ceci sans qu'il y ait la moindre contradiction entre l'absence des femmes (épouses) dans ces bandes de braccianti, et la présence de la fille d'un père sauvage, pas plus que s'il s'agissait de l'enfant d'une fée. » (Abry et Joisten, *op.cit.*, p. 79).

POSTFACE
HABITER LE TEMPS ET L'ESPACE : MODERNITÉ ET DÉSAFFILIATION

Ça ne prévient pas quand ça arrive / Ça vient de loin
Ça s'est promené de rive en rive / La gueule en coin
Et puis un matin, au réveil / C'est presque rien
Mais c'est là, ça vous ensommeille / Au creux des reins
Le mal de vivre / Le mal de vivre
Que l'on doit vivre / Vaille que vivre

Barbara, 1964

Une société sans pouvoirs

Les quatre parties qui composent notre ouvrage convergent vers une même conclusion : comme l'observe Rousseau – avec qui nous avons ouvert ce livre – aussitôt que l'individu ne maîtrise plus son environnement naturel et social, qu'il est forcé de cohabiter, il est *aliéné*, soumis à l'autorité d'un chef : « le chef est l'image du père, le peuple est l'image des enfants ; et tous, étant nés égaux et libres, n'aliènent leur liberté que pour leur utilité. » (1762/2014, p. 10) L'aliénation de la liberté, tant qu'elle se limite à obtenir une juste rétribution en échange d'un service mesuré, reste admissible. Toutefois, les limites de cette acceptation sont si floues, les marges du contrat tellement extensibles, tellement surchargées de mentions restrictives et coercitives, l'empan appréciatif étant généralement abandonné, de gré ou de force, à un patron, à un maître, à un employeur, à une administration, la plupart du temps fort peu bienveillants – aujourd'hui comme hier –, que l'individu se trouve soumis « à la tyrannie des rapports sociaux », comme l'écrivait Louis Althusser commentant *Le Contrat social* :

> Tant qu'il « restait de la forêt », les hommes pouvaient échapper en partie à la tyrannie des rapports sociaux, et aux effets aliénants de leur contrainte. Quand advint la « fin de la forêt », toute la terre fut mise en culture, et accaparée par ses premiers occupants, ou les forts qui les supplantaient, il n'y eut plus de refuge pour la liberté humaine. Les hommes furent forcés à l'état de guerre, c'est-à-dire à l'aliénation. C'est ainsi qu'ils furent pris dans les rapports mêmes que leur activité avait produits : ils devinrent les hommes de ces rapports, aliénés comme eux, dominés par leurs intérêts particuliers, impuissants contre ces rapports et leurs effets, exposés à chaque instant à la contradiction mortelle de l'état de guerre. (1967, p. 12)

La guerre sociale, suivant les époques, naît de « la fin de la forêt », que nous entendons ici dans le sens de perte de repères et d'intrusion d'un nouvel ordre économique auquel on ne peut se soustraire. La forêt, qu'il s'agisse de celle des origines, de celle de Lougres en Franche-Comté, évoquée par Becker, de celle des Grandes coupes de la Corveraine, dans laquelle travaillait probablement le père de Bellissante Brenet lorsqu'il n'était pas sur les routes, de celle couvrant les versants du Lomont, ou d'une forêt purement métaphorique, s'amenuise, ne nourrit plus son homme, et oblige finalement les autochtones à chercher d'autres débouchés, à « sortir du bois », pour se rendre à petites étapes irréversibles vers les bourgs, puis vers les villes industrielles et, plus tard encore à s'expatrier. Ainsi se verront-ils à la fois déracinés et exclus [3] ; certains, parvenus au terme d'une lente dérive sociale [6] finiront par échouer dans les lieux d'extrême pauvreté. Dans beaucoup de cas, que ce soit à la suite d'un renoncement forcé ou à l'issue d'un lent processus de désagrégation familial et social, et parfois d'errance, ils connaîtront la désaffiliation individuelle ou collective, le groupe dans son entier pouvant être atteint [12 et 13]. Les démunis devront traverser des frontières, avec l'espoir souvent déçu, d'un toit et d'un travail [1 et 11].

Tous cependant, dès lors qu'ils ne font pas partie du premier cercle des dominants, se trouvent dans la situation décrite par Bourdieu (1977b, p. 405), qui pointe que « le pouvoir symbolique est [...] ce pouvoir invisible qui ne peut s'exercer qu'avec la complicité de ceux qui ne veulent pas savoir qu'ils le subissent ou même qu'ils l'exercent. » Ce qui n'est pas sans conséquence, puisque dans une société policée, urbaine et urbanisée, tout un chacun est persuadé de détenir une part de pouvoir – on sait par exemple (Bigot, 2008, p. 108) que deux tiers des Français, au début de la crise il est vrai, pensaient faire partie des « classes moyennes », (*i.e.* des « catégories de revenus intermédiaires ») ce qui n'est bien sûr pas le cas. L'utopie néolibérale, remarquait encore Bourdieu dans un article du *Monde Diplomatique* de mars 1998, « tend à s'incarner dans la réalité d'une sorte de machine infernale, dont la nécessité s'impose aux dominants eux-mêmes. [...] Cette utopie suscite une formidable croyance, [...] la foi dans le libre-échange, non seulement chez ceux qui en vivent matériellement, comme les financiers, les patrons de grandes entreprises, etc., mais aussi chez ceux qui en tirent leurs justifications d'exister, comme les hauts fonctionnaires et les politiciens, qui sacralisent le pouvoir des marchés au nom de l'efficacité économique, qui exigent la levée des barrières administratives ou politiques capables de gêner les détenteurs de capitaux dans la recherche purement individuelle de la maximisation du profit individuel, instituée en modèle de rationalité [...]. » [2] Il s'agit là d'un état de fait pérenne, car la « machine infernale » bourdieusienne a beaucoup en commun avec les « engrenages » giralduciens, évoqués dans *Sans Pouvoirs*, ouvrage inachevé dans lequel l'auteur d'*Adorable Clio* et de *Siegfried et le Limousin* s'inquiétait, en 1942-1943, de la situation morale et sociale d'une population comme anesthésiée, non pas tellement par la défaite, que beaucoup s'empressaient d'oublier ou de mettre à bonne distance de réflexion, mais par la commodité qu'il y avait à vivre dans un présent flou. Dans ce monde artificiel, les mots – on pense à *1984* d'Orwell – sont réduits à leur acception « anodine ». Ne pouvant attaquer frontalement, puisque l'ouvrage est destiné à la publication, Giraudoux fait un détour : « Tous nos axiomes d'avant cette guerre restent intangibles, à part celui du bon sens humain. [...] À tout ce qu'ont dit nos ancêtres de la tyrannie, de la démocratie, de la monarchie à constitution, il n'y a rien à changer. Le mot révolution [il faut comprendre ici « révolution nationale », vichyssoise] a repris son vieux sens, son sens anodin. » (1994, p. 264) L'homme, poursuivait Giraudoux, n'est plus chez lui sur la terre : « La planète chaque jour redevient une planète étrangère, c'est-à-dire que nous y redevenons étrangers, et la récente politique humaine, qui est la révélation aux hommes de leur limitation et de leur identité, n'est pas faite pour nous y adapter à nouveau. *Le premier engrenage monté sur la terre a été le premier des envahisseurs martiens.* Ils atterrissent tous maintenant dans une atmosphère qu'ils corrompent. Chaque homme est obligé de plonger dans l'époque comme le scaphandrier dans un élément mortel, avec des appareils factices, un air artificiel, une pression hostile. » (*ibidem*, pp. 265-266) Le bon sens est celui qu'impose une vision du monde faussement présentée comme apolitique – vision qui ne peut être que celle des dominants, politiquement et économiquement – et qui se trouvait être, à l'époque où écrivait Giraudoux, celle du « retour à la terre » pétainiste. Giraudoux ne manquait pas de perspicacité en mettant au centre de son propos « une civilisation mécanique triomphante » : « l'état moyen humain, aussi bien à l'intérieur de chaque peuple que dans l'ensemble du monde, ne sera qu'une transaction humiliante *entre l'homme et le robot* [...] Son objet essentiel [...] sera de ne plus laisser le loisir à la disposition de l'ouvrier, c'est-à-dire de donner à sa pensée et son repos la forme frelatée et courante qui déjà a été donnée à ses aliments. » (*ibidem*, pp. 266-267)

À ce point de vue, il n'y a guère à changer ; on pourra mettre « crise » à la place de « guerre », encore que ce dernier terme reste d'actualité. Les trente années de décollage économique qui ont suivi la fin de la guerre mondiale ont eu un effet de masque, la « tyrannie mécanique » dénoncée par Giraudoux, qui se dessinait dans l'Europe soumise aux dictatures, s'étant poursuivie et même accentuée sous des gouvernements démocratiques. Tout au plus y a-t-il eu modification des paramètres : au lieu d'une dictature de l'ingénierie industrielle classique, celle qui fabrique des biens d'équipement et de consommation, des livres et des voitures, on a désormais affaire, dans un monde postindustriel, à une hégémonie de l'ingénierie financière, dont l'emprise est bien plus pernicieuse. Le « robot » n'est plus d'abord l'outil mécanique, pourvoyeur d'objets, il est celui qui gère les flux d'informations et qui, à force de dupliquer des données redondantes, présente comme seule possible la solution ronronnante de la pensée *mainstream*. Giraudoux remarquait déjà, durant cette période sombre, que « l'accommodement présent aux journaux sordides, à la radio puérile, au film avilissant [...] ne s'explique pas [...] par la jouissance du cilice et de la discipline dans ces jours de deuil, mais par le fait qu'en des jours heureux, il [le Français] les acceptait déjà pleinement et pour toujours. » (*ibidem*, p. 189) Néanmoins, à la différence notable de ce qui se passait alors, l'information tonitruante autant que superficielle et frelatée déversée par les médias est désormais omniprésente. Il faut donc une certaine force de caractère, dans une société où la machine informationnelle autoreproductrice ne laisse jamais personne en repos, pour se mettre hors de la loi générale et ne pas être disponible à toute heure et en tout lieu. À telle enseigne qu'une position en retrait peut devenir franchement « hors la loi », dès lors que l'on refuse, dans une entreprise, voire dans certaines administrations, de ne pas être « joignable » à tout moment, y compris tard le soir, durant le week-end et les vacances ; il est symptomatique que (presque) personne, y compris parmi les scientifiques, n'y décèle une intrusion dans la vie privée digne de *Big Brother*[1].

Machine mécanique, machine informationnelle et machine financière

Giraudoux ajoutait que « la plupart des citoyens s'habituent à se décharger de leur esprit et de leur vertu nationale sur quelques professionnels, quelques sages et quelques énergumènes. » (*ibidem*, p. 270) Que l'on retranche si l'on veut l'adjectif « national » et l'on aura une description adéquate de la situation actuelle, d'autant que l'auteur de *Sans Pouvoirs* « [craignait] que le soin de conserver sa raison à la nation ne soit un jour réservé à une caste, à une oligarchie, que le génie du pays [... soit] l'acte cérébral d'une intelligence de plus en plus isolée et qui ne pourra plus imposer à un peuple ses propres vertus et sa propre nature que par l'artifice ou par la tyrannie. » (*ibidem*, p. 270) Ce type de discours, nous avons vu qu'il est celui des « experts », dans le sens juridique, judiciaire et gouvernemental du terme, c'est-à-dire de ceux qui ont été jugés dignes, au regard d'une supposée compétence, d'exprimer un point de vue donnant lieu à des décisions pérennes engageant la communauté (note de service, circulaire, arrêté, décret). Il s'agit bien sûr de la pensée orthodoxe, celle de la *doxa*, telle qu'elle s'oppose à la pensée hétérodoxe devenant rapidement pensée *hérétique*.

1 Il est remarquable que cette avalanche de données se trouve être concomitante à une crise profonde du journalisme.

Revenons une fois encore à Bourdieu, qui notait dans *Ce que parler veut dire*, que les dominants, « faute de pouvoir restaurer le silence de la doxa, s'efforcent de produire par un discours purement réactionnel le substitut de tout ce que menace l'existence même du discours hérétique. [...] Ce langage politique non marqué politiquement se caractérise par une rhétorique de l'impartialité, marquée par les effets de symétrie, d'équilibre, de juste milieu, et soutenue par un ethos de la bienséance et de la décence [...]. » (1982, p. 155) La décontextualisation d'une opinion, souvent par le truchement d'une citation, constitue l'un des procédés favoris mis en œuvre par les tenants du discours normatif pour désamorcer d'éventuelles critiques et en tout cas pour les affadir au point qu'on ne sache plus à quoi relier le propos initialement produit. Un exemple classique est celui du détournement, par citation tronquée, du passage plein d'ironie de *l'Esprit des lois* (1748), dans lequel Montesquieu dénonce l'esclavage. Comme le relèvent Delesalle et Valensi (1972, p. 103), le rédacteur du *Dictionnaire portatif de commerce* (1762) n'hésite pas à faire appel à cette technique – alors fort en vogue, il faut le reconnaître : « "Il est difficile [lit-on dans le *Dictionnaire portatif*], de justifier tout-à-fait le commerce des Nègres ; mais on en a un besoin indispensable pour les cultures des sucres, des tabacs, des indigo, etc. Le sucre, dit Mr. de Montesquieu, seroit trop cher si l'on ne faisoit travailler la plante qui le produit par des esclaves." Autant dire que la non-distance a été utilisée (citation) et que l'opacité a été lue comme transparence. »[2] À considérer les choses de plus près, on se rend compte que les choses n'ont pas tellement changé à l'heure actuelle ; il arrive donc fréquemment que des passages décontextualisés, quoique correctement cités, soient utilisés à l'appui de démonstrations risquées par les partisans les plus centraux de la doxa d'un champ spécifique – la sémiotique (s'essayant au « social ») nous servira ici d'illustration. Nous partirons d'un article de Colas-Blaise (2012, n.p.), où Bourdieu est mis à contribution : « le style de vie [écrit Colas-Blaise] sanctionnerait alors une régularité de comportement exploitant, selon Bourdieu, une voie moyenne entre une invocation des règles intentionnelle et la domination d'un mécanisme causal.

2 Le chapitre v « De l'esclavage des nègres » débute ainsi, ne laissant aucun doute quant à la posture de dénonciation ironique et critique adoptée par Montesquieu : « *Si j'avais à soutenir le droit que nous avons eu de rendre les nègres esclaves, voici ce que je dirais* : Les peuples d'Europe ayant exterminé ceux de l'Amérique, ils ont dû mettre en esclavage ceux de l'Afrique, pour s'en servir à défricher tant de terres. Le sucre serait trop cher, si l'on ne faisait travailler la plante qui le produit par des esclaves. Ceux dont il s'agit sont noirs depuis les pieds jusqu'à la tête ; et ils ont le nez si écrasé qu'il est presque impossible de les plaindre. » (1748/1995, p. 472) Il est patent que la charge portée contre les politiques esclavagistes s'effectue à travers la non expression d'une partie de l'irréel du présent : « *Si j'avais à soutenir le droit que nous avons eu de rendre les nègres esclaves* [mais je n'ai pas à le faire], *voici ce que je dirais* [donc je ne le dis pas]. » Du fait de la seule existence de cet implicite, il faut évidemment comprendre que Montesquieu exprime l'inverse de ce que signifient ses assertions.

Le sujet personnel se détache des dispositifs impersonnels sans s'affranchir des déterminations sociales et culturelles et sans que soit postulée la connaissance des règles : "L'habitus, écrit Bourdieu dans *Choses dites*, entretient avec le monde social dont il est le produit une véritable complicité ontologique, principe d'une connaissance sans conscience, d'une intentionnalité sans intention et d'une maîtrise pratique des régularités du monde qui permet d'en devancer l'avenir sans avoir seulement besoin de le poser comme tel." [...] On est amené à se demander, comme par contrecoup, dans quelle mesure la forme de vie [sic] [distinguée – d'après Fontanille – du « style de vie »] repose sur une conscientisation de la règle et peut impliquer une expérience inédite, qui ouvre un espace de liberté pour le sujet [sic]. Si la forme de vie relève fondamentalement du "beau geste", qui défait une fixité, esthétise et rend sensible un renouvellement des valeurs [sic], il s'agit, ici, de préciser les modalités et les conditions de possibilité de la rupture. » On est clairement confronté, dans le cas présent, à une utilisation *impertinente*, en même temps que non pertinente, de la citation. En effet, on a affaire ici, et de la façon la plus canonique qui soit, à ce que dénonce vigoureusement Bourdieu lorsqu'il évoque le « langage politique non marqué politiquement » ; le propos de Bourdieu se voit propulsé dans une dimension qui n'est pas la sienne, celle de la *doxa sémiotique* – non que cet auteur ait négligé de s'intéresser aux signes culturels, évidemment ! – mais parce qu'une telle lecture opacifiante, présentée comme transparente (Delesalle et Valensi), revient à dépolitiser socialement une pensée, en d'autres termes à tenter de la rendre *in*-signifiante. Il est pour le moins paradoxal que Bourdieu (qui n'aurait sans doute pas pris la peine de riposter) soit lui-même *l'objet* d'un de ces processus de lissage que, dans l'ensemble de son œuvre, il s'est attaché à mettre en évidence et dont il a souligné le caractère asservissant. Le fait que Colas-Blaise se hasarde à opposer « forme de vie » à « style de vie » et qu'elle tente donc de placer le concept bourdieusien à distance – ce en quoi elle échoue pour une raison très simple : le concept de « forme de vie » n'est interprétable *qu'au sein du système fermé et opaque* de ce type de théorie (non réfutable) et ne peut donc être confronté à des notions extérieures au système (ou pour le dire autrement : l'essai de comparaison tient du mariage de la carpe et du lapin) – n'empêche pas que l'on ait affaire à un essai de *récupération* par intégration-collage. Daniel Vidal avait d'ailleurs montré, à une époque où les idéologies se donnaient pour telles, qu'elles existaient « moins par [leur] contenu ([leur] aire de compétence) ou [leur] distribution (superstructure de communication) que par [leur] capacité d'occultation du réel » (1971, p. 24). Pour se convaincre, s'il en est besoin, de cette collaboration sans faille des individus centraux à la pensée doxique, il suffira de *citer* Bourdieu – en contexte cette fois : « On voit que la discipline et le dressage, si souvent surestimés par les analystes, resteraient tout à fait impuissants sans la complicité qu'ils trouvent dans les dispositions de soumission forcée ou élective que les agents importent dans l'appareil et qui sont elles-mêmes continuellement renforcées par la confrontation avec des dispositions affines et par les intérêts inscrits dans les postes d'appareil. On peut dire indifféremment que certains habitus trouvent les conditions de leur accomplissement, voire de leur épanouissement, dans la logique de l'appareil ; ou, à l'inverse, que la logique de l'appareil "exploite" à son profit les tendances inscrites dans les habitus. On pourrait invoquer d'un côté tous les procédés, communs à toutes les institutions totales, par lesquels l'appareil, ou ceux qui le dominent, imposent la discipline et mettent au pas les hérétiques et les dissidents ou les mécanismes qui, avec la complicité de ceux dont ils servent les intérêts, tendent à assurer la reproduction des institutions et de leurs hiérarchies. » (Bourdieu, 1981, pp. 22-23)

Retournant à son avantage la communication robotisée, la pensée orthodoxe utilise plus particulièrement à l'appui de ses thèses le bruit informationnel, c'est-à-dire *l'artifice* giralducien, produit par une presse et des médias complaisants, à quelques exceptions hétérodoxes près, qu'on a vite fait de disqualifier en les dénonçant – par exemple – comme discours *irresponsable* d'extrême-droite ou, alternativement, d'extrême-gauche. Ce type de discours d'autorité, évitant autant que faire se peut les récifs trop voyants (et malséants) de la polémique, s'articule essentiellement autour d'un consensus asymétrique, très prisé notamment dans une certaine société luxembourgeoise feutrée, où les dissensions *doivent* se régler par la négociation. On conçoit que la taille de l'État joue ici un rôle majeur : de ce fait, bien que rien, dans les plus petits États européens, ne s'oppose *légalement* à ce que tout soit dit de la façon la plus critique, on peut se poser la question de savoir si, en particulier dans un domaine socio-économique entendu au sens large, englobant la géographie et l'histoire sociales, les chercheurs ne s'appliquent pas une forme d'autocensure dans leurs commentaires, censure que personne n'exige, mais qui s'impose comme étant raisonnable et finalement comme allant de soi (la *doxa*) ; si on leur posait la question, probablement répondraient-ils qu'ils n'ont pas voulu verser « dans un discours polémique non scientifique » (lire : *hétérodoxe*). Outre les techniques de cryptage discursif exposées plus haut, l'une des façons d'opacifier l'information consiste à accumuler en peu de pages une foule de chiffres, de pourcentages, de statistiques ; chacune de ces données est rigoureusement exacte – eu égard à la méthode de calcul utilisée – mais l'ensemble devient rapidement très difficilement interprétable. La boucle se referme : on est renvoyé au « discours des experts », censés être seuls à même de décoder un discours « résolument objectif et non partisan » [1]. En fait, à y regarder de près, là comme ailleurs, c'est très généralement le discours dominant qui sort vainqueur de la confrontation des « points de vue », que presque tout le monde – et en premier lieu les institutions, les groupes de travail, les commissions, dont on prend grand soin d'indiquer qu'elles sont parfaitement indépendantes –, admet comme étant « raisonnable », « conforme à la loi (ou à la réglementation) », « le seul responsable », etc. La conformité à la loi, c'est-à-dire la non transgression *visible* des exigences légales, est bien plus aisée à mettre en œuvre lorsqu'on se trouve du bon côté de la barrière. En faisant preuve du conformisme rassurant qui est le propre des fractions en ascension sociale et financière, les gestionnaires et intendants économiques et politiques secondaires des grandes fortunes trouvent toutes sortes de moyens de justifier des pratiques douteuses, dont le principal est l'aveuglement complice. Dans *Le rêve de Madoff*, de Dominique Manotti (2013), le narrateur – qui est justement un certain Madoff – a un entretien avec P. :

> Comment faire pour que la clientèle « légale » ne s'intéresse pas aux comptes ? [...] Réponse simple : Leur verser des taux d'intérêt élevés, plus élevés que chez nos concurrents, et constants, totalement indépendants de la conjoncture. Cela étoufferait toute curiosité. [...]
> Des délits d'initiés à la chaîne ? [...] Vous savez aussi bien que moi qu'on ne peut pas pratiquer le délit d'initiés à jet continu pour satisfaire toute une clientèle. Le délit d'initiés est réservé à des privilégiés.
> Précisément ! Vos clients supposeront qu'ils le sont, et en seront ravis. Comme, en plus, c'est illégal, ils ne chercheront pas à être informés, ce qui établirait leur complicité, donc ils ne jetteront même pas un coup d'œil sur les comptes de votre fonds. Bénéficiaires réguliers de l'infraction, sans en être complices : une situation idéale dont ils vous seront reconnaissants. (*op. cit.*, pp. 32-33)

Ou, comme le déclare Blondet dans *La maison Nucingen* :

> Vous prenez cinq mille francs dans mon secrétaire, vous allez au bagne. Mais avec le piment d'un gain à faire habilement mis dans la gueule de mille boursiers, vous les forcez à prendre les rentes de je ne sais quelle république ou monarchie en faillite, émises, comme dit Couture, pour payer les intérêts de ces mêmes rentes : personne ne peut se plaindre. Voilà les principes de l'âge d'or où nous vivons ! (Balzac, 1837/1977, p. 371)

Ceux-là mêmes qui, dans des émissions télévisées ou radiophoniques, sont censés « démonter » les mécanismes sémiotiques de l'information – tics de langage, gestuelle, comportement en public – et qui à juste titre s'interrogent (comme nous l'avons fait nous-mêmes plus haut [6]) sur d'étranges dérives langagières, tel le *« Casse-toi pauv' con »* de Nicolas Sarkozy, semblent ne pas voir que ces pratiques, relayées à l'infini par les médias, bien qu'elles desservent celui qui en est l'auteur, détournent en fait l'attention de problèmes politiques, économiques, sociaux, plus urgents et autrement importants, confortant par là des intérêts dépassant de très loin le plan individuel, fût-il présidentiel. On insistera sur le fait qu'il ne faut voir là aucune relation spécifique avec des idéologies étiquetées. Pour s'en convaincre, il suffit d'évoquer « l'affaire Léonarda », cette jeune fille malencontreusement reconduite à la frontière à l'occasion d'un voyage scolaire, qui a fait plusieurs fois le tour de toutes les rédactions à l'automne 2013, amenant de façon disproportionnée tous « les acteurs de la vie publique » à émettre un avis sur la question, depuis les politiciens professionnels jusqu'aux spécialistes de communication, sociologues, psychologues, etc. Le terme « buzz » est ici particulièrement indiqué, puisqu'en anglais il signifie « bourdonnement (d'insectes) ». Ce bruit de fond incessant[3] et sans cesse renouvelé – la durée de vie d'une « information » est très faible, de quelques heures à quelques jours – vient à point nommé remplacer la réflexion approfondie, mais surtout possède une propriété moins évidente et moins triviale, qui est de placer le consommateur de nouvelles *(news)* dans une dimension quasi intemporelle, c'est-à-dire dans un présent glissant. Nous avons longuement mis en perspective cette question et nous avons montré qu'il n'y avait rien, sinon peut-être au plan proprement littéraire, de spécifiquement *postmoderne* dans une telle perception du temps [1].

Nous insisterons donc ici sur le fait que le passage d'une *machine mécanique* à une *machine financière*, travestie – pour la galerie – en *machine informationnelle*, recouvre le passage d'une perception du monde *locale* à une perception sans repères car globalisée. Ainsi, dans l'ancienne « Cité des Princes » (Montbéliard [11], mais à une tout autre échelle, sans doute pourrait-on dire Detroit), il existait une concomitance entre une industrie localement très enracinée et une population d'ouvriers, d'employés et de cadres, pour beaucoup entièrement dévoués à une idéologie patronale semi-paternaliste et de toute manière aisément repérable et dénommable : on travaillait alors *à la Peuge*, on « roulait Peugeot » en voiture, en mobylette ou à bicyclette, on « mangeait Peugeot » (les *Ravis*), on perçait des trous dans ses murs avec un outil Peugeot, on moulait son café avec un moulin (à manivelle, puis électrique) Peugeot, on allait voir les matchs de foot du FC-Sochaux au stade situé *à côté* de l'usine et sponsorisé par le Lion Peugeot ; on partait en vacances avec le comité d'entreprise Peugeot. Une ancienne employée de la firme, à qui nous faisions remarquer qu'il avait très longtemps été mal vu à Montbéliard de rouler avec un véhicule d'une autre marque que Peugeot, nous a répondu que « c'était normal, il ne faut pas cracher dans la soupe ». Sans doute ne reste-t-il à l'heure actuelle que fort peu de ces anciens « croyants » qui, du berceau à la tombe, ou peu s'en faut, avaient une vie balisée et, à tout prendre, plutôt rassurante – le terme est d'autant plus approprié qu'on a vu que l'Église

3 À ce sujet, nous renvoyons le lecteur à la chronique *Faut voir* d'Alain Rémond, parue dans l'hebdomadaire d'information *Marianne* (27 avril au 3 mai 2013, p. 98) : « On est envahi, saturé, dévoré par les mots. [...] il faut que ça parle, il faut que ça cause, n'importe quoi, n'importe comment, du moment que ça sort. La pub, les médias, Internet, la politique, tout le monde [...]. À force, au bout du bout, on ne sait même plus de quoi on parle, on ne sait même plus ce que ça veut dire, c'est juste du bruit, "*flatus vocis*" ("le bruit de la voix"), comme disait saint Anselme, au XIe siècle. [...] Parfois, quelqu'un, qui n'a pas vraiment compris les règles du jeu, hésite, prend son temps, choisit ses mots avec soin, laisse entre eux de grands moments de silence, mais il se fait vite houspiller, rabrouer par l'animateur comme par les autres parleurs, qui lui coupent la parole [...], on n'est pas là pour réfléchir, on n'est pas là pour peser ses mots, on n'est pas là pour donner du sens à ce qu'on dit, on est juste là pour faire du bruit, sans jamais s'arrêter [...]. Parce que si la machine s'arrête, on ne sait plus qui on est, où on est, ce qu'on fait là, où est le monde, à quoi ça sert d'exister. »

Sainte-Croix de Sochaux avait été construite après la guerre, à côté de l'usine (comme le stade) sur des terrains mis à la disposition du diocèse par Peugeot. Les anciens Montbéliardais, ceux du XIXe siècle et du début du XXe, aimaient d'ailleurs parler de « petite patrie », comme les Wallons à la même époque, ainsi qu'en témoigne le *chant des Wallons* (1900) de Théophile Bovy : *« Nous sommes fiers de notre petite patrie, / Car de tous côtés, on parle de ses enfants. / Au premier rang, on la met pour l'industrie / Et dans les arts, elle brille autant. »* Il s'agissait d'une *matrice de l'entre-soi*, constituée de strates protectrices successives, dont la dernière était sans doute la cuirasse du parler régional (à Montbéliard comme en Wallonie)[4] qui permettait d'embarquer avec soi un peu de sécurité, tout en désignant/trahissant celui qui la portait à raison de l'éloignement du noyau/nid local.

Étrangers au lieu de leur naissance

Cette notion de « petite patrie » peut paraître quelque peu datée [12] ; elle rend pourtant parfaitement compte de l'identification affective de l'espace avec un cadre matriciel[5]. Au début du XIXe siècle, Benjamin Constant (1814, pp. 48-55) a très bien exprimé cette tension entre les « habitudes locales » et les fondements étatiques de « l'admiration pour l'uniformité » dans *De l'esprit de conquête* :

> Les intérêts et les souvenirs qui naissent des habitudes locales contiennent un germe de résistance que l'autorité ne souffre qu'à regret, et qu'elle s'empresse de déraciner. Elle a meilleur marché des individus ; elle roule sur eux sans effort son poids énorme comme sur du sable. Aujourd'hui, l'admiration pour l'uniformité, admiration réelle dans quelques esprits bornés, affectée par beaucoup d'esprits serviles, est reçue comme un dogme religieux, par une foule d'échos assidus de toute opinion favorisée. [...] Les individus, perdus dans un isolement contre nature, étrangers au lieu de leur naissance, sans contact avec le passé, ne vivant que dans un présent rapide, et jetés comme des atomes sur une plaine immense et nivelée, se détachent d'une patrie qu'ils n'aperçoivent nulle part et dont l'ensemble leur devient indifférent, parce que leur affection ne peut se reposer sur aucune de ses parties. [...] Il ne faut pas se le déguiser, les grands États ont de grands désavantages. Les lois partent d'un lieu tellement éloigné de ceux où elles doivent s'appliquer, que des erreurs graves et fréquentes sont l'effet

4 Le mot « Peuge » doit ainsi être prononcé avec un « eu » très fermé et très long, caractéristique du français régional de Montbéliard, scellant le caractère local de l'entreprise. Le trait est encore plus remarquable dans « c'est la sortie [du travail] des P*eu*geots », où la pénultième était souvent allongée à l'extrême.

5 « *Mir wëlle bleiwe wat mir sinn* » (« Nous voulons rester ce que nous sommes ») : cette devise des Luxembourgeois (empruntée au poète Michel Lentz, 1859) témoigne, tout comme l'Hymne national (*Ons Heemecht*, « Notre patrie », rassemblant les première et dernière strophes d'un poème de Michel Lentz, 1859), de tout le prix donné à ce lien vigoureux qui rattache l'espace vécu affectivement à la cohésion sociale perçue d'autant plus crucialement que le pays est petit.

> inévitable de cet éloignement. Le gouvernement prend l'opinion de ses alentours, ou tout au plus du lieu de sa résidence pour celle de tout l'empire. Une circonstance locale ou momentanée devient le motif d'une loi générale. Les habitants des provinces les plus reculées sont tout à coup surpris par des innovations inattendues, des rigueurs non méritées, des règlements vexatoires, subversifs de toutes les bases de leurs calculs, et de toutes les sauvegardes de leurs intérêts, parce qu'à deux cents lieues, des hommes qui leur sont entièrement étrangers ont cru pressentir quelques périls, deviner quelque agitation, ou apercevoir quelque utilité.

Constant décrit ici une société « moderne » qui, en France tout au moins, est encore à cette époque (à la fin du premier Empire) dans une phase initiale d'industrialisation. On peut toutefois rapporter son propos, sans grandes modifications, à la situation actuelle d'une grande partie de l'Europe et du monde occidental, confrontés à la modernité postindustrielle, où l'individu, surtout le moins pourvu en ressources culturelles et économiques, est contraint d'exister dans un présent « rapide » et « sans contact avec le passé ». Les sujets privés d'inscription dans l'histoire, *étrangers au lieu de leur naissance*, n'ont d'autre ressource que l'ultime régression ou l'explosion de violence, les deux situations étant aisément combinables. Pour les plus jeunes, et souvent pour d'autres qui n'ont pas de domicile personnel fixe, tout en disposant d'un lieu d'accueil, généralement maternel, le retour temporaire au « cœur du nid » représente parfois l'option ultime. Bachelard (1961, p. 91) donne une lecture inspirée de l'espace intime :

> Ainsi, la maison rêvée doit tout avoir. Elle doit être, si large qu'en soit l'espace, une chaumière, un corps de colombe, un nid, une chrysalide. L'intimité a besoin du *cœur d'un nid.* Érasme, nous dit son biographe, fut longtemps « à trouver, dans sa belle maison, un nid où il pût mettre en sûreté son petit corps. Il finit par se confiner dans une chambre au point qu'il pût respirer cet air cuit qui lui était nécessaire. » Et bien des rêveurs veulent trouver dans la maison, dans la chambre, un vêtement à leur taille. Mais encore une fois, nid, chrysalide et vêtement ne forment qu'un moment de la demeure. Plus condensé est le repos, plus fermée est la chrysalide, plus l'être qui en sort est l'être d'un ailleurs, plus grande est son expansion.

Bachelard insiste sur la relation entre abri (gîte) et vêtement : « Les rêves de la maison-vêtement ne sont pas inconnus à ceux qui se complaisent dans l'exercice imaginaire de la fonction d'habiter », ajoute-t-il (*ibidem*, p. 128). Dans le cas de l'enfant puis de l'adolescent, le quartier, l'immeuble, l'appartement, la chambre, puis à l'intérieur de celle-ci la séquestration volontaire devant une console de jeu ou un écran quelconque, permettent de refermer la chrysalide. Mais ce vêtement, lorsqu'il s'agit de le revêtir et d'aller en ville, désigne le *« sans pouvoirs »* à l'attention générale – comme à celle plus particulière des représentants de l'ordre : l'habitant du quartier, de la cité, de la ZUP, le Rom (autrefois désigné comme « bohémien »), se voit « tout à coup surpris par des innovations inattendues, des rigueurs non méritées, des règlements vexatoires » (Constant). En effet, le vêtement est *perméable* au regard inquisiteur des policiers et n'isole plus d'un extérieur hostile. Celui qui l'endosse est malgré lui porteur de *ce qui ne peut être légitimement exporté* – le danger de l'émeute, les voitures incendiées, les tas de pneus brûlés, les trafics de cannabis et d'autres produits illégaux, c'est à-dire tout ce qui donne chair aux stéréotypes. Kokoreff (2003, p. 143) observe que « le quartier, "c'est comme une prison dont les murs sont invisibles". Au moins, on est quelqu'un, on y a ses repères et ses connaissances, on se sent protégé. L'anonymat est un mythe, une vision du dehors. Face aux appellations administratives – ZUP, ZAC, ZUS, ou officielles – grands ensembles, îlots, quartiers sensibles, les jeunes et les moins jeunes inventent une toponymie propre, désignent les lieux selon des appellations spécifiques. L'espace est maîtrisable comme le corps habillé, chacun sait qui est qui, où est sa place, comment s'opèrent les circulations. » Bien qu'il décrive un état de fait attesté, il faut bien insister sur le fait qu'il n'y a rien de bien nouveau dans le propos [3, 4, 6, 8, 11] : dans une chronique parue dans *L'Humanité* du dimanche 17 octobre 1920, Jules Romains écrivait en effet :

> Je tiens pour établi – quiconque a un peu voyagé le reconnaîtra avec moi – que la plupart des villes anciennes avaient une forme extrêmement propre à favoriser la gaieté quotidienne des habitants et l'éclat de leurs réjouissances périodiques. Et par forme des villes, je n'entends pas que l'aspect général de leur plan, la distribution des quartiers, les proportions et les distances des parties. Je songe aussi à la forme de chaque rue, à l'aménagement de la chaussée et des trottoirs, aux rapports de la rue et des maisons, à la structure des carrefours et des places, aux facilités qu'y rencontrent la promenade, la flânerie, le rassemblement. Ce sont choses que la sensibilité la plus naïve ou la plus inculte perçoit fort bien. Je n'avais pas cinq ans que, petit enfant de Montmartre, la promenade du boulevard Magenta me paraissait une punition affreuse, la révélation du mal de vivre, le fossé profond de la mélancolie. Pourtant, Paris était la seule ville que je connusse. […] Remplacer l'histoire par la méthode peut constituer un progrès, si la méthode n'est pas simpliste et grossière. Or ce qui a dirigé les constructeurs de villes au XIXe siècle, c'est la double préoccupation de l'hygiène et du rendement. Assainir les villes d'une part et d'autre part y établir une circulation rapide et intense, voilà le programme. Il est excellent par ce qu'il contient, dangereux par ce qu'il omet… C'est un peu le plan d'une ferme modèle ! […] On ne construit pas une ville digne de ce nom avec les seules théories de l'ingénieur. On la construit autant avec de la psychologie et, j'ose le dire, de la poésie.

L'absence de maîtrise de la temporalité, déjà signalée par Benjamin Constant au début du XIXe siècle, la difficulté à saisir l'espace comme un continuum, la propension corrélative à le réduire à un ensemble fragmenté, et finalement l'isolement de l'individu (ou d'un groupe restreint) au sein d'une plus vaste communauté, peuvent être reliés au phénomène de désaffiliation [12] dont les causes sont bien définies par Bacqué et Sintomer (2001, pp. 235-236) : dans de nombreuses villes de la « banlieue rouge » parisienne, et notamment à Saint-Denis dans les quartiers Allende et Cochennec, le groupe ouvrier, autrefois dominant, soutenu par un syndicalisme fort et par un parti communiste très bien implanté, « est de moins en moins capable de rétribuer symboliquement et matériellement et de légitimer le comportement "normal" ». L'analyse que nous avons développée dans les pages qui précèdent rejoint les conclusions de ces auteurs, qui soulignent que « la force performative du stigmate est qu'il est intériorisé par le groupe dominé, ce qui contribue en retour à la domination des établis. Certains individus du groupe dominé vont finir par adopter réellement le comportement souvent imaginaire que leur attribue leur mauvaise réputation, dans un processus de construction de la personnalité inverse à celui qui pousse les membres du groupe dominant à se montrer à la hauteur de leur bonne réputation. » *(ibidem)* À la différence des jeunes Montbéliardais des années soixante situés dans l'entre-deux, pour lesquels la question du prestige latent [10] ne se posait pas, au moins dans les situations entièrement dépolitisées et plutôt inscrites dans des stratégies de séduction que de compétition que nous avons évoquées – sans doute y avait-il cette conviction sous-jacente que toute tentative de ce genre eût été vouée à l'échec –, on est bien ici en présence d'un phénomène d'hypercorrection sociale, susceptible de se manifester aussi bien dans le sens d'une *tentative* de rapprochement de la « norme » de la fraction établie/dominante, qu'en direction de la fraction qui, quoique dominée, est ressentie comme proche (traits de connivence et de partage). L'hypercorrection sociale est doublée d'une hypercorrection linguistique, interprétable en fonction du degré de confiance langagière qui caractérise les agents, de leur loyauté linguistique comme de leur solidarité de groupe (Trudgill, 1974, Münstermann, 1989, Edwards, 1982) et des *normes voilées* dont les recherches récentes ont trop souvent omis de tenir compte (Lambert, 1966, Labov, 1976, Govaert-Gauthier, 1979, Bonnot *et alii*, 1993, Prikhodkine, 2012, [pour les professions intermédiaires en Suisse romande]) [9, 10].

La désaffiliation ne se manifeste pas seulement en tant que conséquence de perte d'influence d'un groupe dans une configuration sociale donnée (par exemple les ouvriers dans l'exemple précédent) ; elle est susceptible de toucher des populations beaucoup plus largement définies et concerne désormais des cohortes de diplômés (masters, doctorats) et donc de détenteurs d'un fort capital culturel qui, autrefois, auraient été rapidement insérés dans le tissu économique. Cette dévaluation de la valeur « compétence », effet de l'hysteresis de l'habitus (Bourdieu, 1974, 1978), qui fait que le titulaire d'une thèse de sciences du langage, de sociologie ou d'anthropologie (etc.), quelque brillante qu'elle puisse être, est fréquemment écarté du marché du travail – quoi qu'en disent les responsables politiques et universitaires – et court le risque très réel d'être *déclassé*, induit des stratégies de « réinvention du travail », observait Roulleau-Berger il y a déjà 20 ans (1993, p. 201). Dans la mesure où les diplômés estiment que les possibilités d'emploi ne sont pas en rapport avec leurs capacités et leurs aspirations, ils « créent [par exemple] des lieux et associations culturels », qui leur permettent « d'oublier la précarité dans le sens où ils ne se réfèrent pas aux repères temporels ordinaires, comme par exemple le temps libre et le temps de travail. » Cette remise aux calendes de la recherche d'une insertion professionnelle, dont il n'est pas question de nier l'extrême difficulté et le peu de succès des démarches entreprises, illustre de la façon la plus limpide cette installation forcée dans un présent continué. On peut souscrire partiellement à l'observation de Feder (2001, p. 796) qui, situant son propos dans un cadre psychanalytique (ce qui n'est pas notre cas), constate que « certains sujets [...] semblent incapables de s'inscrire dans ce temps qui passe, ils vivent (ou survivent) dans l'actuel : ni passé, ni avenir, seulement un présent infini où domine la décharge par l'agir, seulement un vécu instantané hors de la conscience du temps. » Encore qu'il soit délicat de faire coïncider, même grossièrement, un présent existentiel et le tiroir temporel du présent, il n'en reste pas moins possible d'attribuer aux caractéristiques de ce dernier, telles qu'elles sont par exemple exposées par Beauzée (1819, pp. 275-276), la propension qu'il y a à créer des représentations *au présent*, qui ne s'insèrent pas dans une chronologie ou ne le font que de façon très marginale.

> Le Temps auquel on donne communément le nom de Présent, est donc en effet un présent indéfini, un Temps qui, n'étant naturellement astreint à aucune époque, peut être rapporté indifféremment à toute époque déterminée, pourvu qu'on lui conserve toujours sa signification essentielle et inamissible, je veux dire, la simultanéité d'existence. [...] le Présent indéfini ne se rapporte lui-même à aucune époque déterminée, ce sont les circonstances du discours qui déterminent celle à laquelle on doit le rapporter en chaque occasion ; ici, c'est à une époque antérieure ; là, à une époque postérieure ; ailleurs, à toutes les époques possibles.

Même si l'on se situe hors de la sphère proprement linguistique, il semble bien préférable de parler de *présent indéfini* plutôt que de *présent infini*, comme le fait Feder. En effet, exception faite du domaine pathologique où le sujet pourrait se trouver emprisonné dans un mode répétitif abolissant la perception du temps, le présent se rapporte, comme l'observait Beauzée, « à toutes les époques possibles ». René Char décèle le même type de relation temporelle chez Rimbaud : « Rimbaud s'évadant situe indifféremment son âge d'or dans le passé et dans le futur. Il ne s'établit pas. Il ne fait surgir un autre temps, sur le mode de la nostalgie ou celui du désir, que pour l'abattre aussitôt et revenir dans le présent, cette cible au *centre* toujours affamé de projectiles, ce port naturel de tous les départs. Mais de l'en deçà, à l'au-delà, la crispation est extraordinaire. » (1957/1996, p. 739) De cette centralité du présent, il faut surtout retenir qu'elle recueille les projectiles du passé et attire ceux de l'à-venir – c'est tout simplement le temps de l'humain, dont on reconnaîtra cependant qu'il peut être soumis à des tensions (des « crispations ») variables, dont les degrés sont dépendants de l'intégration du sujet à un *projet* de vie – qu'il soit ou non professionnel.

C'est par conséquent beaucoup plus le contexte dans lequel évoluent les sujets – marasme économique et désespérance sociale – qu'une invraisemblable particularité *cognitive*, qui permet d'expliquer cet état de stase. Rosa (2013, p. 103) a en ce sens parfaitement raison d'écrire que « ce que nous percevons comme une crise dans l'horizon temporel de la modernité n'est donc pas une époque de grandes ruptures ou de grandes décisions, qui se manifesterait par une redéfinition de l'action politique. La crise consiste bien plutôt dans le fait qu'il n'y a plus rien à décider ou à construire : les phénomènes sociaux et les évolutions systémiques se sont autonomisés[6] et sont désormais distincts de la décision politique, qui est privée de ce qui culturellement en fondait le sens. Nous percevons cela comme une fin de l'histoire au sens d'une histoire à construire, à comprendre et à raconter. » Ou comme le pense Nancy (1999, p. 242), « notre temps n'est plus un temps capable de se sentir et de se représenter lui-même comme un temps qui fait l'histoire, comme un temps produisant la grandeur de l'Histoire comme telle. Notre temps est conscient de lui-même comme d'un temps non historique. » À ceux à qui ne manque pas l'essentiel, c'est-à-dire un toit, de la nourriture en suffisance, des vêtements et quelques à-côtés agréables, la technologie omniprésente, notamment sous la forme d'équipement multimédia, internet, téléphonie évoluée, etc., peut donner l'impression d'être libérés de la pesanteur environnementale. David Le Breton (2010, p. 17) parle de *« téléchargement de l'esprit »* ; en effet, l'individu en réseau n'a plus qu'une identité ténue et fluctuante ; son corps est devenu un objet presque redondant, une possibilité parmi d'autres souvent ressentie comme encombrante, au regard des avatars possibles [5, 9]. Dès lors, la communication ne peut déboucher sur une solidarité tangible, c'est-à-dire sur une solidarité des corps qui se touchent, qui s'éprouvent par la pression d'une main, qui se confrontent par le regard, et qui au total, forment l'histoire d'un groupe. Les « jeunes de cités » sont désaffiliés s'agissant des circuits traditionnels de socialisation – école, travail, bien sûr –, mais surtout en ce qui concerne les modalités d'approche et d'appréhension de la ville en son entier, et non seulement du quartier. À partir, notamment, de l'exemple montbéliardais, nous avons montré comment on avait pu passer d'une gestion de l'espace *communautaire* à une gestion *communautariste*. Paradoxalement, peut-être y a-t-il tout de même là l'espoir d'un réenracinement et d'une réaffiliation, dont il est à espérer qu'elle soit suffisamment forte pour que cette « urbanité en archipel », pour reprendre l'expression de Bordreuil (2000, p. 177), déborde pacifiquement sur l'extérieur et recrée des liens d'une nature nouvelle.

6 Ceci peut être rapproché de la notion de « machine autoreproductrice ».

L'Empire des Martiens

> En nul pays peut-être l'axiome de Vespasien [« l'argent n'a pas d'odeur »] n'est mieux compris. Là, les écus même tachés de sang ou de boue ne trahissent rien et représentent tout. Pourvu que la haute société sache le chiffre de votre fortune, vous êtes classé parmi les sommes qui vous sont égales, et personne ne demande à voir vos parchemins, parce que tout le monde sait combien peu ils coûtent.
>
> Balzac, *Sarrasine*, 1830/1977, p. 1046

Il faut finalement revenir à cette tristesse *existentielle* qui infuse la vie quotidienne, en tout premier lieu celle des moins nantis. Le Minotaure économique, quoiqu'il ne dévore qu'exceptionnellement – dans les pays dits développés – les prisonniers du labyrinthe social, maintient ses souris de laboratoire dans un état de dépendance tel, que de quelque côté que l'on se tourne, on ne perçoit aucune possibilité d'évasion, tout projet semblant *a priori* voué à l'échec. *Il faut continuer à travailler*, martèle-t-on, et l'on arrivera bientôt au « bout du tunnel[7] » – de la crise, du chômage, de la désindustrialisation, de la ville déshumanisée, etc. C'est ce *« continuer »* qui est absolument désespérant, en ce qu'il met en évidence une absence de terme à des actions dont, par ailleurs, on ne voit pas où elles mènent et dont, la plupart du temps on ne perçoit même pas l'agencement. À ce titre, on se trouve dans une situation bien différente de celle qu'exposait Camus, écrivant que « la lutte elle-même vers les sommets suffit à remplir un cœur d'homme. Il faut imaginer Sisyphe heureux. » (1945/1965, p. 198) Sisyphe, tout en sachant qu'il ne peut réussir – son rocher l'attend au bas de la montagne – est « supérieur à son destin ». C'est, remarque Camus, que « les vérités écrasantes périssent d'être reconnues ». La reconnaissance, l'identification du problème, tout est là : « Si ce mythe est tragique, c'est que son héros est conscient. [...] L'ouvrier d'aujourd'hui travaille, tous les jours de sa vie, aux mêmes tâches et ce destin n'est pas moins absurde. Mais il n'est tragique qu'aux rares moments où il devient conscient. Sisyphe, prolétaire des dieux, impuissant et révolté, connaît toute l'étendue de sa misérable condition : c'est à elle qu'il pense pendant sa descente. La clairvoyance qui devait faire son tourment consomme du même coup sa victoire. » (*ibidem*, p. 196) L'homme en situation de crise (et non « l'homme postmoderne ») ne peut identifier les problèmes auxquels il est confronté. Après tout, Sisyphe a probablement été libéré par la disparition des dieux ; son rocher aura disparu ou peut-être l'aura-t-il utilisé pour construire une maison, une nouvelle Corinthe, fonder une civilisation. L'homme dans la crise se trouvera peut-être

7 Nous nous souvenons qu'après la première crise pétrolière, Valéry Giscard d'Estaing, alors Président de la République, avait prononcé cette phrase. Sans doute le tunnel était-il plus long que prévu.

dans cette heureuse configuration ; en attendant, il ne sait rien, il ne maîtrise rien. Contrairement à Sisyphe dont la tâche est précise, quoiqu'absurde, et imposée par les dieux, la foule des « individus » est submergée par des informations incohérentes, rendant illusoire toute possibilité d'être « le maître de ses jours » (*ibidem*, p. 198). On ne peut qu'être d'accord avec Stéphane Hessel qui terminait son petit livre en appelant « à une véritable insurrection pacifique contre les moyens de communication de masse qui ne proposent comme horizon pour notre jeunesse que la consommation de masse, le mépris des plus faibles et de la culture, l'amnésie généralisée et la compétition à outrance de tous contre tous. » (2010, p. 11) Malheureusement, bien que le mouvement international issu de cette plaquette ait donné lieu à de nombreuses manifestations, aucune traduction dans les faits n'a été observée.

Tout en tissant inlassablement de nouveaux scénarios, la machine mécanique autoreproductrice ne change rien à l'état du monde. La stabilité doxique avant tout. En 1888 déjà, Maupassant à bord du *Bel-Ami*, était atterré « devant le néant du bonheur ». Il citait, à l'appui de « son écœurement abominable des mêmes actions toujours répétées », deux vers (ici en italiques) des « Fossiles » de Louis Bouilhet[8] : « Les nuits, les longues nuits tendant leurs voiles sombres, / Sur l'ennui du soleil jettent l'ennui des ombres ! / *Seule, au-dessus des mers, la lune voyageant / Laisse, dans les flots noirs, tomber ses pleurs d'argent !* / Sur l'aride plateau de ce désert immense / Les siècles désolés se suivent, en silence » (Bouilhet, 1891, pp. 115-116). Comme la mer, la vie est monotone ; on n'a même pas l'espoir d'une issue heureuse, de celles où comme chez Valéry, à la fin, sur *« La mer, la mer, toujours recommencée ! », « Dans un tumulte au silence pareil, / Le vent se lève !... Il faut tenter de vivre ! »* :

> Mais d'autres hommes, parcourant d'un éclair de pensée le cercle étroit des satisfactions possibles, demeurent atterrés devant le néant du bonheur, la monotonie et la pauvreté des joies terrestres.
> Dès qu'ils touchent à trente ans, tout est fini pour eux. Qu'attendraient-ils ? Rien ne les distrait plus ; ils ont fait le tour de nos maigres plaisirs.
> Heureux ceux qui ne connaissent pas l'écœurement abominable des mêmes actions toujours répétées ; heureux ceux qui ont la force de recommencer chaque jour les mêmes besognes, avec les mêmes gestes, autour des mêmes meubles, devant le même horizon, sous le même ciel, de sortir par les mêmes rues où ils rencontrent les mêmes figures et les mêmes animaux. Heureux ceux qui ne s'aperçoivent pas avec un immense dégoût que rien ne change, que rien ne passe et que tout se lasse.
> Faut-il que nous ayons l'esprit lent, fermé et peu exigeant, pour nous contenter de ce qui est. Comment se fait-il que le public du monde n'ait pas encore crié : « Au rideau ! » n'ait pas demandé l'acte suivant avec d'autres êtres que l'homme, d'autres formes, d'autres fêtes, d'autres plantes, d'autres astres, d'autres inventions, d'autres aventures ?

8 Maupassant avait une grande admiration pour Bouilhet, dont on sait qu'il était l'ami et le critique de Flaubert.

> Vraiment, personne n'a donc encore éprouvé la haine du visage humain toujours pareil, la haine des animaux qui semblent des mécaniques vivantes avec leurs instincts invariables transmis dans leur semence du premier de leur race au dernier, la haine des paysages éternellement semblables et la haine des plaisirs jamais renouvelés ? (Maupassant, 1888/1904, pp. 53-54)

Il en est pourtant peu qui atteignent un degré de conscience suffisant pour crier *« Au rideau ! »* hâtant ainsi la conclusion d'une pièce dont toutes les péripéties sont connues d'avance et qui n'a pour elle que de faire évoluer acteurs et spectateurs en terrain connu, dans un présent oscillant, selon l'humeur, entre *infini* et *indéfini*.

Certaines périodes de l'Histoire réunissent mieux que d'autres les conditions d'émergence de ce *taedium vitae*. Le XIXe siècle, tant dans ses productions « romantiques » que « décadentes » en fournit de nombreuses illustrations ; un peu plus tard, la psychiatrie et la psychanalyse s'en empareront et en feront leur miel. Très souvent, la « tristesse d'exister » succède à des troubles politiques, économiques et sociaux massifs : ainsi les années suivant l'écroulement de l'Empire napoléonien, lui-même enraciné dans la Révolution de 1789, de même que, beaucoup plus tard, celles coïncidant avec l'entrée dans la récession économique, se sont révélées propices à la cristallisation de la désespérance sociale. Voici le tableau que le Père de Lamennais dressait en 1823 de la société européenne :

> Maintenant tous les liens sont brisés, l'homme est seul, la foi sociale a disparu : les esprits, abandonnés à eux-mêmes, ne savent où se prendre ; on les voit flotter au hasard dans mille directions contraires. De là un désordre universel, une effrayante instabilité d'opinions et d'institutions. Las de l'erreur et de la vérité, on rejette également l'une et l'autre. Il y a au fond des cœurs avec un malaise incroyable, comme un immense dégoût de la vie, et un insatiable besoin de destruction. Ce besoin se manifeste de mille manières et dans toutes les classes. [...] Les gouvernemens, pressés de finir, s'altèrent eux-mêmes, mais pas assez peut-être et pas assez vite à leur gré, et au gré de la multitude. On aperçoit encore dans le présent quelque chose du passé, et cette ombre fugitive inquiète. Plus de bornes, plus de barrières que les esprits ne franchissent. On ne rêve rien moins que des révolutions totales dans chaque État et dans le monde, que l'entière abolition de tout ce qui est, sans s'occuper même d'y rien substituer. On veut une nouvelle religion, mais on ne sait quelle ; une nouvelle forme de société, mais on ne sait quelle ; une nouvelle législation et de nouvelles mœurs mais on ne sait quelles : déplorable symptôme de la perte de tout sens, et de l'extinction de la raison sociale. L'isolement absolu, effet immédiat de l'indépendance absolue à laquelle tendent les hommes de notre siècle, détruiroit le genre humain, en détruisant la foi, la vérité, l'amour, et les rapports qui constituent la famille et l'État. (1836-1837, pp. 9-10)

Ce n'est pas la tristesse seule qui est ici convoquée (« un immense dégoût de la vie »), mais une désespérance sociale profonde (« l'homme est seul, la foi sociale a disparu ») qui ne connaît aucune limite, ni repère (« plus de bornes, plus de barrières que les esprits ne franchissent »). Nous remarquions plus haut qu'une des propriétés présentée comme constitutive de « l'ère postmoderne » était la dilution de la périodisation historique et la fluctuation des bornes temporelles qui, en faisant exister les individus dans un continuum à la chronologie labile, éviterait d'avoir à porter le regard en arrière, comme aussi d'envisager les conséquences à venir d'un acte. C'est exactement ce qu'exposait Lamennais dans la préface de son *Essai sur l'indifférence en matière de religion* : on ne sait quelle société/religion choisir, on abolit sans prévoir « d'y rien substituer ». C'est la « perte de tout sens, [...] l'extinction de la raison sociale ». Bien sûr, Lamennais a en vue un projet de reconstruction, de « rechristianisation » du corps social ; il rédige une première version de son ouvrage à la fin du règne de l'assez modéré Louis XVIII. En revanche, la préface de la réédition est écrite en pleine Monarchie de Juillet, période qui voit l'affairisme prospérer. Bruguière observe par exemple : « En examinant la descendance des plus gros "traitants" ou banquiers de la Révolution et de l'Empire, on constate [...] que presque tous les héritiers se trouvèrent revêtus, vers 1840, de titres ducaux. Ainsi, au tropisme traditionnel de la noblesse pour les millions, a continué de correspondre, aux temps contemporains de la société "bourgeoise", un goût non moins fort des fortunes douteuses pour le titre et le nom qui absolvent. » (1988, p. 105) Est-on si loin de ce modèle, à une époque où, comme le montre Piketty, la progression des très hauts revenus entre 1987 et 2013 est, quelle que soit l'année considérée, au moins deux fois plus rapide que l'accroissement du revenu et du patrimoine moyens ? (2013, pp. 693-694) Mais surtout, au-delà d'un certain seuil, que l'on travaille ou non, le patrimoine continue de croître de manière vertigineuse. Entre 1990 et 2010, relève Piketty, la fortune de Bill Gates – qui a beaucoup travaillé – est passée de 4 milliards de dollars à 50. Dans le même temps, la fortune de l'héritière Liliane Bettencourt, qui n'a jamais travaillé, est passée de 2 milliards de dollars à 25. En d'autres termes, la rapidité de progression est identique dans les deux cas. Piketty conclut : « Une fois une fortune lancée, la dynamique patrimoniale suit sa logique propre, et un capital peut continuer de progresser à un rythme soutenu pendant des décennies simplement du fait de sa taille. » (*ibidem*, p. 702)

À l'époque de Lamennais et de Benjamin Constant, comme de nos jours, « le gouvernement prend l'opinion de ses alentours, ou tout au plus du lieu de sa résidence pour celle de tout l'empire. » (Constant, *op. cit.*) À cette énorme différence près qu'à présent, il ne s'agit qu'exceptionnellement d'instances étatiques, qui de plus en plus en sont réduites à expédier les affaires courantes et à appliquer des politiques, tout particulièrement dans le domaine financier et bancaire, qui s'imposent aux instances internationales elles-mêmes [1, 3, 11]. Piketty relève à ce sujet un phénomène étonnant, ordinairement passé sous silence : on constate qu'il sort plus d'argent de certains pays qu'il n'en rentre dans les autres, ce qui est théoriquement impossible. Cette inadéquation est attribuable, explique Piketty, à « l'existence d'une masse importante d'actifs financiers non enregistrés détenus par les ménages dans les paradis fiscaux. [Zucman] estime que cette masse représente l'équivalent de près de 10% du PIB mondial. » Une conclusion s'impose donc : « [cet état de fait] démontre les difficultés posées par l'enregistrement des actifs dans le capitalisme globalisé de ce début de XXIe siècle, qui vont jusqu'à brouiller notre perception de la géographie élémentaire de la fortune. » (2013, pp. 747-748) En d'autres termes, tout se passe comme si nous étions *« possédés par la planète Mars »* (*ibidem*, p. 746). On se souviendra que Giraudoux faisait de même remarquer que *« le premier engrenage monté sur la terre a été le premier des envahisseurs martiens »*. Ces *Martiens*, ces fabricants de « machine infernale » (Bourdieu), qu'ils soient les descendants des affairistes révolutionnaires, des maîtres de forge des siècles passés – maîtres des engrenages classiques –, souvent titrés, ou que plus vraisemblablement, ils se recrutent dans la nouvelle haute bourgeoisie financière (l'évolution d'une machinerie proprement industrielle en direction d'une machinerie financière peut fort bien être attestée au sein d'une même famille, les Peugeot en sont un bon exemple), ont une particularité intéressante : ils sont presque invisibles. Ce n'est pas qu'ils soient inconnus, car le classement des grandes et moins grandes fortunes est, avec le prix de l'immobilier, un des sujets favoris des hebdomadaires économiques, mais ils sont *à part*, et qu'ils soient logés dans les ghettos de l'extrême richesse ou qu'ils donnent, plus modestement, l'impression d'être des gens *normaux*, ne change rien à l'affaire. Ce qui est déterminant, c'est qu'ils sont organisés en réseaux (clubs, associations, comités, chasses à courre, etc.) qui non seulement sont inaccessibles au *vulgum pecus*, comme aux nouveaux riches trop voyants, mais se situent pour ainsi dire dans une autre dimension. L'exemple de la chasse à courre est intéressant. Celui qui, se promenant en famille dans une forêt du nord de Paris, voit tout à coup surgir sur le chemin cavaliers rouges et chiens courants – les manants sont à pied et rasent le talus – ne peut qu'être saisi d'un sentiment de surprise teinté d'incrédulité et d'un certain *malaise*, qui devait être celui, décuplé, des paysans du passé. Il s'agit là d'une saillance exceptionnelle, qui tient de *l'apparition*, et qui donne à voir un infime fragment de cet entre-soi qui se déplace dans une bulle – aucune salutation n'est échangée, comme il est d'usage lorsque des promeneurs se rencontrent sur un sentier, et les regards sont unidirectionnels, *du bas vers le haut*. On pourrait opposer qu'il y a des feuilles spécialisées dans les mariages de la grande bourgeoise et de l'aristocratie, que tout un chacun peut compulser chez son coiffeur ou son dentiste. Toutefois, outre que ces photos et « reportages » sont la plupart du temps calibrés et minutieusement mis au point, ils ne sont qu'un reflet sans vie et n'ont en rien le caractère *saisissant* d'une rencontre en forêt de Compiègne. Il y a peu de sociologues, qui, tel le couple Pinçon-Charlot, s'intéressent aux us et coutumes de cette fraction sociale. Comme ils le relèvent eux-mêmes, il faut en rechercher une des raisons dans le fait que les chercheurs, quoique pourvus d'impressionnants diplômes (souvent bien plus nombreux et prestigieux que ceux de beaucoup d'héritiers) sont dans leur immense majorité issus de milieux relativement modestes – sans quoi ils ne seraient pas universitaires, mais banquiers, membres de conseils d'administration ou PDG. On notera, par parenthèse, que la référence à la notion de *vocation*, qui était souvent convoquée comme composante essentielle dans l'exercice des professions médicale et enseignante (quel qu'en soit le niveau), est de moins en moins attestée dans les discours. D'une part, ceci est sans doute lié à la raréfaction des « vocations religieuses » proprement dites, et d'autre part au fait que les professions médicales sont désormais considérées comme étant *d'abord* rentables, tandis que les métiers de l'enseignement sont perçus comme un choix d'insertion sociale par défaut. À ce sujet, il faut relire l'entretien avec « Fanny », enseignante certifiée de lettres, publié en 1993 dans *La misère du monde*, et commenté par Rosine Christin : « Elle n'avait sans doute pas su prévoir ni prévenir cet effondrement ; il aurait fallu s'avouer trop de choses, la vie trop dure, le déracinement, les petites ballotées, le mari bafoué, les ruptures, tant de sacrifices consentis pour une ascension incertaine et le mirage d'une participation tout aussi incertaine à la culture. Elle a aujourd'hui [en 1991, c'est-à-dire il y a plus de 20 ans] l'impression d'avoir été flouée, elle se méfie de "tout ce qui est intello", elle ne s'achète plus de disques, elle n'a "pas les sous" ni même "un bon truc pour les écouter". Tout ça est fini. » (1993, p. 654)

De plus, et nous l'avons souligné auparavant s'agissant de la situation luxembourgeoise, outre *« la timidité sociale »*, il faut compter avec le fait que « l'autocensure est souvent la règle, le chercheur choisissant de travailler à partir de déclarations publiques de dirigeants ou de patrons plutôt que de solliciter un entretien. » (Pinçon et Pinçon-Charlot, 2007b, p. 63) Enfin, il y a l'idée sous-jacente que cette fraction des très fortunés est statistiquement infime en nombre d'individus, au regard de la multitude des ZUP, cités et quartiers, et qu'ils ne représentent pas un objectif prioritaire des programmes de recherche. Or ces groupes sont justement partie prenante dans les constructions des nouveaux quartiers, des villes nouvelles, des routes et autoroutes qui les desservent, dans les organismes bancaires, notamment ceux spécialisés dans les crédits à la consommation contractés par les plus nécessiteux, dans les chaînes d'hypermarchés – y compris « low cost » –, dans la fabrication des plats des cantines scolaires et d'entreprises, dans les laboratoires pharmaceutiques, dans les biens « culturels » (télévision et cinéma) et bien entendu dans la fabrication et l'exploitation des moyens de communication utilisés par tous.

***

On voit qu'il n'y a rien de bien nouveau sous le soleil, que la misère du monde est toujours aussi inégalement partagée et que la manne de la « pompe à phynance » retombe inexorablement du même côté – notamment celle des subventions industrielles. Les Pinçon-Charlot observent judicieusement qu'à la différence des nantis, « dans les autres groupes sociaux, la précarité croissante, la mobilité tant vantée, les effets dévastateurs de la spéculation immobilière, induisent une instabilité résidentielle qui brouille l'inscription des fractures sociales dans la ville. [...] Les nantis multiplient pour eux les enracinements, dans la multi-territorialité, dans les réseaux les plus divers, dans des familles qui cousinent large et qui sont solidaires entre les générations, mais ils n'ont d'autre pensée pour tous les autres que de les imaginer comme des électrons libres dans un champ magnétique dont eux seuls contrôleront le sens et l'intensité des ondes. » (2007, p. 310) L'impression « d'être de trop », quelquefois teintée d'envie, que ressentent les « gens du commun » lorsqu'ils sont confrontés aux ressortissants de la *terra incognita* des très riches (voir la section consacrée au quartier de l'Alboni [7]), avait parfaitement été mise en évidence, avant la première guerre mondiale, par Paul Bourget (1911), dans la nouvelle « Les Moreau-Janville ». Le romancier y dépeint finement les nouveaux quartiers chics, dans les environs immédiats de la place de l'étoile, entre la rue de Presbourg et l'avenue du Bois-de-Boulogne – actuellement avenue Foch. Les Moreau-Janville, propriétaires des *Forges et chantiers* de La Rochelle, viennent de se faire construire un hôtel particulier. Eugène Montrieux, qui est le précepteur du fils de la famille, reste émerveillé :

> Cette demi-année n'avait pas encore blasé le jeune homme sur sa première sensation d'ébahissement devant l'hôtel Moreau-Janville. Rien de banal pourtant comme ces palais en miniature que les hauts barons de la finance et de l'industrie se font construire à coups de millions sur des terrains où le prix du mètre ne permet pas, même à eux, le luxe d'un vrai jardin. [Plutôt que d'acquérir une demeure dans le faubourg Saint-Germain] ils aiment mieux bâtir hâtivement, solder les mémoires douteux d'un architecte à la mode qui leur fabrique du faux Louis XIV et du faux Louis XVI. [...] Ils habitent dans des quartiers nouveaux, au lieu que « là-bas, on est loin de tout ». [...] Pour Eugène Montrieux, la façade battant neuf de l'hôtel Moreau-Janville représentait un paradis d'aristocratie, la miraculeuse maison d'Aladin. Il montait en tramway au boulevard du Montparnasse, à l'angle de la rue Campagne-Première. Il habitait là, près de sa mère, un appartement de six-cents francs. Ce chiffre expliquera ses naïves extases. [...] Le seul aspect des gravures anglaises, pendues sur le revêtement de bois clair, lui causait cette joie enfantine que l'approche du luxe donne trop souvent aux jeunes gens pauvres, surtout, contradiction bien étrange au premier abord, quand ils sont très intellectuels. Ce mot n'est pas synonyme d'intelligent. Il suppose une hypertrophie, un manque d'adaptation entre la culture cérébrale et le milieu. (1911, p. 31)

Les Moreau-Janville sont des parvenus, qui préfèrent le nouveau quartier à la mode – les Champs-Élysées et environs –, où ils se sentent en terrain connu, c'est-à-dire entre gens de la même espèce, actionnaires majoritaires de forges et de fabriques et financiers. Ils ne voient pas que le faubourg Saint-Germain est encore (les choses commencent à changer) le vrai lieu de la *distinction*, comme l'écrivait Balzac dans *La Duchesse de Langeais* :

> Ce que l'on nomme en France le faubourg Saint-Germain n'est ni un quartier, ni une secte, ni rien qui se puisse nettement exprimer. La place Royale, le faubourg Saint-Honoré, la Chaussée d'Antin possèdent également des hôtels où se respire l'air du faubourg Saint-Germain.

> Ainsi, déjà tout le faubourg n'est pas dans le faubourg. Des personnes nées fort loin de son influence peuvent la ressentir et s'agréger à ce monde, tandis que certaines autres qui y sont nées peuvent en être à jamais bannies. Les manières, le parler, en un mot la tradition faubourg Saint-Germain est à Paris, depuis environ quarante ans, ce que la Cour y était jadis [...]. (1834 [*Ne touchez pas la hache*] -1839/1977, p. 924)

L'argent, quoiqu'il ne soit pas quantité négligeable, n'est pas au premier plan des priorités de ces aristocrates de vieille souche, qui manifestent une condescendance marquée à l'égard de la noblesse d'Empire constituée « d'usurpateurs malgré eux », mis au même rang qu'une *« Panthère des Batignolles »*, ou un *« Roi de l'acier »* – c'est-à-dire les cocottes, les Moreau-Janville et leurs pareils. C'est ce que confie Charlus au narrateur de *La Recherche*, usant du franc-parler qui le caractérise, et qui s'oppose à l'onctuosité bourgeoise :

> Comme il n'existe pas de princesse de ce nom, j'ai supposé qu'il s'agissait d'une pauvresse couchant sous le pont d'Iéna et qui avait pris pittoresquement le titre de princesse d'Iéna, comme on dit la Panthère des Batignolles ou le Roi de l'Acier. Mais non, il s'agissait d'une personne riche dont j'avais admiré à une exposition des meubles fort beaux et qui ont sur le nom du propriétaire la supériorité de ne pas être faux. Quant au prétendu duc de Guastalla, ce devait être l'agent de change de mon secrétaire, l'argent procure tant de choses. Mais non ; c'est l'Empereur, paraît-il, qui s'est amusé à donner à ces gens un titre précisément indisponible. C'est peut-être une preuve de puissance, ou d'ignorance, ou de malice, je trouve surtout que c'est un fort mauvais tour qu'il a joué ainsi à ces usurpateurs malgré eux. Mais enfin je ne puis vous donner d'éclaircissements sur tout cela, ma compétence s'arrête au faubourg Saint-Germain. (*Le côté de Guermantes* 1920/1954, p. 564)

Naturellement, ces différenciations au sein de la *distinction* échappent totalement au personnage de Bourget, Eugène Montrieux. Seuls lui sont accessibles la brillance et le clinquant de la *« miraculeuse maison d'Aladin »*. Nouvel Ali Baba, il n'a d'yeux que pour l'abondance du contenu de la caverne et s'inquiète fort peu de la façon dont les quarante voleurs l'ont remplie.

De ce fait, on comprend que le malaise existentiel qui se manifeste d'abord en milieu urbain – celui qui touche profondément les agriculteurs ayant des causes très différentes – ne puisse être lié de façon univoque à des concepts comme « extrême contemporain » ou « civilisation postmoderne ». Si l'on ne peut nier que la modernité de la fin des années cinquante à nos jours, telle qu'on peut la cerner à travers ses attributs technologiques, a accéléré le processus de perte de repères, elle ne peut en aucun cas servir de cadre explicatif et théorique, sinon peut-être s'agissant de l'apparition d'un type de littérature « anti-romanesque » et « anti-psychologique » dont le « Nouveau Roman », produit de la « machine mécanique », serait à la fois le point d'émergence et la principale saillance.

BIBLIOGRAPHIE[1]

Littérature

Anonyme (entre 1572 et 1610) *Histoire des deux nobles preux et vaillans chevaliers Valentin et Orson [...]*, Paris, Nicolas et Pierre Bonfons.

Anonyme, (1860) *Chant joyeux à l'occasion de la mort d'un enfant de 20 mois et 1 jour, pour la consolation de ses parents*, Montpellier, Typographie de P. Grollier.

Aragon, Louis, (1944/1988) *Aurélien*, roman, Paris, Gallimard, Folio.

Apollinaire, (1965) *Œuvres poétiques*, Marcel Adéma et Michel Décaudin, (éds), préface d'André Billy, Paris, Gallimard, Pléiade.

Aurousseau, Nan (2005) *Bleu de chauffe*, roman, Paris, Stock.

–, (2012) *Quartier charogne*, récit, Paris, Stock.

Aymé, Marcel (1943/1972) « La carte », *in* : *Le passe-muraille*, nouvelles, Paris, Gallimard / Le Livre de Poche.

Balzac, Honoré, de, (1830/1977) *Sarrasine*, *in* : *La Comédie humaine*, 6, « études de mœurs : scènes de la vie parisienne », édition publiée sous la direction de Pierre-Georges Castex, avec Pierre Citron, René Guise, André Lorant, Anne-Marie Meininger, Paris, Gallimard, Pléiade.

–, (1834 [*Ne touchez pas la hache*] -1839/1977) *La Duchesse de Langeais*, *in* : *La Comédie humaine*, 5, « études de mœurs : scènes de la vie parisienne », édition publiée sous la direction de Pierre-Georges Castex, avec Roland Chollet et Rose Fortassier, Paris, Gallimard, Pléiade.

–, (1834-1835/1977) *La Fille aux yeux d'or*, *in* : *La Comédie humaine*, 5, « études de mœurs : scènes de la vie parisienne », édition publiée sous la direction de Pierre-Georges Castex, avec Roland Chollet et Rose Fortassier, Paris, Gallimard, Pléiade.

–, (1837/1977) *La maison Nucingen*, *in* : *La Comédie humaine*, 6, « études de mœurs : scènes de la vie parisienne », édition publiée sous la direction de Pierre-Georges Castex, avec Pierre Citron, René Guise, André Lorant, Anne-Marie Meininger, Paris, Gallimard, Pléiade.

1 Certains titres et auteurs pourraient être placés dans plusieurs rubriques. Les intitulés de sections n'ont pas l'ambition d'être exhaustifs. En outre, certaines références sont citées en note de bas de page. Il s'agit essentiellement de références jugées « secondaires », ce qui ne préjuge en rien de leur intérêt, et d'articles de journaux (papier ou en ligne).

Barbey d'Aurevilly, Jules Amédée, (1854/2010) *L'ensorcelée*, Paris, La Bibliothèque – Le Figaro/Garnier.

Barrès, Maurice, (1897/1911) *Les déracinés*, roman, Paris, Émile-Paul éditeurs.

Barrois, Auguste, (1888) *Miettes de souvenirs. Poésies diverses*, Paris, Alphonse Lemerre.

Bello, Antoine, (2007) *Les falsificateurs*, roman, Paris, Gallimard.

Bergounioux, Pierre, (1996) *La mort de Brune*, roman, Paris, Gallimard.

Bon, François, (1992) *Temps machine*, Lagrasse, Verdier.

–, (1993) *Décor ciment*, roman, Paris, Les Éditions de Minuit.

–, (2004), *Daewoo*, roman, Paris, Fayard.

Bosco, Henri, (1952) *Le mas Théotime*, roman, Paris, Gallimard, Le Livre de Poche.

Bouilhet, Louis, (1891) *Œuvres. Festons et astragales. Melænis, Dernières chansons*, Paris, Alphonse Lemerre.

Bourget, Paul, (1911) *L'envers du décor*, nouvelles, Paris, Select-Collection, Ernest Flammarion.

Buchon, Max, (1858) *En Province – Scènes franc-comtoises*, Paris, Michel Lévy frères.

–, (1877) *Poésies franc-comtoises. Notice biographique par Champfleury, portrait d'après Courbet, eaux-fortes par F. Régamey*, Paris, Librairie Sandoz et Fischbacher.

Buhler, Michel, (2008) *On fait des chansons*, préface de Roger Jaunin, musiques relevées et calligraphiées par Michel Devy, relues par Gaspard Glaus, Orbe, Bernard Campiche éditeur.

Cain, Georges, (1908) *Nouvelles promenades dans Paris*, Paris, Ernest Flammarion.

Callet, Albert, (1911) *L'agonie du vieux Paris*, Paris, H. Daragon.

Canonge, Jules, (1835) *Les préludes, poésies*, Paris, Ébrard.

Céline [Destouches], Louis-Ferdinand, (1932/1981) *Voyage au bout de la nuit*, *in* : *Romans*, 1, édition présentée, établie et annotée par Henri Godard, Paris, Gallimard, Pléiade.

Char, René, (1957/1996) « Pour nous, Rimbaud », *in* : *Dans l'atelier du poète*, pp. 734-740, Paris, Gallimard, Quarto.

Cohen, Albert, (1968) *Belle du Seigneur*, roman, Paris, Gallimard.

Colette, (1943/1960) *Flore et Pomone*, récit, *in* : *Gigi* [et autres nouvelles], Paris, Hachette, Le Livre de Poche.

Colomb, Joséphine, (1874) *La fille de Carilès. Le petit prince Ulrich. Nedji la Bohémienne. La bonne Mitche*, Paris, Hachette.

–, *La fille des Bohémiens*, (1904) Bibliothèque des écoles et des familles, nouvelle édition, Paris, Hachette (1ère édition : avant 1892).

Coupland, Douglas, (2006) *JPod*, roman, édition numérique non paginée, New York, Bloomsbury.

Cros, Charles, (1970) *Œuvres complètes*, édition établie par Louis Forestier et Pierre-Olivier Walzer, Paris, Gallimard, Pléiade.

Daeninckx, Didier, (1995-2005) *Les figurants*, suivi de *Cités perdues*, Paris, Gallimard, Folio.

–, (2010) *Mémoire noire. Les enquêtes de l'inspecteur Cadin*, volume omnibus, Paris, Gallimard, Folio policier.

Davin, Félix, (1835) *Histoire d'un suicide. Mœurs du Nord de la France*, roman, volume 1, Paris, De Werdet ; Éd. Legrand et J. Bergounioux.

Delly, (1919) *Entre deux âmes*, roman, Paris, Plon.

Desfontaines, Nicolas-Marc, (1648) *Bellissante ou la fidélité reconnue*, Paris, Pierre Lamy.

Djaïdani, Rachid, (1999) *Boumkœur*, roman, Paris, Seuil.

Djebar, Assia, (1997) *Les nuits de Strasbourg*, roman, Paris, Actes Sud.

Döblin, Alfred, (1990) *Peuple trahi* (tome 2 de *Novembre 1918*), roman, traduit de l'allemand par Yasmin Hoffmann et Maryvonne Litaize, Paris, Quai Voltaire.

Ernaux, Annie, (1993/2011) *Journal du dehors*, *in* : *Écrire la vie*, Paris, Gallimard, Quarto.

–, (1997/2011) *La honte*, *in* : *Écrire la vie*, Paris, Gallimard, Quarto.

–, (2008/2011) *Les années*, *in* : *Écrire la vie*, Paris, Gallimard, Quarto.

Faraday Nelson, Radell (« Ray »), (1963/1994) *Eight O'Clock in the Morning*, Reel Future, ed. Forrest J. Ackerman & Jean Stine, Los Angeles, SFBC.

Filhol, Elisabeth, (2010) *La Centrale*, Paris, P.O.L.

Flaubert, Gustave, (1857/1928) *Madame Bovary. Mœurs de province*, roman, Paris, Bibliothèque-Charpentier, Eugène Fasquelle.

–, (2003) *Correspondance : année 1867*, édition Louis Conard, mis en ligne par Danielle Girard et Yvan Leclerc, Rouen.

Follain, Jean, (1947/1969) *Exister*, Paris, Gallimard.

Fontane, Theodor, (1892/1981) *Frau Jenny Treibel*, roman, traduit de l'allemand par Michel-François Demet, Paris, Robert Laffont Bouquins.

France, Anatole, (1894a) *Le lys rouge*, roman, Paris, Calmann-Lévy.

–, (1894b) « Conférence faite le mercredi 28 février 1894 à la Mairie du XVIe Arrondissement », *La Société historique d'Auteuil et de Passy*, Paris, Calmann-Lévy.

Frigerio, Vittorio, (2005) *Naufragé en terre ferme*, roman, Sudbury (Ontario), éditions Prise de parole.

Gautier, Théophile, (1852-1872/1936) *Émaux et camées*, Paris, Librairie Gründ.

Gérard, F. C. (1853) *Maria l'orpheline ou les Bohémiens*, Rouen, Bibliothèque morale de la jeunesse, Mégard.

Giono, Jean, (1962/1968) « Le badaud », *in* : *Regards sur Paris*, Paris, Grasset.

–, (1971) *Œuvres romanesques complètes*, (édition établie par Robert Ricatte, Pierre Citron, Lucien et Janine Miallet et Luce Ricatte), tome 1, Paris, Gallimard, Pléiade.

Giraudoux, Jean, (1920) *Adorable Clio* (10e édition), Paris, Émile-Paul frères, éditeurs.

–, (1926/1990) *Bella*, *in* : *Œuvres romanesques complètes*, 1, sous la direction de Jacques Body, Paris, Gallimard, Pléiade.

–, (1939/1950/1994) *De Pleins Pouvoirs à Sans Pouvoirs*, Paris, Julliard.

–, (1946) *La folle de Chaillot*, Paris, Grasset.

–, (1943/1979) « Discours liminaire », *in* : Le Corbusier ; Giraudoux, Jean, *La charte d'Athènes : avec un discours liminaire de Jean Giraudoux*, Paris, Plon. Réimprimé notamment par Kraus Reprint à Nendeln, Liechtenstein.

Goncourt, Jules et Edmond de, (1865/1886) *Germinie Lacerteux*, roman, Paris, Maison Quantin.

Green, Julien, (1932/1973) *Épaves*, roman, *in* : *Œuvres complètes*, II, textes établis, présentés et annotés par Jacques Petit, Paris, Gallimard, Pléiade.

–, (1993) *On est si sérieux quand on a dix-neuf ans, 1919-1924*, *Journal*, Paris, Fayard.

Hallier, Jean-Edern, (1980) *Fin de siècle*, roman, Paris, Albin Michel / Le Livre de Poche.

Hillesum, Etty, (2004) *Het verstoorde leven. Dagboek van Etty Hillesum*, (édité par J. G. Gaarland), Amsterdam, Balans.

Houellebecq, Michel, (1994) *Extension du domaine de la lutte*, roman, Paris, Nadeau, J'ai lu.

–, (1998) *Les particules élémentaires*, roman, Paris, Flammarion, J'ai lu.

Hugo, Victor, (1858) *Les voix intérieures. Les Rayons et des ombres*, Paris, L. Hachette et Cie.

–, (1882) *Œuvres complètes. Actes et paroles, I, Avant l'exil (1841-1851)*, Paris, J. Hetzel ; A. Quantin.

–, (1892) *Œuvres complètes. En voyage – France et Belgique*, Paris, J. Hetzel ; A. Quantin.

Huysmans, Joris-Karl, (1875) « Un Campement de Bohémiens », *Le Musée des Deux Mondes*, 4e croquis, 15 juillet 1875. <http://www.huysmans.org/fr/textsf.htm>.

Jaccottet, Philippe, (1984/2014) *Les Cormorans*, *in* : *Œuvres*, édition établie par José-Flore Tappy, avec Hervé Ferrage, Doris Jakubec et Jean-Marc Sourdillon, Paris, Gallimard, Pléiade.

–, (1996/2014) *La Semaison – Carnets 1980-1994*, *in* : *Œuvres*, édition établie par José-Flore Tappy, avec Hervé Ferrage, Doris Jakubec et Jean-Marc Sourdillon, Paris, Gallimard, Pléiade.

–, (2001/2014) *La semaison. Carnets 1995-1998*, *in* : *Œuvres*, édition établie par José-Flore Tappy, avec Hervé Ferrage, Doris Jakubec et Jean-Marc Sourdillon, Paris, Gallimard, Pléiade.

–, (2001/2014) *Et, néanmoins*, *in* : *Œuvres*, édition établie par José-Flore Tappy, avec Hervé Ferrage, Doris Jakubec et Jean-Marc Sourdillon, Paris, Gallimard, Pléiade.

Jussieu, Laurent, de, (1818/1880) *Simon de Nantua, ou le marchand forain, suivi des œuvres posthumes de Simon de Nantua*, Paris, Louis Colas.
Lacroix, Jules, (1839) *Le bâtard*, roman, Paris, Dumont.
Landes-Fuss, Marie-Gisèle, (1982/1985) *Une baraque rouge et moche comme tout, à Venice, Amérique…*, Paris, Gallimard, Folio.
Lanzmann, Claude, (2009) *Le lièvre de Patagonie*, récit, Paris, Gallimard.
Larbaud, Valéry, (1958) *Œuvres*, (édition établie et annotée par G. Jean-Aubry et Robert Mallet), Paris, Gallimard, Pléiade.
Leick, Joël, et Portante, Jean, (2013) *Florange sans fin*, [Leick, photographies ; Portante, texte], Grane/Paris, Créaphis.
Loti, Pierre, (1919) *Prime jeunesse, suite au roman d'un enfant*, Paris, Calmann-Lévy.
Malet, Léo, (1956/2012) *Pas de bavards à la Muette*, roman, *in* : *Tout Burma. Les nouveaux mystères de Paris, XVIe arrondissement*, Paris, Fleuve Noir [édition électronique].
Malot, Hector, (1878/1883) *Sans famille*, roman, Paris, Hetzel.
Manotti, Dominique, (2008) *Lorraine connection*, Paris, Rivages/Noir.
–, (2013) *Le rêve de Madoff*, Paris, Allia.
Marmier, Xavier, (1852) *Du Rhin au Nil – Tyrol, Hongrie, Provinces danubiennes, Syrie, Palestine, Égypte, Souvenirs de voyage*, 1, Bruxelles, Kiessling et Cie.
Maupassant, Guy, de, (1900/1978) « Le colporteur », *in* : *Contes et nouvelles*, 2, texte établi et annoté par Louis Forestier, pp. 1252-1258, Paris, Gallimard, Pléiade.
–, (1888/1904) *Sur l'eau*, Illustrations de Lanos, gravure sur bois de G. Lemoine, Paris, Société d'éditions littéraires et artistiques – Librairie Paul Ollendorff.
Mérimée, Prosper, (1872) *Nouvelles*, Paris, Michel Lévy frères, 6e édition.
Michelet, Jules, (1833/1966) *Histoire de France,* tome I, présentée et commentée par Claude Mettra, Lausanne, éditions Rencontre.
Modiano, Patrick, (1972/1978) *Les boulevards de ceinture*, roman, Paris, Gallimard, Folio.
–, (1978) *Johnny*, nouvelle, *Nouvelle Revue Française (NRF)*, 307, pp. 1-5.
–, (1978/2013) *Rue des boutiques obscures*, roman, *in* : *Romans*, Paris, Gallimard, Quarto.
–, (1981) *Une jeunesse*, roman, Paris, Gallimard.
–, (1984/1992) *Quartier perdu*, Paris, Gallimard, Folio.
–, (1992) *Un cirque passe*, roman, Paris, Gallimard.
–, (1993) *Chien de printemps*, roman, Paris, Seuil.
–, (1997/2013) *Dora Bruder*, récit, *in* : *Romans*, Paris, Gallimard, Quarto.
–, (1996/2010) *Du plus loin de l'oubli*, roman, Paris, Gallimard.
–, (2003/2013) *Accident nocturne*, roman, *in* : *Romans*, Paris, Gallimard, Quarto.
–, (2007/2013) *Dans le café de la jeunesse perdue*, *in* : *Romans*, Paris, Gallimard, Quarto.
–, (2010) *L'Horizon*, roman, Paris, Gallimard.

–, (2012/2014) *L'herbe des nuits*, roman, Paris, Gallimard folio.
Montherlant, Henry, de, (1936/1963) *Les jeunes filles*, roman, Paris, Gallimard, Le Livre de Poche.
Moravia, Alberto, (1929 [version originale en italien] 1949), *Les indifférents*, roman traduit de l'italien par Paul-Henri Michel, Paris, Flammarion, J'ai Lu.
–, (1961) *L'ennui*, roman traduit de l'italien par Paul-Henri Michel, Paris, Flammarion, Le Livre de Poche.
–, (1982/1983) *1934*, roman traduit de l'italien par Simone de Vergennes, Paris, Flammarion, J'ai Lu.
Némirovsky, Irène, (1942/2011) *Suite française*, roman, *in* : *Œuvres complètes*, tome II, Le livre de Poche / La Pochothèque.
Nin, Anaïs, (1970) *Journal 1934-1939*, tome 2, établi et présenté par Gunther Stuhlmann, traduction Marie-Claire van der Elst, relue par l'auteur, Paris, Stock, Le Livre de Poche.
Nini, Soraya, (1993) *Ils disent que je suis une beurette*, roman, Paris, Fixot.
Ortlieb, Gilles, (1995) *Gibraltar du Nord*, Cognac, Le temps qu'il fait.
Orwell, Georges, (1950) *1984*, roman, traduit de l'anglais par Amélie Audiberti, Paris, Gallimard / Le Livre de Poche.
Pergaud, Louis, (1912) *La guerre des boutons, roman de ma douzième année*, Paris, Mercure de France.
–, (1921) *Les Rustiques, nouvelles villageoises*, Paris, Mercure de France.
Perret, Paul, (1873) *Les amours sauvages, la Sarrazine*, Paris, Michel Lévy frères.
Ponge, Francis, (1962) *Pièces*, Paris, Gallimard, nrf Poésie.
Pourrat, Henri, (1960) *Les vaillances, farces et aventures de Gaspard des montagnes* [1922-1931], édition définitive, Paris, Albin Michel.
Prévost, Marcel, (1894/2004) *Les demi-vierges*, roman, Ebooks libres et gratuits [en ligne].
–, (1919) « Seconde lettre à Théophile », *La Revue de Paris*, 26, 1 (janvier-février), pp. 5-22.
Proust, Marcel, (1920/1954) *À la recherche du temps perdu*, tome 2 : *Le côté de Guermantes*, (Pierre Clarac et André Ferré, éds), Paris, Gallimard, Pléiade.
Quignard, Pascal, (2006) *Villa Amalia*, roman, Paris, Gallimard.
Réda, Jacques, (1988) *Amen, Récitatif, La tourne*, Paris, Poésie / Gallimard.
–, (1993) *Les Ruines de Paris*, Paris, Poésie / Gallimard.
Rilke, Rainer Maria, (1929/1966) *Histoires pragoises*, nouvelles traduites de l'allemand par Maurice Betz, Paris, Seuil.
Rimbaud, Arthur, (1963) *Œuvres complètes*, texte établi et annoté par André Rolland de Renéville et Jules Mouquet, Paris, Gallimard, Pléiade.
Robida, Albert, (1883) *Le vingtième siècle, texte et dessins*, Paris, Georges Decaux.
–, (1892) *La vie électrique : le vingtième siècle, texte et dessins*, Paris, À la Librairie Illustrée.

Romains, Jules, ([1923] 1970) *Mort de quelqu'un*, roman, Paris, Gallimard, Le Livre de Poche.
–, ([1926] 1983) *La vie unanime*, Paris, Gallimard/Poésie.
–, ([1932] 2003) *Le crime de Quinette*, roman, *Les hommes de bonne volonté*, Paris, Robert Laffont, Bouquins, volume 1.
–, ([1935] 2003) *Montée des périls*, roman, *Les hommes de bonne volonté*, Paris, Robert Laffont, Bouquins, volume 2.
–, ([1938] 2003) *Verdun*, roman, *les hommes de bonne volonté*, Paris, Robert Laffont, Bouquins, volume 3.
Rouaud, Jean, (1993) *Des hommes illustres*, roman, Paris, Les Éditions de Minuit.
–, (1996) *Le monde à peu près*, roman, Paris, Les Éditions de Minuit.
–, (1998) *Pour vos cadeaux*, roman, Paris, Les Éditions de Minuit.
–, (2009) *La femme promise*, roman, Paris, Gallimard.
Roze, Pascale, (1996) *Le Chasseur Zéro*, roman, Prix du premier roman, Prix Goncourt, Albin-Michel et LGF-Le livre de poche, 1998.
–, (1999) *Ferraille*, roman, Paris, Albin Michel et LGF-Le livre de poche, 2001.
–, (2006) *L'Eau rouge*, roman, Paris, Stock, et Gallimard-Folio, 2007.
Santaki, Rachid, (2012) *Des chiffres et des litres*, roman, Paris, Moisson Rouge.
Sartre, Jean-Paul, (1945/1981) *L'âge de raison*, roman, in *Œuvres romanesques,* édition établie par Michel Contat *et alii*, Paris, Gallimard, Pléiade.
Schwob, Marcel, (1891) *Cœur double,* contes, Paris, Paul Ollendorff.
Senancour, Pivert de, Étienne, (1804/2003) *Oberman*, Paris, Garnier-Flammarion.
Simenon, Georges, (1933/2003) *La maison du canal*, *in* : *Romans*, 1, édition établie par Jacques Dubois, avec Benoît Denis, Paris, Gallimard, Pléiade.
Stendhal, (1837/1952) *Le rose et le vert*, *in* : *Romans et nouvelles*, 2, texte, variantes, notes par Henri Martineau, Paris, Gallimard, Pléiade.
Sue, Eugène, (1843-1844/2009) *Les Mystères de Paris*, roman, Paris, Gallimard, Quarto.
Svevo, Italo, (1898/1960 [préface et traduction française]) *Senilità*, roman traduit de l'italien par Paul-Henri Michel, Paris, Seuil, Le Livre de Poche.
–, (1923/1954 [traduction française]) *La conscience de Zeno*, roman traduit de l'italien par Paul-Henri Michel, Paris, Gallimard, Folio.
Vasseur, Flore, (2006) *Une fille dans la ville. New-York, Paris Kaboul, etc.*, roman, Paris – Sainte-Marguerite-sur-Mer, Éditions des Équateurs, Le Livre de Poche.
Verhaeren, Émile, (1920) *Les villes tentaculaires* [1895], précédées des *Campagnes hallucinées* [1893], Paris, Mercure de France, 18e édition.
Verne, Jules, ([1895] 1906) *L'île à hélice*, Paris, J. Hetzel et Cie.
Vollmann, William T. (2004) *La famille royale*, roman traduit de l'américain par Claro, Paris, Actes Sud, Babel.
Zola, Émile, (1906) *La fortune des Rougon*, *Œuvres complètes illustrées. Les Rougon-Macquart. Histoire naturelle et sociale d'une famille sous le second*

Empire, « édition ne varietur », 1ère édition : 1871, Paris, Bibliothèque-Charpentier, Eugène Fasquelle.

–, (1878) *Son Excellence Eugène Rougon, les Rougon-Macquart. Histoire naturelle d'une famille sous le Second Empire*, 8e édition, Paris, G. Charpentier.

–, (1879) *Nouveaux contes à Ninon*, Paris, G. Charpentier.

–, (1901) *Les quatre évangiles. Travail*, Paris, Bibliothèque-Charpentier, Eugène Fasquelle.

Critique littéraire, Philosophie, Histoire des idées

Adam, Véronique, (2012) « Voir Naples et pourrir. L'origine de la contamination chez les médecins alchimistes (XVIe-XVIIe siècles) », *in* : Adam, Véronique, et Revol-Marzouk, Lise, (éds), *La contamination. Lieux symboliques et espaces imaginaires*, pp. 51-74, Paris, Garnier.

Adorno, Theodor, (1958) *Notes sur la littérature*, Paris, Flammarion, Champs.

Agier, Michel, (2011) « L'encampement du monde », *Plein droit*, 90, 3, pp. 21-24.

Albalat, Antoine, (1924) *Souvenirs de la vie littéraire*, Paris, Les éditions G. Crès et Cie.

Althusser, Louis, (1967) « Sur le Contrat Social (Les décalages) », *The Cahiers pour l'Analyse and Contemporary French Thought*, 8, *L'impensé de Jean-Jacques Rousseau*, pp. 5-42. <http://cahiers.kingston.ac.uk/vol08>, consulté le 10 mai 2014.

Anders, Günther, (2002) *L'obsolescence de l'homme*, Paris, L'Encyclopédie des nuisances/Ivrea.

Bachelard, Gaston, (1961) *La poétique de l'espace*, Paris, Presses universitaires de France, 3e édition.

–, (1988) *Fragments d'une poétique du feu,* établissement du texte, avant-propos et notes par Suzanne Bachelard, Paris, PUF.

Baticle, Yveline, (1984) « Delly : autopsie du roman rose », *Communication et langages*, 61, pp. 77-86.

Beckmann, Gustav Adolf, (2008) *Die Karlmagnús-Saga I und ihre altfranzösische Vorlage*, Tübingen, Max Niemeyer Verlag.

Bédier, Joseph, (1908) « Les chansons de geste et les routes d'Italie » (2e partie), *Romania*, 37, pp. 47-79.

Bedu, Jean-Jacques, (2009) *Bohèmes en prose*, Paris, Grasset.

Benjamin, Walter, (1939/2003) *Paris, capitale du XIXe siècle*, extrait en français de : *Das Passagen-Werk*, Frankfurt am Main, Suhrkamp Verlag, 1982. Les classiques des sciences sociales, Chicoutimi, <http://dx.doi.org/doi:10.1522/cla.bew.par>.

–, (2001) *Fragments philosophiques, politiques, critiques, littéraires (1916-1922)*, Paris, PUF.

Bertrand, Jean-Pierre, (1997) « L'épicerie et la poésie : Jean Follain », *Études françaises*, 33, 2, pp. 21-33.

Béru, Laurent, (2009) « Le rap français, un produit musical postcolonial ? », *Volume ! La revue des musiques populaires*, 6, 1-2, pp. 61-79.

Blanchot, Maurice, (1959) *Le livre à venir*, Paris, Gallimard, Folio essais.

Bonnot, Jean-François, (2003a) « "La grande ville s'évapore / Et pleut à verse sur la plaine / Qu'elle sature" : à propos de la dilution de quelques marqueurs sociaux et linguistiques de l'urbanité », *23e Colloque d'Albi — Langages et signification : Les langages de la ville,* pp. 69-78, Toulouse, CALS/CPST.

–, (2005) « Référence physique et construction du sens dans la linguistique naturaliste au XIXe siècle », *in* : Murguia, Adolfo (éd), *Sens et références, Mélanges Georges Kleiber*, pp. 9-37, Tübingen, Gunter Narr Verlag.

–, (2014a) « "La plaie et la terreur de nos campagnes" : exploitation politique du sentiment d'insécurité et contrôle de l'errance à la fin du XIXe siècle et au début du XXe », *in* : Freyermuth, Sylvie, et Bonnot, Jean-François P. (éds), *Malaise dans la ville*, Bruxelles, PIE Peter Lang, Coll. Comparatisme et Société, sous presse.

–, (2014b) « Du rôle des indices biologiques et culturels dans la propagation de la contamination dans les réseaux sociaux et urbains », *in* : Freyermuth, Sylvie, Bonnot, Jean-François P., et Obergöker, Timo, (éds), *Ville infectée, ville déshumanisée. Reconstructions littéraires françaises et francophones des espaces sociopolitiques, historiques et scientifiques de l'extrême contemporain*, pp. 57-85, Bruxelles, PIE Peter Lang, Coll. Comparatisme et Société.

–, (à paraître) « Xavier Marmier, ou le "fiancé du Spitzberg" : un conteur ethnologue dans l'Europe septentrionale et la Franche-Comté du XIXe siècle », *in* : Freyermuth, Sylvie ; Wittmann, Jean-Michel ; Halen, Pierre, (éds), *Mélanges pour Frank Wilhelm*.

–, et Boë, Louis-Jean, (2000) « Stéréotypes et théorie phonétique dans l'entre-deux guerres : le poids des dominantes idéologiques sur les champs pluridisciplinaires », *XXIe Colloque d'Albi, Langages et signification : « Le stéréotype »*, Toulouse, CALS/CPST, pp. 107-116.

–, et Freyermuth, Sylvie, (2008) « Les manuels d'éducation des filles "sages" au XIXe siècle : sémiologie de quelques ouvrages », *in* : Brucker, Nicolas, (éd.) *Le livre de sagesse. Supports, médiations, usages*, pp. 255-269, Berne, Peter Lang.

Boschetti, Anna, (1999) « La pratique poétique d'Apollinaire à la veille de la Grande Guerre », *Regards sociologiques*, 17-18, pp. 111-125.

Boschian-Campaner, Catherine, (2003) « De Barbey d'Aurevilly à Zola : le personnage de la maîtresse ou de la concubine dans quatre romans de la deuxième moitié du XIXe siècle », *in* : Gural-Migdal, Anna, (éd.), *L'écriture du féminin chez Zola et dans la fiction naturaliste*, pp. 29-46, Bern, Peter Lang.

Bourdieu, Pierre, (1991) « Le champ littéraire », *Actes de la recherche en sciences sociales*, 89, pp. 3-46.

–, (1992) *Les règles de l'art. Genèse et structure du champ littéraire*, Paris, Seuil.

Buffon, Georges-Louis Leclerc, (comte de), (1896) *Discours sur le style*, prononcé à l'Académie française par M. de Buffon le jour de sa réception le 25 août 1753. Texte de l'édition de l'abbé J. Pierre, Paris, Librairie Ch. Poussielgue, n.p. Exemplaire de la BPU de Genève, numérisé par Th. Humbert.

Butor, Michel, (1955) « Le roman comme recherche », *Cahiers du Sud*. Repris *in* : *Répertoire*, pp. 7-19, Paris, Minuit, 1960 et *in* : *Essais sur le roman*, Paris, Gallimard, Idées, 1969.

Caiozzo, Anne, (2012) « Les imaginaires du corps contaminé en Orient médiéval », *in* : Adam, Véronique, et Revol-Marzouk, Lise, (éds), *La contamination. Lieux symboliques et espaces imaginaires*, pp. 91-106, Paris, Garnier.

Caillois, Roger, (1950) *L'homme et le sacré*, Paris, Gallimard.

Camus, Albert, (1945/1965) *Le mythe de Sisyphe*, *in* : *Essais*, textes établis et annotés par L. Quilliot et R. Faucon, Paris, Gallimard, Pléiade.

Carnevali, Barbara, (2006) « Sur Proust et la philosophie du prestige », *in* : « Les philosophes lecteurs », *Fabula LHT (Littérature, histoire, théorie)*, n°1, 01 février 2006, URL : <http://www.fabula.org/lht/1/carnevali.html>.

Carré, Gaston, (2003) *Figures de la névrose ordinaire*, chroniques, Luxembourg, éditions Saint-Paul.

–, (2012) *Retour à Jajouka. Sur les traces de Brian Jones au Maroc*, Marseille, L'écailler Rock.

Cauterman, Marie-Michèle, et Habi, Malik, (2005) « Marivaux dans le neuf-cube », *Recherches*, 43, 2, *Enjeux de l'enseignement du français*, pp. 45-78.

Ceccarelli, Paola, (1995) « Le tissage, la mémoire et la nymphe. Une récente lecture de l'Odyssée », *Dialogues d'histoire ancienne*, 21, 1, pp. 181-191.

Chamaillard, Pierre, (1947) « Introduction à la vie française : La petite ville », *The French Review*, 21, 2, pp. 100-113.

Clerc, Jeanne-Marie, (2007) « Pour une sagesse concentrationnaire : le journal d'Etty Hillesum », *in* : Freyermuth, Sylvie (éd.) *Le registre sapiential. Le livre de sagesse ou les visages de Protée*, pp. 243-251, Berne, Peter Lang.

–, (2012) *Etty Hillesum, écrivain. Écrire avant Auschwitz*, Paris, L'Harmattan.

Colas-Blaise, Marion, (2012) « Forme de vie et formes de vie : vers une sémiotique des cultures », *Actes Sémiotiques*, 115, n.p. [en ligne]. <http://epublications.unilim.fr/revues/as/2631>.

Constant, Benjamin, [de Constant-Rebecque], (1814) *De l'esprit de conquête et de l'usurpation, dans leurs rapports avec la civilisation européenne*, 3e édition, Paris, Le Normant, H. Nicolle.

David, Christophe, (2006) « Günther Anders et la question de l'autonomie de la technique », *Écologie & politique*, 32, 1, pp. 179-196.

Décaudin, Michel, (1999) « Images françaises de Verhaeren », *Revue belge de philologie et d'histoire*, 77, 3, pp. 695-705.

Détienne, Marcel, et Vernant, Jean-Pierre, (1993) *Les ruses de l'intelligence. La Mètis des Grecs*, Paris, Champs Flammarion.

Devine, Jenny, (2011) *« Lignes de fuite vers l'horizon ». Reading a Nietzschean Narrative of Liberation in the Writings of Patrick Modiano*, PhD, Royal Holloway College, University of London.

Didier, Béatrice, (1980) « Ledoux écrivain », *Actes du colloque « Soufflot et l'architecture des Lumières »*, n. p., Secrétariat de la recherche architecturale Paris.

Dion, Robert, (1993) « Une critique du postmoderne », *Tangence*, 39, pp. 89-101.

Dieterle, Bernard, (2004) « Rilke et les lieux européens », *in* : Auraix-Jonchière, Pascale, et Montandon, Alain, (éds), *Poétique des lieux*, pp. 101-120, Clermont-Ferrand, Presses universitaires Blaise Pascal.

Domenach, Jean-Marie, (1987) *Enquête sur les idées contemporaines*, Paris, Points Seuil.

Dosse, François, (2013) « Le moment structuraliste ou Clio en exil », *Vingtième Siècle. Revue d'histoire*, 117, 1, pp. 133-147.

Dupuis, Danielle, (2009) « Odeurs balzaciennes », *L'Année balzacienne*, 10, 1, pp. 37-59.

Dupuit, Christine, (1989) « Pour une sociologie de la littérature », *Société française*, 31, pp. 48-53.

Durand, Gilbert, (1969/1992) *Les structures anthropologiques de l'imaginaire*, Paris, Dunod.

Fabre, Daniel, et Jamin, Jean, (2012) « "Pleine page" Quelques considérations sur les rapports entre anthropologie et littérature », *L'Homme*, 203-204, 3, pp. 579-612.

Falkenhausen, Susanne, von, (1997) « The Sphere: Reading a gender Metaphor of modern Cults of identity », *Art History*, 20, 2, pp. 238-267.

Faure, Christian, (1982) « *Vent de Mars* d'Henri Pourrat : prix Goncourt 1941 ou la consécration d'une œuvre littéraire par le régime de Vichy », *Bulletin du Centre Pierre Léon. Histoire économique et sociale de la région lyonnaise*, 1, pp. 5-25.

Fontanille, Jacques, (1999) *Sémiotique et littérature : essais de méthode*, Paris, PUF.

Freitag, Michel, (1999) « La dissolution postmoderne de la référence transcendantale. Perspectives théoriques », *Cahiers de recherche sociologique*, 33, Après le désenchantement du monde, pp. 181-217.

–, (2005) « Totalitarismes : de la terreur au meilleur des mondes », *Revue du MAUSS*, 25, 1, pp. 143-184.

Freyermuth, Sylvie, (2003) « Symbolique de la ville dans l'œuvre romanesque de Jean Rouaud : les rapports de force du rural et de l'urbain », *in* : *23e Colloque d'Albi — Langages et signification : Les langages de la ville*, pp. 99-109, Toulouse, C.A.L.S. / C.P.S.T.

–, (2006) *Jean Rouaud et le périple initiatique. Une poétique de la fluidité*, Paris, L'Harmattan, « Critiques littéraires ».

–, (2011) *Jean Rouaud et l'écriture « les yeux clos »*, Paris, L'Harmattan, « Critiques littéraires ».

–, (2012) « *L'eau rouge* de Pascale Roze : Laurence Bertillon et la honte du colon », *in* : Dytrt, Peter, (éd), *Études romanes de Brno*, 33, 1, pp. 135-149.

–, (2013) « Rhétorique urbanistique de Jean Giraudoux : de l'engagement à la distance critique », *in* : *Jean Giraudoux : Écrire/décrire ou le regard créateur*, Yvonne Goga et Simona Jişa (éds.), Éditions Casa Cărţii de Ştiinţă, Cluj-Napoca, coll. « CERFA », Roumanie, pp. 239-250.

–, (2014) « Généricité et degré d'implication dans l'appréhension des processus de déshumanisation – ou d'humanisation », *in* : Freyermuth, Sylvie, Bonnot, Jean-François P., et Obergöker, Timo, (éds), *Ville infectée, ville déshumanisée. Reconstructions littéraires françaises et francophones des espaces sociopolitiques, historiques et scientifiques de l'extrême contemporain*, pp. 153-179, Bruxelles, PIE Peter Lang, Coll. Comparatisme et Société.

–, et Bonnot, Jean-François P., (2009) « De la mémoire en médecine, ou le passage du corps antique au corps moderne », *in* : Fouligny, Marie-Nelly, et Roig Miranda, Marie, (éds), *Mémoire et découvertes : quels paradigmes ?*, *Europe XVI-XVII*, 13, pp. 177-194.

–, et Bonnot, Jean-François P., (2011) « Apprentissages et représentations du corps féminin et de quelques-unes de ses postures physiques et mentales aux XVIe et XVIIe siècles : des intérêts divergents du progrès scientifique et de la stabilité institutionnelle », *in* : Fouligny, Marie-Nelly, et Roig Miranda, Marie, (éds), *Réalités et représentation du corps*, vol 2, *Europe XVI-XVII*, 16, pp. 97-114.

–, et Bonnot, Jean-François P., (2012) « Le corps féminin comme lieu de contamination : sorcellerie et hystérie », *in* : Adam, Véronique, et Revol-Marzouk, Lise, (éds.) *Les lieux symboliques de la contamination*, pp. 127-147, Paris, Garnier.

Fusco, Mario, (1991) « Document : Entretien avec Alberto Moravia (1983) », *Chroniques italiennes*, 27, 3, 12 pp., <www.chroniquesitaliennes.fr/numeros/27.html>.

Gaulmier, Jean, (1966) « Notes et documents. Gobineau : Mérimée, Gobineau et les Bohémiens », *Revue d'histoire littéraire de la France*, 66, 4, pp. 674-691.

Geesey, Patricia, (1999) « Code, camouflage et verlan : l'innovation linguistique dans *Ils disent que je suis une beurette* et *Salut cousin !* », *in* : Bonn, Charles, Redouane, Najib, et Bénayoun-Szmidt, Yvette, (éds), *Algérie : Nouvelles écritures*, pp. 145-156, Paris, L'Harmattan.

Genette, Gérard, (1982) *Palimpsestes (La littérature au second degré)*, Paris, Seuil.

Gillet, Alexandre, (2006) « Dérives atopiques », *EspacesTemps.net, Travaux*, 08.05.2006, <http://www.espacestemps.net/articles/derives-atopiques/>.

Gillon, Jean-Yves, (2013) « L'univers religieux d'Henri Bosco », *Plume, revue d'AILLF*, 7, 16, pp. 25-69.

Gontard, Marc, (2001) « Le postmodernisme en France. Définition, critères, périodisation », *in* : Touret, Michèle, et Dugast-Portes, Francine, (éds), *Le Temps des Lettres, Quelles périodisations pour l'histoire de la littérature française du XXe siècle ?*, pp. 283-294, [version non paginée en ligne], Rennes, Presses Universitaires de Rennes.

–, (sans date) *Le roman français postmoderne*, halshs.archivesouvertes.fr/docs/00/.../Le_Roman_postmoderne.pdf [en ligne].

Grégoire, Henri (abbé), (1789) *Essai sur la régénération physique, morale et politique des juifs : ouvrage couronné par la Société royale des sciences et des arts de Metz, le 23 août 1788*, Metz, Imprimerie de Claude Lamort.

–, (1807) « Observations nouvelles sur les Juifs, et spécialement sur ceux d'Amsterdam et de Francfort », *Revue Philosophique, Littéraire et Politique*, 15, 21 Mai 1807, pp. 321-329, et 16, 1er Juin 1807, pp. 385-394, Paris. Réédité et mis en ligne par le Duisburger Institut für Sprach- und Sozialforschung und vom Salomon Ludwig Steinheim-Institut für deutsch-jüdische Geschichte.

Guattari, Félix, (1986) « De la production de subjectivité », *Revue Chimères*, 4, pp. 1-19.

Hantke, Steffen, (2010) « Bush's America and the return of Cold War science fiction: Alien invasion in *Invasion*, *Threshold* and *Surface* », *Journal of Popular Film and Television*, 38, 3, pp. 143-151.

Hermosilla, Concepción, (1992) « Contresens. La perception chez Jacques Dupin », *Revista de Filología Francesa*, 2, pp. 89-104.

Hessel, Stéphane, (2010) *Indignez-vous !*, Montpellier, Indigène éditions.

Jencks, Charles, (2011) *The Story of Postmodernism*, Chichester, John Wiley and Sons.

Jenny, Laurent, (1993) « L'objet singulier de la stylistique », *Littérature*, 89, Désir et détours, pp. 113-124.

Jurt, Joseph, (2007) « La mémoire de la Shoah : *Dora Bruder* », *in* : Flower, John Ernest, (éd) *Patrick Modiano*, pp. 89-108, Amsterdam, Rodopi Faux Titre.

Van Kempen, Jef, (2013) « J.-K. Huysmans à Tilburg », article traduit du néerlandais et annoté par Jan Landuydt, <www.huysmans.org/bibliophiletexts/vankempen.pdf>, initialement paru en néerlandais *in* : *Tilburg. Tijdschrift voor geschiedenis, monumenten en cultuur*, 6, 3, 1988, pp. 72-77.

Kristeva, Julia, (1968) « Le texte clos », *Langages*, 3, 12, pp. 103-125.

Kroker, Arthur, et Cook, David, (1986) *The Postmodern Scene: Excremental Culture and Hyper-Aesthetic*, Montréal, New York, St. Martin's Press.

Lafont, Suzanne, (1993) *Suprêmes clichés de Loti*, Toulouse, Presse de l'Université du Mirail.

Lagrange, Hugues, (2010) *Le déni des cultures*, Paris, Seuil.

Lambert, Hervé-Pierre, (2009) « La Mémoire : Proust et les neurosciences », *Epistémocritique. Littérature et savoirs*, 4, n.p. [en ligne].

Lamennais, Hugues-Félicité Robert, de, (1823/1836-1837) *Essai sur l'indifférence en matière de religion*, *in* : *Œuvres complètes,* tome II, Paris, Paul Daubrée et Cailleux.

Lehan, Richard, (1998) *The City in Literature. An Intellectual and Cultural Story*, Berkeley, University of California Press.

Létoublon, Françoise, (sous la direction de), (1997) *Hommage à Milman Parry. Le style formulaire de l'épopée homérique et la théorie de l'oralité poétique*, Amsterdam, Gieben.

Lüsebrink, Hans-Jürgen, (2000) « Messager boiteux / Hinkende Boten à la Bibliothèque bleue : filiations textuelles et rapports interculturels », *in* : Delcourt, Thierry et Parinet, Elisabeth, (éds), *La bibliothèque bleue et les littératures de colportage*, pp. 267-280, Paris, École des Chartes / Troyes, La Maison du Boulanger.

Lyon-Caen, Judith, (2007) « Une histoire de l'imaginaire social par le livre en France au premier XIXe siècle », *Revue de synthèse*, 6e série, 1-2, pp. 165-180.

Lyotard, Jean-François, (1972/1994) « Le 23 mars », *Dérive à partir de Marx et Freud*, Paris, Galilée.

–, (1979) *La condition postmoderne*, Paris, Les Éditions de Minuit.

Martin-Achard, Frédéric, (2007) « "Le nez collé à la page" : Roland Barthes et le roman du présent », *TRANS-* [en ligne], 3, pp. 2-11.

Matthey, Laurent, (2008) « Quand la forme témoigne : réflexions autour du statut du texte littéraire en géographie », *Cahiers de géographie du Québec*, 52, 147, pp. 401-417.

Melançon, Charlotte, (1987) *Liberté*, 29, 3, « Ouvrage recensé : Hart Crane, Le Pont, Obsidiane, Paris, 1987, adaptation de François Tétreau », pp. 98-100.

Menemencioglu, Melâhat, (1966) « Le thème des Bohémiens en voyage dans la peinture et la poésie, de Cervantès à Baudelaire », *Cahiers de l'Association internationale des études françaises*, 18, pp. 227-238.

Moilin, Tony, (1869) *Paris en l'an 2000*, Paris, Librairie de la Renaissance.

Montesquieu, [Charles Louis de Secondat de La Brède] (1748/1995) *De l'esprit des lois*, 1, Paris Gallimard, Folio essais.

van Montfrans, Manet, (1993) « Rêveries d'un riverain », *in* : Bedner, Jules, (éd), *Patrick Modiano*, pp. 85-102, Amsterdam, Rodopi.

–, (2008) « Dante chez Modiano : une divine comédie à Paris », *Relief*, 2, 1, pp. 1-21 [en ligne].

–, (2010) « Geschreven levens. *Vie de Joseph Roulin* van Pierre Michon », *in* : van Heerikhuizen, Annemarie, de Jong, Irene et van Montfrans, Manet, (éds), *Tweede levens. Over personen en personages in de geschiedschrijving en de literatuur*, pp. 199-214, Amsterdam, Vossiuspers UvA.

–, (2012) « Brune, Smith, Ivan et Castro : l'histoire selon Pierre Bergounioux », *in* : Dytrt, Peter, (éd) *Comment raconter tout ce qui n'a pas encore été dit ? Les représentations de l'histoire du XX*e *siècle dans les littératures d'expression française et espagnole d'après 1968 »,* Études romanes de Brno, 32, 1, pp. 237-249.

Müller, Denis, (1998) « Estime et respect de soi, justice, reconnaissance : de quelques défis actuels en éthique », *Théologiques*, 6, 1, pp. 103-117.

Mumford, Lewis, (1973) *Le Mythe de la machine*, vol.1 : *La technologie et le développement humain* ; vol. 2, *Le pentagone de la puissance*, Paris, Fayard.

Nancy, Jean-Luc, (1999) *La communauté désœuvrée*, Paris, Christian Bourgois.

–, (2011) *La ville au loin*, Paris, La Phocide.

–, et Goetz, Benoît, (2012) « Techniques du présent », entretien avec Jean-Luc Nancy, par Benoît Goetz, *Art & sciences*, 17, repris *in* : <http://www.labetedanslajungle.fr/?p=985>.

Novotny, Patrick, (1997) « No future! Cyberpunk, industrial music, and the aesthetics of postmodern disintegration », *in*: Hassler, Donald M., et Wilcox, Clyde, (éds), *Political Science Fiction*, pp. 99-123, Columbia, University of South Carolina.

Olivier-Martin, Yves, (1980) *Histoire du roman populaire en France*, Paris Albin Michel.

Onfray, Michel, (2002) *Esthétique du Pôle Nord*, Paris, Grasset.

Oprea, Denisa-Adriana, (2008) *Une poétique du personnage dans cinq romans québécois contemporains au féminin (1980-2000). Métaféminisme et postmoderne*, Québec, PhD Université Laval.

Panzac, Daniel, (2003) *Le docteur Adrien Proust : père méconnu, précurseur oublié*, Paris, L'Harmattan.

Pélissier, Jean-Pierre, et Rébaudo, Danièle, (2004) « Une approche de l'illettrisme en France », *Histoire & mesure*, 19, 1-2, pp. 161-202.

Pérez, Vincent, et Durant, Philippe, (2011) *Le Paris du cinéma*, Lausanne, Éditions Favre.

Peterson, Richard A., (1992) « Understanding audience segmentation: From elite and mass to omnivore and univore », *Poetics*, 21, pp. 243-258.

Pierrot, Jean, (1982) « Errance et déviance dans *Les Grands Chemins* », *Études littéraires*, 15, 3, pp. 377-395.

Ravier, Thomas, (2003) « Booba ou le démon des images », *La Nouvelle Revue française*, 567, pp. 37-56.

Read, Peter, (1990) « Améthyste et labyrinthe : architectures parisiennes dans l'œuvre de Guillaume Apollinaire », *Cahiers de l'Association internationale des études françaises*, 42, pp. 93-107.

Reymondet, Fabienne, (2000) « Jacques Réda et la disgrâce poétique », *The French Review*, 73, 5, pp. 862-871.

Rouaud, Jean, (2007) « Mort d'une certaine idée », *in* : Le Bris, Michel, et Rouaud, Jean, (éds.) *Pour une littérature-monde*, pp. 7-22, Paris, Gallimard.

–, (2008) « Littérature, futur antérieur », *in* : Goga, Yvonne, et Jişa, Simona, (éds.) *Jean Rouaud. L'imaginaire narratif*, pp. 5-22, Cluj-Napoca, Casa Cărţii de Ştiinţă, Roumanie.

Rousseau, Jean-Jacques, ([1762]/1914) *Émile, ou De l'éducation*, Paris, Larousse.

–, ([1762]/2014), *Du contrat social ou Principes du droit politique*, Paris, Union Générale d'Éditions, 1963. Le monde en 10-18. Repris d'après cette édition *in* : « Les Classiques des Sciences sociales », Chicoutimi, Québec. <http://classiques.uqac.ca>.

Sapiro, Gisèle, (1996) « La raison littéraire », *Actes de la recherche en sciences sociales*, 111-112, pp. 3-35.

Schlanger, Judith, (1971/1995) *Les métaphores de l'organisme*, Paris, Vrin, et [1995] Paris, L'Harmattan.

Steiner, Georges, (1972/2002) *Extraterritorialité. Essai sur la littérature et la révolution du langage*, Paris, Calmann-Lévy.

Stewart, John, (2001) « Le sens biologique », *in* : Keller, Dominique, Durafour, Jean-Pierre, Bonnot, Jean-François P., et Sock, Rudolf, (éds), *Percevoir : monde et langage. Invariance et variabilité du sens vécu*, pp. 117-127, Sprimont, Mardaga.

Taguieff, Pierre-André, (2004) *Le sens du progrès. Une approche historique et philosophique*, Paris, Flammarion.

Tocqueville, Alexis de, (1865) *Œuvres complètes d'Alexis de Tocqueville, publiées par Madame de Tocqueville*, volume VIII, Paris, Michel Lévy.

Vaingurt, Julia, (2008) « Poetry of Labor and Labor of Poetry: The Universal Language of Alexei Gastev's Biomechanics », *The Russian Review*, 67, pp. 209-29.

Vaux de Foletier, François, de, (1976) « Georges Sand et les Bohémiens », *Études tsiganes*, 22, 3, pp. 11-19.

–, (1984) « La Thiérache, Jean Richepin et les tsiganes », *Société archéologique de Vervins et de la Thiérache*, Mémoires numérisés, tome 29, pp. 191-204, <http://www.histoireaisne.fr>.

Wagner, Frank, (2004) « Du structuralisme au post-structuralisme », *Études littéraires*, 36, 2, pp. 105-126.

Wahl, élodie, (2005) « Société de travailleurs et dérive du politique vers le totalitarisme chez Simone Weil et Hannah Arendt », *Revue des Sciences Sociales*, 33, pp. 154-163.

Weil, Simone, (1934/1955) *Réflexions sur les causes de la liberté et de l'oppression sociale*, Paris, Gallimard.

–, (1943/1990) *L'enracinement. Prélude à une déclaration des devoirs envers l'être humain*, Paris, Gallimard, Folio.

van Wesemael, Sabine, (2010) *Le roman transgressif contemporain : de Bret Easton Ellis à Michel Houellebecq*, Paris, L'Harmattan.

Wessler, Éric, (2002) « Henri Bosco et l'Ère du soupçon », *Littérature*, 126, L'épreuve, la posture, pp. 61-80.

Wollen, Peter, (1988) « Le cinéma, l'américanisme et le robot », *Communications*, 48, pp. 7-37.

Zelinski, Zeno, (2012) « Présence urbaine et images maritimes chez Patrick Modiano », *French Cultural Studies*, 23, pp. 358-365.

Linguistique générale, Sociolinguistique, Dialectologie

Adam, Jean-Michel, (1998) « La qualité des productions discursives. Réflexions théoriques et étude de cas », *Cahiers de linguistique française*, 20, pp. 13-29.

Anonyme, (1845) *Nouvel alphabet de la vie des saints, orné de 24 jolies vignettes*, Montbéliard, Librairie de Deckherr frères.

Assal, Sophie, (2005) « "Caillera" / "chacha" : jargons et groupes de jeunes dans un lycée du 9/2 », *Ethnologie française*, 35, 1, pp. 117-127.

Bally, Charles, (1909) *Traité de stylistique française*, volume 1, Paris, Klincksieck.

Bauche, Henri, (1920) *Le langage populaire. Grammaire, syntaxe et dictionnaire du français tel qu'on le parle dans le peuple de Paris*, Paris, Payot.

Beauzée, Nicolas, (1819) *Grammaire générale*, Paris, Auguste Delalain.

Boillot, Félix, (1910) *Le patois de la commune de la Grand' Combe (Doubs)*, Paris, Honoré Champion.

Bonhomme, Marc, (2005) *Pragmatique des figures du discours*, Paris, Honoré Champion.

Bonnot, Jean-François, (1993) « Quelques remarques à propos de la variation phonétique et des influences normalisatrices étudiées à travers divers glossaires et essais. Application au français régional de Montbéliard », *in* : Lorenzo R. (éd) Actes du *19ème Congrès International de Linguistique et Philologie Romanes*, Saint-Jacques de Compostelle, 1989, IV, pp. 151-160, La Corogne, Fundación Pedro Barrié de la Maza.

–, (2002) « "Leur patois était rempli de grâces mais leur français fait peine à entendre" : la logique floue de la conscience linguistique entre normalisation et hétérogénéité de l'oral », 22e Colloque d'Albi — Langage et signification : *l'oralité dans l'écrit... et réciproquement*, pp. 181-191, Toulouse, CALS/CPST.

–, (2003b) « Bon usage, normes et régionalismes en Franche-Comté : à propos de quelques grammaires et traités des XVIIe et XVIIIe siècles », *in* : Nobel, Pierre, (éd.), *Variations linguistiques. Koinè, dialectes, français régionaux,* pp. 95-110, Besançon, Presses Universitaires de Franche-Comté.

–, (2004) « Le style du Maître et les inconstances du Choeur : réception et incidence des travaux de Paul Broca sur l'origine des races et des langues dans la seconde moitié du XIXe siècle », Sciences et écritures. Dispositifs d'écriture et production, certification, diffusion des savoirs, Colloque international pluridisciplinaire,13-14 mai 2004, Besançon, Actes sur CD-Rom et en ligne, Laseldi, Université de Franche-Comté. Repris *in* : *TIPS – Travaux de l'Institut de Phonétique de Strasbourg*, 34, pp. 17-33.

–, (2007) « Perturbations linguistiques et compétition dialectale : vers une redéfinition des notions de synchronie et de diachronie dynamiques », *in* : Vaxelaire, Béatrice, Sock, Rudolph, Kleiber, Georges, et Marsac, Fabrice, (éds), *Perturbations et réajustements. Langue et langage*, pp. 25-34, Strasbourg, Publications de l'Université Marc Bloch.

–, (2012) « Préface », *in* : Haxhiaj, Lianda, *L'albanais, une langue en mouvement. Dynamique de la variation sociolinguistique,* pp. 9-35, Paris, L'Harmattan.

–, et Bothorel, André, (1989) : « Co-dépendance des traits phonétiques, sensibilité au contexte et variabilité paramétrique », *in* : Bothorel, André, et coll., (éds) *Mélanges de Phonétique Générale et Expérimentale offerts à Péla Simon*, pp. 96-116, Strasbourg, Publications de l'Institut de Phonétique de Strasbourg.

–, Bothorel-Witz, Arlette, et Huck, Dominique, (1993) « Les variétés de français parlées en Alsace : Approches méthodologiques et analyse des premiers résultats », *in* : Lüdi Georges, (éd.), *Approches linguistiques de l'interaction, Bulletin CILA*, 57, pp. 25-44, Neuchâtel.

–, et Petey-Hache, Philippe, (1995) « Norme, conditionnement social et variabilité en français parlé de la région de Montbéliard », *in* : Bonnot, Jean-François P. (éd.) *Paroles régionales. Normes, variétés linguistiques et contexte social*, pp. 317-351, Strasbourg, Presses universitaires de Strasbourg.

–, Kempf, Catherine-Barbara, et Crévenat, Danielle, (2003) « Alternance codique et focalisation dans le discours de pasteurs bilingues français / alsacien », *in* : Combettes, Bernard, Schnedecker, Catherine, et Theissen, Anne, (éds) *Ordre et distinction dans la langue et le discours*, pp. 69-85, Paris, Champion.

Bouhours, Dominique, (1671) *Les entretiens d'Ariste et d'Eugène*, Paris, Sébastien Mabre-Cramoisy.

Bourquin, Jacques, (2003) *Galerie des linguistes francs-comtois*, Besançon, Annales littéraires de l'université de Franche-Comté.

Braud, Philippe, (2010) « L'apport de la science politique à l'étude des langages du politique », *Mots. Les langages du politique* [en ligne], 94, pp. 143-148.

Certeau, Michel, de, Julia, Dominique, et Revel, Jacques, (1975) *Une politique de la langue. La Révolution française et les patois*, Paris, Gallimard.

Chiss, Jean-Louis, (1985) « La stylistique de Charles Bally : de la notion de "sujet parlant" à la théorie de l'énonciation », *Langages*, 19, 77, pp. 85-94.

Coman, Marinella, (2011) « La violence verbale des jeunes français : insultes et injures », *Analele Universităţii din Craiova, Ştiinţe Filologice, Limbi Străine Aplicate,* 1, pp. 118-124.

Contejean, Charles, (1876/1899/1982) *Glossaire du patois de Montbéliard*, nouvelle édition refondue par Michel Thom, Montbéliard, Société d'émulation de Montbéliard, hors-série.

Delesalle, Simone, et Valensi, Lucette, (1972) « Le mot "nègre" dans les dictionnaires français d'ancien régime. Histoire et lexicographie », *Langue française*, 15, pp. 79-103.

Eckert, Penelope, (1988) « Adolescent social structure and the spread of linguistic change », *Language in Society*, 17, pp. 183-208.

–, (1989) « The whole woman: Sex and gender differences in variation », *Language Variation and Change*, 1, pp. 245-268.

Edwards, John Robert, (1982) « Language attitudes and their implications among English speakers », *in* : Ryan, Ellen B., et Giles, Howard, (éds), *Attitudes Towards Language Variation*, pp. 20-33, Londres, Edward Arnold.

Fallot, Samuel-Frédéric, (1828) *Recherche sur le patois de Franche-Comté, de Lorraine et d'Alsace*, Montbéliard, Imprimerie de Deckherr.

Fiegel-Ghali, Angélique, et Bonnot, Jean-François P., (1996) « Stéréotypes et conscience linguistique en Alsace », *Scolia*, 8, pp. 61-75.

–, (1997), « Contexte situationnel et gestion du répertoire français d'un locuteur dialectophone (Alsace) », Actes du *XVI*e *Congrès International des Linguistes*, Paris, *in* : Caron, Bernard, (éd.) Pergamon/Elsevier, CD-Rom, Amsterdam.

Forel, Claire, (2008) *La linguistique sociologique de Charles Bailly. Étude des inédits*, Publications du cercle Ferdinand de Saussure, IV, Genève, Droz.

Freyermuth, Sylvie, et Bonnot, Jean-François P., (2007) « Ferdinand Brunot entre académisme et innovation : analyse phonostylistique et rhétorique du *Discours d'inauguration des Archives de la parole (1911)* », *in* : Broth, Mathias, Forsgren, Mats, Norén, Coco, et Sullet-Nylander, Françoise, (éds), *Le français parlé des médias*, pp. 203-219, Stockholm, Acta Universitatis Stockholmiensis.

Garric, Nathalie, et Léglise, Isabelle, (2012) « Analyser le discours d'expert et d'expertise », *in* : Léglise, Isabelle, et Garric, Nathalie, (éds), *Discours d'experts et d'expertise*, pp. 1-16. Berne, Peter Lang.

Gauchat, Louis, (1905) « L'unité phonétique dans le patois d'une commune », *Aus romanischen Sprachen und Literaturen. Festgabe für Heinrich Morf*, pp. 175-232, Halle, Niemeyer.

Guillaume, Gustave, (1929/1965) *Temps et verbe : théorie des aspects, des modes et des temps, suivi de l'architectonique du temps dans les langues classiques*, Paris, Champion.

Hagège, Claude, et Haudricourt, André, (1978) *La phonologie panchronique*, Paris, PUF.

Haxhiaj, Lianda, (2007) « Synchronie dynamique, perturbation et réajustement de deux marqueurs phonostylistiques du parler de la ville de Shkodra (Albanie) », *in* : Vaxelaire, Béatrice, Sock, Rudolph, Kleiber, Georges, et Marsac, Fabrice, (éds), *Perturbations et réajustements. Langue et langage*, pp. 73-88, Strasbourg, Publications de l'Université Marc Bloch.

–, (2012) *L'albanais, une langue en mouvement. Dynamique de la variation sociolinguistique,* Paris, L'Harmattan.

Hermann, Eduard, (1929) « Lautveränderungen in der individualsprache einer Mundart », *Nachrichten der Gesellschaft der Wissenschaften zu Göttingen*, Phl.-his. Kl., 11, pp. 195-214.

Hot, Aurélie, (2008) « Un bilinguisme stable est-il possible ? Iqaluit ? », *Études Inuit*, 32, 1, pp. 117-136.

Jakobson, Roman, (1963) *Essais de linguistique générale*, Paris, Minuit.

–, et Waugh, Linda, (1980) *La charpente phonique du langage*, Paris, Minuit.

Jamin, Mikaël, (2004) « "Beurs" and *accent des cités*: A case study of linguistic diffusion in La Courneuve », *Contemporary French and Francophone Studies*, 8, 2, pp. 169-176.

–, et Trimaille, Cyril, (2005) « Quartiers pluriethniques et plurilingues en France : berceaux de formes supra-locales (péri-) urbaines ? », *Congrès de l'Association for French Language Studies*, pp. 223-244, University of Oxford.

Kleiber, Georges, (1997) « Sens, référence et existence : que faire de l'extra-linguistique ? », *Langages*, 31, 127, pp. 9-37.

Labov, William, (1976) *Sociolinguistique*, Paris, Minuit.

–, (1978) *Le parler ordinaire. La langue dans les ghettos noirs des États-Unis*, Paris, Minuit.

–, (1992) « La transmission des changements linguistiques », *Langages*, 26, 108. pp. 16-33.

Lambert, Wallace E., Frankel, Hannah, et Tucker, Richard, (1966) « Judging personality through speech: a French-Canadian example », *Journal of Communication*, 16, 4, pp. 305-321.

Lamy, Bernard, (1699) *La rhétorique ou l'art de parler,* 4e édition, revue et aumentée d'un tiers, Amsterdam, Paul Marret.

L'Hérault de Lionnière, Thomas-Armand, (abbé), (1703) *Le sort de la langue française*, Paris, veuve de C. Barbin.

Loison, Marc, (2003) *École, alphabétisation, et société rurale dans la France du Nord au XIXe siècle*, Paris, L'Harmattan.

Lüdi, Georges, (1992) « Internal migrants in a multilingual country », *Multilingua*, 11, 1, pp. 45-73.

–, (1995) « L'identité linguistique des migrants en question : perdre, maintenir, changer », *in* : Lüdi, Georges, et Py, Bernard, (éds), *Changement de langage et langage du changement*, pp. 203-292, Lausanne, L'Âge d'Homme.

Martinet, André, (1955) *Économie des changements phonétiques. Traité de phonologie diachronique*, Berne, A. Francke.

Mettas, Odette, (1979) *La prononciation parisienne. Aspects phoniques d'un sociolecte parisien*, Paris, SELAF.

Milroy, James, et Milroy, Lesley, (1998) *Authority in Language*, London, Routledge.

Münstermann, Henk, (1989) « Dialect loss in Maastricht: attitudes, functions and structures », *in*: Deprez, Kaz, (éd), *Language and Intergroup Relations in Flanders and in the Netherlands*, pp. 99-128, Dordrecht, Foris.

Neveu, Franck, (2000/2009) *Lexique des notions linguistiques*, Paris, Armand Colin.

Olivet, Pierre-Joseph, Thoulier (d'), (1760) *Traité de la prosodie française, avec une dissertation de M. Durand, sur le même sujet*, Genève, chez les frères Cramer et Cl. Philibert.

Ozouf, Corinne, (2004) « Caractère différentiel et relation d'équivalence entre *voir* et *regarder* », *Cahiers du CRISCO,* 16, pp. 2-25.

Perelman, Chaim, et Olbrechts-Tyteca, Lucie, (2000) *Traité de l'argumentation*, Bruxelles, éditions de l'Université de Bruxelles.

Pooley, Tim, (2008) « Analyzing urban youth vernaculars in French cities », *in*: Ayoun, Dalila, (éd) *Studies in French Applied Linguistics*, pp. 317-344, Amsterdam, Benjamins.

Prikhodkine, Alexei, (2012) « Prestige latent, variation spatiale et dynamique sociale : le cas des professions intermédiaires », *Congrès Mondial de Linguistique Française*, SHS Web of Conferences, pp. 2217-2229.

Roussey, Charles, (1894a) *Glossaire du parler de Bournois*, Paris, H. Welter.

–, (1894b) *Contes populaires recueillis à Bournois*, Paris, H. Welter.

Santacroce, Michel, (1999-2004) « Quelques aspects de la psychomécanique de Guillaume », doc0191_santacroce_m/linguistique_guillaume.pdf, *Marges linguistiques,* textes génériques, documents de travail.

Saussure, Ferdinand, de, (1983) *Cours de linguistique générale*, Paris, Payot (1ère éd. 1915).

Soutet, Olivier, (2005) « Peut-on représenter la chronogénèse sur le tenseur binaire radical ? », *Langue française*, 147, *La langue française au prisme de la psychomécanique du langage. Héritages, hypothèses et controverses*, pp. 19-39.

Stewart, Christopher Michael, (2012), « Mapping language ideologies in multi-ethnic urban Europe: the case of Parisian French », *Journal of Multilingual and Multicultural Development*, 33, 2, pp. 187-202.

Trudgill, Peter, (1972) « Sex, covert prestige, and linguistic change in the urban British English of Norwich », *Language and Society*, 1, pp. 179-195.
–, (1974) *The Social Differentiation of English in Norwich City*, Cambridge, Cambridge University Press.

Géographie urbaine et sociale, urbanisme

Ambrosino, Charles, et Andres, Lauren, (2008) « Friches en ville : du temps de veille aux politiques de l'espace », *Espaces et sociétés*, 134, 3 pp. 37-51.
Andres, Lauren, (2008) « Les friches urbaines, entre chancre et chance, éphémère et pérennité. Les paradoxes temporels des espaces en déshérence dans le cas marseillais », *in* : Vallat, Colette, Dufaux, Frédéric, et Lehman-Frisch, Sonia, (éds) *Pérennité urbaine ou la ville par-delà ses métamorphoses : Volume 3 – Essence*, pp. 95-106, Paris, L'Harmattan.
Anselme, Michel, (1988) « Institutions, associations d'habitants et espace public : la représentation introuvable », Communication au séminaire *L'implication des habitants dans les politiques urbaines*, Lille 7–8 décembre 1988, *in* : Hélène Milet, *Les modalités d'implication des habitants dans les politiques urbaines : l'évolution de la problématique de la participation*, OMINOR, (DIV), repris *in* : Maury, Hervé (éd.) *En hommage à Michel Anselme, choix de textes*, pp.139-154, portail.documentation.developpement-durable.gouv.fr/documents.
Antoni, Jean-Philippe, et Youssoufi, Samy, (2007) « Étalement urbain et consommation d'espace. Étude comparée de Besançon, Belfort et Montbéliard », *Revue Géographique de l'Est* [en ligne], 47, 3, pp. 1-15.
Bailly, Antoine-Sylvain, (1985) « Distances et espaces : vingt ans de géographie des représentations », *L'espace géographique*, 3, pp. 197-205.
–, (1989) « L'imaginaire spatial. Plaidoyer pour la géographie des représentations », *Espaces Temps*, 40-41, *Géographie, état des lieux. Débat transatlantique*, pp. 53-58.
–, Racine, Jean-Bernard, et Söderström, Ola, (1985) « À la découverte de l'espace urbain, géographie des représentations et excursions de géographie urbaine », *Colloque de Lescheraines*, Lescheraines, pp. 267-289. Archive-ouverte.unige.ch
Barles, Sabine, (2008) « Comprendre et maîtriser le métabolisme urbain et l'empreinte environnementale des villes », *Responsabilité et environnement*, 52, pp. 21-26.
Barrère, Alain, Byé, Maurice, Houssiaux, Jacques, James, Émile, Lassègue, Pierre, Lhomme, Jean, Marchal, André, et Marchal, Jean, (1965) « Robert Goetz-Girey : *in memoriam* », *Revue économique*, 16, 2, pp. 177-198.

Barth, Etienne, (1873) « Notice sur le canal du Rhône-au-Rhin », *Revue d'Alsace*, nouvelle série, deuxième année, tome 2, pp. 5-36.

Bas, Andrée, (1946) « L'économie d'une région de passage : la porte de Bourgogne et d'Alsace », *L'information géographique*, 10, 3, pp. 119-121.

Bautès, Nicolas, (2004) *Le goût de l'héritage. Processus de production d'un territoire touristique : Udaipur en Inde du Nord (Rajasthan)*, thèse de doctorat de géographie, Paris 7.

Becker, Georges, (1950) « La lutte éternelle du "bois" et du "plain" », *Annales. Économies, Sociétés, Civilisations*, 5, 3, pp. 306-314.

–, (1951) « Un siècle dans un village », *Annales. Économies, Sociétés, Civilisations*, 6, 4, pp. 463-473.

–, (1955) « "Cil des Bois…" : un village et sa forêt », *Annales. Économies, Sociétés, Civilisations*, 10, 3, pp. 378-380.

Bensaâd, Ali, (2003) « Agadez, carrefour migratoire sahélo-maghrébin », *Revue européenne des migrations internationales*, [en ligne], 19, 1, pp. 7-28 (édition papier).

Berque, Augustin, (2008) « La pensée paysagère : une approche mésologique » *in* : Salerno, Rossella, et Casonato, Camilla, (dir.) *Paesaggi culturali,* Rome, Gangemi Editore, pp. 29-36.

Bertrand, Michel-Jean, (1984) « Une approche de la forme urbaine et de la centralité. Des indices de localisation et d'affinités d'équipements publics » *Annales de Géographie*, 93, 520, pp. 666-686.

Blandin, Marie-Christine, (2010) « Avant-propos », *in* : Pacaux, Michel, et Decocq, Christian, (éds), (2010) *Friches industrielles et Pollutions historiques. Mission d'information et d'évaluation*, pp. 21-26, Lille Métropole Communauté Urbaine. [rapport en ligne].

Bordreuil, Jean-Samuel, (2000) « La ville desserrée », *in* : Paquot, Thierry, Lussault, Michel, et Body-Gendrot, Sophie, (éds), *La ville et l'urbain. L'état des savoirs*, pp. 169-182, Paris, La Découverte.

Bourdin, Alain, (1998) « Gouvernance, appartenance sociale et gestion des services urbains », *Les Annales de la Recherche urbaine*, 80-81, pp. 181-187.

Bourgon, Anne, (2003) « La cité de la Muette à Drancy : Ambiguïtés, difficultés et perspectives de l'héritage », *in*: *14th ICOMOS General Assembly and International Symposium: "Place, memory, meaning: preserving intangible values in monuments and sites"*, pp. 27-31, Victoria Falls, Zimbabwe.

Bourillon, Florence, (1999) « Changer la ville. La question urbaine au milieu du XIXe siècle », *Vingtième Siècle. Revue d'histoire*, 64, pp. 11-23.

Bowie, Karen, (1999) « L'implantation de la gare du Nord dans Paris et l'évolution de son articulation avec la ville, 1830-1856 », *in* : Bowie, Karen, (dir.) *Polarisation du territoire et développement urbain : les gares du Nord et de l'Est et la transformation de Paris au XIXe siècle*, pp. 19-38, Paris, Association pour l'histoire des chemins de fer en France.

Brennetot, Arnaud, (2007) « Faut-il oublier Frank Lloyd Wright ? », *Cybergeo: European Journal of Geography*, [en ligne], n.p.

Briseux, Charles-Etienne, (1728) : *Architecture moderne, ou l'art de bien bâtir pour toutes sortes de personnes*, Paris, Claude Jombert.

Brunet, Jean-Paul, (1985) « Constitution d'un espace urbain : Paris et sa banlieue de la fin du XIXe siècle à 1940 », *Annales. Économies, Sociétés, Civilisations*, 40, 3, pp. 641-659.

Busquet, Grégory, (2007) *Idéologie urbaine et pensée politique dans la France de la période 1958-1981*, thèse de doctorat en urbanisme et aménagement, Université Paris XII.

Cabantous, Alain, (1994) « Le quartier, espace vécu à l'époque moderne », *Histoire, économie et société*, 13, 3, pp. 427-439.

Canteux, Camille, (2007) « Les grands ensembles en images. Les ministères en charge du logement et leur production audiovisuelle (1944-1966) », *Histoire urbaine*, 20, 3, pp. 55-76.

Chabert, Louis, (1978) « Industrie et région », *Revue de géographie de Lyon*, 53, 2, pp. 107-126.

Champy, Florent, (1999) « Architecture contemporaine et patrimoine : la construction ou l'intervention dans un site ? », *Les Annales de la Recherche Urbaine*, 82, pp. 38-47.

Charles-Lyet, Geneviève, et Ormaux, Serge, (1994) « La vacance locative comme syndrome et outil d'analyse : le pays de Montbéliard », *in* : Marin, Yvette, (éd) *La ville est-elle un fléau ?*, pp. 25-34, Besançon, Annales littéraires de l'Université de Franche-Comté.

Charmes, Eric, (2004) « Le développement des lotissements clos », *Études foncières*, 109, pp. 16-19.

Chemetov, Paul, (2003) « L'homme fabricateur de rêves, mécanicien de son destin », *Polyrama*, École polytechnique fédérale de Lausanne, 119, n.p. [en ligne : <http://polyrama.epfl.ch/art_P119_Chemetov.html>].

–, (2004), « Préface », *in* : Dufaux, Frédéric, et Fourcaut, Annie, (éd) *Le monde des grands ensembles*, pp. 7-15, Paris, Créaphis.

Claval, Paul, (2008) « Espace et territoire. Les bifurcations de la science régionale », *Géographie Économie Société*, 10, 2, pp. 157-184.

Corbel, Jean, (1958) « Les esquimaux dans le grand nord américain », *Revue de géographie de Lyon*, 33, 3, pp. 219-259.

Damon, Julien, (2006) « Logement social et question sociale », *Projet*, 294, 5, pp. 33-40.

David, Cédric, (2010) « La résorption des bidonvilles de Saint-Denis », Politique urbaine et redéfinition de la place des immigrants dans la ville (années 1960-1970), *Histoire urbaine*, 27, 1, pp. 121-142.

Declève, Bernard, (2008) « Du ménagement de la nature à la naturalisation de la ville », *Territoires(s) wallon(s). Séminaire de l'Académie Louvain,* pp. 10-24.

Déotte, Jean-Louis, (2008) « La ville appareillée : Arendt, W. Benjamin et Baudelaire », *Revue Appareil* - n° spécial, n.p. [en ligne].

Dezert, Bernard, (1965) « L'industrie automobile française en 1964. Problèmes d'expansion et d'aménagement », *L'information géographique,* 29, 4, pp. 139-147.

–, (1973) « La 54e excursion interuniversitaire », *Annales de Géographie*, 82, 451, pp. 274-290.

Drevon, Guillaume, et Gerber, Philippe, (2012) « Des profils sociodémographiques en forte évolution », *in* : Schmitz, Frédéric, Drevon, Guillaume et Gerber, Philippe, (éds), *La mobilité des frontaliers du Luxembourg : dynamiques et perspectives*, pp. 8-11, Luxembourg, Les Cahiers du CEPS/INSTEAD. Géographie et Développement, n° hors-série.

Dréo, Johann, (2004) *Adaptation de la méthode des colonies de fourmis pour l'optimisation en variables continues. Application en génie biomédical,* Thèse de doctorat, (s.l.d. de Patrick Siarry), Paris 12.

Eivind Myhre, Jan, (1996) « La banlieue souhaitée et non-souhaitée. Annexions et Identité urbaine. L'exemple de Christiana (Oslo) au XIXe siècle », *Histoire, économie et société*, 15, 3, Banlieues et faubourgs, pp. 417-435.

Enaux, Christophe, et Carpentier, Samuel, (2012) « Le vécu quotidien du déplacement domicile-travail », *in* : Schmitz, Frédéric, Drevon, Guillaume, et Gerber, Philippe, (éds), *La mobilité des frontaliers du Luxembourg : dynamiques et perspectives*, pp. 34-36, Luxembourg, Les Cahiers du CEPS/INSTEAD, Géographie et Développement, n° hors-série.

Fleury, Antoine, (2004) « La rue : un objet géographique ? », *Tracés. Revue de Sciences humaines*, 5, n.p. [en ligne].

Fortier, Bruno, (1989) *La métropole imaginaire. Un atlas de Paris*, Liège, Mardaga.

Fourcaut, Annie, (2003) « Naissance de la banlieue, formation des banlieues », *in* : Bataillon, Agnès, Ruellan, Gwenaëlle, Urbain, Patrick, et Virassamy, Catherine, (éds), *Jardins en banlieue,* pp. 66-70 Paris, Créaphis.

–, (2004) « Les premiers grands ensembles en région parisienne : ne pas refaire la banlieue ? », *French Historical Studies*, 27, 1, pp. 195-218.

Fournand, Anne, (2003) « Images d'une cité. Cartes mentales et représentations spatiales des adolescents de Garges-lès-Gonesse », *Annales de Géographie*, 112, 633, pp. 537-550.

Finnegan, Diarmid A., (2008) « The Spatial Turn: Geographical Approaches in the History of Science », *Journal of the History of Biology*, 41, pp. 369-388.

Fishman, Robert, (1979) *L'utopie urbaine au XXe siècle. Ebenezer Howard, Frank Lloyd Wright, Le Corbusier*, Liège, Mardaga.

Floury-Buchalin, Cécile, (2008) « Assainir et protéger le corps de la ville », *Chrétiens et sociétés*, 15, pp. 29-58.

Fournel, Victor, (1865) *Paris nouveau et Paris futur*, Paris, Jacques Lecoffre.

Fréard, Roland, Sieur de Chambray, (1650) *Parallèle de l'architecture antique et de la moderne,* Paris, E. Martin.

Gandy, Matthew, (2004) « Rethinking urban metabolism: Water, space and the modern city », *City*, 8, 3, pp. 363-379.

–, (2006) « The Bacteriological City and Its Discontents », *Historical Geography*, 34, pp. 14-25.

Gasnier, Marina, et Lamard, Pierre, (2007) « Rhin-sud : un espace de dynamique patrimoniale », *in* : Lamard, Pierre et Woessner, Raymond, (éds) *Rhin-sud, un territoire en devenir ?*, pp. 51-66, collection « Territoriales », Université de technologie de Belfort-Montbéliard.

Giroud, Matthieu, (2008) « Illusion des façades et permanence ambiguë : la réhabilitation différentielle de la rue Coelho à Lisbonne », *in* : Vallat, Colette, (éd.), *pérennité urbaine ou la ville par-delà ses métamorphoses, 2 – Turbulences*, pp. 165-179, Paris, L'Harmattan.

Goetz-Girey, Robert, (1960) « Stimulants et propagation de la croissance dans le "Pays" de Montbéliard », *Revue économique*, 11, 1, pp. 1-16.

Gossé, Marc, (2000) « La crise mondiale de l'urbanisme », *Les Annales de la Recherche urbaine*, 86, pp. 85-91.

Guillerme, André, Lefort, Anne-Cécile, et Jigaudon, Gérard, (2004) *Dangereux, insalubres et incommodes. Paysages industriels en banlieue parisienne XIX*e *– XX*e *siècles*, Seyssel, Champvallon.

Guillou, Jean, (1905) *L'émigration vers les villes*, Paris, A. Rousseau.

Gwiazdzinski, Luc, (2013) « Habiter le cercle », *in* : *Périphérique terre promise*, Paris, Éditions H'Artpon, pp. 6-18.

Helleman, Gerben, et Wassenberg, Frank, (2004) « The renewal of what was tomorrow's idealistic city. Amsterdam's Bijlmermeer high-rise », *Cities*, 21, 1, pp. 3-17.

Heuzé, Djallal G., (2007) « Un sud oriental : le cas de l'Inde dans l'invention et l'évolution de la catégorie sud », *Autrepart*, 41, 1, pp. 211-225.

Jacques, Annie, et Mouilleseaux, Jean-Pierre, (1988) *Les architectes de la liberté*, Paris, Gallimard, Découvertes Gallimard.

Jedruch, Dorota, (2007) « Une utopie bon marché : architecture sociale et représentation dans l'œuvre de Ricardo Bofill (exemple des Espaces d'Abraxas à Marne-la-Vallée) », *in* : Chouquer, Gérard, et Daumas, Jean-Claude, (éds), *Autour de Ledoux : architecture, ville et utopie* pp. 213-228, Besançon, Les Cahiers de la MSH Ledoux, n° 13, PUFC.

Jarrigeon, Anne, (2012) « Les Halles, Paris sous sol. Flux et regards sous contrôle », *Ethnologie française*, 42, 3, pp. 553-562.

Jolas, Tina, et Zonabend, Françoise, (1973) « Gens du finage, gens du bois », *Annales. Économies, Sociétés, Civilisations*, 28,1, pp. 285-305.

Juillerat, Paul, (1921) *L'hygiène urbaine*, Paris, Éditions Ernest Leroux.

–, et Bonnier, Louis, (1905) « La tuberculose et l'habitation », *Congrès international de la Tuberculose de Paris*, 2-7 octobre 1905, Paris, Masson et Cie.

Kamoun, Patrick, (2000) « Paris-jardins, cité-jardin de Draveil (Seine-et-Oise) », *Ciudades*, 6, pp. 49-56.

Kherkimoun, Jamel, (2008) *Politiques urbaines et image du territoire : stratégies marketing et discours des acteurs en Seine-Saint-Denis*, Paris, L'Harmattan.

Kukawka, Katia, (2006) « Avant Avicenne, l'hôpital franco-musulman de Bobigny », *La Revue du Praticien*, 56, pp. 1154-1157.

Langdon, Philip, (1997) *A better place to live. Reshaping the American suburb*, Amherst, University of Massachusetts Press.

Large, Jean-François, (1992) *Des Halles au Forum. Métamorphose au cœur de Paris*, Paris, L'Harmattan.

Ledoux, Claude Nicolas, (1804) *L'architecture considérée sous le rapport de l'art, des mœurs et de la législation*, Paris, Imp. H.L. Perronneau, chez l'auteur, rue Neuve d'Orléans.

Lefebvre, Henri, (1960) « Les nouveaux ensembles urbains (un cas concret : Lacq-Mourenx et les problèmes urbains de la nouvelle classe ouvrière) », *Revue française de sociologie*, 1-2, pp. 186-201.

–, (1970) *la révolution urbaine*, Paris, Gallimard.

–, (1974/2000) *La production de l'espace*, 4e édition, Paris, Anthropos.

Le Galès, Patrick, (2010) *Le retour des villes européennes*, Paris, Les Presses de Sciences Po.

Lemaître, Alexandre, (1682) *La Métropolitée, ou de l'établissement des villes capitales*, Amsterdam, chez Balthes Boekholt, pour Jan de Gorp.

Lequin, Yves-Claude, (2009) « Églises et temples en bassins industriels : Belfort-Héricourt-Montbéliard (Franche-Comté) (1944-2008) », *In Situ. Revue des patrimoines*, 12, n.p. [en ligne].

Lesourd, Georges, (1905) « Travaux de construction des différentes lignes du Métropolitain de Paris », *Mémoires de la Société des ingénieurs civils*, 84, 1er semestre, pp. 364-452, Paris, Société des ingénieurs civils. Bibliothèque du CNAM.

Letombe, Gwénaël, et Zuindeau, Bertrand, (2006) « Gestion des externalités environnementales dans le bassin minier du Nord – Pas de Calais : une approche en termes de proximité », *Développement durable et territoires* [en ligne], Dossier 7, pp. 1-20.

Leyval, David, (2009) *La banlieue, l'épreuve de l'utopie*, Paris, éditions Publibook Université.

Lhomme, Jean, (1968) « Le pouvoir d'achat de l'ouvrier français au cours d'un siècle : 1840-1949 », *Le mouvement social*, 63, pp. 42-69.

Löh, Christiane, (2011) *Qui sont les travailleurs frontaliers de la Grande Région ? Caractéristiques et déterminants de la mobilité professionnelle*, édité par les offices statistiques de la Grande Région et l'IUIL.

Madeline, Philippe, (2006) « Les constructions agricoles dans les campagnes françaises », Héritages et dynamiques actuelles d'évolution, *Histoire & Sociétés Rurales*, 26, 2, pp. 53-93.

Mallgrave, Harry Francis, (2005) *Modern Architectural Theory. A Historical Survey, 1673-1968*, Cambridge, Cambridge University Press.

Mangin, Claude, (2001) « D'Angelinopolis à Postmetropolis, ou l'exception devenant paradigme : un modèle pour la ville mondiale ? », *Mappemonde*, 61, 1, pp. 5-8.

Mansuy, Michèle, et Marpsat, Maryse, (1991) « Les quartiers des grandes villes : contrastes sociaux en milieu urbain », *Économie et statistique*, 245, pp. 33-47.

Mathieu, André, (1929) « Les petites industries de la montagne dans le Jura français », *Annales de Géographie*, 38, 215, pp. 439-459.

Mauco, Georges, (1935) « Remarques sur le mouvement de la population en France depuis le début du XIXe siècle », *Annales de Géographie*, 44, 250, pp. 371-384.

Moine, Alexandre, (2003) « Évolution d'un espace transfrontalier : le territoire horloger franco-suisse de l'arc jurassien », *L'information Géographique*, 67, 1, pp. 21-34.

Nonn, Henri, (sans date) *L'organisation urbaine alsacienne aujourd'hui, et ses inflexions transfrontalières*, Strasbourg, Association de prospective rhénane, 14 pages.

Orum, Anthony M., et Chen, Xiangming, (2003) *The World of Cities. Places in Comparative and Historical Perspective*, Oxford, Blackwell.

Padeiro, Miguel, (2009) « Prolongements du métropolitain et occupation du sol en banlieue parisienne », *Flux*, 75, 1, pp. 42-56.

Paquot, Thierry, (2006) « La ville comme énergie. Philosophie et littérature 1880-1920 », *Les Annales de la recherche urbaine*, 103, pp. 198-204.

Peñalta Catalán, Rocío, (2011) « La ville en tant que corps : métaphores corporelles de l'espace urbain », *TRANS-*, *Revue de littérature générale et comparée*, 11, pp. 1-12, [en ligne].

Petit, Christophe, Camerlynck, Christian, Deweirdt, Eline, Durlet, Christophe, Garcia, Jean-Pierre, Gauthier, Émilie, Ollive, Vincent, Richard, Hervé, et Wahlen, Patrice, (2006) « Géoarchéologie du site antique de Molesme en vallée de Laigne (Côte-d'Or). Mise en évidence de l'impact anthropique sur la sédimentation alluviale », *Gallia*, 63, pp. 263-281.

Piatti, Barbara, Bär, Hans Rudolf, Reuschel, Anne-Kathrin, Hurni, Lorenz et Cartwright, William, (2009) « Mapping Literature: Towards a Geography of Fiction », *in* : Cartwright, William, Gartner, Georg, et Lehn, Antje, (éds.) *Towards a Geography of Fiction, Cartography and Art, Lecture Notes in Geoformation and Cartography*, chapitre 15, pp. 177-192.

Picon, Antoine, (2006) « Von Ledoux bis Saint-Simon ? », *in* : Rabreau, Daniel, et Massounie, Dominique, (éds), *Claude Nicolas Ledoux et le livre d'architecture en français. Étienne Louis Boullée, l'utopie et la poésie de l'art,* pp. 238-247, Paris, éditions du Patrimoine.

Pinon, Pierre, (2007) « Le double mythe Haussmann », *in* : Déruelle, Aude, et Dia, José-Luis, (éds), *3e congrès de la Société des études romantiques et dix-neuviémistes : La Vie parisienne, une langue, un mythe, un style*, pp. 1-4, [en ligne].

Poulain, Michel, (1994) « Les flux migratoires dans le bassin méditerranéen », *Politique étrangère*, 59, 3, pp. 689-705.

Poussou, Jean-Pierre, (2002) « L'enracinement est le caractère dominant de la société rurale française d'autrefois », *Histoire, économie et société*, 21, 1, Religion et culture dans les sociétés et les États européens de 1800 à 1914, pp. 97-108.

Pumain, Denise, (1997) « Pour une théorie évolutive des villes », *Espace géographique*, 26, 2, pp. 119-134.

–, (2007) « Les villes et le paradigme de la complexité », *in* : Da Cunha, Antonio, et Matthey, Laurent, (éds), *La ville et l'urbain : des savoirs émergents*, pp. 35-60, Lausanne, Presses polytechniques et universitaires romandes.

–, Bretagnolle, Anne, et Degorge-Lavagne, Melina, (1999) « La ville et la croissance urbaine dans l'espace-temps », *Mappemonde*, 55, 3, pp. 38-42.

–, Robic Marie-Claire, et Pinchemel, Philippe, (1972) « Croissance urbaine et échanges migratoires (contribution méthodologique) », *Revue de géographie alpine*, 60, 2, pp. 203-224.

Rabreau, Daniel, (2000) *Claude-Nicolas Ledoux (1736-1806). L'architecture et les fastes du temps*, Paris, Annales du Centre Ledoux, Librairie de l'architecture et de la ville, William Blake & Co. / Art & Arts.

–, (2002) *La saline royale d'Arc-et-Senans. Un monument industriel : allégorie des Lumières*, coll. « Les destinées du patrimoine », Paris, Belin-Herscher.

Raynaud, Alain, (1981) *Société, espace et justice : inégalités régionales et justice socio-spatiale*, Paris, PUF.

Reclus, Élisée, (1866) « Du sentiment de la nature dans les sociétés modernes », *Revue des Deux Mondes*, 15 mai 1866, pp. 352-381.

Reclus, Onésime, (1899) *Le plus beau royaume sous le ciel*, Paris, Hachette et Cie.

Retaillé, Denis, (2011) « Du paradigme sahélien du lieu à l'espace (mondial) mobile », *L'Information géographique*, 75, 1, pp. 71-85.

–, Walther, Olivier, et Pissoat, Olivier, (à paraître) « Espace, temps, mobilité : cartographier le mouvement et appréhender l'espace mobile pour comprendre l'actualité saharienne », *M@ppemonde*, n.p. [en ligne].

Rittaud-Hutinet, Jacques, (2005) *Claude-Nicolas Ledoux. Les trois temples*, Châtillon-sur-Chalaronne, Éditions La Taillanderie.

Rittersporn, Gábor T., (2008) « Dmitrij Chmelnizki, Die Architektur Stalins », *Cahiers du monde russe*, 49, 4, pp. 771-774.

Rochefort, Michel, (1957) « Méthodes d'étude des réseaux urbains. Intérêt de l'analyse du secteur tertiaire de la population active », *Annales de Géographie*, 66, 354, pp. 125-143.

Roncayolo, Michel, (1994) « Le Paris de Jules Romains », *Le Débat*, 80, 3, pp. 70-71.

–, (1997) *La ville et ses territoires*, Paris, Folio « essais ».

Rozenblat, Céline, (2007) « Villes et réseaux "petits mondes" », *in* : da Cunha, Antonio, et Matthey, Laurent, (éds) *La ville et l'urbain : des savoirs émergents*, pp. 81-103, Lausanne, Presses polytechniques et universitaires romandes.

Schmitz, Frédéric, (2012) « Combien de temps du domicile au travail ? », *in* : Schmitz, Frédéric, Drevon, Guillaume et Gerber, Philippe, (éds), *La mobilité des frontaliers du Luxembourg : dynamiques et perspectives*, pp. 16-17, Luxembourg, Les Cahiers du CEPS/INSTEAD. Géographie et Développement, n° hors-série.

–, et Klein, Sylvain, (2012) « L'ensemble des déplacements des frontaliers », *in* : Schmitz, Frédéric, Drevon, Guillaume et Gerber, Philippe, (éds), *La mobilité des frontaliers du Luxembourg : dynamiques et perspectives*, pp. 20-21, Luxembourg, Les Cahiers du CEPS/INSTEAD. Géographie et Développement, n° hors-série.

Schoenberger, Erica, (2001) « Interdisciplinarity and social Power », *Progress in Human Geography*, 25, 3, pp. 365-382.

Schulz, Christian, (2007) « Die "Metropolisierung" Luxemburgs », *in* : Amann, Wilhelm, Mein, Georg, et Parr, Rolf, (éds), *Periphere Zentren oder zentrale Peripherien?*, pp. 89-98, Heidelberg, Synchron.

Sellier, Henri, (1937) « De l'urbanisme "rural" à l'habitation rurale », *Urbanisme, revue mensuelle de l'urbanisme français*, juin-juillet 1937, pp. iii-v.

Serrano, José, (2005) « Quel équilibre entre urbanisation et préservation des espaces agricoles périurbains ? Le cas d'une agglomération moyenne », *Développement durable et territoires*. Dossier 4 : La ville et l'enjeu du Développement Durable [en ligne].

Soja, Edward W., (2000) *Postmetropolis. Critical Studies of Cities and Regions*, Oxford, Blackwell.

Soppelsa, Peter, (2011) « Images, technology, and history. Visualizing viaducts in 1880s Paris », *History and Technology*, 27, 3, pp. 371-377.

Sorensen, André, et Okata, Junichiro, « Introduction: Megacities, Urban Form, and Sustainability », *in*: Sorensen, André, et Okata, Junichiro, (éds.) (2011) *Megacities. Urban Form, Governance, and Sustainability*, pp. 1-11, Heidelberg, New York, Springer.

Sorman, Joy, (2011) *Paris, Gare du Nord*, Paris, L'arbalète / Gallimard.

Sorman, Joy, et Lapierre, Eric, (2011) *L'inhabitable*, Paris, Éditions Alternatives et Éditions du Pavillon de l'Arsenal, coll. « Mémoires urbaines, Paris XXIe siècle ».

Soulas, Jean, (1936) « Villes-marchés et villes d'industrie de Haute-Normandie », *Annales de Géographie*, 45, 256, pp. 399-413.

Szumeraj, Vanessa, (1999) « Poubelle - Paris (1883-1896). La collecte des ordures ménagères à la fin du XIXe siècle (Jeanne-Hélène Jugé) », *Flux*, 36-37, pp. 79-82.

Tarr, Joel A., (2002) « The metabolism of the industrial city: The case of Pittsburgh », *Journal of Urban History*, 28, 5, pp. 511-545.

Terrier, Christophe, (2009) « Distinguer la population présente de la population résidente », *Courrier des statistiques*, 128, pp. 63-70.

Tomas, François, (2004) « Les temporalités du patrimoine et de l'aménagement urbain », *Géocarrefour* [en ligne], 79, 3, pp. 197-212.

Truong, Fabien, (2012) « Au-delà et en deçà du Périphérique », *Métropoles*, 11, pp. 1-30, [en ligne].

Valognes, Stéphane, (2004) « De l'espace usinier aux nouveaux territoires urbains », *Strates*, 11, n.p. [en ligne]

Vassart, Sabine, (2006) « Habiter », *Pensée plurielle*, 12, 2, pp. 9-19.

Veyret-Verner, Germaine, (1970) « Essai de définition et de classification des petites villes : leur insertion dans un réseau urbain », *Revue de géographie alpine*, 58, 1, pp. 51-66.

Vidler, Anthony, (1994) *The Architectural Uncanny*, Cambridge, MIT Press.

Warf, Barney, (2009) « From surfaces to networks », *in*: Warf, Barney et Arias, Santa, (éds), *The Spatial Turn. Interdisciplinary Perspectives*, pp. 59-76, New York, Routledge.

Wolman, Abel, (1965) « The metabolism of cities », *Scientific American*, 213, pp. 179-190.

Yücel Besim, Devrim, Kiessel, Marco, et Tozan Kiessel, Asu, (2010) « Postmodernist Hotel-Casino Complexes in Northern Cyprus », *METU JFA*, 27, 1, pp. 103-123.

van Zandbergen, Marrit, (2005) *Groen in de stad. Groen als stedenbouwkundig element in de jaren zeventig*, Mémoire de master "Architectuurgeschiedenis en monumentenzorg", Universiteit Utrecht [en ligne].

Sociologie, Sociologie urbaine, Sociologie politique

Amann, Wilhelm, Bourg, Viviane, Dell, Paul, Di Felice, Paul, Lentz, Fabienne, et Reddeker, Sebastian, (2011) "Images et identités", *in* : IPSE – Identités, Politiques, Sociétés, Espaces, (éd) *Construire des identités au Luxembourg. Appropriations subjectives. Projections institutionnelles. Milieux socio-culturels*, pp. 171-243, Paris, Berg International.

Amossé, Thomas, (2004) « Professions au féminin. Représentation statistique, construction sociale », *Travail, genre et sociétés*, 11, 1, pp. 31-46.

Ancelon, Étienne-Auguste, (1853) *Sur la constitution épidémique actuelle, 1852-1853*, Dieuze, Imprimerie de Maimbourg.

Armengaud, Charles et Jacques, (1864) « Visites dans les usines et manufactures. Usines de MM. Japy, à Beaucourt, La Feschotte, Badevel, L'Isle-sur-le-Doubs, etc. », *Le Génie industriel*, 28, 168, pp. 289-306.

Avenel, Cyprien, (2000) « Les jeunes hommes et le territoire dans un quartier de grands ensembles », *Lien social et Politiques*, 43, pp. 143-154.

Bachmann, Christian, et Le Guennec, Nicole, (2002) *Violences urbaines*, Paris, Hachette Littératures.

Bacqué, Marie-Hélène, et Sintomer, Yves, (2001) « Affiliations et désaffiliations en banlieue. Réflexions à partir des exemples de Saint-Denis et d'Aubervilliers », *Revue française de sociologie*, 42, 2, pp. 217-249.

–, Fijalkow, Yankel, Launay, Lydie, et Vermeersch, Stéphanie, (2011) « Social Mix Policies in Paris: Discourses, Policies and Social Effects », *International Journal of Urban and Regional Research*, 35, 2, pp. 256-273.

Baldner, Jean-Marie, (1989) « Des racines sonnantes et trébuchantes », *Espaces Temps*, 42, *Racines, derniers temps. Les temps de l'identité*, pp. 31-37.

Balthes-Löhr, Christel, Prüm, Agnès, Reckinger, Rachel, et Wille, Christian, (2011) « Cultures du quotidien et identités », *in* : IPSE – Identités, Politiques, Sociétés, Espaces, (éd) *Construire des identités au Luxembourg. Appropriations subjectives. Projections institutionnelles. Milieux socio-culturels*, pp. 245-306, Paris, Berg International.

Barbe, Noël, et Nottengem, Émile, (2012) « Trois images de l'immigré : par similitude, par charité et par irréductibilité », *in* : Lochard, Guy, et Popelard, Marie-Dominique, (éds), *Images de l'étranger*, Paris, L'Harmattan.

Barbichon, Guy, (1968) « Aspects psychologiques et sociaux du transfert des agriculteurs de l'agriculture vers l'industrie », *Économie rurale*, 77, pp. 45-54.

Barreiros, Angélique, (2000) « Le mal urbain. Eau, air, lumière ou les menaces miasmatiques », *in* : Stora-Lamarre, Annie, (éd), *Archives de la peur, les « populations à risque » dans la Franche-Comté au XIX*e *siècle*, pp. 15-35, Besançon, Annales littéraires de l'Université de Franche-Comté, vol. 705.

Barrère, Céline, (2007) « Corps-à-corps aux jardins. De l'imaginaire sexuel comme révélateur de la crise des espaces urbains », *Cahiers* ADES, *Sexe de l'espace, sexe dans l'espace*, pp. 35-46.

–, (2011) « Les chambres de Paris : écriture de l'hébergement et du transit chez Henri Lopès », *in* : Audillon, Françoise, et Ouedraogo, Jean, (éds), *Images et mirages des migrations*, pp. 85-102, Montréal, Mémoires d'encrier.

–, et Lévy-Vroelant, Claire, (2012) *Hôtels meublés à Paris, enquête sur une mémoire de l'immigration*, Paris, Créaphis, coll. Lieux habités.

–, et Fijalkow, Yankel, (2013) « Le polar de Paris : une mise en scène des changements urbains de l'est parisien », *Lieux Communs. Les Cahiers du LAUA*, 16, pp. 75-96.

–, et Fijalkow, Yankel, (2014) « Le polar parisien à l'écoute du mal de ville, hier et aujourd'hui… », *in* : Freyermuth, Sylvie, et Bonnot, Jean-François P. (éds), *Malaise dans la ville*, Bruxelles, PIE Peter Lang, Coll. Comparatisme et Société, sous presse.

Battagliola, Françoise, (2000) « Des aides aux familles aux politiques familiales (1870-1914) », *Genèses*, 40, 3, pp. 144-161.

Beaud, Stéphane, (1996) « Un ouvrier, fils d'immigrés, "pris" dans la crise : rupture biographique et configuration sociale », *Genèses*, 24, pp. 5-32.

–, (2000) « Le métier de chef de travaux : entre l'école et l'entreprise », *Revue française de pédagogie*, 131, pp. 23-31.

–, et Pialoux, Michel, (1998) « Notes de recherche sur les relations entre Français et immigrés à l'usine et dans le quartier », *Genèses*, 30, pp. 101-121.

–, et Pialoux, Michel, (1999) *Retour sur la condition ouvrière. Enquête aux usines de Peugeot-Sochaux*, Paris, Fayard.

–, et Pialoux, Michel, (2001) « Révolte dans les quartiers : Émeutes urbaines, violence sociale », *Le Monde Diplomatique*, juillet 2001, pp. 24-25.

–, et Pialoux, Michel, (2002a) « Sur la genèse sociale des "émeutes urbaines" », *Sociétés contemporaines*, 45-46, 1, pp. 215-243.

–, et Pialoux, Michel, (2002b) « Jeunes ouvrier(e)s a l'usine » « Notes de recherche sur la concurrence garçons/filles et sur la remise en cause de la masculinité ouvrière », *Travail, genre et sociétés*, 8, 2, pp. 73-103.

–, et Pialoux, Michel, (2002c) « Changements dans les rapports entre générations ouvrières : Les années quatre-vingt-dix à Sochaux-Montbéliard », *Retraite et société*, 35, pp. 108-137.

Bellet, Daniel, (1914) *L'évolution de l'industrie*, Paris, Ernest Flammarion.

Bertaux-Wiame, Isabelle, et Linhart, Danièle, (2006) « Travail moderne, rien ne va plus : les jeux sont défaits », *Nouvelle revue de psychosociologie*, 1, 1, pp. 137-148.

Bigot, Régis, (2008) « Les classes moyennes sous pression », *CREDOC, Cahier de Recherche*, 249, 134 pp.

Bintener, Christian, Bourgeois, Nadine, Frising, Armande, Osier, Guillaume, Ries, Jean et Zahlen, Paul, (2012) *Rapport travail et cohésion sociale*, Cahier économique, n° 114, Luxembourg, Statec, INSEE.

Blanc-Chaléard, Marie-Claude, (2006) « Les immigrés et le logement en France depuis le XIXe siècle. Une histoire paradoxale », *Hommes et Migrations*, 1264, pp. 20-34.

Boltanski, Luc, (1990) « Sociologie critique et sociologie de la critique », *Politix*, 3, 10-11, pp. 124-134.

–, et Thévenot, Laurent, (1987) *Les économies de la grandeur*, Paris, PUF.

Bonhomme, Julien, (2011) « Les numéros de téléphone portable qui tuent. Épidémiologie culturelle d'une rumeur transnationale », *Tracés*, 21, 2, pp. 125-150.

Botz, Gerhard, Pollak, Michael, et Glas-Larsson, Margareta, (1982) « Survivre dans un camp de concentration », *Actes de la recherche en sciences* sociales, 41, *Le camp de concentration*, pp. 3-28.

Boubeker, Ahmed, (2012) « Les mondes de l'immigration des héritiers », Ancrages et transmigration, *Multitudes*, 49, 2, pp. 100-110.

Bouget, Denis et Noguès, Henry, (1992) *Observatoire européen des politiques de lutte contre les exclusions sociales*, rapport consolidé, Nantes, Centre d'économie des besoins sociaux.

Bouillon, Florence, et Dietrich-Ragon, Pascale, (2012) « Derrière les façades. Ethnographies de squats parisiens », *Ethnologie française*, 42, 3, pp. 429-440.

Bourdelais, Patrice, et Fijalkow, Yankel, (2004) « Les grandes villes françaises et la loi de 1902 (anticipations et applications, 1880-1980) », *Ruptures, revue transdisciplinaire en santé*, 10, 1, pp. 105-116.

Bourdieu, Pierre, (1974) « Avenir de classe et causalité du probable », *Revue française de sociologie*, 15, 1, pp. 3-42.

–, (1975) « La spécificité du champ scientifique et les conditions sociales du progrès de la raison », *Sociologie et sociétés*, 7, 1, pp. 91-118.

–, (1977a) « Remarques provisoires sur la perception sociale du corps », *Actes de la recherche en sciences sociales*, 14, *Présentation et représentation du corps*, pp. 51-54.

–, (1977b) « Sur le pouvoir symbolique », *Annales. Économies, Sociétés, Civilisations*, 32, 3, pp. 405-411.

–, (1978) « Classement, déclassement, reclassement », *Actes de la recherche en sciences sociales*, 24, *Le déclassement*, pp. 2-22.

–, (1979) *La distinction. Critique sociale du jugement*, Paris, Les Éditions de Minuit.

–, (1980) « L'identité et la représentation », *Actes de la recherche en sciences sociales*, 35, pp. 63-72.

–, (1981) « La représentation politique [Éléments pour une théorie du champ politique] », *Actes de la recherche en sciences sociales*, 36-37, La représentation politique-1, pp. 3-24.

–, (1982a) *Le bal des célibataires. Crise de la société paysanne en Béarn*, Paris, Seuil, Points Essais.

–, (1982b) *Ce que parler veut dire. L'économie des échanges linguistiques*, Paris, Fayard.

–, (1984) *Homo Academicus*, Paris, Les Éditions de Minuit.

–, (1987) *Choses dites*, Paris, Les Éditions de Minuit.

–, (1989) *La noblesse d'État. Grandes écoles et esprit de corps*, Paris, Les Éditions de Minuit.

–, (1993) « La rue des Jonquilles », *in* : Bourdieu, Pierre, (sous la direction de), *La misère du monde,* pp. 13-23, Paris, Seuil.

–, (1994) « Piété religieuse et dévotion artistique », *Actes de la recherche en sciences sociales*, 105, pp. 71-74.

–, (1998) « Cette utopie, en voie de réalisation, d'une exploitation sans limite : L'essence du néolibéralisme », *Le Monde Diplomatique*, mars 1998.

–, (2002) « Nouvelles réflexions sur la domination masculine », *Cahiers du Genre*, 33, 2, pp. 225-233.

–, et Saint Martin, Monique, de, (1976) « Anatomie du goût », *Actes de la recherche en sciences sociales*, 2, 5, pp. 2-81.

Boyer, Robert, (1978) « Les salaires en longue période », *Économie et statistique*, 103, pp. 27-57.

Breuil-Genier, Pascale, Borrel, Catherine, et Lhommeau, Bertrand, (2012) « Les immigrés, les descendants d'immigrés et leurs enfants », *Vue d'ensemble, portrait de la population*, pp. 33-39, document Insee, [en ligne].

Bruneteau, Bernard, (1992) « La "participation" paysanne : un héritage gaulliste », *Revue française de science politique*, 42, 6, pp. 964-980.

Bruneteaux, Patrick, et Terrolle, Daniel, (2010) *L'arrière-cour de la mondialisation. Ethnographie des paupérisés*, Bellecombe-en-Bauges, éditions du Croquant.

Burricand, Carine, Houdré, Cédric, et Seguin, Eric, (2012) *Les niveaux de vie en 2010*, Insee Première, n° 1412.

Cabanel, Patrick, (2006) « Religion, politique et laïcité : de quelques paradoxes du protestantisme français », *Sociologie et sociétés*, 38, 1, pp. 55-67.

van Cant, Katrin, (2010) « Affronter un lourd passé : débat de presse sur l'Holocauste en Pologne et en Slovaquie après 1989 », *Slavica bruxellensia* [en ligne], 5, 2-16 ; 49-63 (papier).

Castel, Robert, (1990) « "Le roman de la désaffiliation". À propos de Tristan et Iseut », *Le Débat*, 61, 4, pp. 155-167.

–, (2008) « La propriété sociale : émergence, transformations et remise en cause », *Esprit*, 8, Août/septembre, pp. 171-190.

Castells, Manuel, (1996) *The Information Age*, 1, *The Rise of the Network Society*, Oxford, Blackwell.

–, (2005) « The Network Society: from Knowledge to Policy », *in:* Castells, Manuel, et Cardoso, Gustavo, (éds), *The Network Society. From Knowledge to Policy*, pp. 3-22, Washington, DC, Johns Hopkins Center for Transatlantic Relations, [en ligne].

Cère, Paul, (1872) *Les populations dangereuses et les misères* sociales, Paris, E. Dentu.

Chamboredon, Jean-Claude, (1980) « Les usages urbains de l'espace rural : du moyen de production au lieu de récréation », *Revue française de sociologie*, 21, 1, pp. 97-119.

–, et Lemaire, Madeleine, (1970) « Proximité spatiale et distance sociale. Les grands ensembles et leur peuplement », *Revue française de sociologie*, 11, 1. pp. 3-33.

Chase, Malcolm, (2011) « Le tournant biographique de l'histoire ouvrière », *Matériaux pour l'histoire de notre temps*, 104-105, 4, pp. 26-31.

Chauvel, Louis, (2001) « Le retour des classes sociales ? », *Revue de l'OFCE*, 79, 4, pp. 315-359.

Christin, Rosine, (1993) « Une double vie », *in* : Bourdieu, Pierre, (sous la direction de), *La misère du monde*, pp. 649-654, Paris, Seuil Libre Examen.

Cohen, Yves, (1996) « Mouvement social et politiques d'organisation : Peugeot et le pays de Montbéliard de 1919 à 1922 », *Le Mouvement Social*, 175, pp. 113-148.

Corouge, Christian, et Pialoux, Michel, (1984) « Chronique Peugeot », *Actes de la recherche en sciences sociales*, 54, *Le savoir-voir*, pp. 57-69.

–, (2011) *Dialogue entre un ouvrier de Peugeot et un sociologue*, Marseille, Agone.

Coulangeon, Philippe, (2004) « Classes sociales, pratiques culturelles et styles de vie : le modèle de la distinction est-il (vraiment) obsolète ? », *Sociologie et sociétés*, 36, 1, pp. 59-85.

Cova, Bernard, et Roncaglio, Marco, (1999) « Repérer et soutenir des tribus de consommateurs ? », *Décisions Marketing*, 16, pp. 7-15.

Cox, Robert W., (1990) « Dialectique de l'économie-monde en fin de siècle », *Études internationales*, 21, 4, pp. 693-703.

Crozier, Michel, et Thoenig, Jean-Claude, (1975) « La régulation des systèmes organisés complexes. Le cas du système de décision politico-administratif local en France », *Revue française de sociologie*, 16, 1, pp. 3-32.

Daguet, Fabienne, (2002) « La fécondité en France au cours du XXe siècle », *Insee Première*, 873, non paginé [en ligne].

Daguzan, Jean-François, (2010-2011) « De la crise économique à la révolution politique ? », *Maghreb-Machrek*, 206, Le Monde arabe dans la crise.

Debré, Robert, et Sauvy, Albert, (1946) *Des Français pour la France, le problème de la population*, Paris, Gallimard.

Decoufle, André-Clément, et Svendsen, Nicholas, (1984) « Contribution à une histoire des durées du travail dans l'industrie française du milieu du XIXe siècle à la seconde guerre mondiale », *Travail et emploi*, 20, pp. 57-71.

Denis, Vincent, (2000) « Administrer l'identité », *Labyrinthe*, 5, pp. 25-42, [en ligne].

Douglas, Mary, et Calvez, Marcel, (2011) « L'individu comme preneur de risques. Une théorie culturelle de la contagion en lien avec le sida », *Tracés*, 21, 2, pp. 195-214.

Dubet, François, (1996) « Des jeunesses et des sociologies. Le cas français », *Sociologie et sociétés*, 28, 1, pp. 23-35.

Duchesne, Véronique, et Fourmaux, Francine, (2008) « Corps de banlieues », *Journal des anthropologues*, [en ligne], 112-113, pp. 223-243 (édition papier).

Ducpetiaux, Édouard, (1843) *De la condition physique et morale des jeunes ouvriers et des moyens de l'améliorer*, Bruxelles, Meline, Cans et Cie.

Dufour, Françoise, (2007) « Dire "le Sud" : quand l'autre catégorise le monde », *Autrepart*, 41, 1, pp. 27-39.

Duprez, Jean-Marie, Grelon, André, et Marry, Catherine, (1991) « Les ingénieurs des années 1990 : mutations professionnelles et identité sociale », *Sociétés contemporaines*, 6, pp. 41-64.

Duran, Patrice, et Thoenig, Jean-Claude, (1996) « L'État et la gestion publique territoriale », *Revue française de science politique*, 46, 4, pp. 580-623.

Elias, Norbert, et Scotson, John L. (1997) *Logiques de l'exclusion*, Paris, Agora Pocket.

Engels, Friedrich, (1845/1960), *La situation de la classe laborieuse en Angleterre. D'après les observations de l'auteur et des sources authentiques*, Paris, Éditions sociales, [en ligne], version numérique, Cegep, Chicoutimi.

Fabre, Gérard, (1993) « Conflits d'imaginaires en temps d'épidémie », *Communications*, 57, pp. 43-69.

–, (1996) « Les savoirs sur la contagion : la peste et l'institution de la quarantaine » *in* : Turmel, André, *Culture, Institution et savoir*, pp. 83-106, Québec, Les Presses de l'Université Laval.

Fassin, Didier, (2001) « L'altérité de l'épidémie. Les politiques du sida à l'épreuve de l'immigration », *Revue européenne de migrations internationales*, 17, 2, Débats contemporains, pp. 139-151.

Fernback, Jan, (2003) « Legends on the net: an examination of computer-mediated communication as a locus of oral culture », *New Media & Society*, 5, 1, pp. 29-45.

Fijalkow, Yankel, (1998a) *La construction des îlots insalubres. Paris 1850-1945*, préface de Marcel Roncayolo, Paris, L'Harmattan.

–, (1998b) « Tuberculose, surpeuplement et îlots insalubres : Paris entre 1850 et 1945 », *in* : Haumont, Nicole, (éd.), *La ville éclatée : quartiers et peuplement*, pp. 113-127, Paris, L'Harmattan.

–, (1998c) « Vivre en hôtel meublé à Rouen aujourd'hui : intégration ou relégation ? », *in* : Lévy-Vroelant, Claire, (éd.), *Logements de passage. Formes, normes, expériences*, pp. 109-120, Paris, L'Harmattan.

–, (2004) « L'enquête sanitaire urbaine à Paris en 1900. Le casier sanitaire des maisons », *Mil neuf cent. Revue d'histoire intellectuelle*, 22, 1, pp. 95-106.

–, (2006) « Les mots français du mauvais logement (XIXe-XXe siècle). Taudis, bouge, gîte. Habitat incommode, insalubre, insuffisant, défectueux, inhabitable, indigne… », *in* : Depaule, Jean-Charles (éd.), *Les mots de la stigmatisation urbaine*, pp. 73-96, Paris, Unesco et éditions de la Maison des Sciences de l'Homme.

–, (2006/2010) « Construction et usages de la notion de quartier-village, Village de Charonne et Goutte d'Or à Paris », *in* : Authier, Jean-Yves, Bacqué, Marie-Hélène, et Guérin-Pace, France, (dir.), *Le quartier. Enjeux scientifiques, actions politiques et pratiques sociales*, pp. 75-85, Paris, La Découverte. Repris sur le site Hal, hal-00444157, version 1-5 Jan 2010, 13 pages.

–, (2007) *Sociologie des villes*, Paris, La Découverte, collection Repères.

–, (2011) *Sociologie du logement*, Paris, La Découverte, collection Repères.

–, et Oberti, Mario (2001) « Urbanisme, embourgeoisement et mixité sociale à Paris », *Mouvements*, 13, pp. 9-21.

Filhol, Emmanuel, (2007) « L'indifférence collective au sort des Tsiganes internés dans les camps français, 1940-1946 », *Guerres mondiales et conflits contemporains*, 226, 2, pp. 69-82.

Frégier, Honoré Antoine, (1840) *Des classes dangereuses de la population dans les grandes villes, et des moyens de les rendre meilleures*, Paris, J. B. Baillière.

Gastaut, Yvan, (2004) « Les bidonvilles, lieux d'exclusion et de marginalité en France durant les trente glorieuses », *Cahiers de la Méditerranée*, 69 : Être marginal en Méditerranée (XVIe - XXIe siècle), n.p., [en ligne].

Genestier, Philippe, (1989) « Sous les pavés les racines ? », *EspacesTemps*, 42, Racines, derniers temps. Les temps de l'identité, pp. 50-57.

Gerbeaud, Fanny, (2012) *L'habitat spontané : une architecture adaptée pour le développement des métropoles ? Le cas de Bangkok (Thaïlande)*, thèse de doctorat, université de Bordeaux 2.

Grandin, Victor, (1848) *Sur les rapports des patrons et des ouvriers*, Paris, Librairie L. Curmer.

Granovetter, Mark S., (1973) « The strength of weak ties », *American Journal of Sociology*, 78, pp. 1360-1380.

Greilsammer, Alain, (1980) « Sociologie électorale du protestantisme français », *Archives des sciences sociales des religions*, 49, 1, pp. 119-145.

Gueslin, André, (1992) « Le paternalisme revisité en Europe occidentale (seconde moitié du XIXe siècle, début du XXe siècle) », *Genèses*, 7, pp. 201-211.

Guillon, Michelle, (1996) « Inertie et localisation des immigrés dans l'espace parisien », *Espace, populations, sociétés*, 1, Hommage à Daniel Noin, pp. 55-63.

Halbwachs, Maurice, (1925/2002) *Les cadres sociaux de la mémoire*, Paris, Félix Alcan, 1925. Édition électronique *Les classiques des sciences sociales*. <http://www.uqac.uquebec.ca/zone30/Classiques_des_sciences_sociales/index.html>.

–, (1947/2009) « L'expression des émotions et la société », publication posthume, *Échanges sociologiques*, Paris, Centre de documentation universitaire, pp. 3-5. Repris *in* : *RBSE – Revista Brasileira de Sociologia da Emoção,* 8, 22, pp. 179-199.

–, (1950/2001) *La mémoire collective*, deuxième édition revue et augmentée, Chicoutimi, Cegep, <http://classiques.uqac.ca>.

Hall, Edward T., (1959/1984) *Le langage silencieux*, Paris, Points Seuil.

Hatzfeld, Nicolas, (1989) « L'école d'apprentissage Peugeot (1930-1970) : une formation d'excellence », *Formation Emploi*, 27-28, pp. 115-128.

–, (2002) *Les gens d'usine : 50 ans d'histoire à Peugeot-Sochaux*, Paris, Les éditions de l'Atelier / Éditions ouvrières.

–, (2004) « Engagements en mouvance : l'action sociale et politique de catholiques à Sochaux-Montbéliard (années 1950-années 1990) », Communication au *colloque "Syndicats et associations en France : concurrence ou complementarité?"*, Centre d'Histoire Sociale, Université Paris I.

–, (2007) « Le travail, l'usine, la chaîne », *Les Cahiers du Centre de Recherches Historiques*, 40, pp. 127-139, [en ligne].

Hebbelinck, Thérèse, (2012) *L'affaire du carmel d'Auschwitz. Implication des Églises belge et française dans la résolution du conflit*, Louvain, Presses universitaires de Louvain.

Henri, Daniel, (1985) « Comptes, mécomptes et redressement d'une gestion industrielle : les automobiles Peugeot de 1919 à 1930 », *Revue d'Histoire Moderne et Contemporaine*, 32, pp. 30-74.

Huard, Raymond, (1988) « Marx et Engels devant la marginalité : la découverte du lumpenproletariat », *Romantisme*, 59, pp. 5-17.

Jacquemain, Marc, (2012) « Extrême Droite : la culturalisation du politique », *Démocratie*, n.p. [mis en ligne le 01/04/2012].

Jobard, Fabien, Lévy, René, Lambert, John, et Névanen, Sophie, (2012) « Mesurer les discriminations selon l'apparence : une analyse des contrôles d'identité à Paris », *Population-F*, 67, 3, pp. 423-452.

Jodelet, Denise, (2005/2009) « Formes et figures de l'altérité », *in* : Sanchez-Mazas, Margarita, et Licata, Laurent, (éds), *L'Autre : Regards psychosociaux*, pp. 23-47, Grenoble, Les Presses de l'Université de Grenoble, repris *in* : Les classiques des sciences sociales, pp. 1-31, Chicoutimi, UCAQ, <http://classiques.uqac.ca>.

Jérôme, Laurent, (2002) « Les itinéraires de l'exclusion pour un groupe de sans-abri », *Ethnologies*, 24, 1, pp. 101-117.

Jorland, Gérard, (2005) « L'hygiène professionnelle en France au XIXe siècle », *Le Mouvement Social*, 4, 213, pp. 71-90.

Klein, Marc, (1946) « Observations et réflexions sur les camps de concentration nazis », *Revue d'Études germaniques*, 3, juillet-septembre, pp. 245-275 (papier) et pp. 1-27 en ligne.

Kokoreff, Michel, (2003) *La force des quartiers. De la délinquance à l'engagement politique*, Paris, Payot.

–, (2006) « Les émeutiers de l'injustice », *Mouvements*, 44, 2, pp. 13-25.

–, (2009) « Ghettos et marginalité urbaine. Lectures croisées de Didier Lapeyronnie et Loïc Wacquant », *Revue française de sociologie*, 50, 3, pp. 553-572.

–, (2011) « L'émeute et le postcolonial à l'épreuve du politique dans les quartiers populaires », *Mouvements*, HS, 1, pp. 87-96.

–, et Lapeyronnie, Didier, (2013) *Refaire la cité. L'avenir des cités*, Paris, Seuil, La République des Idées.

Kronenberger, Stéphane, (2009) « Immigration et religion dans le Nord Franche-Comté (1871-1918) », *Cahiers de la Méditerranée*, 78, pp. 87-106.

Landais, Camille, (2008) *Essais en économie publique : fiscalité, hauts revenus, familles*, thèse de doctorat EHESS, Paris.

Lantz, Pierre, (1967) « Le temps des sociologues et la sociologie du temps », *L'Homme et la société*, 3, pp. 3-32.

Latour, Emmanuelle, (2008) « Le plafond de verre universitaire : pour en finir avec l'illusion méritocratique et l'autocensure », *Mouvements*, 55-56, 3, pp. 53-60.

Le Bras, Hervé, et Todd, Emmanuel, (2013) *Le mystère français*, Paris, Seuil.

Le Cour Grandmaison, Olivier, (2008) « Colonisés-immigrés et "périls migratoires" : origines et permanence du racisme et d'une xénophobie d'État (1924-2007) », *Cultures & Conflits*, 69, pp. 19-32, [en ligne].

Ledit, Igor, (2001) « La rumeur des rétrécisseurs de sexe : entre communication traditionnelle et communication moderne dans l'Afrique contemporaine », *Les Cahiers du Journalisme*, 9, pp. 218-234.

Leroy-Beaulieu, Paul, (1873) *Le travail des femmes au XIX*e *siècle*, Paris, Charpentier.

Le Texier, Thibault, (2006) « La Banque qui sait. Éléments pour une analyse des stratégies de domination cognitive de la Banque mondiale », *La Lettre du Forum de Delphes*, avril-mai 2006, n.p. [en ligne].

–, (2011) *La rationalité managériale, de l'administration domestique à la gouvernance*, thèse de doctorat en sciences économiques, Université de Nice Sophia Antipolis, Institut supérieur d'économie et de management.

Lévy-Vroelant, Claire, (1999) « Le diagnostic d'insalubrité et ses conséquences sur la ville : Paris 1894-1960 », *Population*, 54, 4-5, pp. 707-743.

–, (2013) «" Comment décrire ? Comment raconter ?…". La mémoire perdue des hôtels meublés parisiens », *Revue européenne des migrations internationales*, 29, 1, pp. 91-111.

Loubet, Jean-Louis, (2009) *La Maison Peugeot*, Paris, Perrin.

Magri, Susanna, (2008) « Le pavillon stigmatisé. Grands ensembles et maisons individuelles dans la sociologie des années 1950 à 1970 », *L'Année sociologique*, 58, 1, pp. 171-202.

Mandel, Jean-Jacques, (2008) « Les rétrécisseurs de sexe. Chronique d'une rumeur sorcière », *Cahiers d'Études africaines*, 48, 1-2, pp. 185-208.

Marlière, Eric, (2006) « Les jeunes des cités en visite au "bled". "Ennemis de l'intérieur" en France et "touristes étrangers" au Maghreb », *Repérages*, 1262, pp. 99-113.

–, (2006) « Le sentiment d'injustice chez les jeunes d'une cité HLM », *Sociétés et jeunesses en difficulté* [en ligne], 2, n.p.

–, (2008) *La France nous a lâchés ! Le sentiment d'injustice chez les jeunes des cités*, Paris, Fayard.

Martin, Édouard, (2013) *Ne lâchons rien. Contre l'économie cannibale*, Paris, Le Cherche-Midi.

Mazzella, Sylvie, (1996) *L'enracinement urbain : Intégration sociale et dynamiques urbaines. Les familles maghrébines du centre-ville de Marseille*, thèse de doctorat de sociologie, Paris, EHESS.

Memmi, Dominique, (1996) « Les déplacés. Travail sur soi et ascension sociale : la promotion littéraire de Jules Romains », *Genèses*, 24, pp. 57-80.

Menidiatis, André, (1994) « Relations intimes et conflictuelles entre industrie et habitat à Longwy », *Villages ouvriers, Utopie ou réalités ? Actes du colloque international Familistère de Guise. L'archéologie industrielle en France*, 24-25, n.p. <www.patrimoineindustriel-apic.com>.

Meslé, France, et Vallin, Jacques, (1989) « Reconstitution de tables annuelles de mortalité pour la France au XIXe siècle », *Population*, 44, 6, pp. 1121-1158.

Milhaud, Albert, (1908) « La classe ouvrière en France au XIXe siècle », *Revue de synthèse historique*, tome XVII-2, 50, pp. 206-221.

Moine, Jean-Marie, (1990) « Une aristocratie industrielle : les maîtres de forges en Lorraine », *Romantisme*, 70, pp. 69-79.

Molinero, Stéphanie, (2009) *Les publics du rap*, Paris, L'Harmattan.

Moreau de Bellaing, Louis, (2000) « Économie de la pauvreté et économie de la misère », *Socio-Anthropologie*, 7, Interpellations de l'économique, n.p. [en ligne].

Morin, François, (2006) *Le nouveau Mur de l'argent : Essai sur la finance globalisée*, Paris, Seuil. [édition électronique].

Nezosi, Gilles, (1998) « Vie et mort d'une identité professionnelle. L'idéologie de l'Homme de fer sur le bassin sidérurgique de Longwy », *Revue française de science politique*, 48, 5, pp. 625-644.

Oberti, Marco, « Structures sociales comparées des villes moyennes », *in* : Bagnasco, Arnaldo, et Le Galès, Patrick, (éds), *Villes en Europe*, pp. 129-146, Paris, La Découverte.

Olivier, Jean-Marc, (1999) « L'industrialisation rurale douce : un modèle montagnard ? », *Ruralia* [en ligne], 04, mis en ligne le 1er janvier 2003.

–, (2003) Résumé en 5 pages de la thèse : *Société rurale et industrialisation douce. Morez (Jura) (1789-1914),* jean-marc-olivier.blog.lemonde.fr

Olm, Christine, Le Queau, Pierre, et Simon, Marie-Odile, (2000) *La perception de la pauvreté en Europe*, Cahier de recherche, 144, Département Évaluation des politiques sociales, Paris, Credoc [en ligne].

Paschalis, Ntagteverenis, (2003) « L'espace social comme lieu du lien social », *Esprit critique. Revue internationale de sociologie et de sciences sociales*, 5, 3, n.p. [en ligne].

Pasquali, Paul, (2012) « "Deux sociologues en banlieue". L'enquête sur les grands ensembles de Jean-Claude Chamboredon et Madeleine Lemaire (1966-1970) », *Genèses*, 87, 2, p. 113-135.

Perrineau, Pascal, (1985) « Le Front national : un électorat autoritaire », *Revue politique et parlementaire*, juillet-août, pp. 24-31.

Pétonnet, Colette, (1977) *Ces gens-là*, Paris, Galilée.

–, (1982) *Espaces habités. Ethnologie des banlieues*, Paris, Galilée.

Pialoux, Michel, (1996) « Stratégies patronales et résistances ouvrières », *Actes de la recherche en sciences sociales*, 114, *Les nouvelles formes de domination dans le travail*, pp. 5-20.

Pinçon, Michel, (1985) « Un patronat paternel », *Actes de la recherche en sciences sociales*, 57-58, pp. 95-102.

–, et Pinçon-Charlot, Monique, (1988) « Histoires de vie, espaces de vie », *Espace géographique*, 17, 2, pp. 122-130.

–, et Pinçon-Charlot, Monique, (2007a) *Sociologie de la bourgeoisie*, Paris, La Découverte, coll. Repères.

–, et Pinçon-Charlot, Monique, (2007b) *les ghettos du gotha. Au cœur de la grande bourgeoisie*, Paris, Seuil.

–, et Pinçon-Charlot, Monique, (2013) *La violence des riches. Chronique d'une immense casse sociale*, Paris La Découverte / Zones.

Planeix, François R., abbé, (1903) *Patrons et ouvriers*, Paris, Librairie P. Lethielleux.

Préteceille, Edmond, (2009) « La ségrégation ethno-raciale a-t-elle augmenté dans la métropole parisienne ? », *Revue française de sociologie*, 50, 3, pp. 489-519.

Quéré, Louis, (2006) « Entre fait et sens, la dualité de l'événement », *Réseaux*, 139, pp. 184-216.

Raphael, Freddy, (1977) « Stéréotype du Juif dans un village d'Alsace en 1976 », *Revue des Sciences Sociales de la France de l'Est*, n° hors-série, pp. 142-150.

–, (1979) « Nostalgie de la fête chez les Juifs du M'zab (sud algérien) réfugiés en Alsace », *Revue des Sciences sociales de la France de l'Est*, 8, pp. 166-184.

–, (1980) « Les Juifs de la campagne alsacienne : les marchands de bestiaux », *Revue des Sciences Sociales de la France de l'Est*, 9, pp. 220-45.

–, (1986) « Une langue qui se meurt : le "Jeddich-Daitch" des Juifs d'Alsace », *Revue des sciences sociales de la France de l'Est*, 15, pp. 5-31.

Reyniers, Alain, (2002) « La population dont on parle : caractéristiques, rapport à l'école », *Ville-École-Intégration Enjeux,* hors-série, 4, pp. 17-24.

Roques, Jean-Luc, (2005) « Les jeunes et la mémoire collective dans la petite ville : enjeux et conséquences », *Temporalités*, 3, n.p. [en ligne].

Roulleau-Berger, Laurence, (1993) « La construction sociale des espaces intermédiaires : l'exemple de jeunes en emploi précaire face aux politiques sociales », *Sociétés contemporaines*, 14-15, pp. 191-209.

Safi, Mirna, (2009) « La dimension spatiale de l'intégration : évolution de la ségrégation des populations immigrées en France entre 1968 et 1999 », *Revue française de sociologie*, 50, 3, pp. 521-552.

Sahler, Léon, (1890) *La coopération au pays de Montbéliard et ses rapports avec la question* sociale, Paris, Fischbacher.

Sauvadet Thomas, (2004) « "Jeunes de la cité" et contrôle du territoire : le cas d'une cité de la banlieue parisienne », *Hérodote*, 113, 2, pp. 113-133.

–, (2005) « Causes et conséquences de la recherche de « capital guerrier » chez les jeunes de la cité », *Déviance et Société*, 29, 2, pp. 113-126.

–, (2006) « Les jeunes *"de la cité"* : comment forment-ils un groupe ? Une analyse comparative entre trois terrains », *Socio-logos. Revue de l'association française de sociologie* [en ligne], 1, n.p.

–, (2011) « À la recherche d'une révolte postcoloniale. Socio-ethnographie d'une émeute de novembre 2005 », *Mouvements*, HS, 1, pp. 97-105.

Sayad, Abdelmalek, (1999) « Immigration et "pensée d'État" », *Actes de la recherche en sciences sociales*, 129, pp. 5-14.

Schiermer, Bjørn, (2008) « Imitation et individualité : Sur la notion de fashion victim », *Sociétés*, 102, 4, pp. 43-49.

Serfaty-Garzon, (2003) « Le chez-soi : habitat et intimité », *in* : Segaud, Marion, Brun, Jacques, et Driant, Jean-Claude, (éds), *Dictionnaire critique de l'habitat et du logement*, Paris, Armand Colin, pp. 65-69.

Sheringham, Michael, (2007) « Trajets quotidiens et récits délinquants », T*emps zéro. Revue d'étude des écritures contemporaines*, 1 [en ligne]. <http://tempszero.contemporain.info/document79>.

Silverstein, Paul A., (2003) « De l'enracinement et du déracinement », *Actes de la recherche en sciences sociales*, 150, *Regards croisés sur l'anthropologie de Pierre Bourdieu*, pp. 27-42.

Simmel, Georg, (1987) *Philosophie de l'argent*, Paris, PUF.

Simon, Patrick, (2000) « Les jeunes issus de l'immigration se cachent pour vieillir. Représentations sociales et catégories de l'action publique », *VEI Enjeux*, 121, pp. 23-38.

Selim, Monique, (1979) *Rapports sociaux dans une cité HLM de la banlieue nord de Paris : Le clos Saint-Lazare à Stains. Étude d'ethnologie urbaine*, thèse de doctorat de 3e cycle, Paris, EHESS.

Sicot, François, (2007) « Conflits de culture et déviances des jeunes de banlieue », *Revue européenne des migrations internationales*, [en ligne], 23, 2, pp. 1-22.

Smets, Peer, et den Uyl, Marion, (2008) « The Complex Role of Ethnicity in Urban Mixing: A Study of Two Deprived Neighborhoods in Amsterdam », *Urban Studies*, 45, 7, pp. 1439-1460.

Solard, Julie, (2010) « Les très hauts revenus : des différences de plus en plus marquées entre 2004 et 2007 », *Les revenus et le patrimoine des ménages*, dossier, pp. 45-64, Insee.

Sonnet, Martine, (2008) *Atelier 62*, Cognac, Le temps qu'il fait.

–, (2012) « *Atelier 62* : un récit littéraire du travail en friction avec les sciences sociales », *Intercâmbio*, 2e série, 5, pp. 204-219.

Spire, Alexis, (1999) « De l'étranger à l'immigré », *Actes de la recherche en sciences sociales*, 129, pp. 50-56.

Taïeb, Emmanuel, (2010) « Logiques politiques du conspirationnisme », *Sociologie et sociétés*, 42, 2, pp. 265-289.

Todorov, Tzvetan, (2007) « Germaine Tillion face à l'extrême », *Gradhiva* [en ligne], 5, pp. 102-113 (papier).

Tordjman, Hélène, (2011) « La crise contemporaine, une crise de la modernité technique », *Revue de la régulation*, 10, 2, Post-keynésianisme et théorie de la régulation : des perspectives communes, n.p. [en ligne].

Touraine, Alain, (1992/2012) *Critique de la modernité*, Paris, Fayard, repris *in* : Les classiques des sciences sociales, Cégep de Chicoutimi. <http://classiques. uqac.ca>.

—, (2007) *Penser autrement*, Paris, Fayard (édition électronique).

Tournier, Maurice, (1984) « Les jaunes : un mot-fantasme à la fin du XIXe siècle », *Mots*, 8, pp. 125-146.

Trépos, Jean-Yves, (1998) « La sociologie postmoderne est-elle introuvable ? », *Le Portique*, 1, pp. 1-12 [en ligne].

Vadelorge, Loïc, (2006) « Grands ensembles et villes nouvelles : représentations sociologiques croisées », *Histoire urbaine*, 17, 3, pp. 67-84.

Vasseur, Daniel, (1967) *Les débuts du mouvement ouvrier dans la région de Belfort-Montbéliard (1870-1914)*, thèse de doctorat en droit (1964), Besançon, Cahiers d'études comtoises, vol. 83.

Vidal, Daniel, (1971) *Essai sur l'idéologie. Le cas particulier des idéologies syndicales*, Paris, Anthropos.

Villermé, Louis René, (1840) *Tableau de l'état physique et moral des ouvriers employés dans les manufactures de coton, de laine et de soie, ouvrage entrepris par ordre et sous les auspices de l'Académie des sciences morales et politiques*, Paris, Jules Renouard et Cie.

Vincent, Paul, (1946) « Le rôle des familles nombreuses dans le renouvellement des générations », *Population*, 1, 1, pp. 148-154.

Wagner, Anne-Catherine, (2011) « Les classes dominantes à l'épreuve de la mondialisation », *Actes de la recherche en sciences sociales*, 190, 5, pp. 4-9.

Wieviorka, Annette, et Laffitte, Michel, (2012) *À l'intérieur du camp de Drancy*, édition électronique non paginée, Paris, Perrin.

Wihtol de Wenden, Catherine, (2002) « Ouverture et fermeture de la France aux étrangers : un siècle d'évolution », *Vingtième Siècle. Revue d'histoire*, 73, pp. 27-38.

Wille, Christian, (2008) « Grenzgänger zwischen Regionalität und Globalität. Spuren kultureller Flexionen in der Groß Region SaarLorLux », *in*: Amann, Wilhelm, Mein, Georg, et Parr, Rolf, (éds), *Periphere Zentren oder zentrale Peripherien?*, p. 4760, Heidelberg, Synchron.

Willemsen, August, (1993) « Vivre au "Bijlmermeer" », *Septentrion*, 22, 3, pp. 23-27.

Yzerbyt, Vincent, et Schadron, Georges, (1999) « Stéréotypes et jugement social », *in* : Bourhis, Richard Y., et Leyens, Jacques-Philippe, (éds), *Stéréotypes, discrimination et relations intergroupes*, pp. 127-160, Sprimont, Mardaga.

Ethnologie, Ethnographie, Histoire

Abry, Christian, et Joisten, Alice, (1996) « Ars brûlée et submergée, dans l'espace des phases des récits de catastrophes du Dauphiné et de la Savoie, en neige, glace, eau… et feu », *in* : Abry, Christian, Joisten, Alice, Colardelle, Michel, et Verdel, Eric, *Les légendes du lac de Paladru*, pp. 22-73, Charavines, Maison du pays d'Art et d'Histoire des trois Vals-Lac de Paladru.

–, (1997) « Du drac aux sauvages, en passant par les Italiens et les Vaudois : un voyage à l'altitude du paysage mental des villages d'altitude », *in* : Jean-Claude Duclos, (éd.), *Villages d'altitude* (Arvieux, 7-8 décembre 1995), Cahors, pp. 69-76.

–, (1998) « Peut-on expliquer l'absence de récits de catastrophes surnaturelles en Bas-Dauphiné ? », *Revue de géographie alpine*, 86, 2, pp. 11-24.

–, (1998) « De la migrance à l'errance ou les Italiens entre "la mort du grand Pan" et "la procession des morts" », *Histoire des Alpes*, 3, pp. 75-87.

Abry-Deffayet, Dominique, et Abry, Nicolas, (2013) *Le parler des Savoies et ses histoires à rire*, seconde édition, Paris, éditions Bonnoton.

Artières, Philippe, (2006) *Rêves d'histoire. Pour une histoire de l'ordinaire*, Paris, Les Prairies ordinaires.

–, (2013a) *Vie et mort de Paul Gény*, Paris, Seuil, Fiction & Cie.

–, (2013b) *Reconstitution. Jeux d'histoire*, avec des photographies de Noëlle Pujol et Andreas Bolm, Paris, Manuella éditions.

–, et Kalifa, Dominique, (2002) « "Présentation" L'historien et les archives personnelles : Pas à pas », *Sociétés & Représentations*, 13, 1, pp. 7-15.

–, et Laé, Jean-François, (2004) « "L'enquête, l'écriture et l'arrière-cuisine", Chronique d'une enquête sur une correspondance », *Genèses*, 57, 4, pp. 89-109.

Asséo, Henriette, (2010) « Figures bohémiennes et fiction, l'âge des possibles 1770-1920 », *Le Temps des médias*, 1, 14, pp. 12-27.

Audenelle, Jean, (1827) *Essai statistique sur les frontières nord-est de la France*, Paris, Truchy ; Metz, Husson et Gerson-Lévy.

Augé, Marc, (1992) *Non-lieux. Introduction à une anthropologie de la surmodernité*, Paris, Seuil.

–, (1994) *Pour une anthropologie des mondes contemporains*, Paris, Flammarion – Champs essais.

–, (2008/2011) *Où est passé l'avenir ?*, Paris, Points Seuil.

Bader, Christian, (2007) *Yéniches : Les derniers nomades d'Europe - Suivi d'un lexique yéniche,* Paris, L'Harmattan.

Barbançon, Louis-José, (2003) *L'archipel des forçats. Histoire du bagne de Nouvelle-Calédonie (1863-1931)*, Lille, Septentrion.

Bataillard, Paul, (1849) *Nouvelles recherches sur l'apparition et la dispersion des Bohémiens en Europe*, Paris, A. Franck.

Becchia, Alain, (1991) « Voyages et déplacements au début du XIXe siècle », *Annales de Normandie*, 41, 3, pp. 179-215.

Béguerie-De Paepe, Pantxika, (2009) « 1851 : Société d'émulation de Montbéliard », *Revue d'Alsace*, 135, pp. 29-31.

Belmont, Nicole, (2010) *Mythe, conte et enfance. Les écritures d'Orphée et de Cendrillon*, Paris, L'Harmattan.

Bergdoll, Christine, (2005) « La séparation des Églises et de l'État », *Beiträge zur Fremdsprachenvermittlung*, 43, pp. 107-129.

Bertrand de Laflotte, Bernard, (1918) « Les trois marches de la victoire », *Le Correspondant*, 10 décembre 1918, pp. 841-854.

Boffi, Héléna, (2000) « L'infanticide dans le Doubs au XIXe siècle », *in* : Stora-Lamarre, Annie, (éd.), *Les populations à risque dans la Franche-Comté au XIXe siècle*, pp. 39-67, Besançon/Paris, Presses universitaires franc-comtoises, diffusion Les Belles Lettres.

Boiteux, Martine, (1976) « Les Juifs dans le Carnaval de la Rome moderne, XVIe-XVIIIe siècles », *Mélanges de l'École française de Rome. Moyen-Âge, Temps modernes*, 88, 2, pp. 745-787.

Bonnot, Jean-François P., (2005) « Homme sauvage, idéologie et langage dans l'espace insulaire : de l'incidence du discours scientifique sur les productions littéraires », *in* : Trabelsi, Mohamed, (éd.), *L'insularité*, pp. 449-466, Clermont-Ferrand, Presses universitaires Blaise Pascal.

Bordigoni, Marc, (2000) « Gitanes : la fin de l'écran de fumée ? », *in* : Dermenjian, Geneviève, Guilhaumou, Jacques, et Lapied, Martine, (éds) *Femmes entre ombre et lumière. Recherches sur la visibilité sociale (XVIe-XXe siècles)*, pp. 189-201, Paris, Publisud.

Bourdelais, Patrice, (1989) « Contagions d'hier et d'aujourd'hui », *Sciences sociales et santé*, 7,1, pp. 7-20.

Brouilhet, Francis, (1899) *De la transportation. Son organisation actuelle et ses résultats au double point de vue pénitentiaire et colonial*, thèse de doctorat en droit de l'Université de Montpellier, Paris, Arthur Rousseau.

Brown, Marylin R., (2013) « Vagabonds, chiffonniers, saltimbanques et autres marginaux », *in* : Amic, Sylvain, (éd.) *Bohèmes. De Léonard de Vinci à Picasso*, pp. 36-45, Paris, La RMN-Grand-Palais.

Bruguière, Michel, (1988) « L'aristocratique descendance des affairistes de la Révolution », *Les noblesses européennes au XIXe siècle. Actes du colloque de Rome*, 1985, pp. 105-120, Rome, Publications de l'École française de Rome.

Brun, Gustave, (1871) *Campagne de France 1870-1871. Souvenirs d'un volontaire de la 1ère légion de marche du Rhône*, Lyon, Balmonet ; Matucci et Kolonberg.

Buchillet, Dominique, (1996) « Compte rendu : Cros C.R., [1995] *La civilisation amérindienne*, Que sais-je ?, *Journal de la Société des Américanistes*, 82, pp. 398-400.

Cassimatis, Hélène, (2012) « Imageries de la céramique paestane », *Mélanges de l'École française de Rome - Antiquité* [en ligne], 124-1, n.p.

Cathiard, Marie-Agnès, (2011) *Parole multisensorielle anticipée, incorporée et illusionnée. Du corps de la parole aux corps imaginés*, HDR de Sciences du langage, Université de Grenoble.

–, et Abry, Nicolas, (2011) « Des corps fantômes aux corps imaginés. Entre Afrique et Europe : l'unité cognitive des réponses culturelles à la paralysie du sommeil dans leur anthropodiversité », *Caietele Echinox,* 21, Fantômes, Revenants, Poltergeists, Mânes, pp. 103-120.

Chanaud, Robert, (1980) « Un cas de possession collective dans un village du diocèse de Grenoble : Laval, 1684 », *105e Congrès national des sociétés savantes*, *Histoire moderne*, tome 1, pp. 471-484.

Chartier, Roger, (1997) « La ligne Saint-Malo-Genève » *in* : Pierre Nora (dir.), *Les lieux de mémoire*, 2, pp. 2817-2850, Paris, Gallimard.

Cohn, Norman, (1975/1993) *Europe's Inner Demons: An Enquiry Inspired by the Great Witch-Hunt*, Chicago, Chicago University Press.

Cole, John W., (1977) « Inheritance Processes in the Italian Alps », *Ethnohistory*, 24, 2, pp. 117-132.

Cole, John W., et Wolf, Eric R., (1999) *Hidden Frontier. Ecology and Ethnicity in an Alpine Valley*, Berkeley/Los Angeles, University of California Press.

Collard, Franck, (1992) « Recherches sur le crime de poison au Moyen Âge », *Journal des savants*, 1. pp. 99-114.

Collin de Plancy, Jacques, (1844) *Dictionnaire infernal, ou répertoire universel des êtres, des personnages, des livres, des faits et des choses [...]*, Paris, Paul Mellier ; Lyon, Guyot.

Corlan Ioan, Simona, (2012) « Le mythe de Tombouctou, un ingrédient pour les constructions identitaires africaines », *in* : Vigneron, Fleur, et Watanabe, Kôji, (éds) *Voix des mythes, science des* civilisations, *hommage à Philippe Walter*, pp. 401-416, Berne, Peter Lang.

Croissant, Pierre, (2006) « Quand deux sociétés Peugeot concurrentes construisaient des automobiles (1895-1910) », *Bulletin de la Société d'Émulation de Montbéliard,* 129, pp. 226-296.

David, Philippe, (sans date) « 55 ans d'exhibitions zoo-ethnologiques au Jardin d'Acclimatation », en ligne, <http://www.jardindacclimatation.fr/article/le-jardin-vu-par/>.

Della Vedova, Gilles, (2012) « La peur de la contamination par la tuberculose à Villard-de-Lans », *in* : Adam, Véronique, et Revol-Marzouk, Lise, (éds) *La contamination. Lieux symboliques et espaces imaginaires*, pp. 173-187, Paris, Garnier.

Denys, Catherine, (2000) « La mort accidentelle à Lille et Douai au XVIIIe "siècle" : mesure du risque et apparition d'une politique de prévention », *Histoire urbaine*, 2, 2, pp. 95-112.

Derouet, Bernard, (1993) « Le partage des frères. Héritage masculin et reproduction sociale en Franche-Comté aux XVIIIe et XIXe siècles », *Annales. Économies, Sociétés, Civilisations*, 48, 2, pp. 453-474.

Desmaze, Charles, (1888) *Les criminels et leurs grâces*, Paris, E. Dentu.

Desplanques François, (1991) « Quand les Beurs prennent la plume », *Revue européenne de migrations internationales*, 7, 3, pp. 139-152.

Dodivers, André, (1970) *Recherches sur la seigneurie du Châtelot et de ses villages. En particulier celui de Blussans*, L'Isle-sur-le-Doubs, Doubs Généalogie.

Dormois, Jean-Pierre, (1985) « Le magistrat au village, l'installation de la justice royale sur la périphérie française : Héricourt (1676-1790) », *Histoire, économie et société*, 4, 4, pp. 519-540.

Douen, Emmanuel Orentin, (1868) *Histoire de la Société biblique protestante de Paris (1818-1868)*, Paris, Agence de la Société biblique protestante.

Duvernoy, Clément, (1869) *Notice sur le Pays de Montbéliard antérieurement à ses premiers comtes*, Extrait des Mémoires de la Société d'Émulation de Montbéliard, Montbéliard, Henri Barbier.

–, (1891) *Montbéliard au dix-huitième siècle*, Montbéliard, Victor Barbier.

Duvillet, Amandine, (2011) *Les unions hors mariage au regard du droit (XVIe-XXe siècle). Du péché à l'ordre civil*, thèse de doctorat d'histoire du droit, Université de Bourgogne.

Euvrard, Xavier, [Commandant], (1893) *Guerre de 1870. La première Armée de l'Est. Reconstitution exacte et détaillée de petits combats avec cartes et croquis*, Paris, Limoges, Henri Charles-Lavauzelle, éditeur militaire.

Fanica, Pierre Olivier, (2008) *Le lait, la vache et le citadin : Du XVIIe au XXe siècle*, Versailles, éditions Quae.

Febvre, Lucien, (1978) *Histoire de la Franche-Comté*, Marseille, Laffitte Reprints.

Fontaine, Laurence, (1992) « Migrations : espace et identité », *Bulletin du Centre Pierre Léon d'histoire économique et sociale*, 2-3-4, pp. 53-66.

–, (1997) « Les villageois dans et hors du village. Gestion des conflits et contrôle social des travailleurs migrants originaires des montagnes françaises (fin XVIIe siècle-milieu du XIXe siècle) », *Crime, Histoire & Sociétés*, 1, 1, pp. 71-85.

Frénay, Henri, Fréson, Mathieu, et Haust, Jean, (1921-1922) « Li trèye, Le tressage de la paille dans la vallée du Geer, étude dialectale », *Bulletin du dictionnaire général de la langue wallonne*, publié par la société de littérature wallonne, 11, 1-4, pp. 5-48, Liège, H. Vaillant-Carmanne.

Garneret, Jean, (1993) *Vie et mort du paysan*, Paris, L'Harmattan.

Gerbod, Paul, (1982) « L'éthique héroïque en France (1870-1914) », *Revue historique*, 544, pp. 409-430.

Gilbert, Louis, (1904) « Les Bohémiens au pays de Bitche », *Le Pays lorrain*, 1, pp. 313-317, Nancy.

Ginzburg, Carlo, (1980a) *Le fromage et les vers. L'univers d'un meunier du XVI*e *siècle*, Paris, Flammarion.

–, (1980b) « Signes, traces, pistes. Racines d'un paradigme de l'indice », *Le Débat*, 6, 6, pp. 3-44.

–, (1980c) « Morelli, Freud and Sherlock Holmes: Clues and Scientific Method », *History Workshop*, 9, pp. 5-36.

–, (1984) « Présomptions sur le sabbat », *Annales. Économies, Sociétés, Civilisations*, 39, 2, pp. 341-354.

–, (1993) « Microhistory: Two or Three Things That I Know about It », *Critical Inquiry*, 20, 1, pp. 10-35.

–, (2006) *Le fil et les traces. Vrai faux fictif*, Lagrasse, Verdier.

Goodchild, Michael, F., et Janelle, Donald, G., (2010) « Toward critical spatial thinking in the social sciences and humanities », *GeoJournal*, 75, pp. 3-13.

Goron, Marie-François (1897) *Les mémoires de M. Goron, ancien chef de la Sûreté*, Paris, E. Flammarion.

Gricourt, Daniel, et Hollard, Dominique, (2010) *Cernunnos, le dioscure sauvage : Recherches comparatives sur la divinité dionysiaque des Celtes*, Paris, L'Harmattan.

Guilcher, Yvon, (1990) « A-t-on lu à la veillée paysanne traditionnelle ? », *in* : *Tradition et Histoire dans la culture populaire. Rencontres autour de l'œuvre de Jean-Michel Guilcher*, pp. 143-160, Grenoble, Centre Alpin et Rhodanien d'Ethnologie.

Gurême, Raymond, et Ligner, Isabelle, (2011) *Interdit aux nomades*, Paris, Calmann-Lévy.

Hartog, François, (2013) « Conclusion », *Vingtième Siècle. Revue d'histoire*, 117, 1, pp. 247-250.

Harvey, David Allen, (1999) « Lost Children or Enemy Aliens? Classifying the Population of Alsace after the First World War », *Journal of Contemporary History*, 34, 4, pp. 537-554.

Henri, Daniel, (1987) « Peugeot, une histoire de famille », *L'Histoire*, 98, p. 19.

Jauffret-Roustide, Marie, et Nicolay, Nathalie, (2008) « Perceptions et attitudes de la population à l'égard des maladies infectieuses », *in* : Gautier, Arnaud, Jauffret-Roustide, Marie, et Jestin, Christine, (éds), (2008) *Enquête Nicolle 2006 : Connaissances, attitudes et comportements face au risque infectieux*, pp. 41-66, Saint-Denis, INPES, coll. Études santé [en ligne].

Joisten, Charles, (1979) « La littérature orale », *in* : Abry, Christian *et alii*, (éds), *Les Sources régionales de la Savoie*, pp. 601-620, Paris, Fayard.

–, (2005) *Êtres fantastiques. Patrimoine narratif de l'Isère*, édition préparée par Nicolas Abry et Alice Joisten, Grenoble, Musée dauphinois.

Joisten, Alice, et Abry, Christian, (1995) *Êtres fantastiques des Alpes*, Paris, éditions Entente.

Juteau, Joseph, (1871) *Rapport sur la campagne de l'Est (1870-1871), Besançon, Belfort, Armée de Bourbaki, sa retraite en Suisse avec une carte des opérations de la campagne*, Paris, E. Lachaud.

Klauber, Véronique, (2006) « La visibilité à éclipses dans les représentations mémorielles des Roms », *Conserveries mémorielles*, 1, n.p., <http://cm.revues.org/295>.

Krämer, Sybille, (2012) « Qu'est-ce donc qu'une trace, et quelle est sa fonction épistémologique ? État des lieux », *Trivium*, 10, n.p. [en ligne].

Laguerre, Bernard, (1988) « Les dénaturalisés de Vichy (1940 1944) », *Vingtième siècle. Revue d'histoire*, 20, pp. 3-15.

Laurens, Anatole, (1832) *Annuaire statistique et historique du département du Doubs pour l'année 1832*, Besançon, Charles Deis.

Letté, Michel, (2009) « Débordements industriels dans la cité et histoire de leurs conflits aux XIXe et XXe siècles », *Documents pour l'histoire des techniques* [en ligne], 17, pp. 163-173.

Lévesque, Francis, (2008) *Les Inuit, leurs chiens et l'administration nordique, de 1950 à 2007, Anthropologie d'une revendication inuit contemporaine*, PhD d'anthropologie, Québec, Université Laval.

Magnin, Charles-Émile, (1907) « Refoulement au-delà des frontières des nomades, bohémiens, romanischels, etc. », *Procès-verbaux des délibérations du Conseil général du Doubs*, pp. 133-134, Besançon, J. Millot.

Magnúsdóttir, Ásdis R., (1998) *La voix du cor. La relique de Roncevaux et l'origine d'un motif dans la littérature du moyen âge (XIIe-XIVe siècles)*, Amsterdam, Rodopi.

Mas, Gabriel, (2007) *Le cardinal de Bonald et la question du travail (1840-1870)*, Thèse de doctorat d'Histoire, Université Lyon 2.

Mollier, Jean-Yves, (1993) « Le manuel scolaire et la bibliothèque du peuple », *Romantisme*, 80, pp. 79-93.

Moncelon, Léon, (1885) *Les colons, les transportés, les récidivistes à la Nouvelle-Calédonie*, Paris, Alphonse Derenne.

Monnier, Désiré, (1871) *Souvenirs d'un octogénaire de province*, Lons-le-Saulnier, Gauthier frères.

–, et Vingtrinier, Aimé, (1874) *Croyances et traditions populaires recueillies dans la Franche-Comté, le Lyonnais, la Bresse et le Bugey* (2e édition), Lyon H. Georg.

Muston, Etienne, (1859) « L'horlogerie dans les montagnes du Jura. Essai de statistique industrielle », *Mémoires de la Société d'émulation de Montbéliard*, pp. 58-159.

–, (1866) « Recherches anthropologiques sur le pays de Montbéliard », *Mémoires de la Société d'émulation de Montbéliard*, 2e série, 3e volume, pp. 3-454.

–, (1882) *Histoire d'un village*, tome 2, Montbéliard, Imprimerie Barbier.

Nédelec, Yves, (1971) « Patronymes et noms de sieuries. Sur quelques usages de la Manche du XVIe au XXe siècle », *Communication présentée à la 37e Semaine de Droit normand*, Fiers, 19 mai, 8 pages [art. cité par Zonabend].

Nicomède, Gaston, (1886) *Un coin de la colonisation pénale. Bourail en Nouvelle-Calédonie, 1883-1885*, Rochefort-sur-mer, Ch. Thèze.

Nisard, Désiré, (1855) *Histoire et description des principales villes de l'Europe. France. Nîmes*, Paris, Desenne.

Noiriel, Gérard, (1994) « En mémoire de Marc Bloch. Retour sur l'Apologie pour l'histoire », *Genèses*, 17, Les objets et les choses, pp. 122-139.

Nora, Pierre, (1984) « Entre mémoire et histoire. La problématique des lieux », *in* : *Les Lieux de mémoire*, tome 1, *La République*, Paris, Gallimard.

Petit, Vincent, (2003) *le curé et l'ivrogne. Une histoire sociale et religieuse du Haut-Doubs au XIXe siècle*, Paris, L'Harmattan.

Piketty, Thomas, (2013) *Le capital au XXIe siècle*, Paris, Seuil.

Pisier, Georges, (1971) « Les déportés de la Commune à l'île des Pins, Nouvelle-Calédonie, 1872-1880 », *Journal de la Société des océanistes*, 27, 31, pp. 103-140.

Poiret, Nathalie, (1998) « Odeurs impures. Du corps humain à la cité (Grenoble, XVIIIe- XIXe siècle) », *Terrain*, 31, n.p. [en ligne].

Premat, Christophe, (2006) « L'institution imaginaire des normes sociales. Normes sociales et processus cognitif », *Sens public*, 9, pp. 1-8, <http://www.sens-public.org/spip.php?article316>.

Prott, Volker, (2009) « Transferring Borders. The Paris Peace Conference as a Turning Point in History », *Carnival*, 11, pp. 94-109.

Querellou, Emgan, Jaffrelot, Morgan, Savary, Dominique, et Perfus, Jean-Pierre, (2005) « Intoxication accidentelle mortelle par hydrogène sulfuré », *Annales Françaises d'Anesthésie et de Réanimation*, 24, 10, pp. 1302-1304.

Raffestin, Claude, (1997) « Réinventer l'hospitalité », *Communications*, 65, pp. 165-177.

Reyniers, Alain, (2003) « Tsiganes et Voyageurs. Identité, rapport au voyage, économie, éducation et rapport à l'école dans le contexte de la société contemporaine », *Texte intégral de la conférence du 12 février 2003, CASNAV-CAREP*, Nancy-Metz, 18 pages.

Richard, Jean-François Nicolas, [abbé], (1840) *Recherches historiques et statistiques sur l'ancienne seigneurie de Neuchatel, au comté de Bourgogne*, Besançon, Librairie ecclésiastique de Cornu, et à Dambelin, chez l'auteur.

–, (1856) *Monographie de L'Isle-sur-le-Doubs*, Besançon, J. Jacquin.

Ricoeur, Paul, (2000) « L'écriture de l'histoire et la représentation du passé », *Annales. Histoire, Sciences Sociales*, 55, 4, pp. 731-747.

Rochas, Victor, de, (1875-1876) « Les parias de France et d'Espagne. Deuxième partie : les bohémiens », *Bulletin de la Société des Sciences, Lettres et Arts de Pau*, 2e série, tome 5, pp. 293-563, Pau, Léon Ribaut.

Rosa, Hartmut, (2013) « Mouvement historique et histoire suspendue », Le rapport du changement social et de l'expérience de l'histoire, *Vingtième Siècle. Revue d'histoire*, 117, 1, pp. 89-104.

Roudinesco, Élisabeth, (1995) « Georges Mauco (1899-1988) : un psychanalyste au service de Vichy. De l'antisémitisme à la psychopédagogie », *L'Infini*, 51, pp. 73-84, [en ligne].

Sacquin, Michèle, (2001) « Évangéliser la France », *Revue d'histoire des religions*, 218, 1, pp. 113-141.

Sainéan, Lazare, (1920) *Le langage parisien au XIXe siècle*, Paris, E. de Boccard.

Salitot, Michelle, (1988) *Héritage, parenté et propriété en Franche-Comté du XIIIe siècle à nos jours*, Paris, A.R.F. éditions / L'Harmattan.

Sapir, Edward, (1967) *Anthropologie*, Paris, Les Éditions de Minuit.

Sarraute, Michel, (sans date) *La masse des douanes. De la Révolution au début du XXe siècle, 1791-1908*, 1ère partie, Association pour l'Histoire de l'Administration des Douanes, <http://www.musee-douanes.fr/index.php/fr_FR/publications-2>.

Schnapper, Dominique, (2001) « De l'État-nation au monde transnational. Du sens et de l'utilité du concept de diaspora », *Revue européenne de migrations internationales*, 17, 2, *Débats contemporains*, pp. 9-36.

Spitta-Bey, Guillaume [Wilhelm], (1888) *Contes arabes modernes recueillis et traduits*, Leiden, Brill ; Paris, Maisonneuve.

Thénard, Arnould, [baron], (1894) « Demande de transfert à Palinges de la brigade de gendarmerie de Génelard », *Rapport du Préfet et délibérations du Conseil général et de la Commission départementale*, pp. 727-735, Macon, X. Perroux et Cie.

Tissot, Joseph, (1870) *Les Fourgs et accessoirement les environs*, Besançon, Marion, libraire-éditeur.

Tomes, Nancy, (2000) « Public Health Then and Now. The making of a Germ Panic, Then and Now », *American Journal of Public Health*, 90, 2, pp. 191-198.

Tournier, Constant, [abbé], (1894) *Le catholicisme et le protestantisme dans le pays de Montbéliard*, Besançon, Imprimerie Paul Jacquin.

Tulard, Jean, (2001) « L'administration des douanes sous l'Empire », *Les Cahiers d'Histoire des Douanes et des Droits indirects*, 24, pp. 4-24.

Turcan, Robert, (1993) « Les petites frises du cubiculum M dans la Villa dite de P. Fannius Synistor à Boscoreale (New York, Metropolitan Museum) », *Comptes rendus des séances de l'Académie des Inscriptions et Belles-Lettres*, 137, 3, pp. 701-722.

Vernus, Michel, (2002) « L'almanach dans un pays de contacts, la Franche-Comté : un carrefour d'influences multiculturelles », *in* : Lüsebrink, Hans-Jürgen, York-Gothart, Mix, Mollier Jean-Yves, et Sorel, Patricia, *Les lectures du peuple en Europe et dans les Amériques du XVIIe au XXe siècle*, pp. 19-26, Paris, éditions Complexe.

Vespignani, Alessandro, (2009) « Predicting the Behavior of Techno-Social Systems », *Science*, 325, pp. 425-428.

Vigneron, Fleur, (2012) « La terre comme lieu de décomposition et de génération : les mutations de la matière organique dans les textes scientifiques et littéraires du moyen âge », *in* : Vigneron, Fleur, et Watanabe, Kôji, (éds), *Voix des mythes, science des civilisations. Hommage à Philippe Walter*, pp. 275-287, Bern, Peter Lang.

Vingtrinier, Arthus-Barthélemy, (1850) *Des Épidémies qui ont régné dans l'arrondissement de Rouen, de 1814 à 1850*, Rouen, Alfred Péron.

Virilio, Paul, (2008) « Une anthropologie du pressentiment », *L'Homme*, 185-186, 1-2, pp. 97-103.

Viville, Claude Philippe, de, (1817) *Dictionnaire du département de la Moselle: contenant une histoire abrégée ...*, Metz, Antoine.

Wagniart, Jean-François, (2007) « Le poète et l'anarchiste : du côté de la pauvreté errante à la fin du XIXe siècle », *Cahiers d'histoire. Revue d'histoire critique*, 101, [en ligne], pp. 31-49 (papier), 1-14 (électronique).

Weil, Patrick, (1995) « Racisme et discrimination dans la politique française de l'immigration : 1938-1945/1974-1995 », *Vingtième Siècle, Revue d'histoire*, 47, pp. 77-102.

Williams, Patrick, (1993) *Nous, on n'en parle pas. Les vivants et les morts chez les Manouches,* Paris, Éditions de la Maison des Sciences de l'Homme, « Ethnologie de la France ».

Zach, Franz Xaver, (Freiherr von), (1824) *Correspondance astronomique, géographique, hydrographique et statistique*, Volume 10, n° 1, Gênes, Luc Carniglia.

Zonabend, Françoise, (1980) « Le Nom de personne », *L'Homme*, 20, 4, pp. 7-23.

Psychologie, Psychophysiologie

Baron-Cohen, Simon, Leslie, Allan M., et Frith, Uta, (1985) « Does the autistic child have a "theory of mind"? », *Cognition*, 21, pp. 103-128.

Beauvois, Jean-Louis, et Deschamps, Jean-Claude, (1990) « Vers la cognition sociale », in Ghiglione, Rodolphe, Bonnot, Claude, et Richard, Jean-François, (éds), *Traité de Psychologie cognitive*, 3, pp. 1-110, Paris, Dunod.

Berthoz, Alain, (2008) « L'échange par le regard », *Enfances & Psy*, 41, 4, pp. 33-49.

Boym, Svetlana, (2007) « Nostalgia and Its Discontents », *The Hedgehog Review,* 9, 2, pp. 7-18.

Brierre de Boismont, Alexandre, (1850) *De l'ennui (taedium vitae)*, Paris, Imprimerie de L. Martinet.

–, (1865) *Du suicide et de la folie suicide*, Paris, Librairie Germer Baillière.

Byrne, Cristina A., Hyman, Ira E., et Scott, Kaia L., (2001) « Comparison of memories for traumatic events and other experiences », *Applied Cognitive Psychology*, 15, pp. 119-133.

Corin, Ellen, (1996) « Dérives des références et bricolages identitaires dans un contexte de postmodernité », *in* : Elbaz, Mikhaël, Fortin, Andrée, et Laforest, Guy, (éds), *Les frontières de l'identité. Modernité et postmodernité au Québec*, pp. 254-269. Québec, Les Presses de l'Université Laval, Paris, L'Harmattan.

Decety, Jean, (2002) « Naturaliser l'empathie », *L'Encéphale*, 28, pp. 9-20.

–, Chaminade, Thierry, Grèzes, Julie, et Meltzoff, Andrew N., (2002) « A PET exploration of the mechanisms involved in imitation of the other by the self and of the self by the other », *NeuroImage*, 15, pp. 265-272.

Droit-Volet, Sylvie, (2000) « L'estimation du temps : perspective développementale », *L'année psychologique*, 100, 3, pp. 443-464.

–, et Wearden, John, (2003) « Les modèles d'horloge interne en psychologie du temps », *L'année psychologique*, 103, 4, pp. 617-654.

–, et Meck, Warren H, (2007) « Cognitive-emotional interactions. How emotions colour our perception of time », *Trends in Cognitive Sciences*, 11, 12, pp. 504-513.

Feder, Françoise, (2001) « Une figure du temps à l'adolescence : le temps suspendu », *Revue française de psychanalyse*, 65, 3, pp. 795-805.

Féré, Charles, (1888) *Dégénérescence et criminalité. Essai physiologique*, Paris, Félix Alcan.

Grandin, Temple, (1994) *Ma vie d'autiste*, Paris, Odile Jacob.

Grezes, Julie, et Dezecache, Guillaume, (2012) « Communication émotionnelle : mécanismes cognitifs et cérébraux », *in* : Allain, Philippe, Aubin, Ghislaine, et Le Gall, Didier, (éds), *Cognition Sociale et Neuropsychologie*, pp. 31-45, Marseille, de Boeck/Solal.

Hantouche, élie, (2004) « Le trouble obsessionnel compulsif. Aspects historiques et cliniques du TOC », *Annales médico-psychologiques*, 162, pp. 398-402.

Jeannerod, Marc, (1994) « The representing brain: Neural correlates of motor intention and imagery », *Behavioral and Brain Sciences*, 17, pp. 187-245.

Jorland, Gérard, et Thirioux, Bérangère, (2008) « Note sur l'origine de l'empathie », *Revue de métaphysique et de morale*, 58, 2, pp. 269-280.

Josset, Raphaël, (2011) « Inconscient collectif et noosphère. Du "monde imaginal" au "village global" », *Sociétés*, 111, 1, pp. 35-48.

Kohn, Max, (2010) « L'inconscient dans la pratique de l'interview en yiddish », *in* : Mein, Georg, (éd.) *Transmission, Übersetzung, Übertragung, Vermittlung*, pp. 85-94, Vienne, Berlin, Turia + Kant.

Laforgue, René, (1936) « Clinique psychanalytique », *Revue française de psychanalyse*, 9, 2, pp. 146-174.

Landragin, Frédéric, (2004) « Saillance physique et saillance cognitive », *Corela. Cognition, représentation, langage*, 2, 2, n.p. [en ligne].

Le Roy, Émile, (1870) *Étude sur le suicide et les maladies mentales dans le département de Seine-et-Marne*, Paris, Victor Masson et fils.

Marandon de Montyel, Évariste, (1883) « De la morphinomanie dans ses rapports avec la médecine légale. Affaire des époux Fiquet accusés de l'enlèvement et de l'assassinat d'Henriette Barbey, mineure de cinq ans », *L'encéphale*, 3, 1, pp. 667-706.

Marey, Étienne Jules, (1886) *La machine animale. Locomotion terrestre et aérienne*, Paris, Félix Alcan.

Mendelsohn, Sophie, (2005) « Quand le corps se laisse interroger par la machine : Hypothèse d'une "hypocondrie paradoxale" dans l'autisme et la schizophrénie », *Champ psy*, 39, 3, pp. 123-135.

Morel, Benedict-Auguste, (1857) *Traité des dégénérescences physiques, intellectuelles et morales de l'espèce humaine*, Paris, J.B. Baillière.

Odier, Charles, (1928) « L'argent et les névrosés : argent et homosexualité », *Revue française de psychanalyse*, 2, 4, pp. 617-710.

Piernikarch, Agnès, (2006) « Victimes de l'amitié », *Enfances & Psy*, 31, 2, pp. 102-106.

Schuurman, Nadine, et Pratt, Geraldine, (2002) « Care of the Subject: feminism and critiques of GIS », *Gender, Place and Culture*, 9, 3, pp. 291-299.

Tarde, Gabriel, (1890/1993/2004) *Les lois de l'imitation*, Paris, Kimé, numérisé et mis en ligne sur le site du Cegep à Chicoutimi, <http://www.uqac.uquebec.ca>.

Vera, Luis, et Vera, L. P, (2010) « Trouble obsessionnel compulsif chez l'enfant et l'adolescent », *Annales Médico-Psychologiques*, 168, pp. 163-169.

Vischer, Robert, (1873) *Über das optische Formgefühl. Ein Beitrag zur Aesthetik*, Leipzig, Hermann Credner.

Wagenaar, Willem, A. et Groeneweg, Jop, (1990) « The memory of concentration camp survivors », *Applied Cognitive Psychology*, 4, 2, pp. 77-87.

DES MÊMES AUTEURS

Le programme de recherche *Reconstructions littéraires françaises et francophones des espaces sociopolitiques, historiques et scientifiques de l'extrême contemporain* a réuni des chercheurs européens dont les travaux sont entrés en dialogue au sujet de la catégorie de l'espace, en étroite relation avec la géographie, l'histoire, les sciences sociales et politiques, et enfin les sciences cognitives et la cybernétique.

Ville infectée, ville déshumanisée (sous la direction de Sylvie Freyermuth, Jean-François P. Bonnot et Timo Obergöker). Bruxelles, P.I.E. Peter Lang, collection « Comparatisme et Société » n° 29, 2014.

Ce volume explore et analyse la création, essentiellement romanesque, de l'extrême contemporain, où l'espace s'impose avec force, comme en témoigne le rôle rempli par les lieux archétypiques de la « surmodernité » – prisons, usines, périphéries urbaines, voire centrales nucléaires, ensemble de lieux « sans qualités apparentes ». C'est parce que la littérature est à la fois une caisse de résonance des fantasmes et des terreurs et une conscience critique, que ces contributions veulent rendre compte de ce rapport avec l'espace, dont l'humain a lui-même organisé la planétarisation et – paradoxalement – la déshumanisation.

Malaise dans la ville (sous la direction de Sylvie Freyermuth et Jean-François P. Bonnot). Bruxelles, P.I.E. Peter Lang, collection « Comparatisme et Société », 2014.

Cet ouvrage s'inscrit dans la continuité de *Ville infectée, ville déshumanisée.* Le livre est organisé selon quatre axes : la première partie est consacrée à des regards croisés sur la pérennité du sentiment de malaise ; la seconde rend compte du malaise urbain au carrefour de la littérature, de l'urbanisme et de la sociologie ; la troisième aborde la question des interactions conflictuelles entre langue(s), géographie, genre, économie et religion. Enfin, la quatrième section, empruntant les chemins de la critique et de la création littéraire, s'attache à mettre en lumière le malaise citadin à travers l'art. Ces études, conduites à travers les lieux et les époques – du Moyen Âge à la période la plus contemporaine –, apportent un éclairage original sur l'imaginaire urbain « dépressif » ou « mélancolique », et sur les modalités des redéfinitions identitaires, parfois drastiques, auxquelles sont soumis les individus. Elles montrent en outre que ces phénomènes ne sont en rien l'apanage d'une supposée postmodernité.

Printed by
CPI books GmbH, Leck

FSC
www.fsc.org
MIX
Papier | Fördert gute Waldnutzung
FSC® C083411

Kolibri 360 GmbH
Ferdinand-Jühlke-Straße 7
99095 Erfurt, Deutschland
produktsicherheit@kolibri360.de